4.6 ASP.NET 網頁製作徹底研究

使用 C#

- FB 官方粉絲專頁:旗標知識講堂
- 旗標「線上購買」專區:您不用出門就可選購旗標書!
- 如您對本書內容有不明瞭或建議改進之處, 請連上旗標網站, 點選首頁的 聯絡我們 專區。

若需線上即時詢問問題,可點選旗標官方粉絲專頁留言詢問, 小編客服隨時待命, 盡速回覆。

若是寄信聯絡旗標客服email, 我們收到您的訊息後, 將由專業客服人員為您解答。

我們所提供的售後服務範圍僅限於書籍本身或內容表達不清楚的地方, 至於軟硬體的問題, 請直接連絡廠商。

學生團體　訂購專線:(02)2396-3257 轉 362
　　　　　傳真專線:(02)2321-2545

經銷商　服務專線:(02)2396-3257 轉 331
　　　　將派專人拜訪
　　　　傳真專線:(02)2321-2545

國家圖書館出版品預行編目資料

ASP.NET 4.6網頁製作徹底研究-使用 C# /
陳會安 著. -- 臺北市:旗標, 2016 . 05 面;公分

ISBN 978-986-312-348-4 (平裝)

1.網頁設計 2.全球資訊網 3.C#(電腦程式語言)

312.1695　　105008247

作　者/陳會安
發 行 所/旗標科技股份有限公司
台北市杭州南路一段15-1號19樓
電　話/(02)2396-3257(代表號)
傳　真/(02)2321-2545
劃撥帳號/1332727-9
帳　戶/旗標科技股份有限公司
監　督/楊中雄
執行企劃/陳彥發・鄭秀珠
執行編輯/鄭秀珠
美術編輯/陳慧如
封面設計/古鴻杰
校　對/鄭秀珠

新台幣售價:590 元
西元 2023 年 9 月 初版 9 刷
行政院新聞局核准登記-局版台業字第 4512 號
ISBN 978-986-312-348-4

旗標 學習地圖

兼顧理論與實務，提供最正確觀念，最佳 HTML5 & CSS3 入門書，逐一解說各標籤、屬性的用法，釐清市面上書籍似是而非的錯誤觀念。

最新 HTML5+CSS3
網頁程式設計 第二版

內附程式邏輯訓練工具並詳細說明程式設計觀念的結構化、物件基礎和物件導向程式設計，幫助讀者建立正確的 C# 程式設計觀念！

新觀念 Visual C#
程式設計範例教本 第三版

ASP.NET 4.6網頁製作徹底研究-使用 C#

針對Visual C# 程式設計者規劃的ASP.NET書籍，不只適合自學，更可以作為大專院校的網頁設計、伺服端網頁設計和Web應用程式開發等相關課程教材。

資料庫理論與實務的最佳結合，由淺入深完整說明資料庫系統理論，豐富和完整的內容能夠培養讀者獨當一面的實力。

新觀念資料庫系統理論
與設計實務 第四版

延伸學習

適用PHP 7最新版，是一本入門PHP+MySQL網頁程式設計的學習教材，結合MySQL 資料庫和AJAX 技術，可輕易打造各種動態網頁效果。

新觀念 PHP7+MySQL+AJAX
網頁設計範例教本 第五版

本書透過完整的語法解說，搭配簡單實用的範例，幫助讀者快速理解，按部就班建立對 HTML/CSS/JavaScript 基本紮實的認識。

網頁程式設計的16堂課:
HTML5・CSS3・JavaScript・jQuery・AJAX・Bootstrap・Google Maps

序

ASP.NET 是微軟伺服端網頁技術，使用「CLR」(Common Language Runtime) 架構的程式設計平台，能夠在伺服端建立功能強大的 Web 應用程式，在本書使用的是 4.6 版，完整說明 ASP.NET 技術的 Web Forms 開發模型。

基本上，本書是一本針對 Visual C# 程式設計者規劃的 ASP.NET 書籍，一本簡單易學的 ASP.NET 學習書，不只適合自學，更可以作為大專院校、技術學院或科技大學的網頁設計、伺服端網頁設計和 Web 應用程式開發等相關課程的教材。

全書是使用 Visual Studio Community 建立 ASP.NET 網站，並且使用和 Windows Forms 事件驅動程式設計模型相同的方式來建立 ASP.NET 網站，能夠讓使用者在撰寫最少程式碼的情況下，快速建立功能強大的 Web 應用程式。

事實上，讀者可以發現本書和 Visual C# 建立 Windows Forms 應用程式是使用完全相同的開發方法，透過 Visual Studio Community 的強大功能，讀者可以直接使用一樣的開發方式來建立 ASP.NET 技術的 Web 應用程式。如果讀者學過 Visual C# 語言，你將可以更輕鬆且快速進入 ASP.NET 技術的網站開發。

在內容上，本書是使用 Visual Studio Community 設計檢視，以拖拉方式來快速建立 Web 表單使用介面，避免撰寫冗長的 HTML 標籤程式碼，主要是使用資料控制項以宣告方式存取 SQL Server Express 資料庫，但仍然有說明 ADO.NET 元件、伺服端檔案處理、電子郵件處理和常用 HTTP 物件等重要功能的程式碼撰寫。

對於初學 ASP.NET 網頁程式設計的讀者來說，從現成範例學習是最有效率和實用的學習方法，所以本書不僅提供眾多網站範例，而且範例將逐漸長大和整合成完整<第 16 章>的應用實例，以便讀者能夠建立良好規劃的 ASP.NET 網站。

編著本書雖力求完美，但學識與經驗不足，謬誤難免，尚祈讀者不吝指正。

陳會安於台北 hueyan@ms2.hinet.net

2016.4.30

如何閱讀本書

本書內容架構上是循序漸進由網頁技術、Web 應用程式、ASP.NET 和 ASP.NET 開發環境 Visual Studio Community 的安裝開始，詳細說明如何使用 ASP.NET 技術建立功能強大的 Web 應用程式。

第 1~3 章是 ASP.NET 和 HTML 的基礎，在第 1 章說明網頁技術、Web 應用程式和 Visual Studio Community 安裝後，著手建立第一頁 ASP.NET 網頁。第 2 章說明 HTML5 基本標籤，詳細說明基礎 HTML5，對於 HTML 語言不熟悉的讀者，可以閱讀書附下載的完整電子書「HTML 與 CSS 網頁設計範例教本」。在第 3 章說明 Visual C# 語言的基本語法。

第 4~7 章是 Web 表單處理、驗證和狀態管理，完全使用事件驅動程式設計在第 4~5 章進行表單處理，第 6 章除了說明表單資料驗證外，更簡單說明常用的 HTTP 物件和錯誤處理。第 7 章是狀態管理，說明如何在 ASP.NET 網頁之間使用顯示狀態、URL 參數、Cookie、Session 和 Application 變數來傳遞資料。

第 8~10 章是資料庫存取，在第 8 章說明如何使用 ADO.NET 和資料繫結技術來存取 SQL Server Express 資料庫，筆者分別使用 ADO.NET 程式碼和 SqlDataSource 控制項存取記錄資料。第 9 章是 SQL 指令 INSERT、UPDATE、DELETE 和 SELECT 的語法說明和參數的 SQL 查詢。在第 10 章是資料邊界控制項的資料顯示與維護，筆者詳細說明欄位基礎和樣板基礎控制項的使用方式，包含 Repeater、DataList、GridView、DetailsView、FormView 和 ListView 控制項。

第 11~13 章是 ASP.NET 網站設計與會員管理，在第 11 章使用 CSS、主版頁面和佈景來建立網站一致的顯示外觀，在第 12 章說明巡覽控制項的網站巡覽設計，第 13 章是會員管理的登入控制項和 Profile 個人化物件。

第 14~16 章是進階 ASP.NET，在第 14 章說明伺服器檔案、檔案上傳、電子郵件處理和 ASP.NET Ajax 功能。第 15 章說明豐富控制項(Rich Controls)的 Calendar、AdRotator、MultiView 和 Wizard 控制項後，介紹 LINQ、ADO.NET 實體資料模型和 LINQ to Entities。在第 16 章是 ASP.NET 整合應用實例，筆者活用本章前的各種控制項，以最少 ASP.NET 網頁和程式碼建立常見網站應用，包含：Ajax 聊天室、網路相簿、診所預約系統、部落格和網路商店。

書附檔案

為了方便讀者實際操作本書內容，筆者將本書使用到的範例整理成書附檔案提供讀者自行下載。書附檔案分為數個資料和檔案，其說明如下表所示：

https://www.flag.com.tw/DL.asp?F6499

資料夾或檔案	說明
範例網站.zip	ZIP 格式壓縮檔，在解開後就是本書各章節範例的 ASP.NET 網站 (即各節名稱)，我們可以直接啟動 Visual Studio Community 開啟範例網站，這些都是半成品
結果網站.zip	ZIP 格式壓縮檔，在解開後是對應**範例網站**資料夾的 ASP.NET 網站，在輸入各章節程式碼、新增控制項和更改屬性後，就可以建立位在「結果網站」資料夾的 ASP.NET 網站
範例網站	本書各章節範例的 ASP.NET 網站，這些是半成品
結果網站	本書各章節範例的 ASP.NET 網站，這些是成品
HTMLeBook	「HTML 與 CSS 網頁設計範例教本」電子書
附錄 eBook	附錄A~附錄B PDF 電子書

ASP.NET 網站存取 SQL Server Express 資料庫檔案(位在「App_Data」子目錄)時，請開啟使用者的**寫入**權限，如此才能更改檔案內容和更新記錄資料。

讀者只需啟動 Visual Studio Community 從書附檔案的「範例網站」資料夾開啟各章節的網站，一步步參閱書中說明步驟來新增控制項、更改屬性和輸入程式碼後，在「結果網站」資料夾就可以看到建立的 ASP.NET 網站，讀者可以自行比較操作結果是否正確。

目錄

第 1 章　ASP.NET 基礎與開發環境的建立

第 2 章　HTML5 設計實務

第 3 章　Visual C# 程式語言

第 4 章 Web 表單與事件處理

第 5 章 資料輸入與選擇控制項

第 6 章 資料驗證、HTTP 物件與錯誤處理

第 7 章 Web 應用程式的狀態管理

第 8 章 ADO.NET 元件與資料繫結

第 9 章 T-SQL 語法與參數的 SQL 查詢

第 10 章 網頁資料庫的顯示與維護

第 11 章 網站外觀的一致化設計

第 12 章 建立網站的巡覽架構

第 16 章　ASP.NET 整合應用實例

《以下為電子書》

附錄 A　使用 .NET FCL 與 C# 物件導向

附錄 B　建立 SQL Server 資料庫

01

ASP.NET 基礎與開發環境的建立

本章學習目標

1-1 Web 應用程式的基礎

ASP.NET 是微軟公司開發的網頁開發技術，可以幫助網頁設計或程式設計者快速建立「Web 應用程式」(Web Applications)，一種以 HTTP 通訊協定作為橋樑，在 WWW 建立的主從架構應用程式。

WWW 與主從架構系統

「WWW」(World Wide Web，簡稱 Web) 全球資訊網是 1989 年歐洲高能粒子協會一個研究小組開發的 Internet 服務，Web 能夠在網路上傳送圖片、文字、影像和聲音等多媒體資料，這是由 Tim Berners Lee 領導的小組開發的主從架構和分散式網路服務系統。

基本上，WWW 全球資訊網是一種主從架構系統，在主從架構的主端是指伺服端 (Server) 的 Web 伺服器，儲存 HTML 網頁、圖片和相關檔案，從端是客戶端 (Client)，也就是使用者執行瀏覽器的電腦，負責和伺服器溝通和讀取伺服器的資料，在之間傳送的是 HTML 網頁、圖檔和相關檔案，如下圖所示：

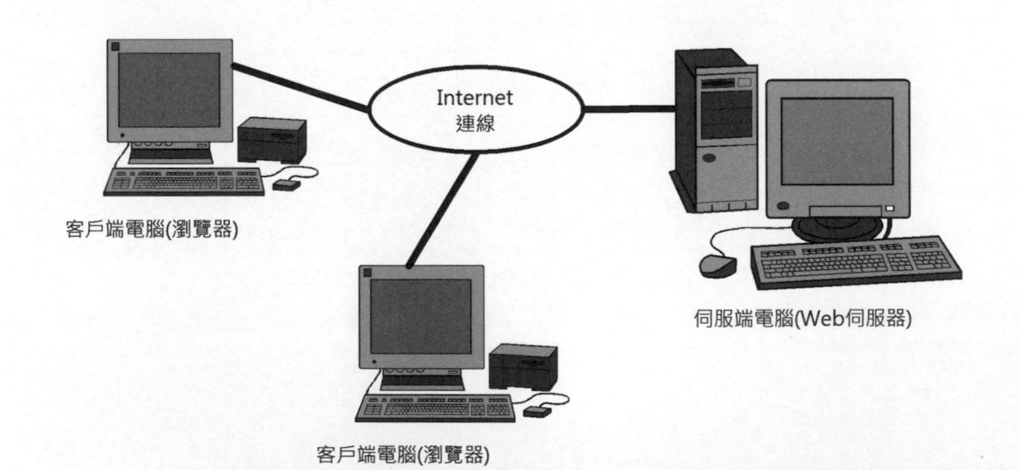

上述 Web 伺服器負責儲存資料，以微軟來說是「IIS」(Internet Information Services)，從端使用瀏覽器取得和顯示伺服端的資料，例如：Google Chrome、FireFox 和 Microsoft Edge 等瀏覽器。

在 WWW 架構的 Web 伺服器是被動角色，只會等待使用者藉著瀏覽器提出瀏覽的 HTTP 請求，然後 Web 伺服器針對請求進行檢查，沒有問題就開始傳輸資料，其傳輸的資料是 HTML 網頁和相關多媒體檔案，換句話說，就是從 Web 伺服器下載相關檔案。

客戶端瀏覽器透過網路接收到檔案資料後，即可將 HTML 網頁直譯後將內容顯示出來，這就是進入網站看到的網頁內容。

HTTP 通訊協定（Hypertext Transfer Protocol）

HTTP 通訊協定是一種在伺服端（Server）和客戶端（Client）之間傳送資料的通訊協定，如下圖所示：

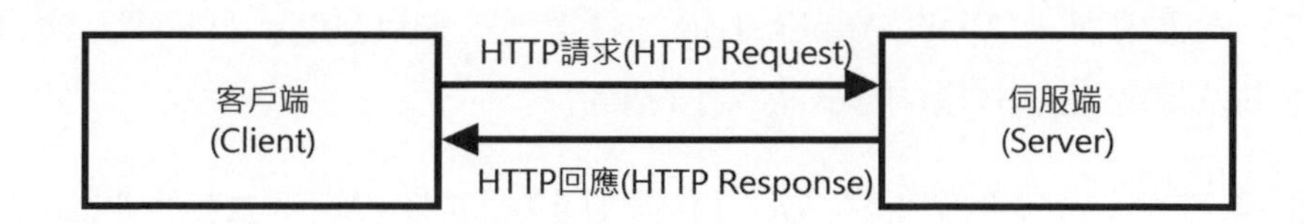

上述 HTTP 通訊協定的應用程式是一種主從架構（Client-Server Architecture）應用程式，在客戶端使用 URL（Uniform Resource Locations）萬用資源定位器指定連線的伺服端資源，傳送 HTTP 訊息（HTTP Message）進行溝通，可以請求指定檔案，其過程如下所示：

Step 1 客戶端要求連線伺服端。

Step 2 伺服端允許客戶端的連線。

Step 3 客戶端送出 HTTP 請求訊息，內含 GET 指令請求取得伺服端的指定檔案。

Step 4 伺服端以 HTTP 回應訊息來回應客戶端的請求，傳回訊息包含請求的檔案內容。

HTTP 通訊協定的特性

HTTP 通訊協定的特性非常重要，因為它影響 Web 應用程式執行時的資料分享，其主要特性的說明，如下所示：

- **HTTP 通訊協定不會持續保持連線**：只有當瀏覽器提出請求時才建立連線，在請求後就斷線等待回應，每一次請求和回應都需事先建立連線。
- **HTTP 通訊協定不會保留狀態**：因為 HTTP 通訊協定不會保持連線，所以在連線時，伺服端和客戶端互相知道對方，一旦請求結束，就互不相干，所以使用者狀態並不會保留，每一次連線都如同是一位新使用者。

Web 應用程式因為 HTTP 通訊協定非持續連線且不保留狀態的特性，所以需要使用「狀態管理」（State Management）來追蹤和保留使用者的資訊，詳細說明請參閱<第 7 章>。

Web 應用程式

Web 應用程式（Web Applications）就是一組網頁（包含 HTML 網頁、圖片和相關伺服端網頁技術的程式檔案）的集合。

> **Tip** 請注意！Web 應用程式是在 Web 伺服器的電腦上執行，並不是在客戶端電腦的瀏覽器執行。

Web 應用程式的主要功能是**回應使用者的請求，並且與使用者進行互動**，以 ASP.NET 技術來說，就是建立 ASP.NET 網站的 Web 應用程式。目前 Internet 擁有多種不同類型的 Web 應用程式，例如：網路銀行、電子商務網站、搜尋引擎、網路商店、拍賣網站和電子公共論壇等。

事實上，Web 應用程式就是一種「Web 基礎」（Web-Based）的資訊處理系統（Information Processing Systems），如下圖所示：

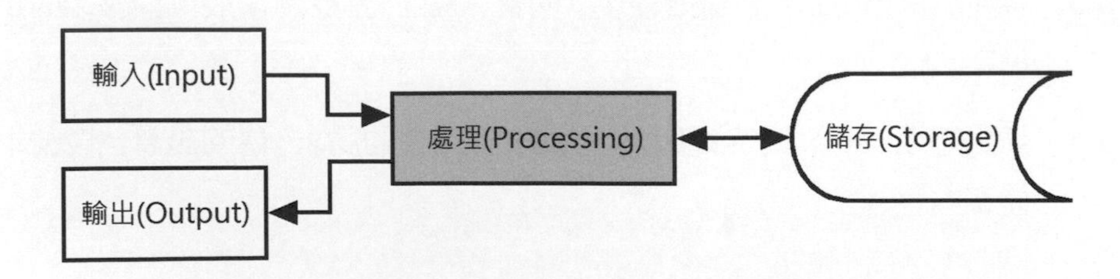

上述圖例的輸入部分，以 ASP.NET 技術來說，就是 Web 表單的欄位，例如：查詢圖書書號的欄位，在儲存部分最常使用的是資料庫，例如：網路商店的圖書資料庫。

ASP.NET 網頁可以依照輸入資料和儲存的資料進行處理，以此例，就是使用書號從資料庫找出圖書的詳細資料，最後產生輸出結果，即圖書詳細內容的 HTML 網頁。例如：進入 Amazon 網路書店查詢圖書時，看到查詢結果的網頁內容。

很明顯的！這份網頁內容並不是靜態 HTML 網頁，而是動態使用 ASP.NET 技術產生的內容，整個架構是一種從資料庫取得資料驅動的 Web 應用程式，稱為「網頁資料庫」（Web Databases），詳細說明請參閱<第 8~10 章>。

1-2 認識網頁設計技術

網頁設計在本質上是一種程式設計，不同於桌上型應用程式，網頁設計建立程式的輸出結果是 **HTML 網頁**，我們需要在**瀏覽器顯示執行結果**，而不是在 Windows 作業系統的視窗，或命令提示字元視窗。

因為 HTML 語言建立的網頁是靜態內容，沒有任何互動效果，所以，我們需要搭配網頁設計技術才能建立互動的動態網頁內容，依執行位置分為：客戶端和伺服端網頁技術。

1-2-1 客戶端網頁技術

客戶端網頁技術是指程式碼或網頁是在使用者客戶端電腦的瀏覽器中執行，因為瀏覽器支援直譯器，所以可以執行客戶端網頁技術，如下圖所示：

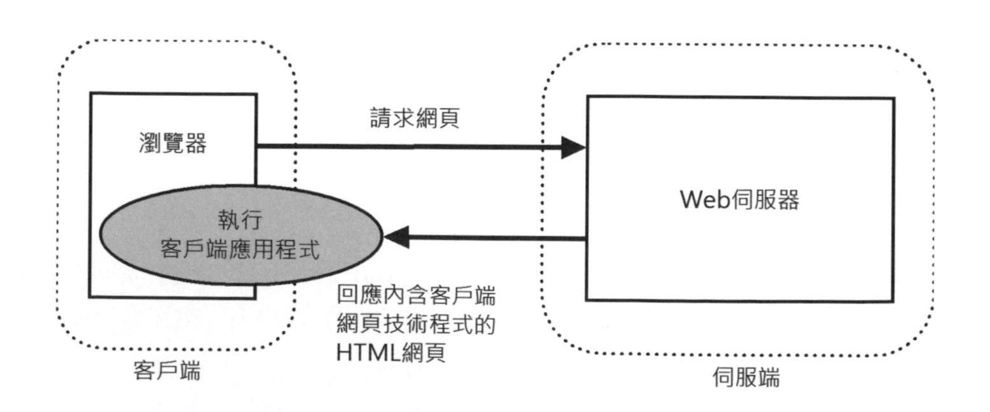

上述圖例的瀏覽器向 Web 伺服器請求網頁後，Web 伺服器會將 HTML 網頁和相關客戶端網頁技術的檔案下載至瀏覽器電腦，然後在瀏覽器執行應用程式。常用**客戶端**網頁技術的簡單說明，如下所示：

- **Java Applet**：使用 Java 語言撰寫的一種 Java 應用程式，我們需要使用編譯器將原始程式碼編譯成位元組碼，即 Java Applet，瀏覽器需要使用 Java 直譯器「JVM」(Java Virtual Machine)來執行。因為安全上問題，目前大多瀏覽器已經不再支援 Java Applet。
- **JavaScript (Jscript)**：JavaScript 是 Netscape 開發的 Script 腳本語言，其淺顯的程式語法，就算初學程式設計者也可以運用自如，輕鬆在網頁上建立互動效果；Jscript 為微軟推出相容 JavaScript 的 Script 語言，簡單的說，Netscape 或 Mozilla Firefox 支援 JavaScript；Internet Explorer 支援 Jscript。
- **ActionScript 與 Flash**：ActionScript 是 Macromedia 公司開發的一種 Script 腳本語言，可以讓 Flash 動畫電影檔產生互動效果，這是一種類似 JavaScript 語法的腳本語言。Flash 是 Macromedia 公司的軟體名稱，用來建立動畫效果，瀏覽器只需安裝 Flash 播放程式，就可以在網頁顯示 Flash 檔案建立的動畫效果。我們可以使用 Flash 和 ActionScript 來輕鬆**建立動畫效果**的網頁應用程式。
- **VBScript**：VBScript 是 Visual Basic 語言家族的成員，全名 Microsoft Visual Basic Scripting Edition，簡稱 VBScript。VBScript 是一種完全免費的直譯語言，也是一種在瀏覽器執行的網頁語言，能夠讓網頁設計者開發互動多媒體的網頁內容，目前只有微軟 Internet Explorer 瀏覽器支援 VBScript。
- **DHTML**：「DHTML」(Dynamic HTML)是一種在瀏覽器建立 HTML 動態效果的技術，主要是由三種元素組成：HTML、CSS 和 Script 語言。
- **Ajax**：Ajax 是 Asynchronous JavaScript And XML 的縮寫，譯成中文就是**非同步 JavaScript 和 XML 技術**，Ajax 技術是由 HTML 和 CSS、XML、XML DOM 和 XMLHttpRequest 物件組成。

- **Silverlight**：Silverlight 是一套開發豐富網際網路應用程式（Rich Internet Application，RIAs）的工具程式，其定位和 Macromedia 公司的 Flash 相同，這是微軟開發的 RIA 工具，提供網頁設計師另一種建立豐富網頁內容的選擇。

1-2-2 伺服端網頁技術

伺服端網頁技術是在 Web 伺服器的電腦上執行的應用程式，而不是在客戶端電腦的瀏覽器執行，如下圖所示：

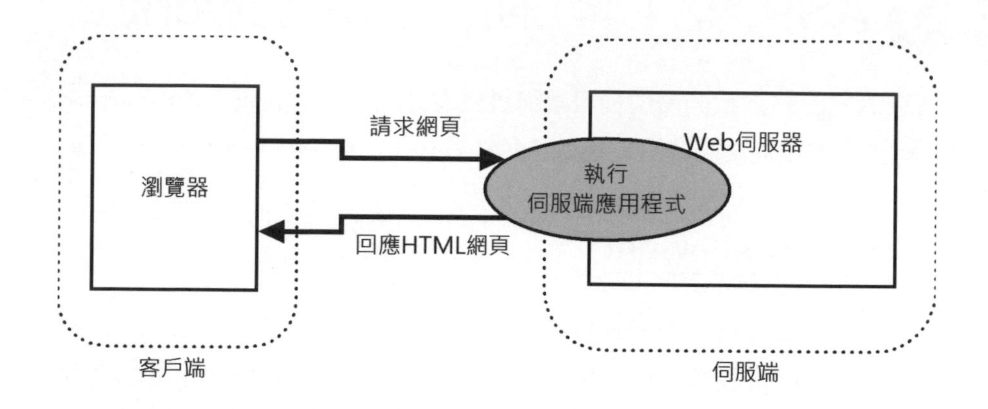

上述圖例的網頁程式是在伺服端執行，傳回客戶端的執行結果是 HTML 網頁。常用**伺服端**網頁技術的簡單說明，如下所示：

- **CGI**（Common Gateway Interface）：**共通匣道介面**提供 Web 伺服器執行外部程式的管道，CGI 應用程式是一種外部程式的執行檔，能夠使用各種程式語言來開發，例如：Visual Basic、C、C++ 和 Perl，程式需要編譯成執行檔案，以便在伺服端執行。
- **ASP**（Active Server Pages）：英文字面上是一種讓網頁在伺服器上動起來的技術，能夠將 Script 語言內嵌 HTML 標籤的網頁，在伺服端產生動態網頁內容，一種在伺服端以**直譯方式執行**的網頁技術。
- **ASP.NET**：ASP.NET 是繼 ASP 3.0 後，微軟開發的伺服端網頁技術，以「CLR」（Common Language Runtime）架構的 .NET 程式設計平台，可以讓我們使用 CLR 語言在伺服端**建立 Web 應用程式**。

- **PHP**(PHP: Hypertext Preprocessor):一種**通用和開放原始碼**(Open Source)的伺服端 Script 語言,可以直接內嵌於 HTML 網頁,特別適用在 **Web 網站的開發**,主要是使用在 Linux/Unix 作業系統的伺服端網頁技術,也支援 Windows 作業系統。
- **JSP**(Java Server Pages):Java 家族中和 ASP 一較長短的網頁技術,以 Java 語言來說,Java Applet 是下載到客戶端執行的程式檔;Java Servlet 是在伺服端執行;JSP 是結合 HTML 和 Java Servlet 的一種伺服端網頁技術。

1-3 ASP.NET 與 .NET Framework

ASP.NET 是微軟開發的**伺服端網頁技術**,屬於微軟 .NET Framework 技術的一環,能夠在伺服端建立功能強大的 Web 應用程式。

1-3-1 .NET Framework

.NET Framework 是微軟程式開發平台,由 CLR 和 .NET Framework 類別函數庫組成。當我們使用 .NET Framework 支援的程式語言編寫程式碼檔案後,就可以使用 .NET 編譯器進行編譯,不過,.NET Framework 不是編譯成 CPU 可執行的機器語言,而是一種中間程式語言稱為「MSIL」(Microsoft Intermediate Language)。

當需要執行 .NET 程式時,CLR 是使用「JIT」(Just In Time)編譯器將 MSIL 轉換成機器語言來執行程式,如下圖所示:

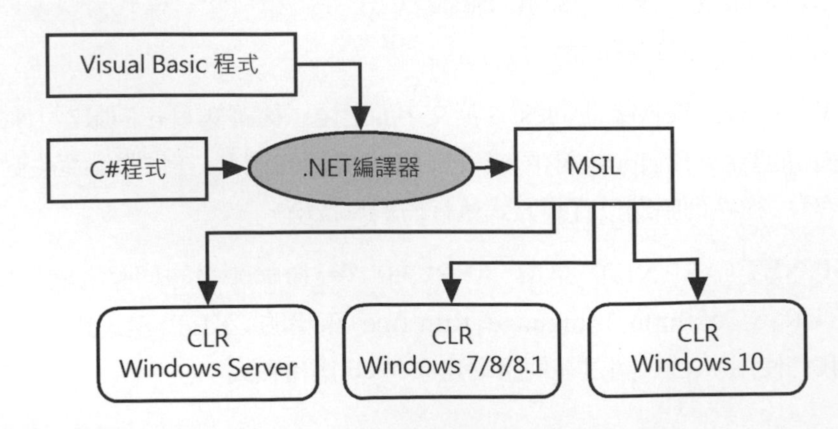

上述圖例不論使用 Visual Basic 或 C#語言建立的 ASP.NET 程式碼，在編譯成 MSIL 後，就可以在不同 Windows 作業系統使用 CLR 的 JIT 編譯器來執行。我們只需在 Windows 作業系統安裝 CLR，撰寫的程式就可以跨平台在不同 Windows 作業系統執行。

.NET Framework 類別函數庫（.NET Framework Class Library，簡稱 .NET FCL）提供龐大的類別物件，幫助我們建立各種應用程式，只需支援 .NET Framework 的程式語言都可以使用類別函數庫的物件和方法，在<附錄 A>說明如何在 ASP.NET 程式碼使用 .NET Framework 類別函數庫的物件。

1-3-2 ASP.NET 技術的三種開發模型

ASP.NET 是架構在 .NET Framework 的 CLR 平台的網頁技術，其主要目的是建立 Web 應用程式。ASP.NET 技術共有三種開發模型來建立 ASP.NET 應用程式，如下圖所示：

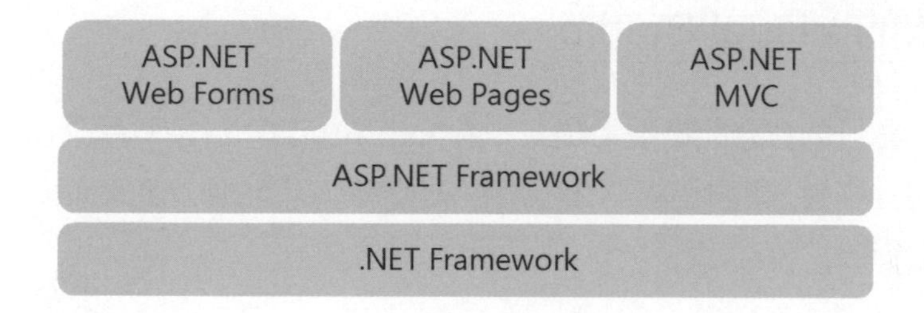

上述圖例的最底層是 .NET Framework，ASP.NET 技術的開發框架可以使用 HTML、CSS、JavaScript 和伺服端程式來建立 Web 網站，它是架構在 .NET Framework 之上，所以 ASP.NET 技術可以使用 .NET Framework 類別函數庫提供的龐大類別來快速建立 Web 應用程式。

基本上，我們可以使用三種開發模型來建立 ASP.NET 技術的 Web 應用程式，其簡單說明如下所示：

- **ASP.NET Web Forms 開發模型**：傳統 ASP.NET 開發模型，一種事件驅動和伺服端控制項的開發模型，其目的是隱藏 HTTP 請求，使用伺服端控制項來全權處理頁面顯示，以便讓我們如同建立桌上型 Windows Form 應用程式一般的建立 Web 應用程式。

- **ASP.NET Web Pages 開發模型**：這是一種以**頁面**為中心的開發模型，類似 ASP 和 PHP 技術，可以讓開發者全權控制網頁的顯示，和整合客戶端網頁技術的各種套件，並且使用內建範本和幫助者類別來快速建立 Web 應用程式。
- **ASP.NET MVC 開發模型**：使用著名 MVC 設計模式來建立 Web 應用程式，可以將 Web 應用程式分割成三大部分 **Models、Views 和 Controllers**，分別是資料、顯示和處理請求，在顯示部分預設是和 Web Pages 開發模型使用相同的 Razor 語法。

1-4 建立 ASP.NET 開發環境

「開發環境」（Development Environment）是一組工具程式，可以幫助我們建立、測試和維護 ASP.NET 技術建立的 Web 應用程式，在本書是使用 Visual Studio Community 2015 版。

1-4-1 微軟的 Visual Studio

微軟程式語言的整合開發環境稱為 Visual Studio，這是微軟公司開發的應用程式整合開發環境，能夠在同一套應用程式編輯、編譯、偵錯和測試 .NET 語言建立的應用程式。

Visual Studio 是一套支援 .NET Framework 的整合開發環境，可以使用 C#、Visual Basic、C++和 J# 等語言來建立 Windows、ASP.NET、主控台和 Web Services 等各種不同的應用程式，其建立的應用程式是在 .NET Framework 的 CLR 平台上執行，如下圖所示：

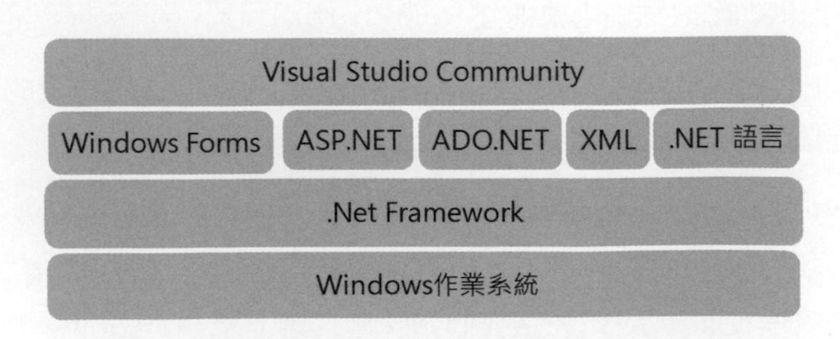

上述圖例在 Windows 作業系統安裝 .NET Framework 後，就可以使用 Visual Studio，以 .NET 語言來建立 Windows Forms、ASP.NET、ADO.NET 和 XML 應用程式。Community 社群版是完全免費版本。

1-4-2 下載與安裝 Visual Studio Community

Visual Studio Community 是一套支援開發 ASP.NET 網站（即 Web 應用程式）的整合開發環境。

下載 Visual Studio Community

Visual Studio Community 2015 版可以從網路上免費下載，其下載網址為：https://www.visualstudio.com/downloads/。

請在左邊「Visual Studio」區段，點選**下載 Community 2015**，就可以下載安裝程式檔 **vs_community_CHT.exe**。

安裝 Visual Studio Community

在成功下載 Visual Studio Community 版後，我們可以在 Windows 作業系統進行安裝，本書是以 Windows 7 為例，其步驟如下所示：

Step 1 請執行下載 **vs_community_CHT.exe** 檔案啟動安裝程式，稍等一下，可以看到安裝畫面，顯示安裝位置和安裝程式檔案選項。

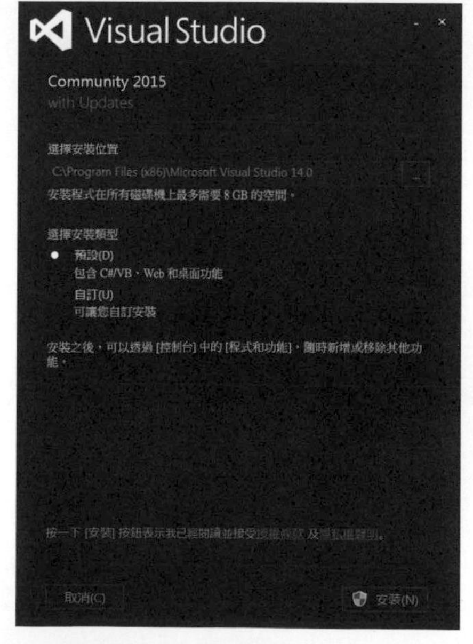

Step 2 **預設**為一般安裝（選**自訂**可以自行選擇安裝元件），請點選右下方**安裝**鈕進行安裝。

Step 3 如果看到「使用者帳戶控制」視窗，請按**是**鈕，可以看到目前的安裝進度，稍等一下，等到安裝完成，可以看到成功安裝的畫面。

Step 4 請按下方**立即重新啟動**鈕重新啟動 Windows 來完成 Visual Studio Community 2015 版的安裝。

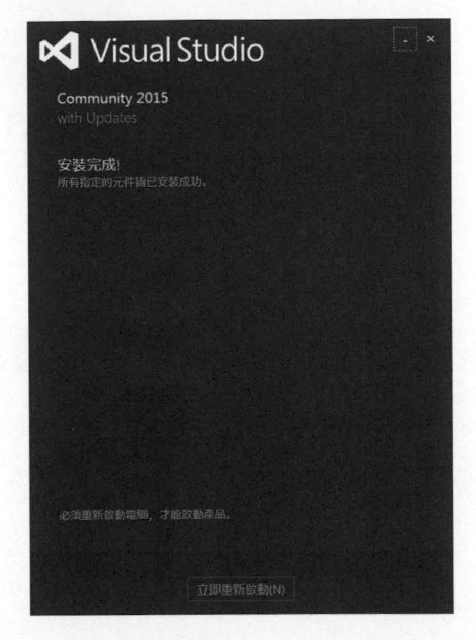

1-5 Visual Studio Community 的基本使用

Visual Studio Community 在 ASP.NET 開發支援建立 Web 伺服器、FTP 伺服器和檔案系統三種 Web 網站或專案。

1-5-1 啟動與關閉 Visual Studio Community

在安裝 Visual Studio Community 後，我們就可以從 Windows 作業系統啟動 Visual Studio Community。

啟動 Visual Studio Community

Visual Studio Community 如果是第一次啟動，就會要求註冊登入來取得使用權（註冊過程是完全免費，沒有註冊只能使用 30 天），在啟動後，就可以著手建立第一個 ASP.NET 網站，其步驟如下所示：

Step 1 請執行「開始/ Visual Studio 2015」命令啟動 Visual Studio Community 版，第一次啟動需花費一些時間，和在登入畫面按**登入**鈕進行登入（如果沒有帳號，請先免費註冊，成功登入即可取得使用權），然後選擇開發環境設定和喜好的佈景外觀。

Step 2 本書是使用預設值，請按**啟動 Visual Studio** 鈕啟動 Visual Studio，稍等一下，可以進入開發環境看到起始頁。

Visual Studio Community 在啟動後預設開啟起始頁，在此頁面提供快捷選單，可以快速開啟和新增專案，並且在「最近」區塊顯示最近曾開啟的 ASP.NET 網站清單，點選就可以馬上開啟網站。

關閉 Visual Studio Community

離開 Visual Studio Community 請執行「檔案/結束」命令。

1-5-2 建立 ASP.NET 的 Web 網站

Visual Studio Community 支援建立 ASP.NET 技術的 Web 網站（Web Site），依儲存位置可以建立三種 Web 網站，其說明如下所示：

- **HTTP 網站**：建立位在 Web 伺服器上的 Web 網站，我們需要在 Internet 擁有 Web 伺服器、支援 ASP.NET 技術的網頁空間，或在 Windows 作業系統自行安裝 IIS，才能建立 HTTP 網站。
- **FTP 網站**：建立可以使用 FTP 伺服器部署的網站，也就是透過 FTP 伺服器來存取 ASP.NET 網站的內容。
- **檔案系統網站**：儲存在本機硬碟資料夾的 Web 網站。

說明

Visual Studio Community 可以選擇建立 Web 專案（Web Project）或 Web 網站（Web Site）的 ASP.NET 應用程式，如果選擇建立 Web 專案，Visual Studio Community 是使用專案檔案來追蹤 Web 應用程式的檔案、設計與資源，並且在執行前編譯成單一組件檔（Assembly）；如果選擇建立 Web 網站，Visual Studio Community 是直接將資料夾下的所有檔案視為同一個 Web 應用程式，本書主要是使用 Web 網站來建立 ASP.NET 應用程式。

建立檔案系統的 Web 網站

因為 Web 網站的架構比較簡單，也更容易搬移至其他電腦，基於初學者學習和教學上的考量，本書是使用檔案系統 Web 網站的無專案開發，在<第 1-5-4 節>有進一步說明。在 Visual Studio Community 建立檔案系統的 Web 網站，其步驟如下所示：

Step 1 請啟動 Visual Studio Community 看到起始頁後，執行「檔案/新增/網站」命令，可以看到「新網站」對話方塊（執行「檔案/新增/專案」命令是建立 Web 專案）。

Step 2 在左邊選**已安裝的**項目下**範本**的 **Visual C#**後，中間上方是 **.NET Framework 4.6**，在中間選 **ASP.NET 空網站**，下方 **Web 位置**欄選**檔案系統**，按**瀏覽**鈕建立「D:\範例網站\Ch01\Ch1_5_2」路徑，按**確定**鈕新增空的 ASP.NET 網站，即 Web 網站，如下圖所示：

上述 ASP.NET 技術的 Web 網站（簡稱 ASP.NET 網站）是一個空網站，右上方「方案總管」視窗顯示網站只有 ASP.NET 網站組態設定的 XML 文件 Web.config，在右下方「屬性」視窗顯示網站相關的屬性值。

關閉 ASP.NET 技術的 Web 網站

關閉 ASP.NET 技術的 Web 網站，請執行「檔案/關閉方案」命令。

> **說明**
>
> 如果在關閉網站時看到儲存 .sln 項目變更的訊息視窗，這是 VS 方案檔，實務上，建議按**否**鈕不儲存方案檔案的變更，其進一步的說明請參閱<第 1-5-4 節>。

1-5-3 加入 ASP.NET 網頁

在建立空白 ASP.NET 網站後，我們可以在網站加入 ASP.NET 網頁。在 ASP.NET 網站可以加入兩種網頁，其說明如下所示：

- **Web 表單**：包含 HTML 標籤和伺服端控制項的網頁，即 ASP.NET 網頁，其副檔名為 .aspx，詳見<第 1-6 節>的說明。
- **HTML 頁面**：內含 HTML 標籤的網頁，並不含任何 ASP.NET 控制項，其副檔名是 .html，詳見<第 2 章>的說明。

我們準備開啟「D:\範例網站\Ch01\Ch1_5_3」路徑的 ASP.NET 網站來加入 ASP.NET 網頁（當資料夾已經有 ASP.NET 網頁時，Visual Studio Community 可以直接開啟資料夾的 ASP.NET 網站，並不需事先建立 ASP.NET 網站），其步驟如下所示：

Step 1 請啟動 Visual Studio Community 執行「檔案/開啟/網站」命令，可以看到「開啟網站」對話方塊。

Step 2 在左邊選**檔案系統**，展開**電腦**項目下的資料夾即可開啟網站，以此例是選**檔案系統**的「D:\範例網站\Ch01\Ch1_5_3」資料夾，按**開啟**鈕開啟 ASP.NET 網站。

Step 3 在「方案總管」視窗的網站根目錄上，執行右鍵快顯功能表的「加入/加入新項目」命令，可以看到「加入新項目」對話方塊。

Step 4 在左邊**已安裝的**項目下選 **Visual C#**後，中間選 **Web 表單**，**名稱**欄的預設檔案名稱是 Default.aspx，不用更改，按**新增**鈕，可以在「方案總管」視窗看到新增的 ASP.NET 網頁。

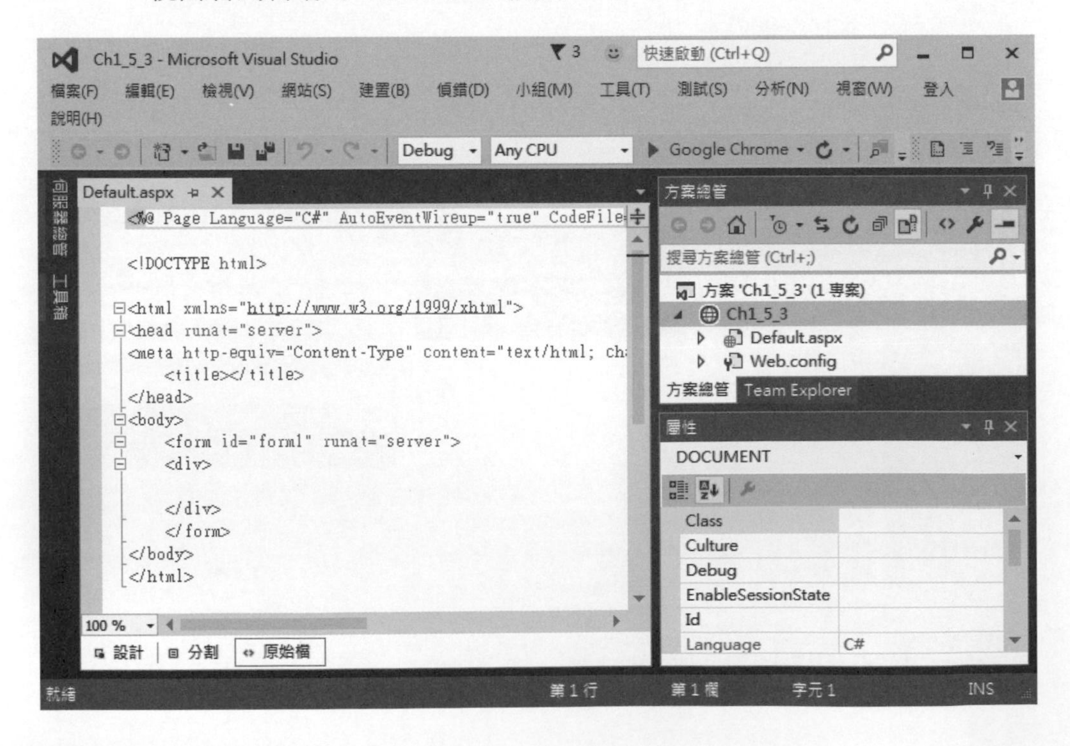

在上述圖例左邊選**工具箱**標籤，可以開啟「工具箱」視窗，此視窗提供建立 ASP.NET 網頁所需的控制項和程式碼片段等工具按鈕。

在中間標籤頁編輯視窗的 Default.aspx 是 ASP.NET 網站新增的網頁檔案，按上方標籤頁檔案名稱後的 **X** 號可以關閉此檔案。右上方「方案總管」視窗顯示 ASP.NET 網站的資料夾和檔案清單；右下方是「屬性」視窗。

編輯視窗

Visual Studio Community 開發環境的最主要部分是中間標籤頁的編輯視窗，當選取視窗下方的三個標籤，可以切換三種不同的檢視方式，如下所示：

- **設計檢視**：Visual Studio Community 視覺化設計工具，只需從「工具箱」視窗選取控制項，就可以拖拉建立 ASP.NET 網頁內容。
- **分割檢視**：將編輯視窗分割成上下兩部分，上方是原始程式碼；下方是設計檢視，在下方選取控制項，可以在上方顯示對應的標籤程式碼。
- **原始檔檢視**：ASP.NET 網頁的程式碼編輯視窗，可以顯示 Visual C#和控制項標籤的程式碼。

方案總管視窗

Visual Studio Community 的「方案總管」視窗是 ASP.NET 網站檔案和資料夾的管理視窗，可以顯示目前開啟 ASP.NET 網站的檔案和資料夾清單，按二下檔案名稱就可以開啟指定檔案。

屬性視窗

在「屬性」視窗可以檢視 ASP.NET 網頁或控制項等物件的相關屬性，在上方欄位顯示的是選取物件；下方可以顯示此物件的屬性清單。

1-5-4 ASP.NET 網站的無專案開發

如果讀者使用過 Visual Studio 開發工具，一定了解 Visual Studio 是使用專案檔案來儲存應用程式開發的相關資訊，不過，使用 Visual Studio 開發 Web 應用程式稍有不同，因為我們建立的 Web 網站並沒有專案檔案。

ASP.NET 網站的無專案開發

無專案開發（Projectless Development）不同於 Visual Studio 開發其他類型應用程式的方式，例如：Windows Form 應用程式，因為我們建立的 Web 網站並沒有專案檔案，即副檔名 .csproj 的檔案。

無專案開發的優點在於 Web 網站架構簡潔，沒有多餘檔案，在部署 Web 網站時，只需將整個資料夾複製至 Web 伺服器即可，並不用考量是否複製多餘的開發資訊，不只如此，因為沒有專案，我們可以輕鬆分配工作讓小組成員來分工合作完成整個 ASP.NET 網站。

Web 網站的隱藏方案檔

雖然 Visual Studio Community 可以建立無專案的 Web 網站，不過，當我們開啟 Web 網站時，預設仍然會建立方案檔案，即副檔名為 .sln 和 .suo 的檔案，其儲存位置不是在專案資料夾，所以在「方案總管」視窗看不到此檔案（稱為**隱藏方案檔**），它是位在 Windows 使用者的專屬資料夾，如下所示：

```
C:\使用者\[使用者名稱]\我的文件\Visual Studio 2015\Projects\
```

Visual Studio 方案檔是一個專案的容器，因為 Visual Studio 是以方案來管理專案，一個方案允許新增一至多個專案，對於無專案的 Web 網站來說，這個隱藏方案檔只會擁有唯一的 Web 網站。

在方案檔的內容是一些 Visual Studio 的相關設定，並不是 ASP.NET 網站的設定，例如：記錄上一次開啟的檔案清單，以便下次開啟時可以回復到上一次結束時的狀態。Visual Studio Community 每一次開啟 Web 網站，就會自動到使用者的資料夾來搜尋同名的方案檔。

因為這個隱藏方案檔並不重要，而且很容易遺失，例如：將 Web 網站搬移至其他電腦或其他資料夾，因為遺失並沒有關係，不會影響 ASP.NET 網站，所以，建議在關閉方案或開啟其他 Web 網站時，如果看到一個訊息視窗，如下圖所示：

上述訊息指出是否儲存方案檔的變更，按**否**鈕並不需要儲存變更；當然，如果使用的是個人專屬電腦，非公共電腦，就可以按**是**鈕再按**存檔**鈕儲存變更。

1-6 建立第一頁 ASP.NET 網頁

基本上，ASP.NET 網頁內容是**由 HTML 標籤和程式碼組成**，常用 .NET 語言有：C#和 Visual Basic，在本書是使用 Visual C#程式語言。

1-6-1 ASP.NET 網頁的基本結構

ASP.NET 網頁的副檔名是 .aspx，實作上，可以使用三種程式結構建立 ASP.NET 網頁，如下所示：

內嵌於 HTML 標籤

傳統 ASP 技術(Class ASP)寫法的 ASP.NET 網頁是使用「<% %>」符號，將程式碼內嵌於 HTML 標籤之中，主要目的是與舊版 ASP 技術相容，目前 ASP.NET 技術不建議使用此結構，如下所示：

```
<%
balance = 1000;
interest = balance * rate;
%>
```

上述「<% %>」符號之間是 C#程式碼片段，其進一步說明請參閱傳統 ASP 或舊版 ASP.NET 1.0/1.1 相關書籍。

內嵌程式碼分割

內嵌程式碼分割（Inline Code Separation）的程式檔結構分成兩大部分：伺服端控制項的 Web 表單和事件處理程序。Visual Studio Community 是使用 **Web 表單**範本，並且取消勾選**將程式碼置於個別檔案中**來建立此種類型的 ASP.NET 網頁。

雖然事件處理程序和伺服端控制項的標籤程式碼位在同一檔案，但分割成不同區塊，事件處理程序位在開頭的 <script> 標籤；控制項位在 <body> 標籤的 <form> 子標籤。

隱藏程式碼模型

隱藏程式碼模型（Code Behind Model）可以將前述內嵌程式碼分割架構的控制項和事件處理程序都獨立成檔案，所以**完整 ASP.NET 網頁是 2 個檔案組成**，例如：Default.aspx 和 Default.aspx.cs，一個是標籤的使用介面；另一個是事件處理程序的類別檔。

Visual Studio Community 預設建立的 ASP.NET 網頁是這種結構，在本書範例的 ASP.NET 網頁也是使用此結構，它是和 Windows Form 使用相同的 Partial 部分類別來實作。

1-6-2 建立第一頁 ASP.NET 網頁

在 Visual Studio Community 新增 ASP.NET 網站後，就可以加入 Web 表單或稱為 ASP.NET 網頁，事實上，Web 表單如同是一個容器，我們可以在其中新增控制項來建立網頁使用介面。

事件驅動程式設計（Event-driven Programming）

在 Visual Studio Community 建立 ASP.NET 網頁是使用事件驅動程式設計，其執行順序需視使用者的操作而定，也就是依觸發的事件來執行適當的處理。例如：當在網頁表單輸入註冊資料後，按**註冊**鈕，就會觸發 Click 事件，程式依觸發事件執行對應的事件處理程序來進行處理，關於事件的進一步說明請參閱 <第 4 章>。

步驟一：加入與開啟 ASP.NET 網頁

在 Visual Studio Community 開啟 ASP.NET 網站且加入隱藏程式碼模型的 ASP.NET 網頁 Default.aspx 後，就可以開啟 ASP.NET 網頁來新增控制項，其步驟如下所示：

Step 1 請啟動 Visual Studio Community，執行「檔案/開啟/網站」命令開啟「範例網站\Ch01\Ch1_6_2」資料夾的 ASP.NET 網站。

Step 2 在「方案總管」視窗的網站根目錄上，執行右鍵快顯功能表的「加入/加入新項目」命令，可以看到「加入新項目」對話方塊。

Step 3 在左邊**已安裝的**項目下選 **Visual C#**後，中間選 **Web 表單**，**名稱**欄的預設檔案名稱是 Default.aspx，按**新增**鈕新增 ASP.NET 網頁。

如果檔案已經存在，請在「方案總管」視窗按二下 Default.aspx 開啟此網頁。

步驟二：在 Web 表單新增控制項

Visual Studio Community 編輯視窗的**設計**檢視是一種隨看即所得的視覺化編輯工具，我們只需在「工具箱」視窗選取控制項，就可以在 Web 表單新增控制項的元件。請繼續上面步驟，如下所示：

Step 1 請在編輯視窗下方選**設計**切換至設計檢視，點選左邊**工具箱**標籤開啟「工具箱」視窗，可以看到分類顯示的控制項清單，如下圖所示：

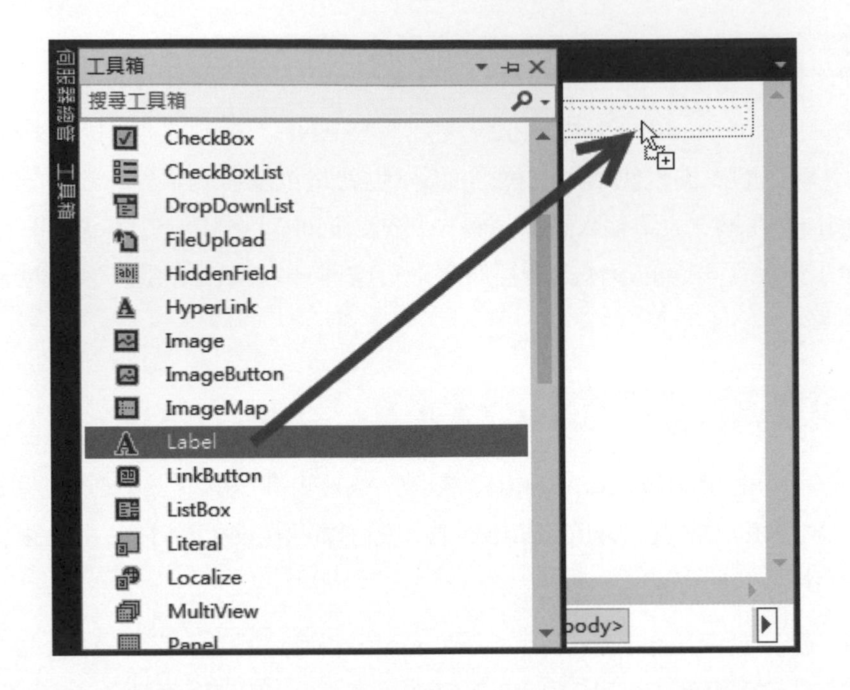

Step 2 在**標準**區段選 **Label** 標籤控制項後，拖拉至<div>標籤的方框（此方框是 Web 表單預設的編輯區域），在右下角顯示所在標籤為<div>，可以新增名為 Label1 的標籤控制項，如下圖所示：

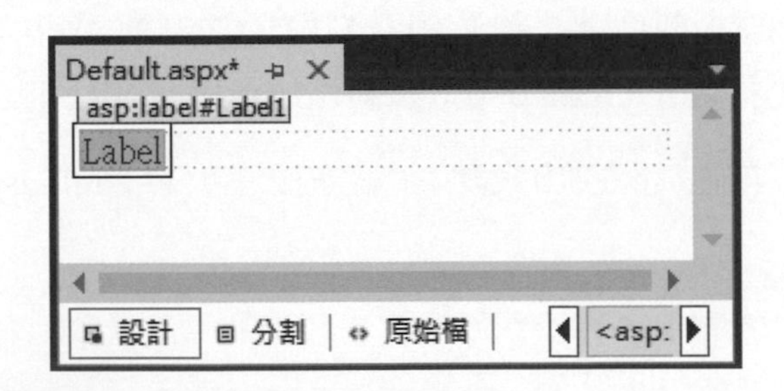

刪除控制項只需使用滑鼠選擇控制項後，執行「編輯/刪除」命令或按 Del 鍵刪除選取的控制項。

步驟三：設定控制項屬性

在 Web 表單新增控制項後，就可以在右下方「屬性」視窗設定控制項屬性。請繼續上面步驟，如下所示：

Step 1 選 **Label1** 控制項，可以在右下方「屬性」視窗顯示 Label1 控制項的屬性清單，請捲動視窗找到 **Text** 屬性。

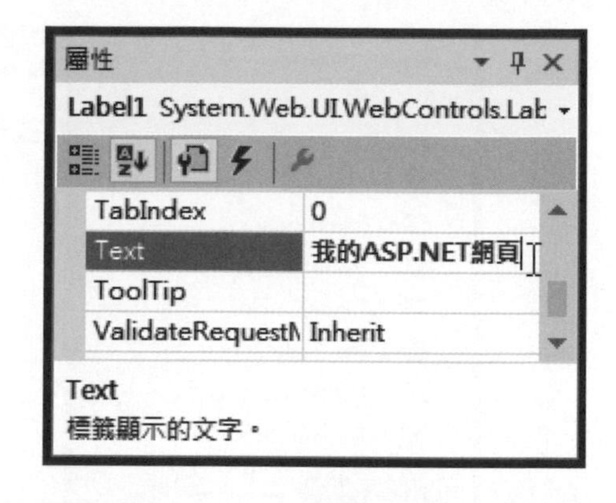

Step 2 點選 **Text** 屬性後的欄位，輸入**我的 ASP.NET 網頁**後，往前捲動找到 **Font** 屬性，點選前面＋展開其下屬性，如右圖所示：

Step 3 將 **Bold** 屬性欄改為 **True** 粗體字，**Name** 屬性欄選**微軟正黑體**字型，在 **Size** 屬性欄選 **Large** 放大字型，可以看到 Label1 控制項顯示放大的文字內容，如下圖所示：

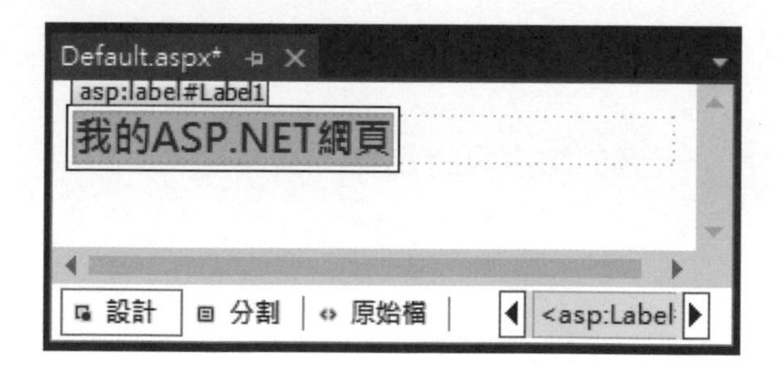

步驟四：新增其他控制項

請重複步驟二和三新增 TextBox 和 Button 按鈕控制項，並且設定相關屬性。請繼續上面步驟，如下所示：

Step 1 在文字內容的最後點一下作為插入點後，按左邊**工具箱**標籤開啟「工具箱」視窗，在**標準**區段選 **TextBox** 文字方塊控制項，如下圖所示：

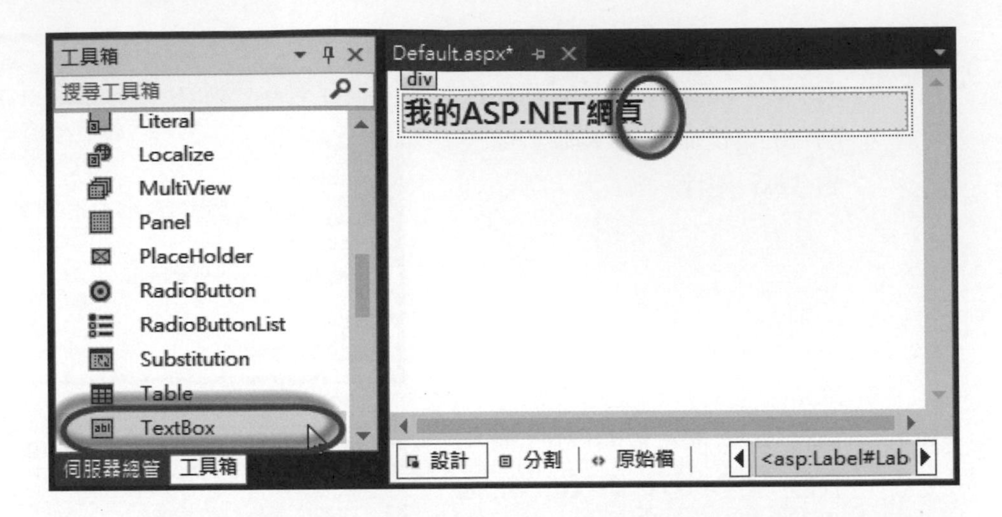

Step 2 按二下 **TextBox** 文字方塊控制項，新增名為 TextBox1 的文字方塊控制項，如右圖所示：

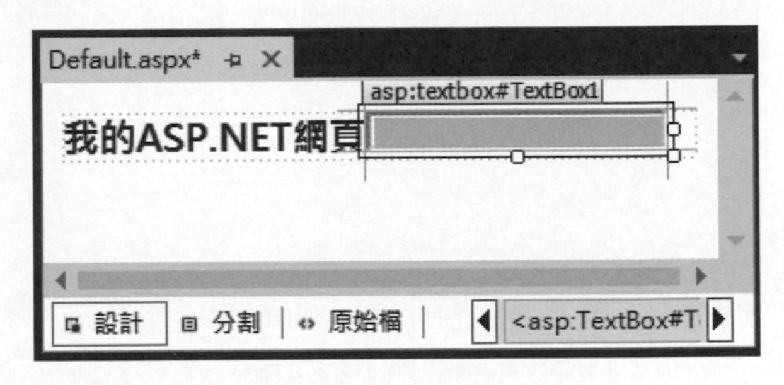

Step 3 請使用方向鍵將游標移至 Label 控制項後，按 Enter 鍵換行，以此例共按二次換二行，如下圖所示：

在選取控制項後，可以看到右下方 3 個調整尺寸的定位點，我們可以直接拖拉定位點來調整尺寸。請繼續下面步驟來調整控制項尺寸，如下所示：

Step 4 選取 TextBox 控制項，當在定位點上成為雙箭頭時，拖拉放大 TextBox 控制項的尺寸，如右圖所示：

說明

在 Visual Studio Community 新增控制項後，如果發現控制項不能調整尺寸，例如：Label 控制項，請將 BorderStyle 屬性（如果有的話）設為 None，就可以看到控制項右下方 3 個調整尺寸的定位點。

Step 5 在**標準**區段選 **Button** 按鈕控制項後，按二下或拖拉至編輯區域的<div>標籤，在放大尺寸後，可以看到在 TextBox 控制項後新增名為 Button1 的按鈕控制項，如下圖所示：

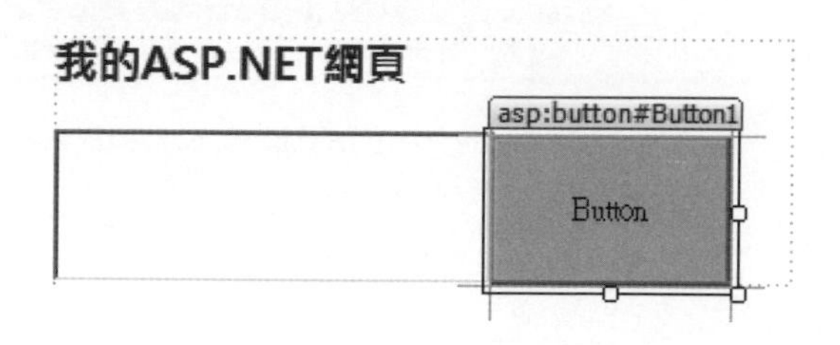

Step 6 選 **Button1** 控制項後，在「屬性」視窗捲動找到 **Text** 屬性，如右圖所示：

Step 7 在 **Text** 屬性後的欄位輸入標題文字**互換**，可以看到目前建立的 Web 表單，如下圖所示：

步驟五：在 Button 控制項建立事件處理程序

目前 Web 表單共新增 Label1、TextBox1 和 Button1 三個控制項。接著，我們可以建立按鈕控制項的事件處理程序。請繼續上面步驟，如下所示：

Step 1 請按上方工具列磁片圖示的儲存鈕，或執行「檔案/儲存 Default.aspx」命令（或按 Ctrl + S 鍵）儲存檔案後，在 Web 表單上按二下 **Button1** 按鈕控制項，可以自動開啟 **Default.aspx.cs** 檔案建立預設 Click 事件處理程序來輸入程式碼，如下圖所示：

```
Default.aspx.cs*    Default.aspx
Ch1_6_2    _Default    Button1_Click(object sei

    protected void Button1_Click(object sender, EventArgs e)
    {
        string temp;
        temp = Label1.Text;
        Label1.Text = TextBox1.Text;
        TextBox1.Text = temp;
    }
}
100 %
```

請在 Button1_Click()事件處理程序輸入處理此事件的程式碼，如下所示：

```
01: protected void Button1_Click(object sender, EventArgs e)
02: {
03:     string temp;
04:     temp = Label1.Text;
05:     Label1.Text = TextBox1.Text;
06:     TextBox1.Text = temp;
07: }
```

上述程式碼是在第 4~6 列互換標籤和文字方塊的 Text 屬性，也就是交換兩個控制項的內容。

Step 2 在輸入程式碼後，請按上方工具列的磁片圖示儲存鈕，或執行「檔案/儲存 Default.aspx.cs」命令儲存此檔案。

步驟六：預覽 ASP.NET 網頁內容

在完成 Web 表單設計和輸入事件處理程序的程式碼後，我們就可以預覽 ASP.NET 網頁的內容，請繼續上面步驟，如下所示：

Step 1 請在「方案總管」視窗選取 Default.aspx，執行「檔案/在瀏覽器中檢視」命令或在網頁編輯區域或項目上，執行右鍵快顯功能表的**在瀏覽器中檢視**命令，可以看到瀏覽器顯示的執行結果。

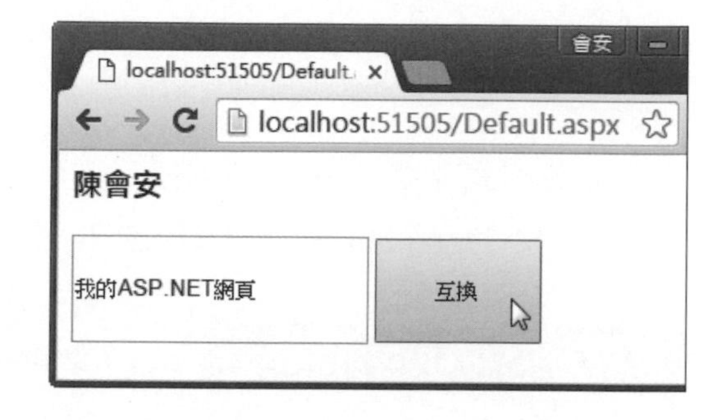

在文字方塊輸入文字內容**陳會安**，按**互換**鈕或 Enter 鍵，可以看到 Label1 控制項和 TextBox1 控制項的內容已經交換。

說明

在 Visual Studio Community 版可以指定預設瀏覽器，例如：Google Chrome，請啟動 Visual Studio Community 版開啟 ASP.NET 網站，然後在 Default.aspx 上，執行**右**鍵快顯功能表的**瀏覽方式**命令，可以看到「瀏覽方式」對話方塊。

選瀏覽器後，按**設定為預設值**鈕後，再按**瀏覽**鈕，就可以改用 Google Chrome 來預覽 ASP.NET 網頁。

1-6-3 Web 表單的程式結構

Web 表單可以建立跨平台和跨瀏覽器 Web 應用程式的輸入介面，其結構是一種**事件驅動程式設計模型**(Event-driven Programming Model)，使用伺服端控制項建立 Web 表單使用介面。當產生事件時，呼叫對應的事件處理程序來處理事件。

隱藏程式碼模型的 ASP.NET 網頁是由 2 個檔案組成：Default.aspx(使用介面)和 Default.aspx.cs(事件處理)。

使用介面：Default.aspx

Web 表單程式本身是一份 HTML 網頁，使用 HTML 標籤與伺服端控制項建立的使用介面，其基本結構如下所示：

```
<%@ Page Language="C#" AutoEventWireup="true"
     CodeFile="Default.aspx.cs" Inherits="_Default" %>
<!DOCTYPE html>
<html xmlns="http://www.w3.org/1999/xhtml">
<head runat="server">
<meta http-equiv="Content-Type" content="text/html; charset=utf-8"/>
    <title></title>
</head>
<body>
    <form id="form1" runat="server">
    <div>
    <asp:Label ID="Label1" runat="server"
         Font-Bold="True" Font-Names="微軟正黑體"
         Font-Size="Large" Text="我的 ASP.NET 網頁"></asp:Label>
    <br /><br />
    <asp:TextBox ID="TextBox1" runat="server"
         Height="58px" Width="176px"></asp:TextBox>
    <asp:Button ID="Button1" runat="server" Height="62px"
         OnClick="Button1_Click" Text="互換" Width="100px" />
    </div>
    </form>
</body>
</html>
</html>
```

上述 HTML 網頁是以@ Page 指示指令開始，再來是 HTML5 的 DOCTYPE（詳見<第 2 章>），然後是<html>根元素，我們是在<form runat="server">子標籤建立 Web 表單，在<div>標籤中新增伺服端控制項（Server Controls），以此例有 Label、TextBox 和 Button 共 3 個控制項，其說明如下所示：

- **@ Page 指示指令**：@ Page 是 ASP.NET「指示」(Directive) 指令，其相關屬性的說明，如下表所示：

屬性	說明
Language	定義 ASP.NET 網頁使用的程式語言，以此例為 C#，表示使用 C#語言
AutoEventWireup	當瀏覽 ASP.NET 網頁時，Page_Load() 事件是否自動執行，如果啟用，其值為 true；否則為 false
CodeFile	指定網頁參考的程式碼檔案，即事件處理所在的類別檔
Inherits	定義網頁繼承的類別，即 CodeFile 屬性對應類別檔宣告的 Partial 部分類別名稱

- **<form>標籤**：<form>標籤是位在<body>標籤中，因為指定 runat 屬性值 server，表示是一個 **HTML 控制項**，即 HtmlForm 控制項物件，其他的伺服端控制項是置於<form>標籤之中，如下所示：

```
<form runat="server">
    .........
</form>
```

- **<div> 標籤**：基於編排所需，Visual Studio Community 預設將伺服端控制項的標籤程式碼置於此 HTML 標籤中，我們可以將 <div> 標籤視為 **Web 表單的編輯區域**（如同 Windows Form 應用程式的視窗範圍），然後在此範圍新增控制項，格式化編輯區域請使用 CSS（Cascading Style Sheets）層級式樣式表，進一步說明請參閱<第 11 章>。
- **伺服端控制項**：Web 表單是由伺服端控制項（Server Controls）組成，它是一種伺服端的可程式化物件。在 ASP.NET 網頁可以使用 HTML 或 Web 控制項來建立使用介面，進一步說明請參閱<第 4 章>。

事件處理：Default.aspx.cs

Default.aspx.cs 是**事件處理程序的類別檔**（請在「方案總管」視窗的 Default.aspx 上，執行右鍵快顯功能表的**檢視程式碼**命令來開啟），在 Default.aspx 的 @Page 指示指令的 CodeFile 屬性指定對應的類別檔名稱。

Default.aspx.cs 的內容是一個 C# 類別宣告，一個藍圖用來建立物件（Object），屬於物件導向程式設計（物件導向語法在<附錄 A>說明），讀者可以先將類別視為是一種標準的程式結構，如下所示：

```
public partial class _Default : System.Web.UI.Page
{
    protected void Page_Load(object sender, EventArgs e)
    {
    }
    protected void Button1_Click(object sender, EventArgs e)
    {
        String temp;
        temp = Label1.Text;
        Label1.Text = TextBox1.Text;
        TextBox1.Text = temp;
    }
}
```

上述程式碼是使用 partial 關鍵字開頭的部分類別宣告，程式碼是置於大括號之間，類別名稱為 _Default，使用「:」繼承 System.Web.UI.Page 類別，繼承也是物件導向語法，可以繼承父類別的功能，在<附錄 A>有進一步的說明。

在類別中是事件處理程序 Button1_Click() 是成員方法，程序名稱前是存取修飾子，可以指定類別成員的存取範圍， protected 存取修飾子表示只有類別本身和其繼承子類別可以呼叫此成員方法。

事實上，我們需要整合 Default.aspx 和 Default.aspx.cs 兩個檔案，才是完整 _Default 類別宣告的程式碼，稱為 **partial 部分類別**。 partial 部分類別可以將同一類別宣告置於多個程式檔案，其主要目的是方便 Visual Studio 檔案管理來分割使用介面和事件處理程序。

學習評量

選擇題

(　　) 1. 請問下列哪一個關於 ASP.NET 技術的說明是正確的？

A. 一種伺服端網頁技術

B. 導入 Windows Form 應用程式的事件處理模型

C. 支援 Ajax 與 EDM

D. 全部皆是

(　　) 2. 請問下列哪一種技術並不屬於伺服端網頁技術？

A. ASP.NET　　B. Java Applet　　C. JSP　　D. PHP

(　　) 3. 請問下列哪一個關於 HTTP 通訊協定的說明是不正確的？

A. 通訊協定會持續保持連線

B. 一種在伺服端和客戶端間傳送資料的通訊協定

C. 通訊協定並不會保留狀態

D. 傳送 HTTP 訊息（HTTP Message）進行溝通

(　　) 4. 請問下列哪一種網頁技術並不是客戶端網頁技術？

A. JavaScript

B. ASP.NET

C. DHTML

D. Silverlight

(　　) 5. 請問下列哪一種是 ASP.NET 網頁支援的程式架構？

A. 內嵌於 HTML 標籤

B. 內嵌程式碼分割

C. 隱藏程式碼模型

D. 全部皆是

簡答題

1. 請說明什麼是 HTTP 通訊協定？其特點為何？
2. 請簡單說明 Web 應用程式？
3. 請舉出兩種客戶端和伺服端網頁技術？並且比較其差異？
4. 請說明什麼是微軟 .NET Framework？何謂 ASP.NET 技術？
5. 請說明 ASP.NET 網頁的基本架構可以分成哪三種？在本書主要是使用哪一種架構？
6. 請簡單說明 Web 表單的程式架構？

實作題

1. 請讀者在 Windows 作業系統電腦建立 ASP.NET 開發環境。
2. 請使用 Visual Studio Community 建立位在「C:\MyWebSite」資料夾的 ASP.NET 網站。
3. 請啟動 Visual Studio Community 開啟實作題 2 的 ASP.NET 網站，在網站加入一頁 ASP.NET 網頁 Default.aspx。
4. 請啟動 Visual Studio Community 開啟書附檔案「範例網站\Ch06\Ch6_2_1」資料夾的 ASP.NET 網站。
5. 請參考<第 1-6-2 節>的步驟來建立 ASP.NET 網頁，新增 TextBox、Label 和 Button 三個控制項後，按下按鈕，就可以將 TextBox 控制項輸入的文字內容顯示在 Label 控制項。

02

HTML5 設計實務

本章學習目標

2-1 設計檢視與程式碼編輯器的使用

2-2 建立 HTML5 網頁

2-3 HTML5 的文字編排標籤

2-4 HTML5 的圖片與超連結標籤

2-5 HTML5 的表格和容器標籤

2-6 HTML5 的語意與結構元素

2-1 設計檢視與程式碼編輯器的使用

在說明 HTML5 之前，筆者準備先說明 Visual Studio Community 開發工具的設計檢視與程式碼編輯器的使用。

基本上，在 Visual Studio Community 編輯視窗分為兩種檢視：一為設計檢視的編輯視窗；一個是比 Windows **記事本**功能更強大的程式碼編輯視窗，用來編輯 HTML 標籤和 C# 程式碼。

2-1-1 設計檢視的控制項定位方式

在 Visual Studio Community 編輯視窗的設計檢視是使用視覺化方式建立 Web 表單，提供三種定位方式來排列插入表單的伺服端控制項。

預設定位方式

因為 ASP.NET 網頁本身是一份文件，其內容排列方式類似記事本或 Word 編輯的文件，預設控制項的編排方式是**從左至右排列**，如果超過文件寬度就**自動換行且靠左對齊**，然後從下一行繼續排列，如同在 Word 中輸入一個個文字，ASP.NET 範例網站是「範例網站\Ch02\Ch2_1_1a」資料夾的 ASP.NET 網站，如右圖所示：

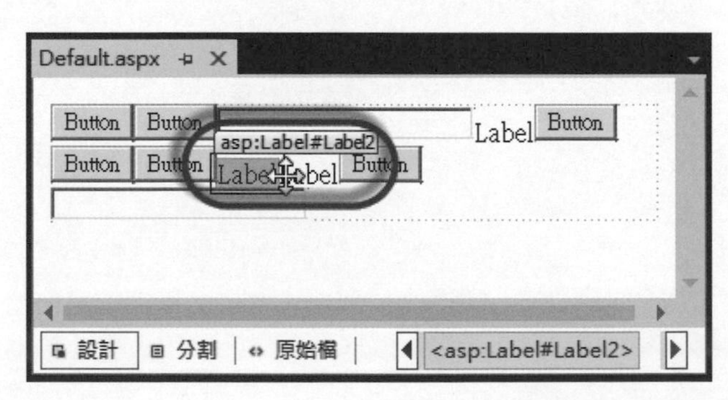

上述控制項如同 Word 中的一個字，依序從左至右排列，如果此行排不下控制項，例如：第二行最後的 TextBox 控制項，就自動換行從下一行開始繼續排列。

如果使用預設定位方式，當游標在控制項上方標籤成為十字游標時，即可拖拉控制項上方小標籤來移動控制項位置，不過只能調整控制項的順序。

絕對定位方式

絕對定位方式可以**任意調整**控制項的位置，如同在畫布上的指定位置繪出控制項，所以在使用前，需要先調整**<div>標籤的尺寸**，其步驟如下所示：

Step 1 請啟動 Visual Studio Community 開啟「範例網站\Ch02\Ch2_1_1b」資料夾的 ASP.NET 網站，按二下 **Default.aspx** 開啟 ASP.NET 網頁，並且切換至**設計**檢視。

Step 2 選取<div>標籤，使用滑鼠拖拉下方定位點往下，即可放大編輯區域，如右圖所示：

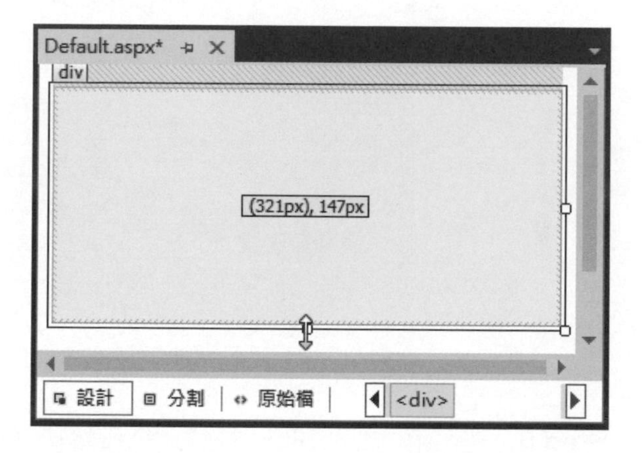

Step 3 在<div>標籤區域開啟「工具箱」視窗新增 Label、TextBox 和 Button 共 3 個控制項，如下圖所示：

Step 4 選 Button 控制項，執行「格式/位置」命令，可以看到「位置」對話方塊。

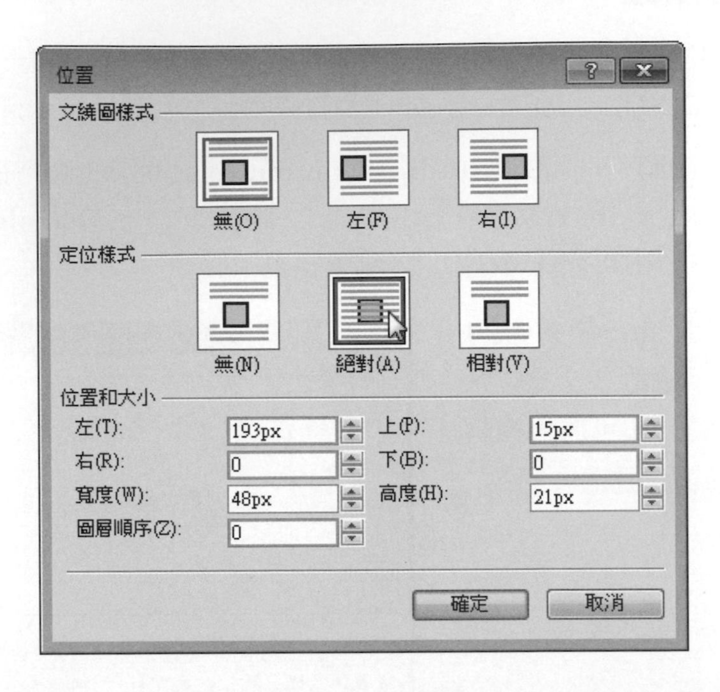

Step 5 在「定位樣式」框，選**絕對**，按**確定**鈕將控制項改為絕對位置定位。

Step 6 選取 Button 控制項，當游標在上方小標籤顯示成十字游標時，就可以拖拉移動控制項至畫布上的任何位置，如右圖所示：

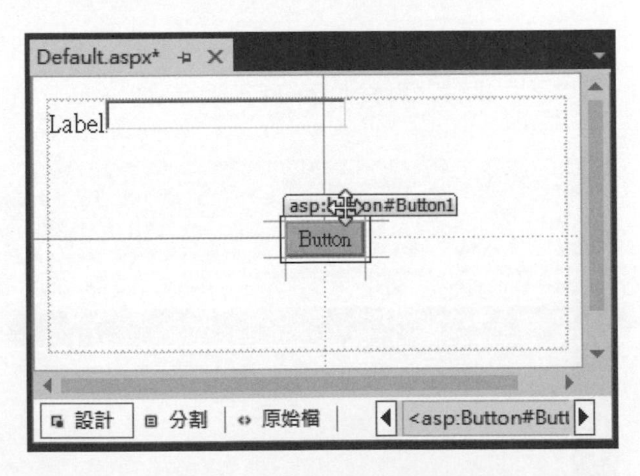

相對定位方式

相對定位方式是指其位置是相對於前一個控制項，位置與前一個控制項相關聯，所以，如果調整前一個控制項的位置，也會同時自動調整下一個控制項的位置，以維持 2 個控制項相對的間距。

在「位置」對話方塊選**相對**，就可以指定控制項使用相對定位方式。例如：將前述 TextBox 控制項設為**相對**，並且移動位置，如下圖所示：

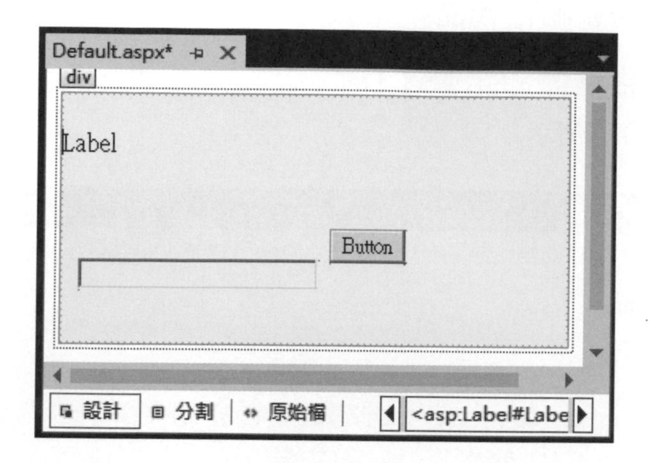

當前一個 Label 控制項使用 Enter 鍵換行時，可以看到 TextBox 控制項也自動同步往下移。

2-1-2 程式碼編輯器的基本使用

在 Visual Studio Community 切換至**原始檔**檢視，此時每一頁標籤頁都是一個程式碼編輯視窗，一個比 Windows **記事本**功能更強大的程式碼編輯工具。

切換程式碼檔案與輸入程式碼

在 Visual Studio Community 編輯視窗輸入的程式碼會自動縮排和使用不同色彩來標示，例如：開啟「範例網站\Ch02\Ch2_1_2」資料夾的 ASP.NET 網站和 Default2.aspx 網頁後，新增一個 Button 控制項且按二下建立事件處理程序，此時的「方案總管」視窗，如右圖所示：

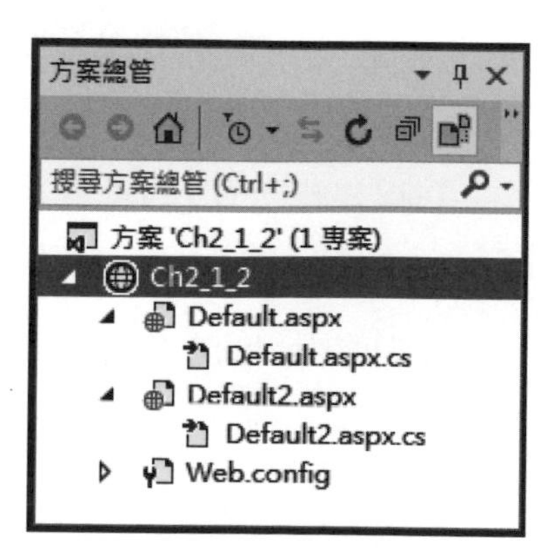

上述網站擁有 2 個 .aspx 檔和 2 個 .cs 類別檔共 4 個程式檔案，我們只需展開 Default.aspx，就可以看到之下對應的 Default.aspx.cs，同理，Default2.aspx 是對應 Default2.aspx.cs。

接著，請開啟 ASP.NET 網頁 Default2.aspx 和 Default2.aspx.cs，並且選**原始檔**檢視，如下圖所示：

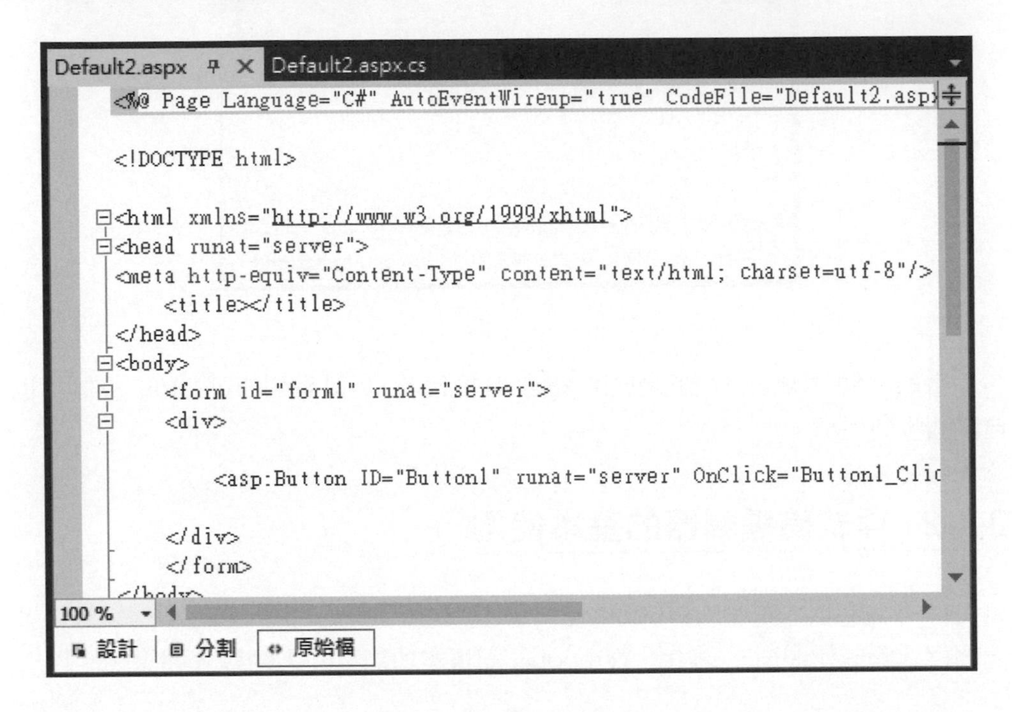

在上方選檔名標籤可以切換編輯的程式碼檔案，檔案名稱後如有星號，表示有更改但尚未儲存，按 **X** 號可以關閉檔案。原始程式碼分別使用不同色彩來顯示，標籤是深紅色、屬性是紅色、C# 語言的關鍵字為藍色、註解為綠色和其他程式碼是黑色。

在程式碼前方小方框的 ⊞ 和 ⊟ 號可以展開或隱藏程式區塊，例如：按一下<head>標籤前的 ⊟ 號，就可以隱藏此標籤，留下 ⊞ 號的<head>…</head>。

在編輯視窗輸入文字內容時，鍵盤主要編輯按鍵的說明，如下表所示：

按鍵	說明
Insert	切換插入字元或取代字元
Caps Lock	切換英文字母的大小寫
Del	刪除後面的一個字元
←Backspace	刪除前面的一個字元
Enter	新增一列程式碼
Shift + Alt + 方向鍵	快速選取整個區塊的多列程式碼

輸入 HTML 或伺服端控制項標籤

在 Visual Studio Community 程式碼編輯視窗輸入 HTML 或伺服端控制項標籤，例如：表格的<table>標籤，請在上方選 **Default2.aspx** 標籤，在<div>標籤中輸入「<」的部分標籤，就會顯示可能的標籤清單，如下圖所示：

按二下 **table** 輸入此標籤，再按一下空白鍵，接著就顯示此標籤的屬性清單，如下圖所示：

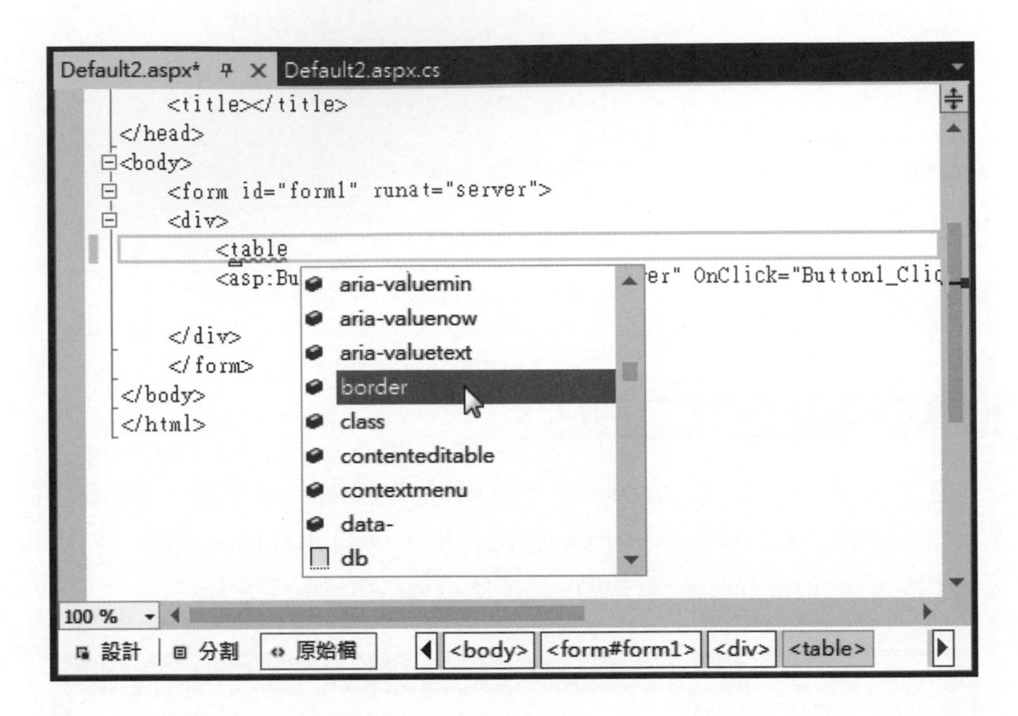

按二下 **border** 屬性後輸入「=」號的屬性值 "1"，最後輸入「>」即可自動完成 HTML 標籤<table></table>，如下圖所示：

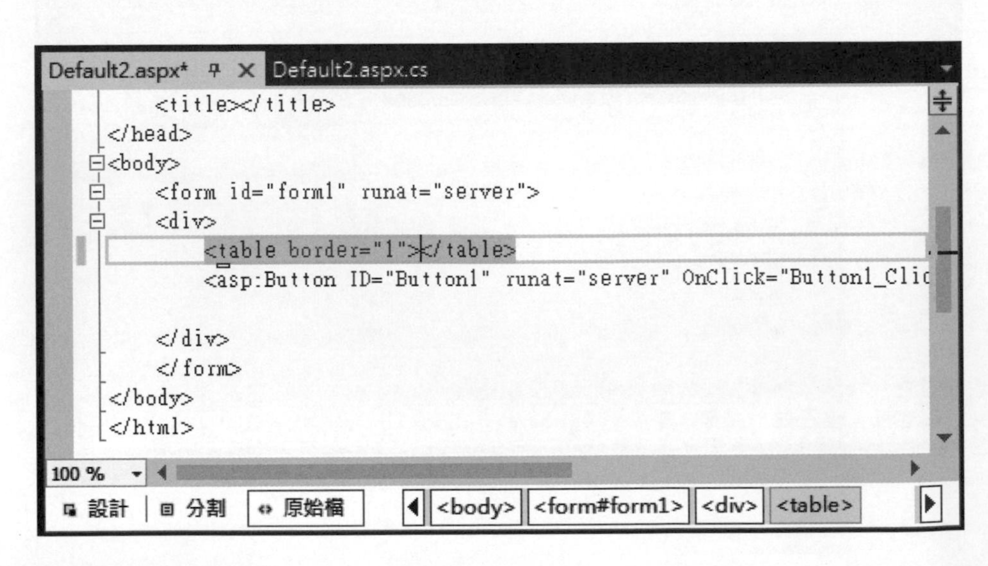

智慧 C# 程式碼輸入

在程式碼編輯視窗輸入 C# 程式碼時，Visual Studio Community 提供智慧提示，可以在輸入部分程式碼內容時，顯示程式語法可能的關鍵字清單、物件屬性、方法和列舉常數清單等提示訊息。

例如：請在上方選 **Default2.aspx.cs** 標籤，在 Button1_Click 事件處理程序的程式碼區塊輸入 B，可以顯示網頁擁有的物件清單，如右圖所示：

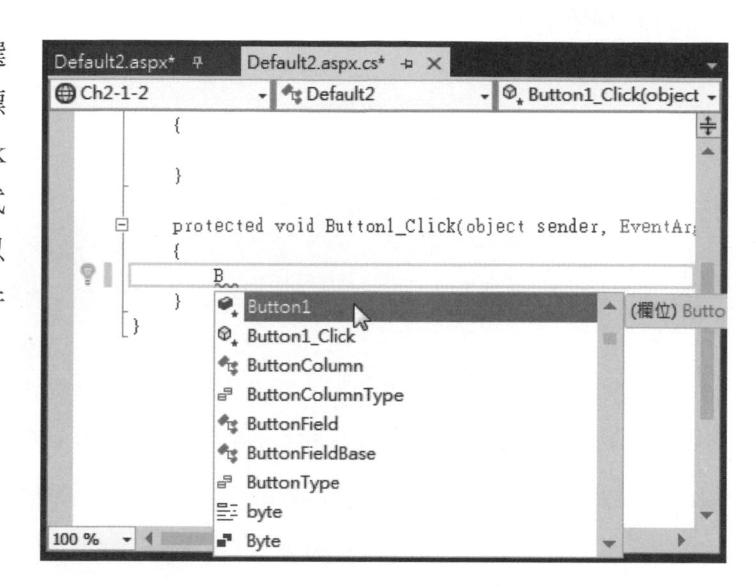

按二下 **Button1** 即可輸入 Button1 物件，再輸入「.」運算子，可以顯示小視窗列出可用方法或屬性清單來幫助我們輸入 C# 程式碼，如下圖所示：

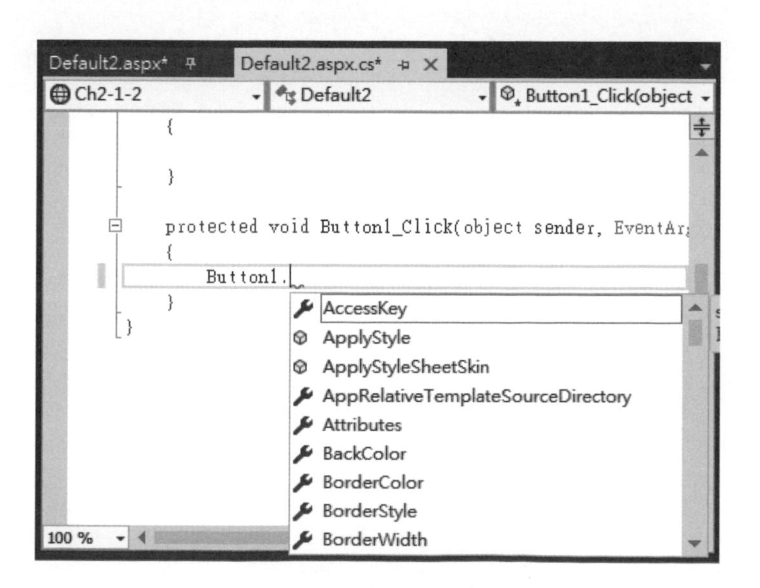

2-2 建立 HTML5 網頁

HTML5 是 HTML 的新標準，其頁面結構和舊版 HTML 並沒有什麼不同，為了保證與舊版瀏覽器相容，更提供靈活的錯誤語法處理，讓 HTML5 網頁也可以在舊版瀏覽器上正確的顯示。

> **說明**
>
> 本章<第 2-2 到 2-6 節>的範例 HTML 網頁都屬於同一個 ASP.NET 網站，即位在「範例網站\Ch02\HTML5」資料夾的 ASP.NET 網站。

2-2-1 建立 HTML5 網頁

在<第 1 章>已經說明過在 Visual Studio Community 新增 ASP.NET 網頁，當然，我們也可以建立 HTML 網頁，其步驟如下所示：

Step 1 請啟動 Visual Studio Community，執行「檔案/開啟/網站」命令開啟「範例網站\Ch02\HTML5」資料夾的 ASP.NET 網站。

Step 2 在「方案總管」視窗的專案名稱上，執行右鍵快顯功能表的「加入/加入新項目」命令，可以看到「加入新項目」對話方塊。

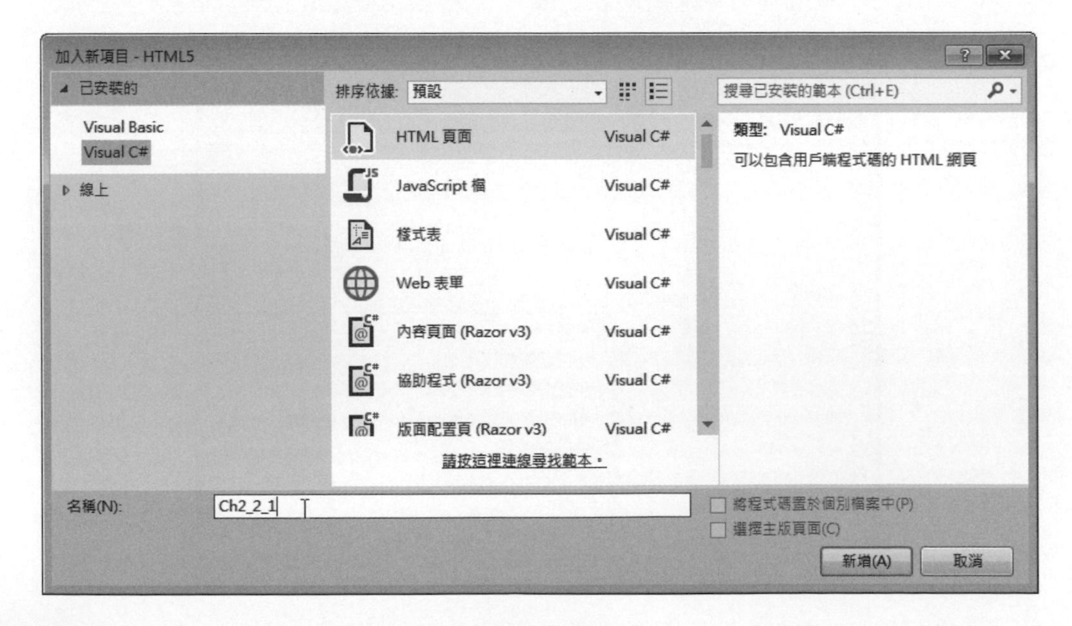

Step 3 選 **HTML 頁面**，左邊選Visual C#，在**名稱**欄輸入檔案名稱 **Ch2_2_1**，按**確定**鈕新增 HTML 網頁檔案，可以看到建立的 HTML 網頁，如下圖所示：

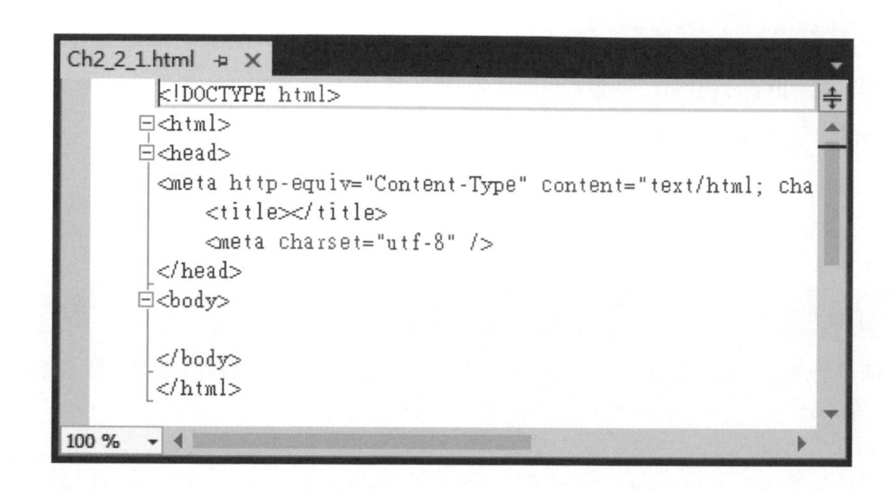

上述預設建立的 HTML 網頁結構是使用 HTML5 的 DOCTYPE，但是網頁編碼是使用舊版 HTML 4.x，其主要目的是為了與舊版瀏覽器相容。

在 Visual Studio Community 預覽 HTML 網頁內容，請在「方案總管」視窗選取 HTML 網頁 Ch2_2_1.html，執行「檔案/在瀏覽器中檢視」命令或在網頁編輯區域，執行右鍵快顯功能表的**在瀏覽器中檢視**命令，就可以看到瀏覽器顯示的執行結果。

HTML5 網頁和 HTML 4 網頁的結構十分相似，其基本標籤結構如下所示：

```
<!DOCTYPE html>
<html lang="zh-TW">
<head>
<meta charset="utf-8"/>
<title>網頁標題文字</title>
</head>
<body>
網頁內容
</body>
</html>
```

上述 HTML 標籤的網頁結構可以分成數個部分，如下所示：

<!DOCTYPE>

<!DOCTYPE>不是 HTML 標籤，其位置是在<html>標籤之前，可以告訴瀏覽器使用的 HTML 版本，以便瀏覽器使用正確的引擎來產生 HTML 網頁內容。HTML5 使用的 DOCTYPE 非常簡單，如下所示：

```
<!DOCTYPE html>
```

> **說明**
>
> 請注意！在<!DOCTYPE>之前不可有任何空白字元，否則瀏覽器可能會產生錯誤。

事實上，DOCTYPE 可以指出文件內容導循的 HTML DTD 規格，DTD 原來是 XML 1.0 版規格的一部分，一種文件驗證機制，用來定義文件的元素架構、元素標籤和屬性，檢查內容是否符合定義規則。

<html>標籤

<html>標籤是 HTML 網頁的根元素，它是一個容器元素，其內容是其他 HTML 標籤，擁有<head>和<body>兩個子標籤。如果需要，在<html>標籤可以使用 lang 屬性指定網頁使用的語言，如下所示：

```
<html lang="zh-TW">
```

上述標籤的 lang 屬性值，常用 2 碼值有：zh（中文）、en（英文）、fr（法文）、de（德文）、it（義大利文）和 ja（日文）等。lang 屬性值也可以加上次 2 碼的國家或地區，例如：en-US 是美式英文、zh-TW 是台灣的正體中文等。

<head>標籤

<head>標籤的內容是標題元素，包含<title>、<meta>、<script>和<style>標籤。<meta>標籤可以指定網頁編碼為 **utf-8**，如下所示：

```
<meta charset="utf-8">
```

上述是 HTML5 的寫法，它和 Visual Studio Community 預設網頁結構的寫法不同，因為那是舊版 HTML 4.x 的寫法。關於<head>標籤的進一步說明，請參閱<第 2-2-3 節>。

<body>標籤

<body>標籤是網頁文件的內容，包含文字、超連結、圖片、表格、清單和表單等網頁內容，詳見<第 2-3~2-5 節>的說明。

HTML 網頁：Ch2_2_1.html

在 HTML5 網頁顯示標題文字、水平線和一段文字內容，如下圖所示：

■ 標籤內容

```
01: <!DOCTYPE html>
02: <html lang="zh-TW ">
03: <head>
04: <meta charset="utf-8"/>
05: <title>Ch2_2_1.html</title>
06: </head>
07: <body>
08: <h3>HTML5 網頁</h3>
09: <hr/>
10: <p>第一份 HTML5 網頁</p>
11: </body>
12: </html>
```

■ 標籤說明

- 第 1 列：DOCTYPE 宣告，告訴瀏覽器的 HTML 版本是 HTML5。
- 第 2~12 列：<html>標籤使用 lang 屬性指定為台灣的正體中文。
- 第 3~6 列：<head>標籤擁有<meta>和<title>標籤。
- 第 7~11 列：<body>標籤擁有<h3>、<hr>和<p>標籤。

2-2-2 HTML5 的基本語法與共同屬性

HTML5 的語法比舊版 XHTML 語法來的鬆散，因為它不是一種 XML 語言，所以不用導循 XML 語法，不過，本書 HTML 標籤仍然儘量遵循 XHTML 語法的嚴謹寫法。

HTML5 的基本語法

HTML5 的基本語法規則說明，如下所示：

- <html>、<head>和<body>標籤都可有可無，XHTML 一定需要這些標籤。
- 元素和屬性不區分英文大小寫，<html>、<Html>、<HTML>都是相同標籤。
- 元素不一定需要「結尾標籤」(End-Tag)，如果是沒有內容的元素，也不需要使用「/>」符號代替結尾標籤，例如：下列標籤都是合法的 HTML5 標籤，如下所示：

```
<p>這是一個測試</p>
<p>這是一個測試
<br>
<br/>
```

- 標籤屬性值的引號也是可有可無，例如：下列標籤的屬性都是合法的 HTML5 屬性，如下所示：

```
<img src="sample.jpg" width=20 height=30 />
```

- 如果屬性沒有屬性值，只需使用屬性名稱即可，如下所示：

```
<option selected>
<input type="radio" checked>
```

- 文字可以單獨存在，並不用位於 HTML 開始與結束標籤之中。
- 一些舊版 HTML 和 XHTML 的屬性已經不再需要，例如：<script>標籤的 type 屬性和<html>標籤的 xmlns 屬性等。

HTML 標籤的共同屬性

HTML 標籤擁有很多共同屬性，即每一個標籤都支援的屬性，常用共同屬性的說明，如下表所示：

屬性	說明
id	指定 HTML 元素唯一的識別名稱，在整頁 HTML 網頁中的名稱必須是唯一，不能重複
accesskey	指定元素的快速鍵來取得焦點
class	指定元素套用的樣式類別
dir	指定元素內容的文字方向是從左至右，或從右至左，值可以是 ltr、rtl 或 auto
lang	指定 HTML 元素使用的語言
style	指定 HTML 元素套用的局部套用 CSS，詳見<第 11-1-1 節>的說明
tabindex	指定按下 Tab 鍵移動元素取得焦點的順序
title	指定 HTML 元素的額外資訊

2-2-3 <head>標籤

<head>標籤是<html>標籤的子標籤，它是一個容器元素，可以包含標題元素：<title>、<meta>、<script>和<style>等標籤，其說明如下表所示：

標籤	說明
<title>	必須元素，可以顯示瀏覽器視窗上方標題列或標籤頁的標題文字
<meta>	提供 HTML 網頁的 metadata 資料，例如：網頁描述、關鍵字、作者和最近修改日期等資訊
<script>	此標籤是用來定義客戶端的腳本程式碼，例如：JavaScript，HTML4 版需要指定 type 屬性；HTML5 版可有可無
<style>	此標籤是用來定義 HTML 網頁套用的 CSS 樣式
<link>	此標籤是用來連接外部資源的檔案，例如：CSS 檔

上表<meta>標籤可以使用 charset 屬性指定網頁編碼，如下所示：

```
<meta charset="utf-8">
```

上述<meta>標籤是 HTML5 的寫法，之前版本的寫法比較複雜，如下所示：

```
<meta http-equiv="content-type" content="text/html;charset=UTF-8" />
```

HTML 網頁：Ch2_2_3.html

在 HTML 網頁指定標題文字為檔案名稱，並且使用<meta>標籤指定編碼和 metadata 資料，如下圖所示：

上述瀏覽器沒有顯示網頁內容（因為<body>標籤是空的），在上方標籤頁可以看到標題文字的檔案名稱，即<title>標籤的內容。

■ **標籤內容**

```
01: <!DOCTYPE html>
02: <html>
03: <head>
04: <meta name="description" content="Head 元素"/>
05: <meta name="keywords" content="HTML, CSS, JavaScript"/>
06: <meta name="author" content="陳會安"/>
07: <meta charset="utf-8"/>
08: <title>Ch2_2_3.html</title>
09: </head>
10: <body>
11: </body>
12: </html>
```

■ **標籤說明**

- 第 4~7 列：<meta>標籤在第 7 列指定編碼為 utf-8。
- 第 8 列：標籤頁的標題文字。

2-3 HTML5 的文字編排標籤

HTML5 仍然使用 4.x 版的標籤，只是刪除一些不常使用或過時的標籤和屬性，並且給予一些舊標籤全新的意義。

在<第 2-3 節>至<第 2-5 節>筆者說明的是一些源於 HTML 4 的常用標籤（屬於<body>標籤的內容），以便讀者擁有足夠能力建立本書所需的 HTML 網頁，完整 HTML 標籤的詳細說明，請參閱書附檔案的 HTML 電子書、線上教學或相關 HTML 書籍。

2-3-1 標題文字

在 HTML 網頁的標題文字可以提綱挈領來說明文件內容，<hn>標籤可以定義標題文字，<h1>最重要，依序遞減至<h6>，提供 6 種不同尺寸變化的標題文字，其基本語法如下所示：

```
<hn>....</hn> , n=1 ~ 6
```

上述<h>標籤加上 1~6 的數字就可以顯示 6 種大小的字型，數字愈大，字型尺寸愈小，重要性也愈低。

HTML 網頁：Ch2_3_1.html

在 HTML 網頁顯示 6 種尺寸的標題文字，如右圖所示：

■ 標籤內容

```
01: <!DOCTYPE html>
02: <html>
03: <head>
04: <meta charset="utf-8"/>
05: <title>Ch2_3_1.html</title>
06: </head>
07: <body>
08: <h1>網頁內容的標題文字</h1>
09: <h2>網頁內容的標題文字</h2>
10: <h3>網頁內容的標題文字</h3>
11: <h4>網頁內容的標題文字</h4>
12: <h5>網頁內容的標題文字</h5>
13: <h6>網頁內容的標題文字</h6>
14: </body>
15: </html>
```

■ 標籤說明

- 第 8~13 列：顯示<h1>~<h6>標籤提供的 6 種字型尺寸。

2-3-2 段落、換行與水平線

對於網頁的文字內容來說，我們可能需要依內容長度來分成段落、換行，或使用水平線來分割網頁內容。

段落與換行

一般來說，HTML 網頁的文字內容是使用段落來編排，即<p>標籤，<p>標籤可以定義段落，瀏覽器預設在之前和之後增加邊界尺寸（可以使用 CSS 的 margin 屬性來更改），如下所示：

```
<p>JavaScript 原為網景公司開發的腳本語言，
提供該公司瀏覽器 Netscape Navigator 開發互動網頁的功能。</p>
```

> **Tip** 請注意！HTML5 已經不再支援 align 屬性的對齊方式，如需對齊元素，請使用 CSS 的 text-align 屬性。

一般來說，在文書處理程式，例如：記事本或 Word 等，當編輯時按下 Enter 鍵就是換行或建立新段落，HTML 網頁的換行是使用換行標籤（不是建立段落），使用 Enter 鍵並不會顯示換行編排，如下所示：

```
<br/>
```

水平線

HTML 的<hr>標籤 (因為標籤沒有內容，所以寫成<hr/>也可以) 在瀏覽器是顯示一條水平線，但 HTML5 的<hr>標籤不再只是為了美化版面，而是給予內容上主題分割的意義，可以用來分割網頁內容，如下所示：

```
<h3>HTML</h3>
<p>HTML 語言是 Tim Berners-Lee 在 1991 年建立…</p>
<hr/>
<h3>JavaScript</h3>
<p>JavaScript 原為網景公司開發的腳本語言…</p>
```

上述內容分割成 HTML 和 JavaScript 的定義，使用的是<hr>標籤。

HTML 網頁：Ch2_3_2.html

在 HTML 網頁使用段落、換行與水平線標籤來建立名詞索引的網頁內容，如右圖所示：

上述網頁使用<hr>標籤分割網頁內容，上方超連結是使用
標籤換行（關於超連結標籤的說明請參閱<第 2-4-2 節>），按一下超連結可以顯示下方的名詞說明，如右圖所示：

■ 標籤內容

```
01: <!DOCTYPE html>
02: <html>
03: <head>
04: <meta charset="utf-8"/>
05: <title>Ch2_3_2.html</title>
06: </head>
07: <body>
08: <h3>名詞索引</h3>
09: <a href="#html">HTML</a><br/>
10: <a href="#script">JavaScript</a><br/>
11: <hr/>
12: <h3 id="html">HTML</h3>
13: <p>HTML 語言是 Tim Berners-Lee 在 1991 年建立，
14: 經過 3.2 版到 HTML 4.01 版，它是一種文件內容的格式編排語言。</p>
15: <hr/>
16: <h3 id="script">JavaScript</h3>
17: <p>JavaScript 原為網景公司開發的腳本語言，
18: 提供該公司瀏覽器 Netscape Navigator 開發互動網頁的功能。</p>
19: </body>
20: </html>
```

■ 標籤說明

- 第 9~10 列：2 個超連結標籤是使用
標籤換行，超連結連接的目的地是第 12 列和第 16 列的 id 屬性值，這是 HTML 元素的唯一識別名稱。
- 第 11 和 15 列：使用<hr>標籤分割網頁內容。
- 第 13~14 和第 17~18 列：段落標籤<p>。

2-3-3 標示文字內容

在 HTML 網頁的文字內容中，可能有些名詞或片語需要特別標示，我們可以使用本節標籤來標示特定的文字內容，只需將文字包含在這些標籤之中，就可以顯示不同的標示效果，其說明如下表所示：

標籤	說明
<b>	使用粗體字標示文字，HTML5 代表文體上的差異，例如：關鍵字和印刷上的粗體字等
<i>	使用斜體字標示文字，HTML5 代表另一種聲音或語調，通常是用來標示其他語言的技術名詞、片語和想法等
<em>	顯示強調文字的效果，在 HTML5 是強調發音上有細微改變句子的意義，例如：因發音改變而需強調的文字，預設是斜體字。
<strong>	HTML4 是更強的強調文字；HTML5 是重要文字
<cite>	HTML4 是引言或參考其他來源；HTML5 是用來定義產品名稱，例如：一本書、一首歌、一部電影或畫作等，預設是斜體字。
<small>	HTML4 是顯示縮小文字；HTML5 是輔助說明或小型印刷文字，例如：網頁最下方的版權宣告等

上表標籤在 HTML4 主要是替文字套用不同的顯示樣式，HTML5 進一步給予元素內容的意義，即**語意**（Semantics）。

一般來說，<b>標籤是標示特別文字內容的最後選擇，首選是<h1>~<h6>，強調文字是使用<em>，重要文字使用<strong>，需要作記號的重點文字，請使用 HTML5 新增的<mark>標籤。

HTML 網頁：Ch2_3_3.html

在 HTML 網頁的段落使用上表標籤來標示特別的文字內容，如右圖所示：

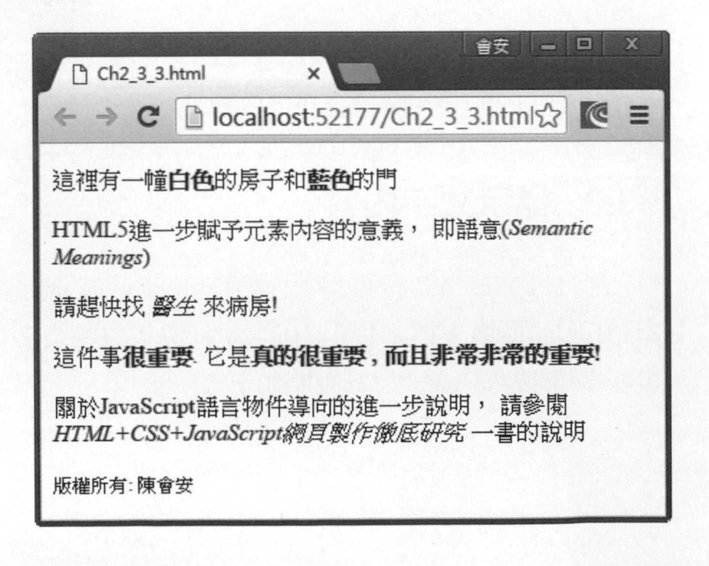

■ 標籤內容

```
01: <!DOCTYPE html>
02: <html>
03: <head>
04: <meta charset="utf-8"/>
05: <title>Ch2_3_3.html</title>
06: </head>
07: <body>
08: <p>這裡有一幢<b>白色</b>的房子和<b>藍色</b>的門</p>
09: <p>HTML5 進一步賦予元素內容的意義，
10: 即語意(<i>Semantic Meanings</i>)</p>
11: <p>請趕快找 <em>醫生</em> 來病房!<p>
12: <p>這件事<strong>很重要</strong>.
13: 它是<strong>真的很重要<strong>
14: , 而且非常非常的重要!</strong></strong></p>
15: <p>關於 JavaScript 語言物件導向的進一步說明，
16: 請參閱 <cite>HTML+CSS+JavaScript 網頁製作徹底研究</cite>
17: 一書的說明</p>
18: <small>版權所有: 陳會安</small>
19: </body>
20: </html>
```

■ 標籤說明

- 第 8~10 列：<b>和<i>標籤。
- 第 11~14 列：<em>和<strong>標籤。
- 第 16~18 列：<cite>和<small>標籤。

2-3-4 HTML 清單

HTML 清單有很多種，可以將文件內容的重點綱要一一列出，在這一節筆者準備介紹常用的項目編號、項目符號和定義清單。

項目編號（Ordered List）

HTML 清單提供數字順序的項目編號，如下所示：

```
<ol>
  <li>項目 1</li>
  <li>項目 2</li>
  …
</ol>
```

上述<ol>標籤可以建立項目編號，每一個項目是一個<li>標籤。<ol>標籤的屬性說明，如下表所示：

屬性	說明
start	指定項目編號的開始，HTML4 不支援此屬性
type	指定項目編號是數字、英文等，例如：1、A、a、I、i，HTML4 不支援此屬性
reversed	HTML5 的屬性，可以指定項目編號是反向由大至小

項目符號（Unordered List）

HTML 清單可以使用無編號的項目符號，即在項目前顯示小圓形、正方形等符號，如下所示：

```
<ul>
  <li>項目 1</li>
  <li>項目 2</li>
  …
</ul>
```

定義清單（Definition List）

HTML5 的定義清單是一個任何**名稱和值成對群組的結合清單**，例如：詞彙說明的每一個項目是定義和說明，如下所示：

```
<dl>
  <dt>JavaScript</dt>
    <dd>客戶端腳本語言</dd>
  <dt>HTML</dt>
    <dd>網頁製作語言</dd>
</dl>
```

上述<dl>標籤建立定義清單，<dt>清單定義項目；<dd>標籤描述項目。

HTML 網頁：Ch2_3_4.html

在 HTML 網頁分別顯示項目編號、項目符號和定義清單，如右圖所示：

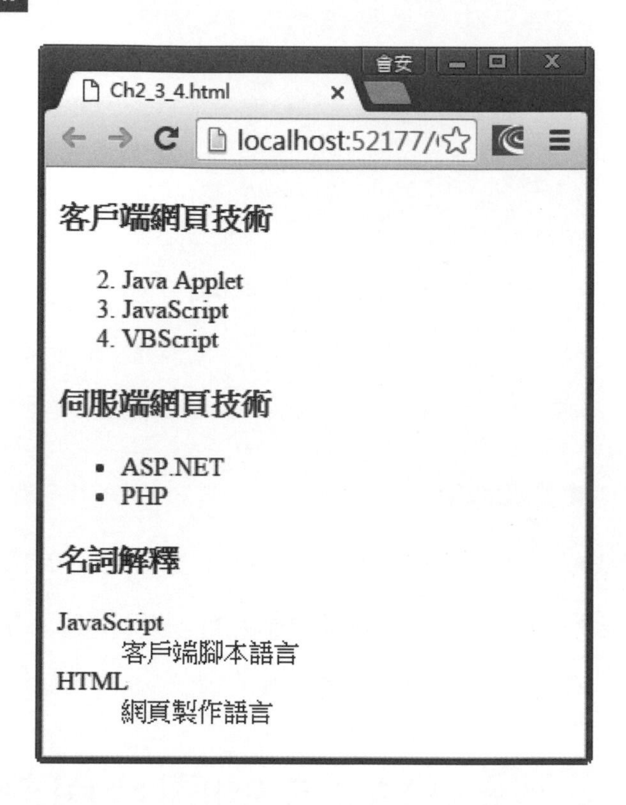

上述圖例上方是項目編號，從 2 開始，中間是項目符號，下方是定義清單。

■ 標籤內容

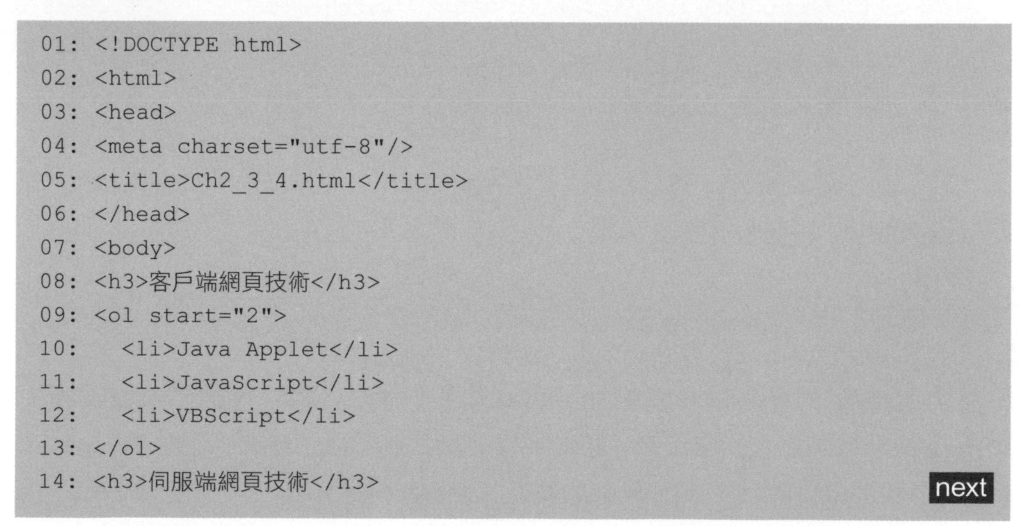

```
01: <!DOCTYPE html>
02: <html>
03: <head>
04: <meta charset="utf-8"/>
05: <title>Ch2_3_4.html</title>
06: </head>
07: <body>
08: <h3>客戶端網頁技術</h3>
09: <ol start="2">
10:   <li>Java Applet</li>
11:   <li>JavaScript</li>
12:   <li>VBScript</li>
13: </ol>
14: <h3>伺服端網頁技術</h3>
```

next

```
15: <ul>
16:   <li>ASP.NET</li>
17:   <li>PHP</li>
18: </ul>
19: <h3>名詞解釋</h3>
20: <dl>
21:    <dt>JavaScript</dt>
22:       <dd>客戶端腳本語言</dd>
23:    <dt>HTML</dt>
24:       <dd>網頁製作語言</dd>
25: </dl>
26: </body>
27: </html>
```

■ **標籤說明**

- 第 9~13 列：項目編號，start 屬性值為 2，所以從 2 開始。
- 第 15~18 列：項目符號 (實心圓點"•"為 HTML5 預設效果)。
- 第 20~25 列：定義清單。

2-4 HTML5 的圖片與超連結標籤

HTML 網頁顯示的圖片和超連結是網頁重要的元素，圖片可以讓網頁成為一個多媒體的舞台；超連結可以讓我們輕鬆連接全世界的資源。

2-4-1 圖片

HTML 網頁屬於一種「超媒體」(HyperMedia) 文件，除了文字內容外，還可以插入圖片，其基本語法如下所示：

```
<img src="filename" width="value" height="value" alt="替代文字"/>
```

上述標籤的 src 和 alt 屬性是必須屬性，事實上，圖片不是真的插入網頁，<img>標籤只是建立一個長方形區域來連接顯示外部圖片檔案，支援 **gif**、**jpg** 或 **png** 格式的圖片檔案。<img>標籤的屬性說明，如下表所示：

屬性	說明
src	圖片檔案名稱和路徑的 URL 網址
alt	指定圖片無法顯示的替代文字
width	圖片寬度，可以是點數或百分比
height	圖片高度，可以是點數或百分比

HTML5 不再支援舊版 align、border、hspace 和 vspace 屬性。

HTML 網頁：Ch2_4_1.html

在 HTML 網頁顯示多張不同尺寸的圖片，檔案名稱為 views.gif，如右圖所示：

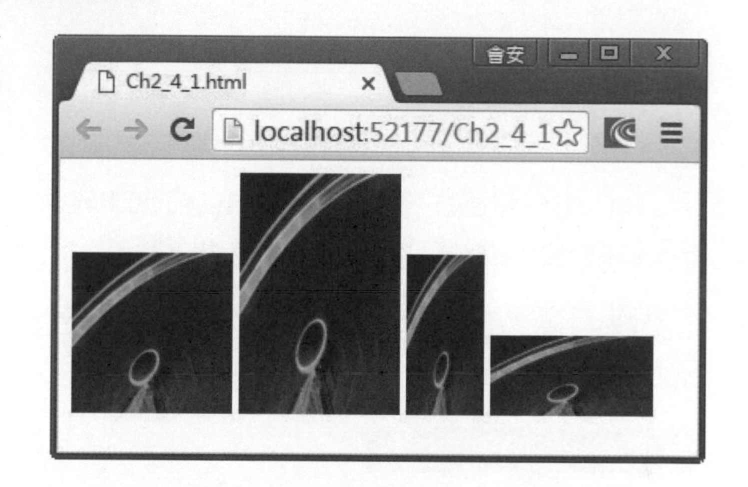

■ 標籤內容

```
01: <!DOCTYPE html>
02: <html>
03: <head>
04: <meta charset="utf-8"/>
05: <title>Ch2_4_1.html</title>
06: </head>
07: <body>
08: <img src="views.gif" width="100" height="100" alt="風景"/>
09: <img src="views.gif" width="100" height="150" alt="風景"/>
10: <img src="views.gif" width="50" height="100" alt="風景"/>
11: <img src="views.gif" width="100" height="50" alt="風景"/>
12: </body>
13: </html>
```

■ 標籤說明

- 第 8~11 列：插入 4 張檔案為 views.gif 的圖片，並且分別指定不同的尺寸。

2-4-2 超連結

HTML 網頁是一種「超文件」(HyperText)，內含超連結可以連結全世界不同伺服器的資源，超連結不僅能夠連接同網站的其他 HTML 網頁，還可以連接其他網站的網頁，其基本語法如下所示：

```
<a href="URL" target="frame_name">超連結名稱</a>
```

上述<a>超連結標籤預設在瀏覽器顯示藍色底線字，造訪過的超連結顯示紫色底線字，啟動的超連結是紅色底線字。

HTML5 超連結不只可以使用<img>子元素建立圖片超連結，我們還可以在<a>元素中使用區塊元素，例如：<h3>，如下所示：

```
<a href="http://www.yahoo.com.tw">
  <h3>Yahoo!奇摩</h3></a>
```

超連結<a>標籤的屬性

超連結<a>標籤的屬性說明，如下表所示：

屬性	說明
href	指定超連結連接的目的地，其值可以是相對 URL 網址，即指定同網站的檔案名稱，例如：default.html，或絕對 URL 網址，例如：http://www.hinet.net
hreflang	指定連接 HTML 網頁的語言，例如：en、zh 等
media	HTML5 的屬性，可以指定哪一種媒體或裝置可以最佳化處理連接的網頁文件
rel	指定目前網頁和連接網頁之間的關係，只有當 href 屬性存在時才能指定，例如：值 alternate 是替代文件；bookmark 是用來作為書籤等
target	指定超連結如何開啟目的地的 HTML 網頁，其屬性值的說明詳見下頁表格
type	指定連接 HTML 網頁的 MIME 型態

HTML5 不再支援舊版 charset、coords、name、rev 和 shape 屬性。

target 屬性值

<a>標籤的 target 屬性值說明，如下表所示：

屬性值	說明
_blank	在新視窗或新標籤開啟 HTML 網頁
_self	在原視窗或標籤開啟 HTML 網頁
_top	在全螢幕開啟 HTML 網頁
_parent	在父框架開啟 HTML 網頁
iframeName	在指定名稱的<iframe>框架開啟 HTML 網頁

因為 HTML5 不再支援框架頁，上表_top、_parent 和 iframeName 屬性主要是使用在<iframe>標籤的內嵌框架。

HTML 網頁：Ch2_4_2.html

在 HTML 網頁建立文字和圖片超連結，可以分別連接 HiNet 網站和本章其他 HTML 網頁，如右圖所示：

請將滑鼠移到上方藍色底線字或中間的圖片，就可以看到游標成為手形，表示是超連結，在瀏覽器下方會顯示目的地的 URL 網址，按一下可以連接此資源。

■ 標籤內容

```
01: <!DOCTYPE html>
02: <html>
03: <head>
04: <meta charset="utf-8"/>
05: <title>Ch2_4_2.html</title>
06: </head>
07: <body>
08: <h3>其他網站的超連結</h3>
09: <a href="http://www.hinet.net">中華電信 HiNet</a>
10: <h3>圖片超連結</h3>
11: <a href="Ch2_3_1.html">
12:   <img src="yahoo.jpg" width="150" height="50"></a>
13: <a href="http://www.yahoo.com.tw">
14:   <h3>Yahoo!奇摩</h3></a>
15: </body>
16: </html>
```

■ 標籤說明

- 第 9 列：連接中華電信 HiNet 的超連結。
- 第 11~12 列：圖片超連結，標籤<a>的內容是圖片<img>標籤，這個圖片超連結是連接 Ch2_3_1.html。
- 第 13~14 列：在<a>標籤中是區塊元素<h3>標籤。

2-5 HTML5 的表格與容器標籤

表格是一種資料編排方式，可以將資料分類和系統化處理來清楚呈現欲表達的資訊。HTML5 不再使用表格作為版面配置，而是改用新增的語意與結構標籤，搭配 CSS 樣式來建立，不過，本書部分範例仍然使用表格編排控制項，其主要目的只是為了方便說明和實作。

HTML 的<div>和<span>標籤是一種一般用途的結構標籤，它如同是一個容器，可以用來放置和群組其他 HTML 元素。

2-5-1 HTML 的表格標籤

HTML 表格是一組相關標籤的集合，我們需要同時使用數個標籤才能建立表格，在 Visual Studio Community 設計檢視的「表格」功能表，提供建立表格的相關命令，其操作類似 Word 文書處理程式。HTML 表格相關標籤的說明，如下表所示：

標籤	說明
<table>	建立表格，其他表格相關標籤都位在此標籤之中
<tr>	定義表格的每一個表格列
<th>	定義表格的標題列
<td>	定義表格列的每一個儲存格(表格欄)
<caption>	定義表格的標題文字，它是<table>標籤的第 1 個子元素
<thead>	群組 HTML 表格的標題內容
<tbody>	群組 HTML 表格的本文內容
<tfoot>	群組 HTML 表格的註腳內容

HTML5 表格只支援<table>標籤的 border 屬性，而且**值只能是 1 或空字串""**。HTML5 的<td>標籤屬性，其說明如下表所示：

屬性	說明
colspan	指定表格列需要擴充幾個儲存格，即合併儲存格
rowspan	指定表格欄需要擴充幾個儲存格，即合併儲存格
headers	指定的屬性值是對應標題列儲存格的 id 屬性值

建立基本 HTML 表格

HTML 表格是由一個<table>標籤和多個<tr>、<th>和<td>標籤所組成，每一個<tr>標籤定義一列表格列，<th>標籤定義標題列，每一列使用<td>標籤建立儲存格，如下所示：

```
<table border="1">
<tr>
   <th id="client">客戶端</th>
   <th id="server">伺服端</th>
</tr>
<tr><td colspan="2">Ajax</td></tr>
<tr>
   <td headers="client">JavaScript</td>
   <td headers="server">ASP.NET</td>
</tr>
<tr>
   <td>VBScript</td>
   <td>PHP</td>
</tr>
</table>
```

上述<table>標籤有 4 列各 2 欄儲存格，第 1 列是標題列，第 2 列使用 colspan 屬性指定擴充 2 個儲存格，表示此表格列只有 1 個儲存格，第 3 列的儲存格<td>標籤指定 headers 屬性指向<th>標籤的 id 屬性值。

建立複雜 HTML 表格

複雜 HTML 表格可以使用<caption>標籤指定標題文字，<thead>、<tbody>和<tfoot>標籤將表格內容群組成標題、本文和註腳區段，如下所示：

```
<table border="">
   <caption>每月存款金額</caption>
   <thead>
   <tr>
     <th>月份</th>
     <th>存款金額</th>
   </tr>
   </thead>
   <tbody>
   <tr>
     <td>一月</td>
     <td>NT$ 5, 000</td>
   </tr>
   <tr>
     <td>二月</td>
     <td>NT$ 1, 000</td>
```
next

```
    </tr>
    </tbody>
    <tfoot>
    <tr>
      <td>存款總額</td>
      <td>NT$ 6, 000</td>
    </tr>
    </tfoot>
</table>
```

HTML 網頁：Ch2_5_1.html

在 HTML 網頁使用表格標籤建立 2 個表格，可以顯示網頁設計技術和每月的存款金額，如右圖所示：

上述圖例顯示的 2 個表格中：上方是 4×2 的表格，第 2 列合併 2 個儲存格，下方是擁有標題文字的表格。

■ 標籤內容

```
01: <!DOCTYPE html>
02: <html>
03: <head>
04: <meta charset="utf-8"/>
05: <title>Ch2_5_1.html</title>
06: </head>
07: <body>
```

next

```
08: <table border="1">
09: <tr>
10:    <th id="client">客戶端</th>
11:    <th id="server">伺服端</th>
12: </tr>
13: <tr><td colspan="2">Ajax</td></tr>
14: <tr>
15:    <td headers="client">JavaScript</td>
16:    <td headers="server">ASP.NET</td>
17: </tr>
18: <tr>
19:    <td>VBScript</td>
20:    <td>PHP</td>
21: </tr>
22: </table>
23: <hr/>
24: <table border="">
25:    <caption>每月存款金額</caption>
26:    <thead>
27:    <tr>
28:      <th>月份</th>
29:      <th>存款金額</th>
30:    </tr>
31:    </thead>
32:    <tbody>
33:    <tr>
34:      <td>一月</td>
35:      <td>NT$ 5, 000</td>
36:    </tr>
37:    <tr>
38:      <td>二月</td>
39:      <td>NT$ 1, 000</td>
40:    </tr>
41:    </tbody>
42:    <tfoot>
43:    <tr>
44:      <td>存款總額</td>
45:      <td>NT$ 6, 000</td>
46:    </tr>
47:    </tfoot>
48: </table>
49: </body>
50: </html>
```

■ **標籤説明**

- 第 8~22 列：HTML 表格的第一列是標題列，第 13 列的儲存格<td>標籤使用 colspan 屬性合併儲存格，第 15~16 列的儲存格<td>使用 headers 屬性指向第 10~11 列的儲存格<th>。
- 第 24~48 列：HTML 表格的第一列也是標題列，第 25 列是標題文字，第 26~31 列是<thead>，第 32~41 列是<tbody>，第 42~47 列是<tfoot>。

如果 HTML 表格需要更多列或更多欄，加一組<tr>標籤可以增加一列；一組<td>標籤可以多一個儲存格，即一欄。

2-5-2 <div>和<span>容器標籤

HTML 的<div>和<span>標籤都是一個容器來群組元素，屬於 HTML4 版的結構元素，標籤本身並沒有任何預設樣式，如同是一個網頁中的透明方框。

<div>標籤

HTML 的<div>標籤可以在 HTML 網頁定義一個**區塊**，其主要目的是建立文件結構和使用 CSS 來格式化群組的元素，如下所示：

```
<div style="color:blue">
   <h3>JavaScript</h3>
   <p>客戶端網頁技術</p>
</div>
```

上述 style 屬性定義 CSS 樣式，進一步說明請參閱<第 11 章>。

<span>標籤

HTML 的<span>標籤也是用來群組元素，不過，它是一個**單行元素**，並不會建立區塊（即換行），如下所示：

```
<p>外國人很多都是<span style="color:lightblue">淡藍色</span>眼睛</p>
```

HTML 網頁：Ch2_5_2.html

在 HTML 網頁使用<div>和<span>標籤來群組元素，可以看到<div>標籤自成區塊，<span>標籤仍然位在父元素的區塊中，如右圖所示：

上述藍色字是使用<div>標籤來格式化顯示 h3 和 p 元素，最後一列的「淡藍色」是<span>標籤格式化的文字內容。

■ 標籤內容

```
01: <!DOCTYPE html>
02: <html>
03: <head>
04: <meta charset="utf-8"/>
05: <title>Ch2_5_2.html</title>
06: </head>
07: <body>
08: <div style="color:blue">
09:     <h3>JavaScript</h3>
10:     <p>客戶端網頁技術</p>
11: </div>
12: <p>外國人很多都是
    <span style="color:lightblue">淡藍色</span>眼睛</p>
13: </body>
14: </html>
```

■ 標籤說明

- 第 8~11 列：<div>標籤使用 style 屬性指定色彩為藍色。
- 第 12 列：<span>標籤使用 style 屬性指定色彩為淡藍色。

2-6 HTML5 的語意與結構元素

HTML5 仍然繼承大部分 HTML4 的標籤，只是更改標籤的使用、意義和屬性，刪除一些不需要的標籤和新增語意與結構標籤。

2-6-1 HTML5 的語意與結構標籤

HTML5 提供語意和結構標籤來建立網頁內容的結構，其簡單說明如下表所示：

標籤	說明
<article>	建立自我包含的完整內容成份，例如：部落格或 BBS 文章
<aside>	建立非網頁主題，但相關的內容片斷，只是有些離題
<footer>	建立網頁或區段內容的註腳區塊
<header>	建立網頁的標題區塊，可以包含說明、商標和導覽
<hgroup>	群組<h1>~<h6>標籤來建立多層次的標題文字，例如：副標文字等
<nav>	建立網頁的導覽區塊，即連接其他網頁的超連結
<section>	建立一般用途的文件或應用程式區段，例如：報紙的體育版、財經版等

2-6-2 使用 HTML5 的語意與結構標籤

HTML4 版的<div>標籤只是一般用途的區塊容器，並沒有任何除了將網頁內容分割成區塊之外的語意。HTML5 提供描述頁面內容結構的語意標籤：<header>、<section>、<article>、<nav>、<aside>和<footer>，可以讓我們建立擁有自我描述能力的 HTML 網頁，如右圖所示：

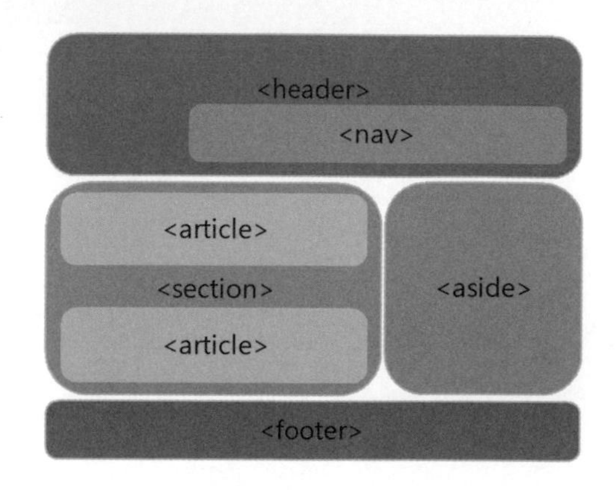

上述頁面的內容結構是使用 HTML5 的語意標籤 ：<header>、<section>、<article>、<nav>、<aside>和<footer>來建立，其優點是開發者可以很容易且快速存取指定語意的元素，例如：標題就找<header>標籤，不只如此，未來新版瀏覽器也可以提供功能，只列印網頁<article>標籤的內容，而不列印<aside>標籤的內容。

現在，我們可以使用 HTML5 的語意標籤建立 HTML 網頁，<body>區塊的標籤結構（完整 HTML 範例：Ch2_6_2.html），如下所示：

```
<header>
  <h1>程式設計之家</h1>
  <nav>
    <ul>
      <li><a  href="/News/">最新消息</a></li>
      ……
    </ul>
  </nav>
</header>
<section>
  <article>
    <h2>歡迎光臨程式設計之家</h2>
    <p>…</p>
  </article>
  <article>
    <h2>服務說明</h2>
    <p>…</p>
    ……
  </article>
</section>
<aside>
  <h2>相關資源網站</h2>
  <ul>
   <li><a href="">HTML5 教學網站</a></li>
   ……
  </ul>
  <p><a  href="/Resources/">更多資源</a></p>
</aside>
<footer>
  <small>Copyright &copy; 2016 陳會安 版權所有</small>
</footer>
```

上述網頁在瀏覽器的執行結果，如下圖所示：

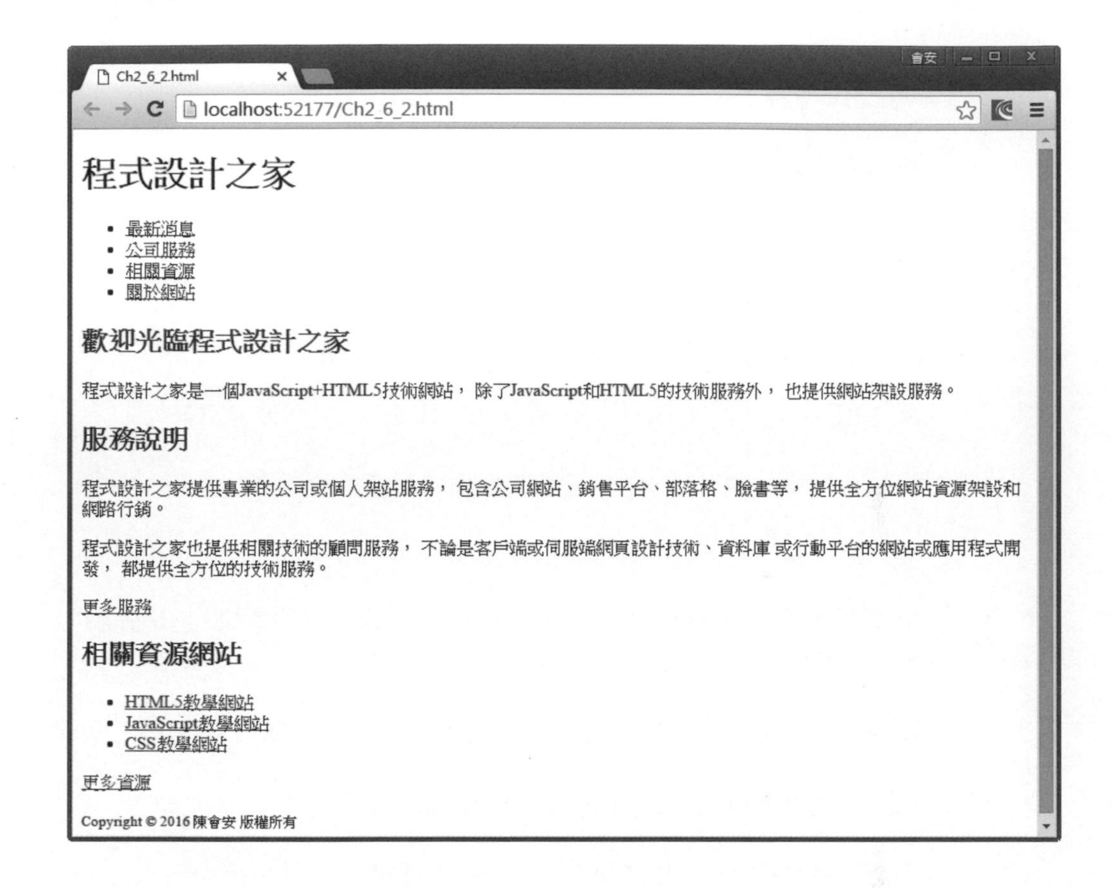

上述網頁內容的語意與結構標籤並沒有套用任何樣式，看到的內容就是<h1>、<h2>、<ul>、<p>、<a>和<small>標籤的預設樣式，因為這些標籤是結構標籤，我們需要自行使用 CSS 來格式化網頁內容的顯示。

學習評量

選擇題

(　　) 1. 請問下列哪一個並不是 Visual Studio Community 設計檢視支援的控制項定位方式？

A. 預設定位　B. 絕對定位　C. 相對定位　D. 不使用定位

(　　) 2. 請問下列哪一個不是 HTML 網頁支援的圖檔格式？

A. GIF　B. JPG　C. BMP　D. PNG

(　　) 3. 請問下列哪一個 HTML5 標籤可以標示重要的文字？

A. <strong>　B. <em>　C. <cite>　D. <small>

(　　) 4. 請問下列哪一個 HTML5 標籤可以顯示強調文字的效果，它是強調發音上有細微改變句子的文字內容？

A. <strong>　B. <em>　C. <cite>　D. <small>

(　　) 5. 請問下列哪一個是 HTML5 新增的語意標籤？

A. <section>　B. <body>　C. <span>　D. <div>

簡答題

1. 請簡單說明 HTML5 網頁的基本結構？

2. 請說明下列 HTML5 標籤的用途，如下所示：

```
<h2>…</h2>
<b>…</b>
<em>…</em>
<br/>
<ul>    <li>
<hr/>
```

3. 請說明項目符號和項目編號之間的差異為何？<div>和<span>容器標籤之間的差異為何？

4. 請問建立 HTML 表格至少需要使用哪幾個 HTML5 標籤？

5. 請簡單說明 HTML5 新增的語意與結構元素？

實作題

1. 請建立 HTML 網頁，然後在網頁使用<p>標籤輸入下列文字內容，如下所示：

```
ASP.NET 是伺服端網頁技術，只要使用 Visual Studio 就萬事 OK！
```

2. 請將實作題 1 輸入的文字內容依照下列文字區塊來標示文字內容（英文字母 B 為粗體、I 為斜體和 S 為重要文字），如下所示：

- 伺服端(S)
- Visual Studio Community(I)
- 萬事 OK！(B)

3. 請建立 HTML 網頁，在網頁輸入建立本章節名的項目符號。

4. 請建立 HTML 網頁新增文字超連結**首頁**，這個超連結可以連接名為 **Default.aspx** 的 ASP.NET 網頁。

5. 巢狀表格是指在表格的儲存格中擁有其他表格，請在 HTML 網頁先建立 2×2 表格，然後在對角的兩個儲存格中分別建立 2×2 表格，即可建立巢狀表格。

Memo

03

Visual C# 程式語言

本章學習目標

3-1 Visual C# 語言的基礎

3-2 Visual C# 基本撰寫規格

3-3 Visual C# 變數與資料型態

3-4 Visual C# 運算子

3-5 Visual C# 流程控制

3-6 Visual C# 函數

3-7 資料型態轉換

3-1 Visual C# 語言的基礎

在 ASP.NET 網頁的腳本程式碼（Scripts）可以使用 C# 或 Visual Basic 等語言，在本書是使用 C# 語言，或稱為 Visual C#。

C# 語言（其發音是 See-Sharp）是微軟公司 Anders Hejlsberg 領導的小組開發的程式語言，Anders Hejlsberg 擁有豐富的程式語言和平台的開發經驗，曾經開發著名的 Visual J++、Borland Delphi 和 Turbo Pascal 等。

C# 語言是在 2000 年 6 月正式推出的一種相當新的程式語言（對比其他常見的程式語言來說），這是一種強調簡單、現代化和物件導向特點的程式語言，屬於微軟 .NET Framework 平台的語言，支援結構化、物件基礎和物件導向程式設計。事實上，C# 語言的程序式和物件導向語法都是源於 C++ 語言，同時參考其他多種程式語言的語法，最著名的就是 Delphi 和 Java。

C# 語言是一種簡單的程式語言，因為它刪除 Java 和 C++ 語言的複雜語法和一些常造成程式設計困擾的缺點，例如：指標、含括（Include）、巨集、範本（Templates）、多重繼承和虛擬繼承等，再加上大部分語法都源於 C 和 C++ 語言，也和 Java 語言十分相似，換句話說，讀者只需熟悉上述語言，就會覺得 C# 語言非常熟悉且易於入門。

C# 語言也是一種非常現代化的程式語言，因為 C# 語言支援現代程式語言所擁有的例外處理（Exception Handling）、垃圾收集（Garbage Collection）、擴充資料型態和程式碼安全。而且 C# 語言是一種真正的物件導向程式語言，完全支援封裝、繼承和多形的物件導向程式語言特性。

3-2 Visual C# 基本撰寫規格

程式碼在撰寫時如果使用一致規則，在程式維護上將有一定助益，撰寫規格的目的是為了建立一致的程式風格來進行小組（Teamwork）程式開發。

命名規則

程式碼除了語言的「關鍵字」(Keywords)外，大部分都是程式設計者自訂的元素名稱，稱為「識別字」(Identifier)。例如：變數、類別和函數等。程式元素的命名十分重要，因為好名稱如同程式註解，可以讓程式更容易了解。C# 語言基本的命名原則，如下所示：

- 名稱不可以使用 C# 語言的**關鍵字**或系統的物件名稱。
- 必須是**英文字母或底線「_」開頭**，如果以底線開頭，至少需要一個英文字母或數字。
- 在名稱中間**不能有句點「.」或空白**，只能是英文字母、數字和底線。
- **區分英文大小寫**，abc 和 ABC 代表不同名稱。
- 在宣告的有效範圍內需唯一，有效範圍請參閱<第 3-6 節>的函數。.

C# 元素名稱的範例，如下表所示：

範例	說明
Abc、foot_123、size1、_123、 _abc	合法名稱
_、123abc、check#time、double	不合法名稱，名稱不能只有底線、使用數字開頭、不合法字元「#」和關鍵字

讀者如果想維持程式碼的可讀和一致性，C# 變數的命名可以使用一些慣用命名原則。例如：CamelCasing 命名法是第 1 個英文字小寫之後為大寫，變數、函數的命名可以使用不同英文字母大小寫的組合，如下表所示：

識別字種類	習慣的命名原則	範例
常數	使用英文大寫字母和底線 "_" 符號	MAX_SIZE、PI
變數	使用英文小寫字母開頭，如果是 2 個英文字組成，第 2 個之後的英文字以大寫開頭	size、userName
函數	使用英文小寫字母開頭，如果是 2 個英文字組成，其他英文字使用大寫開頭	pressButton、scrollScreen

程式敘述

C# 程式區塊是由程式敘述（Statements）組成，一列程式敘述如同英文的一個句子，內含多個運算式、運算子或關鍵字（Keywords），如下所示：

```
int balance = 1000;
interest = balance * rate;
;
```

上述 C# 程式區塊的第 1 列程式碼是變數宣告，第 2 列是指定敘述的運算式，最後是空程式敘述（Null Statement）。C# 語言的「;」符號代表程式敘述的結束，所以，使用「;」符號就可以在同一列程式碼撰寫多個程式敘述，如下所示：

```
double interest; double rate = .04;
```

上述程式碼在同一列 C# 程式碼列擁有 2 個程式敘述。

程式區塊

程式區塊（Blocks）是由多個程式敘述組成，它是位在大括號之間的程式碼，如下所示：

```
protected void Button1_Click(object sender, EventArgs e)
{
    ......
}
```

上述事件處理程序使用大括號括起的就是程式區塊，在本章後<第 3-5～3-6 節>說明的條件、迴圈敘述和函數都擁有程式區塊。

程式註解

程式註解是程式設計上十分重要的部分，良好註解不但能夠容易了解程式目的，在維護上也可以提供更多的資訊。C# 程式註解是以「//」符號開始的列，或同一程式列在此符號後的文字內容，如下所示：

```
// 變數的宣告
int balance = 1000;   // 宣告整數變數
```

上述變數宣告的程式碼前和同一列都有程式註解。程式註解也可以是使用「/*」和「*/」符號括起的文字內容，如下所示：

```
/* 顯示不同尺寸
   的歡迎訊息 */
```

上述註解文字是位在「/*」和「*/」符號中的文字內容，而且文字內容可以跨過多行。

對於太長的程式碼

C# 語言的程式碼列如果太長，基於程式編排的需求，太長的程式碼並不容易閱讀，我們可以將它分成兩列來編排。因為 C# 語言屬於自由格式編排的語言，如果程式碼需要分成兩列，直接分割即可，如下所示:

```
lblOutput.Text = "大家好!這是比較長的程式碼, " +
                 "所以需要分為兩列.";
```

上述程式碼太長，所以直接分割成二列，只是因為是字串字面值，所以使用**字串連接運算字「+」**來連接分割成二行的 2 個字串（此運算子的說明請參閱<第 3-4 節>）。

程式碼的縮排

在撰寫程式時記得使用縮排編排程式碼，適當的縮排程式碼，能夠讓程式更加容易閱讀，因為可以反應出程式碼的邏輯和迴圈架構，例如：迴圈區塊的程式碼縮幾格編排，如下所示：

```
for ( i = 0; i <= 10; i++ )
{
   lblOutput.Text += i + " ";
   total = total + i;
}
```

上述迴圈程式區塊的程式敘述可以使用空白字元或 Tab 鍵來向內縮排，表示屬於此程式區塊，如此可以清楚分辨哪些程式碼屬於同一個程式區塊。

3-3 Visual C# 變數與資料型態

C# 變數是用來儲存程式執行中的暫存資料，程式設計者只需使用變數名稱，就可以存取記憶體位址的資料。在宣告時可以使用資料型態來指定變數是儲存哪一種資料。

3-3-1 變數的資料型態

C# 語言是一種**強調型態**（Strongly Typed）程式語言，所以，C# 語言的變數在使用前，一定需要指定使用的資料型態。C# 語言的內建基本資料型態，如下表所示：

資料型態	說明	位元組	範圍
bool	布林值	2	true 或 false
byte	正整數	1	0~255
sbyte	整數	1	-128~127
char	字元	2	0~65535
short	短整數	2	-32, 768~32, 767
ushort	正短整數	2	0~65, 535
int	整數	4	-2, 147, 483, 648~2, 147, 483, 647
uint	正整數	4	0~4, 294, 967, 295
long	長整數	8	-9, 223, 372, 036, 854, 775, 808~9, 223, 372, 036, 854, 775, 807
ulong	正長整數	8	0~18, 446, 744, 073, 709, 551, 615
float	單精度的浮點數	4	-3.402823E38~3.402823E38
double	雙精度的浮點數	8	-1.79769313486232E308~1.79769313486232E308
decimal	數值	16	-79228162514264337593543950335 ~ 79228162514264337593543950335
string	字串	依平台	Unicode 字元
object	物件	4	物件型態變數可以儲存各種資料型態的值

上表 object 資料型態是一種特殊資料型態，C# 語言支援的所有型態都是直接或間接繼承 object 型態，我們可以將任何型態的值指定給 object 資料型態的變數。

3-3-2 變數、常數宣告與指定敘述

C# 語言的變數在使用前，一定需要指定其資料型態，我們可以在宣告時指定變數的初值，或使用指定敘述來指定變數值。

宣告變數

變數在程式碼扮演的角色是儲存程式執行中的一些暫存資料，在 C# 語言是使用**資料型態名稱**開頭來宣告變數，如下所示：

```
double area;
string name;
```

上述程式碼宣告名為 area 和 name 的變數，資料型態分別為 double 和 string。我們也可以在同一列程式碼宣告多個變數，只需使用「,」號分隔，如下所示：

```
uint height, width;
```

上述程式碼宣告 2 個正整數 uint 資料型態的變數。如果需要，還可以在宣告時指定變數初值，如下所示：

```
double area = 25.0;
string name = "陳會安";
```

上述程式碼使用「=」等號指定變數 area 和 name 的初值。

字面值

變數的初值或使用之後指定敘述指定的值是字元、整數值、浮點數或字串等常數值，稱為「字面值」(Literals)。**字串**的字面值是使用**雙引號**括起；**字元**的字面值是使用**單引號**括起，如下所示：

```
string title = "我的首頁";
char a = 'A';
```

說明

在字串字面值中如果還要再使用「"」符號，我們需要使用「\"」逸出字元符號來代表，如下所示：

```
title = "我的\"個人\"首頁";
```

上述字串的子字串**個人**是使用「\"」括起。

整數字面值預設是 int 資料型態，如果宣告 uint、long 或 ulong 資料型態的變數，我們需要在字尾加上字尾型態字元，指定字面值的資料型態，如下表所示：

資料型態	字元	範例
uint	U/u	246u、246U
long	L/l	350000l、350000L
ulong	UL/ul	15000ul、15000UL

當宣告 float 或 decimal 浮點數資料型態的變數時，因為浮點字面值預設是 double 資料型態，所以需要加上字尾型態字元，指定字面值的資料型態，如下表所示：

資料型態	字元	範例
float	f/F	123.23f、123.23F
decimal	m/M	45356.78901m、45356.78901M

指定敘述

在 C# 宣告變數後，因為變數是用來儲存暫存資料，我們可以隨時指定或更改變數值，指定敘述是使用「=」等號來指定變數值。例如：指定變數 height 和 weight 的值，如下所示：

```
height = 500u;
```

上述程式碼使用指定敘述指定變數值，使用字尾型態字元來指定成正整數的字面值。當然變數也可以指定成其他變數值，如下所示：

```
width = height;
```

上述程式碼將 width 變數值指定成 height 變數的值。

常數的宣告與使用

程式碼的常數是使用一個名稱來取代固定數值或字串，與其說是一種變數，不如說是**名稱轉換**，將一些值使用有意義的名稱來取代。C# 語言的常數在宣告時一定需要指定其值，如下所示：

```
const double PI = 3.1415926;
```

上述程式碼使用 const 關鍵字宣告圓周率常數 PI。在 C# 程式碼可以直接使用常數來計算圓面積，如下所示：

```
area = PI * 4 * 4;
```

ASP.NET 網站：Ch3_3_2

在 ASP.NET 網頁宣告變數、常數和使用指定敘述指定變數值，最後將變數值都在 Label 控制項顯示出來，其建立步驟如下所示：

Step 1 請啟動 Visual Studio Community 開啟「範例網站\Ch03\Ch3_3_2」資料夾的 ASP.NET 網站，然後開啟 ASP.NET 網頁 Default.aspx 且切換至**設計**檢視。

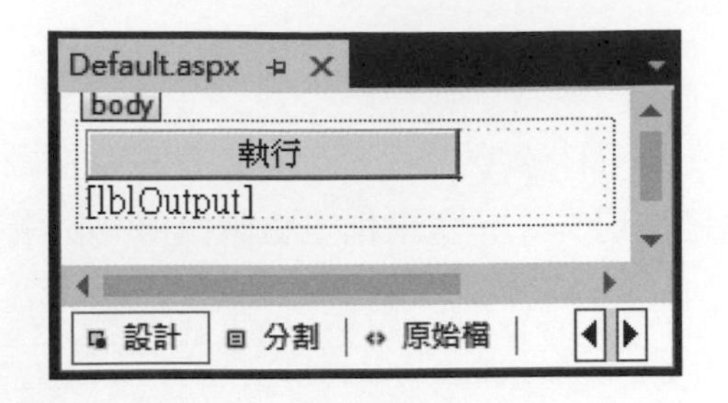

上述 Web 表單擁有 Button1 按鈕控制項，在下方是名為 lblOutput 的標籤控制項。

Step 2 按二下標題為**執行**的 Button1 按鈕，可以建立 Button1_Click()事件處理程序。

■ Button1_Click()

```
01: protected void Button1_Click(object sender, EventArgs e)
02: {
03:     const double PI = 3.1415926; // 常數宣告
04:     double area = 25.0;    // 變數宣告與初值
05:     string name= "陳會安", title;
06:     uint height, width;
07:     title = "我的\"個人\"首頁"; // 指定敘述
08:     height = 500u;
09:     width = height;
10:     area = PI * 4 * 4;
11:     lblOutput.Text = "姓名: " + name + "<br/>" +
12:                      "標題: " + title + "<br/>" +
13:                      "高:" + height + "<br/>" +
14:                      "寬:" + height + "<br/>" +
15:                      "面積:" + area + "<br/>";
16: }
```

■ 程式說明

- 第 3 列：宣告常數 PI。
- 第 4~6 列：宣告浮點數、整數和字串變數，並且指定變數 area 和 name 的初值。

- 第 7~10 列：指定變數值，在第 8 列使用字尾型態字元，第 9 列指定成其他變數，在第 10 列是指定成常數運算式的運算結果。
- 第 11~15 列：指定 lblOutput 標籤控制項的 Text 屬性值，程式碼使用「+」字串連接運算子來連接輸出字串，每一行使用
的 HTML 標籤來換行，關於運算子的進一步說明，請參閱<第 3-4 節>。

■ **執行結果**

在儲存後，請執行「檔案/在瀏覽器中檢視」命令，可以看到執行結果的 ASP.NET 網頁，按**執行**鈕，可以在下方標籤控制項顯示變數值。

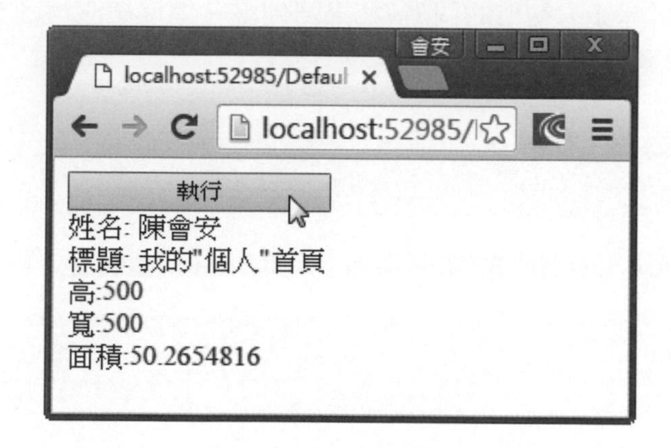

3-3-3 陣列

陣列是一組變數，如果程式需要使用多個相同資料型態的變數時，我們可以宣告一組變數的陣列，而不用宣告一堆變數。陣列是使用陣列索引來存取指定陣列元素值。

一維陣列

一維陣列對比信箱是單排信箱，C# 陣列是一種固定大小的陣列，也就是在宣告時需要指定陣列尺寸。因為 C# 陣列是一種物件，所以需要使用 **new 運算子**建立陣列。例如：宣告和建立字串陣列 name[]，如下所示：

```
string[] name = new string[4];
```

上述陣列尺寸是 4，其索引值是從 0 起算至方括號值 4 減一的 3。在宣告陣列時，我們也可以指定陣列元素的初值，如下所示：

```
string[] nickname = {"小安", "小魚", "小乖", "小楊"};
```

或

```
string[] name1 = new string[4] {"陳會安", "江小魚",
                               "陳允傑", "楊過", };
```

上述程式碼使用兩種方式宣告一維陣列且指定初值，其中 nickname[]沒有指定尺寸，其尺寸是後方初值的個數。如果陣列沒有指定初值，我們還可以使用指定敘述來指定陣列值，如下所示：

```
name[0] = "陳會安";  name[1] = "江小魚";
name[2] = "陳允傑";  name[3] = "楊過";
```

上述程式碼使用索引值來指定陣列元素。取出陣列值的程式碼，如下所示：

```
myName = name[2];
myNick = nickname[2];
```

上述程式碼取得陣列元素索引值為 2 的陣列變數值，也就是第 3 個陣列元素。

多維陣列

多維陣列有多個索引，對比前述信箱就是多排信箱，二維陣列擁有 2 個索引，三維陣列有 3 個，依序類推。事實上，只需是**表格編排的資料**，我們大都可以建立多維陣列來儲存這些資料。例如：學生成績的二維陣列，其宣告如下所示：

```
string[,] students = new string[3,2];
```

上述程式碼宣告 3 列和 2 欄的 3×2 二維陣列，使用「,」逗號分隔索引，1 個逗號是二維，2 個是三維陣列。以此例的二維陣列共有 6 個陣列元素，如下圖所示：

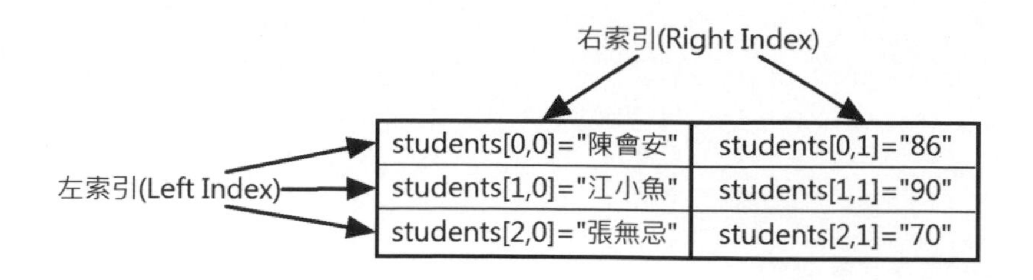

上述二維陣列擁有 2 個索引，左索引（Left Index）指出元素位在哪一列，右索引（Right Index）指出位在哪一欄，使用 2 個索引值就可以存取指定的二維陣列元素。

ASP.NET 網站：Ch3_3_3

在 ASP.NET 網頁宣告一維陣列儲存姓名資料，二維陣列儲存學生的成績資料，然後使用 for 迴圈顯示陣列元素值，其建立步驟如下所示：

Step 1 請啟動 Visual Studio Community 開啟「範例網站\Ch03\Ch3_3_3」資料夾的 ASP.NET 網站，然後開啟 ASP.NET 網頁 Default.aspx 且切換至**設計**檢視。在 Web 表單擁有 Button1 按鈕控制項，下方是名為 lblOutput 的標籤控制項。

Step 2 按二下標題為**執行**的 Button1 按鈕，可以建立 Button1_Click()事件處理程序。

■ Button1_Click()

```
01: protected void Button1_Click(object sender, EventArgs e)
02: {
03:     string[] name = new string[4]; // 宣告一維陣列
04:     string[] nickname = {"小安", "小魚", "小乖",
05:                          "小楊"};
06:     name[0] = "陳會安";   name[1] = "江小魚";
07:     name[2] = "陳允傑";   name[3] = "楊過";
08:     // 顯示陣列元素值
09:     for (int i = 0; i < 4; i++)
10:         lblOutput.Text += "原始陣列："+ name[i] +"<br/>";
11:     // 宣告二維陣列
12:     string[, ] students = new string[3, 2];
```

next

```
13:     students[0, 0] = "陳會安"; // 指定陣列值
14:     students[0, 1] = "86";
15:     students[1, 0] = "江小魚";
16:     students[1, 1] = "90";
17:     students[2, 0] = "張無忌";
18:     students[2, 1] = "70";
19:     // 顯示陣列值
20:     lblOutput.Text += "學生姓名: "+students[2, 0]+"<br/>";
21:     lblOutput.Text += "學生成績: "+students[2, 1]+"<br/>";
22: }
```

■ 程式說明

- 第 3~5 列：宣告 4 個元素的二個一維陣列，第 2 個陣列在宣告的同時指定陣列初值。
- 第 6~7 列：指定陣列元素值。
- 第 9~10 列：使用 for 迴圈顯示陣列值，關於 for 迴圈的說明請參閱後面章節。
- 第 12~21 列：在宣告二維陣列後，第 13~18 列指定陣列元素值，然後在第 20~21 列顯示第 3 位學生的姓名與成績。

■ 執行結果

在儲存後，請執行「檔案/在瀏覽器中檢視」命令，可以看到執行結果的 ASP.NET 網頁，按**執行**鈕，可以在下方標籤控制項顯示陣列的元素值。

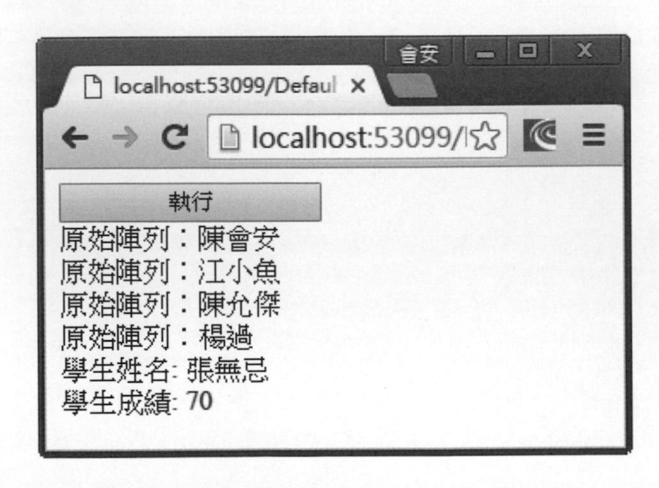

3-4 Visual C# 運算子

在 C# 指定敘述的等號右邊可以是運算式或條件運算式，這些都是使用「運算子」(Operator) 和「運算元」(Operand) 組成的運算式。

C# 語言提供完整算術 (Arithmetic)、關係 (Relational) 和邏輯 (Logical) 運算子。一些運算式的範例，如下所示：

```
a + b - 1
a >= b
a > b && a > 1
```

上述運算式變數 a、b 和數值 1 都屬於運算元，「+」、「-」、「>=」、「>」和「&&」為運算子。

3-4-1 運算子的優先順序

C# 語言的運算子可以分成多種，當在同一運算式使用多種運算子時，為了讓運算式能夠得到相同的運算結果，運算式是使用運算子預設的優先順序進行運算，也就是我們熟知的「先乘除後加減」口訣，如下所示：

```
a + b * 2
```

上述運算式在先計算 b*2 後才和 a 相加，這就是運算子的優先順序「*」大於「+」。C# 常用運算子預設的優先順序（愈上面愈優先），如下表所示：

運算子	說明
()、[]、++、--、.、new、typeof、sizeof	括號、陣列元素、遞增、遞減和物件與記憶體的相關運算子
!、-、+、~、(type)	邏輯運算子 NOT、負號、正號、1'補數、型態轉換
*、/、%	算術運算子的乘、除法和餘數
+、-	算術運算子加法、減法
<<、>>	位元運算子左移、右移
>、>=、<、<=	關係運算子大於、大於等於、小於和小於等於

next

運算子	說明
==、!=	關係運算子等於、不等於
&	位元運算子 AND
^	位元運算子 XOR
|	位元運算子 OR
&&	邏輯運算子 AND
||	邏輯運算子 OR
?:	條件控制運算子
=、op=	指定運算子

因為位元運算子對於網頁程式設計來說，並不常使用，所以本節主要說明 C# 語言的算術、關係、邏輯和指定運算子。

3-4-2 算術與字串連接運算子

C# 語言的算術運算子就是常用的數學運算子，大部分運算子都是「二元運算子」(Binary Operators)，需要 2 個運算元。其中 +、- 運算子也可以是「單元運算子」(Unary Operators)的正負號。各種算術運算子的說明與範例，如下表所示：

運算子	說明	運算式範例
-	負號	-7
*	乘法	15 * 6 = 90
/	除法	7.0 / 2.0 = 3.5 7 / 2 = 3
%	餘數	7 % 2 = 1
+	加法	24 + 13 = 37
-	減法	24 - 13 = 11

在上表算術運算子的運算式範例是使用字面值，其中整數除法會將所有小數刪除，所以 7 / 2 = 3。

「+」運算子對於數值資料型態來說，是加法，可以計算兩個運算元的總和。如果運算元的其中之一或兩者都是字串資料型態時，「+」運算子就是字串連接運算子，可以連接多個字串變數或字面值，如下表所示：

運算子	說明	運算式範例
+	字串連接	"ab" + "cd"="abcd" "ASP.NET 網頁"+"設計"="ASP.NET 網頁設計"

3-4-3 關係運算子

C# 語言的關係運算式是一種比較運算，通常是使用在迴圈和條件敘述的判斷條件。C# 語言的關係運算子（Relational Operators）說明與範例，如下表所示：

運算子	說明	運算式範例	結果
==	等於	16 == 13	false
!=	不等於	16 != 13	true
<	小於	16 < 13	false
>	大於	16 > 13	true
<=	小於等於	16 <= 13	false
>=	大於等於	16 >= 13	true

3-4-4 邏輯運算子

C# 語言的條件運算式（Conditional Expressions）是一種複合運算式，其每一個運算元是使用關係運算子建立的關係運算式。如果有多個關係運算式，我們可以使用邏輯運算子（Logical Operators）來連接，如下所示：

```
a > b && a > 1
```

上述條件運算式先執行 a > b 的運算，然後才是 a > 1。C# 語言的邏輯運算子說明與範例，如下表所示：

<table>
<tr><th>運算子</th><th>範例</th><th>說明</th></tr>
<tr><td>!</td><td>! op</td><td>NOT 運算，傳回運算元相反的值，true 成 false；false 成 true</td></tr>
<tr><td>&&</td><td>op1 && op2</td><td>AND 運算，連接的 2 個運算元都為 true，運算式為 true</td></tr>
<tr><td>||</td><td>op1 || op2</td><td>OR 運算，連接的 2 個運算元，任一個為 ture，運算式為 true</td></tr>
</table>

邏輯運算子連接的運算元都是上一節的關係運算式。簡單的說，我們可以使用邏輯運算子連接關係運算式來建立出更複雜的條件。例如：A 和 B 運算式，如下表所示：

運算元	關係運算式	結果
A	15 > 13	true
B	14 <= 12	false

在上述表格有 2 個運算元，我們可以使用邏輯運算子將它們連接起來，如下表所示：

<table>
<tr><th>邏輯運算子</th><th>完整的運算式</th><th>結果</th></tr>
<tr><td>! A</td><td>! (15 > 13)</td><td>false</td></tr>
<tr><td>! B</td><td>! (14 <= 12)</td><td>true</td></tr>
<tr><td>A && B</td><td>15 > 13 && 14 <= 12</td><td>false</td></tr>
<tr><td>A || B</td><td>15 > 13 || 14 <= 12</td><td>true</td></tr>
</table>

運算元不同 true 或 false 的真假值表，如下表所示：

<table>
<tr><th>A</th><th>B</th><th>! A</th><th>! B</th><th>A && B</th><th>A || B</th></tr>
<tr><td>true</td><td>true</td><td>false</td><td>false</td><td>true</td><td>true</td></tr>
<tr><td>true</td><td>false</td><td>false</td><td>true</td><td>false</td><td>true</td></tr>
<tr><td>false</td><td>true</td><td>true</td><td>false</td><td>false</td><td>true</td></tr>
<tr><td>false</td><td>false</td><td>true</td><td>true</td><td>false</td><td>false</td></tr>
</table>

3-4-5 指定運算子

C# 語言的指定運算子除了使用指定敘述「=」等號外，還可以配合其他運算子來簡化運算式，建立出簡潔的算術運算式，如下表所示：

運算子	範例	相當的運算式	說明
=	x = y	N/A	指定敘述
+=	x += y	x = x + y	加法或字串連接
-=	x -= y	x = x - y	減法
*=	x *= y	x = x * y	乘法
/=	x /= y	x = x / y	除法
%=	x %= y	x = x % y	餘數

3-5 Visual C# 流程控制

一般來說，程式碼除了是一列指令接著一列指令循序的執行外，對於複雜的工作，為了達成預期的執行結果，我們還需要使用「流程控制結構」(Control Structures) 來控制程式碼的執行。

流程控制是使用條件運算式進行判斷，以便執行不同區塊的程式碼，或重複執行指定區塊的程式碼，流程控制指令主要分成兩類，如下所示：

- **條件控制**：條件控制是一個選擇題，可能是單一選擇或多選一，依照條件運算式的結果，決定執行哪一個區塊的程式碼。
- **迴圈控制**：迴圈控制可以重複執行指定區塊的程式碼，而且在迴圈中擁有結束條件，可以結束迴圈的執行。

3-5-1 是否選和二選一

C# 語言的條件敘述可以分為：是否選、二選一或多選一方式，首先為是否選和二選一。

if 是否選條件敘述

單純的 if 條件敘述是一種是否執行的單選題，只是決定是否執行程式區塊內的程式碼，如果條件運算式的結果為 true，就執行之後的程式區塊。例如：判斷學生成績是否及格，如下所示：

```
if (grade >= 60)
{
   lblOutput.Text += "成績及格! ";
   lblOutput.Text += "學生成績: " + grade + " <br/>";
}
```

上述 if 條件為 true，就執行位在程式區塊的程式碼，可以顯示變數內容；如為 false 就不執行程式區塊的程式碼。如果 if 條件為 true 時只會執行一列程式碼，我們也可以省略大括號，如下所示：

```
if (grade < 60)
   lblOutput.Text += "成績不及格!<br/>";
```

if/else 二選一條件敘述

if 條件敘述是選擇執行或不執行程式區塊的單選題。如果條件是擁有排他情況的 2 個程式區塊，只能二選一，我們可以加上 else 關鍵字。如果 if 條件為 true，就執行 else 之前的程式區塊；false 執行 else 之後的程式區塊。例如：使用身高來判斷購買全票，還是半票，如下所示：

```
if (length > 120)
   lblOutput.Text += "購買全票!<br/>";
else
   lblOutput.Text += "購買半票!<br/>";
```

上述程式碼因為程式區塊只有一列程式碼，我們可以加上大括號，也可以不加大括號。身高條件有排他性，可以使用身高決定購買半票或全票，不同身高值能夠顯示不同的訊息文字。

「?:」條件敘述運算子

C# 語言的條件敘述運算子「?:」可以在指定敘述以條件來指定變數值，例如：12 小時與 24 小時制的時間轉換條件敘述運算子，如下所示：

```
hour = (hour >= 12) ? hour-12 : hour;
```

上述指定敘述的「=」號右邊是條件敘述運算子，如同一個 if/else 條件，使用「?」符號代替 if，「:」符號代替 else，如果條件為 true，hour 變數值為 hour-12；false 就是 hour。

ASP.NET 網站：Ch3_5_1

在 ASP.NET 網頁使用 if、if/else 條件敘述和條件運算式來建立是否選和二選一的條件敘述，以便在網頁顯示成績是否及格、判斷購買哪一種票和轉換 24 小時制至 12 小時制，其建立步驟如下所示：

Step 1 請啟動 Visual Studio Community 開啟「範例網站\Ch03\Ch3_5_1」資料夾的 ASP.NET 網站，然後開啟 ASP.NET 網頁 Default.aspx 且切換至**設計**檢視。在 Web 表單擁有 Button1 按鈕控制項，下方是名為 lblOutput 的標籤控制項。

Step 2 按二下標題為**執行**的 Button1 按鈕，可以建立 Button1_Click()事件處理程序。

■ Button1_Click()

```
01: protected void Button1_Click(object sender, EventArgs e)
02: {
03:     int grade = 75, length = 110, hour = 22;
04:     if (grade >= 60)  // if 條件敘述
05:     {
06:         lblOutput.Text += "成績及格! ";
07:         lblOutput.Text += "學生成績: " + grade + "<br/>";
08:     }
09:     if (length > 120)  // if/else 條件敘述
10:         lblOutput.Text += "購買全票!<br/>";
11:     else
```

next

```
12:          lblOutput.Text += "購買半票!<br/>";
13:     hour = (hour >= 12) ? hour - 12 : hour; // 條件運算子
14:     lblOutput.Text += "12 小時制: " + hour;
15: }
```

■ **程式說明**

- 第 4~8 列：if 條件因為條件成立，所以顯示第 6~7 列的字串。
- 第 9~12 列：if/else 二選一條件因為條件不成立，所以執行第 12 列的程式碼。
- 第 13 列：條件運算式因為大於 12，所以執行 hour - 12。

■ **執行結果**

在儲存後，請執行「檔案/在瀏覽器中檢視」命令，可以看到執行結果的 ASP.NET 網頁，按**執行**鈕，可以在下方標籤控制項顯示條件的判斷結果。

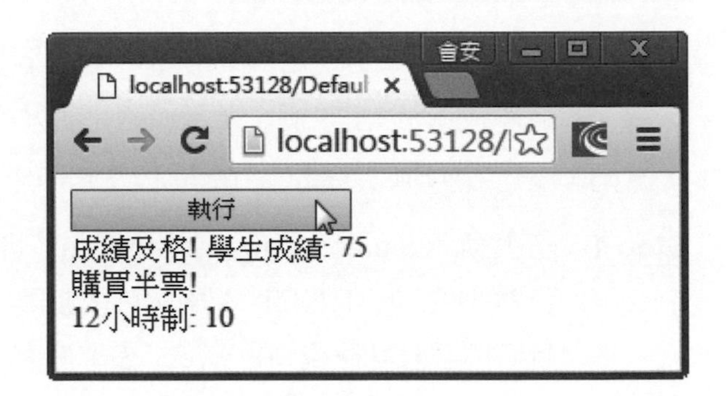

3-5-2 多選一的條件敘述

多選一條件敘述能夠依照條件來執行多個不同程式區塊的程式碼。在 C# 語言的多條件敘述有 2 種寫法：一是使用傳統 if/else 條件的擴充，或是使用 switch 多選一條件敘述。

if/else/if 多選一條件敘述

if/else/if 多選一條件敘述是 if/else 條件的擴充，只需重複使用 if/else 條件，就可以建立多選一條件敘述。例如：使用年齡判斷搭乘公車的乘客票價是學生、普通或敬老票，如下所示：

```
if ( age <= 18 )
   str = "學生票：12 元<br/>";
else
    if ( age >= 65 )
        str = "敬老票：8 元<br/>";
    else
        str = "普通票：15 元<br/>";
```

上述程式碼使用 if/else 條件，每一次判斷一個條件，如果為 false 就重複使用 if/else 條件再進行下一次的判斷。

switch 多選一條件敘述

C# 語言的另一種多選一條件敘述是 switch 多條件敘述，可以依照符合條件執行不同程式區塊的程式碼，例如：學生成績是使用 GPA 的 A、B、C、D 來打成績，我們可以使用 switch 條件敘述來顯示轉換的成績範圍，如下所示：

```
switch (grade)
{
   case 'A':
      str = "超過 80 分<br/>";
      break;
   case 'B':
      str = "70~79 分<br/>";
      break;
   case 'C':
      str = "60~69 分<br/>";
      break;
   default:
      str = "低於 60 分<br/>";
      break;
}
```

上述程式碼比較成績 A、B 和 C，default 就是 D，可以顯示不同成績範圍，switch 條件只有一個條件運算式，每一個 case 條件的比較相當於是「==」運算子，如果符合，就執行 break 關鍵字前的程式碼，每一個條件需要使用 **break 關鍵字來跳出條件敘述**。

最後的 default 關鍵字是一個例外條件，可有可無，如果 case 條件都沒有符合，就執行 default 程式區塊。

ASP.NET 網站：Ch3_5_2

在 ASP.NET 網頁使用多選一條件敘述來顯示購買哪種票和 GPA 的分數範圍，其建立步驟如下所示：

Step 1 請啟動 Visual Studio Community 開啟「範例網站\Ch03\Ch3_5_2」資料夾的 ASP.NET 網站，然後開啟 ASP.NET 網頁 Default.aspx 且切換至**設計**檢視。在 Web 表單擁有 Button1 按鈕控制項，下方是名為 lblOutput 的標籤控制項。

Step 2 按二下標題為**執行**的 Button1 按鈕，可以建立 Button1_Click()事件處理程序。

■ Button1_Click()

```
01: protected void Button1_Click(object sender, EventArgs e)
02: {
03:     int age = 40;
04:     char grade = 'C';
05:     string str = "";
06:     if (age <= 18)  // if/else/if 條件敘述
07:         str = "學生票：12 元<br/>";
08:     else
09:         if (age >= 65)
10:         str = "敬老票：8 元<br/>";
11:     else
12:         str = "普通票：15 元<br/>";
13:     lblOutput.Text = str;
14:     switch (grade)  // switch 條件敘述
15:     {
16:         case 'A':
17:             str = "超過 80 分<br/>";
18:             break;
19:         case 'B':
20:             str = "70~79 分<br/>";
21:             break;
22:         case 'C':
23:             str = "60~69 分<br/>";
24:             break;
25:         default:
26:             str = "低於 60 分<br/>";
```

next

```
27:                break;
28:        }
29:        lblOutput.Text += str;
30: }
```

■ 程式說明

- 第 6~12 列：if/else/if 多選一條件敘述，因為條件都不成立，所以顯示第 12 列的字串。
- 第 14~28 列：switch 多選一條件敘述因為是第 22 列的條件成立，所以執行第 23 列的程式碼。

■ 執行結果

在儲存後，請執行「檔案/在瀏覽器中檢視」命令，可以看到執行結果的 ASP.NET 網頁，按**執行**鈕，可以在下方標籤控制項顯示顯示購買哪種票和 GPA 的分數範圍。

3-5-3 for 與 foreach 迴圈敘述

C# 語言的 for 迴圈稱為「計數迴圈」(Counting Loop)，這是一種簡化的 while 迴圈，可以重複執行固定次數的程式區塊。

for 迴圈敘述

在 for 迴圈的括號之中預設擁有一個計數器，計數器每次增加或減少一個值，直到 for 迴圈的結束條件成立為止，例如：計算 1 加到 15 的總和，每次增加 1，如下所示：

```
for (i = 1; i <= 15; i++)
{
   lblOutput.Text += i + " ";
   total += i;
}
```

上述迴圈執行的次數是從括號中第 1 個初值 1 開始，執行變數更新到結束條件 i <= 15 為止，也就是計算從 1 加到 15 的總和。相反情況，我們可以使用遞減 for 迴圈從 5 到 1，計數器是使用 i--，表示每次遞減 1，如下所示：

```
for ( i = 5; i >= 1; i-- ) { ……… }
```

foreach 迴圈敘述

foreach 迴圈和 for 迴圈敘述十分相似，只不過 foreach 迴圈通常是使用在集合物件或陣列，可以顯示集合物件或陣列的所有元素，特別適合在不知道有多少元素的集合物件或陣列時，如下所示：

```
foreach (int myScore in scores)
{
   lblOutput.Text += myScore + "<br/>";
}
```

上述程式碼變數 scores[]為陣列，迴圈可以一一取出所有的陣列元素，指定給變數 myScore，此變數是在 foreach 迴圈敘述中宣告。

ASP.NET 網站：Ch3_5_3

在 ASP.NET 網頁使用 for 迴圈計算 1 加到 15 的總和，並且使用 foreach 迴圈顯示陣列的元素，其建立步驟如下所示：

Step 1 請啟動 Visual Studio Community 開啟「範例網站\Ch03\Ch3_5_3」資料夾的 ASP.NET 網站，然後開啟 ASP.NET 網頁 Default.aspx 且切換至**設計**檢視。在 Web 表單擁有 Button1 按鈕控制項，下方是名為 lblOutput 的標籤控制項。

Step 2 按二下標題為**執行**的 Button1 按鈕，可以建立 Button1_Click()事件處理程序。

■ Button1_Click()

```
01: protected void Button1_Click(object sender, EventArgs e)
02: {
03:     int i, total = 0;
04:     for (i = 1; i <= 15; i++)  // for 迴圈
05:     {
06:         lblOutput.Text += i + " ";
07:         total += i;
08:     }
09:     lblOutput.Text +="<br/>1 加到 15 的總和: "+total+"<br/>";
10:     int[] scores = { 56, 85, 78 };
11:     foreach (int myScore in scores)  // foreach 迴圈
12:     {
13:         lblOutput.Text += myScore + "<br/>";
14:     }
15: }
```

■ 程式說明

- 第 4~8 列：使用 for 迴圈計算 1 加到 15。
- 第 10 列：宣告一維陣列 scores[]且指定元素值。
- 第 11~14 列：使用 foreach 迴圈顯示陣列元素。

■ 執行結果

在儲存後，請執行「檔案/在瀏覽器中檢視」命令，可以看到執行結果的 ASP.NET 網頁，按**執行**鈕，就可以在下方標籤控制項顯示 1 加到 15 的總和和陣列元素的清單。

3-5-4 while 與 do/while 迴圈

C# 語言的 while 迴圈分為：前測式 while 迴圈敘述和後測式 do/while 迴圈兩種。

前測式 while 迴圈敘述

前測式 while 迴圈敘述是使用 while 條件在迴圈開頭檢查條件，以便判斷是否允許進入迴圈，也就是說，while 條件成立時才允許進入迴圈，如下所示：

```
int i = 1;
int total = 0;
while (i <= 15)
{
   lblOutput.Text += i + " ";
   total += i;
   i += 1;
}
```

上述迴圈計算從 1 加到 15 的總和，只需符合條件就執行迴圈的程式碼，迴圈的結束條件為 i > 15。

後測式 do/while 迴圈敘述

後測式 do/while 迴圈敘述是在迴圈結尾檢查條件，所以 do/while 迴圈至少會執行一次，如下所示：

```
int i = 1;
int total = 0;
do
{
    lblOutput.Text += i + " ";
    total += i;
    i += 1;
}
while (i <= 15);
```

上述迴圈當執行第 1 次時，是執行到迴圈結尾才檢查 while 條件是否成立，成立就繼續執行迴圈。可以計算從 1 加到 15 的總和，迴圈結束條件是 i > 15。

ASP.NET 網站：Ch3_5_4

在 ASP.NET 網頁使用 while 和 do/while 迴圈來計算 1 加到 15 的總和，其建立步驟如下所示：

Step 1 請啟動 Visual Studio Community 開啟「範例網站\Ch03\Ch3_5_4」資料夾的 ASP.NET 網站，然後開啟 ASP.NET 網頁 Default.aspx 且切換至**設計**檢視。在 Web 表單擁有 Button1 按鈕控制項，下方是名為 lblOutput 的標籤控制項。

Step 2 按二下標題為**執行**的 Button1 按鈕，可以建立 Button1_Click()事件處理程序。

■ Button1_Click()

```
01: protected void Button1_Click(object sender, EventArgs e)
02: {
03:     int i = 1;
04:     int total = 0;
05:     while (i <= 15)  // while 迴圈
06:     {
07:         lblOutput.Text += i + " ";
08:         total += i;
09:         i += 1;
10:     }
11:     lblOutput.Text +="<br/>1 加到 15 的總和: "+total+"<br/>";
12:     i = 1; total = 0;
13:     do  // do/while 迴圈
14:     {
15:         lblOutput.Text += i + " ";
16:         total += i;
17:         i += 1;
18:     } while (i <= 15);
19:     lblOutput.Text +="<br/>1 加到 15 的總和: "+total+"<br/>";
20: }
```

■ 程式說明

- 第 5~10 列：while 迴圈計算 1 加到 15 的總和。
- 第 13~18 列：do/while 迴圈也是計算 1 加到 15 的總和。

■ 執行結果

在儲存後，請執行「檔案/在瀏覽器中檢視」命令，可以看到執行結果的 ASP.NET 網頁，按**執行**鈕，就可以在下方標籤控制項顯示 1 加到 15 的總和。

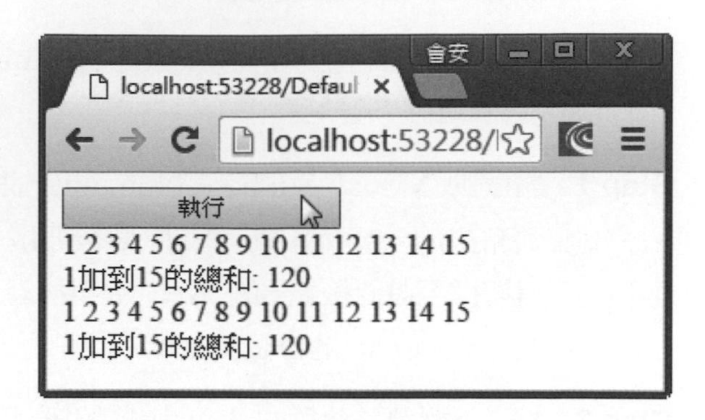

3-5-5 break 和 continue 關鍵字

C# 語言提供 break 和 continue 關鍵字，可以跳出或繼續迴圈的執行，支援 for、while 和 do/while 迴圈。

break 關鍵字中斷迴圈

迴圈如果尚未到達結束條件，我們可以使用 break 關鍵字強迫跳出迴圈。例如：使用 break 關鍵字來結束 for 迴圈的執行，如下所示：

```
for (i = 1; i <= 100; i++)
{
   total += i;
   if (i > j) break;
}
```

上述 for 迴圈使用 if 條件判斷是否執行 break，當迴圈執行到 break 關鍵字，就中斷迴圈的執行。

continue 關鍵字繼續迴圈

C# 語言的 continue 關鍵字可以馬上繼續下一次迴圈的執行，而不執行程式區塊位在 continue 關鍵字後的程式碼。如果使用在 for 迴圈，一樣會更新計數器變數。例如：使用 continue 關鍵字馬上繼續下一次 while 迴圈的執行，如下所示：

```
while (i < 100)
{
   i += 1;
   if (i % 2 == 0) continue;
   total += i;
}
```

上述 while 迴圈使用 if 條件判斷是否執行 continue 關鍵字，如果是偶數，就馬上執行下一次迴圈，可以計算所有奇數的總和。

ASP.NET 網站：Ch3_5_5

在 ASP.NET 網頁使用 break 中斷 for 迴圈，然後使用 continue 馬上執行下一次迴圈，以便計算數值 1 加至 10 的奇數總和，其建立步驟如下所示：

Step 1 請啟動 Visual Studio Community 開啟「範例網站\Ch03\Ch3_5_5」資料夾的 ASP.NET 網站，然後開啟 ASP.NET 網頁 Default.aspx 且切換至**設計**檢視。在 Web 表單擁有 Button1 按鈕控制項，下方是名為 lblOutput 的標籤控制項。

Step 2 按二下標題為**執行**的 Button1 按鈕，可以建立 Button1_Click()事件處理程序。

■ Button1_Click()

```
01: protected void Button1_Click(object sender, EventArgs e)
02: {
03:     int i, total = 0, j = 10;
04:     for (i = 1; i <= 100; i++)
05:     {
06:         if (i > j)   break;
07:         if (i % 2 == 0) continue;
08:         total += i;
09:     }
10:     lblOutput.Text ="1 加至 10 的奇數和: "+ total + "<br/>";
11: }
```

■ 程式說明

- 第 4~9 列：for 迴圈可以執行 1 至 100 共 100 次，在第 6 列的 if 條件配合 break 讓迴圈只計算 1 到 10。

- 第 7 列：if 條件則是配合 continue，當偶數時馬上執行下一次迴圈。

■ **執行結果**

在儲存後，請執行「檔案/在瀏覽器中檢視」命令，可以看到執行結果的 ASP.NET 網頁，按**執行**鈕，可以在下方標籤控制項顯示 1 加到 10 的奇數和。

3-6 Visual C# 函數

「函數」(Functions)是將程式中常用的共同程式碼獨立成區塊，以便能夠重複呼叫這些區塊的程式碼。一般來說，函數都有傳回值，如果函數沒有傳回值，也稱為「程序」(Procedures)。

C# 函數是一個可以重複執行的程式區塊，對於 ASP.NET 網頁來說，我們主要是使用 C# 語言的函數來建立控制項的事件處理程序和自訂功能的函數。對於物件導向程式設計而言，C# 函數是一種類別的成員，稱為「方法」(Methods)。

3-6-1 建立 C# 的函數

C# 函數是由函數名稱和程式區塊組成，除了可以將重複程式碼抽出成為程式區塊外，我們還可以新增函數的參數列，在呼叫時傳入參數值，或以傳回值傳回函數的執行結果。

函數的參數列

函數如果擁有參數列，在呼叫時可以指定不同的參數值，換句話說，同一個函數就可以得到不同的執行結果。例如：顯示重複訊息文字的函數，如下所示：

```
void ShowRepeatMessage(string msg, int times)
{
    int i;
    for (i = 1; i <= times; i++)
    {
        lblOutput. Text += msg + "<br/>";
    }
}
```

上述函數擁有 2 個參數，因為參數不只一個，所以使用「,」符號分隔。如果函數擁有參數，在呼叫時就需要指定參數值，擁有參數的函數呼叫，如下所示：

```
ShowRepeatMessage("擁有參數的函數", 2);
```

上述函數呼叫傳入 2 個使用「,」符號分隔的參數字串和整數，可以顯示 2 次第 1 個參數 msg 的值。

函數的傳回值

在 C# 函數開頭宣告的傳回值型態如果不是 void，而是其他資料型態時，就表示函數擁有傳回值。函數在執行完程式區塊後，需要使用 return 關鍵字傳回一個值。例如：溫度轉換函數，如下所示：

```
float ConvertTemperature(int C)
{
    float F;
    F = (9.0F * C) / 5.0F + 32.0F;
    return F;
}
```

上述函數擁有 1 個參數 C，可以將參數的攝氏溫度轉成華氏溫度，然後使用 return 關鍵字傳回華氏溫度。函數如果擁有傳回值，在呼叫時就可以使用指定敘述來取得傳回值，如下所示：

```
float temp;
temp = ConvertTemperature(100);
```

上述程式碼呼叫函數來轉換攝氏成為華氏溫度，變數 temp 可以取得傳回值。

ASP.NET 網站：Ch3_6_1

在 ASP.NET 網頁建立 ShowRepeatMessage()和 ConvertTemperature()函數，然後在 Button1_Click()事件處理程序呼叫函數來顯示多次訊息文字和轉換的華氏溫度，其建立步驟如下所示：

Step 1 請啟動 Visual Studio Community 開啟「範例網站\Ch03\Ch3_6_1」資料夾的 ASP.NET 網站，然後開啟 ASP.NET 網頁 Default.aspx 且切換至**設計**檢視。在 Web 表單擁有 Button1 按鈕控制項，下方是名為 lblOutput 的標籤控制項。

Step 2 按二下標題為**執行**的 Button1 按鈕，可以建立 Button1_Click()事件處理程序，並且新增 C# 的 2 個函數。

■ Default.aspx.cs 的事件處理程序與函數

```
01: // 顯示重複訊息文字
02: void ShowRepeatMessage(string msg, int times)
03: {
04:     int i;
05:     for (i = 1; i <= times; i++)
06:     {
07:         lblOutput.Text += msg + "<br/>";
08:     }
09: }
10: // 轉換溫度
11: float ConvertTemperature(int C)
12: {
13:     float F;
14:     F = (9.0F * C) / 5.0F + 32.0F;
15:     return F;
16: }
17:
18: protected void Button1_Click(object sender, EventArgs e)
19: {   // 呼叫 C# 函數
20:     ShowRepeatMessage("擁有參數的函數", 2);
21:     float temp;
22:     temp = ConvertTemperature(100);
23:     lblOutput.Text += "攝氏 100 轉換成華氏: " + temp;
24: }
```

■ 程式説明

- 第 2~16 列：ShowRepeatMessage()和 ConvertTemperature()函數的程式碼。
- 第 20 和 22 列：分別呼叫 2 個函數，因為 ConvertTemperature()函數有傳回值，所以使用指定敘述來取得傳回值。

■ 執行結果

在儲存後，請執行「檔案/在瀏覽器中檢視」命令，可以看到執行結果的 ASP.NET 網頁，按**執行**鈕，就可以在下方標籤控制項顯示呼叫函數的執行結果。

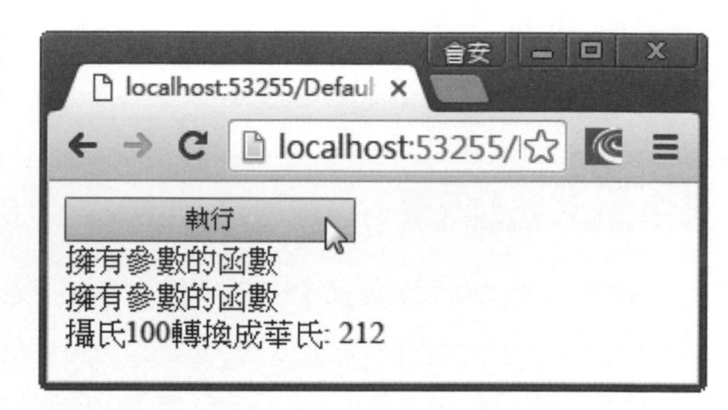

3-6-2 變數的有效範圍與參數的傳遞

在 C# 函數宣告變數的有效範圍，也就是程式碼可以存取此變數的範圍，如下所示：

- **區域變數範圍**(Local Scope)：在函數內宣告的變數，只能在函數中使用，稱為區域變數。
- **全域變數範圍**(Global Scope)：如果變數是在函數外宣告，在 ASP.NET 網頁中的各函數都可以使用此變數，稱為全域變數。

函數的參數傳遞方式會影響到傳入參數值是否能夠變更，在 C# 函數提供三種參數傳遞方式，如下表所示：

呼叫方式	關鍵字	說明
傳值呼叫	N/A	將變數值傳入函數，並不會變更原變數值
傳址呼叫	ref	將變數實際儲存記憶體位址傳入，所以在函數變更參數值，也會同時變更變數值
傳出呼叫	out	傳出呼叫的參數也可以變更參數值，其和傳址呼叫的差異在於傳入的參數值並不需指定初值，而傳址呼叫的參數一定需要指定初值

3-7 資料型態轉換

「資料型態轉換」(Type Conversions)是因為運算式可能是由多個不同資料型態的變數或常數值組成。例如:在運算式中擁有整數和浮點數的變數或常數值時,就需要執行型態轉換。

一般來說,「算術型態轉換」(Arithmetic Conversions)並不需要特別語法,運算式如果擁有不同型態的運算元,就會將儲存的資料自動轉換成相同的資料型態。

型態轉換運算子

雖然算術型態轉換就會自動轉換型態,不過有時其轉換結果並非預期結果,我們可以使用「型態轉換運算子」(Cast Operator)在運算式中強迫轉換資料型態,例如:整數和整數的除法 17/5,其結果是整數 3。如果需要精確到小數點,就不能使用算術型態轉換,而需要強迫將它轉換成浮點數,例如:a=17、b=5,如下所示:

```
r = (float)a / (float)b;
```

上述程式碼在整數變數 a 和 b 前使用括號的資料型態來強迫轉換成指定的浮點數 float 型態,當然我們也可以只強迫轉換其中之一,然後讓算術型態轉換自動轉換其他的運算元,此時 17/5 的結果是 3.4。

String 字串物件的資料轉換

String 物件的資料轉換是指將其他資料型態轉換成字串,或是由字串轉換成 C# 語言的其他資料型態,這些都屬於 System.Convert 類別的類別方法。其相關方法的說明,如下表所示:

方法	說明
ToString()	將其他資料型態轉換成字串
Convert.ToChar(*string*)	將參數的字串轉換成 char 字元
Convert.ToInt16(*string*)	將參數的字串轉換成 short 短整數
Convert.ToInt32(*string*)	將參數的字串轉換成 int 整數
Convert.ToInt64(*string*)	將參數的字串轉換成 long 長整數
Convert.ToDecimal(*string*)	將參數的字串轉換成 decimal 數值
Convert.ToSingle(*string*)	將參數的字串單精度的 float 浮點數
Convert.ToDouble(*string*)	將參數的字串雙精度的 double 浮點數
Convert.ToBoolean(*string*)	將參數的字串轉換成 bool 布林

例如：將整數變數 total 轉換成字串，字串 str2 和 str3 轉換成整數，如下所示：

```
str = total.ToString();
a = Convert.ToInt32(str2);
b = Convert.ToInt32(str3);
```

上述程式碼可以取得整數 total 轉換成字串 str；str2 字串轉換成整數 a；str3 字串轉換成整數 b。

學習評量

選擇題

(　　) 1. 請問 C# 語言的程式註解是使用下列哪一種符號開始的行？

A. 「#」　B. 「//」　C. 「*」　D. 「'」

(　　) 2. 當宣告陣列變數 string[] name = new string[6];後，請問我們是宣告了幾個元素的字串陣列？

A. 4　B. 5　C. 6　D. 7

(　　) 3. 請問下列哪一個 C# 運算子可以作為字串連接運算子？

A. 「+」　B. 「&&」　C. 「&」　D. 「$」

(　　) 4. 如果需要建立條件敘述來判斷性別，請問下列哪一種是最佳的條件敘述？

A. if　B. if/else　C. if/else/if　D. switch

(　　) 5. 請指出下列哪一個迴圈是在迴圈結尾進行條件檢查？

A. while　B. for　C. foreach/in　D. do/while

(　　) 6. 請問下列的哪一個關鍵字可以中斷迴圈的執行？

A. exit　B. end　C. break　D. continue

(　　) 7. 請問下列哪一個關鍵字可以從 C# 函數傳回值？

A. ref　B. byVal　C. exit　D. return

(　　) 8. 在建立好沒有傳回值的 test()函數後，請問下列哪一個是正確的函數呼叫？

A. Call test();　B. test();　C. r = test();　D. test;

簡答題

1. 請說明 C# 變數的命名原則?如何宣告變數?常數是使用________關鍵字進行宣告。

2. 資料型態 char 佔用________位元組,long 資料型態佔用________位元組。

3. 請說明什麼是字面值?何謂字尾型態字元?

4. 請舉例說明 C# 的陣列變數是什麼?陣列索引的用途?索引值是從________開始。

5. 請說明 C# 語言的除法運算子是________;餘數運算子為__________。

6. 請寫出下列比較運算式的真假值,如下所示:

```
150 < 120
17 > 15
123 = 234
15 > 13 && 12 <= 12
14 > 13 || 14 <= 12
```

7. 如果便利商店的每小時薪水超過 100 元就是高時薪,請寫出條件敘述,當超過時,顯示「高時薪」訊息文字,否則顯示「低時薪」。

8. 請問 C# 函數的參數傳遞方式有哪幾種?區域和全域變數有什麼差別?

實作題

1. 請在 ASP.NET 網頁宣告 2 個整數變數 a 和 b,並且將變數值分別指定為 156 和 150,然後計算和顯示變數相加、相減的值。

2. 請建立 ASP.NET 網頁後,在程式碼宣告美金匯率的常數,然後計算 5000 美金是多少新台幣。

3. 請建立 ASP.NET 網頁計算網路購物的運費，基本物流處理費 199 元，若 1~5 公斤，每公斤 30 元，超過 5 公斤，每一公斤 20 元，購物重量分別為 3.5、10、25 公斤，請計算和顯示購物所需的運費+物流處理費。

4. 在 ASP.NET 網頁建立從 1 到 100 的迴圈，但只顯示 45~67 之間的奇數，並且計算其總和。

5. 請建立 ASP.NET 網頁新增 min()和 max()函數，函數傳入 3 個整數參數，傳回值分別是參數中的最小值和最大值。

6. 請建立 ASP.NET 網頁新增 sum()和 average()函數，可以分別計算下列成績資料的總分與平均值，如下所示：

```
71、62、58、86、92
```

7. 請建立 ASP.NET 網頁新增 bill()函數，可以計算 Internet 的連線費用，前 50 小時，每分鐘 0.3 元；超過 50 小時，每分鐘 0.2 元。

8. 請建立 ASP.NET 網頁宣告 4 個元素的一維陣列後，使用 .NET Framework 亂數物件來產生陣列元素值，其範圍是 1~150 的整數（亂數物件請參閱<附錄 A-5 節>的說明）。

04

Web 表單與事件處理

本章學習目標

4-1 事件處理的基礎

4-2 ASP.NET 網頁與 Page 物件

4-3 ASP.NET 的伺服端控制項

4-4 資料輸出控制項

4-5 送出資料的控制項

4-6 圖片和超連結控制項

4-1 事件處理的基礎

ASP.NET 的 **Web Forms 程式設計模型**是一種事件驅動程式設計（類似 Windows Form 程式設計），我們撰寫程式碼的主要目的是回應或處理使用者針對控制項執行的操作，整個程式碼的執行流程需視使用者的操作而定。

4-1-1 事件的基礎

「事件」（Event）是在執行應用程式時，滑鼠或控制項載入等操作所觸發的一些動作。例如：將應用程式視為一輛公共汽車，公車依照行車路線在馬路上行駛，事件是在行駛過程中發生的一些狀態改變，如下所示：

- 看到馬路上的紅綠燈。
- 乘客上車、投幣和下車。

上述狀態改變發生時可以觸發對應的事件，當事件產生後，接著針對事件進行處理。例如：看到站牌有乘客準備上車時，乘客上車的事件就觸發，司機知道需要路邊停車和開啟車門。在公車例子中，傳達了一個觀念，不論搭乘哪一路公車，雖然行駛路線不同，或搭載不同乘客，上述狀態改變在每一路公車都會發生。

回到本節的主題，在 Web 表單（Web Form）的事件處理是一種委託事件處理模型，分為引發事件的「事件來源」（Event Source）控制項和處理事件的「傾聽者」（Listener）物件，如下圖所示：

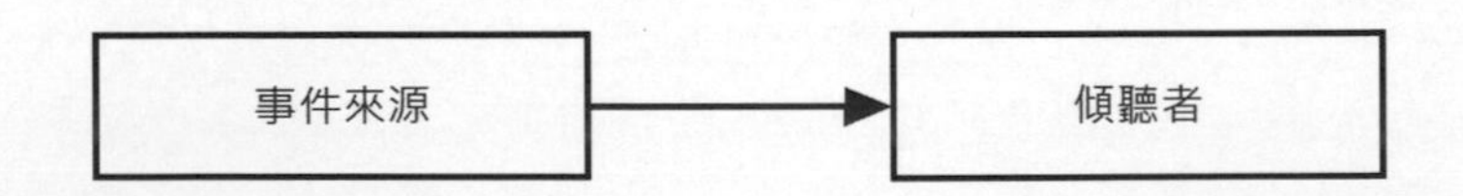

上述圖例的事件來源可能是在控制項上按一下滑鼠按鍵產生的事件，當事件產生時，傾聽者物件的事件處理程序可以接收事件後進行處理，傾聽者是一個委託處理指定事件的物件。

以本章前面的 ASP.NET 網頁來說，Button1 按鈕控制項是事件來源，當使用者按下按鈕就觸發 Click 事件，網頁本身的 Page 物件是傾聽者物件，所以 Page 物件的 Button1_Click()是處理此事件的處理程序。

4-1-2 建立事件處理程序

在本章前的範例都是直接在 Visual Studio Community 編輯視窗的設計檢視，按二下 Button1 按鈕控制項來建立 Button1_Click()事件處理程序，因為控制項支援多種事件，此方法只能建立控制項預設的事件處理程序。

基本上，使用 Visual Studio Community 在 Web 表單和控制項建立事件處理程序的方法有二種。

方法一：建立預設事件處理程序

在 Visual Studio Community 編輯視窗的**設計**檢視按二下控制項，可以建立**預設的**事件處理程序，常用控制項物件的預設事件處理程序，如下表所示：

控制項種類	預設事件	預設的事件處理程序名稱
Web 表單	Load	Page_Load()
按鈕（Button1）	Click	Button1_Click()
文字方塊（TextBox1）	TextChanged	TextBox1_TextChanged()
核取方塊（CheckBox1）	CheckedChanged	CheckBox1_CheckedChanged()
選擇鈕（RadioButton1）	CheckedChanged	RadioButton1_CheckedChanged()

方法二：在「屬性」視窗建立事件處理程序

我們也可以在 Visual Studio Community 的**「屬性」視窗**選取控制項物件後，切換至事件清單，在下方**事件**欄位按二下來建立事件處理程序，例如：Button 控制項的 Command 事件，其步驟如下所示：

Step 1 請啟動 Visual Studio Community 開啟「範例網站\Ch04\Ch4_1_2」資料夾的 ASP.NET 網站，按二下 Default.aspx 開啟 ASP.NET 網頁，在**設計**檢視選 Button1 控制項，可以在「屬性」視窗看到此控制項的屬性清單。

Step 2 在上方工具列按**事件**鈕，切換顯示物件的事件清單。

Step 3 按二下 **Command** 欄位，就可以建立 Button1_Command()事件處理程序。

Default.aspx.cs* Default.aspx*
Ch4_1_2 _Default Button1_Command(objec

```
public partial class _Default : System.Web.UI.Page
{
    protected void Page_Load(object sender, EventArgs e)
    {

    }

    protected void Button1_Command(object sender, CommandEventArgs
    {

    }
}
```

100 %

4-1-3 事件處理程序的參數列

在伺服端控制項或物件的事件處理程序因為沒有傳回值，所以一定是程序；不會是函數。不論按鈕、標籤或其他控制項，事件處理程序預設使用控制項名稱加上「_」底線後的事件名稱為名，如下所示：

```
protected void Button1_Command(object sender, CommandEventArgs e)
{

}
```

上述事件處理程序名稱為 Button1_Command，在底線前是**控制項或物件名稱**，之後是**事件名稱**，這是 Visual Studio Community 預設的命名方式。在事件處理程序的參數列有 2 個參數，其說明如下所示：

- **參數 sender**：此參數是 object 資料型別，代表觸發此事件的物件，以此例是 Button 物件，Web 表單本身是 Page 物件、文字方塊是 TextBox 物件、核取方塊是 CheckBox 和選擇鈕是 RadioButton。
- **參數 e**：EventArgs 事件物件，可以取得進一步事件資訊。不同事件傳入的物件不同，例如：Command 事件是 CommandEventArgs 物件；Click 事件是 EventArgs 物件。

4-1-4 共用事件處理程序

在 Web 表單新增的多個控制項可以共用同一個事件處理程序，因為控制項的事件處理程序內容可能都大同小異，我們可以建立共用的事件處理程序來處理不同控制項產生的事件。

例如：在 Web 表單上擁有 Button1 和 Button2 兩個按鈕控制項，依照之前的範例，我們需要建立 Button1_Click()和 Button2_Click()兩個事件處理程序。事實上，我們可以只建立 Button1_Click()事件處理程序，讓它同時處理 2 個按鈕的 Click 事件。

因為同一個事件處理程序可以處理 2 種不同控制項的事件，為了知道事件是由哪一個控制項產生，我們需要使用型態轉換，將參數 sender 轉換成控制項物件，如下所示：

```
Button btnButton = (Button)sender;
```

上述程式碼宣告 Button 物件變數後，使用型態轉換將參數轉換成 Button 物件。當取得觸發事件的控制項物件後，就可以存取控制項物件的屬性，例如：以 ID 屬性判斷是哪一個控制項觸發此事件。

ASP.NET 網站：Ch4_1_4

在 ASP.NET 網頁建立 2 個按鈕控制項共用同一個事件處理程序 Button1_Click()，控制項模擬 2 張撲克牌，點數由亂數產生，按一下可以顯示點數，請猜測 2 張牌中，哪一張牌的點數比較大。其建立步驟如下所示：

Step 1 請啟動 Visual Studio Community 開啟「範例網站\Ch04\Ch4_1_4」資料夾的 ASP.NET 網站，按二下 Default.aspx 開啟 ASP.NET 網頁且切換至**設計**檢視。

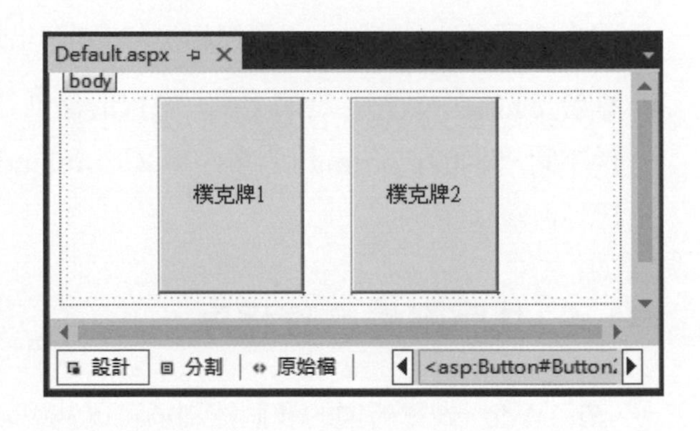

上述 Web 表單擁有 Button1 和 Button2 兩個按鈕控制項，可以分別顯示亂數產生 1 至 13 之間的點數。

Step 2 按二下標題為**撲克牌 1** 的 Button1 按鈕，可以建立 Button1_Click() 事件處理程序。

■ Button1_Click()

```
01: protected void Button1_Click(object sender, EventArgs e)
02: {
03:     int[] card = new int[2];
04:     Random rd = new Random();
05:     card[0] = rd.Next(1, 13);   // 取得亂數值
06:     card[1] = rd.Next(1, 13);
07:     Button btnButton = (Button)sender;
08:     if (btnButton.ID == "Button1")
```

next

```
09:     {
10:         Button1.Text = "* " + card[0] + "點";
11:         Button2.Text = card[1] + "點";
12:     }
13:     if (btnButton.ID == "Button2")
14:     {
15:         Button1.Text = card[0] + "點";
16:         Button2.Text = "* " + card[1] + "點";
17:     }
18: }
```

■ 程式說明

- 第 3~6 列：使用亂數產生點數，其範圍是 1~13。
- 第 7 列：宣告 Button 控制項物件後，使用型態轉換將參數 sender 轉換成按鈕控制項物件。
- 第 8~17 列：使用 2 個 if 條件，以 ID 屬性判斷使用者到底是按下哪一個按鈕。

Step 3 接著指定 Button2 使用同一個事件處理程序，請切換至 Default.aspx 的設計檢視，選標題為**撲克牌 2** 的 Button2 按鈕，然後在「屬性」視窗上方選閃電鈕，切換至 Button2 控制項的事件清單，如右圖所示：

Step 4 在 **Click** 事件欄的右邊欄位，指定事件處理程序為 **Button1_Click** 來共用同一個事件處理程序。

■ 執行結果

儲存後，在「方案總管」視窗選 Default.aspx，執行「檔案/在瀏覽器中檢視」命令，可以看到執行結果的 ASP.NET 網頁。

請分別按**撲克牌 1** 鈕或**撲克牌 2** 鈕來顯示點數，星號表示是我們按下的是那一個按鈕。

4-2 ASP.NET 網頁與 Page 物件

在 Visual Studio Community 建立的每一頁 ASP.NET 網頁，在編譯後就是一個 Page 物件。Page 物件是群組控制項的容器，換句話說，我們在 ASP.NET 網頁新增的控制項是新增至 Page 物件，像在一個大盒子中放入其他控制項的小盒子，如下圖所示：

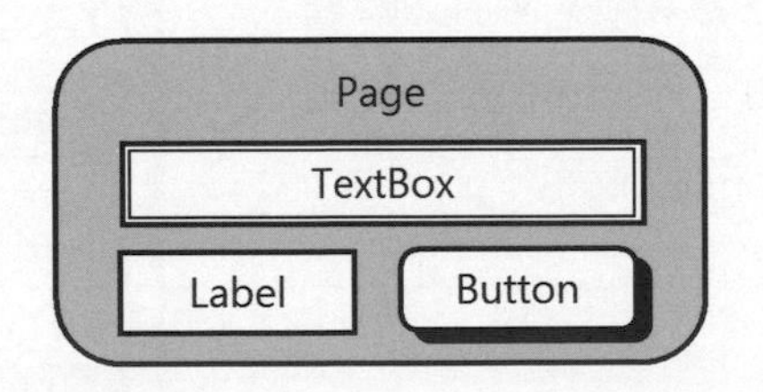

上述圖例的 Page 物件新增 3 個控制項：TextBox、Button 和 Label 控制項，這個 Web 表單就是一頁 ASP.NET 網頁。

ASP.NET 網頁除了控制項產生的事件外，當使用者請求 ASP.NET 網頁，在載入和執行 ASP.NET 網頁時，就會觸發一系列 Page 物件的事件，這是執行 ASP.NET 網頁的過程，稱為 **Page 執行生命周期**（Page Execution Lifecycle）。

Page 物件的常用屬性

屬性	說明
Title	存取網頁位在瀏覽器上方顯示的標題文字
IsPostBack	檢查 Web 表單是第一次載入，或是表單送回，進一步說明請參閱<第 5 章>
IsValid	檢查 Web 表單是否通過驗證，進一步說明請參閱<第 6 章>

Page 物件的常用事件

事件名稱	說明
PreInit	當伺服器準備從資料夾載入 ASP.NET 網頁時產生此事件，可以取得 Profile 物件，詳見<第 13 章>的說明
Load	當 ASP.NET 網頁已經**載入記憶體**時產生此事件，可以在此事件初始控制項屬性和執行 Web 表單處理
PreRender	在建立控制項前，產生此事件執行最後的**控制項更新**
Unload	當 ASP.NET 網頁**完全執行之後**，產生此事件

Page 物件各事件處理程序的執行順序依序是：Page_PreInit()、Page_Load()、Page_PreRender()和 Page_Unload()。

說明

請注意！當 ASP.NET 網頁是使用隱藏程式碼模型時，Visual Studio Community 並沒有使用介面來建立 Page 事件的處理程序，除了自動產生的 Page_Load 事件，我們可以複製和貼上 Page_Load 事件處理程序來更改和輸入其他事件處理程序的程式碼。

ASP.NET 網站：Ch4_2

在 ASP.NET 網頁建立 Page 物件的事件處理程序，以便在 Label 控制項顯示 Page 物件的事件觸發順序，並且指定 Page 物件的 Title 屬性在瀏覽器上方顯示網站名稱的標題文字。其步驟如下所示：

Step 1 請啟動 Visual Studio Community 開啟「範例網站\Ch04\Ch4_2」資料夾的 ASP.NET 網站，按二下 Default.aspx 開啟 ASP.NET 網頁，並且切換至**設計**檢視。

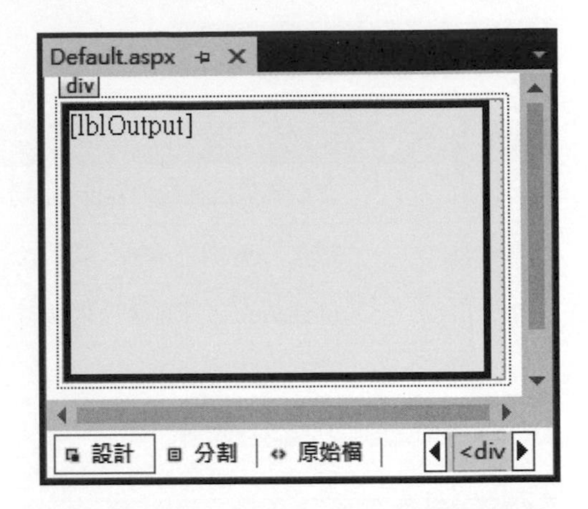

上述 Web 表單擁有名為 lblOutput 標籤控制項，BorderStyle 屬性已經改為 Solid 實線框線且放大尺寸，可以顯示事件處理程序執行過程的訊息文字。

Step 2 請開啟 Default.aspx.cs 的 C# 類別檔，可以看到預設建立的 Page_Load()事件處理程序。

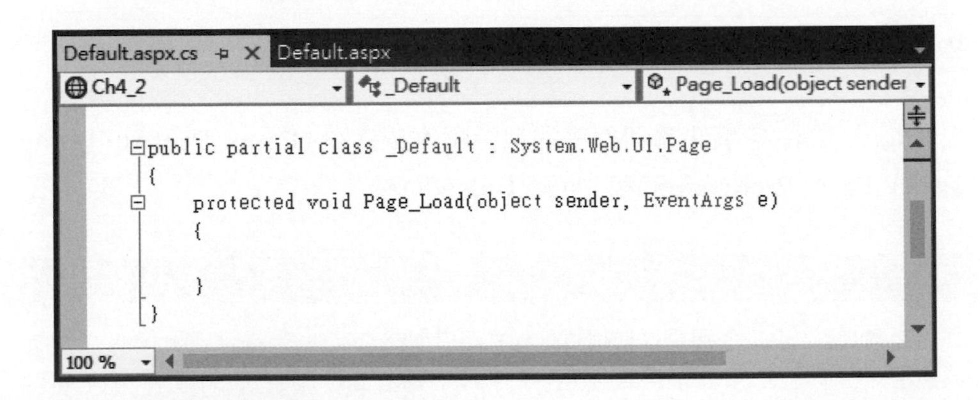

Step 3 使用複製與貼上的剪貼簿操作來依序建立 Page_PreInit()、Page_PreRender()和 Page_Unload()事件處理程序。

■ Default.aspx.cs 的事件處理程序

```
01: // Page 物件的 Load 事件
02: protected void Page_Load(object sender, EventArgs e)
03: {
04:     Page.Title = "Ch4_2";
05:     showEvent("Page_Load 事件觸發...<br/>");
```

next

```
06: }
07: // Page 物件的 PreInit 事件
08: protected void Page_PreInit(object sender, EventArgs e)
09: {
10:     showEvent("Page_PreInit 事件觸發...<br/>");
11: }
12: // Page 物件的 PreRender 事件
13: protected void Page_PreRender(object sender, EventArgs e)
14: {
15:     showEvent("Page_PreRender 事件觸發...<br/>");
16: }
17: // Page 物件的 UnLoad 事件
18: protected void Page_Unload(object sender, EventArgs e)
19: {
20:     showEvent("Page_UnLoad 事件觸發...<br/>");
21: }
22: // 顯示事件的執行過程
23: void showEvent(string str)
24: {
25:     lblOutput.Text += str;
26: }
```

■ 程式説明

- 第 2~21 列：Page 物件各事件的事件處理程序，在第 4 列使用 Title 屬性指定瀏覽程式的標題文字。

> **說明**
>
> 除了使用 Page 物件的 Title 屬性指定瀏覽器的標題文字外，我們也可以在「屬性」視窗上方選 **DOCUMENT** 的 HTML 網頁後，指定 **Title** 屬性值。

- 第 23~26 列：showEvent()函數顯示事件產生過程，使用 Text 屬性指定 Label 控制項的內容。

■ 執行結果

儲存後，在「方案總管」視窗選 Default.aspx，執行「檔案/在瀏覽器中檢視」命令，可以看到執行結果的 ASP.NET 網頁。

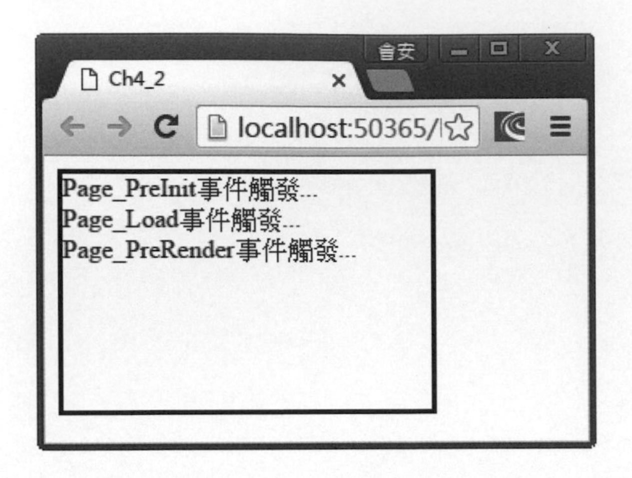

上述瀏覽器的標籤頁顯示 Ch4_2，在標籤控制項依序顯示 PreInit、Load 和 PreRender 事件，因為 UnLoad 事件是在執行完 ASP.NET 網頁且離開後才會產生，所以並無法顯示觸發此事件的訊息文字。

因為執行 ASP.NET 網頁時會觸發一系列 Page 物件的事件，所以 Web 表單會在 Page_Load()事件處理程序初始控制項的屬性值，例如：Title 屬性值，或進行 Web 表單處理和欄位資料驗證，詳細說明請參閱<第 5 章>和<第 6 章>。

4-3 ASP.NET 的伺服端控制項

Web 表單是由伺服端控制項組成，它是一種伺服端可程式化物件，我們可以使用 HTML 或 Web 控制項來建立 ASP.NET 網頁的使用介面。

4-3-1 伺服端控制項的基礎

伺服端控制項的語法是使用 HTML 標籤或 XML 語法，主要分為兩種，如下所示：

- **HTML 控制項**：對應 System.Web.UI.HtmlControls 命名空間的物件，這些控制項直接對應 HTML 標籤，只是新增 id 和 runat 屬性。
- **Web 控制項**：對應 System.Web.UI.WebControls 命名空間的控制項物件，這是一些使用 asp 字頭的 XML 標籤。

簡單的說，Web 表單是結合 HTML 標籤（靜態內容）、程式碼和伺服端控制項，一種完全在 Web 伺服器 CLR 執行的表單，如下圖所示：

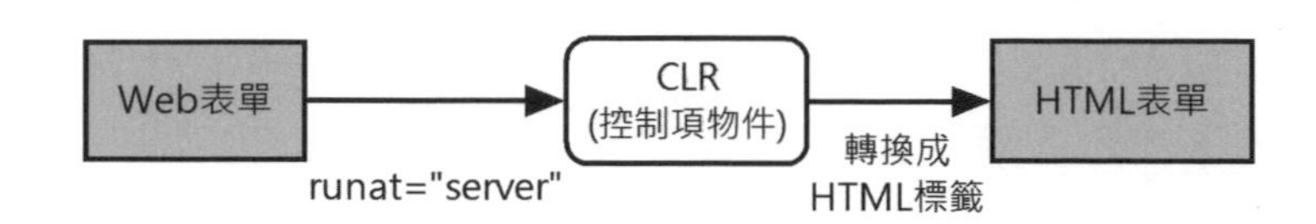

上述圖例的每一個控制項都是一個 .NET Framework 物件，透過 CLR 執行時，控制項會轉換成 HTML 標籤，例如：TextBox 控制項標籤，如下所示：

```
<asp:TextBox id="name" runat="server"/>
```

上述標籤在執行後會轉換成 HTML 表單的欄位標籤，如下所示：

```
<input type="text" name="name" id="name"/>
```

上述 HTML 標籤是最後傳回瀏覽器顯示的內容，TextBox 控制項標籤最後轉換成<input>的 HTML 標籤。

4-3-2 HTML 控制項

HTML 控制項是為了方便將現有 HTML 標籤轉換成伺服端控制項，因為這些控制項都擁有對應的 **HTML 標籤**，如下所示：

```
<input type="text" id="Name" size ="20" runat="server">
```

上述標籤和 HTML 標籤並沒有什麼不同，差異只在新增 **runat** 和 **id** 兩個屬性，其說明如下表所示：

屬性	說明
runat	屬性值 server，表示標籤是伺服端控制項，不是 HTML 標籤
id	控制項名稱，伺服端控制項需要指定此屬性才能存取其值，在整個 ASP.NET 網頁中的名稱需要是**唯一**

因為 HTML 控制項可以使用對應的 Web 控制項來取代，所以本書除非特別說明，都是使用 Web 控制項，關於 HTML 控制項的進一步說明，請讀者自行參閱 ASP.NET 線上說明文件。

4-3-3 Web 控制項

Web 控制項是一組和 HTML 標籤完全無關的控制項，其語法是 **XML 標籤**，如下所示：

```
<asp:TextBox id="name" width="200px" runat="server"/>
```

上述 Web 控制項是使用 asp 字頭的 XML 標籤，在「:」符號後是控制項種類，以此例是 TextBox 控制項，id 屬性為控制項名稱，用來在 ASP.NET 網頁識別此控制項，同樣需要 runat 屬性值 server，指明是位在伺服端處理。

常用的 Web 控制項

在 Web 控制項關於 Web 表單欄位的常用控制項說明，如下表所示：

Web 控制項	標籤	說明
Label	<asp:Label />	顯示文字內容
TextBox	<asp:TextBox />	文字方塊、密碼欄位和多行文字方塊
CheckBox	<asp:CheckBox />	核取方塊
RadioButton	<asp:RadioButton />	選擇鈕
DropDownList	<asp:DropDownList />	下拉式選單
ListBox	<asp:ListBox />	清單方塊
CheckBoxList	<asp:CheckBoxList />	一組核取方塊
RadioButtonList	<asp:RadioButtonList />	一組選擇鈕
Button	<asp:Button />	按鈕
LinkButton	<asp:LinkButton />	超連結按鈕
ImageButton	<asp:ImageButton />	圖片按鈕

Web 控制項的共同屬性

Web 控制項提供多種屬性來設定控制項尺寸、字型、色彩和框線等樣式，我們只需在 Visual Studio Community 的「屬性」視窗設定屬性值，即可更改控制項外觀。Web 控制項一些常用共同屬性的說明，如下表所示：

控制項屬性	說明
AccessKey	設定 Alt 鍵的快速鍵.
BackColor	設定控制項背景色彩的色彩名稱或色彩值
BorderColor	設定框線色彩
BorderStyle	設定框線樣式是 Dashed、Dotted、Double、Groove、Inset、None、NotSet、Outset、Ridge 或 Solid
BorderWidth	設定框線寬度的點數
Enabled	設定是否是可用控制項，True 為是；False 為否
Font-Bold	粗體字
Font-Italic	斜體字
Font-Name	指定字型
Font-Size	指定字型尺寸的點數
Font-Underline	底線字
ForeColor	指定字型色彩
Height	指定控制項的高度
HorizontalAlign	指定水平對齊方式為 Left、Center、Right 或 Justify
ScrollBars	設定是否有捲動軸，屬性值可以是 Auto、Horizontal、Vertical、Both 或 None
TabIndex	指定 Tab 鍵切換的順序值
ToolTip	指定游標移至控制項顯示的提示文字
VerticalAlign	指定垂直對齊方式為 Top、Middle 或 Bottom
Visible	設定是否顯示控制項，True 為顯示；False 為隱藏
Width	指定控制項寬度的點數

4-4 資料輸出控制項

一般來說，Web 控制項的資料輸出控制項就是 Web 應用程式的輸出介面，我們可以在此控制項顯示輸出結果的網頁內容。

4-4-1 Label 標籤與 Literal 文字值控制項

Label 標籤控制項可以在網頁**顯示文字內容**，它會轉換成 **HTML 的<span>標籤**。Literal 文字值控制項類似 Label 控制項，只是**沒有樣式屬性**，我們只能在此控制項單純的顯示文字內容，如右圖所示：

上述圖例上方是 Label 控制項；下方是 Literal 控制項，其常用屬性說明，如下表所示：

屬性	說明
ID	控制項名稱
Text	控制項顯示的文字內容

Literal 控制項的屬性比 Label 控制項少很多，沒有指定色彩和尺寸等相關的樣式屬性。

ASP.NET 網站：Ch4_4_1

在 ASP.NET 網頁新增 Label 和 Literal 控制項後，指定 Label 控制項的前景色彩為紅色後，使用 Page_Load()事件處理程序指定 Literal 控制項的初值和 Label 控制項的背景色彩，其步驟如下所示：

Step 1 請啟動 Visual Studio Community 開啟「範例網站\Ch04\Ch4_4_1」資料夾的 ASP.NET 網站，然後開啟 Default.aspx 網頁且切換至**設計**檢視。

Step 2 在「工具箱」視窗的**標準**區段，按二下 **Label** 控制項，就可以在游標位置，或拖拉至<div>標籤來新增 Label 標籤控制項。

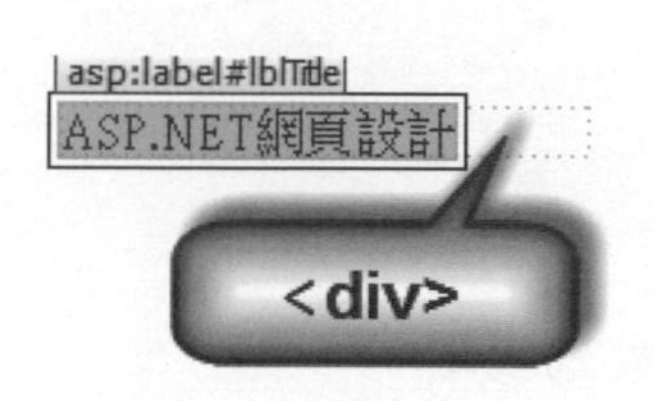

Step 3 選 Label 控制項，在「屬性」視窗指定 **Text** 屬性值為 **ASP.NET 網頁設計**和 **ID** 屬性值為 **lblTitle**，可以看到目前新增的 Label 標籤控制項（虛線框是<div>標籤），如右圖所示：

Step 4 按 Enter 鍵換行後，在「工具箱」視窗選 **Literal** 控制項來新增 Literal 文字值控制項，**ID** 屬性值為 **ltlOutput**，如右圖所示：

body
ASP.NET網頁設計
[Literal "ltlOutput"]

Step 5 選 **lblTitle** 控制項，在「屬性」視窗選 **ForeColor** 屬性，點選欄位後的小按鈕，可以看到「其他色彩」對話方塊。

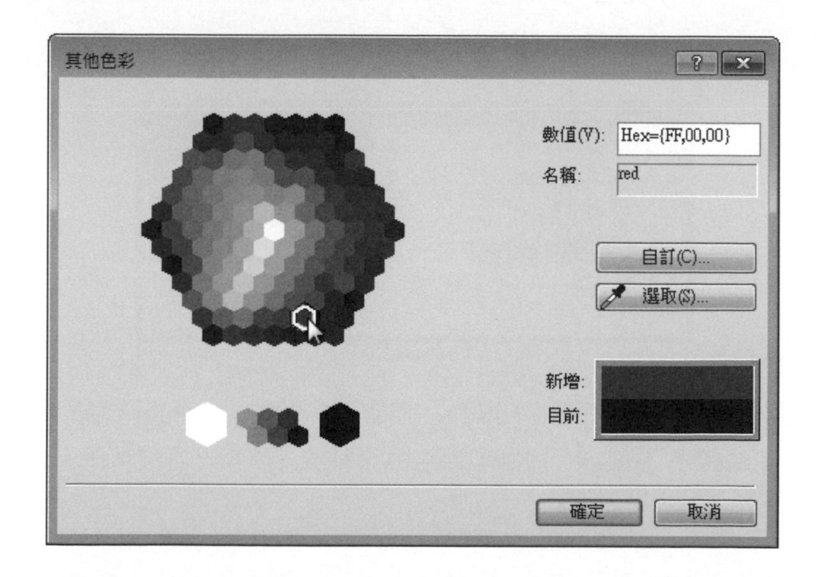

Step 6 選**紅色**，按**確定**鈕將色彩改為紅色，我們也可以直接在欄位輸入十六進位色彩值#FF0000。

Step 7：請切換至 Default.aspx.cs 程式碼檔案，就可以輸入 Page_Load()事件處理程序的程式碼。

■ Page_Load()

```
01: protected void Page_Load(object sender, EventArgs e)
02: {
03:     Page.Title = "Ch4_4_1";
04:     ltlOutput.Text = "徹底研究";
05:     lblTitle.BackColor = System.Drawing.Color.Yellow;
06: }
```

■ 程式說明

- 第 4 列：指定 Literal 控制項的 Text 屬性值。
- 第 5 列：指定 Label 控制項 BackColor 屬性值的背景色彩，此時需要使用 System.Drawing.Color 的屬性，常用屬性有：Blue 藍；White 白；Red 紅；Black 黑；Green 綠和 Yellow 黃等。

■ 執行結果

儲存後，在「方案總管」視窗選 Default.aspx，執行「檔案/在瀏覽器中檢視」命令，可以看到執行結果的 ASP.NET 網頁。

上述網頁使用 Label 和 Literal 控制項顯示的文字內容，第一行文字為黃底紅色字；第二行是 Literal 控制項顯示的單純文字內容，並沒有任何樣式。

4-4-2 切換顯示的 Panel 控制項

Panel 控制項是一個容器，其功能類似 HTML 標籤的<div>，我們可以用來**群組其他控制項和設定顯示樣式**，以便建立網頁輸出區域來**控制網頁內容的顯示**，或**執行切換顯示**部分的網頁內容，如下圖所示：

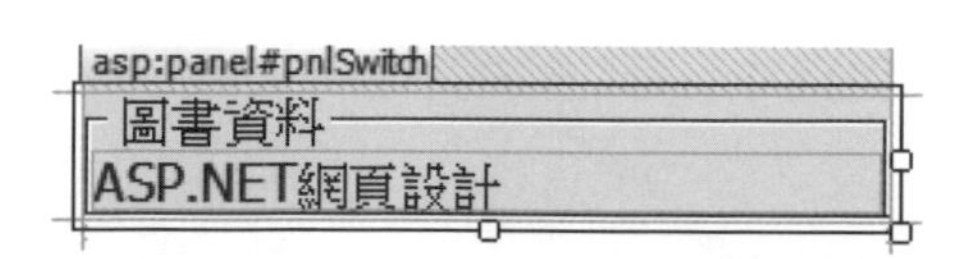

上述 Panel 控制項的外框左上角顯示的是標題文字，在之中可以新增其他控制項，以此例是一個 Label 控制項。Panel 控制項常用屬性的說明，如下表所示：

屬性	說明
Visible	是否顯示 Panel 控制項，True 為顯示；False 是隱藏
Direction	Panel 面板中的文字方向，可以是 LeftToRight 相當於靠左對齊，或 RightToLeft，即靠右對齊
GroupText	指定群組方塊左上角的文字內容
ScrollBar	是否有捲動軸，預設是 None 沒有，Horizontal 顯示水平；Vertical 顯示垂直；Both 是都顯示或 Auto 自動顯示

在 ASP.NET 網頁可以使用 if 條件判斷 Visible 屬性值來切換顯示 Panel 控制項，如下所示：

```
if (pnlSwitch.Visible == true)
    pnlSwitch.Visible = false;
else
    pnlSwitch.Visible = true;
```

ASP.NET 網站：Ch4_4_2

在 ASP.NET 網頁新增 Panel 控制項建立網頁顯示區域，內含 1 個 Label 控制項，可以使用按鈕切換 Panel 控制項的顯示，其步驟如下所示：

Step 1 請啟動 Visual Studio Community 開啟「範例網站\Ch04\Ch4_4_2」資料夾的 ASP.NET 網站，然後開啟 Default.aspx 網頁且切換至**設計**檢視。

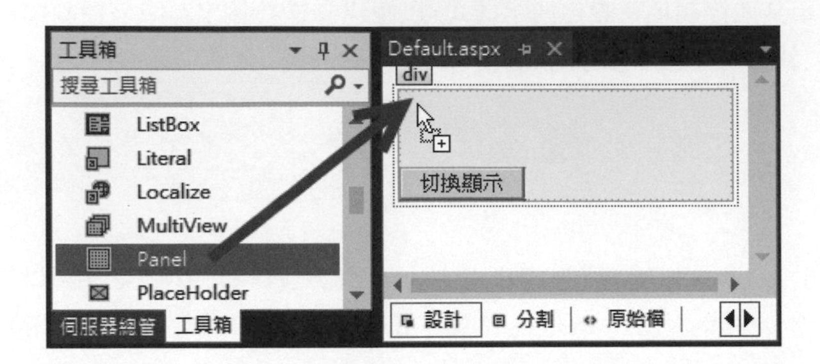

上述 Web 表單下方已經新增標題為**切換顯示**的 Button1 按鈕控制項。

Step 2 在「工具箱」視窗選 **Panel** 控制項，然後拖拉至<div>標籤來新增控制項。

Step 3 接著指定控制項 **GroupingText** 屬性值為**圖書資料**，**ID** 屬性值為 **pnlSwitch**。

Step 4 接著在 Panel 控制項中新增其他控制項，請新增 Label 控制項來顯示文字內容 **ASP.NET 網頁設計**，如右圖所示：

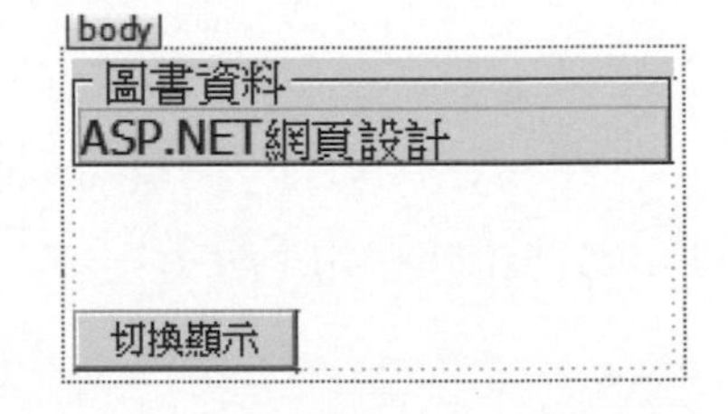

Step 5 請按二下**切換顯示**鈕，可以建立 Button1_Click()事件處理程序。

■ Button1_Click()

```
01: protected void Button1_Click(object sender, EventArgs e)
02: {
03:     if (pnlSwitch.Visible == true)
04:         pnlSwitch.Visible = false;
05:     else
06:         pnlSwitch.Visible = true;
07: }
```

■ 程式說明

- 第 3~6 列：if 條件使用 Visible 屬性來切換顯示 Panel 控制項。

■ 執行結果

儲存後，在「方案總管」視窗選 Default.aspx，執行「檔案/在瀏覽器中檢視」命令，可以看到執行結果的 ASP.NET 網頁。

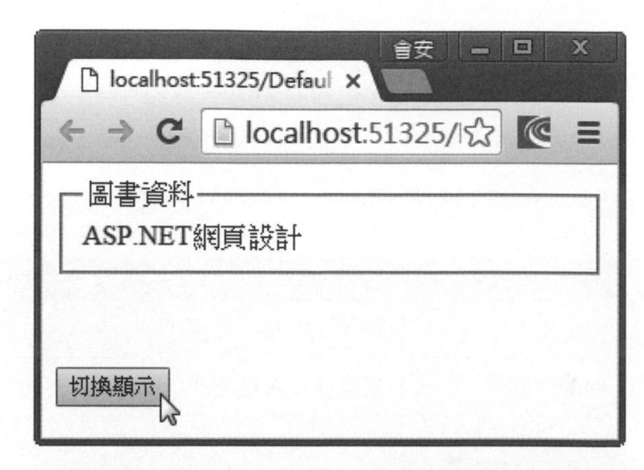

在上述網頁按**切換顯示**鈕，可以隱藏 Label 控制項顯示的文字內容（再按一次可以顯示），如右圖所示：

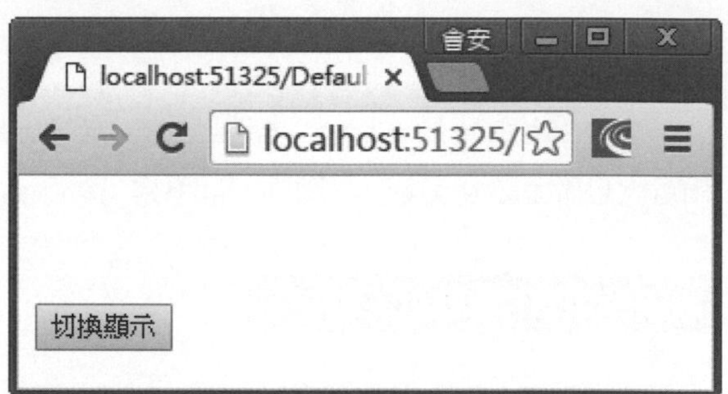

4-5 送出資料的控制項

在<第 1~3 章>和本章前面的範例 ASP.NET 網站，我們已經使用 Button 控制項來產生 Click 事件，這一節筆者準備詳細說明 ASP.NET 送出資料的控制項，也就是三種按鈕控制項，其說明如下所示：

- **Button 按鈕控制項**：顯示一個按鈕，按一下可以執行指定的事件處理程序。
- **LinkButton 超連結按鈕控制項**：其功能如同 Button 控制項，只是顯示外觀是一個超連結文字。
- **ImageButton 圖片按鈕控制項**：其功能也如同 Button 控制項，只是其顯示外觀是一張圖片。

Button 和 LinkButton 控制項的常用屬性說明，如下表所示：

屬性	說明
CausesValidation	檢查當按下 Button 控制項時，是否執行驗證，預設值 True 為是；False 為否，需要配合<第 6 章>的驗證控制項來使用
Text	在按鈕控制項顯示的標題文字

ImageButton 控制項的常用屬性和 Button 控制項相似，只是沒有 Text 屬性，其說明如下表所示：

屬性	說明
ImageUrl	圖片按鈕的 URL 網址
AlternateText	瀏覽器如果無法顯示圖片時，就顯示此替代文字
ImageAlign	設定和取得圖片的對齊方式，預設是 NotSet，可以是 AbsBottom、AbsMiddle、Baseline、Bottom、Left、Middle、Right、TextTop 和 Top

在 ImageButton 控制項的 Click 事件處理程序，其傳入參數是 ImageClickEventArgs 物件，而不是 EventArgs 物件。

ASP.NET 網站：Ch4_5

在 ASP.NET 網頁新增 Button、LinkButton 和 ImageButton 控制項後，分別建立事件處理程序在 Label 控制項輸出訊息文字，其步驟如下所示：

Step 1 請啟動 Visual Studio Community 開啟「範例網站\Ch04\Ch4_5」資料夾的 ASP.NET 網站，然後開啟 Default.aspx 網頁且切換至**設計檢視**。

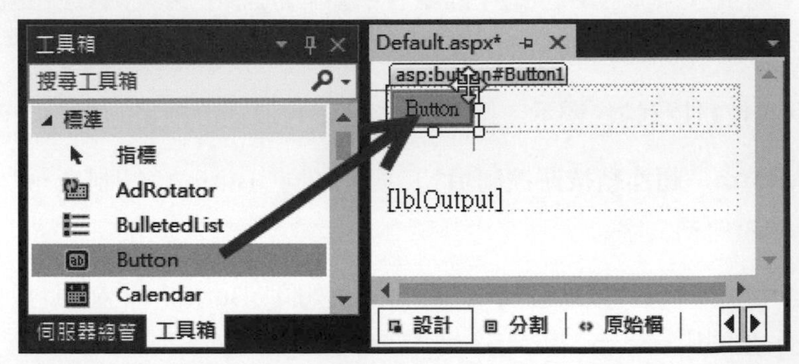

上述 Web 表單上方是一個 1×3 表格，下方是 lblOutput 標籤控制項。

Step 2 在「工具箱」視窗選 **Button** 控制項，然後拖拉至表格的第 1 個儲存格。

Step 3 接著指定 **Text** 屬性值是**顯示使用者**，如右圖所示：

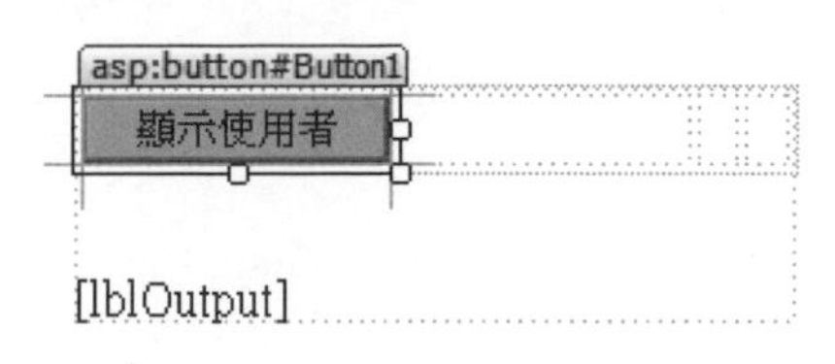

Step 4 在「工具箱」視窗選 **LinkButton** 控制項，然後拖拉至表格的第 2 個儲存格，指定控制項 **Text** 屬性是**顯示使用者**，如右圖所示：

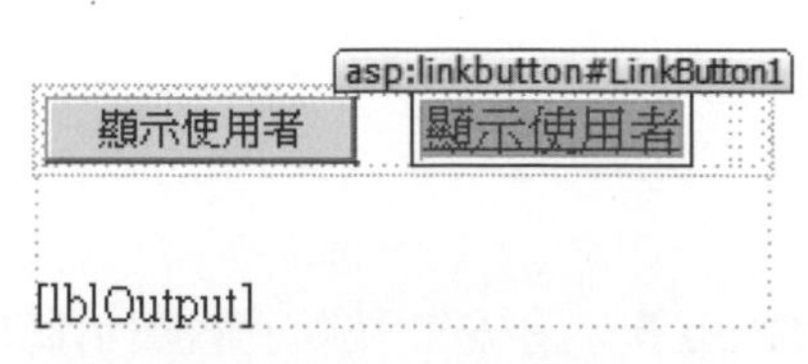

Step 5 在「工具箱」視窗選 **ImageButton** 控制項，然後拖拉至表格的第 3 個儲存格。在「屬性」視窗找到 **ImageUrl** 屬性，如右圖所示：

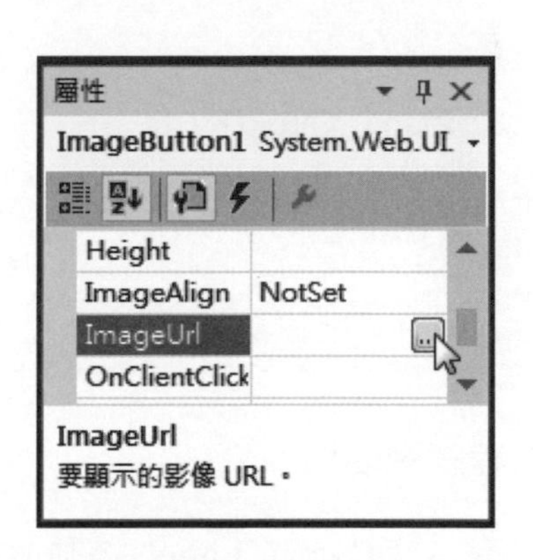

Step 6 按屬性欄位後游標所在的小按鈕，可以看到「選取影像」對話方塊。

Step 7 因為 ASP.NET 網站已經加入 button.jpg（或在「方案總管」視窗的網站目錄上，執行右鍵快顯功能表的「加入/現有項目」命令來新增圖檔），請選取此圖片，按**確定**鈕，在調整圖片尺寸後，可以看到新增的控制項，如下圖所示：

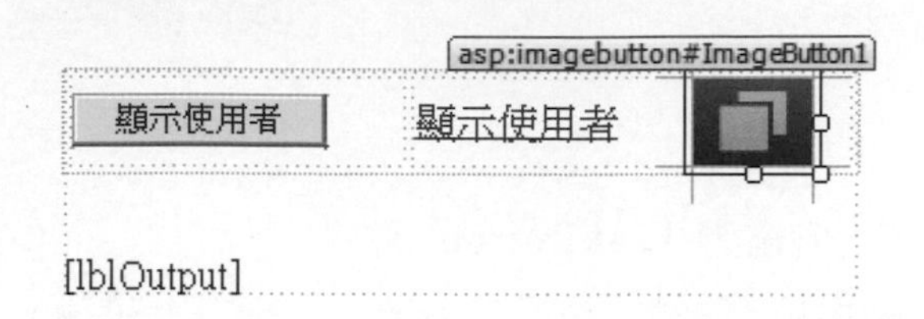

Step 8 請按二下第一個**顯示使用者**鈕，可以建立 Button1_Click()事件處理程序。

■ Button1_Click()

```
01: protected void Button1_Click(object sender, EventArgs e)
02: {
03:     lblOutput.Text = Button1.Text + ": 陳允傑";
04: }
```

■ 程式說明

- 第 3 列：指定 Label 控制項 Text 屬性的訊息文字。

Step 9 按二下**顯示使用者**超連結，可以建立 LinkButton1_Click()事件處理程序。

■ LinkButton1_Click()

```
01: protected void LinkButton1_Click(object sender, EventArgs e)
02: {
03:     lblOutput.Text = LinkButton1.Text + ": 江小魚";
04: }
```

■ 程式說明

- 第 3 列：指定 Label 控制項 Text 屬性的訊息文字。

Step 10 請按二下圖片，可以建立 ImageButton1_Click()事件處理程序。

■ ImageButton1_Click()

```
01: protected void ImageButton1_Click(object sender,
                                ImageClickEventArgs e)
02: {
03:     lblOutput.Text = Button1.Text + ": 陳會安";
04: }
```

■ 程式說明

- 第 3 列：指定 Label 控制項 Text 屬性的訊息文字。

■ 執行結果

儲存後，在「方案總管」視窗選 Default.aspx，執行「檔案/在瀏覽器中檢視」命令，可以看到執行結果的 ASP.NET 網頁。

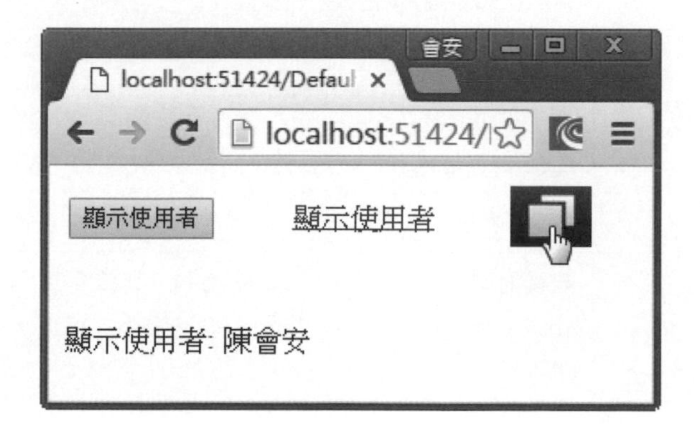

在上述網頁按下按鈕、超連結和圖片後，可以在下方顯示不同的使用者姓名。

4-6 圖片和超連結控制項

圖片和超連結控制項可以在 ASP.NET 網頁新增圖片和超連結，不同於 HTML 標籤建立的靜態圖片和超連結，圖片和超連結控制項可以進一步搭配其他控制項來建立動態網頁內容。

4-6-1 Image 圖片控制項

Image 圖片控制項可以顯示點陣圖格式 GIF、PNG 或 JPG 等圖檔的內容，如右圖所示：

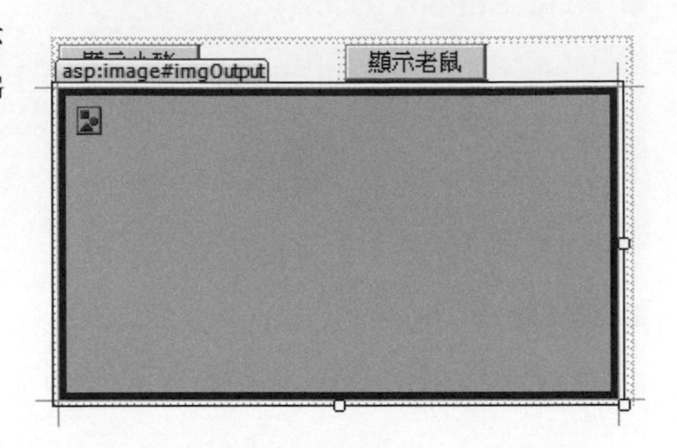

上述 Image 圖片控制項的常用屬性說明，如下表所示：

屬性	說明
AlternateText	當無法顯示圖片時的替代文字
DescriptionUrl	指定 URL 網址連接至圖片詳細說明的網頁
GenerateEmptyAlternateText	設定是否允許 AlternateText 屬性允許輸入空字串，True 是允許；False 是不允許
ImageUrl	指定圖片的 URL 網址
ImageAlign	圖片對齊其他 HTML 元素的方式，其值可以是 AbsBotom、AbsMiddle、Baseline、Bottom、Left、Middle、NotSet、Right、TextTop 和 Top

ASP.NET 網站：Ch4_6_1

在 ASP.NET 網頁建立簡易的秀圖程式，當新增 Image 控制項後，按一下上方按鈕，可以在下方顯示不同圖檔的圖片，其步驟如下所示：

Step 1 請啟動 Visual Studio Community 開啟「範例網站\Ch04\Ch4_6_1」資料夾的 ASP.NET 網站，然後開啟 Default.aspx 網頁且切換至**設計**檢視。

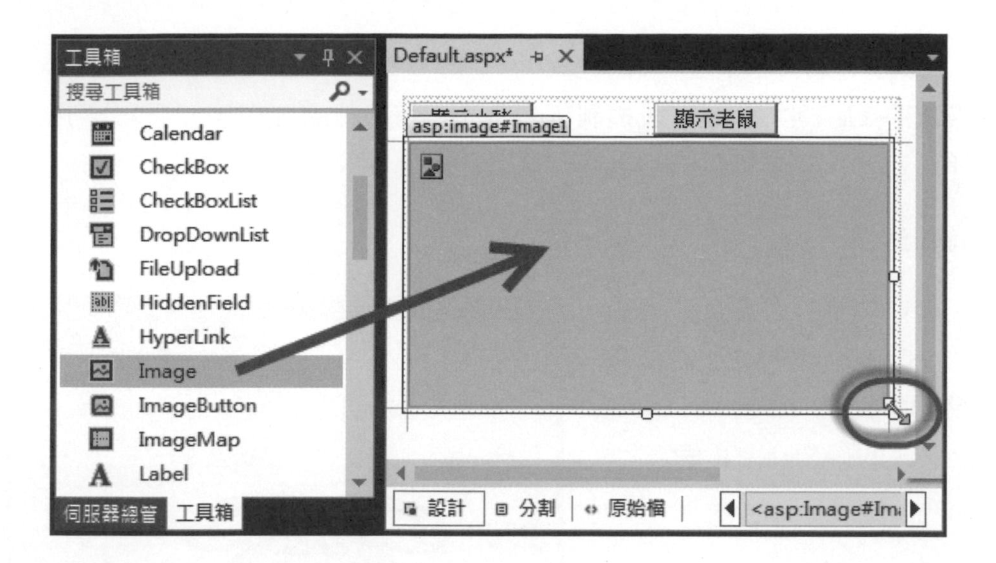

上述 Web 表單的表格第一列有 2 個儲存格，分別是 Button1 和 Button2 共 2 個按鈕控制項，第二列只有 1 個空的儲存格。

Step 2 在「工具箱」視窗的**標準**區段，選 **Image** 控制項，就可以拖拉至表格的第二列，然後拖拉放大尺寸。

Step 3 將控制項的 **ID** 屬性改為 **imgOutput**，**BorderStyle** 屬性選 **Inset**。

Step 4 請分別按二下**顯示圖片 1** 和**顯示圖片 2** 鈕，可以建立 Button1_Click() 和 Button2_Click()事件處理程序。

■ Button1~2_Click()

```
01: protected void Button1_Click(object sender, EventArgs e)
02: {
03:     imgOutput.ImageUrl = "pig.jpg";
04:     imgOutput.AlternateText = "小豬";
05: }
06:
07: protected void Button2_Click(object sender, EventArgs e)
08: {
09:     imgOutput.ImageUrl = "mouse.gif";
10:     imgOutput.AlternateText = "老鼠";
11: }
```

■ 程式說明

- 第 1~11 列：2 個按鈕控制項的 Click 事件處理程序，可以分別指定 ImageUrl 屬性來顯示不同的圖片檔案。

■ 執行結果

儲存後，在「方案總管」視窗選 Default.aspx，執行「檔案/在瀏覽器中檢視」命令，可以看到執行結果的 ASP.NET 網頁。

在上述網頁按下上方按鈕，可以在下方 Image 控制項顯示不同的圖片。

4-6-2 HyperLink 超連結控制項

HyperLink 超連結控制項可以在 ASP.NET 網頁顯示超連結文字或圖片，其外觀和 LinkButton 控制項雖然相同，但是並不能執行事件處理程序。HyperLink 超連結控制項的常用屬性說明，如下表所示：

屬性	說明
Enable	指定 HyperLink 超連結控制項是否有作用，True 為有作用；False 為沒有作用
ImageUrl	指定圖片超連結的圖片檔案，在 Visual Studio Community 需要先將圖片加入 ASP.NET 網站
NavigateUrl	指定超連結連接的 URL 網址
Text	指定超連結顯示的文字內容

如果控制項同時指定 ImageUrl 和 Text 屬性，預設是顯示圖片超連結，而不是超連結文字。

ASP.NET 網站：Ch4_6_2

在 ASP.NET 網頁新增圖片超連結來連接中華電信網站，和一個文字超連結連接旗標公司網站，其步驟如下所示：

Step 1 請啟動 Visual Studio Community 開啟「範例網站\Ch04\Ch4_6_2」資料夾的 ASP.NET 網站，然後開啟 Default.aspx 網頁且切換至**設計**檢視，內含 2×1 的表格。

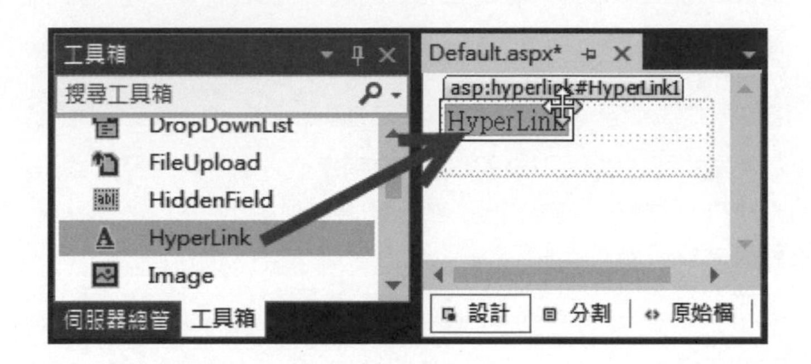

Step 2 在「工具箱」視窗的**標準**區段，選 **HyperLink** 控制項，就可以拖拉至表格的第一列。

Step 3 將控制項的 **ID** 屬性值改為 **lnkHiNet**，然後在 **NavigateUrl** 屬性值輸入 URL 網址為 **http://www.hinet.net**。

Step 4 拖拉另一個 HyperLink 控制項至第 2 列，並且將 **ID** 屬性改為 **lnkFlag**，如右圖所示：

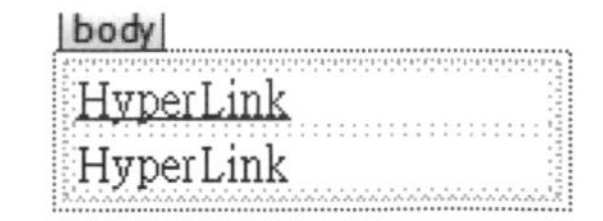

上述圖例擁有二個 HyperLink 超連結控制項，不過，只有第 1 個顯示藍色底線字，因為只有它有指定 NavigateUrl 屬性的 URL 網址。

Step 5 選第 1 列的控制項，在「屬性」視窗按 **ImageUrl** 屬性欄位後的按鈕，可以看到「選取影像」對話方塊。

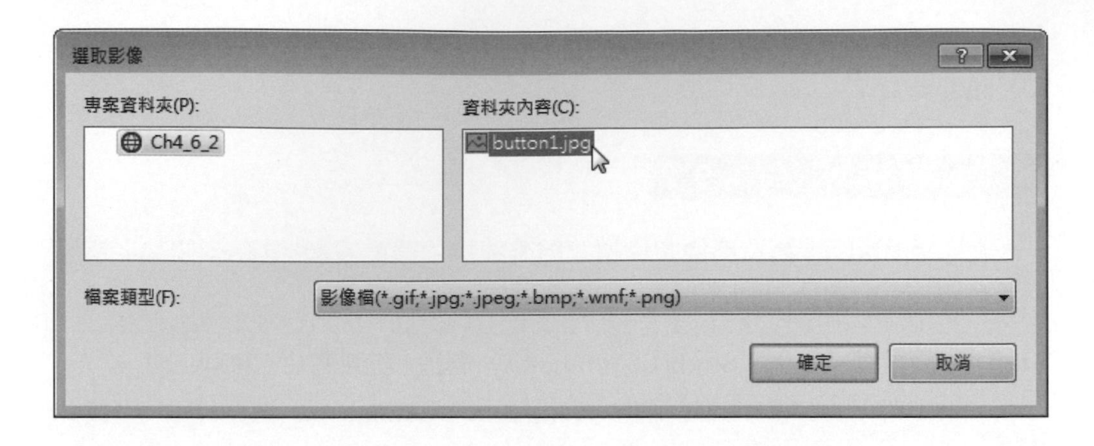

Step 6 選 button1.jpg，按**確定**鈕，指定圖片超連結顯示的圖片。

> **說明**
>
> ASP.NET 網站的圖片檔除了執行加入現有項目命令外，另一種方式是直接複製圖檔至網站資料夾，然後在「方案總管」視窗的網站目錄上，執行右鍵快顯功能表的**重新整理資料夾**命令來加入圖片。

Step 7 請在編輯區域<div>標籤之外按二下，可以編輯 Page_Load()事件處理程序。

■ Page_Load()

```
01: protected void Page_Load(object sender, EventArgs e)
02: {
03:     Page.Title = "Ch4_6_2";
04:     lnkFlag.Text = "旗標出版";
05:     lnkFlag.NavigateUrl = "http://www.flag.com.tw";
06: }
```

■ 程式說明

- 第 4~5 列：指定 HyperLink 控制項的 Text 和 NavigateUrl 屬性值。

■ 執行結果

儲存後，在「方案總管」視窗選 Default.aspx，執行「檔案/在瀏覽器中檢視」命令，可以看到執行結果的 ASP.NET 網頁。

在上述網頁按下圖片或超連結文字，可以分別連接中華電信(HiNet)和旗標公司的網站。

學習評量

選擇題

(　　) 1. 請問下列哪一個控制項可以切換顯示 Label 控制項？

A. Panel　　B. Label
C. Literal　　D. LinkButton

(　　) 2. 請指出下列哪一個控制項可以用來執行事件處理程序？

A. LinkButton　　B. Label
C. Literal　　D. Panel

(　　) 3. 請問下列哪一個事件並不是 Page 物件的事件？

A. PreInit　　B. Click
C. Load　　D. PreRender

(　　) 4. 請問在 Web 表單新增的伺服端控制項的標籤一定擁有下列哪一個屬性？

A. onclick　　B. id
C. runat　　D. name

(　　) 5. 請問 ImageButton 控制項並沒有提供下列哪一個屬性？

A. ImageUrl　　B. AlternateText
C. ImageAlign　　D. Text

簡答題

1. 請簡單說明什麼是事件？並且試著舉例來說明？
2. 請問使用 Visual Studio Community 建立的 Web 表單，可以使用哪 2 種方式建立事件處理程序？

3. Page 物件的＿＿＿＿＿＿事件是當 ASP.NET 網頁已經載入記憶體時產生，＿＿＿＿＿＿事件是在完全執行完 ASP.NET 網頁且離開後，才會產生。

4. 請問什麼是 ASP.NET 伺服端控制項？控制項主要分為＿＿＿＿＿＿和＿＿＿＿＿＿兩種。

5. 請問 ASP.NET 送出資料的控制項有哪三種？其差異為何？

實作題

1. 請使用 Visual Studio Community 建立名為 MyTest 的 ASP.NET 網站，然後在 Default.aspx 新增 Panel、Button 和 Label 控制項，Label 控制項位在 Panel 控制項之中，然後在「屬性」視窗更改 Label 控制項的前景色彩為紅色；背景為綠色。

2. 請在實作題 1 的 Default.aspx 新增 Page 物件的 Load 事件處理程序來初始 Label 控制項內容為本書的書名，和新增 Button 控制項的 Click 事件處理程序隱藏 Label 控制項。

3. 在「ASP.NET 網站:Ch4_5」是分別建立三個按鈕控制項的事件處理程序，請修改 Default.aspx 網頁，改為使用同一個共用的事件處理程序。

4. 請建立 ASP.NET 網站，在 Web 表單新增 Label 控制項輸出計算結果，變數 x 和 y 的值是在程式碼指定，請建立三種按鈕控制項的事件處理程序來計算下列運算式的值，如下所示：

```
x * x + 2 * x + 1
( x + y ) * ( x + y ) + 20
x * x * x + 3 * y + 5
```

5. 請連接旗標公司網站搜尋任一本電腦書的詳細說明網頁，然後使用 Visual Studio Community 建立 ASP.NET 網頁來新增 Image 控制項顯示此本圖書的封面，在封面下方是 HyperLink 超連結控制項，可以連接旗標網站此本圖書的說明網頁。

Memo

05

資料輸入與選擇控制項

本章學習目標

5-1 資料輸入控制項

資料輸入控制項 TextBox 是對應 HTML 表單<input>標籤的文字方塊、密碼欄位和多行文字方塊（支援 HTML5 新增的欄位類型）。

5-1-1 TextBox 文字方塊控制項

TextBox 文字方塊控制項可以讓使用者輸入**字串型別**的資料，如果需要其他資料型別的資料，例如：整數，請使用型別轉換函數轉換成所需的資料型別，如下圖所示：

姓名: 陳會安

上述 TextBox 控制項的常用屬性說明，如下表所示：

屬性	說明
Columns	多行文字方塊顯示的寬度，以字數為單位，只有當 TextMode 屬性為 MultiLine 時才需指定
MaxLength	設定控制項允許輸入文字的最大長度，並不適用在 TextMode 屬性為 MultiLine 時
ReadOnly	是否為唯讀控制項，True 為是；預設值 False 為不是
Rows	當 TextMode 屬性為 MultiLine 時，可以設定多行文字方塊的高度有幾列
Text	存取文字控制項的內容
TextMode	設定文字控制項的狀態為密碼 (Password) 或多行文字方塊 (MulitLine)，預設值是 SingleLine 單行文字內容，支援 HTML5 表單的 Date、DateTime、Email、Month、Range 和 Color 等類型的欄位
Wrap	當 TextMode 屬性為 MultiLine 時，可以設定多行文字方塊內容是否自動換行，預設值 True 會自動換行；False 為不換行

在 ASP.NET 程式碼是使用 **Text 屬性**取得使用者輸入的字串，如下所示：

```
double height = Convert.ToDouble(txtHeight.Text);
double weight = Convert.ToDouble(txtWeight.Text);
```

上述程式碼在取得控制項內容後，使用 Covert.ToDouble()類別方法將型態轉換成浮點數。

ASP.NET 網站：Ch5_1_1

在 ASP.NET 網頁新增 TextBox 控制項輸入個人資料的姓名、密碼、身高和體重後，按下按鈕，可以在下方唯讀多行文字方塊顯示輸入資料和計算結果的 BMI 值，其步驟如下所示：

Step 1 請啟動 Visual Studio Community 開啟「範例網站\Ch05\Ch5_1_1」資料夾的 ASP.NET 網站，然後開啟 Default.aspx 網頁且切換至**設計**檢視。

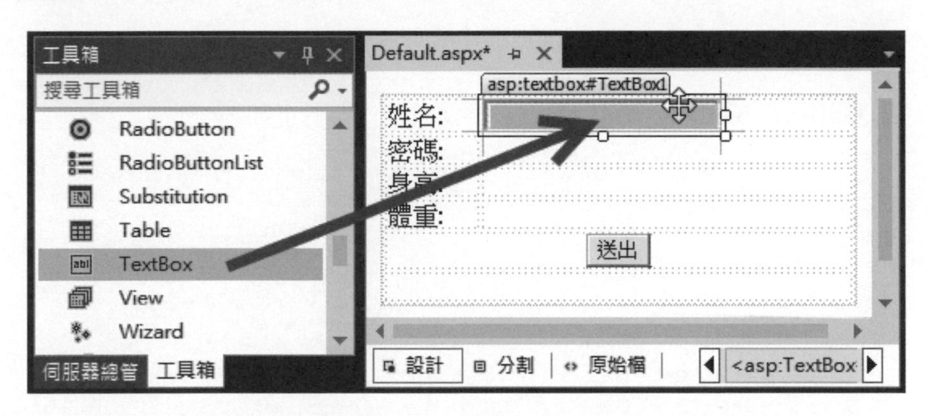

上述 Web 表單中間是標題送出的 Button1 按鈕控制項。

Step 2 在「工具箱」視窗的**標準**區段選 **TextBox** 控制項，拖拉至表格第 1 列的第 2 欄。

Step 3 重複步驟 2 拖拉另外 4 個 TextBox 控制項至表格的儲存格，如下圖所示：

Step 4 請由上而下指定 5 個 TextBox 控制項的相關屬性，其屬性值如下表所示：

ID 屬性	TextMode 屬性	ReadOnly 屬性
txtName	SingleLine	False
txtPass	Password	False
txtHeight	SingleLine	False
txtWeight	SingleLine	False
txtOutput	MultiLine	True

Step 5 請調整最後一個多行文字方塊的尺寸 250×70 後，按二下**送出**鈕，可以建立 Button1_Click()事件處理程序。

■ Button1_Click()

```
01: protected void Button1_Click(object sender, EventArgs e)
02: {
03:     double height = Convert.ToDouble(txtHeight.Text);
04:     double weight = Convert.ToDouble(txtWeight.Text);
05:     // 顯示欄位值
06:     txtOutput.Text = "姓名: " + txtName.Text + "\r\n";
07:     txtOutput.Text += "密碼: " + txtPass.Text + "\r\n";
08:     txtOutput.Text += "BMI: " + (weight / (height * height));
09: }
```

■ 程式說明

- 第 3~4 列：將使用者輸入的身高體重轉換成 double 浮點數。
- 第 6~8 列：顯示使用者輸入的資料，在第 8 列計算 BMI 值。

■ 執行結果

儲存後，在「方案總管」視窗選 Default.aspx，執行「檔案/在瀏覽器中檢視」命令，可以看到執行結果的 ASP.NET 網頁。

在輸入個人資料後，按**送出**鈕，可以在下方唯讀多行文字方塊顯示使用者輸入的個人資料和計算結果的 BMI 值。

5-1-2 指定預設的按鈕控制項

為了方便 Web 表單的資料輸入，讓使用者不需使用滑鼠按鍵，就可以使用鍵盤來加速資料輸入，我們可以在 Web 表單指定**<form>標籤**的屬性來指定預設按鈕和預設取得焦點欄位，其說明如下表所示：

屬性	說明
DefaultButton	指定 TextBox 控制項（其最後一個不可是多行文字方塊）輸入資料後，按下 Enter 鍵如同按下指定的 Button 按鈕控制項
DefaultFocus	指定 Web 表單的哪一個控制項是預設取得焦點的控制項

ASP.NET 網站：Ch5_1_2

在 ASP.NET 網頁使用 TextBox 控制項輸入留言內容，Label 標籤控制項顯示留言來建立簡單的留言板功能，因為已經指定預設按鈕和焦點，所以可以使用鍵盤來加速資料輸入，其步驟如下所示：

Step 1 請啟動 Visual Studio Community 開啟「範例網站\Ch05\Ch5_1_2」資料夾的 ASP.NET 網站，然後開啟 Default.aspx 網頁且切換至**設計**檢視。

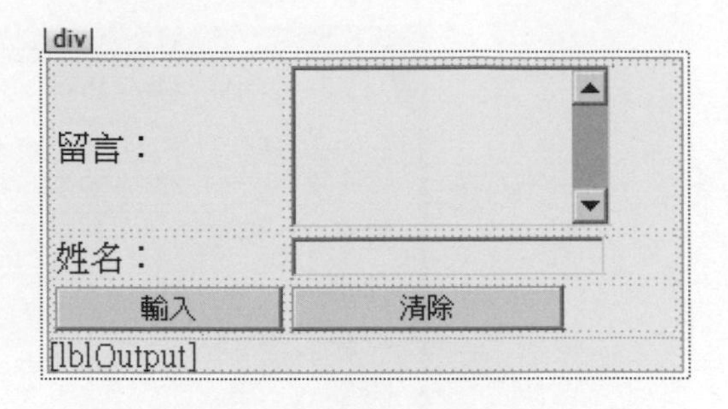

上述 Web 表單上方是 2 個 TextBox 控制項 txtMessage 和 txtName，下方左邊的 Button1 按鈕控制項可以在下方藍色 lblOutput 標籤控制項顯示輸入的留言；右邊 Button2 是清除欄位內容。

Step 2 請點選**設計**檢視編輯區域<form#form1>標籤，在「屬性」視窗上方選 **form1**，可以看到<FORM>控制項物件的屬性清單，如右圖所示：

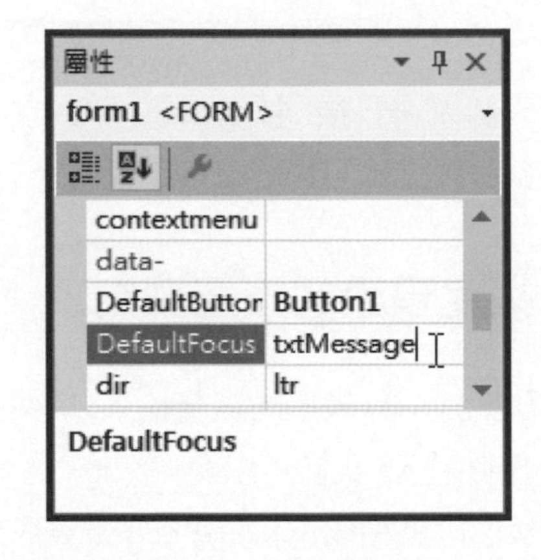

Step 3 在 **DefaultButton** 屬性輸入 **Button1**，**DefaultFocus** 屬性輸入 **txtMessage**。

Step 4 請分別按二下**輸入**和**清除**鈕，可以建立 Button1~2_Click()事件處理程序，和 strReplace()取代字串函數。

■ Button1~2_Click()和 strReplace()

```
01: // 取代字串函數
02: string strReplace(string input, string search,
                      string replace)
03: {
04:     int pos, len;
05:     string output, left, right;
06:     pos = input.IndexOf(search);
07:     len = search.Length;
```

next

```
08:     output = input;
09:     while (pos != -1)  // 找到
10:     {
11:         // 取得搜尋字串左邊的字串
12:         left = output.Substring(0, pos);
13:         // 取得搜尋字串右邊的字串
14:         right = output.Substring(pos + len);
15:         output = left + replace + right;
16:         pos = output.IndexOf(search); // 再次搜尋
17:     }
18:     return output;
19: }
20:
21: protected void Button1_Click(object sender, EventArgs e)
22: {
23:     lblOutput.Text = "<hr/>" + DateTime.Now + "<br/>" +
24:           txtName.Text + "說:" +
25:           strReplace(txtMessage.Text, "\r\n", "<br/>") +
26:           lblOutput.Text;
27: }
28:
29: protected void Button2_Click(object sender, EventArgs e)
30: {
31:     txtName.Text = "";
32:     txtMessage.Text = "";
33: }
```

■ 程式説明

- 第 2~19 列：strReplace()函數可以在參數 input 字串中，將參數 search 字串取代成參數 replace 字串，函數是使用 System.String 類別的 IndexOf()方法來搜尋子字串；Substring()方法取出子字串，while 迴圈可以在 input 字串中取代所有 search 子字串。
- 第 21~27 列：Button1_Click()事件處理程序，在第 23~26 列建立留言內容，第 23 列是時間，第 24 列是使用者姓名，第 25 列使用 strReplace()函數將換行符號轉換成
標籤，以便在網頁內容正確的顯示換行，最後第 26 列將原來的留言內容加至最後。
- 第 29~33 列：Button2_Click()事件處理程序可以清除欄位內容，即指定成空字串。

■ 執行結果

儲存後，在「方案總管」視窗選 Default.aspx，執行「檔案/在瀏覽器中檢視」命令，可以看到執行結果的 ASP.NET 網頁，預設游標是位在留言的 TextBox 控制項。

在輸入留言內容後，按 Tab 鍵可以移至下一個欄位繼續輸入使用者姓名，完成後並不用按**輸入**鈕，按 Enter 鍵即可送出留言，在下方顯示藍色輸入的留言內容，按**清除**鈕清除欄位內容。

5-2 顯示狀態與 IsPostBack 屬性

顯示狀態（ViewState）是 ASP.NET 技術的內建機制，可以保留使用者在控制項輸入的資料。因為 ASP.NET 會自動保留控制項的資料，所以需要使用 IsPostBack 屬性判斷是否是**第 1 次載入** ASP.NET 網頁。

5-2-1 顯示狀態的基礎

ASP.NET 顯示狀態（ViewState）可以保留伺服端控制項的狀態，也就是每次執行 HTTP 請求時，保留使用者輸入的值（其目的是隱藏 HTTP 請求並不會保留狀態的特性）。例如：在 Web 表單的 TextBox 控制項輸入值，不論表單送回多少次，除非更改控制項值，顯示狀態都能夠自動保留上一次輸入的欄位值。

例如：在上一節表單最後的 Label 控制項因為有顯示狀態，所以才能顯示每一位使用者輸入的留言。ASP.NET 顯示狀態看起來好像很神奇，事實上，它只是使用隱藏欄位儲存狀態資料，請執行 ASP.NET 網站 Ch5_1_1 的 Default.aspx，如右圖所示：

在上述欄位輸入資料後，重複按**送出**鈕，可以發現除了密碼欄位外，其他欄位都會自動保留使用者送出前輸入的資料。

請在瀏覽器的網頁內容上，執行右鍵快顯功能表的**檢視網頁原始檔**命令來檢視原始程式碼，可以在表單標籤<form>看到<input type="hidden">標籤的隱藏欄位，如下圖所示：

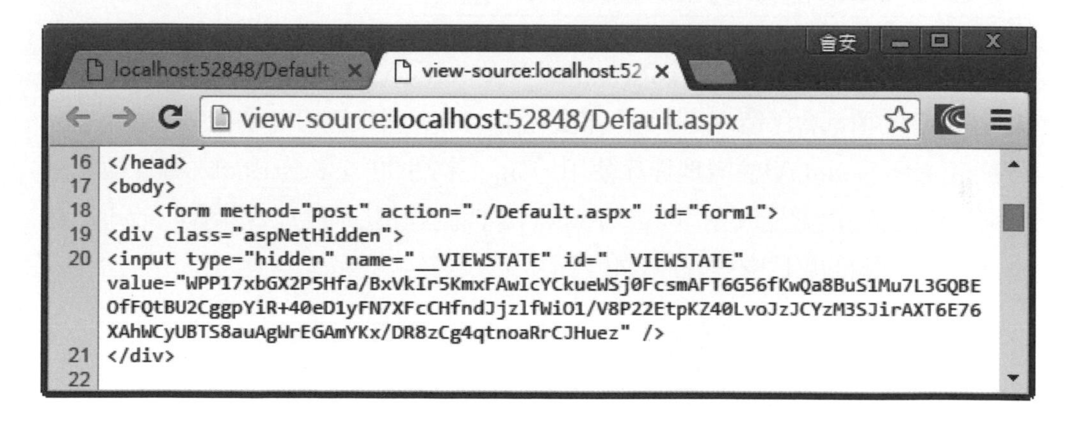

上述__VIEWSTATE 隱藏欄位的 value 屬性是儲存的欄位值，此亂碼值是各控制項顯示狀態儲存的值，當執行 ASP.NET 網頁時，控制項的值都會加碼成亂碼字串，然後使用名為__VIEWSTATE 的隱藏欄位送到客戶端。

所以，當每次送回表單時，隱藏欄位也會一併送回，ASP.NET 只需解碼，就可以取得控制項值，可以記住欄位使用者輸入的資料，這就是 ASP.NET 顯示狀態機制的運作方式。

5-2-2 取消指定控制項的顯示狀態

顯示狀態是 ASP.NET 技術的內建機制，在 Web 表單如果有控制項並不需要顯示狀態時，我們可以在「屬性」視窗，將控制項的 **EnableViewState** 屬性改為 False，取消控制項的顯示狀態，如右圖所示：

此後，在重複送出 ASP.NET 網頁時，就不會保留此控制項輸入的值，例如：在<第 3 章>範例網站的 Label 控制項是取消顯示狀態，以避免重複顯示 C# 程式碼的執行結果。

5-2-3 Page 物件的 IsPostBack 屬性

在預設情況下，Web 表單送回（PostBack）至 Web 伺服器，無論送回多少次，控制項的值都會保留，如果我們需要在第 1 次載入網頁時初始控制項的值，請在 Page_Load()事件處理程序使用 Page 物件的 IsPostBack 屬性檢查是否是表單送回，也就是改在 Page_Load()事件處理程序進行表單處理，而不是在 Button 控制項的事件處理程序，如下所示：

```
if (Page.IsPostBack)
{
    if (txtName.Text != "")
      lblOutput.Text= txtName.Text+"歡迎進入網頁!";
}
else
{
    txtName.Text = "江小魚";
}
```

上述 if/else 條件檢查 IsPostBack 屬性，如果為 **false**，就表示是**第 1 次載入**的新網頁，我們可以在此程式區塊指定控制項的初值。

如果 IsPostBack 屬性為 true，表示是客戶端送回的表單，我們可以取得控制項值來進行表單處理。例如：取得和顯示控制項 Text 屬性的欄位值。

ASP.NET 網站：Ch5_2_3

在 ASP.NET 網頁建立登入表單後，使用 IsPostBack 屬性檢查是否是表單送回；如果是，在 Page_Load()事件處理程序取得欄位值來顯示歡迎訊息，其步驟如下所示：

Step 1 請啟動 Visual Studio Community 開啟「範例網站\Ch05\Ch5_2_3」資料夾的 ASP.NET 網站，然後開啟 Default.aspx 網頁且切換至**設計**檢視。

body
使用者姓名:
使用者密碼:
登入
[lblOutput]

上述 Web 表單上方是 2 個 TextBox 控制項 txtName 和 txtPass，按下 Button1 按鈕，如果是表單送回，就在下方紅色 lblOutput 標籤控制項顯示登入的使用者資料。

Step 2 請在**設計**檢視編輯區域<div>標籤之外按二下，可以開啟和編輯 Page_Load()事件處理程序。

■ Page_Load()

```
01: protected void Page_Load(object sender, EventArgs e)
02: {
03:     if (Page.IsPostBack)
04:     {
05:         // 表單欄位處理
06:         if (txtName.Text != "")
07:             lblOutput.Text= txtName.Text+"歡迎進入網頁!";
08:     }
09:     else
10:     {  // 第一次載入網頁 - 設定欄位初值
11:         txtName.Text = "江小魚";
12:     }
13: }
```

■ 程式說明

- 第 3~12 列：使用 if/else 條件檢查 IsPostBack 屬性，判斷是指定控制項初值或顯示 TextBox 控制項輸入的資料。
- 第 6~7 列：if 條件檢查是否有輸入資料，如果有，在第 7 列使用 Text 屬性取得控制項的內容。

■ 執行結果

儲存後，在「方案總管」視窗選 Default.aspx，執行「檔案/在瀏覽器中檢視」命令，可以看到執行結果的 ASP.NET 網頁。

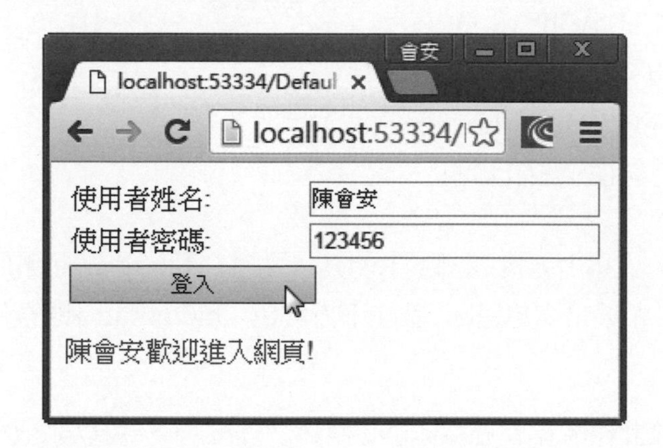

上述網頁在第 1 次載入時，TextBox 控制項的初值是**江小魚**。當在欄位輸入新的資料後，按**登入**鈕，可以在下方顯示歡迎訊息。

因為 Page_Load()事件處理程序是在第 1 次載入 ASP.NET 網頁時，指定 TextBox 控制項的初值，如果讀者在執行過後才更改程式碼的初值，瀏覽器就算重新整理網頁也不會更改其值，請重新啟動瀏覽器載入 ASP.NET 網頁，如此才能更改控制項的初值。

5-3 選擇控制項

ASP.NET 選擇控制項是 CheckBox 和 RadioButton，可以提供項目讓使用者以鍵盤或滑鼠來選取，依選擇方式分為**單選**和**複選**兩種。

5-3-1 CheckBox 核取方塊控制項

CheckBox 核取方塊控制項是一個開關，可以讓使用者選擇是否開啟功能或設定某些參數。如果在 Web 表單擁有多個核取方塊控制項，每一個控制項都是獨立選項，所以可以**複選**，如下圖所示：

☑ 牛肉披薩
☑ 海鮮披薩

上述核取方塊有 2 個狀態，一是**核取**；另一是**未核取**。如果是核取的核取方塊，小方塊會顯示小勾號。CheckBox 控制項的常用屬性說明，如下表所示：

屬性	說明
Checked	檢查 CheckBox 控制項是否勾選，預設值 False 為沒有；True 為勾選
Text	存取控制項顯示的內容，即 CheckBox 控制項的選項文字
TextAlign	設定選項文字和勾選方框的對齊方式，預設值為 Right 靠右對齊；Left 為靠左對齊

在 ASP.NET 程式碼是使用 if 條件敘述來檢查 Checked 屬性，以便知道是否有勾選此核取方塊，如下所示：

```
if (chkOriginal.Checked)
   total += 250 * quantity;
```

ASP.NET 網站：Ch5_3_1

在 ASP.NET 網頁新增 CheckBox 控制項來選擇訂購的披薩種類，在勾選和輸入數量後，就可以計算總價，其步驟如下所示：

Step 1 請啟動 Visual Studio Community 開啟「範例網站\Ch05\Ch5_3_1」資料夾的 ASP.NET 網站，然後開啟 Default.aspx 網頁且切換至**設計**檢視。

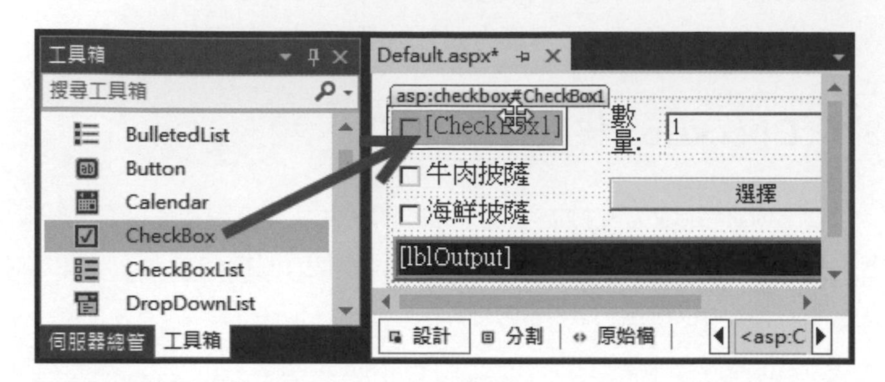

Step 2 在「工具箱」視窗的**標準**區段選 **CheckBox** 控制項，拖拉至表格第 1 列的第 1 欄。

Step 3 指定控制項 **ID** 屬性值為 **chkOriginal**，**Text** 屬性為**原味披薩**，如右圖所示：

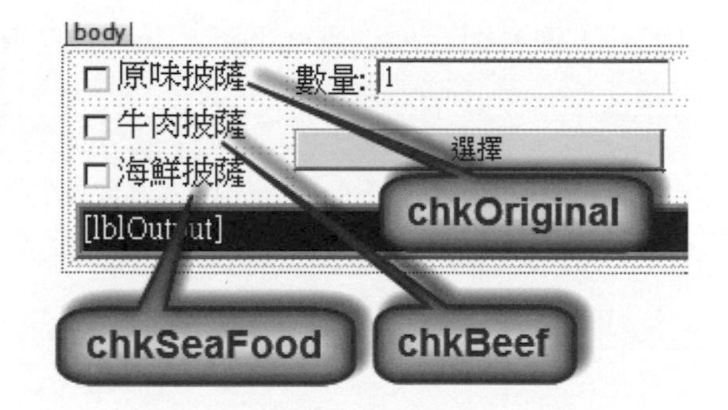

上述 Web 表單右上方是名為 **txtQuantity** 的文字方塊控制項，下方是名為 **lblOutput** 標籤控制項用來輸出結果，**Button1** 按鈕控制項執行選擇和計算。

Step 4 按二下**選擇**鈕，可以建立 Button1_Click()事件處理程序。

■ Button1_Click()

```
01: protected void Button1_Click(object sender, EventArgs e)
02: {
03:     int quantity, total = 0;
04:     quantity = Convert.ToInt32(txtQuantity.Text);
05:     if (chkOriginal.Checked)
```

next

```
06:         total += 250 * quantity;
07:     if (chkBeef.Checked)
08:         total += 275 * quantity;
09:     if (chkSeaFood.Checked)
10:         total += 350 * quantity;
11:     lblOutput.Text = total.ToString("C");
12: }
```

■ 程式說明

- 第 4 列：取得 TextBox 控制項輸入的數量，我們是使用 Convert.ToInt32() 方法轉換成整數。
- 第 5~10 列：檢查 Checked 屬性，以判斷是否核取此核取方塊，如果核取，就加上該披薩乘以數量的總價。
- 第 11 列：在標籤控制項顯示總價，因為是整數，所以使用 ToString()方法轉換成字串，參數 "C" 是格式字串，可以將整數顯示成貨幣格式的字串。

■ 執行結果

儲存後，在「方案總管」視窗選 Default.aspx，執行「檔案/在瀏覽器中檢視」命令，可以看到執行結果的 ASP.NET 網頁。

請勾選核取方塊和輸入數量後，按**選擇**鈕，可以在下方顯示所需的總價。

5-3-2 RadioButton 選擇鈕控制項

RadioButton 選擇鈕控制項是二選一或多選一的選擇題，使用者可以在一組選項按鈕中選取一個選項，這是一種單選題，如下圖所示：

◯ 三分熟 ◯ 五分熟 ◉ 七分熟 ◯ 全熟

上述圖例的各選項是互斥的，只能選取其中一個選項。如果選取，在小圓圈中會顯示實心圓，沒有選取是空心。RadioButton 控制項的常用屬性說明，如下表所示：

屬性	說明
GroupName	RadioButton 控制項屬於同一組選項的名稱

RadioButton 控制項和 CheckBox 控制項擁有相同屬性：Checked、Text 和 TextAlign 屬性，詳細說明請參閱上一節。

在 ASP.NET 程式碼一樣是使用 if 條件來檢查 Checked 屬性，以判斷是否選取該 RadioButton 控制項，如下所示：

```
if (rdbRare.Checked)
    lblOutput.Text = "三分熟";
```

ASP.NET 網站：Ch5_3_2

在 ASP.NET 網頁新增 RadioButton 控制項來選擇牛排要幾分熟？在選好後，使用 Label 控制項顯示使用者的選擇，其步驟如下所示：

Step 1 請啟動 Visual Studio Community 開啟「範例網站\Ch05\Ch5_3_2」資料夾的 ASP.NET 網站，然後開啟 Default.aspx 網頁且切換至**設計檢視**。

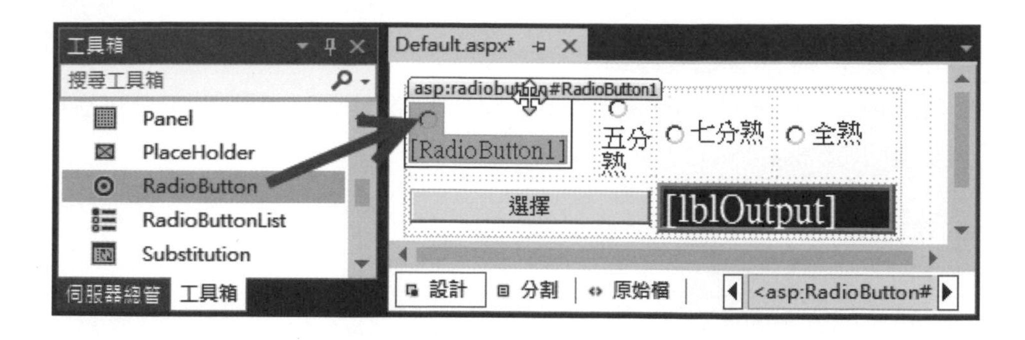

Step 2 在「工具箱」視窗的**標準**區段選 **RadioButton** 控制項，拖拉至表格第 1 列的第 1 欄。

Step 3 指定控制項 **ID** 屬性為 **rdbRare**，**GroupName** 屬性為 **Beef**，**Text** 屬性為三**分熟**，如下圖所示：

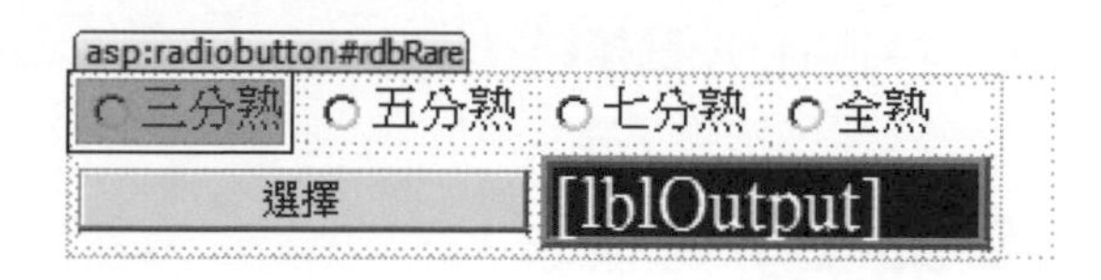

上述 Web 表單從左到右依序為 rdbRare、rdbMedium、rdbMedWell 和 rdbWellDone 的 4 個 RadioButton 控制項，GroupName 屬性為 **Beef**，Button1 按鈕控制項可以執行選擇，在 lblOutput 標籤控制項顯示使用者的選擇。

Step 4 按二下**選擇**鈕，可以建立 Button1_Click()事件處理程序。

■ Button1_Click()

```
01: protected void Button1_Click(object sender, EventArgs e)
02: {
03:     if (rdbRare.Checked)
04:         lblOutput.Text = "三分熟";
05:     if (rdbMedium.Checked)
06:         lblOutput.Text = "五分熟";
07:     if (rdbMedWell.Checked)
08:         lblOutput.Text = "七分熟";
09:     if (rdbWellDone.Checked)
10:         lblOutput.Text = "全熟";
11: }
```

■ 程式說明

- 第 3~10 列：檢查 Checked 屬性，以判斷是否選取，如果選取，就在標籤控制項顯示選擇幾分熟的牛排。

■ 執行結果

儲存後，在「方案總管」視窗選 Default.aspx，執行「檔案/在瀏覽器中檢視」命令，可以看到執行結果的 ASP.NET 網頁。

選取 RadioButton 控制項，按**選擇**鈕，就可以顯示選擇幾分熟的牛排。

5-4 清單控制項

ASP.NET 清單控制項有：**DropDownList**、**ListBox**、**CheckBoxList** 和 **RadioButtonList**。在 Visual Studio Community 開啟「工具箱」視窗，可以在**標準**區段拖拉新增清單控制項，其支援的共同屬性說明，如下表所示：

屬性	說明
Items	取得清單控制項所有項目的集合物件（即 ListItem 控制項物件的集合）
SelectedIndex	選取項目的最小索引值，如果是單選，就是選取項目的索引值，沒有選擇傳回-1
SelectedItem	取得最小選取索引值的 ListItem 控制項

ListItem 控制項

清單控制項的項目是 **ListItem 控制項**，在清單新增一個 ListItem 控制項，就是新增一個項目，其相關屬性的說明，如下表所示：

屬性	說明
Enabled	是否啟用此項目
Selected	是否被選取，預設值為 False 沒有選取；True 為選取
Text	項目名稱
Value	項目值

5-4-1 DropDownList 下拉式選單控制項

DropDownList 下拉式選單控制項是一個**單選題**，相當於單選 HTML 標籤的<select>下拉式選單，如右圖所示：

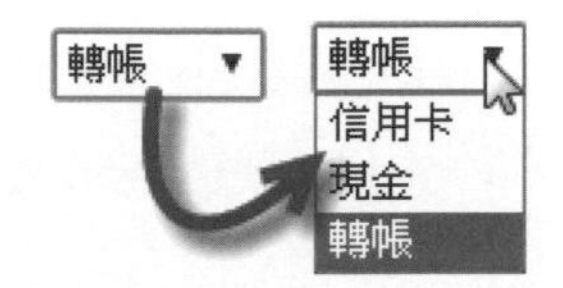

按上述 DropDownList 控制項旁的向下小箭頭，可以看到項目清單，其相關屬性說明，如下表所示：

屬性	說明
ToolTip	當滑鼠移到控制項上時，顯示的文字內容

DropDownList 控制項是檢查 SelectedIndex 屬性值是否為-1，以判斷使用者是否有選取項目，如下所示：

```
if (ddlPayment.SelectedIndex > -1)
   lblOutput.Text = ddlPayment.SelectedItem.Text +
                    ddlPayment.SelectedItem.Value;
```

上述 if 條件判斷是否選取項目，如果選取，使用 SelectedItem 屬性取得 ListItem 物件後，就可以使用 Text 和 Value 屬性取得項目名稱和值。

ASP.NET 網站：Ch5_4_1

在 ASP.NET 網頁新增 DropDownList 控制項，可以讓使用者選取訂單的付款方式，在選取後顯示使用者的選擇，其步驟如下所示：

Step 1 請啟動 Visual Studio Community 開啟「範例網站\Ch05\Ch5_4_1」資料夾的 ASP.NET 網站，然後開啟 Default.aspx 網頁且切換至**設計**檢視。

Step 2 開啟「工具箱」視窗新增名為 **ddlPayment** 的 DropDownList 控制項，如右圖所示：

上述 Web 表單已經新增第 2 欄的 Button1 按鈕控制項執行選擇，下方 lblOutput 標籤控制項可以顯示使用者的選擇。

Step 3 點選右上方箭頭圖示顯示「DropDownList 工作」功能表，選**編輯項目**超連結，可以看到「ListItem 集合編輯器」對話方塊。

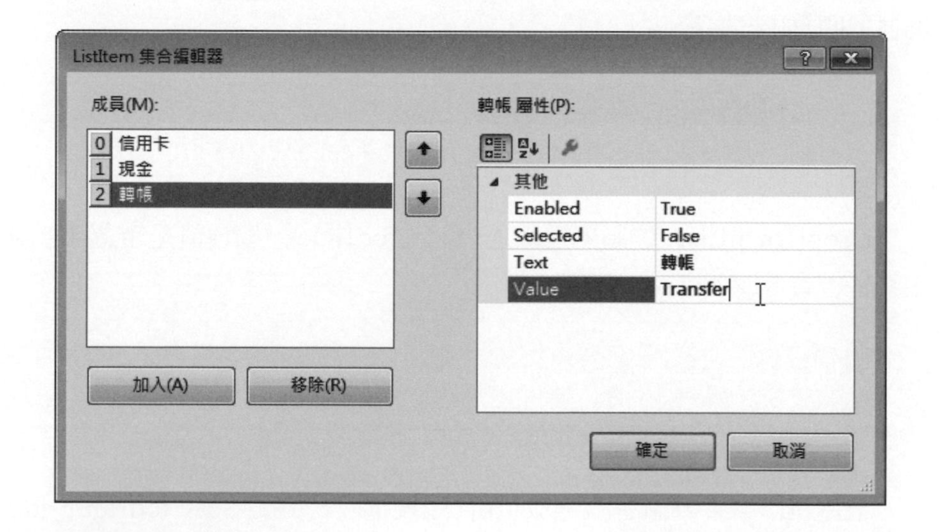

Step 4 按三次左下方**加入**鈕新增 DropDownList 控制項的三個 ListItem 控制項，然後更改相關屬性值，如右表所示：

Text 屬性	Value 屬性
信用卡	Card
現金	Cash
轉帳	Transfer

Step 5 按**確定**鈕完成項目的新增後，按二下**選擇**鈕建立 Button1_Click()事件處理程序。

■ **Button1_Click()**

```
01: protected void Button1_Click(object sender, EventArgs e)
02: {
03:     if (ddlPayment.SelectedIndex > -1)
04:         lblOutput.Text = ddlPayment.SelectedItem.Text +
05:                          ddlPayment.SelectedItem.Value;
06: }
```

■ **程式說明**

- 第 3~5 列：使用 if 條件判斷使用者是否有選擇，如果有，在第 4~5 列顯示選取的項目名稱和值。

■ **執行結果**

儲存後，在「方案總管」視窗選 Default.aspx，執行「檔案/在瀏覽器中檢視」命令，可以看到執行結果的 ASP.NET 網頁。

在選取後按**選擇**鈕，可以在下方顯示使用者的選擇。

5-4-2 ListBox 清單方塊控制項

ListBox 清單方塊控制項可以建立**單選或複選題**，其顯示方式如同複選 HTML 標籤<select>的清單方塊，如右圖所示：

上述 ListBox 控制項的相關屬性說明，如下表所示：

屬性	說明
Rows	控制項的高，預設值是 4
SelectionMode	控制項的選擇方式，Single 為單選；Multiple 為複選
ToolTip	當滑鼠移到控制項上時，顯示的文字內容

單選 ListBox 控制項的選取方式和 DropDownList 控制項相同。複選需要使用 for 迴圈來取得使用者選取的所有項目，如下所示：

```
for (i = 0 ; i <= lstGifts.Items.Count-1; i++)
{
   if (lstGifts.Items[i].Selected)
      str = str + lstGifts.Items[i].Text + "<br/>";
}
```

上述程式碼使用 Items 屬性取得所有項目的集合物件，Count 屬性取得項目數，使用 Gifts.Items[i].Selected 檢查項目是否選取，如果選取，就使用 Text 或 Value 屬性取得項目名稱和值。

ASP.NET 網站：Ch5_4_2

在 ASP.NET 網頁新增複選 ListBox 控制項來選取手機免費的配件禮物，當使用者選取後，在 Label 控制項顯示所有的選擇，其步驟如下所示：

Step 1 請啟動 Visual Studio Community 開啟「範例網站\Ch05\Ch5_4_2」資料夾的 ASP.NET 網站，然後開啟 Default.aspx 網頁且切換至**設計**檢視。

Step 2 開啟「工具箱」視窗新增名為 **lstGifts** 的 ListBox 控制項，如下圖所示：

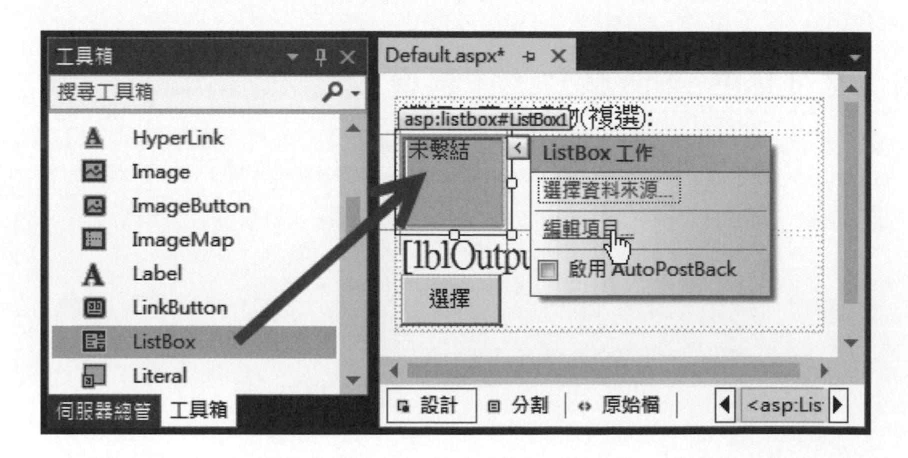

在上述 Web 表單下方已經新增名為 **lblOutput** 標籤控制項顯示選擇，Button1 按鈕控制項執行選擇。

Step 3 點選右上方箭頭圖示顯示「ListBox 工作」功能表，選**編輯項目**超連結，可以看到「ListItem 集合編輯器」對話方塊。

Step 4 按四次**加入**鈕新增 ListBox 控制項的四個 ListItem 控制項後，更改相關屬性值，如右表所示：

Text 屬性	Value 屬性
保護貼	1
觸控筆	2
背蓋	3
手機套	4

Step 5 按**確定**鈕完成項目新增後，在「屬性」視窗將 **SelectionMode** 屬性改為 **Multiple** 複選，如右圖所示：

Step 6 按二下**選擇**鈕建立 Button1_Click()事件處理程序。

■ Button1_Click()

```
01: protected void Button1_Click(object sender, EventArgs e)
02: {
03:     int i;
04:     string str = "";
05:     for (i = 0; i <= lstGifts.Items.Count - 1; i++)
06:     {
07:         if (lstGifts.Items[i].Selected)
08:             str = str + lstGifts.Items[i].Text + "<br/>";
09:     }
10:     lblOutput.Text = str;
11: }
```

■ 程式說明

● 第 5~9 列：使用 for 迴圈檢查選取哪些項目，使用的是 Selected 屬性，如果是選取的項目就顯示項目名稱。

■ 執行結果

儲存後，在「方案總管」視窗選 Default.aspx，執行「檔案/在瀏覽器中檢視」命令，可以看到執行結果的 ASP.NET 網頁。

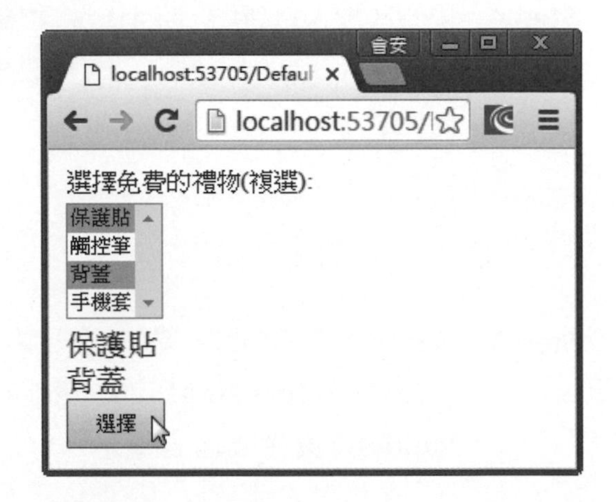

請使用 Ctrl 鍵或 Shift 鍵選取多個項目後，按**選擇**鈕，可以顯示使用者的所有選擇。

5-4-3 CheckBoxList 核取方塊與 RadioButtonList 選擇鈕清單控制項

CheckBoxList 核取方塊清單控制項是一組**複選** CheckBox 控制項，RadioButtonList 選擇鈕清單控制項是一組**單選** RadioButton 控制項。這兩種控制項只是擁有隱藏面版來編排多個 CheckBox 和 RadioButton 控制項，如下圖所示：

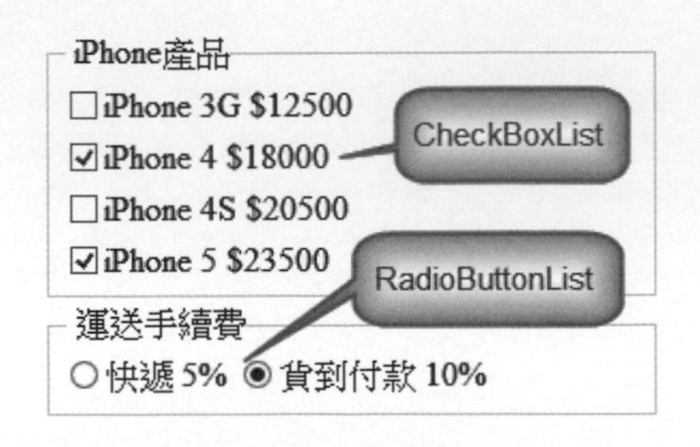

上述 CheckBoxList 與 RadioButtonList 控制項的相關屬性說明，如下表所示：

屬性	說明
CellPadding	儲存格中邊界和內容之間的距離，預設值為-1
CellSpacing	儲存格之間的距離
RepeatColumns	使用多少欄來排列 CheckBox 控制項，預設值為 0
RepeatDirection	排列方向是預設值 Vertical 垂直，或 Horizontal 水平排列
RepeatLayout	排列的版面配置，預設值 Table 是使用表格，或 Flow 直線排列
TextAlign	項目文字和勾選方框的對齊方式，預設值為 Right 靠右對齊；Left 為靠左對齊

CheckBoxList 控制項取得選項方式和複選 ListBox 控制項相同。RadioButtonList 控制項取得選項方式和 DropDownList 控制項相同。

ASP.NET 網站：Ch5_4_3

在 ASP.NET 網頁建立 iPhone 產品訂購程式，新增 CheckBoxList 與 RadioButtonList 控制項，只需勾選商品，選擇自取或貨運後，按下按鈕就可以顯示加上手續費後的總價與數量，其步驟如下所示：

Step 1 請啟動 Visual Studio Community 開啟「範例網站\Ch05\Ch5_4_3」資料夾的 ASP.NET 網站，然後開啟 Default.aspx 網頁且切換至**設計**檢視。

Step 2 分別在上下 Panel 控制項新增名為 **chkiPhones** 的 CheckBoxList 控制項，和 **rdbShipment** 的 RadioButtonList 控制項，如下圖所示：

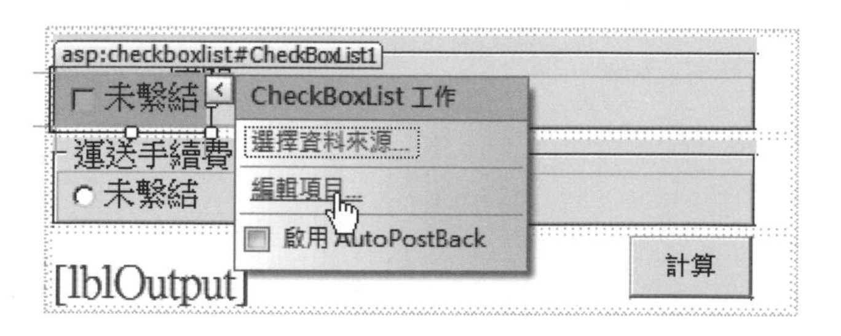

上述 Web 表單最下方是 lblOutput 標籤控制項顯示總價和數量，Button1 按鈕控制項執行計算。

Step 3 點選 CheckBoxList 控制項右上方箭頭圖示顯示「CheckBoxList 工作」功能表，選**編輯項目**超連結，可以看到「ListItem 集合編輯器」對話方塊。

Step 4 按四次**加入**鈕新增 CheckBoxList 控制項的四個 ListItem 控制項，然後更改相關屬性值，如右表所示：

Text 屬性	Value 屬性
iPhone 6 $21000	21000
iPhone 6 Plus $22000	22000
iPhone 6S $24000	24000
iPhone 6S Plus $26000	26000

Step 5 按**確定**鈕完成項目新增後，點選 RadioButtonList 控制項右上方箭頭圖示顯示「RadioButtonList 工作」功能表，選**編輯項目**超連結，可以看到「ListItem 集合編輯器」對話方塊。

Step 6 按二次**加入**鈕新增 RadioButtonList 控制項的二個 ListItem 控制項，然後更改相關屬性值，如下表所示：

Text 屬性	Value 屬性	Selected 屬性
快遞 5%	5	True
貨到付款 10%	10	False

Step 7 選 RadioButtonList 控制項，在「屬性」視窗將 **RepeatDirection** 屬性改為 **Horizontal** 水平排列，如右圖所示：

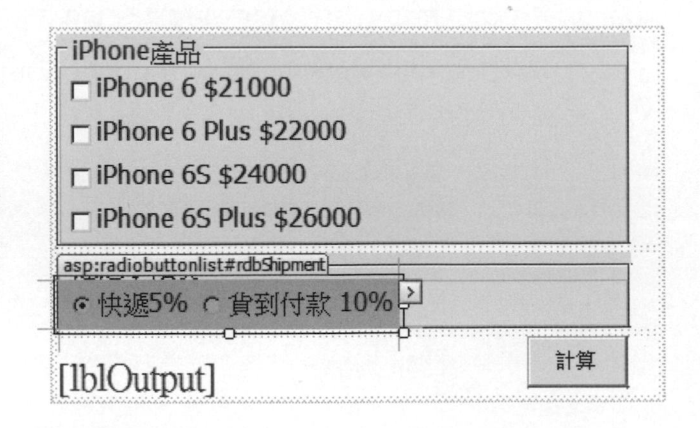

Step 8 按二下**計算**鈕建立 Button1_Click()事件處理程序。

■ Button1_Click()

```
01: protected void Button1_Click(object sender, EventArgs e)
02: {
03:     int i, total = 0, count = 0;
04:     double rate;
05:     // 計算總價
06:     for (i = 0; i <= chkiPhones.Items.Count - 1; i++)
07:     {
08:         if (chkiPhones.Items[i].Selected)
09:         {
10:             total += Convert.ToInt32(
                           chkiPhones.Items[i].Value);
11:             count += 1;
12:         }
13:     }
14:     // 計算手續費
15:     if (rdbShipment.SelectedIndex > -1)
16:     {
17:         rate = Convert.ToInt32(
                   rdbShipment.SelectedItem.Value) / 100.0;
18:         lblOutput.Text = "總價： $" +
                   (total * (1 + rate)) + "<br/>";
19:         lblOutput.Text += "項目數: " + count;
20:     }
21: }
```

■ 程式說明

- 第 6~13 列：使用 for 迴圈檢查選取哪些項目，使用的是 Selected 屬性，如果是選取的項目就計算總價，並且將購買數量加一。
- 第 15~20 列：使用 if 條件判斷使用者的選擇，在第 17 列取得手續費率，第 18~19 列計算和顯示總價與數量。

■ 執行結果

儲存後，在「方案總管」視窗選 Default.aspx，執行「檔案/在瀏覽器中檢視」命令，可以看到執行結果的 ASP.NET 網頁。

請勾選產品和手續費率後，按**計算**鈕，就可以在下方顯示訂購數量和總價。

5-5 自動送回的事件處理

Web 表單送回功能可以讓使用者在控制項輸入或選取資料後，送回到伺服端的 Web 伺服器來進行處理，其預設是**送給 ASP.NET 網頁自己**，而且需要**按下按鈕**控制項後，才會將表單送回。

不過，我們可以使用控制項的 AutoPostBack 屬性建立表單自動送回，也就是在沒有按下按鈕控制項的情況下，自動將表單送回。

5-5-1 控制項的 AutoPostBack 屬性

當控制項指定 AutoPostBack 屬性為 True，表示當控制項的資料變更時，就自動執行表單送回。控制項支援 AutoPostBack 屬性和其觸發的事件種類說明，如下表所示：

控制項名稱	支援的事件
TextBox	TextChanged
CheckBox、RadioButton	CheckedChanged
DropDownList、CheckBoxList、ListBox、RadioButtonList	SelectedIndexChanged

5-5-2 TextBox 控制項的 TextChanged 事件

TextBox 控制項的 TextChanged 事件是更改文字內容時觸發的事件，可以在輸入文字內容後，按下 Enter 鍵即馬上變更資料，其功能類似<第 5-1-2 節>的預設按鈕。TextChanged 事件的說明，如下表所示：

事件	說明
TextChanged	當使用者更改控制項內容時產生 TextChanged 事件，需要配合 AutoPostBack 屬性為 True 時，才會有作用

例如：在 TextBox 控制項可以建立 TextChanged 事件處理程序來處理自動送回，如下所示：

```
protected void txtInput_TextChanged(object sender,
                                    EventArgs e)
{
   lblOutput.Text = txtInput.Text;
}
```

上述事件處理程序可以馬上將文字方塊的內容輸出至標籤控制項。自動送回的事件觸發順序是先觸發 Page 物件的 Load 事件，然後才是 TextChanged 事件。

ASP.NET 網站：Ch5_5_2

在 ASP.NET 網頁新增 TextBox 和 Label 控制項，當在文字方塊輸入文字內容後，按下 Enter 鍵，因為指定 AutoPostBack 屬性為 True，所以馬上就會填入下方 Label 控制項，其步驟如下所示：

Step 1 請啟動 Visual Studio Community 開啟「範例網站\Ch05\Ch5_5_2」資料夾的 ASP.NET 網站，然後開啟 Default.aspx 網頁且切換至**設計**檢視。

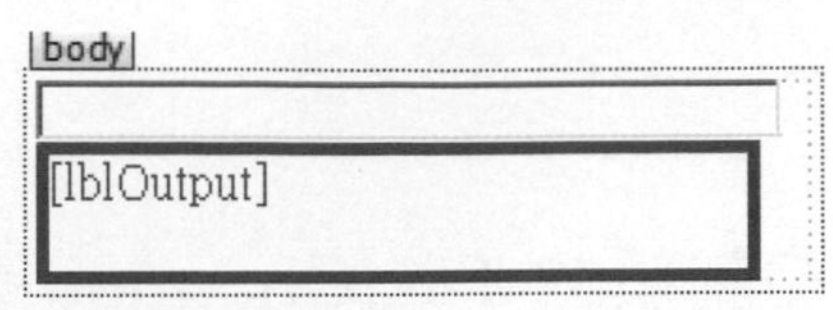

上述 Web 表單上方是名為 **txtInput** 的 TextBox 控制項；下方 lblOutput 標籤控制項是用來顯示輸入的文字內容。

Step 2 選 TextBox 控制項，在「屬性」視窗將 **AutoPostBack** 屬性改為 **True**。

Step 3 按二下 TextBox 控制項建立 txtInput_TextChanged()事件處理程序。

■ txtInput_TextChanged()

```
01: protected void txtInput_TextChanged(object sender, EventArgs e)
02: {
03:     lblOutput.Text = txtInput.Text;
04: }
```

■ 程式說明

- 第 3 列：將輸入的內容輸出至 Label 控制項來顯示。

■ 執行結果

儲存後，在「方案總管」視窗選 Default.aspx，執行「檔案/在瀏覽器中檢視」命令，可以看到執行結果的 ASP.NET 網頁。

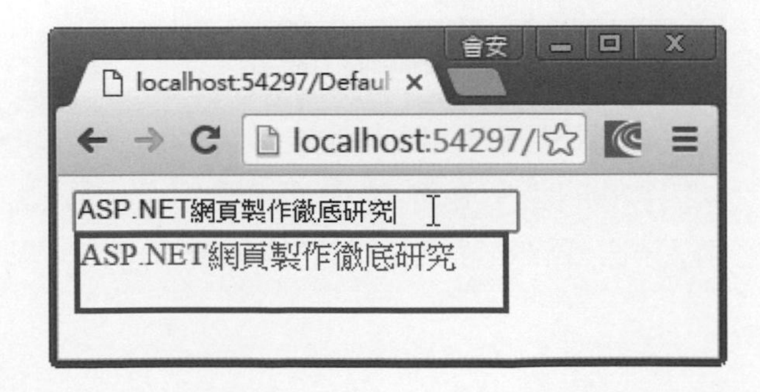

在上方文字方塊輸入文字內容後，按 Enter 鍵就可以馬上將輸入內容輸出至下方 Label 控制項來顯示。

5-5-3 RadioButton 控制項的 CheckedChanged 事件

RadioButton 和 CheckBox 控制項都有 CheckedChanged 事件，可以建立動態項目的選取。CheckedChanged 事件的說明，如下表所示：

事件	說明
CheckedChanged	當使用者勾選或選取項目就會產生 CheckedChanged 事件，需要配合 AutoPostBack 屬性為 True，才會有作用

例如：RadioButton 控制項可以建立 CheckedChanged 事件處理程序來處理自動送回，如下所示：

```
protected void rdbRare_CheckedChanged(object sender, EventArgs e)
{
    lblOutput.Text = rdbRare.Text;
}
```

上述事件處理程序可以直接將勾選或選取的項目輸出至標籤控制項來顯示。自動送回的事件觸發順序是先觸發 Page 物件的 Load 事件，然後才是 CheckedChanged 事件。

ASP.NET 網站：Ch5_5_3

在 ASP.NET 網頁使用多個一組的 RadioButton 控制項來選擇牛排要幾分熟？不同於<第 5-3-2 節>，在選好後，使用者並不用按下按鈕，即可在 Label 控制項顯示使用者的選擇，其步驟如下所示：

Step 1 請啟動 Visual Studio Community 開啟「範例網站\Ch05\Ch5_5_3」資料夾的 ASP.NET 網站，然後開啟 Default.aspx 網頁且切換至**設計**檢視。

div
○三分熟 ○五分熟 ○七分熟 ○全熟
[lblOutput]

上述 Web 表單從左到右依序名為 **rdbRare**、**rdbMedium**、**rdbMedWell** 和 **rdbWellDone** 的 4 個 RadioButton 控制項，GroupName 屬性為 **Beef**，在下方 lblOutput 標籤控制項顯示使用者的選擇。

Step 2 請選每一個 RadioButton 控制項，在「屬性」視窗將 **AutoPostBack** 屬性值都改為 **True**。

Step 3 分別按二下每一個 RadioButton 控制項，可以建立各控制項的 CheckedChanged 事件處理程序。

■ Default.aspx.cs 的事件處理程序

```
01: protected void rdbRare_CheckedChanged(object sender, EventArgs e)
02: {
03:     lblOutput.Text = rdbRare.Text;
04: }
05:
06: protected void rdbMedium_CheckedChanged(object sender, EventArgs e)
07: {
08:     lblOutput.Text = rdbMedium.Text;
09: }
10:
11: protected void rdbMedWell_CheckedChanged(object sender, EventArgs e)
12: {
13:     lblOutput.Text = rdbMedWell.Text;
14: }
15:
16: protected void rdbWellDone_CheckedChanged(object sender, EventArgs e)
17: {
18:     lblOutput.Text = rdbWellDone.Text;
19: }
```

■ 程式說明

- 第 1~19 列：各控制項的 CheckedChanged 事件處理程序，可以將選取的項目名稱輸出至標籤控制項來顯示。

■ 執行結果

儲存後，在「方案總管」視窗選 Default.aspx，執行「檔案/在瀏覽器中檢視」命令，可以看到執行結果的 ASP.NET 網頁。

選取 RadioButton 控制項，就可以在下方顯示選擇幾分熟的牛排。

5-5-4 DropDownList 控制項的 SelectedIndexChanged 事件

DropDownList 控制項的 SelectedIndexChanged 事件是更改項目觸發的事件，可以讓我們建立動態項目的選取。SelectedIndexChanged 事件的說明，如下表所示：

事件	說明
SelectedIndexChanged	當使用者更改項目就會產生 SelectedIndexChanged 事件，需要配合 AutoPostBack 屬性為 True，才會有作用

例如：在 DropDownList 控制項可以建立 SelectedIndexChanged 事件處理程序來處理表單自動送回，如下所示：

```
protected void ddlNames_SelectedIndexChanged(object sender, EventArgs e)
{
   lblOutput.Text = ddlNames.SelectedItem.Text;
}
```

上述事件處理程序使用 SelectedItem 屬性取得選取的 ListItem 物件。自動送回的事件觸發順序是先觸發 Page 物件的 Load 事件，然後才是 SelectedIndexChanged 事件。

ASP.NET 網站：Ch5_5_4

在 ASP.NET 網頁新增 DropDownList 控制項以清單來選取使用者名稱，我們準備在「DropDownList 工作」功能表將 AutoPostBack 屬性設為 True，所以選取項目馬上就會填入下方 Label 控制項，其步驟如下所示：

Step 1 請啟動 Visual Studio Community 開啟「範例網站\Ch05\Ch5_5_4」資料夾的 ASP.NET 網站，然後開啟 Default.aspx 網頁且切換至**設計**檢視。

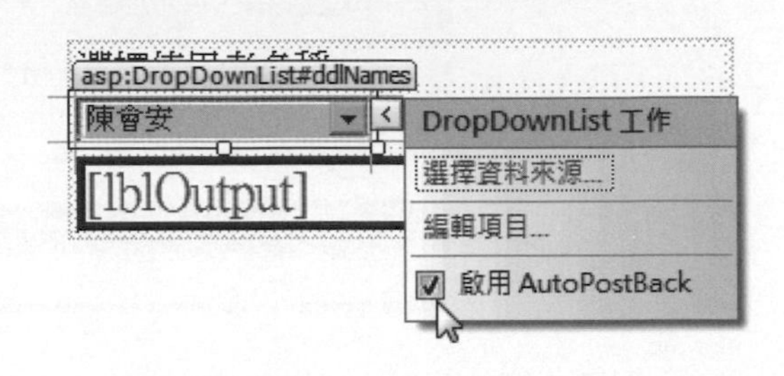

上述 Web 表單上方是名為 **ddsNames** 的 DropDownList 控制項，其項目是姓名清單，在下方 lblOutput 標籤控制項顯示選擇的項目。

Step 2 選 DropDownList 控制項，按右上角箭頭開啟「DropDownList 工作」功能表，勾選**啟用 AutoPostBack**。

Step 3 按二下 DropDownList 控制項 ddlNames 建立 ddlNames_SelectedIndexChanged()事件處理程序。

■ ddlNames_SelectedIndexChanged()

```
01: protected void ddlNames_SelectedIndexChanged(object
                                   sender, EventArgs e)
02: {
03:     // 顯示選擇的使用者名稱
04:     lblOutput.Text = ddlNames.SelectedItem.Text;
05: }
```

■ 程式說明

- 第 1~5 列：DropDownList 控制項的 SelectedIndexChanged 事件處理程序，在第 4 列將選取的姓名填入 Label 控制項。

■ **執行結果**

儲存後，在「方案總管」視窗選 Default.aspx，執行「檔案/在瀏覽器中檢視」命令，可以看到執行結果的 ASP.NET 網頁。

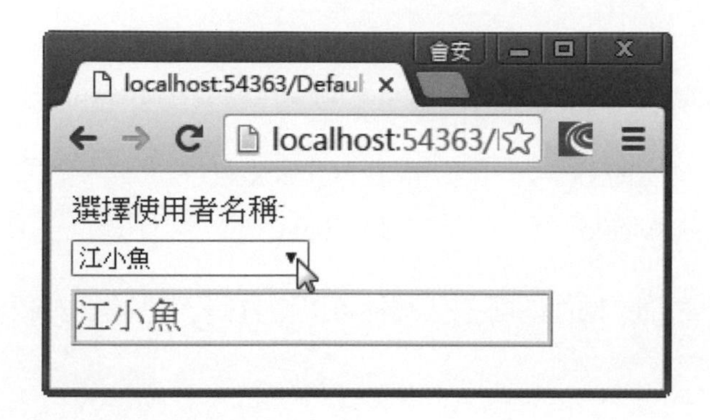

在上述網頁選擇使用者名稱後，可以馬上將選取的使用者姓名輸出至下方 Label 控制項來顯示。

學習評量

選擇題

(　　) 1. 請問下列哪一個 TextBox 控制項的屬性，可以設定控制項為單行文字、密碼和多行文字方塊？

A. DefaultFocus　　B. Checked

C. TextMode　　D. Text

(　　) 2. 請問 Page 物件的哪一個屬性可以檢查是否是第一次載入 ASP.NET 網頁？

A. PostBack　　B. IsPostBack

C. Send　　D. IsValid

(　　) 3. 請指出下列哪一個 RadioButton 控制項的屬性值如果相同，表示是一組選擇鈕？

A. Text　　B. Checked

C. GroupName　　D. TextAlign

(　　) 4. 請問清單控制項都是使用下列哪一種 Web 控制項來建立項目？

A. ListItem　　B. CheckBox

C. RadioButton　　D. LinkButton

(　　) 5. 請指出下列哪一個 CheckBox 控制項的屬性可以檢查 CheckBox 控制項是否勾選？

A. Text　　B. Checked

C. TextAlign　　D. GroupName

簡答題

1. TextBox 控制項是使用＿＿＿＿＿＿＿＿屬性取得輸入的欄位值。

2. 請舉例說明什麼是 Web 表單的顯示狀態？

3. 請簡單說明 Web 表單的清單控制項共有哪 4 種？

4. 清單控制項的＿＿＿＿＿＿＿＿、＿＿＿＿＿＿＿＿控制項是可複選的 Web 控制項，＿＿＿＿＿＿＿＿和＿＿＿＿＿＿＿＿是單選的 Web 控制項。

5. 請說明什麼是表單送回功能？何謂 AutoPostBack 屬性？

實作題

1. 請建立 ASP.NET 網頁提供線上考試的 Web 表單，直接使用學習評量的選擇題為範例來建立試卷，然後以陣列儲存答案，在完成測驗後顯示答對的比例？

2. 請建立 ASP.NET 網頁提供會員註冊的 Web 表單，包含使用者名稱、密碼、姓名、性別、地址、電話、生日和電子郵件等欄位，生日是使用下拉式功能表選擇年、月和日；性別是核取方塊。

3. 請建立 ASP.NET 網頁的簡易四則計算機，可以計算整數的加、減、乘和除，網頁是使用 TextBox 控制項輸入 2 個運算元，按下**運算按鈕**，可以在 Label 控制項顯示計算結果。

4. 請建立 ASP.NET 網頁的匯率轉換機，可以將 TextBox 控制項輸入的美金轉換成台幣，請使用 TextChanged 事件進行計算，可以在 Label 控制項顯示換算結果的金額。

5. 請建立 ASP.NET 網頁的早餐（主餐+飲料）訂購程式來計算總價，主餐可選三明治一個 30 元；漢堡一個 40 元，飲料部分豆漿一杯 20 元；奶茶一杯 25 元，勾選珍珠加 5 元，在 Web 表單使用**選擇**鈕選擇主餐和飲料種類後，使用 TextBox 控制項分別輸入購買數量後，在 Label 控制項顯示計算結果的總金額。

Memo

06

資料驗證、HTTP 物件與錯誤處理

本章學習目標

6-1 資料驗證的基礎

資料驗證（Validation）是網頁程式設計十分重要的工作，因為使用者輸入資料常常會發生錯誤，例如：忘了輸入資料、資料範圍錯誤或格式不正確等，輸入錯誤資料輕者只是顯示錯誤；嚴重時有可能影響整個 Web 應用程式的執行。

6-1-1 ASP.NET 驗證控制項

ASP.NET 提供「驗證控制項」（Validation Controls）可以幫助我們建立伺服端或客戶端的資料驗證功能，以便提供 Web 表單欄位輸入資料的驗證。

事實上，驗證控制項單獨存在並沒有意義，我們需要將驗證控制項和輸入或選擇控制項結合起來，才能執行控制項的資料驗證。如果需要，還可以同時使用多個驗證控制項來針對一個控制項進行驗證。

驗證控制項的種類

ASP.NET 提供五種不同功能的驗證控制項，其說明如下表所示：

驗證控制項	說明
RequiredFieldValidator	使用者一定需要輸入資料或選取選項，不能跳過欄位不輸入。例如：不允許沒有輸入使用者名稱
CompareValidator	將使用者輸入控制項的值，與常數或其他控制項的值進行比較。例如：輸入兩次密碼是否相同
RangeValidator	使用者輸入控制項的值在一個範圍內。例如：年齡需要大於 20；小於 70
RegularExpressionValidator	使用正規運算式 (Regular Expression) 的範本字串來檢查輸入資料。例如：輸入電子郵件地址是否符合格式
CustomValidator	自行撰寫程序來檢查控制項的欄位值

除了上述驗證控制項外，ASP.NET 還提供 ValidationSummary 控制項來顯示 Web 表單驗證錯誤訊息的摘要，其說明如下表所示：

驗證控制項	說明
ValidationSummary	顯示 Web 表單所有驗證控制項錯誤訊息的摘要資訊

在 Visual Studio Community 建立驗證控制項

在 Visual Studio Community 開啟「工具箱」視窗後，展開**驗證**區段，可以看到支援的驗證控制項，如右圖所示：

請按二下上述控制項或使用拖拉方式，就可以在 Web 表單新增驗證控制項。

驗證控制項的共同屬性

ASP.NET 驗證控制項都擁有一些共同屬性，常用共同屬性的說明，如下表所示：

屬性	說明
ControlToValidate	指定驗證搭配的是哪一個控制項，即其他控制項的 ID 屬性值
ErrorMessage	驗證錯誤時顯示的訊息文字
Display	驗證控制項錯誤訊息的顯示方式，預設值 **Static** 會佔用**固定**網頁顯示空間；**Dynamic** 是**動態**加入網頁顯示空間，表示控制項如同是一個隱形控制項
Enabled	是否啟用驗證控制項，預設值 True 是有作用；False 為沒有作用
EnableClientScript	是否允許 ASP.NET 加上 JavaScript 程式碼來執行客戶端資料驗證，屬性值 True 是允許；False 只允許使用伺服端資料驗證

6-1-2 伺服端或客戶端的資料驗證

ASP.NET 驗證控制項可以使用 EnableClientScript 屬性來決定是否自動建立客戶端資料驗證的 JavaScript 程式碼，或只使用伺服端資料驗證，其說明如下所示：

- **客戶端資料驗證**（Client-Side Validation）：尚未送到伺服端前，在客戶端瀏覽器進行檢查，即使用 JavaScript 程式碼執行資料檢查。
- **伺服端資料驗證**（Server-Side Validation）：伺服端資料驗證是在資料送到伺服端後，才進行資料檢查。

Page 物件的 IsValid 屬性

當在 Web 表單加入驗證控制項後，ASP.NET 網頁可以使用 Page 物件的 IsValid 屬性來確認表單**是否通過**驗證，如下所示：

```
if (Page.IsValid)
{
   ......
}
```

上述 if 條件在確認 IsValid 屬性為 true 時，就表示通過驗證，接著就可以執行 Web 表單的處理。

Button 控制項的 CausesValidation 屬性

Button 控制項的 CausesValidation 屬性可以決定 Web 表單**是否執行**驗證控制項的資料驗證，如果屬性值為 False，表示當表單送回時，忽略驗證控制項的資料驗證；預設值 True 是需要執行資料驗證。

UnobtrusiveValidationMode 驗證模式

因為 .NET Framework 4.5 之後版本預設啟用 UnobtrusiveValidationMode 模式，這是使用 jQuery 函數庫執行客戶端資料驗證，因為我們並沒有安裝 jQuery 函數庫，所以需要取消此模式才能正確執行 ASP.NET 驗證控制項。

請開啟 ASP.NET 網站，在「方案總管」視窗開啟 Web.config 檔案，在<configuration>根元素中加入<appSettings>子標籤，如下所示：

```
<appSettings>
  <add key="ValidationSettings:UnobtrusiveValidationMode"
       value="None" />
</appSettings>
```

上述<add>元素新增設定停用 UnobtrusiveValidationMode 模式，因為 value 屬性值是 None。

6-2 基本驗證控制項

ASP.NET 基本驗證控制項可以解決大部分資料驗證的需求，我們可以在 Web 表單使用 RequiredFieldValidator、CompareValidator 或 RangeValidator 控制項，檢查資料是否有輸入、比較輸入值是否正確和檢查是否位在指定的範圍內。

6-2-1 RequiredFieldValidator 控制項

RequiredFieldValidator 控制項可以檢查是否忘了輸入資料或沒有選取選項，或不允許輸入特定值。例如：必須輸入使用者名稱；密碼不允許是 1234。控制項除了共同屬性外的常用屬性說明，如下表所示：

屬性	說明
InitialValue	控制項初值，使用者不允許輸入此初值

ASP.NET 網站：Ch6_2_1

在 ASP.NET 網頁建立登入表單，使用 TextBox 控制項輸入使用者名稱和密碼，並且加入 RequiredFieldValidator 控制項檢查欄位資料，其步驟如下所示：

Step 1 請啟動 Visual Studio Community 開啟「範例網站\Ch06\Ch6_2_1」資料夾的 ASP.NET 網站，然後開啟 Default.aspx 網頁且切換至**設計**檢視。

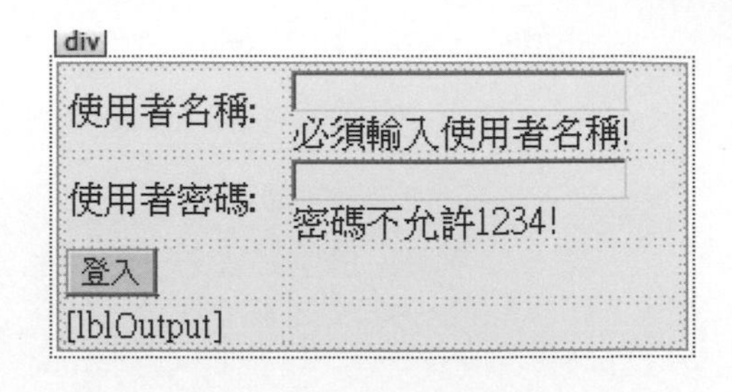

上述 Web 表單上方是 2 個 TextBox 控制項 txtName 和 txtPass，下方是 Button1 按鈕控制項和 lblOutput 標籤控制項。在 TextBox 控制項下方分別是名為 validName 和 validPass 的 RequiredFieldValidator 控制項，其屬性值如下表所示：

ID 屬性	InitialValue 屬性	ErrorMessage 屬性
validName	N/A	必須輸入使用者名稱!
validPass	1234	密碼不允許 1234!

Step 2 請分別選 validName 和 validPass 控制項，在「屬性」視窗將 **Display** 屬性值改為 **Dynamic**；**ForeColor** 屬性為 **Red**，如右圖所示：

Step 3 選 validName 控制項，在「屬性」視窗的 **ControlToValidate** 屬性，指定是用來驗證 **txtName** 控制項，如右圖所示：

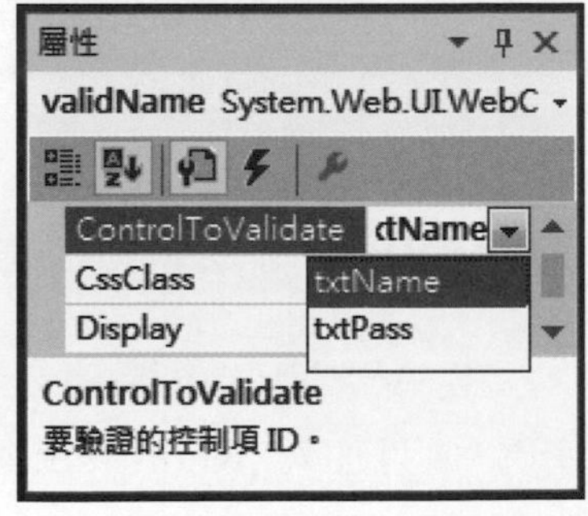

Step 4 選 validPass 控制項，在「屬性」視窗的 **ControlToValidate** 屬性，指定是用來驗證 **txtPass** 控制項。

Step 5 按二下**登入**鈕建立 Button1_Click()事件處理程序。

■ Button1_Click()

```
01: protected void Button1_Click(object sender, EventArgs e)
02: {
03:     if (Page.IsValid)
04:     {
05:         // 驗證成功顯示輸入的資料
06:         lblOutput.Text = "名稱: " + txtName.Text
                + "<br/>" + "密碼: " + txtPass.Text;
07:     }
08: }
```

■ 程式說明

- 第 3~7 列：使用 if 條件檢查 IsValid 屬性，可以判斷是否通過資料驗證，如果通過，就顯示輸入的使用者名稱與密碼資料。

■ 執行結果

儲存後，在「方案總管」視窗選 Default.aspx，執行「檔案/在瀏覽器中檢視」命令，可以看到執行結果的 ASP.NET 網頁。

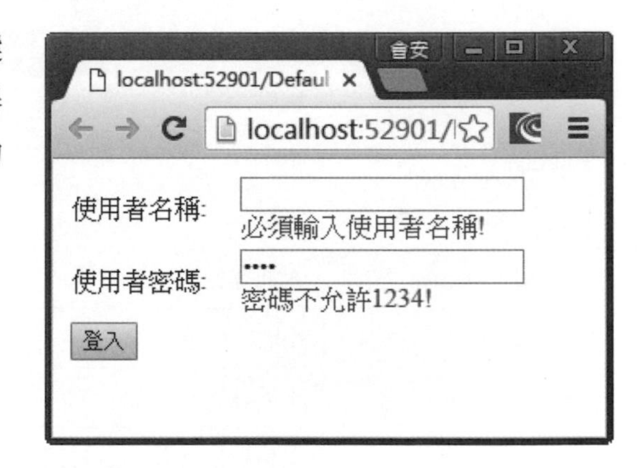

上述網頁如果輸入欄位值是空白字元，或密碼輸入 1234，按**登入**鈕，就會在下方顯示紅色錯誤訊息。如果輸入正確，就顯示輸入的使用者名稱和密碼，如右圖所示：

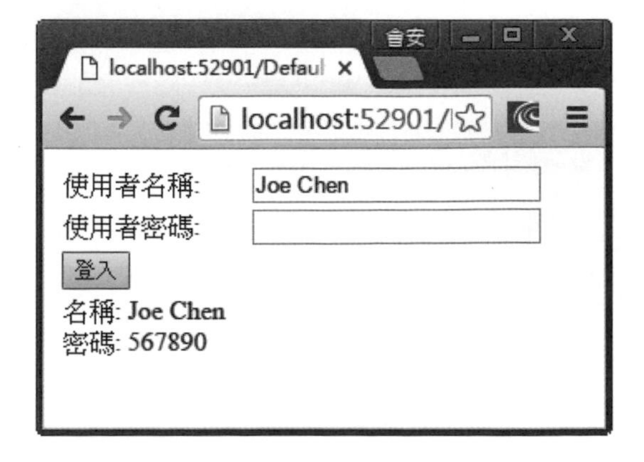

6-2-2 CompareValidator 控制項

CompareValidator 控制項是用來比較兩個控制項的值，或與指定常數值進行比較，例如：輸入 2 次密碼需相同，或購買數量需要大於等於 1 等。控制項除了共同屬性外的常用屬性說明，如下表所示：

屬性	說明
ControlToCompare	比較值是另一個控制項名稱，即 ID 屬性值
ValueToCompare	比較的常數值
Type	比較前轉換的資料型別，可以是 String、Integer、Double、Date 和 Currency 等資料型別
Operator	使用的比較運算子，預設是 Equal

上表 Operator 屬性可以指定比較運算子，其說明如下表所示：

運算子	說明
Equal	相等
NotEqual	不相等
GreaterThan	大於
GreaterThanEqual	大於等於
LessThan	小於
LessThanEqual	小於等於
DataTypeCheck	資料型別比較，比較控制項的值是否為 Type 屬性指定的資料型別，驗證錯誤是指輸入值無法轉換成指定資料型別

ASP.NET 網站：Ch6_2_2

在 ASP.NET 網頁新增 3 個 TextBox 控制項後，使用 2 個 CompareValidator 控制項檢查 2 次輸入的密碼是否相同，和數量需要大於等於 1，其步驟如下所示：

Step 1 請啟動 Visual Studio Community 開啟「範例網站\Ch06\Ch6_2_2」資料夾的 ASP.NET 網站，然後開啟 Default.aspx 網頁且切換至**設計**檢視。

div
使用者密碼1:
使用者密碼2: 兩次輸入的密碼不同!
購買數量: 購買數量需要大於等於1!
送出
[lblOutput]

上述 Web 表單上方是 3 個 TextBox 控制項 txtPass1、txtPass2 和 txtQuantity，下方是 Button1 按鈕控制項和 lblOutput 標籤控制項。在 TextBox 控制項下方是 CompareValidator 控制項 validComp 和 validConstant，**ForeColor** 屬性值都是 Red，其他屬性值如下表所示：

ID 屬性	Display 屬性	ErrorMessage 屬性
validComp	Static	兩次輸入的密碼不同!
validConstant	Dynamic	購買數量需要大於等於 1!

Step 2 選 validComp 控制項，在「屬性」視窗找到 **ControlToValidate** 屬性，指定驗證 **txtPass2** 控制項。

Step 3 **ControlToCompare** 屬性指定成 **txtPass1** 控制項，即比較兩個控制項的值，因為值是字串，所以 **Type** 屬性是 **String**。

Step 4 選 validConstant 控制項後，在「屬性」視窗更改相關屬性值，如右表所示：

屬性名稱	屬性值
ControlToValidate	txtQuantity
ValueToCompare	1
Type	Integer
Operator	GreaterThanEqual

Step 5 按二下**送出**鈕建立 Button1_Click()事件處理程序。

■ Button1_Click()

```
01: protected void Button1_Click(object sender, EventArgs e)
02: {
03:     if (Page.IsValid)
04:     {
05:         // 驗證成功顯示控制項的值
06:         lblOutput.Text ="密碼: " +txtPass1.Text+ "<br/>";
07:         lblOutput.Text += "數量: " + txtQuantity.Text;
08:     }
09: }
```

■ 程式說明

- 第 3~8 列：使用 if 條件檢查 IsValid 屬性，可以判斷是否通過資料驗證，如果通過就顯示輸入的密碼和數量資料。

■ 執行結果

儲存後，在「方案總管」視窗選 Default.aspx，執行「檔案/在瀏覽器中檢視」命令，可以看到執行結果的 ASP.NET 網頁。

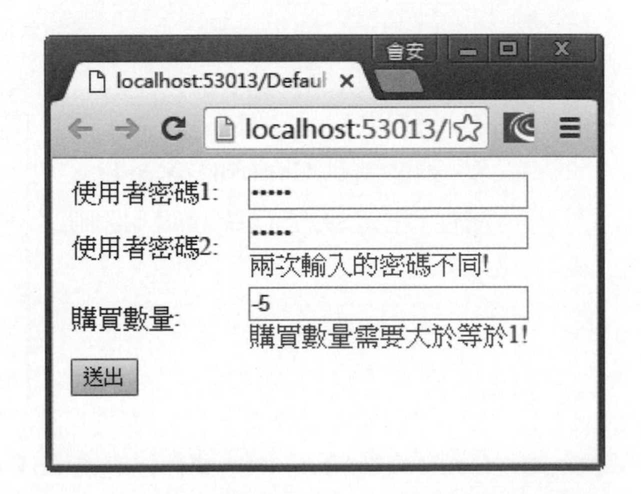

上述網頁在輸入資料前可以看到第 2 個和第 3 個 TextBox 控制項之間空了一列，因為 validComp 控制項的 Display 屬性是 Static，佔用固定顯示區域，validConstant 是 Dynamic 是動態顯示，所以沒有空一列。

如果輸入 2 次不同密碼，或數量小於 1，按**送出**鈕就會顯示紅色錯誤訊息。

6-2-3 RangeValidator 控制項

RangeValidator 控制項可以檢查控制項的值是否在指定範圍內，例如：檢查成績範圍是否在 0~100 之間等。控制項除了共同屬性外的常用屬性說明，如下表所示：

屬性	說明
MaximumValue	比較範圍的最大值
MinimumValue	比較範圍的最小值
Type	比較前需要轉換成的資料型別，可以是 String、Integer、Double、Date 和 Currency 等資料型別

ASP.NET 網站：Ch6_2_3

在 ASP.NET 網頁新增 TextBox 控制項輸入成績後，使用 RangeValidator 控制項檢查成績範圍是否是在 0~100 之間，其步驟如下所示：

Step 1 請啟動 Visual Studio Community 開啟「範例網站\Ch06\Ch6_2_3」資料夾的 ASP.NET 網站，然後開啟 Default.aspx 網頁且切換至**設計**檢視。

div
使用者成績: 成績範圍需要是0~100!
送出
[lblOutput]

上述 Web 表單上方是 TextBox 控制項 txtGrade，下方是 Button1 按鈕控制項和 lblOutput 標籤控制項。在 TextBox 控制項後是 RangeValidator 控制項 validRange，**ForeColor** 屬性值為 Red，其他屬性值如下表所示：

ID 屬性	Display 屬性	ErrorMessage 屬性
validRange	Dynamic	成績範圍需要是 0~100!

Step 2 選 validRange 控制項後，在「屬性」視窗更改相關屬性值，如右表所示：

屬性名稱	屬性值
ControlToValidate	txtGrade
Type	Integer
MinimumValue	0
MaximumValue	100

Step 3 按二下**送出**鈕建立 Button1_Click()事件處理程序。

■ Button1_Click()

```
01: protected void Button1_Click(object sender, EventArgs e)
02: {
03:     if (Page.IsValid)
04:     {
05:         // 驗證成功顯示控制項的值
06:         lblOutput.Text = "成績: " + txtGrade.Text;
07:     }
08: }
```

■ 程式說明

- 第 3~7 列：使用 if 條件檢查 IsValid 屬性，可以判斷是否通過資料驗證，如果通過就顯示輸入的成績資料。

■ 執行結果

儲存後，在「方案總管」視窗選 Default.aspx，執行「檔案/在瀏覽器中檢視」命令，可以看到執行結果的 ASP.NET 網頁。

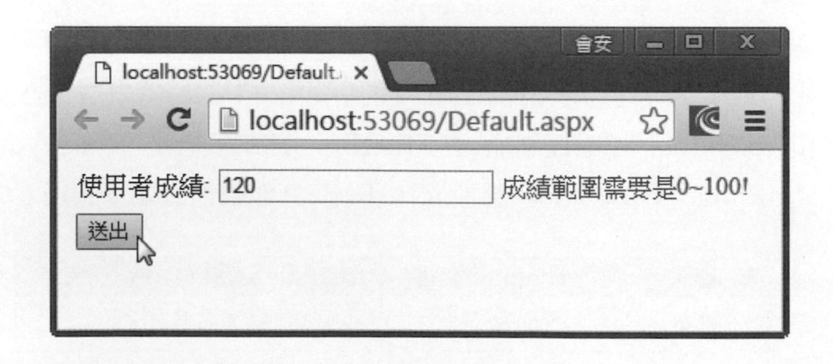

請輸入不在範圍的成績 120 後，按**送出**鈕，就會在之後顯示錯誤訊息。

6-2-4 ValidationSummary 控制項

ValidationSummary 控制項可以顯示驗證錯誤的摘要資訊，將所有驗證錯誤訊息使用摘要方式來一起顯示。控制項除了共同屬性外的常用屬性說明，如下表所示：

屬性	說明
HeaderText	在摘要資料上方顯示的標題文字
DisplayMode	摘要資料的顯示模式，屬性值可以是預設值 BulletList（項目符號）、List（清單）和 SingleParagraph（單一段落）
ShowMessageBox	是否使用訊息視窗顯示摘要資訊，預設值 False 為不是；True 為是
ShowSummary	ValidationSummary 控制項是否在網頁中顯示，預設值 True 為是；False 為不是

ASP.NET 網站：Ch6_2_4

在 ASP.NET 網頁建立網站註冊表單來輸入使用者名稱和 2 次密碼，欄位是使用 RequiredFieldValidator 和 CompareValidator 控制項執行資料驗證，最後使用 ValidationSummary 控制項顯示驗證錯誤的摘要資訊，其步驟如下所示：

Step 1 請啟動 Visual Studio Community 開啟「範例網站\Ch06\Ch6_2_4」資料夾的 ASP.NET 網站，然後開啟 Default.aspx 網頁且切換至**設計檢視**。

div
使用者名稱:
必須輸入使用者名稱!
使用者密碼1:
使用者密碼2:
兩次輸入的密碼不同!
• 錯誤訊息 1。
• 錯誤訊息 2。
註冊
[lblOutput]

上述 Web 表單上方是 3 個 TextBox 控制項，下方是 Button1 按鈕控制項和 lblOutput 標籤控制項。在 TextBox 控制項下方是 RequiredFieldValidator 和 CompareValidator 控制項，最下方是 ValidationSummary 控制項 validSummary。

Step 2 選 validSummary 控制項後，在「屬性」視窗更改相關屬性值，如右表所示：

屬性名稱	屬性值
HeaderText	驗證的錯誤資料:
DisplayMode	List

Step 3 在儲存後，在「方案總管」視窗選 Default.aspx，執行「檔案/在瀏覽器中檢視」命令，可以看到執行結果的 ASP.NET 網頁。

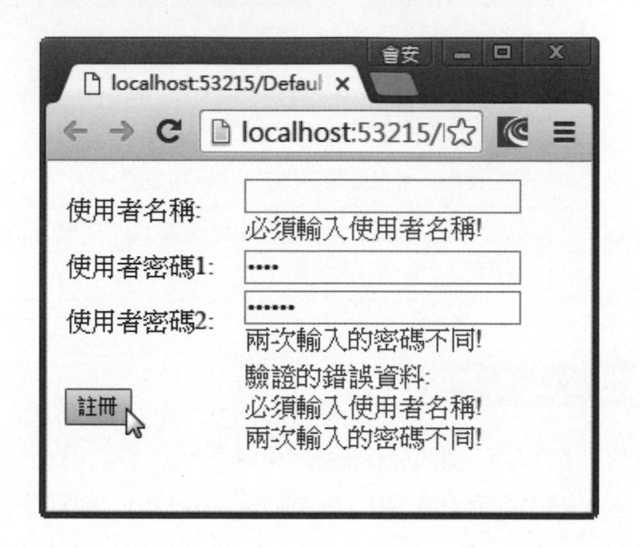

上述網頁最下方是 ValidationSummary 控制項顯示的驗證錯誤摘要資訊。如果將 ShowMessageBox 屬性改為 True，就是使用訊息視窗顯示摘要資訊，如下圖所示：

localhost:53215 顯示：

驗證的錯誤資料:

必須輸入使用者名稱!

兩次輸入的密碼不同!

防止此網頁產生其他對話方塊。

確定

6-3 進階驗證控制項

如果是基本驗證控制項無法處理的資料驗證，ASP.NET 網頁可以使用 RegularExpressionValidator 進階驗證控制項，以正規運算式來執行資料驗證，或自行建立程序來執行資料驗證。

6-3-1 RegularExpressionValidator 控制項

RegularExpressionValidator 控制項是使用正規運算式的範本字串，比對控制項輸入值來執行資料驗證。

正規運算式的基礎

「正規運算式」(Regular Expression)是一個範本字串，能夠進行字串的比對。例如：檢查使用者名稱、身分證字號和電子郵件地址等字串格式是否符合需求。

在正規運算式的範本字串是由字面值(Literals，即字串常數)和萬用字元組成，其中字元擁有特殊意義，這是一種小型的字串比對語言，正規運算式引擎能夠將定義的正規運算式和字串進行比較，引擎傳回布林值，True 表示字串符合範本字串的定義；False 表示不符合。

字元集

正規運算式範本字串的字面值是由英文字母、數字和一些特殊字元所組成，如果字面值的字元是擁有特殊意義的字元時，我們需要使用「\」符號來指明，例如：「.」的字面值需要使用「\.」來表示。

字面值還可以使用「[」和「]」符號組合成一組字元集，每一個字元集代表字串中的字元需要符合的條件，其說明如下表所示：

字元集	說明
[abc]	英文字母 a、b 或 c
[abc{]	英文字母 a、b、c 或符號{
[a-z]	任何英文的小寫字母
[A-Z]	任何英文的大寫字母
[0-9]	數字 0~9
[a-zA-Z]	任何大小寫的英文字母
[^abc]	除了 a、b 和 c 以外的任何字元

常用範圍的字元集是使用 Escape 字串代表，如下表所示：

Escape 字串	說明
\w	[0-9a-zA-Z_]任何字元和底線
\W	[^0-9a-zA-Z_]任何不是英文字母、數字和底線字元，也就是[^\w]
\s	任何空白字元，例如：Tab 或 Space 鍵輸入的字元
\S	任何非空白字元的字元
\d	[0-9]任何數字字元
\D	[^0-9]任何非數字的字元
.	任何字元除了新行字元外

萬用字元

正規運算式的範本字串除了前述字元集外，還可以加上萬用字元來定義比對方式，和定義字元出現的位置和次數。常用萬用字元的說明，如右表所示：

比較字元	說明
^	比對字串的開始
$	比對字串的結束
?	0 或 1 次
*	0 或很多次
+	1 或很多次
{n}	出現 n 次
{n, m}	出現 n 到 m 次
{n, }	至少出現 n 次

正規運算式的範例

一些正規運算式範本字串的範例，如下表所示：

範本字串	說明
a?bc	符合 abc、bc 字串
a*bc	符合 bc、abc、aabc、aaabc 字串等
a+bc	符合 abc、aabc、aaabc 字串等
ab{3}c	符合 abbbc 字串，不可以是 abbc 或 abc
ab{2, }c	符合 abbc、abbbc、abbbbc 等字串
ab{1, 3}c	符合 abc、abbc 和 abbbc 字串
[a-zA-Z]{1, }	至少一個英文字元的字串
\d{1, }	至少一個數字字元的字串

RegularExpressionValidator 控制項

RegularExpressionValidator 控制項是使用正規運算式的範本字串進行資料驗證。控制項除了共同屬性外的常用屬性說明，如下表所示：

屬性	說明
ValidationExpression	指定正規運算式的範本字串

RegularExpressionValidator 控制項常用的範本字串，如下表所示：

驗證資料	範本字串
電子郵件地址	\w+([-+.']\w+)*@\w+([-.]\w+)*\.\w+([-.]\w+)*
簡單密碼	\w+
最少 4 個字元，不超過 8 個字元的密碼	\w{4, 8}
字元開頭，最少 4 個字元的密碼	[a-zA-Z]\w{4, }

ASP.NET 網站：Ch6_3_1

在 ASP.NET 網頁新增 TextBox 控制項輸入電子郵件地址，我們是使用 RegularExpressionValidator 控制項檢查電子郵件格式是否正確；RequiredFieldValidator 控制項檢查是否有輸入電子郵件地址，其步驟如下所示：

Step 1 請啟動 Visual Studio Community 開啟「範例網站\Ch06\Ch6_3_1」資料夾的 ASP.NET 網站，然後開啟 Default.aspx 網頁且切換至**設計**檢視。

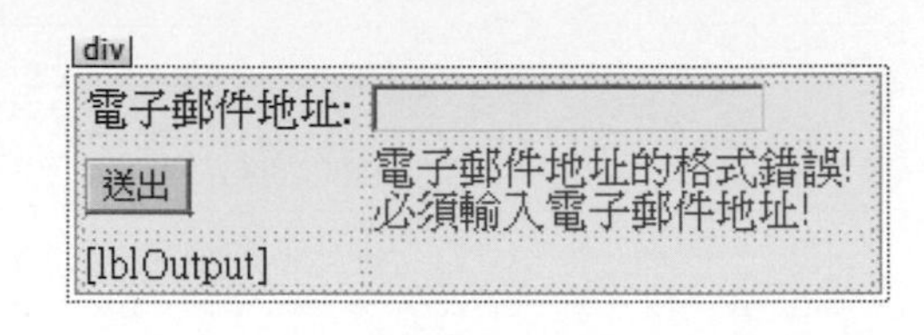

上述 Web 表單上方是 TextBox 控制項 txtEmail，下方是 Button1 按鈕控制項和 lblOutput 標籤控制項。在 TextBox 控制項下方是 RegularExpressionValidator 控制項 validRegxEmail，其屬性值如下表所示：

ID 屬性	ControlToValidate 屬性	ErrorMessage 屬性
validRegxEmail	txtEmail	電子郵件地址的格式錯誤!

接著是 RequiredFieldValidator 控制項 validEmail，其屬性值如下表所示：

ID 屬性	ControlToValidate 屬性	ErrorMessage 屬性
validEmail	txtEmail	必須輸入電子郵件地址!

上述 2 個控制項的 Display 屬性值都是 Dynamic；ForeColor 屬性值為 Red。

Step 2 選 validRegxEmail 控制項，在「屬性」視窗找到 **ValidationExpression** 屬性。

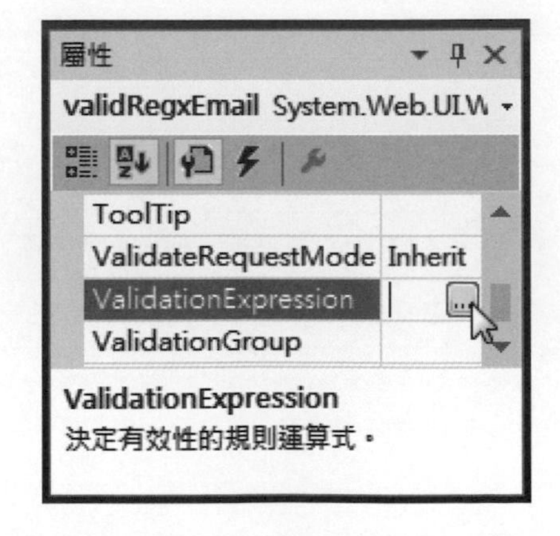

Step 3 按欄位後游標所在按鈕，可以看到「規則運算式編輯器」對話方塊。

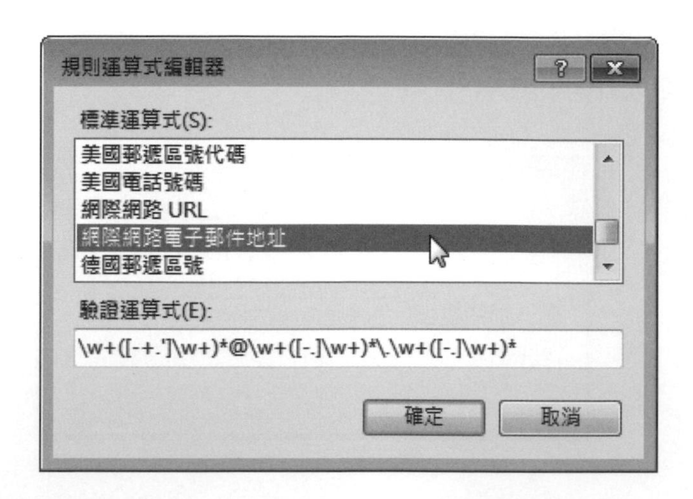

Step 4 選**網際網路電子郵件地址**，在下方是正規運算式的範本字串，按**確定**鈕指定屬性的範本字串。

Step 5 按二下**送出**鈕建立 Button1_Click()事件處理程序。

■ Button1_Click()

```
01: protected void Button1_Click(object sender, EventArgs e)
02: {
03:     if (Page.IsValid)
04:     {
05:         // 驗證成功顯示控制項的值
06:         lblOutput.Text = "郵件地址: " +
                         txtEmail.Text + "<br/>";
07:     }
08: }
```

■ 程式説明

- 第 3~7 列：使用 if 條件檢查 IsValid 屬性，可以判斷是否通過資料驗證，通過就顯示輸入的電子郵件地址。

■ 執行結果

儲存後，在「方案總管」視窗選 Default.aspx，執行「檔案/在瀏覽器中檢視」命令，可以看到執行結果的 ASP.NET 網頁。

因為上述網頁輸入的電子郵件地址格式不對，沒有「@」符號，所以在下方顯示錯誤訊息文字。

在 Web 表單的控制項可以同時搭配多個驗證控制項，以便使用不同條件來檢查輸入資料，能夠加上多重保障來保證輸入資料的正確性。

6-3-2 CustomValidator 控制項

CustomValidator 控制項是讓網頁設計者自行撰寫程序來進行資料驗證。控制項除了共同屬性外的常用屬性說明，如下表所示：

屬性	說明
ClientValidationFunction	指定客戶端欄位驗證的程序名稱

CustomValidator 控制項的常用事件說明，如下表所示：

事件	說明
ServerValidate	指定伺服端驗證程序的名稱，當觸發此 ServerValidate 事件，就可以執行程序來檢查控制項的值

例如：當 ServerValidator 事件觸發後，就執行事件處理程序來檢查使用者名稱的字串，如下所示：

```
protected void validCustom_ServerValidate(object source,
                            ServerValidateEventArgs args)
{
   if (args.Value.StartsWith("_"))
       args.IsValid = false;
   else
       args.IsValid = true;
}
```

上述程序傳入參數為 ServerValidateEventArgs 物件，可以使用 Value 屬性取得控制項輸入的值，如果驗證成功，將 IsValid 屬性設為 true；否則設為 false。

ASP.NET 網站：Ch6_3_2

在 ASP.NET 網頁新增 TextBox 控制項輸入使用者名稱後，使用 CustomValidator 控制項撰寫程序來檢查使用名稱不能是「_」底線開頭，其步驟如下所示：

Step 1 請啟動 Visual Studio Community 開啟「範例網站\Ch06\Ch6_3_2」資料夾的 ASP.NET 網站，然後開啟 Default.aspx 網頁且切換至**設計**檢視。

div
使用者名稱:
送出 使用者名稱格式錯誤!
[lblOutput]

上述 Web 表單上方是 TextBox 控制項 txtName，左下方是 Button1 按鈕控制項和 lblOutput 標籤控制項。在 TextBox 控制項下方是 CustomValidator 控制項 validCustom，其屬性值如下表所示：

ID 屬性	ControlToValidate 屬性	ErrorMessage 屬性
validCustom	txtName	使用者名稱格式錯誤!

上述控制項的 Display 屬性值是 Dynamic；ForeColor 屬性值為 Red。

Step 2 按二下 CustomValidator 控制項建立 validCustom_ServerValidate() 事件處理程序。

■ validCustom_ServerValidate()

```
01: protected void validCustom_ServerValidate(object source,
                              ServerValidateEventArgs args)
02: {
03:     // 是否符合使用者名稱的格式, 不可是"_"開頭
04:     if (args.Value.StartsWith("_"))
05:     {
06:         args.IsValid = false;
07:     }
08:     else
09:     {
10:         args.IsValid = true;
11:     }
12: }
```

■ 程式說明

- 第 1~12 列：ServerValidate 事件處理程序，使用 StartsWith()方法檢查欄位值是否為「_」底線開頭。

Step 3　按二下**送出**鈕建立 Button1_Click()事件處理程序。

■ Button1_Click()

```
01: protected void Button1_Click(object sender, EventArgs e)
02: {
03:     if (Page.IsValid)
04:     {
05:         // 驗證成功顯示控制項的值
06:         lblOutput.Text = "使用名稱: " + txtName.Text;
07:     }
08: }
```

■ 程式說明

- 第 3~7 列：使用 if 條件檢查 IsValid 屬性，可以判斷是否通過資料驗證，如果通過就顯示輸入的使用者名稱。

■ 執行結果

儲存後，在「方案總管」視窗選 Default.aspx，執行「檔案/在瀏覽器中檢視」命令，可以看到執行結果的 ASP.NET 網頁。

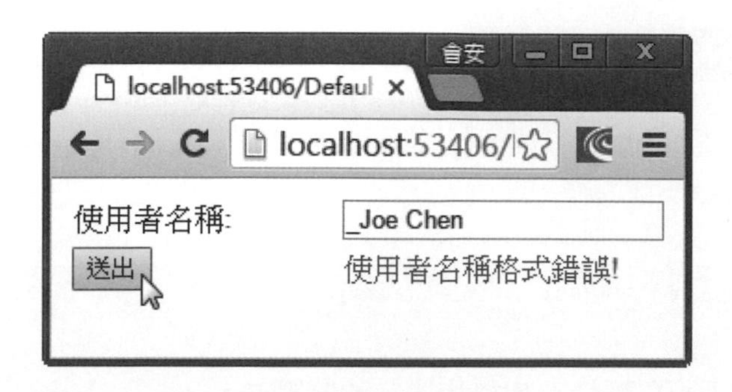

上述網頁因為使用者名稱輸入的是「_」開頭，所以在下方顯示錯誤訊息。

6-4 ASP.NET 的 HTTP 物件

ASP.NET 的 Response、Request、Server、Application 和 Session 物件都有對應 .NET Framework 類別，這些都是使用 Http 字頭開始的類別，在本書稱為 HTTP 物件。

在這一節筆者準備說明 Response、Request 和 Server 物件的常用方法和屬性，關於 Application 和 Session 物件的說明請參閱<第 7 章>。

6-4-1 Response 物件

Response 物件可以輸出網頁內容或執行網頁轉址，即從一頁網頁轉址至其他網頁。

Response.Write()方法

Response.Write()方法可以在 ASP.NET 網頁將資料**輸出**到瀏覽器顯示，輸出內容可以是字串、HTML 標籤或變數，如下所示：

```
Response.Write(title + "<br/>");
Response.Write("歡迎使用 ASP.NET 程式設計<br/>");
```

上述程式碼分別輸出變數和字串，而且在輸出字串內含有 HTML 標籤。

Response.Redirect()方法

Response.Redirect()方法可以將網頁**轉址**到其他 URL 網址或 ASP.NET 網頁，如下所示：

```
Response.Redirect("http://www.flag.com.tw");
```

上述程式碼可以轉址至旗標出版公司的網站。

ASP.NET 網站：Ch6_4_1

在 ASP.NET 網頁的 TextBox 控制項輸入網址，按下按鈕，可以轉址至到其他 URL 網址或 ASP.NET 網頁，其步驟如下所示：

Step 1 請啟動 Visual Studio Community 開啟「範例網站\Ch06\Ch6_4_1」資料夾的 ASP.NET 網站，然後開啟 Default.aspx 網頁且切換至**設計**檢視。

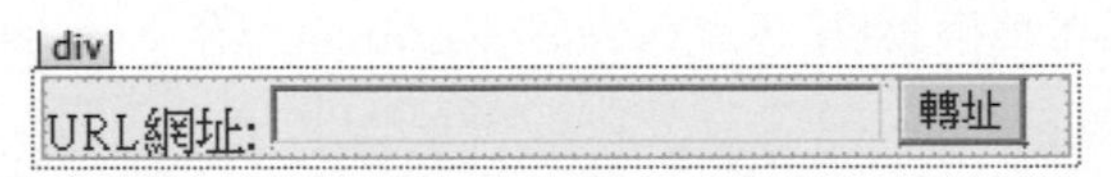

在上述 Web 表單上方是 txtURL 文字方塊和 Button1 按鈕控制項。

Step 2 請按二下 Button1 按鈕控制項建立 Button1_Click()事件處理程序，和輸入 Page_Load()事件處理程序的程式碼。

■ Page_Load()和 Button1_Click()

```
01: protected void Page_Load(object sender, EventArgs e)
02: {
03:     string title = "轉址功能：";
04:     Response.Write(title + "<br/>");
05:     Response.Write("歡迎使用 ASP.NET 程式設計<br/>");
06: }
```
next

```
07:
08: protected void Button1_Click(object sender, EventArgs e)
09: {
10:     Response.Redirect(txtURL.Text);
11: }
```

■ **程式說明**

- 第 1~6 列：在 Page_Load()事件處理程序的第 4~5 列使用 Response.Write()方法來輸出網頁內容。
- 第 10 列：使用 Response.Redirect()方法執行轉址操作。

■ **執行結果**

儲存後，在「方案總管」視窗選 Default.aspx，執行「檔案/在瀏覽器中檢視」命令，可以看到執行結果的 ASP.NET 網頁。

上述網頁上方的兩行文字是使用 Response.Write()方法輸入的網頁內容，在下方欄位輸入 URL 網址，按**轉址**鈕，可以轉址至指定網頁。

> **Tip** 請注意！雖然 Response.Write()方法可以輸出網頁內容，不過，這是傳統 ASP 網頁的輸出方式，如果在 Page_Load()事件處理程序呼叫，輸出內容是位在 HTML 標籤 <html>外，並不建議用來輸出網頁內容。

6-4-2 Request 物件

Request 物件即 HttpRequest 類別，可以讀取表單欄位送出的資料或 URL 參數和 Cookies，詳見<第 7 章>的說明，在這一節筆者準備說明如何使用 Request 物件取得伺服器和瀏覽器的相關資訊。

取得伺服器的系統資訊

HTTP 通訊協定傳送的資料不只有網址，在 HTTP 標頭資訊還提供瀏覽器版本、時間等環境變數和表單欄位資料，在這一節筆者準備說明如何取得一些常用的環境變數。

伺服器的系統資訊可以使用 Request 物件的 ServerVariables 屬性來取得，這是一個集合物件，以參數的 Server 變數字串取得系統資訊。常用 Server 變數的說明，如下表所示：

Server 變數	說明
APPL_MD_PATH	Web 應用程式的伺服器路徑
APPL_PHYSICAL_PATH	Web 應用程式的實際路徑
AUTH_PASSWORD	驗證密碼
AUTH_TYPE	驗證方法，伺服器用來驗證使用者是否可以存取保護程式的方式
AUTH_USER	驗證的使用者名稱
CONTENT_LENGTH	客戶端傳送給伺服器文件內容的長度
CONTENT_TYPE	客戶端傳送內容的資料類型
LOCAL_ADDR	客戶端的 IP 位址
PATH_INFO	目前 ASP.NET 網頁檔案的路徑
PATH_TRANSLATED	目前 ASP.NET 網頁檔案的實際路徑
QUERY_STRING	URL 的參數資料
REMOTE_ADDR	客戶端的 IP 位址
REMOTE_HOST	客戶端的主機名稱
REQUEST_METHOD	HTTP 的請求方法為 get、put 或 post
SCRIPT_NAME	目前 ASP.NET 網頁檔案的虛擬路徑
SERVER_NAME	伺服器的網域名稱或 IP 位址
SERVER_PORT	伺服器的 HTTP 埠號
SERVER_PROTOCOL	伺服器的 HTTP 版本
SERVER_SOFTWARE	伺服器使用的軟體

在 ASP.NET 網頁可以使用 Request 物件的 ServerVariables 屬性取得指定的系統資訊，如下所示：

```
IPAddress = Request.ServerVariables["REMOTE_ADDR"];
path = Request.ServerVariables["PATH_INFO"];
```

上述程式碼參數是 Server 變數的環境變數名稱字串，可以取得指定環境變數的值，以此例為使用者 IP 位址和目前 ASP.NET 網頁的虛擬路徑。

瀏覽器的相關資訊

客戶端瀏覽器在連線 Web 伺服器時，「HTTP 使用者代理人標頭」(HTTP User Agent Header) 資訊會傳送給伺服器，在此標頭資訊包含瀏覽器的相關資訊。

在 ASP.NET 網頁可以使用 Request 物件的 Browser 屬性取得這些資訊，如下所示：

```
HttpBrowserCapabilities hbc = Request.Browser;
```

上述程式碼在取得 HttpBrowserCapabilities 物件後，就可以使用相關屬性取得瀏覽器支援的功能。其相關屬性說明如右表所示：

屬性	說明
Type	瀏覽器的種類
Browser	瀏覽器的名稱
Version	瀏覽器的版本
MajorVersion	版本小數點前的主版本編號
MinorVersion	版本小數點後的次版本編號
Platform	使用的作業系統平台
Frames	瀏覽器是否支援框架頁
Tables	瀏覽器是否支援表格
Cookies	瀏覽器是否支援 Cookies
VBscript	瀏覽器是否支援 VBScript
Javascript	瀏覽器是否支援 JavaScript
JavaApplets	瀏覽器是否支援 Java Applets
ActiveXControls	瀏覽器是否支援 ActiveX 控制項

ASP.NET 網站：Ch6_4_2

在 ASP.NET 網頁的 TextBox 控制項輸入 Server 變數字串，按下按鈕可以顯示環境變數值，按**瀏覽器**鈕可以顯示瀏覽器的相關資訊，其步驟如下所示：

Step 1 請啟動 Visual Studio Community 開啟「範例網站\Ch06\Ch6_4_2」資料夾的 ASP.NET 網站，然後開啟 Default.aspx 網頁且切換至**設計**檢視。

div
Server變數: 查詢 瀏覽器
[lblOutput]

在上述 Web 表單上方是 txtServer 文字方塊和 Button1~2 按鈕控制項。

Step 2 請按二下 Button1~2 按鈕控制項，可以建立 Button1~2_Click()事件處理程序。

■ Button1~2_Click()

```
01: protected void Button1_Click(object sender, EventArgs e)
02: {
03:     lblOutput.Text =
                Request.ServerVariables[txtServer.Text];
04: }
05:
06: protected void Button2_Click(object sender, EventArgs e)
07: {
08:     const string BR = "<br/>"; // 換行標籤常數
09:     HttpBrowserCapabilities hbc = Request.Browser;
10:     lblOutput.Text = "瀏覽器種類: " + hbc.Type + BR;
11:     lblOutput.Text += "瀏覽器名稱: " + hbc.Browser + BR;
12:     lblOutput.Text += "版本: " + hbc.Version + BR;
13:     lblOutput.Text += "主版本: " + hbc.MajorVersion + BR;
14:     lblOutput.Text += "次版本: " + hbc.MinorVersion + BR;
15:     lblOutput.Text += "平台: " + hbc.Platform + BR;
16:     lblOutput.Text += "支援框架: " + hbc.Frames + BR;
17:     lblOutput.Text += "支援表格: " + hbc.Tables + BR;
```

next

```
18:      lblOutput.Text += "支援 Cookies: " + hbc.Cookies + BR;
19:      lblOutput.Text += "支援 VBScript: " + hbc.VBScript + BR;
20:      lblOutput.Text += "支援 JavaScript: " +
                           hbc.JavaScript + BR;
21:      lblOutput.Text += "支援 Java Applets: " +
                           hbc.JavaApplets + BR;
22:      lblOutput.Text += "支援 ActiveX 控制: " +
                           hbc.ActiveXControls + BR;
23: }
```

■ 程式說明

- 第 3 列：使用 Request 物件的 ServerVariables 屬性來取得環境變數值。
- 第 9 列：取得 HttpBrowserCapabilities 物件。
- 第 10~22 列：取得瀏覽程式的相關資訊。

■ 執行結果

儲存後，在「方案總管」視窗選 Default.aspx，執行「檔案/在瀏覽器中檢視」命令，可以看到執行結果的 ASP.NET 網頁。

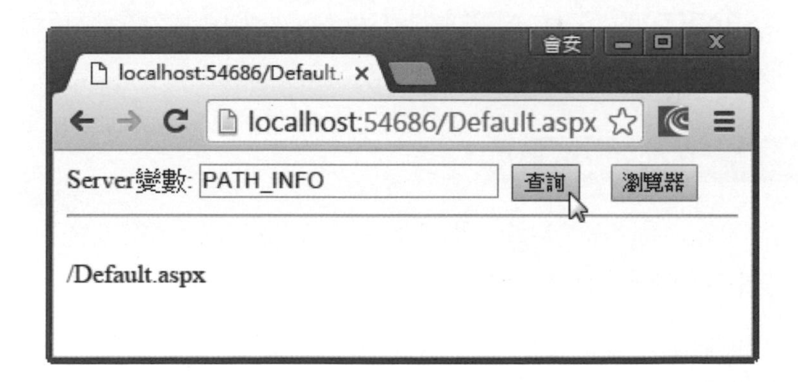

在欄位輸入 Server 變數名稱後，按**查詢**鈕，可以在下方顯示環境變數的值，按**瀏覽器**鈕，可以顯示瀏覽器的相關資訊，如下圖所示：

6-4-3 Server 物件

ASP.NET 的 Server 物件即 HttpServerUtility 類別，可以執行伺服端轉址和取得檔案路徑。

Server.MapPath()方法

在 Web 伺服器的目錄架構是架構在 Windows 檔案系統的虛擬目錄，其路徑也是相對伺服器網站根目錄的虛擬路徑。

如果想取得目前執行 ASP.NET 網頁的虛擬目錄，請使用 ServerVariables 集合物件的 PATH_INFO 參數取得 ASP.NET 檔案的虛擬路徑，然後配合 Server.MapPath()方法轉換成實際路徑，如下所示：

```
path = Server.MapPath(
        Request.ServerVariables["PATH_INFO"]);
```

上述程式碼可以取得目前執行 ASP.NET 網頁的實際路徑。如果是指定的 ASP.NET 網頁或檔案的實際路徑，如下所示：

```
path = Server.MapPath("Default.aspx");
```

上述程式碼的參數是網站的虛擬路徑，變數 path 可以取得 ASP.NET 網頁 Default.aspx 的實際路徑。

Server.Transfer()方法

Server.Transfer()方法是用來取代 Response.Redirect()方法**執行轉址**功能，Redirect()方法浪費較多頻寬在瀏覽器和伺服器之間的通訊，Transfer()方法的轉址操作完全在**伺服端**完成，並不會浪費頻寬，其使用方式和 Redirect()方法幾乎完全相同，如下所示：

```
Server.Transfer("http://www.hinet.net");
```

上述程式碼可以轉址至中華電信的網站。

6-5 ASP.NET 的錯誤處理

ASP.NET 網頁如果是單純的語法錯誤，在編譯階段，原始程式錯誤（Source Error）區塊就會指出錯誤產生的程式碼行列號，和顯示錯誤所在的程式碼。

6-5-1 偵錯模式

ASP.NET 網頁如果是在伺服端執行時才發生錯誤，我們可以開啟偵錯模式來顯示進一步的錯誤資訊。

當伺服端執行 ASP.NET 網頁發生錯誤，例如：請啟動 Visual Studio Community 開啟「範例網站\Ch06\Ch6_5_1」資料夾的 ASP.NET 網站，然後開啟 Default.aspx 網頁後，執行「檔案/在瀏覽器中檢視」命令，可以看到伺服器的錯誤訊息，如下圖所示：

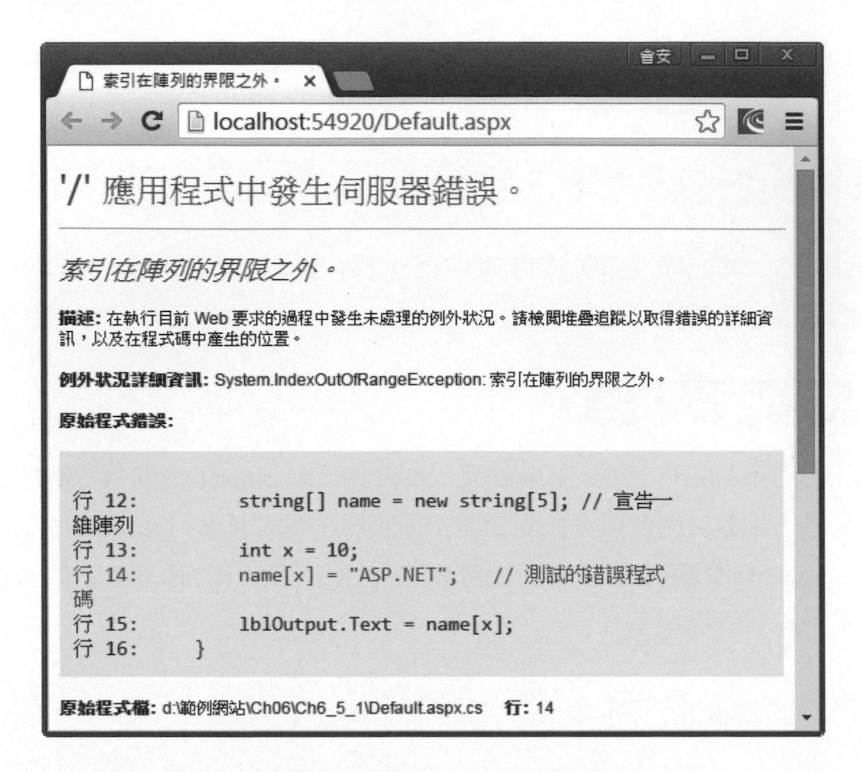

上述訊息指出錯誤屬於伺服器錯誤，因為索引在陣列界限之外，訊息指出錯誤程式檔案，並且使用紅色字指出產生錯誤的程式碼行列號，以此例是行 14，在下方**堆疊追蹤**區塊會顯示物件方法呼叫的執行過程。

ASP.NET 4.6 版預設啟用偵錯模式，如果是 4.5 版，在下方原始程式錯誤區段並不會顯示紅色造成錯誤的程式碼列，我們需要自行啟用 ASP.NET 的「偵錯模式」(Debug Mode)，才能顯示進一步錯誤資訊，其步驟如下所示：

Step 1 請啟動 Visual Studio Community 開啟「範例網站\Ch06\Ch6_5_1」資料夾的 ASP.NET 網站，然後開啟 Default.aspx 網頁且切換至**設計**檢視。

Step 2 在「屬性」視窗上方的下拉式清單，選 **DOCUMENT**，可以看到屬於 HTML 文件的屬性清單，如右圖所示：

Step 3 請找到 **Debug** 屬性，將它改為 **true** 啟用偵錯模式。在原始程式碼的 @ Page 指示指令會新增 Debug 屬性值為 true，如下所示：

```
<%@ Page Language="C#" ... Debug="true" %>
```

6-5-2 例外處理

C# 語言提供結構化的例外處理程式敘述 try/catch/finally，如下所示：

```
try {
   // 測試的錯誤程式碼
   …
}
catch (Exception ex) {
   // 錯誤處理的程式碼
   …
finally {
   …
}
```

上述例外處理敘述分成三個部分，其說明如下表所示：

程式區塊	說明
try	在 try 程式區塊是需要錯誤處理的程式碼
catch	如果 try 程式區塊的程式碼發生錯誤，在 catch 程式區塊會傳入參數 ex 的 Exception 例外物件，可以使用 ex.ToString()方法顯示錯誤資訊，或建立錯誤處理的補救程式碼
finally	選擇性的程式區塊，不論錯誤是否產生，都會執行此區塊的程式碼，通常是用來作為善後的程式碼

ASP.NET 網站：Ch6_5_2

在 ASP.NET 網頁建立 try/catch/finally 例外處理敘述，可以處理除以 0 的程式錯誤，其建立步驟如下所示：

Step 1 請啟動 Visual Studio Community 開啟「範例網站\Ch06\Ch6_5_2」資料夾的 ASP.NET 網站，然後開啟 Default.aspx 網頁且切換至**設計**檢視。

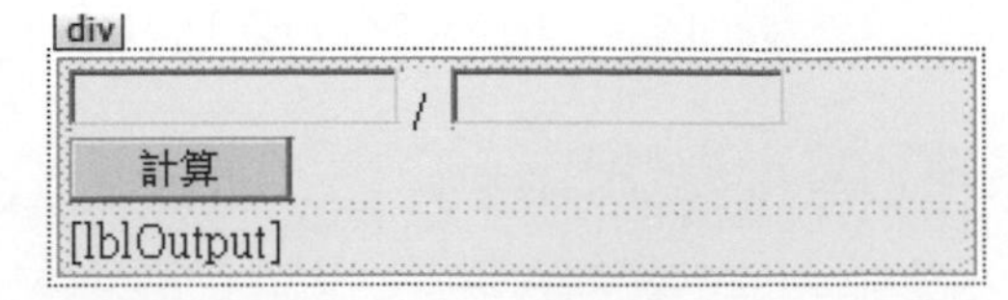

上述 Web 表單上方是 2 個 TextBox 控制項 txtOp1 和 txtOp2，右邊是 Button1 按鈕控制項，下方是 lblOutput 標籤控制項。

Step 2 按二下**計算**鈕建立 Button1_Click()事件處理程序。

■ Button1_Click()

```
01: protected void Button1_Click(object sender, EventArgs e)
02: {
03:     int x = Convert.ToInt32(txtOp1.Text);
04:     int y = Convert.ToInt32(txtOp2.Text);
05:     try
06:     {
07:         x = x / y; // 測試的錯誤程式碼
08:     }
09:     catch (Exception ex)
10:     {
11:         // 錯誤處理的程式碼
12:         lblOutput.Text += "程式錯誤: " + ex.ToString();
13:     }
14:     finally
15:     {
16:         // 顯示測試值
17:         lblOutput.Text += "<hr>測試值 x = " + x + "<br/>";
18:         lblOutput.Text += "測試值 y = " + y + "<br/>";
19:     }
20: }
```

■ 程式説明

- 第 5~19 列：try/catch/finally 例外處理敘述。
- 第 7 列：如果 y 為 0 就會產生除以 0 的運算錯誤，執行第 12 列的程式碼來顯示錯誤訊息。
- 第 17~18 列：finally 區塊的程式碼。

■ 執行結果

在儲存後，請執行「檔案/在瀏覽器中檢視」指令，可以看到執行結果的 ASP.NET 網頁。

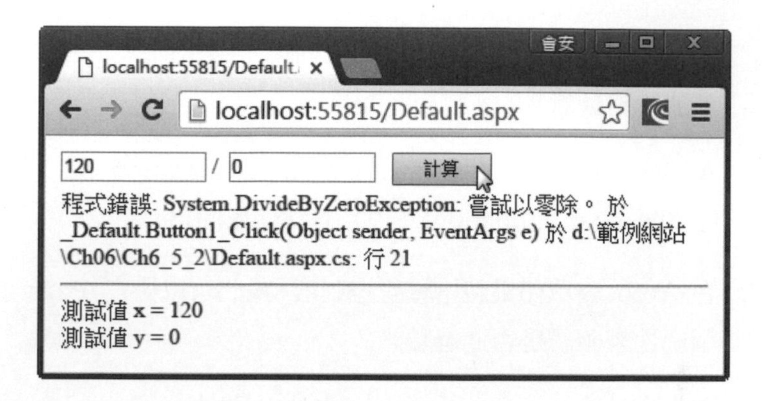

上述圖例顯示錯誤訊息，指出是除以 0 的數學運算錯誤，最後是 finally 區塊顯示的測試值。

學習評量

選擇題

(　　) 1. 請問 Button 控制項可以使用下列哪一個屬性決定是否執行驗證控制項的資料驗證？

A. IsVaildation　　B. CausesValidation

C. CheckedValidation　　D. NotValidation

(　　) 2. 在 Web 表單如果新增驗證控制項，我們可以檢查 Page 物件的哪一個屬性來確認是否通過驗證？

A. IsValid　　B. IsPostBack

C. IsSend　　D. IsNot

(　　) 3. 請問 CompareValidator 驗證控制項可以使用下列哪一個屬性來指定需要進行比較的另一個控制項？

A. Display　　B. ControlToValidate

C. ErrorMessage　　D. ControlToCompare

(　　) 4. 請問 Server 物件可以下列哪一個方法來取得伺服器的實際路徑？

A. CreateObject()　　B. Execute()

C. MapPath()　　D. Transfer()

(　　) 5. 請問在 C# 例外處理敘述中，下列哪一個區塊是可有可無？

A. on error　　B. finally

C. catch　　D. try

簡答題

1. 請問 ASP.NET 提供哪幾種驗證控制項？何謂伺服端或客戶端的資料驗證？ .NET Framework 4.5 之後版本預設啟用______________模式，使用 jQuery 函數庫執行客戶端資料驗證。

2. 如果有下列情況時，在 Web 表單的 TextBox 控制項可以使用哪一種驗證控制項來進行資料驗證，如下所示：

```
欄位不能是空白，一定需要輸入值。
輸入 2 次電子郵件地址是否相同。
輸入欄位值大於 20，小於 70。
欄位是電子郵件地址。
顯示所有資料驗證的摘要資訊。
```

3. 請問驗證控制項的 Display 屬性用途為何？屬性值 Static 和 Dynamic 有何差異？

4. 請簡單說明什麼是正規運算式？請寫出符合下列正規運算式範本字串的字串，如下所示：

```
cd{3}e
ab{2,}c
gh{1,3}e
```

5. 請說明什麼是 ASP.NET 錯誤處理的偵錯模式？C# 語言的例外處理敘述是什麼？

實作題

1. 請修改 ASP.NET 網站 Ch5_1_1，在 Web 表單新增驗證控制項，如下所示：
   - 姓名和密碼：RequiredFieldValidator
   - 身高（1.2~2.5）：CompareValidator
   - 體重（50~200）：CustomValidator
2. 在 ASP.NET 網站 Ch6_2_3 是使用 RangeValidator 控制項執行驗證，請改用 CustomValidator 控制項建立相同功能的資料驗證。
3. 請修改<第 6-2-4 節>的 ASP.NET 網站，將摘要資訊改為訊息視窗方式來顯示，而且顯示模式是段落。

4. 請建立 ASP.NET 網頁取得下列系統環境變數值，如下所示。

```
REMOTE_HOST
SCRIPT_NAME
SERVER_SOFTWARE
```

5. 請建立 ASP.NET 網頁分別使用 Response.Redirect()和 Server.Transfer() 方法轉址到下列網址，如下所示：

   - 中華電信：http://www.hinet.net
   - 旗標出版：http://www.flag.com.tw
   - 微軟公司：http://www.microsoft.com/

07

Web 應用程式的狀態管理

本章學習目標

7-1 ASP.NET 狀態管理的基礎

因為 HTTP 通訊協定的特點是不會保留狀態，所以在 ASP.NET 網頁之間的資料傳遞，或稱為資料分享，就成為十分重要的課題。換個角度來說，因為多頁 ASP.NET 網頁需要存取一些共同資訊，所以 ASP.NET 網頁需要保留資訊來維持 Web 應用程式的正確執行，稱為「狀態管理」(State Management)。

ASP.NET 提供多種方法來執行狀態管理，各有不同範圍和特點，可以讓我們保留同一頁 ASP.NET 網頁、不同 ASP.NET 網頁間、整個 Web 應用程式或永久保存的狀態資訊，使用者可依需求決定使用哪一種狀態管理來建立 Web 應用程式，其說明如下表所示：

狀態管理	範圍	說明
ViewState	同一頁網頁	ASP.NET 顯示狀態 (ViewState) 是在 Web 表單送回時，能夠在網頁使用隱藏欄位保留狀態資訊
QueryString	不同網頁間	使用網址 URL 參數，即在 URL 網址加上參數，將資料傳遞給其他網頁，它是使用參數字串來保留狀態
Cookies	整個 Web 應用程式	Cookies 是保留在使用者電腦的小檔案，其內容就是使用者的狀態資料
Session	整個 Web 應用程式	使用 Session 物件的變數儲存使用者資訊的狀態值，它是儲存在伺服器記憶體或資料庫，視設定而不同
Application	整個 Web 應用程式	使用 Application 物件的變數儲存使用者資訊，這是儲存在伺服器記憶體，所有使用者都可以存取 Application 變數
Profile	整個 Web 應用程式或其他應用程式	使用 HttpModules 類別的 Profile 物件儲存使用者資訊，這是儲存在後端資料庫的狀態資料，可以永久保存

總之，如果需要儲存同一 ASP.NET 網頁的資訊時，可以使用 ViewState；跨兩頁 ASP.NET 網頁使用 QueryString；保留多頁 ASP.NET 網頁的資訊時，可以考慮使用 Cookie、Session 或 Application 物件。

對於可能被其他應用程式使用的資料，我們可以自行儲存在資料庫，或使用 Profile 物件儲存，其說明請參閱<第 13 章>。

7-2 再談顯示狀態

顯示狀態（ViewState）是 ASP.NET 內建機制，在<第 5 章>已經說明過伺服端控制項的顯示狀態管理，可以自動保留同一頁 ASP.NET 網頁的控制項值，即網頁本身的狀態資料，因為 Web 表單的表單送回，預設是送回給自己。

換句話說，如果需要保留同一頁 ASP.NET 網頁的狀態，顯示狀態就是最好選擇。不過，因為顯示狀態是使用隱藏欄位保留狀態資訊，如果是太大量資訊就會大幅增加檔案尺寸，進而影響網頁傳輸效能，此時，比較好的選擇是使用資料庫或 Session 物件來保留資訊。

ASP.NET 顯示狀態是使用 StateBag 集合物件儲存伺服端控制項的值，我們可以自行使用程式碼來新增 StateBag 物件的元素，在本書稱為 ViewState 變數，例如：保留 C# 變數 nick 的值，如下所示：

```
ViewState["NickName"] = nick;
```

上述程式碼新增名為 NickName 的 ViewState 變數，變數名稱是一個字串，其值是 C# 變數 nick 的值。

因為 ASP.NET 網頁的顯示狀態已經新增名為 NickName 的 ViewState 變數，在 Web 表單送回後，我們可以使用程式碼取出顯示狀態保留的變數值，如下所示：

```
if (ViewState["NickName"] != null)
{
   myName = ViewState["NickName"].ToString();
}
lblOutput.Text = myName + "/" + txtName.Text;
```

上述程式碼使用 if 條件判斷 NickName 的 ViewState 變數是否存在，若不為 null 表示存在，即可取出顯示狀態和 TexBox 控制項的值。

ASP.NET 網站：Ch7_2

在 ASP.NET 網頁使用 TextBox 控制項輸入姓名資料後，使用顯示狀態儲存 C# 變數值，當按下按鈕送出後，可以顯示輸入資料和保留的 C# 變數值，其步驟如下所示：

Step 1 請啟動 Visual Studio Community 開啟「範例網站\Ch07\Ch7_2」資料夾的 ASP.NET 網站，然後開啟 Default.aspx 網頁且切換至**設計**檢視。

div
姓名:
送出
[lblOutput]

上述 Web 表單上方是 TextBox 控制項 txtName、中間是 Button1 控制項和下方 lblOutput 標籤控制項。

Step 2 請在**設計**檢視編輯區域<div>標籤之外按二下，可以編輯 Page_Load() 事件處理程序。

■ Page_Load()

```
01: protected void Page_Load(object sender, EventArgs e)
02: {
03:     string name = "楊過";
04:     string nick = "神鵰大俠";
05:     if (IsPostBack) // 是否是表單送回
06:     {
07:         string myName = "";
08:         if (ViewState["NickName"] != null)
09:         {
10:             myName = ViewState["NickName"].ToString();
11:         }
12:         lblOutput.Text = myName + "/" + txtName.Text;
13:     }
14:     else
15:     {
16:         txtName.Text = name;
17:         // 指定 StateBag 物件的變數
18:         ViewState["NickName"] = nick;
19:     }
20: }
```

■ 程式說明

- 第 5~19 列：使用 if/else 條件判斷是否是表單送回，如果是，在第 8~11 列的 if 條件判斷 ViewState 變數值是否存在，如果存在，在第 12 列顯示 TextBox 控制項和 ViewState 變數 NickName 的值。
- 第 16~18 列：在第 1 次載入 ASP.NET 網頁時，指定 TextBox 控制項的初值，在第 18 列建立 ViewState 變數 NickName。

■ 執行結果

儲存後，在「方案總管」視窗選 Default.aspx，執行「檔案/在瀏覽器中檢視」命令，可以看到執行結果的 ASP.NET 網頁。

在輸入個人資料後，按**送出**鈕，可以在下方顯示輸入姓名，其前方是別名，TextBox 控制項是使用內建顯示狀態保留輸入值，別名是自行建立 ViewState 變數保留 C# 變數值。

Tip 請注意！不論按幾次送出鈕，只要沒有離開這一頁 ASP.NET 網頁，姓名和別名值都會持續保留，這就是顯示狀態建立的狀態管理。

7-3 網頁間的資料傳遞

對於不同 ASP.NET 網頁之間的狀態管理來說，我們可以使用超連結加上 URL 參數字串來傳送資料給其他 ASP.NET 網頁，或使用跨網頁表單送回（Cross-Page Posting）將資料傳遞至下一頁 ASP.NET 網頁。

事實上，網頁之間的資料傳遞就是一種 ASP.NET 狀態管理，因為我們可以將一頁 ASP.NET 網頁的狀態保留至下一頁 ASP.NET 網頁。

7-3-1 QueryString 集合物件

在 ASP.NET 網頁可以使用 HTML 超連結，或 HyperLink 超連結控制項的 **NavigateUrl** 屬性指定 URL 網址來傳遞參數字串，參數是位在問號之後，如果參數不只一個，請使用「&」符號分隔，如下所示：

```
http://localhost/Default.aspx?para1=value1&para2=value2
```

上述 URL 網址傳遞參數 para1 和 para2，其值分別為「=」等號後的 value1 和 value2。另一種方法是使用 Response.Redirect()方法，將 URL 參數傳遞給下一頁 ASP.NET 網頁，如下所示：

```
Response.Redirect("Default2.aspx?User=" +
                  "陳會安&Pass=1234");
```

上述程式碼轉址至 Default2.aspx，並且傳遞參數 User 和 Pass。

使用 QueryString 集合物件取得傳遞值

當使用 HyperLink 超連結控制項或 Response.Redirect()方法，將參數傳遞至其他 ASP.NET 網頁後，在目的地 ASP.NET 網頁是使用 QueryString 集合物件取出傳遞的參數值，如下所示：

```
Username = Request.QueryString["User"];
Password = Request.QueryString["Pass"];
```

上述程式碼可以取得 URL 參數 User 和 Pass 的值。

Server.UrlEncode()和 UrlDecode()方法

ASP.NET 狀態管理如果使用 QueryString 物件，因為 URL 參數值可能內含特殊符號（或<第 7-4-2 節>Cookie 值是中文姓名），我們可以先將參數使用 Server.UrlEncode()方法進行加碼，如下所示：

```
string name = "?陳允傑";
Response.Redirect("Default2.aspx?User=" +
                  Server.UrlEncode(name));
```

上述程式碼傳遞的參數值 name 有特殊符號「?」，當使用 Server.UrlEncode()方法進行加碼後，可以配合 Server.UrlDecode()方法進行解碼來取得原始值，如下所示：

```
Username = Server.UrlDecode(Request.QueryString["User"]);
```

ASP.NET 網站：Ch7_3_1

在 ASP.NET 網頁使用 TextBox 控制項輸入使用者名稱與密碼後，使用 Response.Redirect()方法傳遞輸入資料至 Default2.aspx，Default2.aspx 是使用 QueryString 集合物件取得 URL 參數資料，其步驟如下所示：

Step 1 請啟動 Visual Studio Community 開啟「範例網站\Ch07\Ch7_3_1」資料夾的 ASP.NET 網站，然後開啟 Default.aspx 網頁且切換至**設計**檢視。

上述 Web 表單上方是 2 個 TextBox 控制項 txtUser 和 txtPass，下方是 Button1 按鈕控制項。

Step 2 在「方案總管」視窗，按二下 **Default2.aspx** 開啟網頁且切換至**設計**檢視，可以看到一個 lblOutput 標籤控制項。

Step 3 請切換至 **Default.aspx** 設計檢視，按二下**登入**鈕建立 Button1_Click() 事件處理程序。

■ Button1_Click()

```
01: protected void Button1_Click(object sender, EventArgs e)
02: {
03:     string name = txtUser.Text;
04:     string pass = txtPass.Text;
05:     // 轉址且傳遞 URL 參數至 Default2.aspx
06:     Response.Redirect("Default2.aspx?User=" +
                Server.UrlEncode(name) + "&Pass= " + pass);
07: }
```

■ 程式説明

- 第 3~4 列：取得使用者輸入的使用者名稱和密碼。
- 第 6 列：使用 Response.Redirect()方法轉址至 Default2.aspx，共有 2 個 URL 參數，第 1 個參數是使用 Server.UrlEncode()方法進行加碼。

Step 4 請切換至 **Default2.aspx** 設計檢視，在設計檢視編輯區域<div>標籤之外按二下，可以編輯 Page_Load()事件處理程序。

■ Page_Load()

```
01: protected void Page_Load(object sender, EventArgs e)
02: {
03:     string Username, Password;
04:     // 取得 URL 參數值
05:     Username = Server.UrlDecode(
                              Request.QueryString["User"]);
06:     Password = Request.QueryString["Pass"];
07:     // 顯示取得的參數值
08:     lblOutput.Text = "名稱: " + Username + "<br/>";
09:     lblOutput.Text += "密碼: " + Password + "<br/>";
10: }
```

■ 程式説明

- 第 5~6 列：取得 URL 參數 User 和 Pass 的值，其中 User 值是使用 Server.UrlDecode()方法進行解碼。
- 第 8~9 列：在 lblOutput 標籤控制項顯示取得的 URL 參數值。

■ **執行結果**

儲存後，在「方案總管」視窗選 Default.aspx，執行「檔案/在瀏覽器中檢視」命令，可以看到執行結果的 ASP.NET 網頁。

請輸入使用者名稱和密碼後，按**登入**鈕，可以傳遞輸入資料到 ASP.NET 網頁 Default2.aspx，如下圖所示：

上述網頁顯示傳遞的 URL 參數值，在網址欄可以看到加碼後的 URL 參數值，如下所示：

```
User=%3f 陳允傑&Pass=%20123456
```

7-3-2 跨網頁的表單送回

ASP.NET 可以使用 **PreviousPage 物件**執行跨 ASP.NET 網頁的表單送回。將表單處理指定成其他 ASP.NET 網頁（預設是自己），然後就可以將控制項輸入的資料傳遞給其他 ASP.NET 網頁。

Button 控制項的 PostBackUrl 屬性

在 Button 按鈕控制項可以指定 PostBackUrl 屬性的 URL 網址，它就是表單送回的 ASP.NET 網頁。此後，按下 Button 控制項，就是將表單送回至 PostBackUrl 屬性指定的 ASP.NET 網頁來處理。

取得跨網頁的控制項值

在目的地 ASP.NET 網頁的 Page_Load()事件處理程序，可以使用 FindControl()方法取得前一頁 ASP.NET 網頁的控制項，如下所示：

```
double h , w;
TextBox txt;
txt = (TextBox)PreviousPage.FindControl("txtWeight");
w = Convert.ToDouble(txt.Text);
txt = (TextBox)PreviousPage.FindControl("txtHeight");
h = Convert.ToDouble(txt.Text);
```

上述程式碼使用 PreviousPage 屬性取得前一頁的 Page 物件後，使用 FindControl()方法找尋指定名稱的控制項，並且型別轉換成 TextBox 控制項物件，以此例是名為 txtWeight 和 txtHeight 的 TextBox 控制項，然後就可以取得 Text 屬性的控制項值。

ASP.NET 網站：Ch7_3_2

在 ASP.NET 網頁使用 TextBox 控制項輸入身高和體重後，使用跨網頁表單送回傳遞輸入資料至 Default2.aspx，然後在取得資料後計算 BMI 值，其步驟如下所示：

Step 1 請啟動 Visual Studio Community 開啟「範例網站\Ch07\Ch7_3_2」資料夾的 ASP.NET 網站，然後開啟 Default.aspx 網頁且切換至**設計**檢視。

上述 Web 表單上方是 2 個 TextBox 控制項 txtHeight 和 txtWeight，下方是 Button1 按鈕控制項。

Step 2 在「方案總管」視窗，按二下 **Default2.aspx** 開啟網頁且切換至**設計**檢視，可以看到一個 lblOutput 標籤控制項。

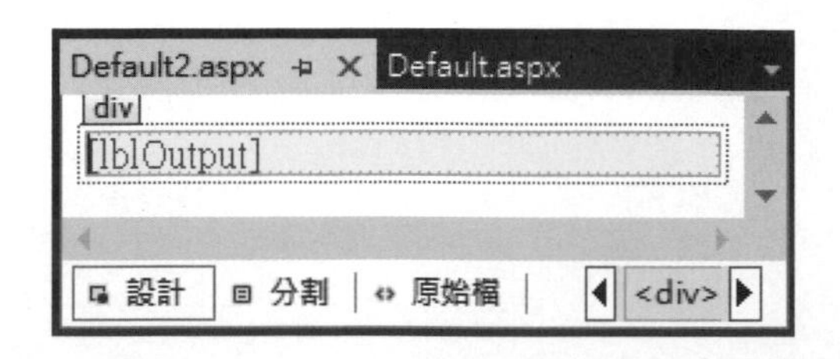

Step 3 請切換至 **Default.aspx** 設計檢視，選**計算 BMI 值**鈕的 Button1 按鈕控制項後，在「屬性」視窗找到 PostBackUrl 屬性，如右圖所示：

Step 4 按屬性欄位後游標所在小按鈕，可以看到「選取 URL」對話方塊。

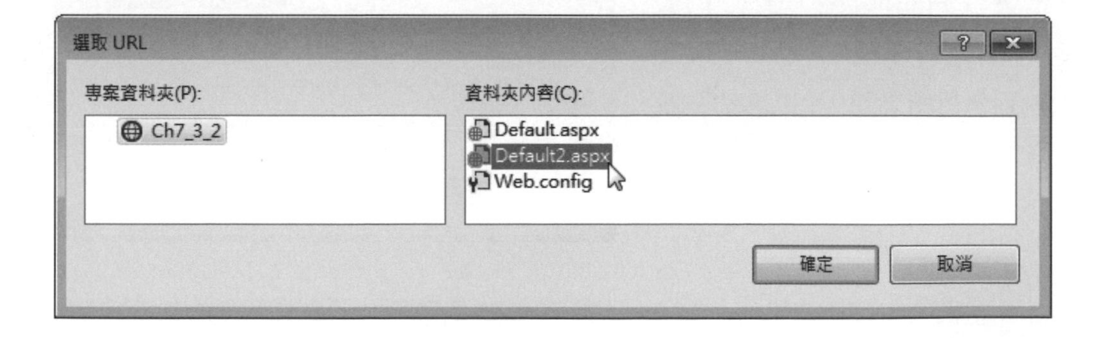

Step 5 在右邊選 **Default2.aspx**，按**確定**鈕指定表單送回的目的地是 Default2.aspx。

Step 6 請切換至 **Default2.aspx** 設計檢視，在設計檢視編輯區域<div>標籤之外按二下，可以編輯 Page_Load()事件處理程序。

■ Page_Load()

```
01: protected void Page_Load(object sender, EventArgs e)
02: {
03:     if (!IsPostBack)
04:     {
05:         double h, w;
06:         TextBox txt;
07:         txt = (TextBox)PreviousPage.FindControl("txtWeight");
08:         w = Convert.ToDouble(txt.Text);
09:         txt = (TextBox)PreviousPage.FindControl("txtHeight");
10:         h = Convert.ToDouble(txt.Text)/100.0;
11:         lblOutput.Text = "BMI:" + (w / h / h);
12:     }
13: }
```

■ 程式說明

- 第 7~10 列：在取得前一頁的 2 個 TextBox 控制項後，使用 Convert.ToDouble()方法轉換成浮點數。
- 第 11 列：在 lblOutput 標籤控制項顯示計算結果的 BMI 值。

■ 執行結果

儲存後，在「方案總管」視窗選 Default.aspx，執行「檔案/在瀏覽器中檢視」命令，可以看到執行結果的 ASP.NET 網頁。

在輸入身高和體重後，身高是公分，按**計算 BMI 值**鈕，可以傳遞輸入資料到 ASP.NET 網頁 Default2.aspx 計算 BMI 值，如右圖所示：

7-4 Cookies 的處理

一般來說，Web 應用程式常常需要保留一些使用者的瀏覽記錄，例如：使用者是否曾經造訪過網站、造訪次數或個人喜好資訊，而 Cookies 就是一種最常使用的解決方案。

7-4-1 Cookies 的基礎

Cookies 英文原義是小餅乾，源於這些儲存在**客戶端電腦**的檔案尺寸都很小，因為瀏覽器會限制大小不超過 4096 位元組。而且 Cookies 是儲存在瀏覽器所在的電腦，並不會浪費 Web 伺服器的資源。

在 ASP.NET 網頁只需檢查客戶端是否有 Cookie，在取得 Cookie 的保留資訊後，就可以輕鬆建立 Web 應用程式。基本上，Cookies 在網站實作的應用很多，其保留資料大都屬於幾個方面，如下所示：

- **個人資訊**：使用 Cookies 保留個人資訊，例如：使用者名稱、時區、帳號和造訪網站的次數等。
- **個人化資訊**：Cookies 可以建立個人化的網站外觀和個人偏好的網站內容，或記錄使用者有興趣的資訊。
- **網站購物車**：線上購物車需要保留使用者選擇的商品清單，Cookies 可以用來記錄這些選購商品。

因為瀏覽器大都限制網站儲存的 Cookie 數不超過 20 個，再加上 Cookie 是儲存在客戶端電腦，很容易遺失或被讀取，所以不建議儲存重要或機密資料，例如：使用 Cookie 儲存使用者密碼等。

7-4-2 Cookie 的使用

在 ASP.NET 網頁建立、取得和刪除 Cookie 需要使用 Response 和 Request 物件的 Cookies 屬性來取得 Cookie 集合物件。

新增 Cookie

Cookie 是一種集合物件，可以使用名稱來存取 Cookie 值。在 ASP.NET 網頁新增 Cookie 是使用 Response 物件的 **Cookies 屬性**，如下所示：

```
string name = "江小魚";
Response.Cookies["User"].Value = Server.UrlEncode(name);
```

上述程式碼的屬性參數 User 是 Cookie 名稱，指定 Value 屬性值為變數 name（因為是中文，所以使用 Server.UrlEncode()方法加碼）。在新增 Cookie 後，我們需要指定 Cookie 的 Expires 屬性，即 Cookie 檔案存在客戶端電腦的期限，如下所示：

```
DateTime dtDay = DateTime.Today.AddDays(10);
Response.Cookies["User"].Expires = dtDay;
```

上述程式碼使用 AddDays(10)方法，可以計算出 Cookie 的過期天數為參數的 10 天後，當日期到後 Cookie 就會自動刪除。

取得 Cookie 的值

在客戶端電腦如果擁有 Cookie，ASP.NET 網頁可以使用 Request 物件的 Cookies 集合物件，來取得指定名稱的 Cookie 值，如下所示：

```
if (Request.Cookies["User"] != null)
{
   name = Server.UrlDecode(Request.Cookies["User"].Value);
   lblOutput.Text = "Cookie 值：" + name;
}
```

上述 if 條件檢查 Cookie 是否存在，即是否不是 null，如果存在，就使用 Value 屬性取得 Cookie 名稱 User 的值（並且使用 Server.UrlDecode()方法解碼），和將它指定給變數 name。

刪除 Cookie

客戶端 Cookie 如果不再需要，在 ASP.NET 網頁可以使用程式碼來刪除 Cookie，刪除方式是將 Expires 屬性設定成過期時間，如下所示：

```
DateTime dtDay = DateTime.Today.AddDays(-365);
Response.Cookies["User"].Expires = dtDay;
```

上述程式碼將有效期限設為一年前，因為 Cookie 已經過期，換句話說，就是刪除 Cookie。

ASP.NET 網站：Ch7_4_2

在 ASP.NET 網頁建立 Button 按鈕來建立、讀取和刪除名為 User 的 Cookie，它是使用 Response.Redirect()方法轉址至 Default2.aspx 來顯示 Cookie 值，以便測試 Cookie 的狀態管理，其步驟如下所示：

Step 1 請啟動 Visual Studio Community 開啟「範例網站\Ch07\Ch7_4_2」資料夾的 ASP.NET 網站，然後開啟 Default.aspx 網頁且切換至**設計**檢視。

上述 Web 表單上方是 Button1 和 Button2 按鈕控制項，下方是 lblOutput 標籤控制項。

Step 2 在「方案總管」視窗，按二下 **Default2.aspx** 開啟網頁且切換至**設計**檢視。

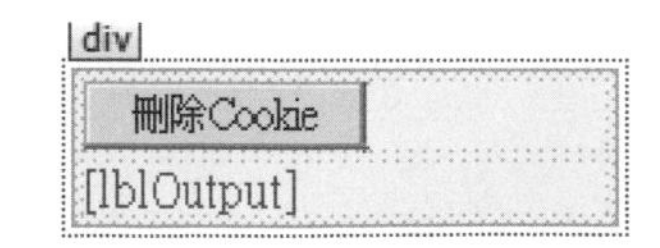

上述 Web 表單上方是 Button1 按鈕控制項；下方是 lblOutput 標籤控制項。

Step 3 請切換至 **Default.aspx** 的設計檢視，按二下**新增 Cookie** 和**讀取 Cookie** 鈕，可以建立 Button1~2_Click()事件處理程序。

■ Button1~2_Click()

```
01: protected void Button1_Click(object sender, EventArgs e)
02: {
03:     string name = "江小魚";
04:     // 新增 Cookie
05:     Response.Cookies["User"].Value = Server.UrlEncode(name);
06:     DateTime dtDay = DateTime.Today.AddDays(10);
07:     Response.Cookies["User"].Expires = dtDay;
08:     lblOutput.Text = "已經成功建立 Cookie!";
09: }
10:
11: protected void Button2_Click(object sender, EventArgs e)
12: {
13:     Response.Redirect("Default2.aspx"); // 轉址
14: }
```

■ 程式說明

- 第 1~9 列：Button1_Click()事件處理程序是在第 5~7 列新增名為 User 的 Cookie，中文姓名有加碼。
- 第 11~14 列：Button2_Click()事件處理程序是在第 13 列使用 Response.Redirect()方法轉址至 Default2.aspx。

Step 4 請切換至 **Default2.aspx** 設計檢視，在設計檢視按二下**刪除 Cookie** 鈕建立 Button1_Click()事件處理程序，和編輯 Page_Load()事件處理程序。

■ Page_Load()與 Button1_Click()

```
01: protected void Page_Load(object sender, EventArgs e)
02: {
03:     string name;
04:     // 檢查 Cookie 是否存在
05:     if (Request.Cookies["User"] != null)
06:     {
07:         name = Server.UrlDecode(Request.Cookies["User"].Value);
08:         lblOutput.Text = "Cookie 值：" + name;
09:     }
10: }
11:
```

next

```
12: protected void Button1_Click(object sender, EventArgs e)
13: {
14:     DateTime dtDay = DateTime.Today.AddDays(-365);
15:     Response.Cookies["User"].Expires=dtDay; // 刪除 Cookie
16:     Response.Redirect("Default.aspx");
17: }
```

■ 程式說明

- 第 1~10 列：Page_Load()事件處理程序是在第 5~9 列的 if 條件檢查 Cookie 是否存在，如果存在，就在第 7 列取出 Cookie 值（中文姓名有解碼），第 8 列在標籤控制項顯示 Cookie 值。
- 第 12~17 列：Button1_Click()事件處理程序是在第 14 列設定 Cookie 的 Expires 屬性為一年前，第 15 列指定新的到期日，事實上，就是刪除 Cookie。

■ 執行結果

儲存後，在「方案總管」視窗選 Default.aspx，執行「檔案/在瀏覽器中檢視」命令，可以看到執行結果的 ASP.NET 網頁。

請按**新增 Cookie** 鈕，可以在下方顯示成功建立 Cookie 的訊息文字，然後按**讀取 Cookie** 鈕轉址至 Default2.aspx 來讀取和顯示 Cookie 值，如右圖所示：

上述網頁顯示讀取的 Cookie 值，按**刪除 Cookie** 鈕刪除 Cookie 且轉址回 Default.aspx，此時再按**讀取 Cookie** 鈕，可以發現已經無法讀取 Cookie 值。

7-4-3 多鍵 Cookie 的使用

Cookie 是**目錄結構**的集合物件，在同名 Cookie 下可以擁有不同 **Key** 的鍵名，我們可以使用同一個 Cookie 名稱就可以儲存多種資料。

新增多鍵 Cookie

在 ASP.NET 網頁新增多鍵 Cookie，我們需要在名稱後再加上鍵名，如下所示：

```
Response.Cookies["User"]["Name"] = Server.UrlEncode("陳會安");
Response.Cookies["User"]["ID"] = "1234";
Response.Cookies["User"].Expires =  DateTime.Today.AddDays(10);
```

上述程式碼新增名為 User 的 Cookie，Cookie 擁有 2 個鍵名 Name（中文有加碼）和 ID，可以分別儲存使用者名稱和學號，不過，在設定 Cookie 期限屬性 Expires 屬性時只需使用 Cookie 名稱。

取得多鍵 Cookie 值

多鍵 Cookie 如同陣列，取得 Cookie 值時不只需要指定名稱，還需要指定鍵名（中文內容有解碼），如下所示：

```
name = Server.UrlDecode(Request.Cookies["User"]["Name"]);
no = Request.Cookies["User"]["ID"];
```

刪除多鍵 Cookie

多鍵 Cookie 的刪除和<第 7-4-2 節>相同，只需將 Cookie 的 Expires 屬性設為過期後，就可以刪除 Cookie，如下所示：

```
DateTime dtDay = DateTime.Today.AddDays(-365);
Response.Cookies["User"].Expires = dtDay;
```

上述程式碼刪除名為 User 的 Cookie。

ASP.NET 網站：Ch7_4_3

在 ASP.NET 網頁使用 Button 按鈕控制項來建立、顯示和刪除多鍵 Cookie，內容是姓名和學號資料，其步驟如下所示：

Step 1 請啟動 Visual Studio Community 開啟「範例網站\Ch07\Ch7_4_3」資料夾的 ASP.NET 網站，然後開啟 Default.aspx 網頁且切換至**設計**檢視。

上述 Web 表單上方是 Button1~3 按鈕控制項；下方是 lblOutput 標籤控制項。

Step 2 請分別按二下 Button1~3 按鈕控制項，可以建立 Button1~3_Click()事件處理程序。

■ Button1~3_Click()

```
01: protected void Button1_Click(object sender, EventArgs e)
02: {
03:     Response.Cookies["User"]["Name"] =
                              Server.UrlEncode("陳會安");
04:     Response.Cookies["User"]["ID"] = "1234";
05:     Response.Cookies["User"].Expires =
                             DateTime.Today.AddDays(10);
06:     lblOutput.Text = "成功建立多鍵 Cookie!";
07: }
08:
09: protected void Button2_Click(object sender, EventArgs e)
10: {
11:     string name, no;
12:     if (Request.Cookies["User"] != null)
13:     {
14:         name = Server.UrlDecode(
                     Request.Cookies["User"]["Name"]);
15:         no = Request.Cookies["User"]["ID"];
16:         lblOutput.Text = "名稱:" + name + "<br/>";
17:         lblOutput.Text += "學號:" + no + "<br/>";
```

next

```
18:     }
19:     else
20:     {
21:         lblOutput.Text = "多鍵 Cookie 不存在!";
22:     }
23: }
24:
25: protected void Button3_Click(object sender, EventArgs e)
26: {
27:     DateTime dtDay = DateTime.Today.AddDays(-365);
28:     Response.Cookies["User"].Expires = dtDay;
29:     lblOutput.Text = "成功刪除多鍵 Cookie!";
30: }
```

■ 程式說明

- 第 3~5 列：建立名為 User 的 Cookie，此 Cookie 擁有 Name 和 ID 共 2 個鍵名，在第 5 列設定 Cookie 的期限。
- 第 14~17 列：在取得 Cookie 的 2 個鍵名值後，顯示取得的 Cookie 值。
- 第 27~28 列：刪除名為 User 的 Cookie。

■ 執行結果

儲存後，在「方案總管」視窗選 Default.aspx，執行「檔案/在瀏覽器中檢視」命令，可以看到執行結果的 ASP.NET 網頁。

按**新增多鍵 Cookie** 鈕建立 Cookie 後，按**取得多鍵 Cookie** 鈕可以在下方顯示 Cookie 的值，同一個 Cookie 擁有 2 個鍵名。

按**刪除多鍵 Cookie** 鈕刪除 Cookie 後，再按**取得多鍵 Cookie** 鈕，可以發現 Cookie 已經不存在了，如下圖所示：

7-5 Session 物件

Session 物件可以**儲存使用者的專屬資料**，只要在交談期間，同一位使用者瀏覽的 ASP.NET 網頁，都可以存取這些專屬資料，稱為 Session 變數。

基本上，Session 物件和下一節 Application 物件都可以建立變數來保留狀態，Session 和 Application 變數的主要差別在其**存取範圍**。對比程式語言來說，如果客戶端使用者是程序，Session 變數就是各程序的區域變數；Application 變數是全域變數。

7-5-1 Session 物件與交談期

交談期（Session）和 ASP.NET 的 Session 物件擁有密切關係，因為 Session 物件是一個只在交談期間才存在的物件。

交談期（Session）

交談期是指使用者**第一次存取** Web 應用程式時，支援 ASP.NET 的 Web 伺服器會檢查使用者是否已經建立交談期，如果沒有，就建立新的交談期和 Session 物件，這個 Session 物件在使用者瀏覽 Web 應用程式的期間，一直跟隨著使用者而存在，表示與網站處於交談狀態。

交談期結束就是指使用者已經離開，不過，ASP.NET 並沒有辦法知道使用者是否已經離開 Web 應用程式，取而代之的是使用一個時限（Timeout），預設是 20 分鐘。當使用者在 20 分鐘內都沒有存取任何 Web 應用程式的資源，就表示已經結束交談期，ASP.NET 會自動刪除 Session 物件。

每當讀取新的 ASP.NET 網頁，TimeOut 屬性都會歸零重新計算，換句話說，除非不再瀏覽 Web 應用程式，否則交談期持續的時間絕對超過 20 分鐘。

Session 物件

Session 物件存在的時間和交談期相同，伺服器憑藉讀取 Session ID 來判斷使用者是否仍在交談期，直到 Session 物件 TimeOut 屬性設定的時間到達，或執行 Abandon()方法為止；如果超過時間，Session 物件就會刪除。

支援 ASP.NET 的 Web 伺服器會指派每一個瀏覽器一個 Session ID 編號來識別 Session 物件，使用者每一次的 HTTP 請求都需附上 Session ID 編號，以便判斷是否屬於同一位使用者提出的請求，如下圖所示：

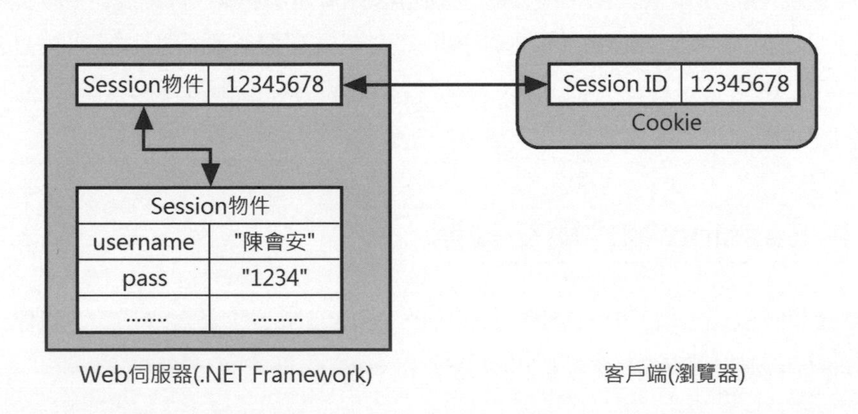

上述圖例是使用 Cookie 儲存 Session ID，當客戶端提出 HTTP 請求時，就會連 Cookie 的 Session ID 也一併送到伺服端，支援 ASP.NET 的 Web 伺服器使用 Session ID 取出對應的 Session 物件，就可以取得使用者專屬的 Session 變數值，保留同一位使用者的資訊從一個 HTTP 請求至另一個 HTTP 請求。

如果使用者的瀏覽器不支援 Cookie，支援 ASP.NET 的 Web 伺服器可以使用 URL 重寫（URL Rewriting）來保留 Session ID，在重寫的每一個 URL 網址上，都加上 Session ID 的參數來存取 Session 物件。

7-5-2 Session 變數的使用

Session 變數是附屬在進入 Web 應用程式使用者的交談期，每一位使用者都擁有一組專屬的 Session 變數，雖然每位使用者的 Session 變數名稱相同，但是內容可能完全不同，而且只有該使用者進入的 ASP.NET 網頁才能存取自己專屬的 Session 變數。

Session 變數可以用來在網頁之間分享資料，我們可以使用 Session 變數將 Web 表單輸入的資料傳遞給其他 ASP.NET 網頁。例如：使用 Session 變數儲存使用者資訊的名稱和密碼，如下所示：

```
Session["UserName"] = txtUser.Text;
Session["UserPassword"] = txtPass.Text;
```

上述程式碼建立 Session 變數 UserName 和 UserPassword，分別指定成 TextBox 控制項輸入的資料。只要使用者沒有超過交談期或執行 Abandon()方法，在交談期間內執行其他 ASP.NET 網頁，都可以存取上述 Session 變數值，如下所示：

```
name = Session["UserName"].ToString();
password = Session["UserPassword"].ToString();
```

上述程式碼可以取得 Session 變數值，使用 ToString()方法轉換成 string 型態的資料。

Session 物件的常用方法

方法	說明
Abandon()	使用者所建立的 Session 變數都會被清除掉，也就是說再也不能存取 Session 變數值
Remove(string)	刪除指定 Session 變數，參數 string 是 Session 變數的名稱字串

Session 物件的常用屬性

屬性	說明
TimeOut	設定每一個交談期的持續時間，以分鐘計，如果超過時間，Session 變數就會自動刪除
SessionID	取得使用者唯一的 Session 編號，此為唯讀屬性
IsNewSession	檢查是否是新的交談期

ASP.NET 網站：Ch7_5_2

在 ASP.NET 網頁使用 TextBox 控制項輸入使用者名稱與密碼後，建立 Session 變數且轉址至 Default2.aspx，然後在 Default2.aspx 取出和顯示 Session 變數值，其步驟如下所示：

Step 1 請啟動 Visual Studio Community 開啟「範例網站\Ch07\Ch7_5_2」資料夾的 ASP.NET 網站，然後開啟 Default.aspx 網頁且切換至**設計檢視**。

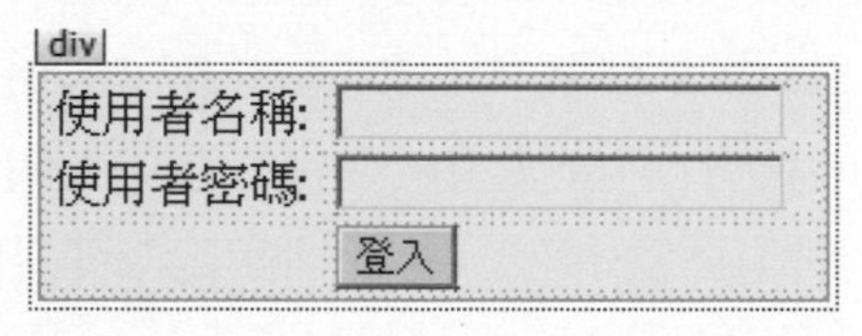

上述 Web 表單上方是 2 個 TextBox 控制項 txtUser 和 txtPass，下方是 Button1 按鈕控制項。

Step 2 在「方案總管」視窗，按二下 **Default2.aspx** 開啟網頁且切換至**設計檢視**，可以看到一個 lblOutput 標籤控制項。

div
[lblOutput]

Step 3 請切換至 **Default.aspx** 的設計檢視，按二下**登入**鈕建立 Button1_Click()事件處理程序。

■ Button1_Click()

```
01: protected void Button1_Click(object sender, EventArgs e)
02: {
03:     // 設定 Session 變數
04:     Session["UserName"] = txtUser.Text;
05:     Session["UserPassword"] = txtPass.Text;
06:     // 轉址到其他 ASP.NET 網頁
07:     Response.Redirect("Default2.aspx");
08: }
```

■ 程式說明

- 第 4~5 列：建立 Session 變數 UserName 和 UserPassword。
- 第 7 列：使用 Response.Redirect()方法轉址到 Default2.aspx。

Step 4 請切換至 **Default2.aspx** 設計檢視，在設計檢視編輯區域<div>標籤之外按二下，可以編輯 Page_Load()事件處理程序。

■ Page_Load()

```
01: protected void Page_Load(object sender, EventArgs e)
02: {
03:     string name, password;
04:     lblOutput.Text = "Session ID:" +
                          Session.SessionID + "<br/>";
05:     if (Session["UserName"] != null)
06:     {
07:         // 取得 Session 變數值
08:         name = Session["UserName"].ToString();
09:         password = Session["UserPassword"].ToString();
10:         // 顯示取得的 Session 變數值
11:         lblOutput.Text += "名稱: " + name + "<br/>";
12:         lblOutput.Text += "密碼: " + password + "<br/>";
13:         Session.Abandon(); // 放棄 Session
14:     }
15: }
```

■ 程式說明

- 第 4 列：顯示 Session ID 值。
- 第 5~14 列：if 條件判斷 Session 變數是否存在，如果存在，就取得 Session 變數 UserName 和 UserPassword 的值。
- 第 11~12 列：顯示 2 個 Session 變數值。
- 第 13 列：執行 Session.Abandon()方法刪除所有 Session 變數。

■ 執行結果

儲存後，在「方案總管」視窗選 Default.aspx，執行「檔案/在瀏覽器中檢視」命令，可以看到執行結果的 ASP.NET 網頁。

在輸入使用者名稱和密碼後，按**登入**鈕，可以轉址至 ASP.NET 網頁 Default2.aspx，如右圖所示：

上述網頁可以看到 Session ID 和 Session 變數傳遞的資料，因為 Default2.aspx 最後執行 Session.Abandon()方法刪除 Session 變數，如果按游標所在**重新整理**鈕，可以看到只顯示 Session ID 值，沒有 Session 變數值，因為 Session 變數已經清除了，如右圖所示：

7-6 Application 物件與 Global.asax 檔案

Application 物件是 Web 應用程式的資料分享物件，每一位使用者執行 ASP.NET 網頁都可以存取 Application 物件建立的變數。

Global.asax 是一個選擇性檔案，可有可無，只有當 Web 應用程式需要使用 Application 和 Session 物件的事件時，我們才需要加入 Global.asax 檔案。

7-6-1 Application 物件與 Global.asax 檔案的基礎

在 ASP.NET 技術的 Web 應用程式擁有一個 Application 物件，針對每一位使用者擁有對應的 Session 物件，如右圖所示：

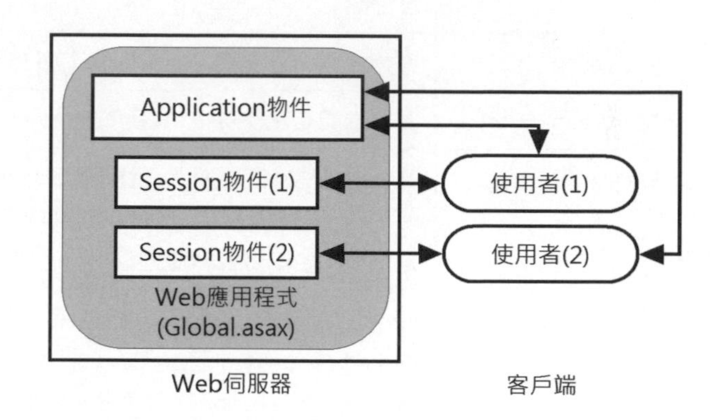

上述圖例的 Web 應用程式擁有一個 Application 物件和 Global.asax 檔案，因為擁有 2 位使用者，所以有對應的 2 個 Session 物件。

Application 物件

Application 物件的主要目的是建立 Application 變數的集合物件，可以提供進入 Web 應用程式的每位使用者一個資料分享的管道。允許客戶端的每位使用者存取 Application 變數，以此例的使用者 1 和 2 都可以存取 Application 變數。

Application 物件存在的期間是在第 1 個 Session 物件建立後產生，直到 Web 伺服器關機、所有使用者都離線後且 Web 應用程式結束，Application 物件才會刪除。

Global.asax 檔案的架構

Global.asax 檔案的內容是 Web 應用程式的 Application_Start()、Application_End()、Session_Start()和 Session_End()等事件處理程序，其說明如下表所示：

事件處理程序	說明
Application_Start()	當第 1 位使用者進入 ASP.NET 網頁時，Application 物件的 Start 事件就觸發，在觸發後，就算有成千上萬位使用者進入網站都不會重新觸發，除非 Web 伺服器關機。我們通常在此程序初始 Application 變數，例如：初始訪客計數
Application_End()	當 Web 伺服器關機，Application 物件的 End 事件就會觸發
Application_Error()	產生未能處理錯誤時，就會觸發 Application 物件的 Error 事件
Session_Start()	當使用者建立交談期時，就觸發 Session 物件的 Start 事件，如果有 50 位使用者，就觸發 50 次事件，每個事件都是獨立觸發，不會互相影響，通常是用來初始使用者專屬的 Session 變數
Session_End()	使用者在預設時間內沒有進入其他 ASP.NET 網頁，就會觸發 Session 物件的 End 事件，時間是由 TimeOut 屬性設定，通常是一些善後用途的程式碼，例如：將 Session 變數值存入資料庫

Global.asax 事件處理程序的執行順序

當使用者請求 ASP.NET 網頁後，就會替每位使用者建立交談期，接著檢查 Web 應用程式是否擁有 Global.asax 檔案。

如果有 Global.asax 檔案，在執行 ASP.NET 程式碼前，如果是第 1 位使用者，就觸發 Application 物件的 Start 事件，執行 Global.asax 檔案的 Application_Start()事件處理程序，接著建立 Session 物件，因為 Global.asax 檔案存在，接著就會執行 Session_Start()事件處理程序。

當交談期超過 TimeOut 屬性的設定（預設 20 分鐘）或執行 Abandon()方法，表示交談期結束，就觸發 Session 物件的 End 事件執行 Session_End()事件處理程式，處理程序是在關閉 Session 物件前執行。

Web 伺服器如果關機，在關閉 Application 物件前就會執行 Application_End()事件處理程序，當然也會結束所有使用者的交談期，和執行所有使用者的 Session_End()事件處理程序。

7-6-2 Application 變數的使用

不論 Web 應用程式有多少位使用者進入，對於每一個 Application 變數，伺服端都只會在伺服器電腦的記憶體保留一份資料，如下所示：

```
Application["Page_Counter"] = 0;
```

上述程式碼是將 Application 變數 Page_Counter 設為零。Application 物件的常用方法有二個，其說明如下表所示：

方法	說明
Lock()	禁止其他使用者修改 Application 變數
Unlock()	允許其他使用者修改 Application 變數

上述方法是為了避免資料存取的衝突情況，因為 2 位使用者如果同時讀取 Application 變數並沒有關係，如果一位更改；一位讀取 Application 變數，在這種情況下衝突就會發生，為了避免這種情況，我們可以使用 Application 方法來保障在同一時間內只允許一位使用者存取 Application 變數，如下所示：

```
Application.Lock();
Application["Page_Counter"] =
    Convert.ToInt32(Application["Page_Counter"]) + 1;
Application.UnLock();
```

上述程式碼存取 Application 變數前，執行 Lock()方法以避免其他使用者更改此變數（如果是讀取就不需要），在使用 Convert.ToInt32()方法轉換成整數後，就可以將 Application 變數 Page_Counter 的值加一，然後即可 Unlock()，以便其他使用者可以更改 Application 變數。

ASP.NET 網站：Ch7_6_2

在 ASP.NET 網頁使用 Application 變數計算所有進入網頁使用者的總次數，其步驟如下所示：

Step 1 請啟動 Visual Studio Community 開啟「範例網站\Ch07\Ch7_6_2」資料夾的 ASP.NET 網站，然後開啟 Default.aspx 網頁且切換至**設計**檢視，可以看到一個 lblOutput 標籤控制項。

div
[lblOutput]

Step 2 請在**設計**檢視編輯區域<div>標籤之外按二下，可以編輯 Page_Load() 事件處理程序。

■ Page_Load()

```
01: protected void Page_Load(object sender, EventArgs e)
02: {
03:     // 初始 Application 變數
04:     if (Application["Page_Counter"] == null)
05:     {
06:         Application.Lock();
07:         // 初始進入次數
08:         Application["Page_Counter"] = 0;
09:         Application.UnLock();
10:     }
11:     Application.Lock();
12:     // 進入網頁的次數加一
13:     Application["Page_Counter"] =
         Convert.ToInt32(Application["Page_Counter"]) + 1;
14:     Application.UnLock();
15:     lblOutput.Text = "所有使用者進入網頁的總次數: " +
                        Application["Page_Counter"];
16: }
```

■ 程式說明

- 第 4~10 列：使用 if 條件檢查 Application 變數是否為 null，如果是，在第 6~9 列初始 Application 變數，之前為 Lock()方法，之後是 Unlock()。

- 第 11~14 列：將 Application 變數 Page_Counter 加一，也使用 Lock()和 Unlock()方法來避免資料衝突。
- 第 15 列：顯示 Application 變數值進入網頁的總次數。

■ **執行結果**

儲存後，在「方案總管」視窗選 Default.aspx，執行「檔案/在瀏覽器中檢視」命令，可以看到執行結果的 ASP.NET 網頁。

在上述網頁按游標所在**重新整理**鈕或啟動另一個瀏覽器執行同一個 ASP.NET 網頁，都可以看到計數的次數增加。

7-6-3 Global.asax 檔案

在 ASP.NET 技術的 Web 應用程式新增 Global.asax 檔案時，請注意！一個 ASP.NET 網站只能擁有唯一的 Global.asax 檔案。

ASP.NET 網站：Ch7_6_3

在 ASP.NET 網頁顯示 Global.asax 檔案事件處理程序的執行過程，擁有 Button 控制項來更新網頁和結束交談期，其步驟如下所示：

Step 1 請啟動 Visual Studio Community 開啟「範例網站\Ch07\Ch7_6_3」資料夾的 ASP.NET 網站，然後開啟 Default.aspx 網頁且切換至**設計**檢視。

上述 Web 表單上方是 lblOutput 標籤控制項;下方是 Button1 和 Button2 按鈕控制項。

Step 2 請在設計檢視按二下**結束 Session** 鈕建立 Button2_Click()事件處理程序,和編輯 Page_Load()事件處理程序。

■ Page_Load()與 Button2_Click()

```
01: protected void Page_Load(object sender, EventArgs e)
02: {
03:     string output = Application["msg"].ToString();
04:     lblOutput.Text = output;
05:     Application["msg"] = ""; // 清除 Application 變數
06:     lblOutput.Text += "載入網頁...<br/>顯示網頁內容...";
07:     if (Session.IsNewSession == true)
08:     {
09:         lblOutput.Text += "<b>新的 Session</b><br/>";
10:     }
11:     else
12:     {
13:         lblOutput.Text += "<b>同一個 Session</b><br/>";
14:     }
15: }
16:
17: protected void Button2_Click(object sender, EventArgs e)
18: {
19:     Session.Abandon(); // 結束 Session
20:     // 轉址至自己
21:     Response.Redirect("Default.aspx");
22: }
```

■ 程式說明

- 第 1~15 列:在 Page_Load()事件處理程序的第 3~4 列顯示 Application 變數值後,在第 5 列清除變數內容。第 7~14 列使用 if 條件檢查 IsNewSession 屬性來判斷是否為新建立的交談期。
- 第 17~22 列:Button2 控制項的 Click 事件處理程序是在第 19 列使用 Abandon()方法結束交談期,第 21 列轉址重新載入自己。

Step 3 請執行「檔案/新增/檔案」命令，可以看到「加入新項目」對話方塊。

Step 4 在中間框捲動找到和選擇**全球應用程式類別**（如果網站已經新增，就不會看到此項目），按**新增**鈕建立 Global.asax 檔案，如下圖所示：

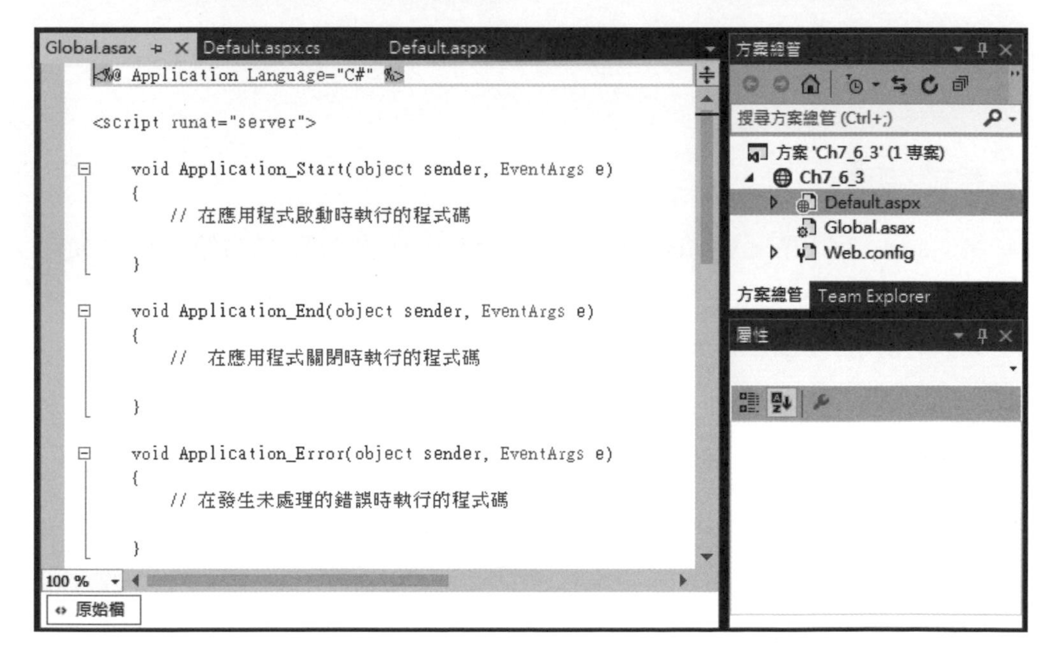

Step 5 在 Global.asax 檔依序輸入 Application_Start()、Application_End()、Session_Start()和 Session_End()事件處理程序的程式碼。

■ Global.asax 的事件處理程序

```
01: void Application_Start(object sender, EventArgs e)
02: {
03:     Application["msg"] = "Application 開始 ==><br/>";
04: }
05:
06: void Application_End(object sender, EventArgs e)
07: {
08:     Application["msg"] += "Application 結束 ==><br/>";
09: }
10:
11: void Application_Error(object sender, EventArgs e)
12: {
13:     // 在發生未處理的錯誤時執行的程式碼
14: }
15:
16: void Session_Start(object sender, EventArgs e)
17: {
18:     Application["msg"] += "Session 開始 ==><br/>";
19: }
20:
21: void Session_End(object sender, EventArgs e)
22: {
23:     Application["msg"] += "Session 結束 ==><br/>";
24: }
```

■ 程式說明

- 第 1~4 列：在 Application_Start()事件處理程序的第 3 列使用 Application 變數 msg 儲存執行訊息，因為執行此程序時尚未載入網頁，所以只能使用 Application 變數儲存執行的訊息文字。
- 第 6~9 列：Application_End()事件處理程序執行時，表示 Application 物件已經結束，事實上，我們並沒有辦法真正儲存第 8 列的訊息文字。
- 第 11~14 列：Application_Error()事件處理程序並沒有使用到。
- 第 16~19 列：Session_Start()事件處理程序是在第 18 列儲存交談期開始的訊息。
- 第 21~24 列：呼叫 Session_End()事件處理程序是因為交談期已經結束，在第 23 列是使用 Application 變數來儲存訊息內容。

■ **執行結果**

儲存後，在「方案總管」視窗選 Default.aspx，執行「檔案/在瀏覽器中檢視」命令，可以看到執行結果的 ASP.NET 網頁。

上述訊息顯示事件處理程序的執行順序首先是 Application 物件的 Start 事件，然後是 Session 物件的 Start 事件。在新的交談期開始後，觸發 Page 物件的 Load 事件載入網頁和顯示網頁內容。

按**結束 Session** 鈕強迫以 Abandon()方法結束交談期，因為重新載入網頁，可以看到交談期結束後，再次建立新交談期，如右圖所示：

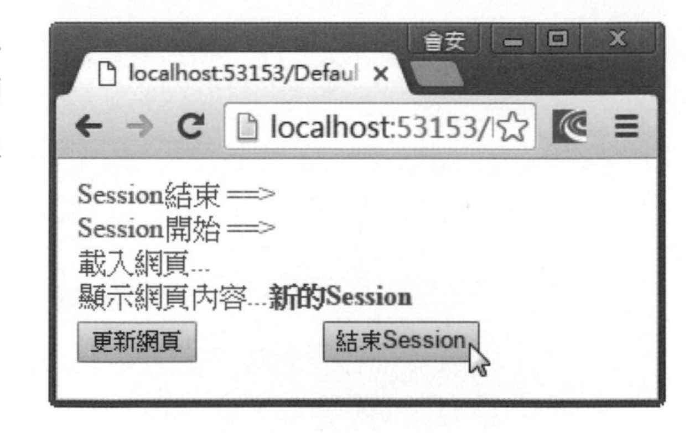

接著按**更新網頁**鈕，因為沒有結束交談期，所以，只看到載入網頁，而且屬於同一個交談期，如右圖所示：

學習評量

選擇題

(　　) 1. 請問在 ASP.NET 網頁新增 Cookie 是使用 Response 物件的哪一個屬性？

A. Cookies　　B. Expires
C. AddCookie　　D. InsertCookie

(　　) 2. 如果需要保留同一頁 ASP.NET 網頁的狀態資訊時，下列哪一種方式是最佳的選擇？

A. Session 變數　　B. ViewState 變數
C. QueryString　　D. C#變數

(　　) 3. 請問在 Web 應用程式使用下列哪一種方法保留個人專屬資料是最佳的選擇？

A. Application 變數　　B. C#變數
C. URL 參數　　D. Session 變數

(　　) 4. 請問下列哪一個關於交談期與 Session 物件的說明是不正確的？

A. 交談期存在的時間就是 Timeout 屬性值
B. 交談期是使用者第一次存取 Web 應用程式時建立
C. 每位使用者擁有專屬的 Session 物件
D. 基本上 Session 物件存在的時間和交談期相同

(　　) 5. 請問如果使用 HTML 超連結的 URL 網址來傳遞 Id 參數至下一頁 ASP.NET 網頁，在 ASP.NET 網頁可以使用下列哪一個程式碼來取得參數值？

A. Request.Form["Id"];
B. Request.Form("Id");
C. Request.QueryString("Id");
D. Request.QueryString["Id"];

簡答題

1. 請說明什麼是 ASP.NET 的狀態管理？並且舉出 3 種建立狀態管理的方式？
2. 以 ASP.NET 狀態管理來說，如果需要儲存單一 ASP.NET 網頁的資訊時，我們可以使用__________；跨兩頁 ASP.NET 網頁使用______________。
3. 請問什麼是 QueryString 集合物件？何謂跨網頁的表單送回？
4. 請簡單說明什麼是 Cookie？有何用途？何謂多鍵 Cookie？
5. 請使用圖例說明 Application 和 Session 物件？什麼是交談期？Application 和 Session 物件的事件觸發過程為何？
6. 請寫出 Global.asax 檔案的基本架構？

實作題

1. 請建立 3 頁 ASP.NET 網頁，這是擁有三個步驟的 Web 表單，在網頁間是使用 Session 變數來傳遞資料，在最後 1 頁 ASP.NET 網頁顯示三步驟輸入或選擇的欄位資料，如下所示：
   - 第一步：輸入使用者名稱和密碼。
   - 第二步：輸入地址、電話和生日。
   - 第三步：選擇個人興趣是看書、打電腦或運動。
2. 請將實作題 1 改為使用 Cookie 來傳遞三個步驟的欄位資料。
3. 請改寫實作題 1，使用跨網頁的表單送回來傳遞三個步驟的欄位資料。
4. 請建立 2 頁 ASP.NET 網頁，在第 1 頁 Web 表單輸入電子郵件地址和密碼後，使用多鍵 Cookie 儲存輸入的電子郵件地址和密碼資料，在第 2 頁 ASP.NET 網頁取得 Cookie 值，並且提供 Button 控制項來刪除 Cookie。
5. 請在 Global.asax 檔案的 Session_Start()事件處理程序建立 Session 變數 LoginTime 來記錄使用者的登入時間，然後建立 ASP.NET 網頁顯示使用者的登入時間。

Memo

08

ADO.NET 元件與資料繫結

本章學習目標

8-1 資料庫的基礎

「資料庫」(Database)是公司行號或家庭電腦化的推手，眾多出勤管理系統、倉庫管理系統、進銷存系統或小至錄影帶店管理系統，這些應用程式系統都屬於不同應用的資料庫系統。

8-1-1 資料庫系統

一般來說，我們所泛稱的資料庫，正確的說只是「資料庫系統」(Database System)的一部分，資料庫系統是由資料庫(Database)和「資料庫管理系統」(Database Management System，DBMS)組成，如下圖所示：

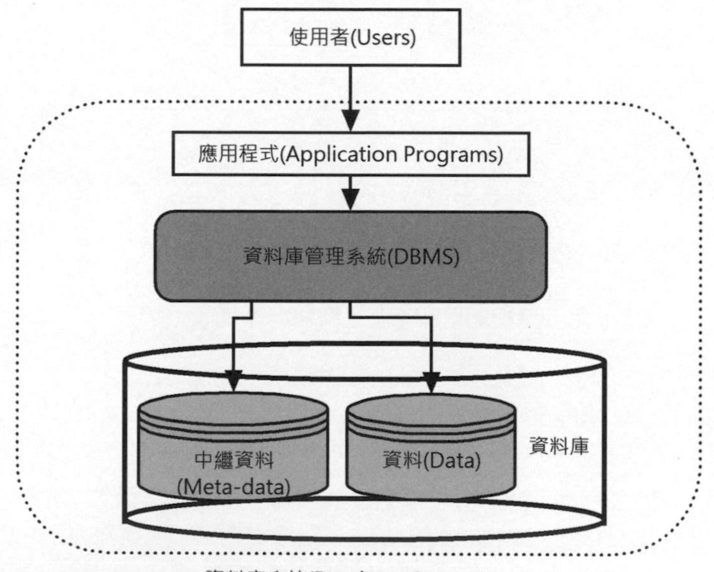

上述圖例的資料庫管理系統是一些程式模組，可以定義、建立、維護資料庫和控制資料庫的存取，在資料庫儲存的資料包括：資料和資料本身的定義，即資料本身的描述資料，稱為「中繼資料」(Meta-data，The data about data)。

對於資料庫使用者來說，只需執行應用程式，下達資料庫語言的指令(常用的是 SQL 結構化查詢語言，進一步說明請參閱<第 9-1 節>和<第 9-2 節>)，即可透過資料庫管理系統存取資料庫儲存的資料。

8-1-2 關聯式資料庫

目前市場的主流是「關聯式資料庫管理系統」（Relational Database Management System），例如：Access、MySQL、SQL Server 和 Oracle 等，可以用來管理關聯式資料庫。

關聯式資料庫

關聯式資料庫（Relational Database）是由一個或多個資料表組成，在多個資料表之間使用欄位的資料值來建立連接，以便實作資料表之間的關聯性。

在關聯式資料庫是使用二維表格的資料表來儲存記錄資料，在各資料表之間使用欄位值建立關聯性，透過關聯性來存取其他資料表的資料。例如：使用**學號**欄位值建立兩個資料表之間的關聯性，如下圖所示：

學號	姓名	電話	生日
S0201	周傑倫	02-11111111	1973/10/3
S0202	林俊傑	02-22222222	1978/2/2
S0203	張振嶽	03-33333333	1982/3/3
S0204	許慧幸	03-44444444	1981/4/4

學號	課程編號	課程名稱	學分
S0201	CS302	專題製作	2
S0202	CS102	資料庫系統	3
S0202	CS104	程式語言(1)	3
S0203	CS201	區域網路實務	3
S0203	CS102	資料庫系統	3
S0203	CS301	專案研究	2
S0204	CS301	專案研究	2

關聯式資料庫的組成：資料表、記錄與欄位

關聯式資料庫是使用「資料表」（Tables）的二維表格來儲存資料，每一個資料表使用「欄位」（Fields）分類成很多群組，每一個群組是一筆「記錄」（Records），例如：通訊錄資料表，如下表所示：

編號	姓名	地址	電話	生日	電子郵件地址
1	陳會安	新北市五股區成泰路一段1000號	02-11111111	1977/9/3	hueyan@ms2.hinet.net
2	江小魚	新北市中和區景平路1000號	02-22222222	1978/2/2	jane@ms1.hinet.net
3	劉得華	桃園市三民路1000號	02-33333333	1982/3/3	lu@tpts2.seed.net.te
4	郭富成	台中市中港路三段500號	03-44444444	1981/4/4	ko@gcn.net.tw
5	離明	台南市中正路1000號	04-55555555	1978/5/5	light@ms11.hinet.net
6	張學有	高雄市四維路1000號	05-66666666	1979/6/6	geo@ms10.hinet.net
7	陳大安	台北市羅斯福路1000號	02-99999999	1979/9/9	an@gcn.net.tw

上述表格資料是一個資料表的記錄資料，表格的每一列是一筆記錄的群組，這個群組分成欄位：編號、姓名、地址、電話、生日和電子郵件地址，一個資料庫可以擁有多個資料表。

資料表可以使用「索引」（Index）將資料系統化的整理，以便在大量資料中快速找到所需資料或進行排序。例如：在通訊錄資料表使用編號欄位建立主索引鍵，或稱為「主鍵」（Primary Key），如此就可以透過編號來加速資料表記錄的搜尋和排序。

8-2 ASP.NET 網頁資料庫

ASP.NET 技術的主要目的是**建立 Web 網站**，大部分 ASP.NET 建立的網站都屬於網頁資料庫的應用，在伺服端有提供資料來源的資料庫系統。

8-2-1 ASP.NET 與資料庫

ASP.NET 技術的 Web 應用程式是一種**「資料驅動 Web 應用程式」**（Data-driven Web Applications），網頁實際內容是分開儲存成外部資料，當存取時才動態整合出最新的網頁內容。

資料庫就是 Web 應用程式最常使用的外部資料來源，所以，大部分 ASP.NET 建立的資料驅動 Web 應用程式，就是一種資料庫驅動 Web 應用程式（Database-driven Web Application），也稱為**網頁資料庫**（Web Database）。

網頁資料庫是一種結合前端 HTML 網頁或 Web 表單使用介面，配合後端 Web 伺服器和資料庫系統的應用程式架構，如下圖所示：

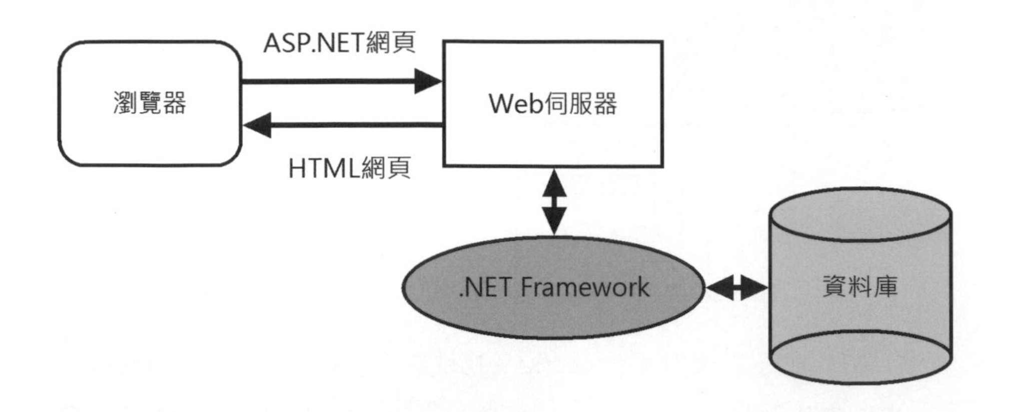

當上述瀏覽器請求 ASP.NET 網頁時，Web 伺服器就在編譯後，執行 ASP.NET 網頁程式碼來取得資料庫的記錄資料，以便整合產生 HTML 網頁內容，這就是最後傳回瀏覽器顯示的執行結果。

事實上，在 Web 舞台的資料庫扮演的角色並沒有改變，主要功能仍然是儲存和查詢資料，只是資料庫使用介面改為 HTML 網頁或 Web 表單。

8-2-2 ADO.NET 的基礎

ADO.NET 是**微軟資料存取技術**，可以在 .NET Framework 平台存取資料，ADO.NET 提供一致的物件模型來存取和編輯資料來源的資料。簡單的說，就是提供一致的資料處理方式，至於資料來源並不限資料庫，幾乎任何資料來源都可以。

ADO.NET 的物件模型

ADO.NET 主要類別物件有：Connection、Command、DataReader 和 DataSet，其物件模型如下圖所示：

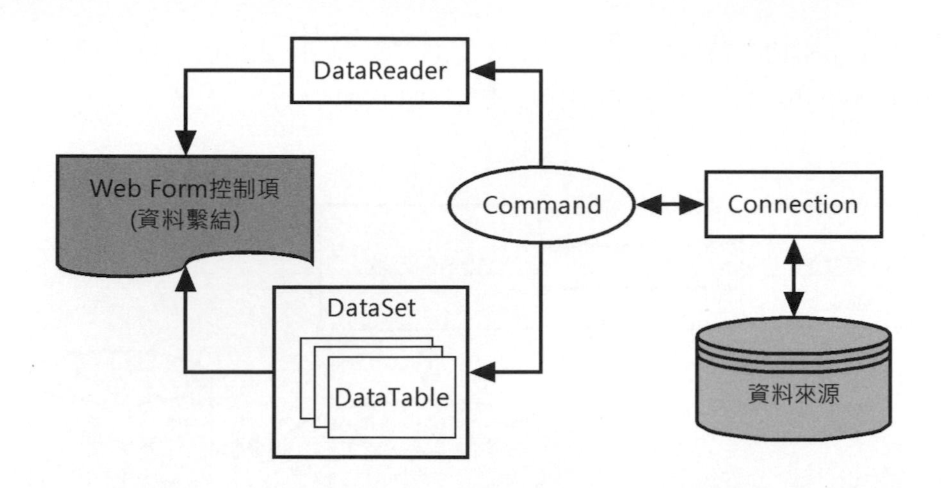

上述 ADO.NET 使用 Connection 物件建立與資料來源的資料連接，然後使用 Command 物件執行指令來取得資料來源的資料，以關聯式資料庫來說，就是執行 SQL 指令敘述。

在取得資料來源的資料後，我們可以使用 DataReader 物件讀取或填入 DataSet 物件，最後使用資料繫結在 Web 控制項顯示記錄資料。ADO.NET 主要物件的簡單說明，如下表所示：

物件	說明
Connection	建立與資料來源之間的連接
Command	對資料來源執行指令，以資料庫來說，就是**執行 SQL 指令敘述**
DataReader	針對資料來源使用 Command 物件執行指令，可以取得唯讀 (Read-Only) 和只能向前 (Forward-Only) 的串流資料，每一次只能從資料來源讀取一列資料 (即一筆) 儲存到記憶體，所以執行效率非常高
DataSet 和 DataTable	DataSet 物件是由 DataTable 物件組成的集合物件，DataSet 物件代表儲存在記憶體的資料庫，每一個 DataTable 儲存一個資料表的記錄資料，而且可以設定資料表之間的關聯性 (Relationship)
DataAdapter	這是 DataSet 和 Connection 資料庫連接物件之間的橋樑，可以將記錄資料填入 DataSet 物件

在 ASP.NET 網頁可以撰寫 **C# 程式碼**，使用上述 **ADO.NET 物件**建立網頁資料庫；另一種比較簡單的方法是使用資料控制項（Data Controls），以**宣告方式**建立 ASP.NET 技術的網頁資料庫。

ADO.NET 的命名空間

ADO.NET 類別分屬數個命名空間，在 ASP.NET 網頁需要匯入指定命名空間，才能使用 ADO.NET 類別來存取資料庫。主要命名空間的說明，如下表所示：

命名空間	說明
System.Data	提供 DataSet、DataTable、DataRow、DataColumn 和 DataRelation 類別，可以將資料庫的記錄資料儲存到記憶體
System.Data.OleDb	OLE DB 的.NET 提供者，提供 OleDbCommand、OleDbConnection、OleDbDataReader 類別來處理 OLE DB 資料來源的資料庫
System.Data.SqlClient	SQL 的 .NET 提供者，提供 SqlCommand、SqlConnection、SqlDataReader 類別來處理微軟 Microsoft SQL Server 7.0 以上版本的資料庫

上表 System.Data.OleDb 和 System.Data.SqlClient 命名空間的類別名稱相同，只有字頭不同，分別為 OleDb 和 Sql。微軟之所以分成兩組類別，主要目的是提供一組最佳化 SQL Server 資料庫存取的類別。

8-2-3 ASP.NET 資料控制項

在舊版 ASP.NET 1.0/1.1 版存取資料庫只能使用 ADO.NET 元件，以程式碼連接、開啟、操作和顯示資料表的記錄資料。從 ASP.NET 2.0 版開始，我們可以使用資料控制項（Data Controls）建立網頁資料庫，而不用撰寫任一行程式碼。

資料控制項依功能可以分為：**資料來源控制項**和**資料邊界控制項**。

資料來源控制項

資料來源控制項（DataSource Controls）是 ASP.NET 2.0 版開始支援的控制項，可以使用**宣告方式存取資料來源的資料**。例如：宣告資料來源是 SQL Server 資料庫和指定相關屬性後，就可以存取資料庫的記錄資料。

事實上，資料來源控制項的背後就是 ADO.NET 元件的 DataSet、DataReader、Connection 和 Command 物件，ASP.NET 只是改為宣告的控制項標籤，可以讓我們不用撰寫任何一行程式碼，只需指定相關屬性值，就可以輕鬆存取資料來源的資料。

所以，資料來源控制項是**將程式碼封裝成伺服端控制項**，只需宣告資料來源和指定相關屬性，就可以存取資料表的記錄資料。ASP.NET 提供多種資料來源控制項，其說明如下表所示：

資料來源控制項	說明
SqlDataSource	存取關聯式資料庫的資料來源。可以是 SQL Server，Access 和 Oracle 等，如果使用 SQL Server，控制項自動使用 **SqlClient** 類別來最佳化資料庫存取
AccessDataSource	存取微軟 Access 資料庫，屬於 SqlDataSource 控制項的特別版本
XmlDataSource	存取 XML 文件的資料來源，請參閱<第 12 章>
SiteMapDataSource	建立網站地圖的唯讀資料來源，請參閱<第 12 章>
ObjectDataSource	存取類別物件的資料來源，可以在多層架構存取**中間層**的資料來源
LinqDataSource	使用 LINQ (Language-Integrated Query) 從資料物件存取和修改資料，請參閱<第 15 章>
EntityDataSource	存取實體資料模型 (EDM) 的資料來源，請參閱<第 15 章>

資料邊界控制項

資料邊界控制項（DataBound Controls）也稱為**資料顯示與維護控制項**，它是使用者和資料來源之間的橋樑，可以將資料來源取得的資料呈現給使用者檢視或編輯。這是一種現成的資料顯示和維護介面，可以將資料來源所取得的資料編排成瀏覽器顯示的網頁內容。

換句話說，透過資料邊界控制項，我們不用自行撰寫 HTML 標籤、程式碼或建立控制項來編排資料來源取得的資料，現在只需新增資料邊界控制項且指定相關屬性，就可以快速建立漂亮的資料編排效果，而且支援資料編輯功能，可以新增、更新和刪除資料來源的資料。

資料邊界控制項依資料本身的性質和顯示方式，可以分為數種類別的控制項，其簡單說明如下所示：

- **表格顯示控制項**：這類控制項可以建立傳統 HTML 表格顯示外觀，讓我們使用一列一筆記錄方式來顯示資料表的記錄資料，而且提供分頁功能，例如：GridView、DataList 和 ListView 控制項。

- **單筆顯示控制項**：此類控制項是顯示單筆記錄，如同一疊卡片，在每一張卡片顯示一筆記錄，並且提供巡覽功能可以顯示指定卡片，或前一張和後一張卡片的記錄資料，例如：DetailsView 和 FormView 控制項。
- **選擇功能控制項**：即清單控制項的 DropDownList 和 ListBox 控制項等，不只支援簡單資料繫結，也支援從資料來源控制項取得項目資料。
- **樹狀結構控制項**：這類控制項是用來顯示階層結構資料，特別是針對 XML 文件的資料來源，例如：TreeView 和 Menu 控制項。

關於資料邊界控制項 GridView、DataList、ListView、DetailsView 和 FormView 的進一步說明，請參閱<第 10 章>；樹狀結構的 TreeView 和 Menu 控制項請參閱<第 12 章>。

8-2-4 將資料庫加入 ASP.NET 網站

對於 ASP.NET 網站使用的資料庫來說，SQL Server Express 版可以建立兩種類型的資料庫，其說明如下所示：

- **伺服器資料庫**(Server Database)：伺服器資料庫是屬於伺服器，所以，在伺服器上執行的應用程式都可以存取此資料庫。不過，Visual Studio Community 並沒有安裝完整 SQL Server Express 版，只有 SQL Server Express LocalDB，我們需要自行安裝 SQL Server Express 版來建立伺服器資料庫。

> **說明**
>
> SQL Server Express LocalDB 是一個執行模式的 SQL Server Express 版，提供最少安裝檔案與設定，屬於一種檔案型資料庫(不用啟動資料庫伺服器，就可以使用資料庫)，主要是針對應用程式開發提供 SQL Server 資料庫的支援，用來取代舊版 SQL Server 的使用者執行個體(User Instances)。

- **SQL Server 資料庫檔**(SQL Server Database File)：SQL Server 資料庫檔案就是使用 SQL Server Express LocalDB(預設資料庫引擎)，它是建立在名為「\App_Data」子資料夾的資料庫檔案。在本書 ASP.NET 網站都是使用 SQL Server 資料庫檔來建立網頁資料庫。

因為 SQL Server 資料庫檔是一個屬於 ASP.NET 網站的資料庫檔案，在部署網站時，它比伺服器資料庫擁有更大的彈性，因為我們只需複製副檔名為 .mdf 的 SQL Server 資料庫至「\App_Data」資料夾下，即可馬上在 ASP.NET 網頁存取資料庫。

ASP.NET 網站：Ch8_2_4

請將附錄 B 建立的 SQL Server 資料庫 School.mdf 加入 ASP.NET 網站的「App_Data」子資料夾，其步驟如下所示：

Step 1 請啟動 Visual Studio Community 開啟「範例網站\Ch08\Ch8_2_4」資料夾的 ASP.NET 網站，並且開啟「方案總管」視窗。

Step 2 在「方案總管」視窗的網站上，執行右鍵快顯功能表的「加入/加入 ASP.NET 資料夾/App_Data」命令建立 **App_Data** 資料夾，如右圖所示：

Step 3 選 **App_Data** 資料夾，執行右鍵快顯功能表的「加入/現有項目」命令，可以看到「加入現有項目」對話方塊。

Step 4 請切換至「範例網站\Ch08」資料夾，類型是 Data Files，選 **School.mdf** 資料庫，按**加入**鈕，可以將資料庫加入 ASP.NET 網站。

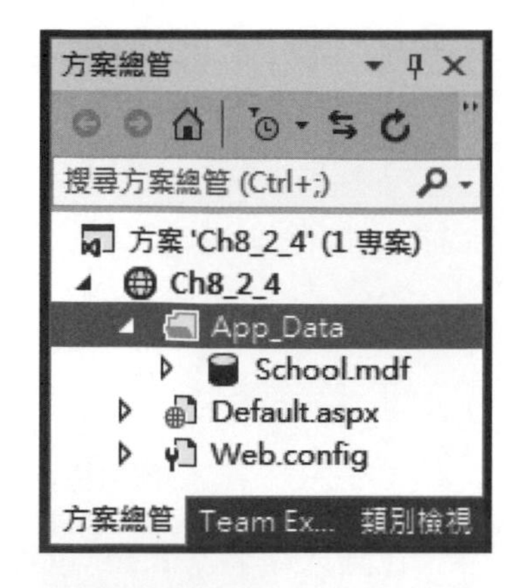

Step 5 在左邊選**伺服器總管**標籤開啟「伺服器總管」視窗，展開資料庫（選取即可自動建立連接），可以看到 School.mdf 資料庫擁有 4 個資料表，如右圖所示：

8-3 ADO.NET 的 DataReader 物件

在 ASP.NET 程式碼可以使用 ADO.NET 元件的 DataReader 或 DataSet 物件取得記錄資料。因為本書<第 9 章>才會詳細說明 SQL 查詢指令，所以，在本章範例都是使用同一個 SQL 指令，如下所示：

```
SELECT * FROM Students
```

上述 SQL 指令 SELECT 並沒有 WHERE 子句的任何條件，查詢結果可以取得資料表 Students 的所有記錄和欄位資料。

8-3-1 開啟 DataReader 物件

DataReader 物件是使用類似**檔案串流**方式來讀取記錄資料，**只能讀取**，並不能插入、刪除和更新記錄資料。在 ASP.NET 程式的**類別檔開頭需要匯入命名空間**，SQL Server 匯入的命名空間，如下所示：

```
using System.Data;
using System.Data.SqlClient;
```

在匯入命名空間後，就可以使用 ADO.NET 物件存取資料庫的記錄資料，其步驟如下所示：

步驟一：建立 Connection 物件

在 ASP.NET 網頁建立 Connection 物件，首先宣告 SqlConnection 物件變數 objCon，如下所示：

```
objCon = new SqlConnection(strDbCon);
objCon.Open(); // 開啟資料庫連接
```

上述程式碼使用 new 運算子和建構子建立名為 objCon 的 SqlConnection 物件，strDbCon 變數值是 SQL Server 資料庫連接字串，如下所示：

```
strDbCon = "Data Source=(LocalDB)\\MSSQLLocalDB;" +
     "AttachDbFilename=" +
     Server.MapPath("App_Data\\School.mdf") +
     ";Integrated Security=True";
```

上述資料庫連接字串的 Data Source 屬性是 SQL Server Express LocalDB，使用「\\」逸出字元表示「\」字元，AttachDbFilename 屬性是資料庫名稱，副檔名為 .mdf，最後 Integrated Security 屬性值 True 表示使用 Windows 驗證。

步驟二：開啟資料庫連接

在建立 Connection 物件後，可以使用 Open()方法開啟資料庫連接，如下所示：

```
objCon.Open();
```

上述程式碼使用名為 objCon 的 Connection 物件開啟資料庫連接。

步驟三：建立 Command 物件

在建立和開啟 Connection 物件後，就可以使用 SQL 指令和 Connection 物件作為參數來建立 Command 物件，如下所示：

```
strSQL = "SELECT * FROM Students";
objCmd = new SqlCommand(strSQL, objCon);
```

上述程式碼使用 new 運算子和建構子建立 Command 物件，第 2 個參數是開啟的資料庫連接物件，表示向此資料來源執行第 1 個參數的 SQL 指令敘述。

步驟四：執行 SQL 指令敘述查詢資料表

接著使用 Command 物件的 ExecuteReader()方法執行 SQL 查詢指令，如下所示：

```
objDR = objCmd.ExecuteReader();
```

上述程式碼取得 DataReader 物件 objDR，讀者可以想像它是開啟一個資料庫的檔案串流。

步驟五：讀取記錄資料

DataReader 物件是一種資料串流，在 ASP.NET 網頁可以使用 objDR.HasRows 屬性判斷是否有記錄資料，如果有就是 true，然後使用 while 迴圈讀取資料表的記錄資料，如下所示：

```
while (objDR.Read())
{
    lblOutput.Text += objDR["sid"] + " - ";
    lblOutput.Text += objDR["name"] + " - ";
    lblOutput.Text += objDR["tel"] + "<br/>";
}
```

上述迴圈條件是 Read()方法，每執行一次就讀取下一筆記錄，也就是將記錄指標移到下一筆，如果有下一筆記錄，傳回 true；否則為 false，當 Read()方法傳回 false，表示已經讀到最後一筆記錄之後，資料表已經沒有記錄資料。

DataReader 物件本身是一種**欄位**的集合物件，可以使用欄位名稱來取得欄位值，取得的資料型別就是資料庫欄位的資料型別。

步驟六：關閉 DataReader 和資料庫連接

在完成後需要關閉 DataReader 串流物件和資料庫連接，如下所示：

```
objDR.Close();
objCon.Close();
```

上述程式碼使用 Close()方法關閉 DataReader 和 Connection 物件。

ASP.NET 網站：Ch8_3_1

在 ASP.NET 網頁取得 Students 資料表的 DataReader 物件後，以清單方式顯示資料表的記錄資料，不過，只有顯示學號、姓名和電話三個欄位，其步驟如下所示：

Step 1 請啟動 Visual Studio Community 開啟「範例網站\Ch08\Ch8_3_1」資料夾的 ASP.NET 網站，然後開啟 Default.aspx 網頁且切換至**設計**檢視。

div
[lblOutput]

上述 Web 表單擁有名為 lblOutput 的標籤控制項，網站已經加入 School.mdf 資料庫。

Step 2 請在**設計**檢視編輯區域<div>標籤之外按二下，可以編輯 Page_Load()事件處理程序。在類別宣告外加上**匯入**存取 SQL Server Express 資料庫命名空間的程式碼，如下所示：

```
using System.Data;
using System.Data.SqlClient;
```

Step 3 然後輸入 Page_Load()事件處理程序的程式碼。

■ Page_Load()

```
01: protected void Page_Load(object sender, EventArgs e)
02: {
03:     SqlConnection objCon;
04:     SqlCommand objCmd;
05:     SqlDataReader objDR;
06:     string strDbCon, strSQL;
07:     // 資料庫連接字串
08:     strDbCon = "Data Source=(LocalDB)\\MSSQLLocalDB;" +
09:                "AttachDbFilename=" +
10:                Server.MapPath("App_Data\\School.mdf") +
11:                ";Integrated Security=True";
12:     // 建立 Connection 物件
13:     objCon = new SqlConnection(strDbCon);
14:     objCon.Open(); // 開啟資料庫連接
15:     strSQL = "SELECT * FROM Students";
16:     // 建立 Command 物件的 SQL 指令
17:     objCmd = new SqlCommand(strSQL, objCon);
18:     // 取得 DataReader 物件
19:     objDR = objCmd.ExecuteReader();
20:     if (objDR.HasRows)
21:     {
22:         lblOutput.Text = "資料表記錄: <hr/>";
23:         // 顯示資料表的記錄
24:         while (objDR.Read())
25:         {
26:             lblOutput.Text += objDR["sid"] + " - ";
27:             lblOutput.Text += objDR["name"] + " - ";
28:             lblOutput.Text += objDR["tel"] + "<br/>";
29:         }
30:     }
31:     else
```

next

```
32:        {
33:            lblOutput.Text = "資料表中沒有記錄資料!";
34:        }
35:        objDR.Close(); // 關閉 DataReader
36:        objCon.Close(); // 關閉資料庫連接
37: }
```

■ 程式說明

- 第 8~11 列:建立資料庫連接字串。
- 第 13~14 列:建立和開啟 Connection 物件。
- 第 17 列:建立 Command 物件,參數是 Connection 物件和 SQL 指令字串。
- 第 19 列:使用 Command 物件的 ExecuteReader()方法取得 DataReader 物件。
- 第 20~34 列:使用 if/else 條件判斷是否有記錄,然後使用 while 迴圈,以 Read()方法讀取資料表的每一筆記錄,在第 26~28 列顯示記錄的欄位值,只顯示其中 3 個欄位。
- 第 35~36 列:關閉 DataReader 串流物件和資料庫連接。

■ 執行結果

儲存後,在「方案總管」視窗選 Default.aspx,執行「檔案/在瀏覽器中檢視」命令,可以看到執行結果的 ASP.NET 網頁,顯示資料表的記錄資料。

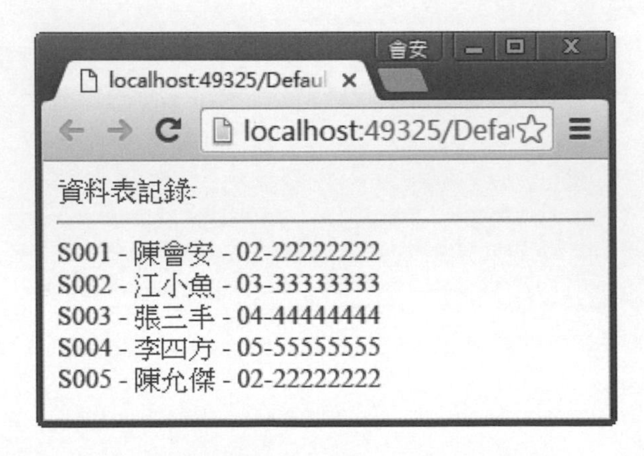

8-3-2 Command 物件的 Execute()方法

在 ADO.NET 元件的 Command 物件提供三種 Execute()方法來執行 SQL 指令敘述，其說明如下表所示：

Execute()方法	說明
ExecuteNonQuery()	執行 SQL 指令但不傳回任何資料，通常是執行資料庫操作指令 INSERT、DELETE 和 UPDATE
Execute Scalar()	執行 SQL 指令從資料表取得 1 個欄位資料，如果是多筆記錄，就是第 1 筆記錄的第 1 個欄位值
ExecuteReader()	執行 SQL 指令傳回 DataReader 物件

上表 ExecuteReader()方法在<第 8-3-1 節>已經說明過，ExecuteNonQuery()方法可以執行 SQL 語言的資料庫操作，詳見<第 9-4-2 節>的說明。在這一節筆者準備說明 ExecuteScalar()方法，可以取得資料表指定記錄的單一欄位值，如下所示：

```
lblOutput.Text = "查詢結果: " + objCmd.ExecuteScalar();
```

上述程式碼執行 Command 物件 objCmd 的 SQL 指令，如果傳回值不只一個。例如：SQL 指令如果是查詢多筆記錄，取得的是第 1 筆記錄的第 1 個欄位。

ASP.NET 網站：Ch8_3_2

在 ASP.NET 網頁使用 Command 物件的 ExecuteScalar()方法執行 SQL 指令敘述，在 TextBox 控制項輸入 SQL 指令，按**查詢單一欄位值**鈕可以取得單一欄位值，其步驟如下所示：

Step 1 請啟動 Visual Studio Community 開啟「範例網站\Ch08\Ch8_3_2」資料夾的 ASP.NET 網站，然後開啟 Default.aspx 網頁且切換至**設計**檢視。

div
SQL 指令: SELECT * FROM Students
查詢單一欄位值
[lblOutput]

上述 Web 表單擁有名為 txtSQL 的 TextBox 控制項，下方是 Button1 按鈕和 lblOutput 標籤控制項，網站已經加入 School.mdf 資料庫。

Step 2 請按二下名為**查詢單一欄位值**的 Button1 控制項建立 Button1_Click() 事件處理程序，和在類別宣告外加上匯入存取 SQL Server Express 資料庫命名空間的程式碼，如下所示：

```
using System.Data;
using System.Data.SqlClient;
```

Step 3 然後輸入 Button1_Click()事件處理程序的程式碼。

■ Button1_Click()

```
01: protected void Button1_Click(object sender, EventArgs e)
02: {
03:     SqlConnection objCon;
04:     SqlCommand objCmd;
05:     string strDbCon;
06:     // 資料庫連接字串
07:     strDbCon = "Data Source=(LocalDB)\\MSSQLLocalDB;" +
08:                "AttachDbFilename=" +
09:                Server.MapPath("App_Data\\School.mdf") +
10:                ";Integrated Security=True";
11:     // 建立 Connection 物件
12:     objCon = new SqlConnection(strDbCon);
13:     objCon.Open(); // 開啟資料庫連接
14:     // 建立 Command 物件的 SQL 指令
15:     objCmd = new SqlCommand(txtSQL.Text, objCon);
16:     // 使用 ExecuteScalar 執行 SQL 指令
17:     lblOutput.Text = "查詢結果: " + objCmd.ExecuteScalar();
18:     objCon.Close(); // 關閉資料庫連接
19: }
```

■ 程式說明

- 第 15~17 列：建立 Command 物件，使用 ExecuteScalar()方法執行 SQL 指令，其傳回值是顯示在 Label 控制項。

■ 執行結果

儲存後，在「方案總管」視窗選 Default.aspx，執行「檔案/在瀏覽器中檢視」命令，可以看到執行結果的 ASP.NET 網頁。

在上述網頁輸入的 SQL 指令會查詢多筆記錄和欄位，所以傳回第 1 筆記錄的第 1 個欄位，即 sid 欄位值。等到<第 9-2 節>說明 SQL 查詢指令後，我們可以加入 WHERE 子句輸入查詢單一欄位和單筆記錄的 SQL 指令敘述。

8-4 ADO.NET 的 DataSet 物件

DataSet 物件是由 DataTable 物件組成的集合物件，每一個 DataTable 物件是一個資料表，它就是儲存在記憶體中的資料庫。

8-4-1 DataSet 物件的基礎

DataSet 物件是由 DataTable 物件組成，**DataSet** 物件相當於是**資料庫**；**DataTable** 物件就是**資料表**。

DataTable 物件是以表格來儲存資料表的記錄資料，可以使用列或欄來處理，即使用 DataRowCollection 和 DataColumnCollection 集合物件。在集合物件的每一個 DataRow 物件是一列，也就是一筆記錄，每一個 DataColumn 物件是一欄，如右圖所示：

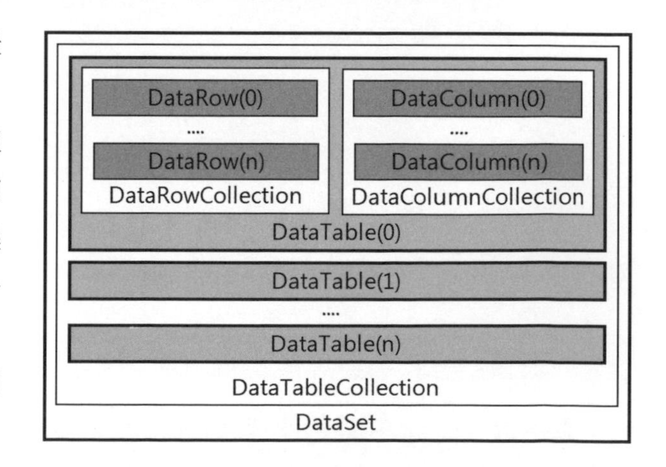

上述圖例的 DataSet 和 DataTable 類別屬於 **System.Data 命名空間**。在 ASP.NET 網頁是使用 **DataAdapter** 類別的 **Fill()**方法將資料表的記錄資料填入 DataSet 物件，也就是存入資料表的 DataTable 物件。

8-4-2 將記錄填入 DataSet 物件

在 DataSet 物件處理的是儲存在記憶體的記錄資料，換句話說，我們需要先將記錄資料填入 DataSet 物件。

ASP.NET 程式碼在建立資料庫連接後，就可以使用 DataAdapter 物件的方法將記錄資料填入 DataSet 物件，其步驟如下所示：

步驟一：建立與開啟 Connection 物件

首先使用 Connection 物件建立資料連接物件 objCon 後，使用 Open()方法開啟資料來源，如下所示：

```
objCon = new SqlConnection(strDbCon);
objCon.Open();
```

步驟二：建立 DataAdapter 物件

DataSet 物件是使用 **DataAdapter 物件**取得記錄資料，此物件是 DataSet 與 Connection 物件資料來源之間的橋樑，可以呼叫方法將記錄資料填入 DataSet 物件，如下所示：

```
strSQL = "SELECT * FROM Students";
objDataAdapter = new SqlDataAdapter(strSQL, objCon);
```

上述程式碼建立 DataAdapter 物件，第 1 個參數是取得記錄資料的 SQL 查詢指令，第 2 個參數是開啟的 Connection 物件。

步驟三：建立 DataSet 物件填入記錄資料

接著建立 DataSet 物件，將取得的記錄資料填入 DataSet 物件，如下所示：

```
DataSet objDataSet = new DataSet();
objDataAdapter.Fill(objDataSet, "Students");
```

上述程式碼建立 DataSet 物件後，使用 DataAdpater 物件的 Fill()方法將 SQL 指令的查詢結果填入第 1 個參數的 DataSet 物件。更正確的說，就是新增 DataTable 物件，第 2 個參數是 DataTable 物件的別名。

步驟四：顯示 DataTable 物件的所有記錄

在使用 DataAdapter 物件將資料表記錄填入 DataSet 物件後，就可以使用別名取得指定的 DataTable 物件，然後使用 foreach 迴圈取出 DataTable 物件 Rows 屬性的每一個 DataRow 物件，也就是每一筆記錄，如下所示：

```
foreach (DataRow objRow in objDataSet.Tables["Students"].Rows)
{
    lblOutput.Text += objRow["sid"] + " - ";
    lblOutput.Text += objRow["name"] + " - ";
    lblOutput.Text += objRow["tle"] + " - ";
    lblOutput.Text += objRow["birthday"] + "<br/>";
}
```

上述 forecah 迴圈顯示每一個 DataRow 物件的欄位資料，括號內是欄位名稱字串：sid、name、tel 和 birthday。

步驟五：關閉資料庫連接

最後使用 Close()方法關閉資料庫連接，以此例的 Connection 物件為 objCon，如下所示：

```
objCon.Close();
```

ASP.NET 網站：Ch8_4_2

在 ASP.NET 網頁取得 Students 資料表的 DataSet 物件後，使用清單方式顯示資料表的記錄資料，其步驟如下所示：

Step 1 請啟動 Visual Studio Community 開啟「範例網站\Ch08\Ch8_4_2」資料夾的 ASP.NET 網站，然後開啟 Default.aspx 網頁且切換至**設計**檢視。

div
[lblOutput]

上述 Web 表單擁有名為 lblOutput 的標籤控制項，網站已經加入 School.mdf 資料庫。

Step 2 請在**設計**檢視編輯區域<div>標籤之外按二下，就可以編輯 Page_Load()事件處理程序，和在類別宣告外加上匯入存取 SQL Server Express 資料庫命名空間的程式碼，如下所示：

```
using System.Data;
using System.Data.SqlClient;
```

Step 3 然後輸入 Page_Load()事件處理程序的程式碼。

■ Page_Load()

```
01: protected void Page_Load(object sender, EventArgs e)
02: {
03:     SqlConnection objCon;
04:     SqlDataAdapter objDataAdapter;
05:     string strDbCon, strSQL;
06:     // 資料庫連接字串
07:     strDbCon = "Data Source=(LocalDB)\\MSSQLLocalDB;" +
08:                "AttachDbFilename=" +
09:                Server.MapPath("App_Data\\School.mdf") +
10:                ";Integrated Security=True";
11:     // 建立 Connection 物件
12:     objCon = new SqlConnection(strDbCon);
13:     objCon.Open(); // 開啟資料庫連接
14:     // 建立 DataAdapter 物件的 SQL 指令
15:     strSQL = "SELECT * FROM Students";
16:     objDataAdapter = new SqlDataAdapter(strSQL, objCon);
17:     // 填入 DataSet 物件
18:     DataSet objDataSet = new DataSet();
19:     objDataAdapter.Fill(objDataSet, "Students");
```

next

```
20:     lblOutput.Text = "資料表記錄: <hr/>";
21:     foreach (DataRow objRow in
                    objDataSet.Tables["Students"].Rows)
22:     {
23:         lblOutput.Text += objRow["sid"] + " - ";
24:         lblOutput.Text += objRow["name"] + " - ";
25:         lblOutput.Text += objRow["tel"] + " - ";
26:         lblOutput.Text += objRow["birthday"] + "<br/>";
27:     }
28:     objCon.Close(); // 關閉資料庫連接
29: }
```

■ 程式說明

- 第 16 列：建立 DataAdapter 物件。
- 第 18~19 列：建立 DataSet 物件後，使用 DataAdapter 物件的 Fill()方法將取得的記錄資料填入 DataSet 物件。
- 第 21~27 列：foreach 迴圈顯示 DataTable 物件的每一筆 DataRow 物件，也就是一筆記錄，在第 23~26 列顯示記錄的欄位值。

■ 執行結果

儲存後，在「方案總管」視窗選 Default.aspx，執行「檔案/在瀏覽器中檢視」命令，可以看到執行結果的 ASP.NET 網頁，顯示資料表的記錄資料。

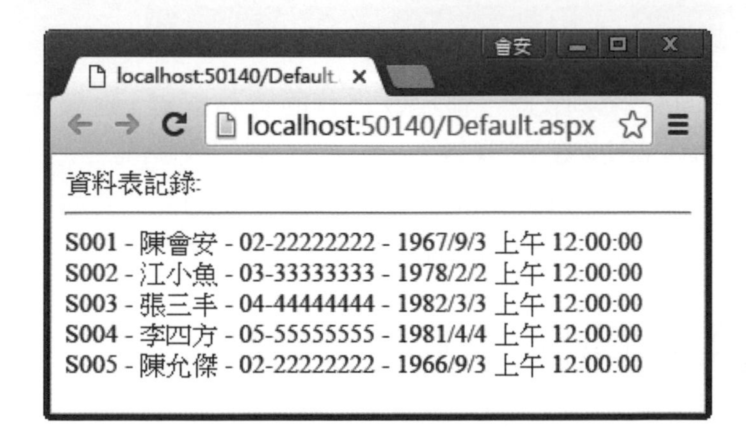

8-5 資料繫結的基礎

在 ASP.NET 網頁可以使用資料繫結（Databinding）技術，將外部資料整合到伺服端控制項，輕鬆建立控制項的內容。

8-5-1 資料繫結簡介

ASP.NET 控制項支援資料繫結技術，能夠將不同資料來源的集合物件、陣列、DataReader 或 DataView（可以視為從 DataSet 物件建立的檢視表）等資料整合到 ASP.NET 控制項。

換句話說，**資料來源的資料會自動填入控制項**，並且使用**預設方式來顯示資料**，當然，我們可以設定控制項屬性來變更顯示外觀。在 ASP.NET 使用的資料繫結技術分為兩種：簡單資料繫結和宣告式的資料繫結。

簡單資料繫結（Simple Databinding）

在 ASP.NET 網頁使用簡單資料繫結的控制項擁有 **DataSource 屬性**，可以使用實作 IEnumerable 介面的集合物件作為資料來源，然後呼叫 DataBind() 方法建立資料繫結，例如：清單控制項的 ListBox、RadioButtonList、CheckBoxList 和 DropDownList 等都支援簡單資料繫結。

宣告式的資料繫結（Declarative Databinding）

宣告式的資料繫結是一種比較複雜的資料繫結，它是使用控制項的 **DataSourceID 屬性**來建立資料繫結。在 ASP.NET 網頁需要先建立「資料來源控制項」（DataSource Controls）存取資料來源的資料，然後建立「資料邊界控制項」（DataBound Controls）顯示和維護資料來源的資料。

8-5-2 建立 ListBox 控制項的簡單資料繫結

簡單資料繫結可以使用**集合物件**作為資料來源，常常使用在建立 **List 清單**控制項的項目。我們可以使用資料繫結技術來動態顯示清單的項目。首先建立

ArrayList 物件（ArrayList 集合物件的說明請參閱<附錄 A>）作為資料來源，如下所示：

```
ArrayList names = new ArrayList();
names.Add("陳會安");
names.Add("江小魚");
names.Add("張無忌");
names.Add("陳允傑");
```

上述程式碼建立 ArrayList 集合物件後，使用 Add()方法新增字串物件的內容。接著指定 ListBox 控制項的 DataSource 屬性，如下所示：

```
lstNames.DataSource = names;
lstNames.DataBind();
```

上述程式碼指定 ListBox 控制項的 DataSource 屬性為前面的 ArrayList 物件 names 後，就可以執行 DataBind()方法來建立資料繫結。現在 ArrayList 物件的內容就成為 ListBox 控制項的項目。

ASP.NET 網站：Ch8_5_2

在 ASP.NET 網頁使用簡單資料繫結技術，以 ArrayList 物件作為資料來源，建立 ListBox 控制項的項目清單，其步驟如下所示：

Step 1 請啟動 Visual Studio Community 開啟「範例網站\Ch08\Ch8_5_2」資料夾的 ASP.NET 網站，然後開啟 Default.aspx 網頁且切換至**設計**檢視。

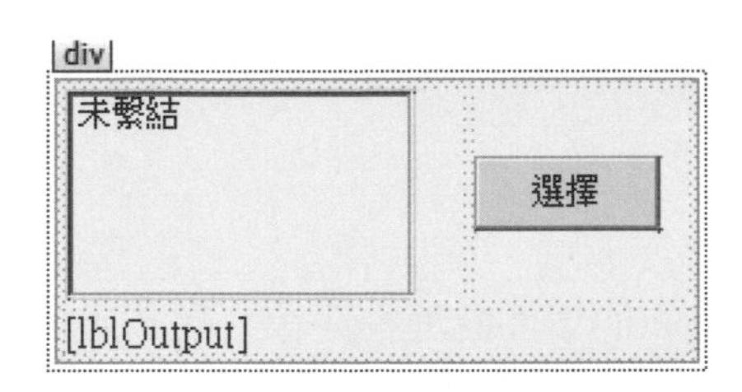

上述 Web 表單擁有 ListBox 控制項 lstNames、Button1 控制項和下方 lblOutput 標籤控制項。

Step 2 請按二下**選擇**鈕建立 Button1_Click()事件處理程序和編輯 Page_Load()事件處理程序，並且在上方類別宣告外加上匯入集合物件命名空間的程式碼，如下所示：

```
using System.Collections;
```

■ Page_Load()與 Button1_Click()

```
01: protected void Page_Load(object sender, EventArgs e)
02: {
03:     if (!IsPostBack)
04:     {
05:         // 第一次載入網頁
06:         ArrayList names = new ArrayList();
07:         names.Add("陳會安");
08:         names.Add("江小魚");
09:         names.Add("張無忌");
10:         names.Add("陳允傑");
11:         // 指定資料來源
12:         lstNames.DataSource = names;
13:         lstNames.DataBind(); // 建立資料繫結
14:     }
15: }
16:
17: protected void Button1_Click(object sender, EventArgs e)
18: {
19:     if (lstNames.SelectedIndex > -1)
20:     {
21:         lblOutput.Text = "選擇的姓名: " +
                          lstNames.SelectedItem.Text;
22:     }
23: }
```

■ 程式說明

- 第 1~15 列：Page_Load()事件處理程序第一次載入網頁時，在第 6~10 列建立資料來源的 ArrayList 物件，在第 12 列指定 DataSource 屬性，第 13 列執行 DataBind()方法。
- 第 17~23 列：Button1 控制項的事件處理程序，可以顯示 ListBox 控制項選取的項目名稱。

■ **執行結果**

儲存後，在「方案總管」視窗選 Default.aspx，執行「檔案/在瀏覽器中檢視」命令，可以看到執行結果的 ASP.NET 網頁。

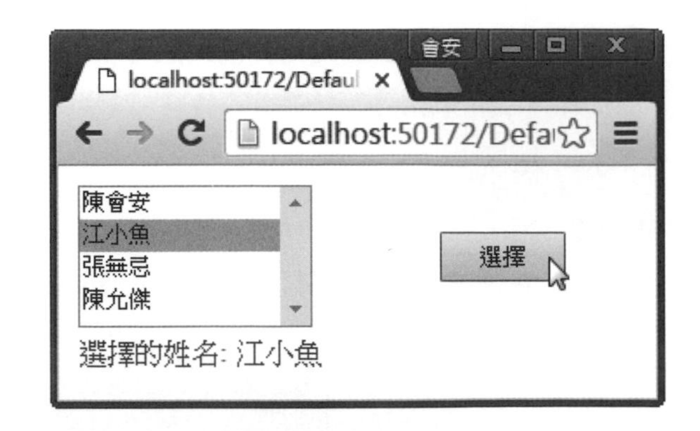

在上述網頁選擇項目(項目是 ArrayList 物件內容)，按**選擇**鈕，可以在下方顯示選取的項目名稱。

8-6 SqlDataSource 資料來源控制項

ASP.NET 也可以使用 SqlDataSource 控制項存取 SQL Server Express 資料庫，筆者準備詳細說明 SqlDataSource 資料來源控制項，以便讀者擁有足夠能力，透過資料來源控制項來存取資料庫的記錄資料。

8-6-1 建立 SqlDataSource 控制項

在 Visual Studio Community 新增 SqlDataSource 控制項，請開啟「工具箱」視窗且展開**資料**區段，如右圖所示：

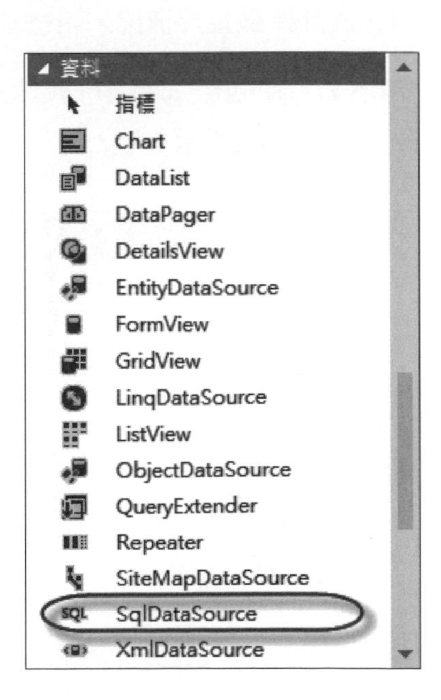

右述視窗提供資料邊界控制項和資料來源控制項，只需選取 SqlDataSource 控制項，拖拉至 Web 表單的編輯區域，就可以建立 SqlDataSource 控制項。

ASP.NET 網站：Ch8_6_1

在 ASP.NET 網頁使用宣告式的資料繫結技術，建立 SqlDataSource 控制項來取得 School.mdf 資料庫的資料，以便建立 ListBox 控制項的項目清單，其步驟如下所示：

Step 1 請啟動 Visual Studio Community 開啟「範例網站\Ch08\Ch8_6_1」資料夾的 ASP.NET 網站，然後開啟 Default.aspx 網頁且切換至**設計**檢視。

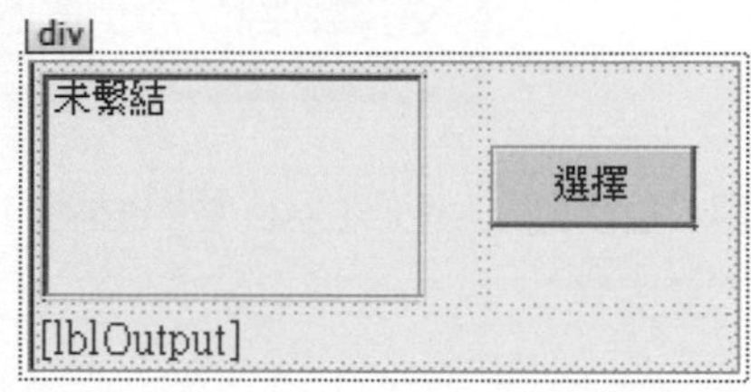

上述 Web 表單擁有 ListBox 控制項 lstNames、Button1 控制項和下方的 lblOutput 標籤控制項，網站已經加入 School.mdf 資料庫。

■ 新增 SqlDataSource 控制項

在 Visual Studio Community 的「工具箱」視窗提供資料來源控制項，可以在**設計**標籤直接拖拉來新增資料來源控制項，請繼續上面步驟，如下所示：

Step 2 請開啟「工具箱」視窗且展開**資料**區段，可以看到資料控制項的清單，如下圖所示：

Step 3 在「工具箱」視窗拖拉 SqlDataSource 控制項至編輯視窗的 ListBox 控制項之後，可以新增預設名稱為 SqlDataSource1 的資料來源控制項。

Step 4 選資料來源控制項，點選右上方箭頭圖示開啟「SqlDataSource 工作」功能表，選**設定資料來源**超連結，可以看到設定資料來源的精靈畫面。

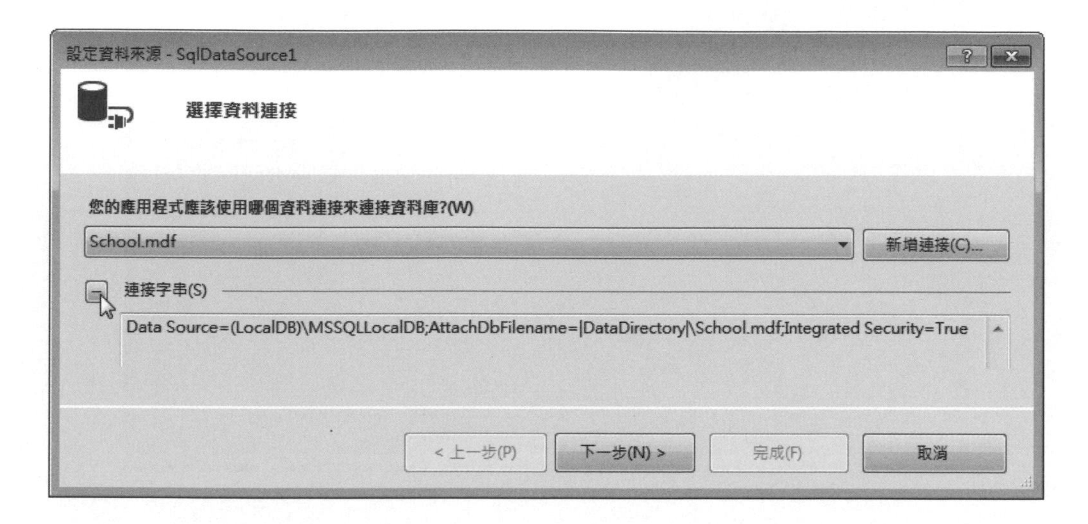

Step 5 因為網站已經加入 School.mdf 資料庫，請選 **School.mdf**，在下方展開**連接字串**，可以看到連接字串內容，按**下一步**鈕選擇是否將連接字串儲存在 Web.config 組態檔。

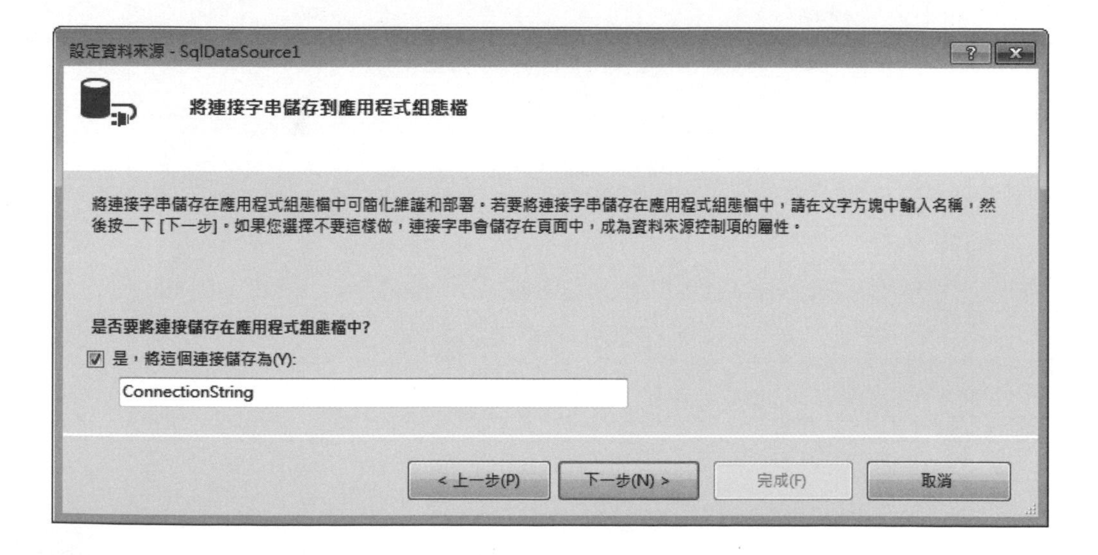

Step 6 預設勾選儲存，儲存名稱為 **ConnectionString**，不用更改，按**下一步**鈕建立查詢的 SQL 指令。

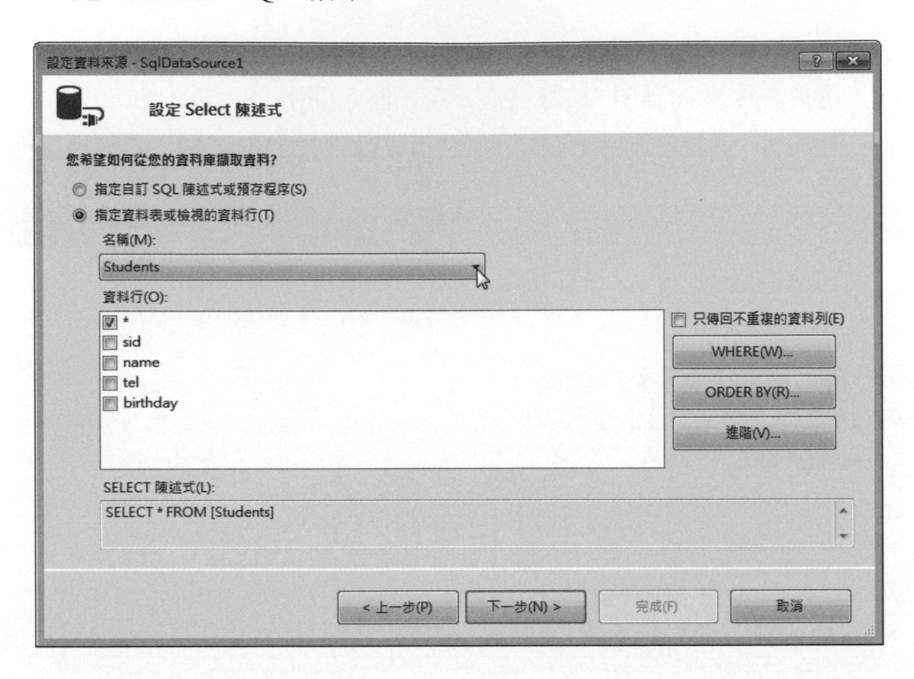

Step 7 在**名稱**欄選 **Students** 資料庫，勾選 * 欄位，可以在下方看到建立的 SQL 指令 **SELECT * FROM [Students]**，按**下一步**鈕測試 SQL 查詢。

設定資料來源 - SqlDataSource1

測試查詢

若要預覽這個資料來源傳回的資料，請按一下 [測試查詢]。若要完成這個精靈，請按 [完成]。

sid	name	tel	birthday
S001	陳會安	02-22222222	1967/9/3
S002	江小魚	03-33333333	1978/2/2
S003	張三丰	04-44444444	1982/3/3
S004	李四方	05-55555555	1981/4/4
S005	陳允傑	02-22222222	1966/9/3

測試查詢(T)

SELECT 陳述式(L):

SELECT * FROM [Students]

< 上一步(P)　下一步(N) >　完成(F)　取消

Step 8 按**測試查詢**鈕可以在中間顯示查詢結果，按**完成**鈕完成資料來源控制項的設定。

■ 選擇控制項使用的資料來源控制項

在新增資料來源控制項和設定資料來源後，就可以在 ListBox 控制項選擇使用的資料來源，請繼續上面步驟，如下圖所示：

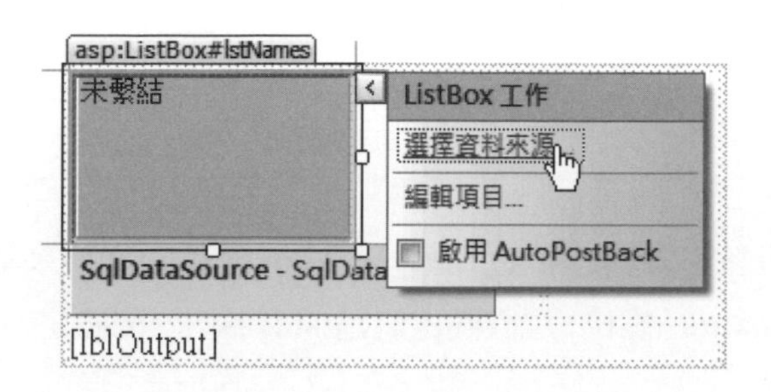

Step 9 選 ListBox 控制項，點選右上方箭頭圖示開啟「ListBox 工作」功能表後，選**選擇資料來源**超連結，可以看到資料來源組態精靈畫面。

上述精靈畫面的欄位說明，如下表所示：

欄位	說明
選取資料來源	選取使用的資料來源控制項名稱，這是 ListBox 控制項的 DataSourceID 屬性值
選取要顯示在 ListBox 中的資料欄位	因為 ListBox 控制項只能顯示資料來源中的單一資料欄位值，即指定項目名稱的欄位，也就是指定 DataTextField 屬性值
選取 ListBox 值的資料欄位	此欄位是項目名稱的對應值，它不會顯示在 ListBox 控制項，即指定 DataValueField 屬性值

Step 10 在**選取資料來源**欄選名為 **SqlDataSource1** 的資料來源，ListBox 控制項顯示 **name** 欄位，選取欄位值是 **sid** 欄位，按**確定**鈕完成資料來源設定。

■ 新增事件處理程序來顯示使用者的選擇

在選擇 ListBox 控制項的資料來源後，我們就可以建立 Button1 控制項的事件處理程序來顯示使用者的選擇，請繼續上面步驟，如下所示：

Step 11 請按二下名為**選擇**的按鈕控制項，可以建立 Button1_Click()事件處理程序。

■ Button1_Click()

```
01: protected void Button1_Click(object sender, EventArgs e)
02: {
03:     if (lstNames.SelectedIndex > -1)
04:     {
05:         lblOutput.Text = "選擇的學號: " +
                             lstNames.SelectedItem.Value;
06:     }
07: }
```

■ 程式說明

- 第 3~6 列：if 條件可以顯示 ListBox 控制項選取的項目值。

■ 執行結果

儲存後，在「方案總管」視窗選 Default.aspx，執行「檔案/在瀏覽器中檢視」命令，可以看到執行結果的 ASP.NET 網頁。

在選擇姓名後，按**選擇**鈕，可以在下方顯示選取學生的學號。

8-6-2 資料來源控制項的標籤內容

在 Visual Studio Community 新增 SqlDataSource 控制項後，就可以在程式碼新增對應的控制項標籤，和在 Web.config 組態檔新增資料庫連接字串的參數。

SqlDataSource 控制項標籤

在上一節「範例網站\Ch08\Ch8_6_1」資料夾的 ASP.NET 網站，我們是在 Default.aspx 網頁建立 SqlDataSource 控制項標籤，如下所示：

```
<asp:SqlDataSource ID="SqlDataSource1" runat="server"
  ConnectionString="<%$ ConnectionStrings:ConnectionString %>"
  SelectCommand="SELECT * FROM [Students]">
</asp:SqlDataSource>
```

上述標籤建立名為 SqlDataSource1 控制項。SqlDataSource 控制項的常用屬性說明，如下表所示：

屬性	說明
ProviderName	提供者名稱是 System.Data.OleDb 或 System.Data.SqlClient (預設值)
ConnectionString	資料庫連接字串
SelectCommand	SQL 的 SELECT 查詢指令

上表 ProviderName 屬性值是定義在 Web.config 組態檔。ConnectionString 屬性值是使用「<%$」和「%>」符號來取得定義在 Web.config 檔案的參數值，如下所示：

```
<%$ ConnectionStrings:ConnectionString %>
```

上述參數名稱分成兩部分，前面 **ConnectionStrings:**指明取得在 Web.config 檔案同名<connectionStrings>標籤定義的參數值，後面是 ConnectionString 參數名稱，可以取得此參數名稱的資料庫連接字串。

Web.config 組態檔

在 Web.config 組態檔的<connectionStrings>標籤定義連接字串的參數名稱和值，如下所示：

```
<connectionStrings>
  <add name="ConnectionString"
     connectionString="(LocalDB)\MSSQLLocalDB;
     AttachDbFilename=|DataDirectory|\School.mdf;
     Integrated Security=True"
     providerName="System.Data.SqlClient" />
</connectionStrings>
```

上述<add>標籤新增 name 屬性為 ConnectionString 的連接字串，connectionString 屬性定義資料來源的資料庫檔案，如下所示：

```
Data Source=(LocalDB)\MSSQLLocalDB;
AttachDbFilename=|DataDirectory|\School.mdf;
Integrated Security=True
```

上述連接字串的屬性是使用「;」符號分隔，AttachDbFilename 屬性指定使用的 SQL Server Express LocalDB 資料庫，其中|DataDirectory|是 ASP.NET 的資料路徑，即「App_Data」資料夾。

說明

為什麼我們將資料庫連接字串定義在 Web.config？而不直接寫在 SqlDataSource 控制項的 ConnectionString 屬性？因為當資料來源的資料庫變更時，我們只需修改 Web.config 的參數字串，而不用修改每一頁 ASP.NET 網頁的 SqlDataSource 控制項。

8-6-3 傳回沒有重複的欄位值

當我們使用資料繫結將資料庫欄位填入 DropDownList 控制項時，可能會遇到重複值欄位的問題，如右圖所示：

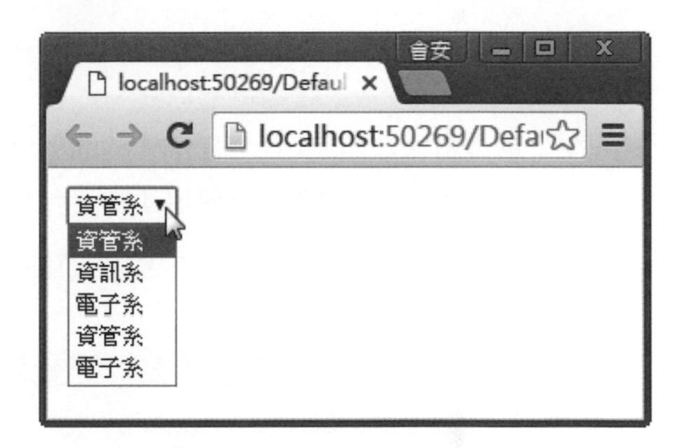

上述 DropDownList 控制項顯示的項目很多是重複的，此時，我們可以修改 SqlDataSource 控制項的 SQL 指令不顯示重複值，同時指定排序欄位是 major。

ASP.NET 網站：Ch8_6_3

在 ASP.NET 網頁建立 SqlDataSource 控制項和 DropDownList 控制項來顯示 Students 資料表（在資料表已經新增 major 主修欄位，請刪除 Students 資料表後，新增查詢來執行「範例網站\Ch08\NewStudents.sql」的 SQL 指令碼檔來建立）學生的主修種類，因為有重複值，所以需要修改 SQL 指令，並且指定排序欄位是 major，其步驟如下所示：

Step 1 請啟動 Visual Studio Community 開啟「範例網站\Ch08\Ch8_6_3」資料夾的 ASP.NET 網站，然後開啟 Default.aspx 網頁且切換至**設計**檢視。

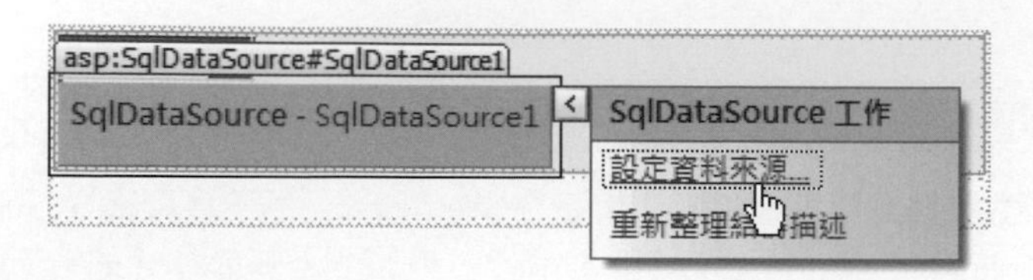

上述 Web 表單上方是名為 ddlmajors 的 DropDownList 控制項，下方是 SqlDataSource1 控制項，已經設定資料來源，其 SQL 指令只取出單一欄位 major，如下所示：

```
SELECT [major] FROM [Students]
```

Step 2 選資料來源控制項，點選右上方箭頭圖示顯示「SqlDataSource 工作」功能表，選**設定資料來源**超連結，可以看到設定資料來源的精靈畫面。

Step 3 按**下一步**鈕，可以到達設定 Select 陳述式的步驟。

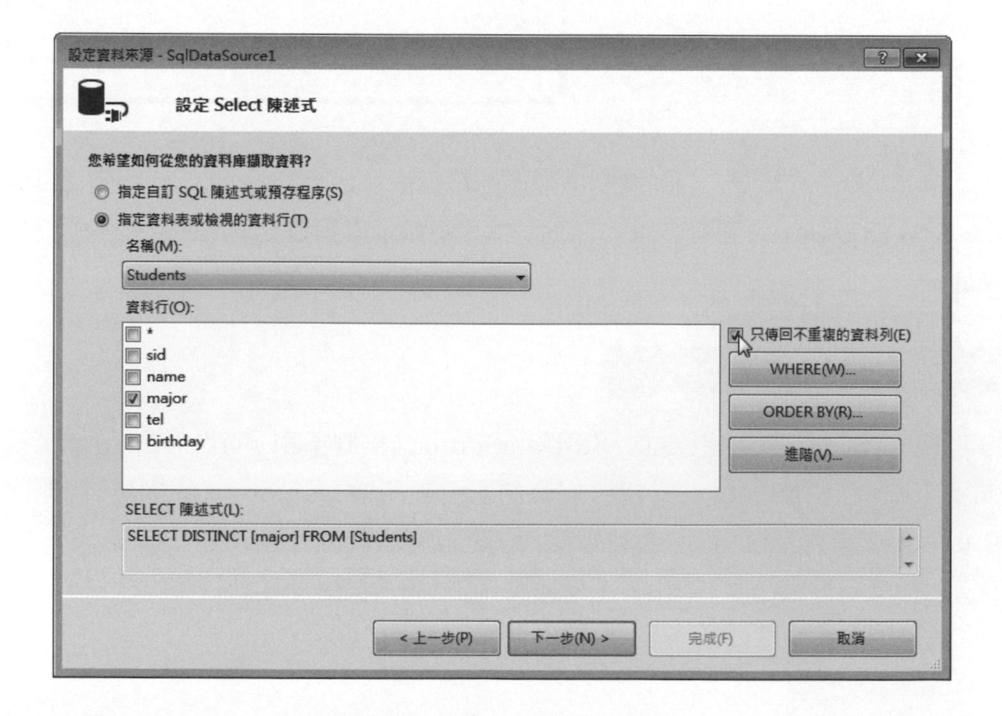

Step 4 勾選**只傳回不重複的資料列**，按 **ORDER BY** 鈕新增排序條件，可以看到「加入 ORDER BY 子句」對話方塊。

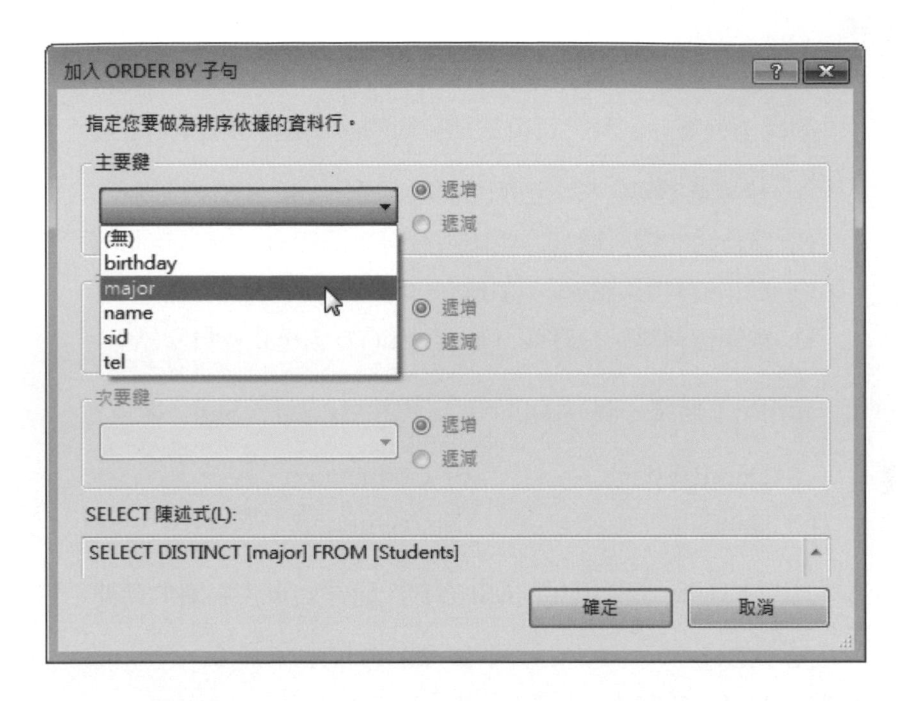

Step 5 在**主要鍵**欄選 **major** 欄位，和選**遞增**，如果是多個排序欄位，請再選擇次要鍵，按**確定**鈕新增 ORDER BY 子句，然後按**下一步**鈕測試 SQL 查詢。關於 SQL 指令的 ORDER BY 子句的進一步說明請參閱<第 9-2-6 節>。

Step 6 按**測試查詢**鈕在中間顯示查詢結果，按**完成**鈕完成資料來源控制項的更改設定。

Step 7 儲存後，在「方案總管」視窗選 Default.aspx，執行「檔案/在瀏覽器中檢視」命令，可以看到執行結果的 ASP.NET 網頁。

上述 DropDownList 控制項顯示的項目沒有重複，而且使用 major 欄位的筆劃進行排序。

學習評量

選擇題

(　　) 1. 請問下列哪一個關於資料繫結技術的說明是不正確的？

A. 能夠將不同資料來源的資料整合到 ASP.NET 控制項
B. 宣告式的資料繫結需要使用資料來源和資料邊界控制項
C. 簡單資料繫結的控制項擁有 DataSourceID 屬性
D. 簡單資料繫結是呼叫 DataBind()方法建立資料繫結

(　　) 2. 請指出下列哪一個 ADO.NET 物件可以執行 SQL 指令？

A. DataReader　　B. Connection
C. DataSet　　D. Command

(　　) 3. 請問下列哪一個是配合 ASP.NET 建立網頁資料庫的元件？

A. ADO　　B. ADO.NET
C. XML DOM　　D. Web Services

(　　) 4. 請指出下列哪一個 ADO.NET 物件使用類似檔案串流來讀取記錄資料，它只能讀取，不能插入、刪除和更新記錄資料？

A. DataReader　　B. Connection
C. DataSet　　D. Command

(　　) 5. 請問 DataSet 物件可以使用 DataAdapter 物件的下列哪一個方法來填入記錄資料？

A. Fill()　　B. Update()
C. Execute()　　D. Add()

簡答題

1. 請使用圖例說明什麼是資料庫系統?何謂關聯式資料庫?並且使用圖例說明 ASP.NET 與資料庫系統之間的關係?
2. 請問什麼是資料控制項?ASP.NET 提供幾種資料來源控制項?
3. 資料邊界控制項依資料本身的性質和顯示方式,可以分為哪幾種類別的控制項?
4. 請說明使用 DataReader 物件取得資料表記錄的步驟?使用 DataSet 物件取得資料表記錄的步驟?
5. 請說明 ASP.NET 資料繫結是什麼?資料繫結技術分為哪兩種?
6. 請舉例說明如何建立宣告式資料繫結?如何修改 SqlDataSource 控制項的 Select 指令,可以讓它不顯示重複值?

實作題

1. 請參閱<附錄 B>在 Visual Studio Community 的「伺服器總管」視窗建立 SQL Server Express 資料庫 AddressBooks.mdf,內含<第 8-1-2 節>圖例的 AddressBook 通訊錄資料表,其欄位依序是:No、Name、Address、Telephone、Birthday 和 Email(中文欄位請使用 nvarchar 資料型別)。
2. 請使用 ArrayList 物件 types 建立 CheckBoxList 控制項 chkBox 的資料繫結,可以顯示信用卡種類 Visa、Master、AE 和 JCB 等,如下所示:

```
chkBox.DataSource = types;
chkBox.DataBind();
```

3. 在建立實作題 1 的資料庫後,請新增 ASP.NET 網頁,使用 DataReader 物件以清單顯示通訊錄資料,只顯示前4 個欄位。

4. 在建立實作題 1 的資料庫後，請新增 ASP.NET 網頁，使用 DataSet 物件以清單來顯示通訊錄資料，只顯示前4 個欄位。

5. 請建立 ASP.NET 網頁新增 SqlDataSource 資料來源控制項，其資料來源是實作題 1 資料庫的 AddressBook 資料表。

09

T-SQL 語法與參數的 SQL 查詢

本章學習目標

9-1 SQL 語言的基礎

微軟 SQL Server 遵循 ANSI-SQL 規格且擴充其功能的查詢語言，擁有基本程式設計能力，稱為 Transact-SQL，簡稱 **T-SQL**。

SQL 語言簡介

「SQL」(Structured Query Language)為「ANSI」(American National Standards Institute)標準的資料庫語言，可以存取和更新資料庫的記錄資料。目前 Access、SQL Server、DB2、MySQL、Oracle 和 Sybase 等關聯式資料庫系統都支援 ANSI 的 SQL 語言。

早在 1970 年，E. F. Codd 建立關聯式資料庫觀念後，就提出構想的資料庫語言，提供完整和通用的資料存取方式，雖然當時並沒有真正建立語法，但這就是 SQL 語言的起源。

1974 年一種稱為 SEQUEL 的語言，這是 Chamberlin 和 Boyce 的作品，它建立 SQL 語言的原型，IBM 稍加修改後作為其資料庫 DBMS 的資料庫語言，稱為 System R。1980 年 SQL 名稱正式誕生，從此 SQL 語言逐漸壯大成為一種標準的關聯式資料庫語言。

SQL 指令的種類

SQL 語言的指令主要可以分為三大部分，如下表所示：

- **資料定義語言**(Data Definition Language，DDL)：建立資料表、索引和檢視(Views)等，可以用來定義資料表的欄位。
- **資料操作語言**(Data Manipulation Language，DML)：屬於資料表記錄查詢、插入、刪除和更新指令，可以執行 CRUD(Create、Retrieve、Update 和 Delete)功能。
- **資料控制語言**(Data Control Language，DCL)：屬於資料庫安全設定和權限管理的相關指令。

在 ASP.NET 網頁資料庫的程式碼，或 SqlDataSource 控制項的 SelectCommand、InsertCommand、UpdateCommand 和 DeleteCommand 屬性，都可以使用 SQL 指令來執行資料庫操作和查詢，其簡單說明如下表所示：

SQL 指令	說明
INSERT	在資料表插入一筆新記錄
UPDATE	更新資料表已經存在的記錄資料
DELETE	刪除資料表的記錄資料
SELECT	查詢資料表的記錄資料

9-2 SELECT 敘述的基本查詢

SELECT 指令是 **DML** 指令中語法最複雜的一個，其基本語法如下所示：

```
SELECT 欄位清單
FROM 資料表來源
[WHERE 搜尋條件]
[ORDER BY 欄位清單]
```

上述語法的**欄位清單**可以指定查詢欄位，如果不只一個，請使用「,」逗號分隔，搜尋條件是由多個比較和邏輯運算式組成，可以**篩選 FROM 子句**資料表來源的記錄資料。SELECT 指令各子句的簡單說明，如下表所示：

子句	說明
SELECT	指定查詢結果包含哪些欄位
FROM	指定查詢的**資料來源**是哪些資料表
WHERE	篩選查詢結果的**條件**，可以從資料表來源取得符合條件的查詢結果
ORDER BY	指定查詢結果的**排序**欄位

在本節說明的 SQL 指令是使用 ASP.NET 網頁的 SQL 查詢工具來測試查詢結果。請啟動 Visual Studio Community 開啟「範例網站\Ch09\Ch9_2」資料夾的 ASP.NET 網站，執行 Default.aspx 網頁，如下圖所示：

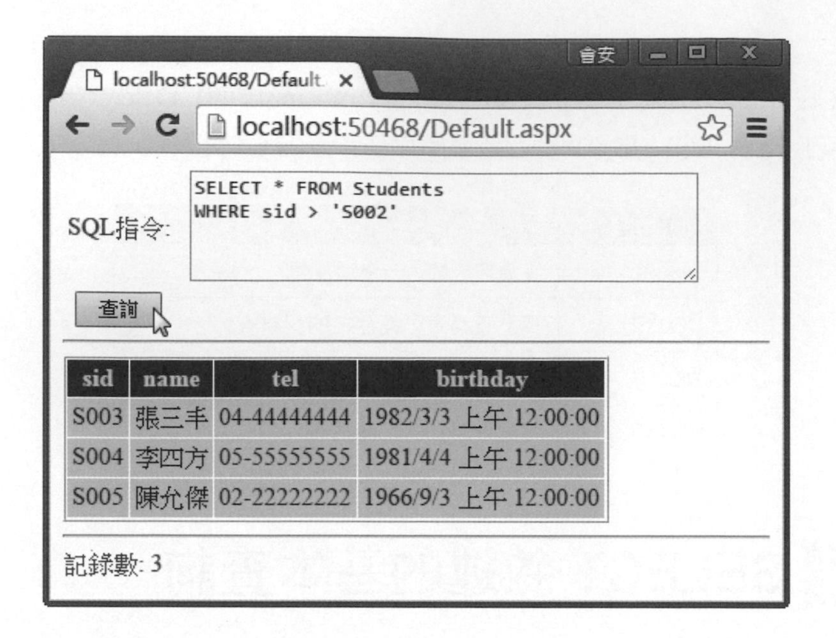

在上述 TextBox 多行文字方塊控制項輸入 SQL 指令敘述後，按**查詢**鈕，即可在下方 GridView 控制項顯示查詢結果，其程式碼的說明，請參閱本節之後的相關章節。

9-2-1 SELECT 子句

在 SELECT 指令的 SELECT 子句可以指定查詢結果包含哪些欄位，其基本語法如下所示：

```
SELECT [ALL | DISTINCT]
    欄位名稱 [[AS] 欄位別名] [, 欄位名稱 [[AS] 欄位別名]]
```

上述 ALL 是預設值可以顯示所有記錄的欄位值，DISTINCT 只顯示不重複欄位值的記錄。

查詢資料表的部分欄位

SELECT 子句可以指明查詢結果所需的**欄位清單**，也就是說，我們可以只查詢資料表中的部分欄位。例如：查詢 Students 資料表的學生記錄，只顯示 sid、name 和 tel 三個欄位（SQL 指令碼檔：Ch9_2_1a.sql），如下所示：

```
SELECT sid, name, tel FROM Students
```

上述 SELECT 指令顯示 Students 資料表的 sid、name 和 tel 共 3 個以「,」逗號分隔的欄位，可以找到 5 筆記錄，如右圖所示：

sid	name	tel
S001	陳會安	02-22222222
S002	江小魚	03-33333333
S003	張三丰	04-44444444
S004	李四方	05-55555555
S005	陳允傑	02-22222222

在 T-SQL 指令的名稱如果有**空白或特殊字元**，我們可以將名稱使用**方括號**括起，例如：[sid]、[name]和[tel]。

查詢資料表的所有欄位

查詢結果如果需要顯示資料表的所有欄位，SELECT 指令可以直接使用「*」符號代表資料表的所有欄位，而不用一一列出欄位清單。例如：查詢 Students 資料表的所有學生記錄且顯示所有欄位（SQL 指令碼檔：Ch9_2_1b.sql），如下所示：

```
SELECT * FROM Students
```

上述 SELECT 指令的執行結果顯示 Students 資料表的所有記錄和欄位。

欄位別名

SELECT 指令預設使用資料表定義的欄位名稱來顯示查詢結果，基於需要，我們可以使用 **AS 關鍵字**指定欄位別名，其中 AS 關鍵字本身可有可無。

例如：查詢 Students 資料表的 sid、name 和 tel 三個欄位資料，為了方便閱讀，顯示欄位名稱為學號、姓名和電話的中文欄位別名（SQL 指令碼檔：Ch9_2_1c.sql），如下所示：

```
SELECT sid AS 學號, name AS 姓名,
       tel AS 電話
FROM Students
```

上述 SELECT 指令顯示 Students 資料表的三個欄位資料，可以看到欄位標題顯示的是別名，而不是欄位名稱，如右圖所示：

學號	姓名	電話
S001	陳會安	02-22222222
S002	江小魚	03-33333333
S003	張三丰	04-44444444
S004	李四方	05-55555555
S005	陳允傑	02-22222222

刪除重複記錄 - ALL 與 DISTINCT

資料表記錄的欄位如果有重複值，SELECT 子句的預設值 ALL 是顯示所有欄位值，我們可以使用 DISTINCT 關鍵字刪除重複欄位值，一旦欄位擁有重複值，就只會顯示其中一筆記錄。

例如：查詢 Courses 資料表的課程資料擁有幾種不同的學分數（SQL 指令碼檔：Ch9_2_1d.sql），如下所示：

```
SELECT DISTINCT credits FROM Courses
```

上述 SELECT 指令的 Courses 資料表中學分欄位擁有重複值，所以只會顯示其中一筆，如右圖所示：

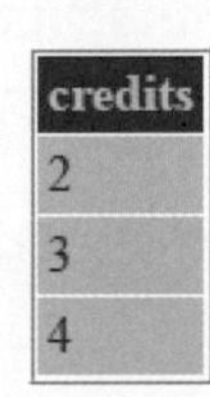

credits
2
3
4

上述查詢結果顯示 3 筆記錄，因為有重複欄位值。如果使用 **DISTINCTROW** 關鍵字可以分辨整筆記錄的所有欄位值，即重複記錄。

9-2-2 WHERE 子句的比較運算子

SELECT 和 FROM 子句可以指出查詢哪個資料表的哪些欄位，事實上，WHERE 子句的篩選條件才是真正的查詢條件，可以篩選記錄找出符合條件的記錄資料，其基本語法如下所示：

```
WHERE 搜尋條件
```

上述搜尋條件是使用比較和邏輯運算子建立的篩選條件，查詢結果可以取回符合條件的記錄資料。

WHERE 子句的搜尋條件是使用比較運算子建立的條件運算式，其運算元如果是欄位值，可以是文字、數值或日期/時間。T-SQL 支援的比較運算子（Comparison Operators）說明，如右表所示：

右表的「!=」、「!<」和「!>」是 T-SQL 語言擴充的比較運算子。

運算子	說明
=	相等
<>、!=	不相等
>	大於
>=	大於等於
<	小於
<=	小於等於
!<	不小於
!>	不大於

條件值為字串

WHERE 子句的條件運算式可以使用**比較運算子**來執行字串比較，欄位條件的字串需要使用**單引號**括起。例如：在 Students 資料表查詢學號為 'S002' 學生的詳細資料（SQL 指令碼檔：Ch9_2_2a.sql），如下所示：

```
SELECT * FROM Students
WHERE sid = 'S002'
```

上述 SELECT 指令可以找到 1 筆符合條件的記錄，如下圖所示：

sid	name	tel	birthday
S002	江小魚	03-33333333	1978/2/2 上午 12:00:00

條件值為數值

WHERE 子句條件運算式的條件值如果是數值，不需使用單引號括起。例如：查詢 Courses 資料表的 credits 欄位學分小於 4 的課程記錄（SQL 指令碼檔：Ch9_2_2b.sql），如下所示：

```
SELECT * FROM Courses
WHERE credits < 4
```

上述 SELECT 指令可以找到 3 筆符合條件的記錄，如右圖所示：

c_no	title	credits
CS203	程式語言	3
CS213	物件導向程式設計	2
CS222	資料庫管理系統	3

條件值為日期/時間

WHERE 子句的條件運算式如果是日期/時間的比較，如同字串，也需要使用**單引號**括起。例如：查詢 Students 資料表的 birthday 是 1967-09-03 的學生記錄（SQL 指令碼檔：Ch9_2_2c.sql），如下所示：

```
SELECT * FROM Students
WHERE birthday ='1967-09-03'
```

上述 SELECT 指令可以找到 1 筆符合條件的記錄，如下圖所示：

sid	name	tel	birthday
S001	陳會安	02-22222222	1967/9/3 上午 12:00:00

9-2-3 WHERE 子句的邏輯運算子

WHERE 子句的搜尋條件可以使用邏輯運算子（Logical Operators）連接條件運算式來建立複雜的搜尋條件。常用的邏輯運算子說明，如下表所示：

運算子	說明
LIKE	**包含**，只需子字串即符合條件
BETWEEN/AND	在一個範圍之內
IN	屬於清單其中之一
NOT	非，否定運算式的結果
AND	且，需要連接的 2 個運算子都為真，才是真
OR	或，只需其中一個運算子為真，即為真

LIKE 包含子字串運算子

WHERE 子句的條件欄位可以使用 LIKE 運算子進行比較，LIKE 運算子是**子字串查詢**，只需包含子字串就符合條件。我們還可以配合萬用字元來進行範本字串的比對，如下表所示：

萬用字元	說明
%	代表 0 或更多字元任意**長度**的任何字串
_	代表**一個字元**長度的任何字元
[ ]	符合括號內字元清單的任何一個字元，例如：[EO]
[-]	符合括號內「-」字元範圍的任何一個字元，例如：[A-J]
[^]	符合不在括號內字元清單的字元，例如：[^K-Y]

例如：查詢 Courses 資料表中，課程名稱有 '程式' 子字串的課程記錄（SQL 指令碼檔：Ch9_2_3a.sql），如下所示：

```
SELECT * FROM Courses
WHERE title LIKE N'%程式%'
```

上述 SELECT 指令的條件使用 LIKE 運算子查詢 title 欄位擁有 '程式' 子字串的課程記錄（字串前的 N 表示是 Unicode 字串）。換句話說，只需欄位值擁有子字串 '程式' 就符合條件，共找到 2 筆記錄，如下圖所示：

c_no	title	credits
CS203	程式語言	3
CS213	物件導向程式設計	2

例如：查詢 Courses 課程資料表中，所有是 1 字頭的課程資料（SQL 指令碼檔：Ch9_2_3b.sql），如下所示：

```
SELECT * FROM Courses
WHERE c_no LIKE 'CS1__'
```

上述 SELECT 指令的 WHERE 條件是使用萬用字元來取得任何字元，只需是 CS1 開頭的就符合條件，可以找到 2 筆記錄，如右圖所示：

c_no	title	credits
CS101	計算機概論	4
CS121	離散數學	4

BETWEEN/AND 範圍運算子

BETWEEN/AND 運算子可以定義欄位值需要符合的範圍，其範圍值可以是文字、數值或和日期/時間資料。例如：因為選課少了 2~3 個學分，我們可以查詢 Courses 資料表看看有哪些課程可以選（SQL 指令碼檔：Ch9_2_3c.sql），如下所示：

```
SELECT * FROM Courses
WHERE credits BETWEEN 2 AND 3
```

上述 SELECT 指令的條件是 credits 欄位的數值範圍，包含 2 和 3，共找到 3 筆記錄，如右圖所示：

c_no	title	credits
CS203	程式語言	3
CS213	物件導向程式設計	2
CS222	資料庫管理系統	3

IN 運算子

IN 運算子只需是**清單之一**即可，我們需要列出一串文字或數值清單作為條件，欄位值只需其中之一就符合條件。例如：查詢 Students 資料表學號 S003、S005 和 S001 三位學生的詳細資料（SQL 指令碼檔：Ch9_2_3d.sql），如下所示：

```
SELECT * FROM Students
WHERE sid IN ('S003', 'S005', 'S001')
```

上述 SELECT 指令只有 sid 欄位值屬於清單之中，才符合條件，共找到 3 筆記錄，如右圖所示：

sid	name	tel	birthday
S001	陳會安	02-22222222	1967/9/3 上午 12:00:00
S003	張三丰	04-44444444	1982/3/3 上午 12:00:00
S005	陳允傑	02-22222222	1966/9/3 上午 12:00:00

NOT 運算子

NOT 運算子可以搭配邏輯運算子，取得與條件相反的查詢結果，其說明如下表所示：

運算子	說明
NOT LIKE	否定 LIKE 運算式
NOT BETWEEN	否定 BETWEEN/AND 運算式
NOT IN	否定 IN 運算式

例如：查詢 Students 資料表除了學號 S003、S005 和 S001 三位學生外，其他學生的詳細資料（SQL 指令碼檔：Ch9_2_3e.sql），如下所示：

```
SELECT * FROM Students
WHERE sid NOT IN ('S003', 'S005', 'S001')
```

上述 SELECT 指令只需 sid 不是 S003、S005 和 S001 三位學生就符合條件，共找到 2 筆記錄，如下圖所示：

sid	name	tel	birthday
S002	江小魚	03-33333333	1978/2/2 上午 12:00:00
S004	李四方	05-55555555	1981/4/4 上午 12:00:00

AND 與 OR 運算子

AND 運算子連接的前後運算式都必須同時為真，整個 WHERE 子句的條件才為真。例如：查詢 Courses 資料表的 c_no 欄位包含 '1' 子字串，而且 title 有 '程式' 子字串（SQL 指令碼檔：Ch9_2_3f.sql），如下所示：

```
SELECT * FROM Courses
WHERE c_no LIKE '%1%' AND title LIKE N'%程式%'
```

上述 SELECT 指令找到 1 筆符合條件的記錄，如下圖所示：

c_no	title	credits
CS213	物件導向程式設計	2

OR 運算子連接的前後條件，只需任何一個條件為真，即為真。例如：查詢 Courses 資料表的 c_no 欄位包含 '1' 子字串，或 title 有 '程式' 子字串（SQL 指令碼檔：Ch9_2_3g.sql），如下所示：

```
SELECT * FROM Courses
WHERE c_no LIKE '%1%' OR title LIKE N'%程式%'
```

上述 SELECT 指令找到 4 筆符合條件的記錄，如下圖所示：

c_no	title	credits
CS101	計算機概論	4
CS121	離散數學	4
CS203	程式語言	3
CS213	物件導向程式設計	2

連接多個條件與括號

在 WHERE 子句的條件可以使用 AND 和 OR 運算子連接多個不同條件，如果有括號，優先順序是位在括號中的運算式優先，換句話說，我們可以使用括號來產生不同的查詢結果。

例如：查詢 Courses 資料表的 c_no 欄位包含 '1' 子字串，和 title 欄位有 '程式' 子字串，或 credits 大於等於 3，後 2 個條件使用括號括起（SQL 指令碼檔：Ch9_2_3h.sql），如下所示：

```
SELECT * FROM Courses
WHERE c_no LIKE '%1%' AND
(title LIKE N'%程式%' OR credits >= 3)
```

上述 SELECT 指令因為有括號，所以只找到 3 筆符合條件的記錄，如下圖所示：

c_no	title	credits
CS101	計算機概論	4
CS121	離散數學	4
CS213	物件導向程式設計	2

9-2-4 WHERE 子句的算術運算子

在 WHERE 子句的運算式條件也支援算術運算子(Arithmetic Operators)的加、減、乘、除和餘數,我們可以在 WHERE 子句的條件加上算術運算子。

例如:查詢 Classes 資料表的 grade 學生成績加分 10%後,成績大於 80 分的記錄資料(SQL 指令碼檔:Ch9_2_4a.sql),如下所示:

```
SELECT * FROM Classes
WHERE (grade * 1.1) > 80
```

上述 SELECT 指令找到 6 筆符合條件的記錄,如下圖所示:

eid	sid	c_no	time	room	grade
E001	S001	CS101	1900/1/1 下午 12:00:00	180-M	85
E002	S001	CS222	1900/1/1 下午 01:00:00	100-M	78
E002	S003	CS121	1900/1/1 上午 08:00:00	221-S	75
E002	S004	CS222	1900/1/1 下午 01:00:00	100-M	92
E003	S001	CS213	1900/1/1 下午 12:00:00	500-K	78
E003	S002	CS203	1900/1/1 下午 02:00:00	327-S	85

9-2-5 聚合函數的摘要查詢

「聚合函數」(Aggregate Functions)也稱為「欄位函數」(Column Functions),可以進行選取記錄欄位值的筆數、平均、範圍和統計函數,以便提供進一步欄位資料的分析結果。

一般來說,如果 SELECT 指令擁有聚合函數,就稱為「摘要查詢」(Summary Query)。常用聚合函數的說明,如右表所示:

函數	說明
COUNT(運算式)	計算記錄筆數
AVG(運算式)	計算欄位平均值
MAX(運算式)	取得記錄欄位的最大值
MIN(運算式)	取得記錄欄位的最小值
SUM(運算式)	取得記錄欄位的總計

上表函數參數的運算式通常是欄位名稱，或由欄位名稱建立的運算式。如果需要刪除重複欄位值，一樣可以加上 DISTINCT 關鍵字，如下所示：

```
COUNT(DISTINCT credits)
```

COUNT()函數

SQL 指令可以配合 COUNT()函數計算查詢的記錄數，「*」參數可以統計資料表的所有記錄數，或指定欄位來計算欄位不是 Null 空值的記錄數。例如：查詢 Courses 資料表的 credits 高過 3 的課程種類（SQL 指令碼檔：Ch9_2_5a.sql），如下所示：

```
SELECT COUNT(*) AS 課程數 FROM Courses
WHERE credits > 3
```

課程數
2

AVG()函數

SQL 指令只需配合 AVG()函數，就可以計算指定欄位的平均值。例如：在 Courses 資料表查詢 c_no 包含 '2' 子字串的課程總數，和學分的平均值（SQL 指令碼檔：Ch9_2_5b.sql），如下所示：

```
SELECT COUNT(*) AS 課程總數,
       AVG(credits) AS 學分平均值
FROM Courses WHERE c_no LIKE '%2%'
```

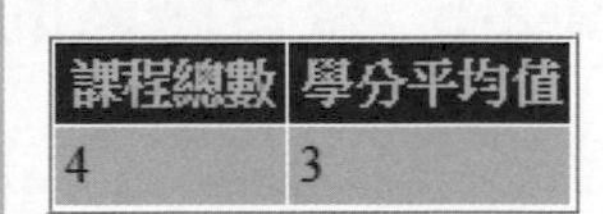

課程總數	學分平均值
4	3

MAX()函數

SQL 指令只需配合 MAX()函數，就可以找出符合條件記錄的欄位最大值。例如：在 Courses 資料表查詢 c_no 包含 '2' 子字串的最高學分數（SQL 指令碼檔：Ch9_2_5c.sql），如下所示：

```
SELECT MAX(credits) AS 最高學分 FROM Courses
WHERE c_no LIKE '%2%'
```

最高學分
4

MIN()函數

SQL 指令如果配合 MIN()函數，就可以找出符合條件記錄的欄位最小值。例如：在 Courses 資料表查詢 c_no 包含 '2' 子字串的最低學分數（SQL 指令碼檔：Ch9_2_5d.sql），如下所示：

```
SELECT MIN(credits) AS 最低學分 FROM Courses
WHERE c_no LIKE '%2%'
```

最低學分
2

SUM()函數

SQL 指令配合 SUM()函數，可以計算出符合條件記錄的欄位總和。例如：在 Courses 資料表計算學分的總和和平均（SQL 指令碼檔：Ch9_2_5e.sql），如下所示：

```
SELECT SUM(credits) AS 學分總和,
       SUM(credits)/COUNT(*) AS 學分平均
FROM Courses
```

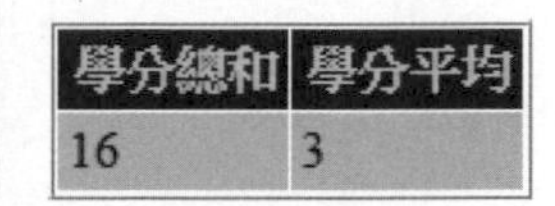

學分總和	學分平均
16	3

9-2-6 排序 ORDER BY 子句

SELECT 指令可以使用 ORDER BY 子句依照欄位值由小到大或由大到小進行排序，其基本語法如下所示：

```
ORDER BY 運算式 [ASC | DESC] [, 運算式 [ASC | DESC]
```

上述語法的排序方式預設是由小到大排序的 **ASC**，如果希望由大至小，請加上 **DESC** 關鍵字。例如：查詢 Courses 資料表的課程記錄，並且使用 credits 欄位由大至小進行排序（SQL 指令碼檔：Ch9_2_6a.sql），如下所示：

```
SELECT * FROM Courses
ORDER BY credits DESC
```

上述 SELECT 指令的記錄資料是使用 credits 欄位由大到小進行排序，如下圖所示：

c_no	title	credits
CS101	計算機概論	4
CS121	離散數學	4
CS203	程式語言	3
CS222	資料庫管理系統	3
CS213	物件導向程式設計	2

9-3 建立參數的 SQL 查詢

當 SqlDataSource 控制項使用設定資料來源精靈建立 SQL 指令敘述時，就是在指定 SelectCommand 屬性值，讀者可以切換**原始檔**檢視來檢視 SelectCommand 屬性值的 SQL 指令敘述。

SQL 指令 WHERE 子句的條件不只可以是常數，還可以是**其他控制項**、**Session 變數**或 QueryString 的 **URL 參數值**來建立篩選條件，即建立參數的 SQL 查詢，此時篩選條件的參數值不是常數值，而是從其他來源取得的參數值。

9-3-1 從 TextBox 控制項取得參數值

參數的 SQL 查詢可以從 TextBox 控制項取得參數值，例如：在 TextBox 控制項輸入課程名稱的部分子字串，就可以在 GridView 控制項顯示符合條件的記錄資料。

ASP.NET 網站：Ch9_3_1

在 ASP.NET 網頁建立 TextBox 控制項取得參數值，以便建立參數的 SQL 查詢，可以查詢符合課程名稱條件的課程記錄，其步驟如下所示：

Step 1 請啟動 Visual Studio Community 開啟「範例網站\Ch09\Ch9_3_1」資料夾的 ASP.NET 網站，然後開啟 Default.aspx 網頁且切換至**設計**檢視。

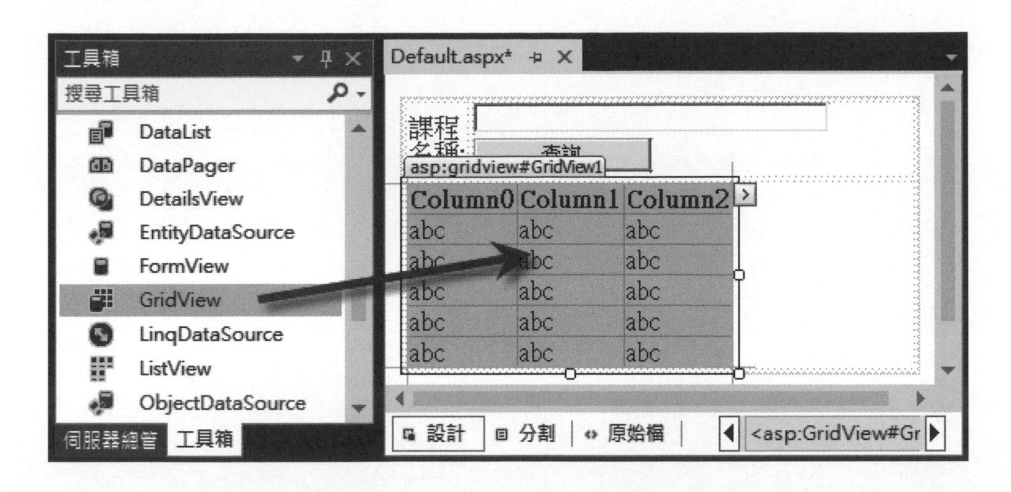

上述 Web 表單上方是 TextBox 控制項 txtTitle 和 Button1 按鈕控制項，網站已經加入 School.mdf 資料庫。

Step 2 請開啟「工具箱」視窗，展開**資料**區段，拖拉 GridView 控制項至表格的第二列。

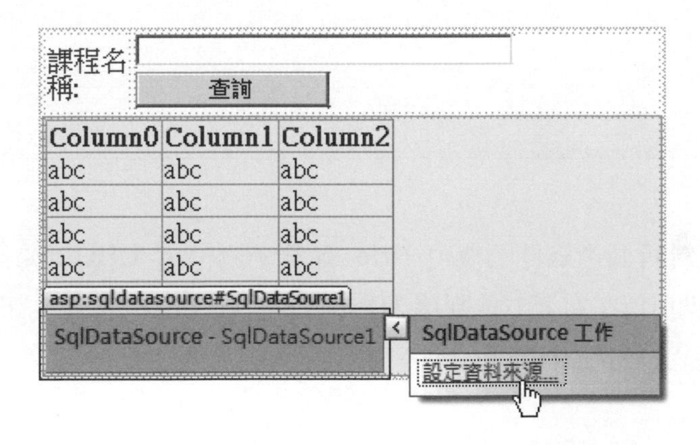

Step 3 然後在之下新增 SqlDataSource 資料來源控制項，點選右上方箭頭圖示開啟「SqlDataSource 工作」功能表，選**設定資料來源**超連結，可以看到設定資料來源的精靈畫面。

Step 4 選擇 School.mdf 資料連接後，按二次**下一步**鈕到達設定 Select 陳述式的步驟來輸入 SQL 指令，如下所示：

```
SELECT * FROM [Courses]
```

Step 5 按右邊 **WHERE** 鈕新增 WHERE 子句，可以看到「加入 WHERE 子句」對話方塊。

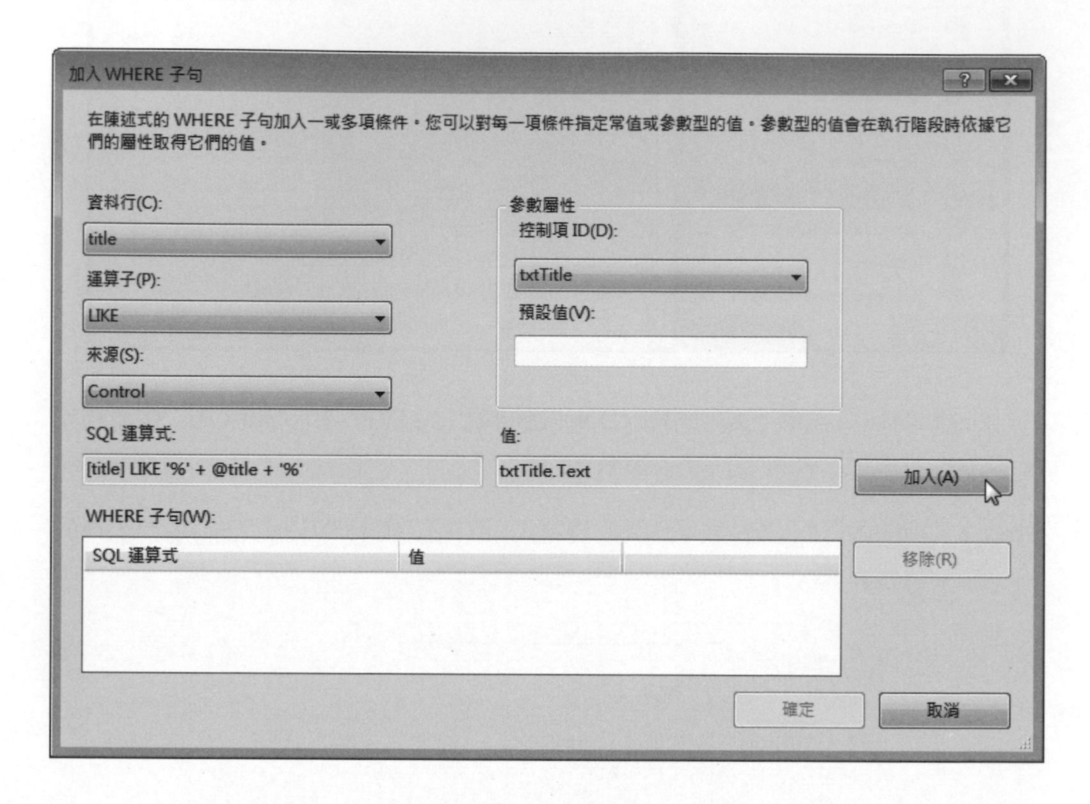

Step 6 在**資料行**欄選條件的欄位 **title**，**運算子**欄位選 **LIKE**，來源選 **Control** 後，就可以在右上方**控制項 ID** 欄位選 **txtTitle**，按**加入**鈕後，再按**確定**鈕建立 WHERE 子句，如下所示：

```
SELECT * FROM [Courses] WHERE ([title] LIKE '%' + @title + '%')
```

Step 7 按**下一步**鈕測試 SQL 查詢，再按**完成**鈕完成資料來源控制項的設定。

Step 8 選 **GridView** 控制項，開啟「GridView 工作」功能表，在**選擇資料來源**欄選 **SqlDataSource1**，如下圖所示：

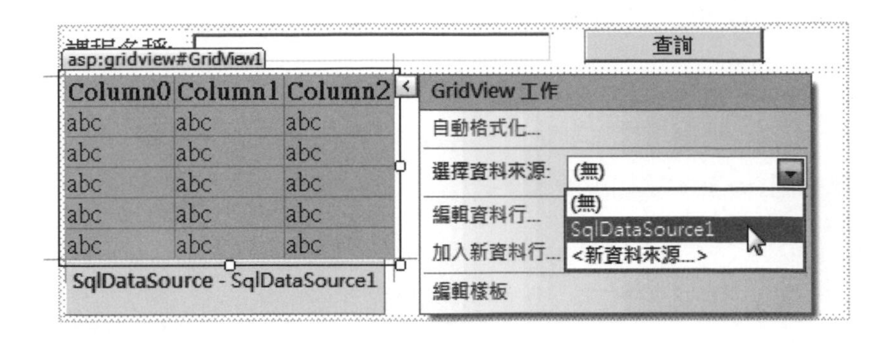

Step 9 儲存後，在「方案總管」視窗選 Default.aspx，執行「檔案/在瀏覽器中檢視」命令，可以看到執行結果的 ASP.NET 網頁。

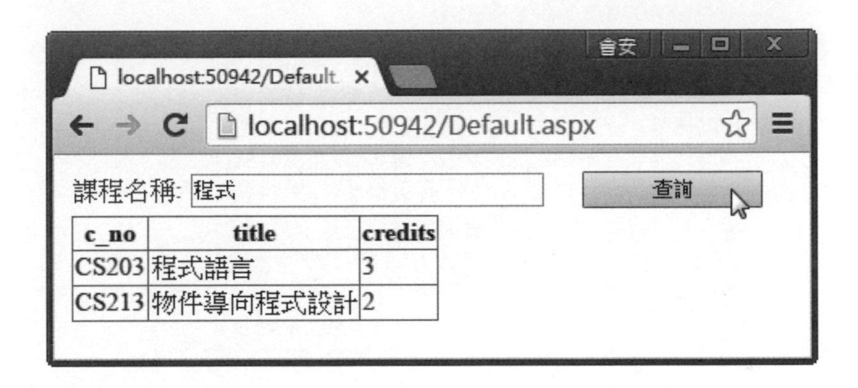

在 TextBox 控制項輸入課程名稱的子字串後，按**查詢**鈕，可以在下方顯示符合條件的記錄資料。

9-3-2 從 DropDownList 控制項取得參數值

參數的 SQL 查詢除了可以從 TextBox 控制項取得參數值外，也可以從 DropDownList 控制項取得參數值，例如：擴充<第 8-6-3 節>的 ASP.NET 網站，在 DropDownList 控制項選取主修後，就可以在下方 GridView 控制項顯示此科系的學生資料。

因為 ASP.NET 網頁的 DropDownList 控制項也是從 SqlDataSource 控制項取得資料，所以，ASP.NET 網頁需要 2 個 SqlDataSource 控制項，分別對應 DropDownList 和 GridView 控制項。

ASP.NET 網站：Ch9_3_2

請擴充<第 8-6-3 節>的 ASP.NET 網站，在 ASP.NET 網頁使用 DropDownList 控制項取得參數值，以便建立參數的 SQL 查詢，可以查詢指定主修的學生記錄，其步驟如下所示：

Step 1 請啟動 Visual Studio Community 開啟「範例網站\Ch09\Ch9_3_2」資料夾的 ASP.NET 網站，然後開啟 Default.aspx 網頁且切換至**設計**檢視。

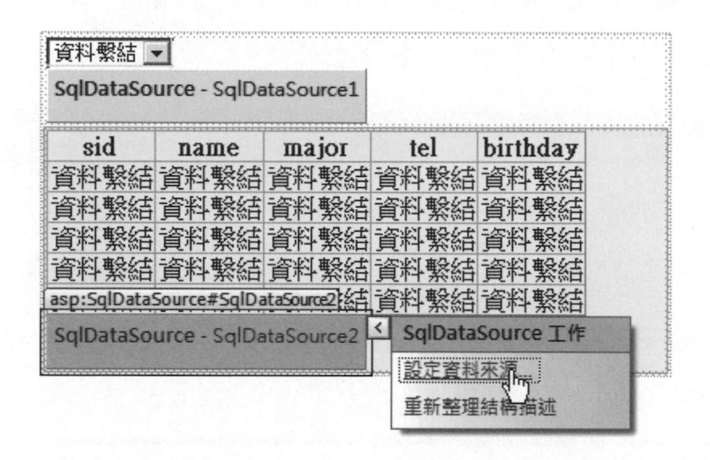

上述 Web 表單上方是 DropDownList 和 SqlDataSource1 控制項，下方是 SqlDataSource2 和 GridView 控制項，已經設定資料來源，其 SQL 指令如下所示：

```
SELECT * FROM [Students]
```

Step 2 選 SqlDataSource2 控制項開啟「SqlDataSource 工作」功能表，選**設定資料來源**超連結，可以看到設定資料來源的精靈畫面。

Step 3 按**下一步**鈕到達設定 Select 陳述式的步驟。

Step 4 按 **WHERE** 鈕新增 WHERE 子句，可以看到「加入 WHERE 子句」對話方塊。

加入 WHERE 子句

在陳述式的 WHERE 子句加入一或多項條件。您可以對每一項條件指定常值或參數型的值。參數型的值會在執行階段時依據它們的屬性取得它們的值。

資料行(C): major

運算子(P): =

來源(S): Control

參數屬性

控制項 ID(D): ddlmajors

預設值(V):

SQL 運算式: [major] = @major

值: ddlmajors.SelectedValue

加入(A)

WHERE 子句(W):

SQL 運算式 | 值

移除(R)

確定 取消

Step 5 在**資料行**欄選條件的欄位 **major**，**運算子**欄位選**=**，來源選 **Control** 後，就可以在右上方**控制項 ID** 欄位選 **ddlmajors**，按**加入**鈕後，再按**確定**鈕建立 WHERE 子句，接著按**下一步**鈕測試 SQL 查詢，如下所示：

```
SELECT * FROM [Students] WHERE ([major] = @major)
```

Step 6 按**下一步**鈕測試 SQL 查詢，再按**完成**鈕完成資料來源控制項的更改設定，如果看到警告訊息，請按**否**鈕不要重新整理欄位和索引鍵，如下圖所示：

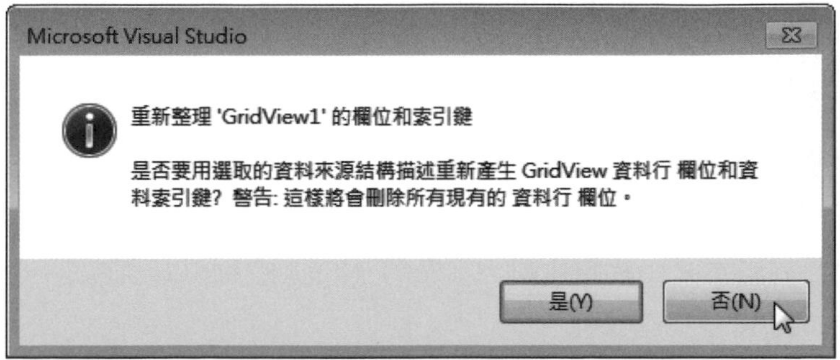

Step 7 選 DropDownList 控制項，在「屬性」視窗將 **AutoPostBack** 屬性改為 **True**，如右圖所示：

Step 8 儲存後，在「方案總管」視窗選 Default.aspx，執行「檔案/在瀏覽器中檢視」命令，可以看到執行結果的 ASP.NET 網頁。

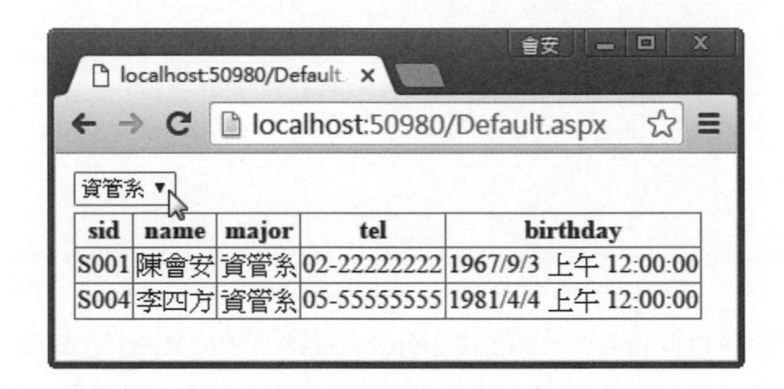

在 DropDownList 控制項選取主修後，因為 AutoPostBack 屬性為 True，表單會自動送回，馬上可以在下方顯示此主修的學生記錄資料。

9-3-3 從 URL 參數取得 SQL 的參數值

在<第 9-3-1 和 9-3-2 節>建立的參數 SQL 查詢都是在同一頁 ASP.NET 網頁，以表單送回來取得控制項輸入或選擇的參數值，對於不同 ASP.NET 網頁來說，我們可以使用 Session 變數、URL 參數或 Cookie 來取得其他 ASP.NET 網頁傳入的參數值。

例如：將<第 9-3-1 節>ASP.NET 網站的 Default.aspx 分割成二頁 ASP.NET 網頁，在第一頁輸入課程名稱後，按下按鈕，就可以使用 URL 參數傳遞至第二頁 ASP.NET 網頁來建立參數的 SQL 查詢，以便在 GridView 控制項顯示查詢結果的課程記錄。

ASP.NET 網站：Ch9_3_3

在 ASP.NET 網頁建立 TextBox 控制項取得參數值後，使用 Response.Redirect()方法轉址至 Default2.aspx，以便建立 URL 參數的 SQL 查詢，可以查詢符合課程名稱條件的課程記錄，其步驟如下所示：

Step 1 請啟動 Visual Studio Community 開啟「範例網站\Ch09\Ch9_3_3」資料夾的 ASP.NET 網站，然後開啟 Default.aspx 網頁且切換至**設計**檢視。

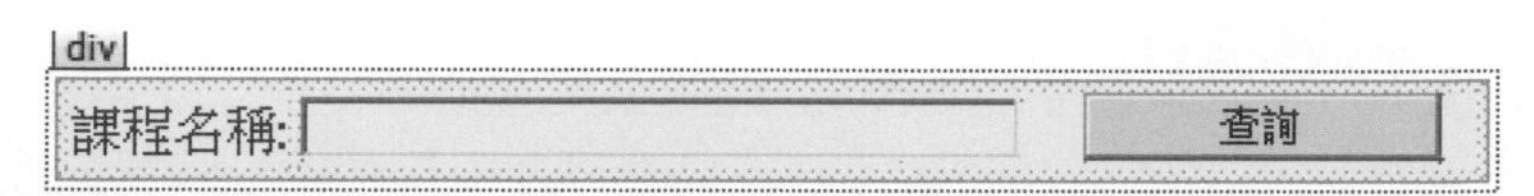

上述 Web 表單有 TextBox 控制項 txtTitle 和 Button1 按鈕控制項。

Step 2 在「方案總管」視窗，按二下 **Default2.aspx** 開啟網頁且切換至**設計**檢視。

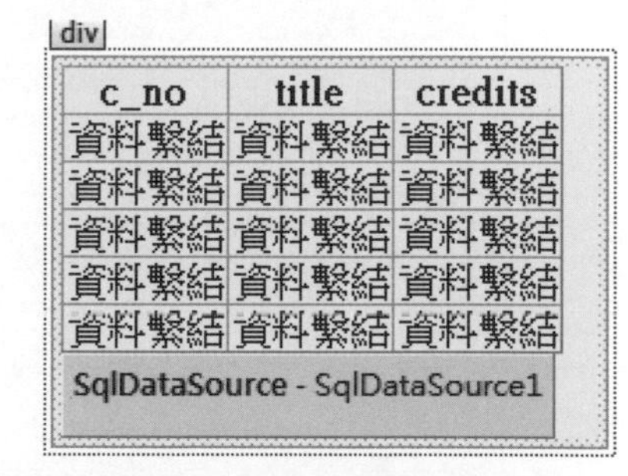

右述 Web 表單是 SqlDataSource1 和 GridView 控制項，已經設定資料來源，其 SQL 指令如下所示：

```
SELECT * FROM [Courses]
```

Step 3 請切換至 **Default.aspx** 的設計檢視，按二下**查詢**鈕建立 Button1_Click()事件處理程序。

■ Button1_Click()

```
01: protected void Button1_Click(object sender, EventArgs e)
02: {
03:     string title = txtTitle.Text;
04:     // 轉址且傳遞 URL 參數至 Default2.aspx
05:     Response.Redirect("Default2.aspx?Title=" + title);
06: }
```

■ **程式說明**

- 第 3 列：取得使用者輸入的圖書名稱。
- 第 5 列：使用 Response.Redirect()方法轉址至 Default2.aspx，擁有 URL 參數 Title。

Step 4 請切換至 **Default2.aspx**，選 SqlDataSource1 控制項開啟「SqlDataSource 工作」功能表，選**設定資料來源**超連結，可以看到設定資料來源的精靈畫面。

Step 5 請按**下一步**鈕到達設定 Select 陳述式的步驟。

Step 6 按 **WHERE** 鈕新增 WHERE 子句，可以看到「加入 WHERE 子句」對話方塊。

Step 7 在**資料行**欄選條件的欄位 **title**，**運算子**欄位選 **LIKE**，來源選 **QueryString** 後，就可以在右上方 **QueryString 欄位**輸入 URL 參數 **Title**，按**加入**鈕後，再按**確定**鈕建立 WHERE 子句，接著按**下一步**鈕測試 SQL 查詢。

Step 8 請按**完成**鈕完成資料來源控制項的更改設定。如果看到一個警告訊息，按**否**鈕不要重新整理欄位和索引鍵。

■ 執行結果

儲存後，在「方案總管」視窗選 Default.aspx，執行「檔案/在瀏覽器中檢視」命令，可以看到執行結果的 ASP.NET 網頁。

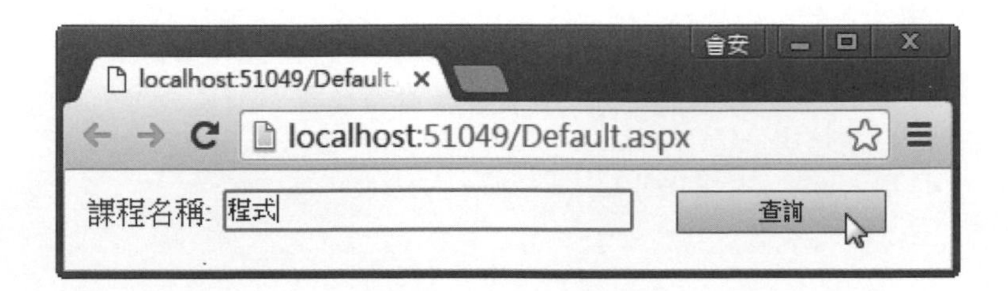

在 TextBox 控制項輸入課程名稱的子字串後，按**查詢**鈕，就可以轉址至 Default2.aspx 來顯示符合條件的記錄資料，如下圖所示：

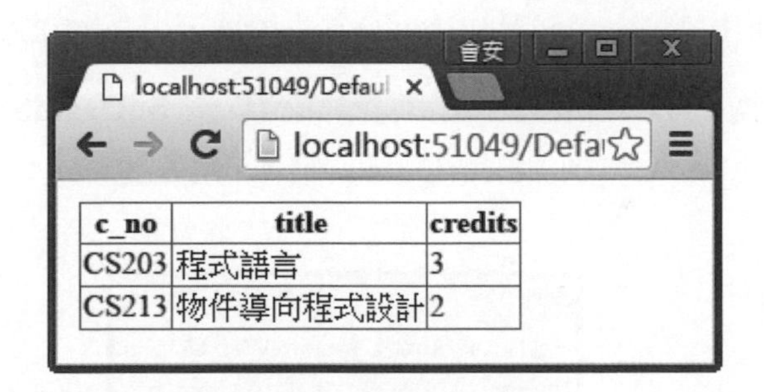

c_no	title	credits
CS203	程式語言	3
CS213	物件導向程式設計	2

9-3-4 改為使用 Session 變數取得 SQL 參數值

在<第 9-3-3 節>是使用 URL 參數來取得 SQL 參數值，這一節筆者準備直接修改上一節的網站，改用 Session 變數取得 SQL 參數值。

ASP.NET 網站：Ch9_3_4

這個 ASP.NET 網站就是上一節的網站內容，我們準備改用 Session 變數，將參數傳至 Default2.aspx，以便建立參數的 SQL 查詢來查詢符合課程名稱條件的課程記錄，其步驟如下所示：

Step 1 請啟動 Visual Studio Community 開啟「範例網站\Ch09\Ch9_3_4」資料夾的 ASP.NET 網站，然後開啟 Default.aspx 網頁且切換至**設計**檢視。

Step 2 按二下**查詢**鈕，可以修改 Button1_Click()事件處理程序。

■ Button1_Click()

```
01: protected void Button1_Click(object sender, EventArgs e)
02: {
03:     Session["Title"] = txtTitle.Text;
04:     // 轉址至 Default2.aspx
05:     Response.Redirect("Default2.aspx");
06: }
```

■ 程式說明

- 第 3 列：取得使用者輸入的圖書名稱來建立 Session 變數 Title。
- 第 5 列：使用 Response.Redirect()方法轉址至 Default2.aspx。

Step 3 請切換至 **Default2.aspx** 的設計檢視，選 **SqlDataSource1** 控制項，在「屬性」視窗找到 **SelectQuery** 屬性，如下圖所示：

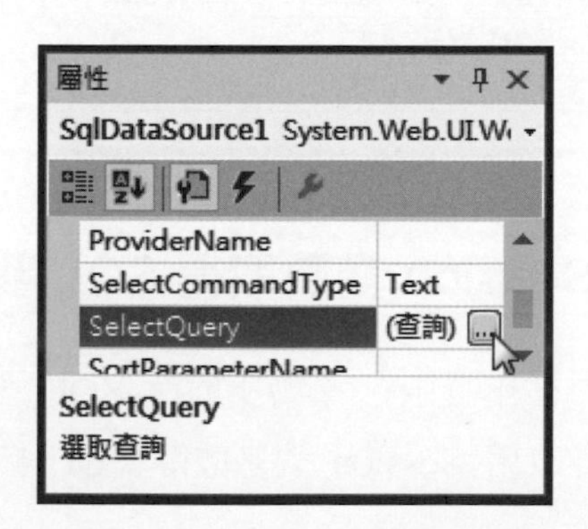

Step 4 按屬性欄位後游標所在的小按鈕，可以看到「命令及參數編輯器」對話方塊。

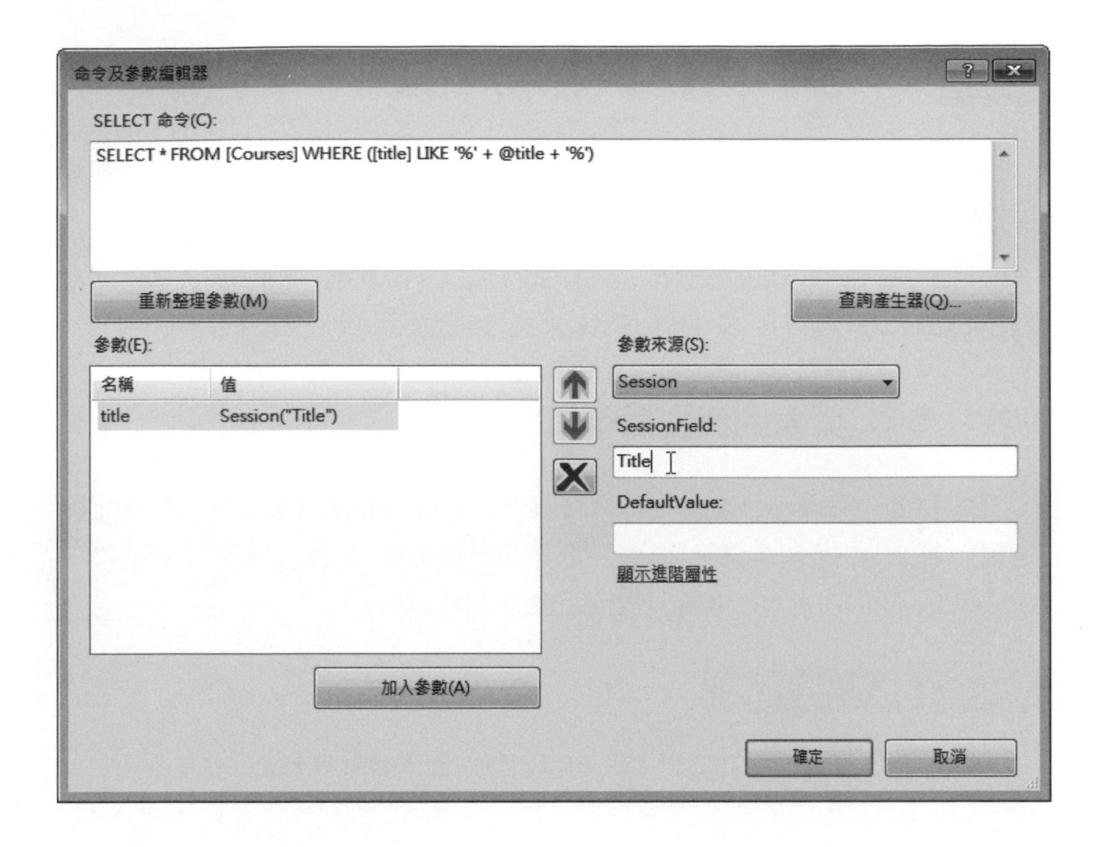

Step 5 在左方「參數」框選 **title** 參數，在右上方將**參數來源**欄改選 **Session**，可以看到 **SessionField** 欄位，輸入 Session 變數名稱 **Title**，按**確定**鈕完成參數編輯。

■ 執行結果

儲存後，在「方案總管」視窗選 Default.aspx，執行「檔案/在瀏覽器中檢視」命令，可以看到和上一節相同執行結果的 ASP.NET 網頁。

9-4 新增、更新與刪除記錄

SqlDataSource 控制項除了可以建立參數查詢外，也可以透過參數的 INSERT、UPDATE 和 DELETE 指令來新增、更新與刪除記錄資料。

當然，我們也可以使用 ADO.NET 元件的 Command 物件送出 SQL 指令 INSERT、UPDATE 和 DELETE 來插入、刪除和更新記錄資料。

9-4-1 SQL 語言的資料操作指令

在 SQL Server Express 資料庫除了使用圖形介面來執行資料表記錄的操作，即新增、更新或刪除記錄外，我們也可以使用 SQL 指令 INSERT、UPDATE 和 DELETE 來插入、刪除和更新記錄資料。

INSERT 插入記錄指令

SQL 插入記錄 INSERT 指令可以新增一筆記錄到資料表，其基本語法如下所示：

```
INSERT INTO table (column1, column2, …)
VALUES ('value1', 'value2 ', …)
```

上述 SQL 指令的 table 是準備插入記錄的資料表名稱，column1~n 為資料表內的欄位名稱（不需全部欄位），value1~n 是對應的欄位值。INSERT 指令的注意事項，如下所示：

- 不論是欄位或值清單，都需要使用**逗號**分隔。
- INSERT 指令 VALUES 的值，數值不用引號包圍，字串與日期/時間需要使用引號包圍。
- INSERT 指令的欄位清單不需和資料表定義的欄位數目或順序相同，只需**選擇需要新增的欄位**（非 NULL 欄位）即可，但是括號內的欄位名稱順序需要和 VALUES 值的順序相同。

例如：在 Students 資料表插入一筆學生記錄的 SQL 指令，如下所示：

```
INSERT INTO Students
(sid, name, tel, birthday)
VALUES ('S006', N'同傑倫', '07-77777777', '1985/03/01')
```

上述 SQL 指令的字串欄位值有使用單引號括起，數值沒有，日期/時間也是使用單引號包圍，在中文欄位值前加上「N」，表示是 Unicode 字串。

UPDATE 更新記錄指令

SQL 更新記錄 UPDATE 指令可以將資料表內符合條件的記錄，更新其欄位內容，其基本語法如下所示：

```
UPDATE table SET column1 = 'value1' WHERE conditions
```

上述指令的 table 是資料表，SET 子句 column1 是資料表的欄位名稱，不用全部只需指定需更新的欄位，value1 是更新欄位值，如果更新欄位不只一個，請使用逗號分隔，如下所示：

```
UPDATE table SET column1 = 'value1' , column2 = 'value2'
WHERE conditions
```

上述 column2 是另一個需更新的欄位名稱，value2 是更新欄位值，最後 WHERE 子句的 conditions 為更新條件。UPDATE 指令的注意事項，如下所示：

- **WHERE 條件子句**是必要元素，如果沒有此條件，資料表內所有記錄欄位都會被更新。
- 更新欄位值如為數值不用引號包圍，字串與日期/時間需要使用引號包圍。

例如：在 Students 資料表更改學生記錄資料的 SQL 指令，如下所示：

```
UPDATE Students
SET tel = '08-88888888', birthday = '1990/04/01'
WHERE (sid = 'S006')
```

上述 SQL 指令的 WHERE 條件為學號 sid 欄位，然後使用 SET 子句更新指定的欄位資料。

DELETE 刪除記錄指令

SQL 刪除記錄 DELETE 指令是將資料表內符合條件的記錄都刪除掉，其基本語法如下所示：

```
DELETE FROM table WHERE conditions
```

上述指令的 table 是資料表，WHERE 子句 conditions 為刪除記錄條件，口語來說就是「將符合 conditions 條件的記錄刪除掉」。DELETE 指令的注意事項，如下所示：

- WHERE 條件子句是 DELETE 指令的必要元素，如果沒有此條件，資料表內的所有記錄都會被刪除掉。
- WHERE 條件能夠使用=、<>、>、<=和>=運算子。
- WHERE 條件可以不只一個，如果擁有多個條件，請使用邏輯運算子 AND 或 OR 運算子連接。

例如：在 Students 資料表刪除一筆記錄的 SQL 指令，如下所示：

```
DELETE FROM Students
WHERE (sid = 'S006')
```

上述 SQL 指令的 WHERE 條件為學號 sid 欄位，也就是將符合學號條件的學生記錄刪除掉。

Tip 請注意！因為刪除的是新增的學生 S006，他沒有任何選課記錄，所以可以成功刪除，如果刪除記錄擁有選課記錄，此時會違反參考完整性的外來鍵條件約束，並不允許刪除此筆學生記錄。

9-4-2 ADO.NET 的資料操作

在 ASP.NET 網頁執行資料表插入、刪除和更新記錄操作可以使用 **Command 物件**來執行 SQL 指令，使用的是 **ExecuteNonQuery()方法**，如下所示：

```
count = objCmd.ExecuteNonQuery();
```

上述程式碼左邊的變數 count 可以取得影響的記錄數，此方法可以執行 SQL 指令，但不會傳回任何記錄資料，傳回的是**影響的記錄數**。

ASP.NET 網站：Ch9_4_2

在 ASP.NET 網頁使用 TextBox 控制項建立輸入學生資料的表單後，就可以使用 Command 物件在 Students 資料表插入一筆記錄，其步驟如下所示：

Step 1 請啟動 Visual Studio Community 開啟「範例網站\Ch09\Ch9_4_2」資料夾的 ASP.NET 網站，然後開啟 Default.aspx 網頁且切換至**設計**檢視。

div
學號: S006
姓名: 同傑倫
電話: 07-77777777
生日: 1985/03/01
新增學生
[lblOutput]

在上述 Web 表單由上而下依序新增名為 txtID、txtName、txtTel 和 txtBirthday 的 TextBox 控制項，下方是 Button1 和紅色字的 lblOutput 標籤控制項，網頁已經加入 School.mdf 資料庫。

Step 2 請在**設計**檢視編輯區域<div>標籤之外按二下，可以編輯 Page_Load() 事件處理程序。在類別宣告外加上匯入存取 SQL Server Express 資料庫命名空間的程式碼，如下所示：

```
using System.Data;
using System.Data.SqlClient;
```

Step 3 然後輸入 Page_Load()事件處理程序的程式碼。

■ Page_Load()

```
01: protected void Page_Load(object sender, EventArgs e)
02: {
03:     SqlConnection objCon;
04:     SqlCommand objCmd;
05:     string strDbCon, strSQL;
06:     int count;
07:     // 資料庫連接字串
08:     strDbCon = "Data Source=(LocalDB)\\MSSQLLocalDB;" +
09:                "AttachDbFilename=" +
10:                Server.MapPath("App_Data\\School.mdf") +
11:                ";Integrated Security=True";
12:     if (Page.IsPostBack)
13:     {
14:         // 建立 SQL 敘述新增一筆資料表記錄
15:         strSQL = "INSERT INTO Students (sid, name" +
16:                  " , tel, birthday) VALUES ('";
17:         strSQL += txtID.Text + "', N'";
18:         strSQL += txtName.Text + "', '";
19:         strSQL += txtTel.Text + "', '";
20:         strSQL += txtBirthday.Text + "')";
21:         // 建立 Connection 物件
22:         objCon = new SqlConnection(strDbCon);
23:         objCon.Open(); // 開啟資料庫連接
24:         // 建立 Command 物件的 SQL 指令
25:         objCmd = new SqlCommand(strSQL, objCon);
26:         // 執行 SQL 指令
27:         count = objCmd.ExecuteNonQuery();
28:         if (count == 1)
29:         {
30:             lblOutput.Text = "插入一筆記錄成功 :" + strSQL;
31:         }
32:         else
33:         {
34:             lblOutput.Text = "錯誤: 插入記錄失敗!";
35:         }
36:         objCon.Close(); // 關閉資料庫連接
37:     }
38: }
```

■ 程式說明

- 第 12~37 列：if 條件檢查是否是表單送回，如果是，在第 15~20 列建立插入記錄的 SQL 指令字串。
- 第 27~35 列：使用 Command 物件的 ExecuteNonQuery()方法執行 SQL 插入記錄指令後，在第 28~35 列的 if/else 條件檢查傳回值，以便判斷是否成功新增記錄。

■ 執行結果

儲存後，在「方案總管」視窗選 Default.aspx，執行「檔案/在瀏覽器中檢視」命令，可以看到執行結果的 ASP.NET 網頁。

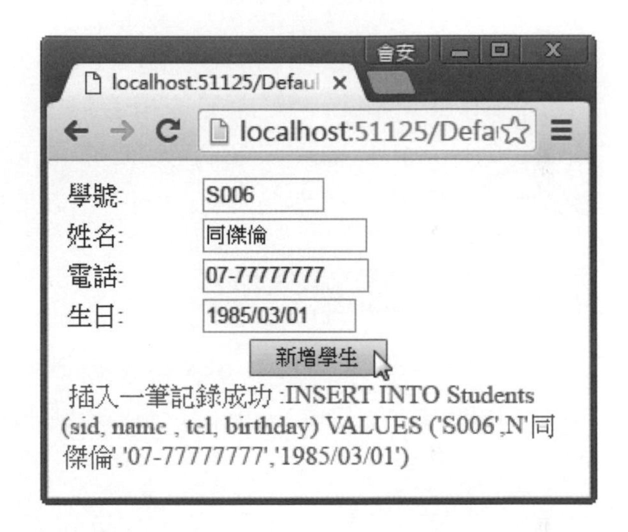

上述網頁在輸入學生資料後，按**新增學生**鈕就可以插入一筆記錄，在下方顯示成功插入記錄的訊息文字和 SQL 指令字串。

9-4-3 SqlDataSource 控制項的資料操作

當建立 SqlDataSource 控制項連接 School.mdf 資料庫的 Students 資料表，並且讓控制項自動產生 INSERT、UPDATE 和 DELETE 指令後，以 DELETE 指令為例，其自動產生的 SQL 指令，即控制項的 DeleteCommand 屬性值，如下所示：

```
DELETE FROM [Students] WHERE [sid] = @sid
```

上述 DELETE 指令的 @sid 是 WHERE 刪除條件的參數（參數名稱預設是欄位名稱），即學號。我們可以使用程式碼來指定此參數的值，如下所示：

```
SqlDataSource2.DeleteParameters("sid").
                DefaultValue = txtID.Text;
SqlDataSource2.Delete();
```

上述 SqlDataSource 控制項使用 DeleteParameters 集合物件來指定參數 sid 的值，即 DefaultValue 屬性值，以此例是指定成 TextBox 控制項輸入的學號，然後執行 Delete()方法來刪除記錄。

同樣方式，參數的 INSERT 插入指令是 InsertCommand 屬性值，可以使用 InsertParameters 集合物件來指定參數值；參數的 UPDATE 更新指令是 UpdateCommand 屬性值，我們可以使用 UpdateParameters 集合物件來指定參數值，在指定後，分別執行 Insert()和 Update()方法來插入或更新記錄資料。

ASP.NET 網站：Ch9_4_3

在 ASP.NET 網頁使用 TextBox 控制項取得使用者輸入的刪除學號，按下按鈕，可以使用 SqlDataSource 控制項來刪除此位學生的記錄資料，其步驟如下所示：

Step 1 請啟動 Visual Studio Community 開啟「範例網站\Ch09\Ch9_4_3」資料夾的 ASP.NET 網站，然後開啟 Default.aspx 網頁且切換至**設計**檢視。

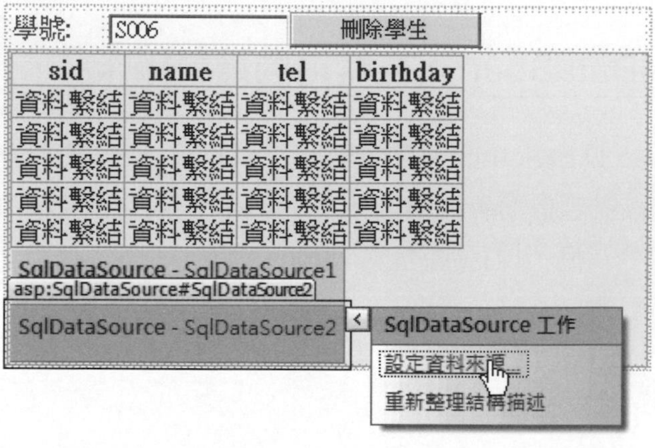

上述 Web 表單上方是 TextBox 控制項 txtID 和 Button1 按鈕控制項，下方是 2 個 SqlDataSource 和 1 個 GridView 控制項，GridView 控制項已經設定資料來源為 SqlDataSource1 控制項，2 個 SqlDataSource 控制項指定的 SQL 指令相同，如下所示：

```
SELECT * FROM [Students]
```

Step 2 選 SqlDataSource2 控制項開啟「SqlDataSource 工作」功能表，選**設定資料來源**超連結，可以看到設定資料來源的精靈畫面。

Step 3 請按**下一步**鈕到達設定 Select 陳述式的步驟。

Step 4 按右下方**進階**鈕，可以看到「進階 SQL 產生選項」對話方塊。

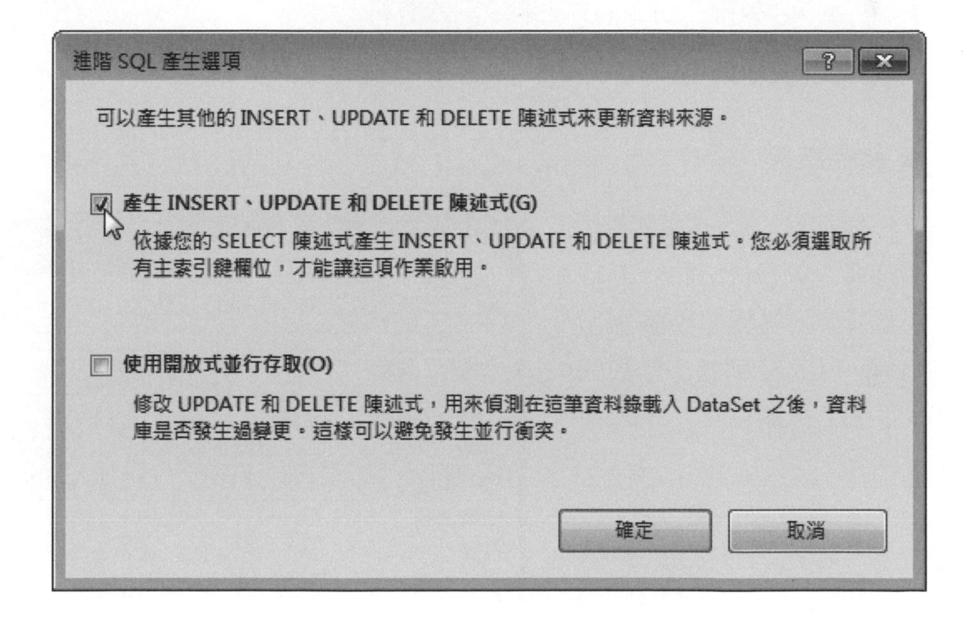

Step 5 勾選**產生 INSERT、UPDATE 和 DELETE 陳述式**，按**確定**鈕即可自動產生新增、更新和刪除的 SQL 指令，請按**確定**鈕後，再按**下一步**鈕測試 SQL 查詢。

Step 6 按**完成**鈕完成資料來源控制項的更改設定。

Step 7 按二下**刪除學生**鈕建立 Button1_Click()事件處理程序。

■ Button1_Click()

```
01: protected void Button1_Click(object sender, EventArgs e)
02: {
03:      SqlDataSource2.DeleteParameters[
                 "sid"].DefaultValue = txtID.Text;
04:      SqlDataSource2.Delete();
05:      GridView1.DataBind();
06: }
```

■ 程式說明

- 第 3 列：指定 DELETE 刪除指令 BookID 參數的值為 TextBox 控制項輸入的書號。
- 第 4 列：執行 Delete()方法刪除記錄資料。
- 第 5 列：更新 GridView 控制項的記錄資料。

■ 執行結果

儲存後，在「方案總管」視窗選 Default.aspx，執行「檔案/在瀏覽器中檢視」命令，可以看到執行結果的 ASP.NET 網頁。

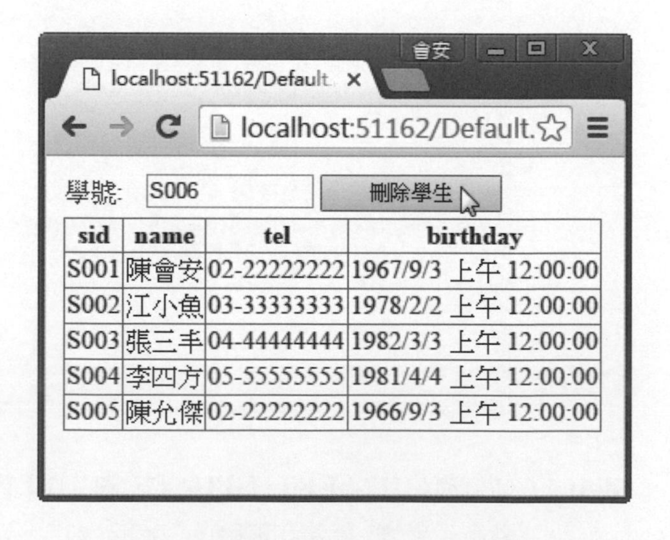

在輸入欲刪除的學號 S006 後，按**刪除學生**鈕，就可以在下方看到此學號的記錄已經刪除了。

Tip 請注意！我們之所以可以成功刪除學生，因為此位學生並沒有任何選課記錄，如果有，例如：S001，就會產生錯誤，違反參考完整性的外來鍵條件約束。

學習評量

選擇題

(　　) 1. 請問在關聯式資料庫進行查詢，主要是使用下列哪一種 SQL 語言？

A. DDL　　B. DML
C. DCL　　D. DSL

(　　) 2. 請指出下列哪一個 SQL 指令可以更新記錄？

A. INSERT　　B. UPDATE
C. SELECT　　D. SEARCH

(　　) 3. 請問 Command 物件執行 SQL 的 DELETE 指令是使用下列哪一個方法？

A. ExecuteScalar()　　B. ExecuteReader()
C. ExecuteQuery()　　D. ExecuteNonQuery()

(　　) 4. 請問 SQL 語言查詢指令是使用下列哪一個子句來篩選記錄？

A. SELECT　　B. FROM
C. WHERE　　D. ORDER BY

(　　) 5. 當使用 SqlDataSource 控制項建立參數的 SQL 查詢時，請問參數來源不可以是下列哪一種？

A. 其他控制項　　B. Session 變數
C. URL 參數　　D. 聚合函數

簡答題

1. 請簡單說明什麼是 SQL 語言？SQL 指令可以分成幾大類？
2. SQL 查詢指令是使用__________子句指定查詢的資料表，__________子句才是真正的執行記錄查詢的篩選條件。
3. SQL 指令的排序功能是使用______________子句。

4. 請簡單說明 SQL 聚合函數的用途？

5. 請舉例說明什麼是 SqlDataSource 控制項的參數 SQL 查詢。

6. 請簡單說明 ADO.NET 和 SqlDataSource 控制項是如何執行 SQL 語言的資料操作指令？

實作題

1. 請使用 Visual Studio Community 開啟「範例網站\Ch09\Ch9_2」資料夾的 ASP.NET 網站後，使用 ASP.NET 網頁 Default.aspx 執行下列 SQL 指令，如下所示：

```
(1) SELECT sid, name, birthday FROM Students
```

```
(2) SELECT c_no, title, credits FROM Courses
    WHERE credits <= 3 ORDER BY c_no
```

```
(3) SELECT * FROM Courses WHERE credits IN (2, 4)
```

```
(4) SELECT AVG(credits) FROM Courses
    WHERE credits IN (2, 4)
```

2. 請修改<第 9-3-2 節>的範例網站，將它拆成兩頁 ASP.NET 網頁，改用 URL 參數取得 SQL 參數值來建立參數的 SQL 查詢。

3. 請修改實作題 2，改為使用 Session 取得 SQL 參數值來建立參數的 SQL 查詢。

4. 請參考<第 9-4-3 節>的範例網站，使用 SqlDataSource 控制項來新增學生記錄，學生資料是使用 TextBox 控制項來輸入。

5. 請建立 ASP.NET 網頁，可以使用 SQL 指令在 Courses 資料表插入一筆課程記錄，課程編號是 CS333，課程名稱為「進階網頁程式設計」，學分數為 2。

6. 請建立 ASP.NET 網頁使用 ADO.NET 程式碼執行 SQL 指令來更新記錄，可以將實作題 5 課程記錄的學分數改為 3。

10

網頁資料庫的顯示與維護

本章學習目標

10-1 再談資料控制項

本章內容是說明資料邊界控制項(DataBound Controls)的使用，ASP.NET 範例網頁都是使用<第 8 章>SqlDataSource 資料來源控制項，建立 SQL Server Express 資料庫 School.mdf 的資料來源，我們已經在 Students 資料表新增宿舍租金欄位 rent 和主修 major。

10-1-1 再談資料邊界控制項

在<第 8 章>筆者已經說明過資料邊界控制項的種類，ASP.NET 2.0 版提供 Repeater、DataList、GridView 和 DetailsView 控制項；3.5 版新增 ListView 與 DataPager 控制項，可以使用資料來源控制項，將外部資料整合到控制項來顯示資料表的記錄資料。

Visual Studio Community 是在「工具箱」視窗的**資料**區段提供資料邊界控制項，只需拖拉至編輯區域，就可以在 ASP.NET 網頁新增資料邊界控制項。

ASP.NET 資料邊界控制項的主要功能是在編排、顯示和維護資料，控制項可以使用**欄位**或**樣板**兩種方式來編排資料來源取得的資料。

欄位基礎資料控制項(Field-based Data Controls)

欄位基礎資料控制項是以欄位為單位來編排資料，支援表格或單筆記錄的顯示，可以使用表格的一列為一筆記錄；一欄為一個欄位，或單筆記錄的方式來編排資料。一般來說，欄位基礎資料控制項都內建強大功能，預設提供資料維護功能，可以幫助我們新增、更新或刪除資料。

不過，顯示部分受限於是以欄位為單位，所以只能使用內建屬性來調整欄位外觀，並不允許自行插入自訂文字、HTML 標籤或其他 ASP.NET 控制項，例如：**GridView** 和 **DetailsView** 控制項。

樣板基礎資料控制項（Templated-based Data Controls）

樣板基礎資料控制項是使用樣板（Templates）定義如何編排資料，我們可以在控制項定義樣板來插入自訂文字、HTML 標籤、樣式或其他 ASP.NET 控制項。事實上，資料控制項本身只是使用內建方式來單次、交叉或重複顯示各種樣板的內容，例如：Repeater、DataList 和 ListView 控制項。

因為是使用樣板來定義控制項輸出的內容，所以在使用上擁有更大的彈性來編排資料，相反的，實作上它比欄位基礎控制項來的複雜些。

事實上，GridView 和 DetailsView 控制項也可以使用樣板方式來編排資料，不過，因為 GridView 和 DetailsView 控制項欄位基礎方式的功能十分強大，所以，如果使用這兩種控制項，主要都是使用欄位基礎方式來編排資料，只會在某些特別欄位使用樣板來編排輸出。

10-1-2 格式化欄位顯示的資料

對於資料來源取得的日期/時間、貨幣或數值等資料，我們可以指定欄位使用的格式字串來格式化欄位顯示的資料。

數值資料的格式字串

數值資料的格式字串可以格式化輸出貨幣、科學符號、百分比和指定的小數位數，常用格式字串的說明，如下表所示：

種類	格式字串	範例輸出
貨幣	{0:C}或{0:c}	$12, 345.98
科學符號	{0:E}	3.456E+004
百分比	{0:P}	56.7%
指定位數	{0:F?}	「?」是小數位數，{0:F3}顯示如 123.400

日期/時間資料的格式字串

對於日期/時間資料來說，常用格式字串的說明，如下表所示：

種類	格式字串	範例輸出
短日期	{0:d}	12/30/2016
長日期	{0:D}	Friday, December 30, 2016
短時間	{0:t}	12:00 AM
長時間	{0:T}	12:00:00 AM
完整日期短時間	{0:f}	Friday, December 30, 2016 12:00 AM
完整日期長時間	{0:F}	Friday, December 30, 2016 12:00:00 AM
一般日期短時間	{0:g}	12/30/2016 12:00 AM
一般日期長時間	{0:G}	12/30/2016 12:00:00 AM

10-2 GridView 控制項

GridView 控制項是使用**表格**方式顯示、分頁、排序和建立複雜資料表的顯示和編輯功能，不過，GridView 控制項的編輯功能**只能更新和刪除資料**，在使用上和 DetailsView 控制項的編輯功能相似，其說明請參閱<第 10-3-2 節>。

10-2-1 格式化 GridView 控制項

當我們在 GridView 控制項指定使用的資料來源控制項後，就可以使用表格顯示取得的記錄資料，內建自動格式化（自動指定**結尾為 Style** 的樣式屬性值）來指定顯示樣式，和指定欄位顯示格式和標題名稱。

GridView 控制項欄位的常用屬性說明，如下表所示：

屬性	說明
HeaderText	欄位的標題名稱
ShowHeader	是否顯示標題列，True 預設值為是；False 為否
FooterText	欄位的註腳列
ShowFooter	是否顯示註腳列，True 為是；False 預設值為否
HeaderImageUrl	在標題顯示圖片的 URL 網址
Visible	控制項是否顯示，預設值 True 顯示；False 為不顯示
ReadOnly	欄位是否可編輯，True 為唯讀；False 預設值是可編輯
DataField	與資料來源結合的欄位名稱
DataFormatString	DataField 欄位資料的顯示格式，即指定格式字串
NullDisplayText	欄位值是 Null 空值時顯示的內容

ASP.NET 網站：Ch10_2_1

在 ASP.NET 網頁的 GridView 控制項使用自動格式化來指定顯示樣式，和指定中文標題名稱，數值和日期/時間欄位的格式，其建立步驟如下所示：

Step 1 請啟動 Visual Studio Community 開啟「範例網站\Ch10\Ch10_2_1」資料夾的 ASP.NET 網站，然後開啟 Default.aspx 網頁且切換至**設計**檢視。

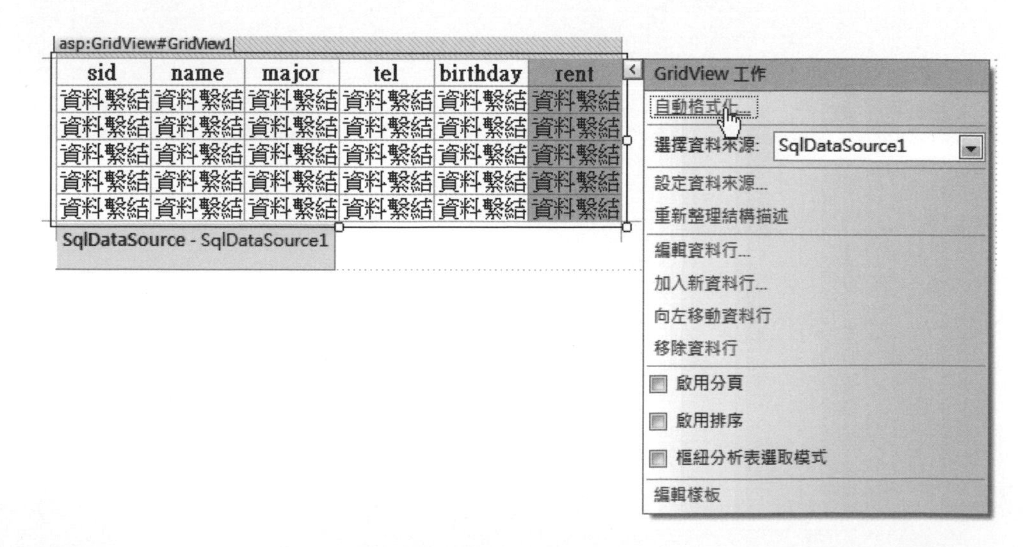

上述 Web 表單上方是 GridView 控制項，下方是 SqlDataSource 控制項，已經設定資料來源，其 SQL 指令如下所示：

```
SELECT * FROM [Students]
```

Step 2 開啟「GridView 工作」功能表，選**自動格式化**超連結，可以看到「自動格式設定」對話方塊。

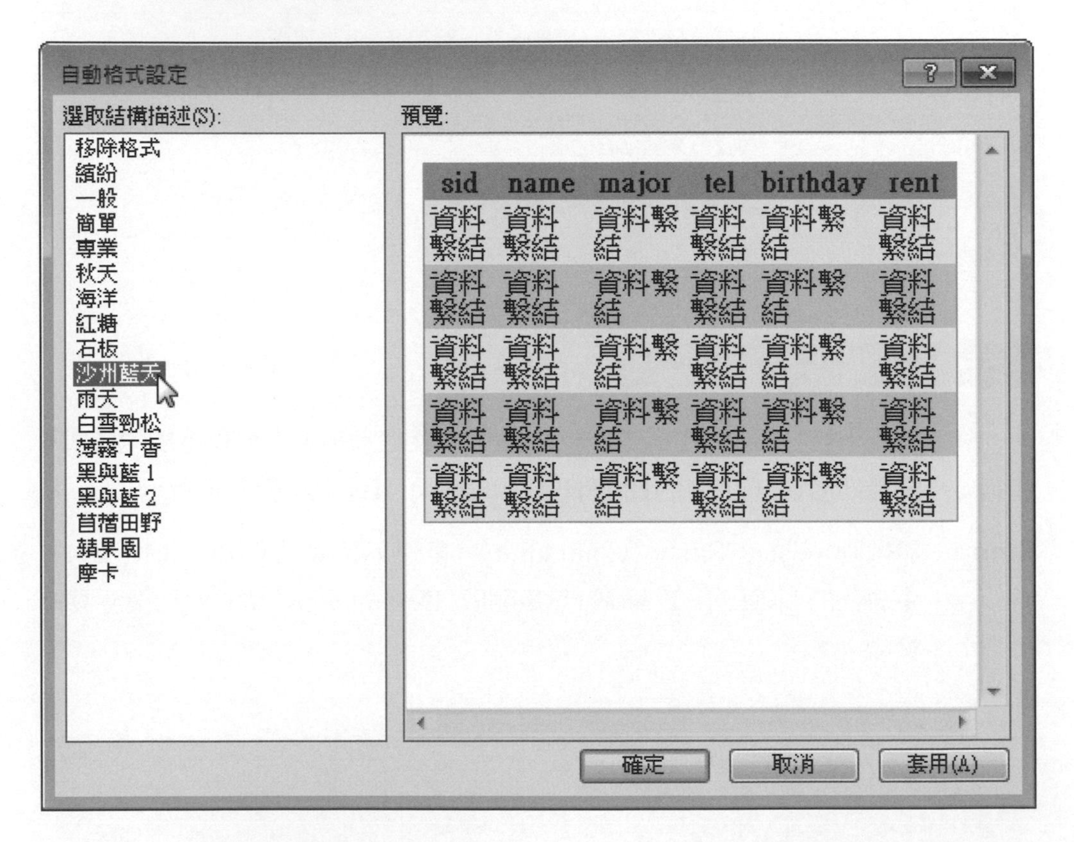

Step 3 在「選取結構描述」框選**沙州藍天**樣式，按**確定**鈕完成設定。

Step 4 然後開啟「GridView 工作」功能表，選**編輯資料行**超連結來編輯欄位屬性，可以看到「欄位」對話方塊。

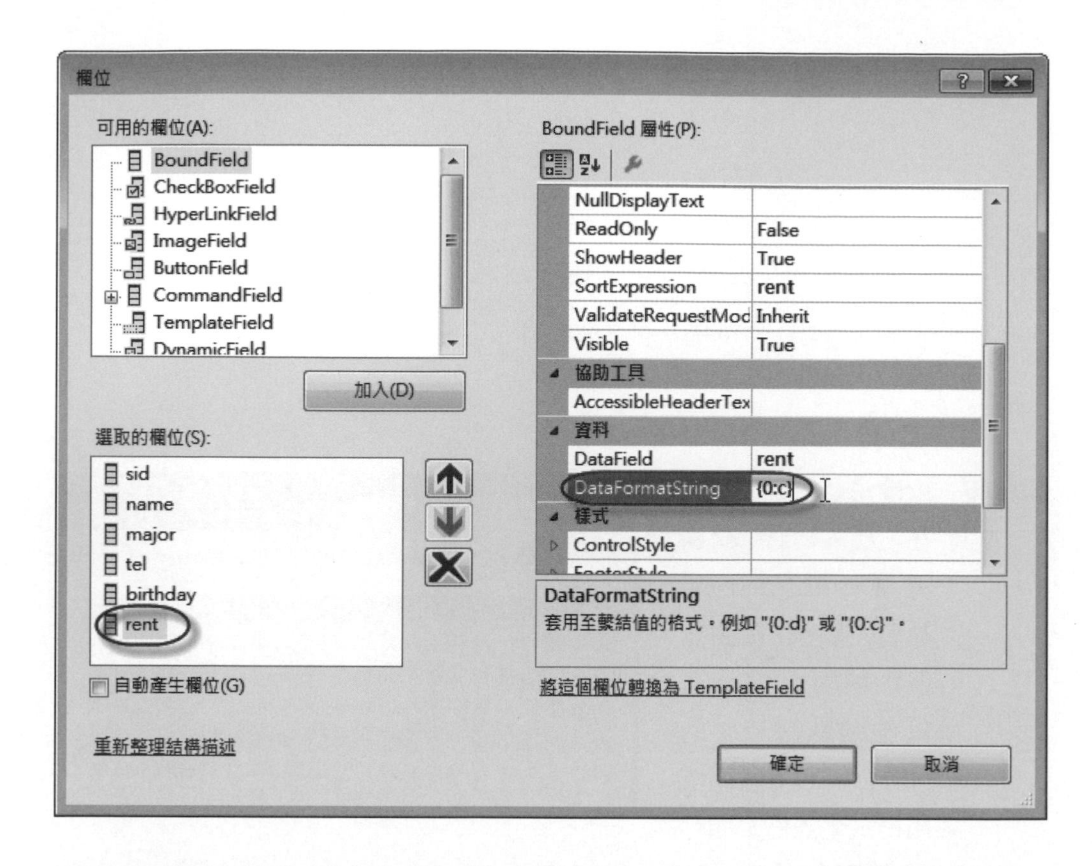

說明

在左下方「選取的欄位」框如果沒有看到欄位清單，請開啟「GridView 工作」功能表，選**重新整理結構描述**超連結，就可以自動建立欄位清單，也就是新增下一節的 Field 欄位控制項。

Step 5 在左下方「選取的欄位」框，選 **rent** 欄位，可以在右邊看到欄位屬性，請在 **DataFormatString** 屬性欄輸入**{0:c}**貨幣格式。

Step 6 然後選 **birthday** 欄位，可以在右邊看到欄位屬性，請在 **DataFormatString** 屬性欄位輸入**{0:d}**短日期格式。

Step 7 接著更改欄位標題文字成為中文標題，即更改每一個欄位的 **HeaderText** 屬性值，如下表所示：

欄位	HeaderText 屬性值
sid	學號
name	姓名
major	主修
tel	電話
birthday	生日
rent	租金

Step 8 按**確定**鈕且儲存後，在「方案總管」視窗選 Default.aspx，執行「檔案/在瀏覽器中檢視」命令，可以看到執行結果的 ASP.NET 網頁，使用格式化表格來顯示記錄資料。

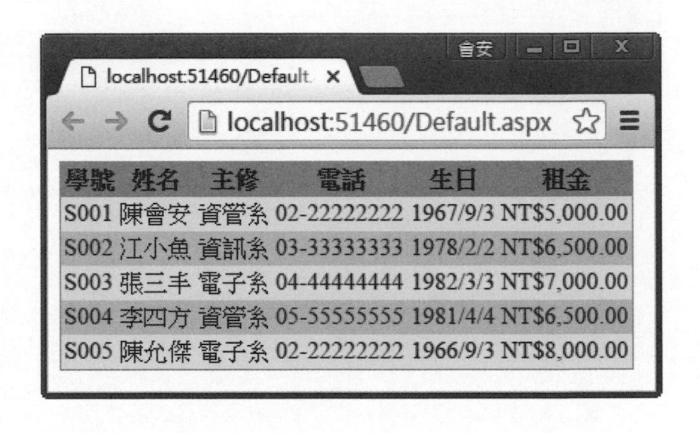

10-2-2 編輯 GridView 控制項的欄位

GridView 控制項是一種**欄位基礎**資料邊界控制項，我們可以在<Columns>區段子標籤定義 Field 欄位控制項，常用欄位控制項說明，如下表所示：

欄位控制項	說明
BoundField	顯示資料來源的欄位資料，將欄位視為文字字串顯示，此為預設欄位類型，即上一節編輯的欄位
ButtonField	顯示按鈕欄位，可以新增整欄的按鈕控制項，例如：刪除、顯示和隱藏記錄等按鈕
CheckBoxField	欄位值如果是布林值時，顯示核取方塊
HyperLinkField	顯示超連結欄位
ImageField	顯示圖片欄位

在 GridView 控制項只需使用上表 Fields 控制項就可以**自行定義欄位內容**，所以，我們可以在 GridView 控制項表格顯示整欄按鈕、超連結或圖片等欄位。

ButtonField 控制項

ButtonField 控制項是顯示整欄 Button 控制項的按鈕，其常用屬性說明，如下表所示：

屬性	說明
ButtonType	控制項的顯示方式，值 Link 是超連結；Button 是按鈕；Image 是圖片
Text	如果有使用 DataTextField 屬性，就不需使用 Text 屬性，它是按鈕名稱
CommandName	按鈕的命令名稱，在控制項提供預設功能的命令名稱，只需指定名稱就可以執行特定功能

ImageField 控制項

ImageField 控制項是在 GridView 控制項顯示圖片欄位，其常用屬性說明，如下表所示：

屬性	說明
DataImageUrlField	以資料來源的欄位名稱作為圖片 URL 網址
DataImageUrlFormatString	DataImageUrlField 欄位資料的顯示方式
NullImageUrl	圖片不存在時顯示的內容

上表 DataImageUrlField 屬性可以指定圖片網址來源的欄位名稱，例如：來源是 c_no 欄位值。DataImageUrlFormatString 屬性可以使用**格式字元{0}** 來定義圖檔路徑，例如：「~/images/{0}small.gif」格式字串，此格式字串以 c_no 欄位值 CS101 為例，就是位在「~/images/CS101small.gif」圖片的教課書封面。

HyperLinkField 控制項

在 GridView 控制項顯示超連結欄位是使用 HyperLinkField 控制項，其常用屬性說明，如下表所示：

屬性	說明
NavigateUrl	超連結連接的 URL 網址
Target	超連結的目標框架
DataNavigateUrlField	以資料來源的欄位名稱作為 URL 網址
DataNavigateUrlFormatString	DataNavigateUrlField 欄位資料的顯示方式

如同 ImageField 控制項，我們也可以使用**格式字元{0}** 定義超連結的 URL 參數，例如：來源是 c_no 欄位值，格式字串是 Details.aspx?No={0}，表示將學號值作為 URL 參數值傳遞至 Details.aspx 網頁。

RowCommand 事件

當在 GridView 控制項按下按鈕欄位的按鈕時，就會產生 RowCommand 事件，我們可以建立事件處理程序來顯示選取記錄的課程編號，如下所示：

```
if (e.CommandName == "Select")
{
    pos = Convert.ToInt32(e.CommandArgument);
    no = GridView1.DataKeys[pos].Value.ToString();
    lblOutput.Text = "課程編號: " + no;
}
```

上述 if 條件判斷 e.CommandName 屬性是哪一個命令名稱？e.CommandArgument 屬性可以取得是哪一列的索引值？然後使用 GridView 控制項的 DataKeys 屬性取得 DataKeyNames 主鍵屬性的集合物件，參數是列索引，即在 Grid View 控制項按下哪一列的課程編號。

ASP.NET 網站：Ch10_2_2

在 ASP.NET 網頁 Default.aspx 的 GridView 控制項建立 ButtonField、HyperLinkField 和 ImageField 欄位控制項，以便顯示按鈕、超連結和圖片控制項的欄位。

當使用者按下課程編號超連結，可以連接 **Details.aspx 顯示單筆記錄資料**，這是修改<第 9-3 節>參數的 SQL 查詢，參數是 URL 參數 Id，只是改為使用

DetailsView 控制項顯示單筆記錄資料;如果按下按鈕欄位的按鈕,可以在上方顯示該列的課程編號,其步驟如下所示:

Step 1 請啟動 Visual Studio Community 開啟「範例網站\Ch10\Ch10_2_2」資料夾的 ASP.NET 網站,然後開啟 Default.aspx 網頁且切換至**設計**檢視。

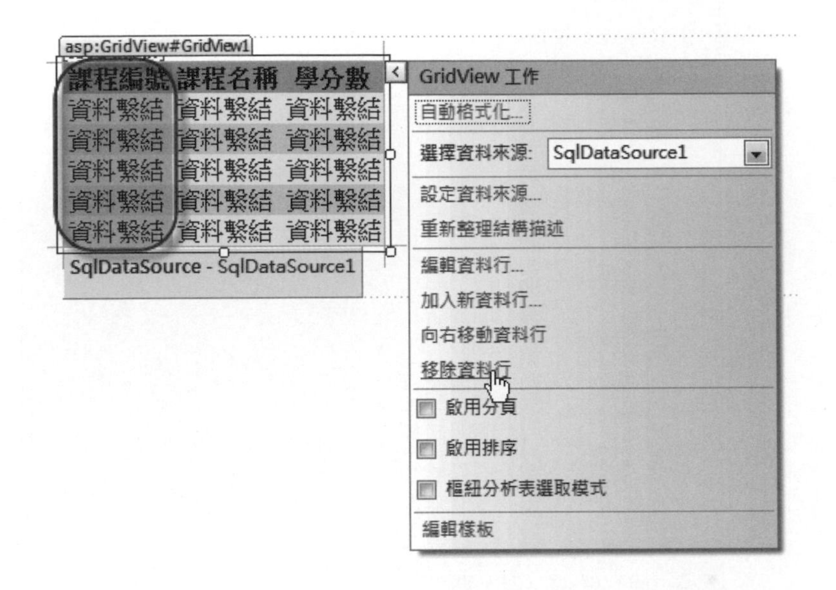

上述 Web 表單上方是紅色名為 lblOutput 的標籤控制項,中間是 GridView 控制項,下方是 SqlDataSource 控制項,已經設定資料來源,其 SQL 指令如下所示:

```
SELECT * FROM [Courses]
```

Step 2 選取**課程編號**欄後,開啟「GridView 工作」功能表,選**移除資料行**超連結刪除此欄。然後選**加入新資料行**超連結新增 HyperLinkField 欄位控制項,可以看到「加入欄位」對話方塊。

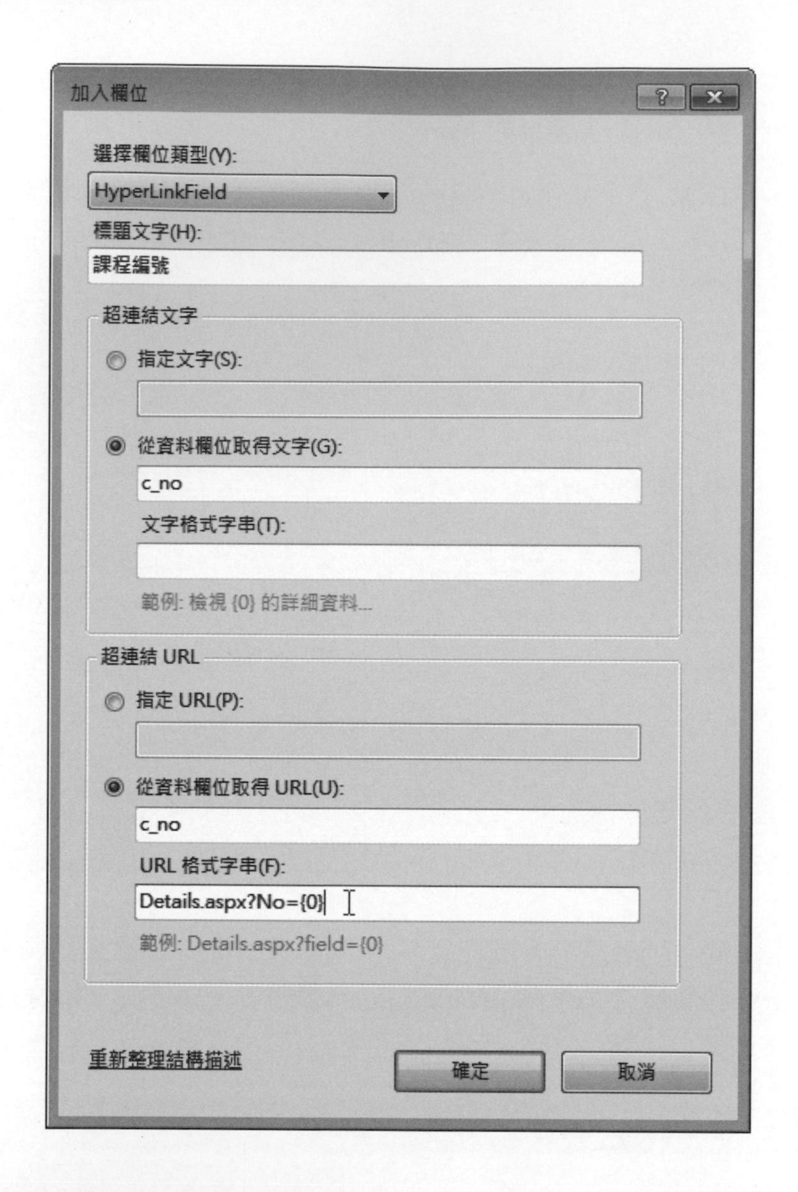

Step 3 在**選擇欄位型別**欄選 **HyperLinkField**，**標題文字**是**課程編號**，「超連結文字」框選**從資料欄位取得文字**後，輸入 **c_no**，在「超連結 URL」框選**從資料欄位取得 URL** 後，輸入 **c_no**，在 **URL 格式字串**輸入 **Details.aspx?No={0}**，按**確定**鈕新增欄位。

Step 4 因為欄位預設新增在最右邊，請選取新增欄位後，在「GridView 工作」功能表選**向左移動資料行**超連結，移動至第 1 個欄位。

Step 5 請重複步驟 2~4 新增 ImageField 欄位，在「加入欄位」對話方塊輸入的欄位資料，如下表所示：

欄位名稱	欄位值
選擇欄位型別	ImageField
標題文字	教課書封面
資料欄位	c_no
URL 格式字串	~/images/{0}small.gif

Step 6 按**確定**鈕新增欄位至最後一欄，然後重複步驟 2~4 新增 ButtonField 欄位，輸入的欄位資料，如下表所示：

欄位名稱	欄位值
選擇欄位型別	ButtonField
標題文字	功能
按鈕類型	Button
命令名稱	Select
文字	顯示課程編號

Step 7 按**確定**鈕新增欄位至最後一欄後，請開啟 Default.aspx.cs 類別檔，重新新增 GridView1_RowCommand()事件處理程序。

■ GridView1_RowCommand()

```
01: protected void GridView1_RowCommand(object sender,
                                GridViewCommandEventArgs e)
02: {
03:     int pos;
04:     string no;
05:     if (e.CommandName == "Select")
06:     {   // 哪一列課程
07:         pos = Convert.ToInt32(e.CommandArgument);
08:         no = GridView1.DataKeys[pos].Value.ToString();
09:         lblOutput.Text = "課程編號: " + no;
10:     }
11: }
```

■ 程式說明

- 第 5~10 列：if 條件判斷是按下哪一個命令名稱後，在第 7 列取得是表格的哪一列，第 8 列取得課程編號的 BookID 欄位值。

■ 執行結果

儲存後，在「方案總管」視窗選 Default.aspx，執行「檔案/在瀏覽器中檢視」命令，可以看到執行結果的 ASP.NET 網頁。

上述網頁是使用 GridView 控制項顯示的記錄資料，第 1 欄的課程編號是超連結，最後一欄是按鈕，中間依序是課程名稱、學分數和教課書封面圖片，按下按鈕，可以在上方顯示選取列的課程編號，同時選取列改為不同樣式來顯示。

點選第 1 欄超連結可以連接 Details.aspx 網頁，並且傳遞課程編號的 URL 參數 No，可以顯示此筆課程編號的詳細資料，如右圖所示：

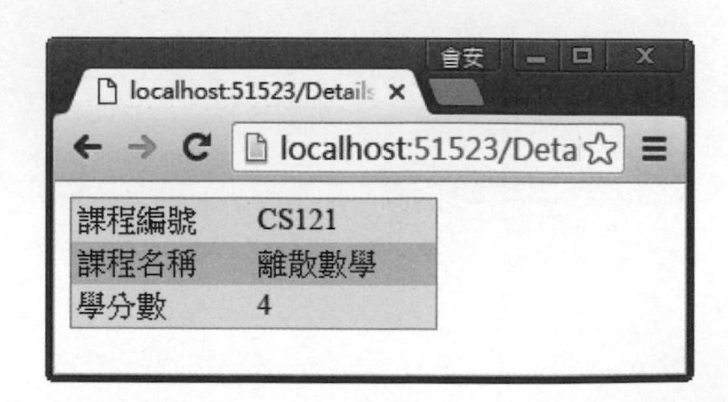

上述網頁是使用 DetailsView 控制項來顯示單筆記錄，關於 DetailsView 控制項的進一步說明，請參閱<第 10-3 節>。

基本上，我們除了可以在「GridView 工作」功能表新增和刪除欄位外，也可以選**編輯資料行**超連結，在「欄位」對話方塊進行欄位資料的編輯，如下圖所示：

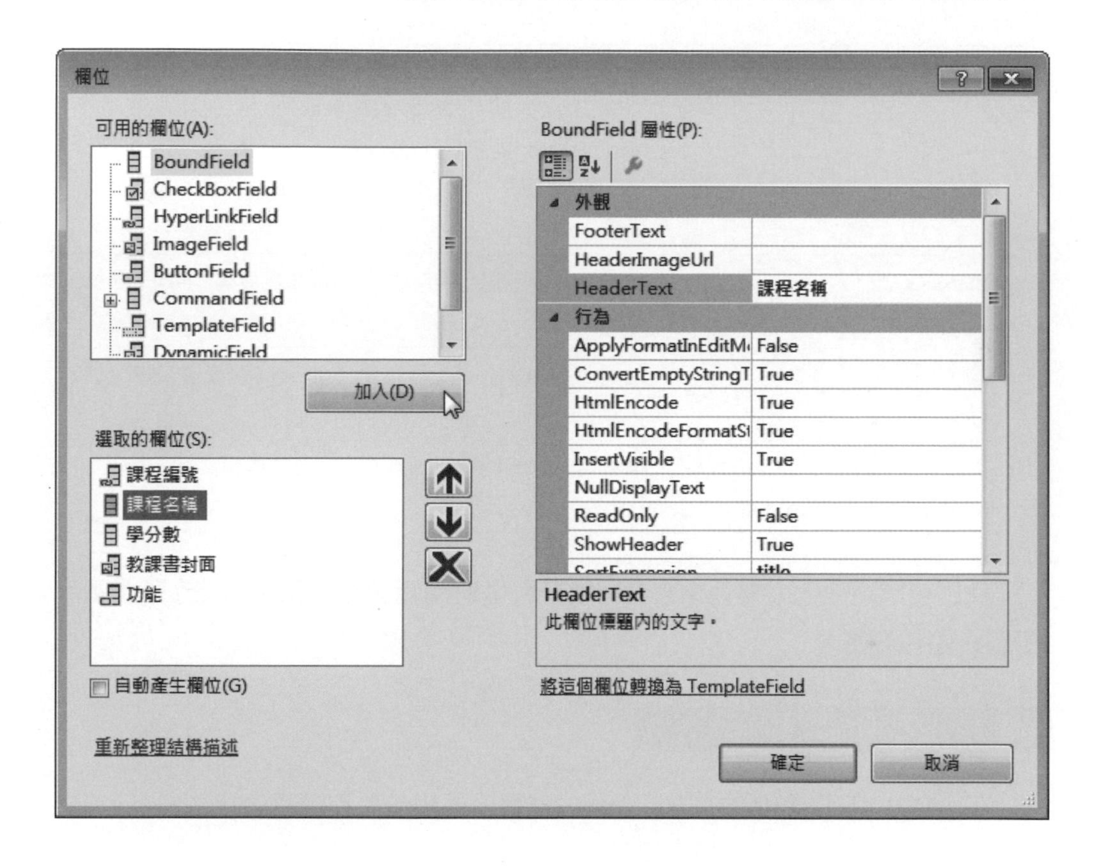

上述圖例的左上方顯示可加入的欄位種類和清單，在選取欄位後，按**加入**鈕，可以加入左下方框的選取欄位。在「選取的欄位」框選擇欄位，按右邊 ☒ 鈕可以刪除欄位。

10-2-3 GridView 控制項的分頁與排序

Visual Studio Community 只需在「GridView 工作」功能表勾選**啟用分頁**或**啟用排序**選項，就可以開啟 GridView 控制項的分頁和排序功能，也就是將控制項的 AllowSorting 和 AllowPaging 屬性設為 True。

GridView 控制項如果啟用排序，預設將所有可排序欄位都啟用排序功能，如果有欄位不需要排序功能，請清除 SortExpression 屬性值。

當 GridView 控制項啟用分頁後，為了切換顯示上下頁，預設新增上/下一頁超連結，或頁碼超連結，這些都是 PagerSettings-開頭的屬性，其說明如下表所示：

屬性	說明
Mode	巡覽分頁的顯示模式，Numeric 預設值是頁碼；NextPrevious 是上下頁；NextPreviousFirstLast 是上下頁和第 1 頁與最後 1 頁；NumericFirstLast 為頁碼和第 1 頁與最後 1 頁
PageButtonCount	如為 Numeric 模式，可以指定顯示幾頁頁碼，預設值是 10 頁
Position	巡覽超連結的位置，可以是 Bottom（預設值）、Top 和 TopAndBottom
FirstPageText、LastPageText、PreviousPageText、NextPageText	第 1 頁、最後 1 頁、上一頁和下一頁的標題文字

我們可以更改上表屬性來自訂切換分頁是使用超連結或按鈕，同時指定顯示的標題文字與樣式。

ASP.NET 網站：Ch10_2_3

在 ASP.NET 網頁的 GridView 控制項啟用分頁和排序功能，並且取消**生日**欄位的排序功能，其步驟如下所示：

Step 1 請啟動 Visual Studio Community 開啟「範例網站\Ch10\Ch10_2_3」資料夾的 ASP.NET 網站，然後開啟 Default.aspx 網頁且切換至**設計**檢視。

Step 2 選 GridView 控制項且開啟「GridView 工作」功能表，如右圖所示：

Step 3 勾選**啟用分頁**和**啟用排序**，可以在 GridView 控制項新增分頁和排序功能。

Step 4 在「屬性」視窗設定 **PageSize** 屬性值為 2，也就是每一頁顯示 2 筆記錄，如右圖所示：

Step 5 在「屬性」視窗找到 **PagerSettings** 屬性欄位，展開其下的屬性清單，如右圖所示：

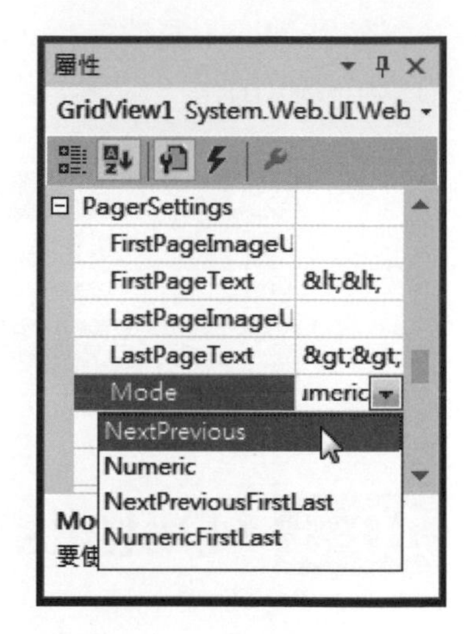

Step 6 在 **Mode** 屬性指定巡覽分頁的顯示模式，以此例是選 **NextPrevious**。

Step 7 在「GridView 工作」功能表，選**編輯資料行**超連結編輯欄位屬性，可以看到「欄位」對話方塊。選**生日**欄位，將 **SortExpression** 屬性值清成空白，即取消此欄位的排序功能，按**確定**鈕完成欄位編輯。

Step 8 儲存後，在「方案總管」視窗選 Default.aspx，執行「檔案/在瀏覽器中檢視」命令，可以看到分頁顯示的 GridView 控制項，如下圖所示：

學號	姓名	主修	電話	生日	租金
S003	張三丰	電子系	04-44444444	1982/3/3 上午 12:00:00	NT$7,000.00
S004	李四方	資管系	05-55555555	1981/4/4 上午 12:00:00	NT$6,500.00
< >					

按表格上方欄位名稱可以進行排序，生日欄位沒有底線，所以不支援排序功能，按下方「<」和「>」可以切換至上一頁和下一頁。

如果 **Mode** 屬性是 Numeric 預設值，就會在下方顯示頁碼超連結來切換分頁，如下圖所示：

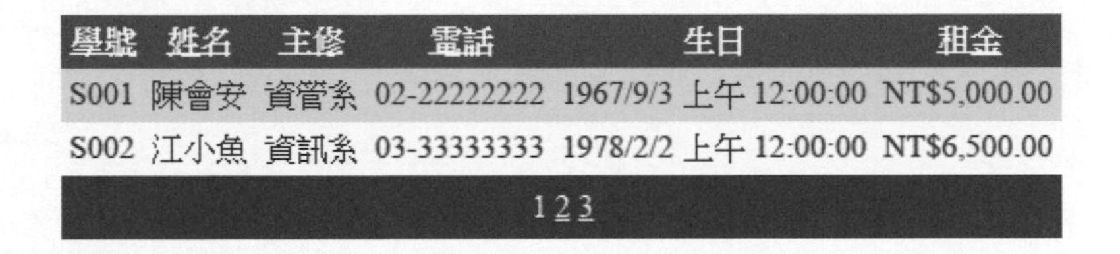

學號	姓名	主修	電話	生日	租金
S001	陳會安	資管系	02-22222222	1967/9/3 上午 12:00:00	NT$5,000.00
S002	江小魚	資訊系	03-33333333	1978/2/2 上午 12:00:00	NT$6,500.00
1 2 3					

10-3 DetailsView 控制項

DetailsView 控制項是使用**單筆方式**來顯示資料來源的資料，如同 GridView 控制項，一樣支援分頁和編輯功能，而且能夠新增、刪除和更新記錄資料。

10-3-1 DetailsView 控制項的基本使用

在 DetailsView 控制項指定使用的資料來源控制項後，就可以使用單筆方式顯示記錄資料，我們一樣可以使用分頁來顯示資料。

ASP.NET 網站：Ch10_3_1

在 ASP.NET 網頁的 DetailsView 控制項使用自動格式化來指定顯示樣式，和指定中文的標題名稱，數值和日期/時間欄位的格式，其步驟如下所示：

Step 1 請啟動 Visual Studio Community 開啟「範例網站\Ch10\Ch10_3_1」資料夾的 ASP.NET 網站，然後開啟 Default.aspx 網頁且切換至**設計**檢視。

上述 Web 表單上方是 DetailsView 控制項，下方是 SqlDataSource 控制項，已經設定資料來源，其 SQL 指令如下所示：

```
SELECT * FROM [Students]
```

Step 2 開啟「DetailsView 工作」功能表，選**自動格式化**超連結，可以看到「自動格式設定」對話方塊，選**沙州藍天**樣式，按**確定**鈕完成格式化設定。

Step 3 在「DetailsView 工作」功能表，選**重新整理結構描述**超連結，就可以建立 Field 欄位控制項標籤。

Step 4 開啟「DetailsView 工作」功能表，選**編輯欄位**超連結後，可以看到「欄位」對話方塊。

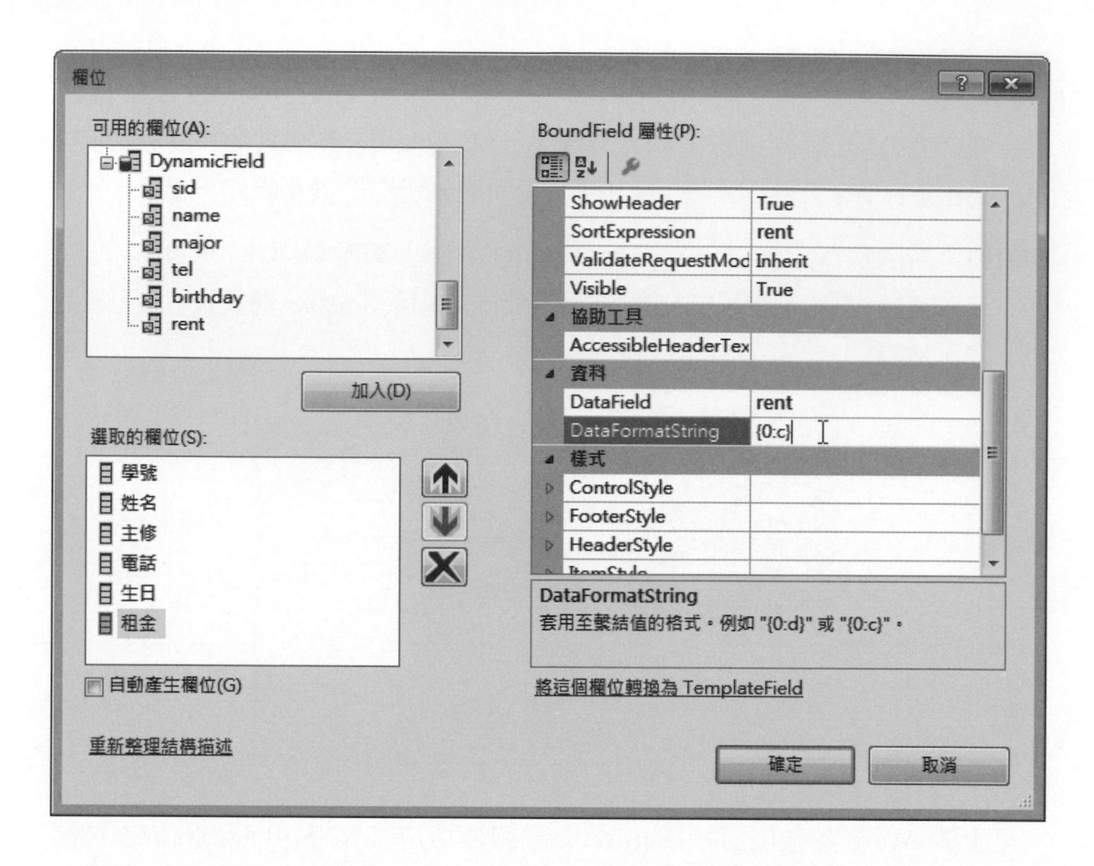

Step 5 在左下方「選取的欄位」框選擇欄位，然後修改右邊欄位的屬性，我們需要更改 HeaderText 屬性成為中文標題名稱，和指定欄位資料格式的格式字串（N/A 表示不指定），如下表所示：

欄位	HeaderText 屬性值	DataFormatString 屬性
sid	學號	N/A
name	姓名	N/A
major	主修	N/A
tel	電話	N/A
birthday	生日	{0:d}
rent	租金	{0:c}

Step 6 按**確定**鈕完成欄位編輯。然後在「DetailsView 工作」功能表，勾選**啟用分頁**來分頁顯示每一筆記錄資料。

Step 7 接著在**設計**檢視拖拉調整控制項尺寸，增加 DetailsView 控制項的寬度至 300px，如右圖所示：

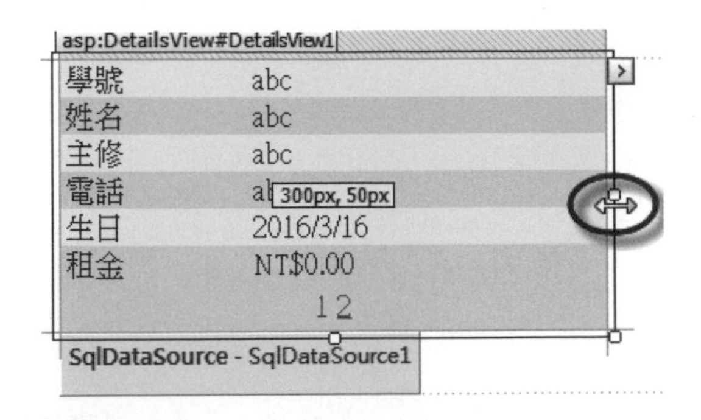

Step 8 儲存後，在「方案總管」視窗選 Default.aspx，執行「檔案/在瀏覽器中檢視」命令預覽執行結果，可以看到套用格式，以單筆分頁顯示的記錄資料。

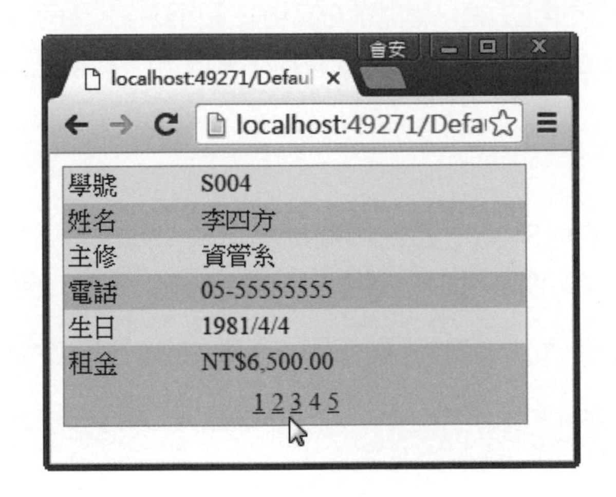

10-3-2 DetailsView 控制項的編輯功能

DetailsView 控制項提供資料表記錄的編輯功能，我們不只可以更新和刪除記錄，還可以在資料表插入新記錄。

我們只需在資料來源控制項勾選**產生 INSERT、UPDATE 和 DELETE 陳述式**後，就可以啟用 DetailsView 控制項的編輯功能。

ASP.NET 網站：Ch10_3_2

在 ASP.NET 網頁的 DetailsView 控制項啟用編輯功能，其步驟如下所示：

Step 1 請啟動 Visual Studio Community 開啟「範例網站\Ch10\Ch10_3_2」資料夾的 ASP.NET 網站，然後開啟 Default.aspx 網頁且切換至**設計**檢視。

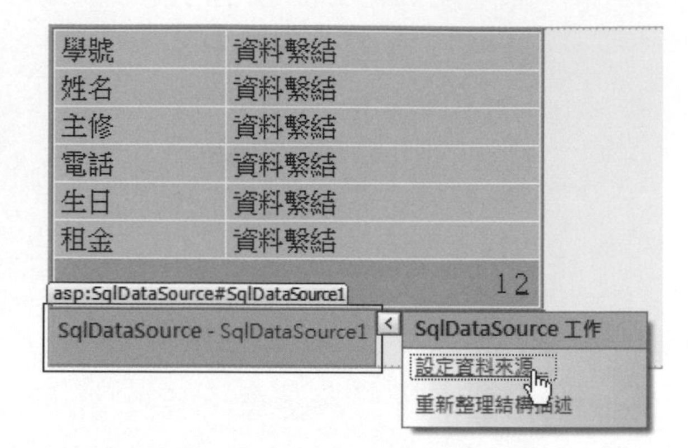

上述 Web 表單上方是已經開啟分頁和設定自動格式化的 DetailsView 控制項，下方是 SqlDataSource 控制項，已經設定資料來源，其 SQL 指令如下所示：

```
SELECT * FROM [Students]
```

Step 2 選 SqlDataSource 控制項開啟「SqlDataSource 工作」功能表，選**設定資料來源**超連結，按**下一步**鈕可以看到設定 Select 陳述式的步驟。

Step 3 按**進階**鈕，可以看到「進階 SQL 產生選項」對話方塊。

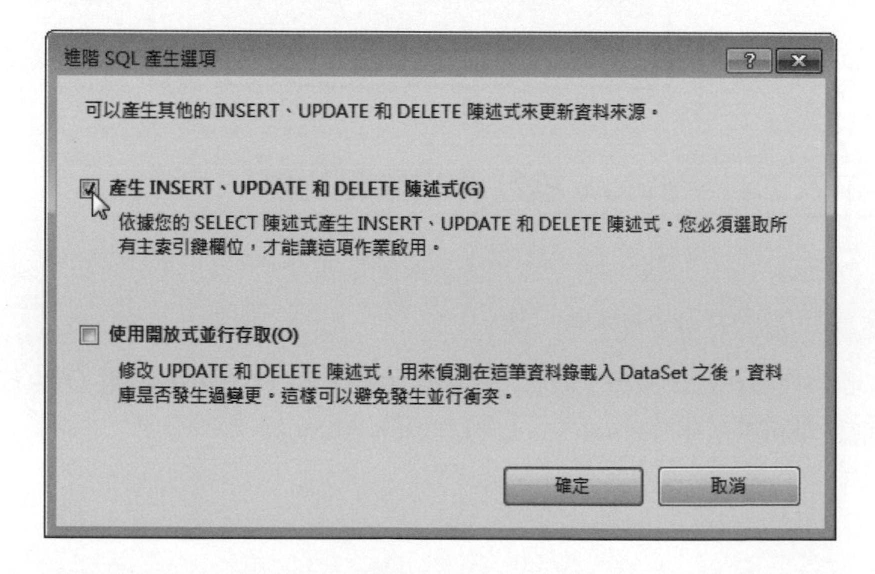

Step 4 勾選**產生 INSERT、UPDATE 和 DELETE 陳述式**，按**確定**鈕即可自動產生新增、更新和刪除的 SQL 指令，請按**確定**鈕後，再按**下一步**鈕測試 SQL 查詢。

Step 5 按**完成**鈕完成資料來源控制項的更改設定。如果看到重新整理 DetailsView 控制項的欄位和索引資料的訊息視窗，請按**否**鈕，不需重新整理。

Step 6 選 DetailsView 控制項開啟「DetailsView 工作」功能表，如右圖所示：

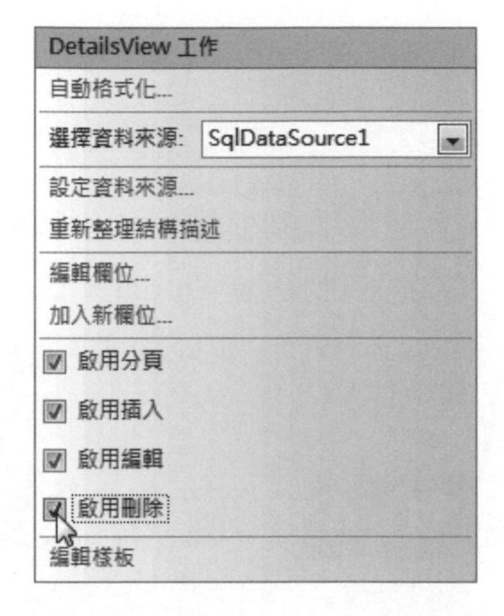

Step 7 勾選**啟用插入**、**啟用編輯**和**啟用刪除**，就可以在 DetailsView 控制項新增、更新和刪除記錄資料。

Step 8 儲存後，在「方案總管」視窗選 Default.aspx，執行「檔案/在瀏覽器中檢視」命令預覽執行結果，可以看到 DetailsView 控制項，如右圖所示：

在下方按**編輯**超連結，就可以更新欄位資料，如右圖所示：

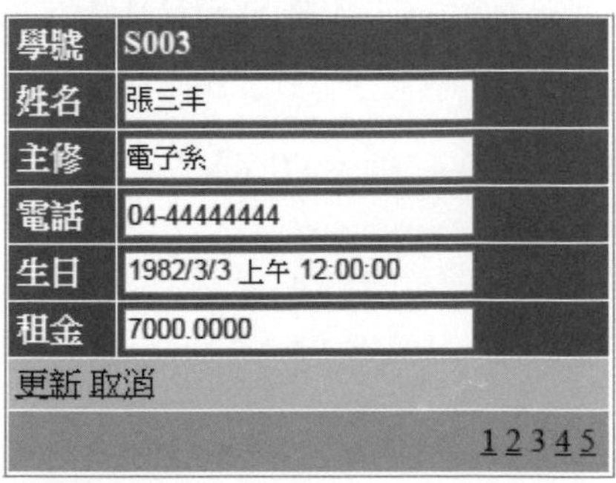

在 Visual Studio Community 切換至**原始檔**檢視，可以看到 DetailsView 控制項標籤的<Fields>區段標籤，新增編輯超連結的 CommandField 控制項，如下所示：

```
<asp:CommandField   ShowDeleteButton="True"
                    ShowEditButton="True"
                    ShowInsertButton="True" />
```

上述控制項屬性啟用編輯、刪除和插入功能。在 SqlDataSource 資料來源控制項自動新增 UpdateCommand、DeleteCommand 和 InsertCommand 屬性來指定更新、刪除和插入記錄的 SQL 指令。

10-4 建立主要與詳細表單

我們可以結合 GridView 和 DetailsView 控制項建立主要與詳細表單（Master/Detail），在**主要表單**的 **GridView 控制項**顯示清單，選擇後，才在 **DetailsView** 顯示單筆記錄的**詳細資料**。

在<第 9-3 節>我們已經使用 DropDownList 控制項建立過主要與詳細表單，這是一對多的主要與詳細表單；在這一節準備建立的是多對一的主要與詳細表單。

ASP.NET 網站：Ch10_4

在 ASP.NET 網頁使用 GridView 控制項選取課程編號後，在 DetailsView 控制項顯示詳細課程記錄資料和教課書封面，其步驟如下所示：

Step 1 請啟動 Visual Studio Community 開啟「範例網站\Ch10\Ch10_4」資料夾的 ASP.NET 網站，然後開啟 Default.aspx 網頁且切換至**設計**檢視。

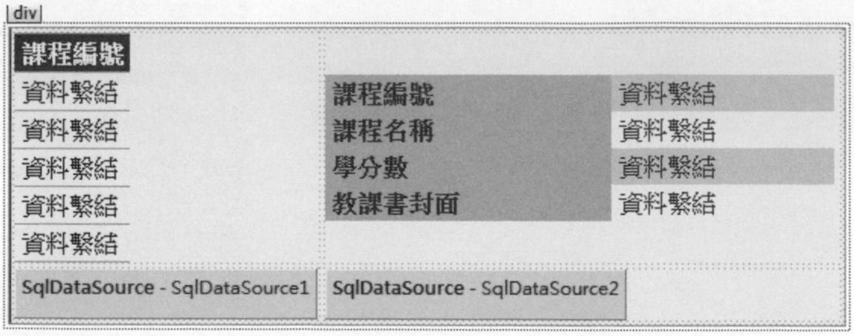

上述 Web 表單左邊是 GridView1 和 SqlDataSource1 控制項，已經設定資料來源，其 SQL 指令如下所示：

```
SELECT [c_no] FROM [Courses]
```

在右邊是 DetailsView1 和 SqlDataSource2 控制項，已經指定資料來源，SQL 指令為：SELECT * FROM [Courses]，沒有啟用分頁、插入和刪除，在「欄位」對話方塊新增封面 ImageField 欄位控制項，其相關屬性值如下表所示：

屬性名稱	屬性值
HeaderText	教課書封面
ReadOnly	True
DataImageUrlField	c_no
DataImageUrlFormatString	~/images/{0}.gif

■ 啟用 GridView 控制項的選取功能

Step 2 選左邊 GridView 控制項，開啟「GridView 工作」功能表，如右圖所示：

Step 3 勾選**樞紐分析表選取模式**啟用 GridView 控制項的選取功能。

■ 設定 SqlDataSource2 控制項的參數查詢

Step 4 選右邊 SqlDataSource2 控制項開啟「SqlDataSource 工作」功能表，選**設定資料來源**超連結，可以看到設定資料來源的精靈畫面。

Step 5 請按**下一步**鈕到達設定 Select 陳述式的步驟。

Step 6 按 **WHERE** 鈕新增 WHERE 子句，可以看到「加入 WHERE 子句」對話方塊。

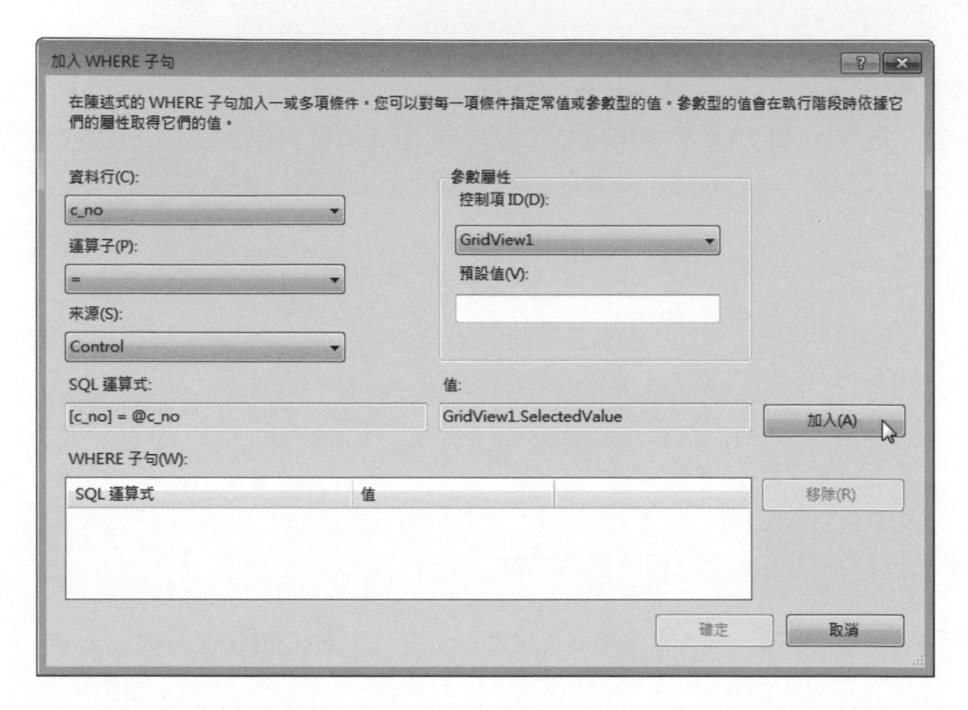

Step 7 在**資料行**欄選條件的欄位 **c_no**，**運算子**欄位選**=**，來源選 **Control** 後，就可以在右上方的**控制項 ID** 欄位選 **GridView1**，按**加入**鈕後，再按**確定**鈕建立 WHERE 子句，接著按**下一步**鈕測試 SQL 查詢。

Step 8 按**完成**鈕完成資料來源控制項的更改設定，如果看到一個警告視窗，請按**否**鈕不需要重新整理欄位。

■ 指定 DetailsView 控制項的屬性

Step 9 選右邊的 DetailsView 控制項，在「屬性」視窗的 **HeaderText** 屬性輸入**課程資訊**標題文字，如右圖所示：

Step 10 儲存後，在「方案總管」視窗選 Default.aspx，執行「檔案/在瀏覽器中檢視」命令，可以看到執行結果的 ASP.NET 網頁。

上述網頁左邊是 GridView 控制項；右邊是 DetailsView 控制項，在指定記錄列選**選取**超連結，可以在右邊顯示單筆記錄的詳細資料。

10-5 樣板基礎的資料控制項

樣板（Templates）是一種**模組元素**，內含使用者自訂文字內容、HTML 標籤、樣式或其他 ASP.NET 控制項，它是資料控制項編排顯示的基本單位。

當在資料邊界控制項定義樣板，此時控制項本身只是依樣板預設功能來單次、交叉或重複顯示樣板內容，或提供編輯功能。例如：顯示標題文字是使用 HeaderTemplate 樣板、重複顯示是 ItemTemplate 樣板和編輯功能是 EditItemTemplate 樣板等。

10-5-1 Repeater 控制項

Repeater 控制項是使用**清單方式**顯示資料，能夠讓使用者自行定義 Template 樣板標籤後，以樣板標籤項目如同迴圈般來**重複編排和顯示資料**。

Template 樣板標籤

Repeater 控制項支援多種 Template 樣板標籤，其說明如下表所示：

Template 樣板標籤	說明
HeaderTemplate	定義清單標題，以 HTML 表格來說，就是開頭標籤<table>和記錄標題列，如果沒有定義就不顯示
ItemTemplate	定義清單項目，這是重複顯示部分，以資料表來說就是每一筆記錄
FooterTemplate	定義清單註腳，以 HTML 表格來說，就是結尾標籤</table>，如果沒有定義就不顯示
AlternatingItemTemplate	如果想讓項目交叉顯示不同樣式，例如：輪流使用不同色彩來顯示，就可以定義此標籤，在奇數項目（以 0 開始）是使用此樣板顯示，偶數是使用 ItemTemplate 樣板
SeparatorTemplate	在項目之間可以使用此標籤來定義分隔方式，通常是使用 HTML 的 或<hr/>標籤

上表標籤的顯示順序依序是 HeaderTemplate 標籤內容，然後依記錄數重複交叉顯示 ItemTemplate 和 AlternatingItemTemplate 標籤，最後顯示 FooterTemplate 範本標籤的內容。

當 Template 樣板標籤需要輸出資料來源的資料時，我們是使用**資料繫結運算式**，執行 **Eval()方法來取得欄位值**，這是位在「**<%#**」和「**%>**」符號之間的運算式，如下所示：

```
<%# Eval("sid")%>
```

上述 Eval()方法可以取得參數字串的欄位值，即欄位名稱，以此例是學號 sid，如果有第 2 個參數是格式字串。

ASP.NET 網站：Ch10_5_1

在 ASP.NET 網頁的 Repeater 控制項使用樣板標籤來顯示資料來源的記錄資料，這是使用 HTML 表格標籤來編排資料，其步驟如下所示：

Step 1 請啟動 Visual Studio Community 開啟「範例網站\Ch10\Ch10_5_1」資料夾的 ASP.NET 網站，然後開啟 Default.aspx 網頁且切換至**設計**檢視。

div
Repeater - Repeater1
切換到原始碼檢視編輯控制項的樣板。
SqlDataSource - SqlDataSource1

上述 Web 表單上方是 Repeater 控制項，下方是 SqlDataSource 控制項，已經設定資料來源，其 SQL 指令如下所示：

```
SELECT * FROM [Students]
```

Step 2 因為 **Repeater 控制項不支援圖形介面的樣板編輯**，所以請選下方**原始檔**標籤切換至原始檔檢視，直接在<asp:Repeater>和</asp:Repeater>標籤之間輸入樣板標籤的內容。

■ <asp:Repeater>標籤

```
01: <asp:Repeater ID="Repeater1" runat="server"
                  DataSourceID="SqlDataSource1">
02:    <HeaderTemplate>
03:       <table border="1">
04:          <tr style="background-color: orange">
05:            <th>學號</th><th>姓名</th><th>租金</th>
06:          </tr>
07:    </HeaderTemplate>
08:    <ItemTemplate>
09:          <tr>
10:            <td><%# Eval("sid")%></td>
11:            <td><%# Eval("name")%></td>
12:            <td><%# Eval("rent", "{0:c}")%></td>
13:          </tr>
14:    </ItemTemplate>
15:    <AlternatingItemTemplate>
16:          <tr style="background-color : yellow">
```

next

```
17:            <td><%# Eval("sid")%></td>
18:            <td><%# Eval("name")%></td>
19:            <td><%# Eval("rent", "{0:c}")%></td>
20:          </tr>
21:     </AlternatingItemTemplate>
22:     <FooterTemplate>
23:        </table>
24:     </FooterTemplate>
25: </asp:Repeater>
```

■ 程式說明

- 第 2~7 列：HeaderTemplate 樣板標籤，其內容是 HTML 表格標籤<table>和標題列<tr><th>標籤，在<tr>標籤使用 style 屬性指定 CSS 樣式的背景色彩，進一步說明請參閱<第 11 章>。
- 第 8~21 列：ItemTemplate 和 AlternatingItemTemplate 標籤都是顯示 sid、name 和 rent 欄位值，只是 AlternatingItemTemplate 標籤的表格列有指定背景色彩的 CSS 樣式，rent 欄位的 Eval()方法有使用第 2 個參數的格式字串。
- 第 22~24 列：FooterTemplate 標籤是 HTML 表格的結尾標籤</table>。

■ 執行結果

儲存後，在「方案總管」視窗選 Default.aspx，執行「檔案/在瀏覽器中檢視」命令，可以看到執行結果的 ASP.NET 網頁。

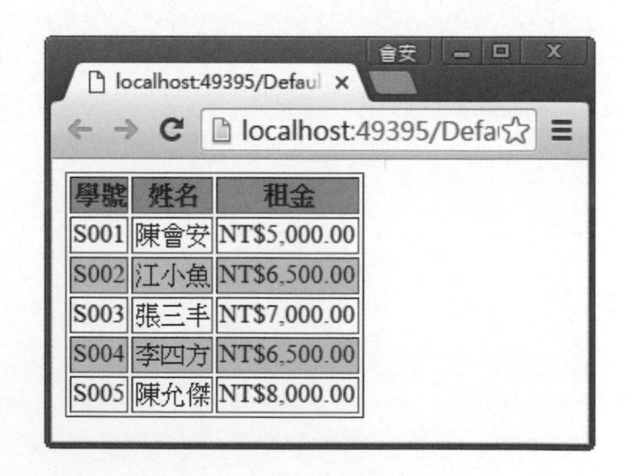

上述網頁 HTML 表格的每一筆記錄是交叉使用不同色彩來顯示。

10-5-2 DataList 控制項

DataList 控制項也是使用樣板標籤來編排資料，提供多欄位、顯示方向和版面配置的資料顯示與編排，這是 Repeat 開頭的相關屬性，其說明如下表所示：

Repeat 屬性	說明
RepeatColumns	設定 DataList 控制項的內容是分成幾欄顯示
RepeatDirection	設定 DataList 控制項顯示方向是 Vertical（垂直）或 Horizontal（水平）
RepeatLayout	設定 DataList 控制項的版面配置為 Table（表格）或 Flow（水流，即一直線）

當在 Visual Studio Community 建立 DataList 控制項且指定資料來源，在重新整理結構描述後，預設在 ItemTemplate 樣板標籤自動新增 Label 控制項顯示欄位資料，如下所示：

```
<asp:Label ID="sidLabel" runat="server"
           Text='<%# Eval("sid") %>' />
```

上述 Label 控制項的 Text 屬性是使用資料繫結運算式來顯示欄位值，以此例是 sid 欄位。

ASP.NET 網站：Ch10_5_2

在 ASP.NET 網頁的 DataList 控制項指定多欄編排，可以顯示資料來源的 sid、name 和 tel 三個欄位的記錄資料，其步驟如下所示：

Step 1 請啟動 Visual Studio Community 開啟「範例網站\Ch10\Ch10_5_2」資料夾的 ASP.NET 網站，然後開啟 Default.aspx 網頁且切換至**設計**檢視。

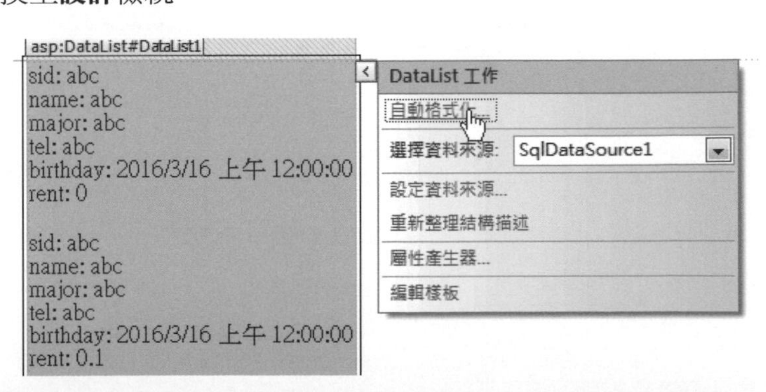

上述 Web 表單上方是 DataList 控制項，下方是 SqlDataSource 控制項，已經設定資料來源且**重新整理結構描述**，其 SQL 指令如下所示：

```
SELECT * FROM [Students]
```

Step 2 請開啟「DataList 工作」功能表，選**自動格式化**超連結，可以看到「自動格式設定」對話方塊，選**紅糖**樣式，按**確定**鈕完成設定。

Step 3 在「DataList 工作」功能表選**編輯樣板**超連結，預設進入 ItemTemplate 樣板標籤的樣板編輯框，如下圖所示：

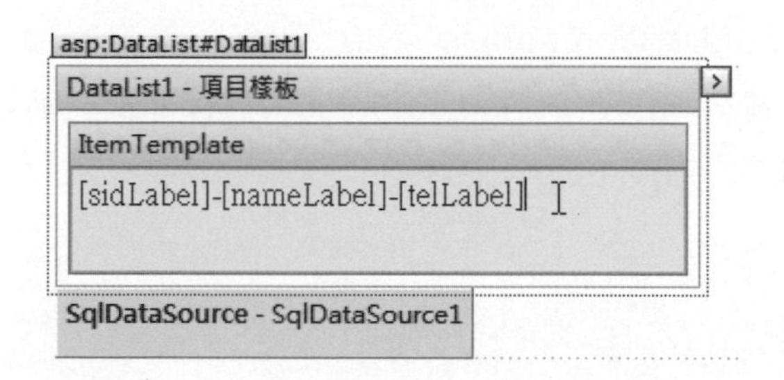

Step 4 在 ItemTemplate 項目樣板編輯框可以直接編輯欄位，請增加控制項寬度後，刪除剩下 sid、name 和 tel 三個欄位，在欄位名稱後的 Label 表示是 Label 控制項。

Step 5 接著編輯 HeaderTemplate 樣板標籤，請開啟「DataList 工作」功能表，如下圖所示：

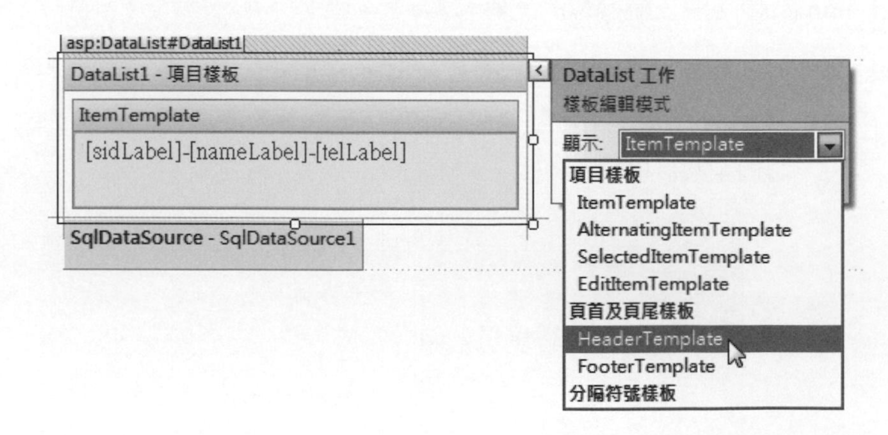

Step 6 在**顯示**欄選 **HeaderTemplate** 切換顯示 HeaderTemplate 的樣板編輯框，如右圖所示：

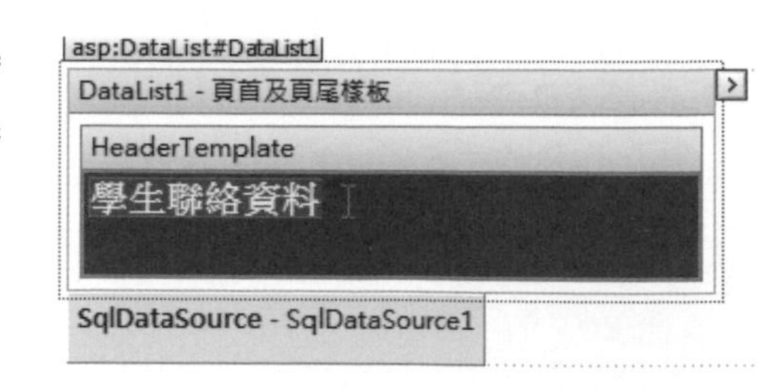

Step 7 在編輯區域按一下，就可以輸入內容，以此例是輸入標題文字**學生聯絡資料**。

Step 8 在完成樣板編輯後，請在「DataList 工作」功能表選**結束樣板編輯**超連結來結束編輯。

Step 9 選 DataList 控制項，在「屬性」視窗將 **RepeatColumns** 屬性值改為 2，使用 2 欄表格顯示記錄資料，如右圖所示：

Step 10 儲存後，在「方案總管」視窗選 Default.aspx，執行「檔案/在瀏覽器中檢視」命令預覽執行結果，可以看到使用 2 欄編排的結果，如下圖所示：

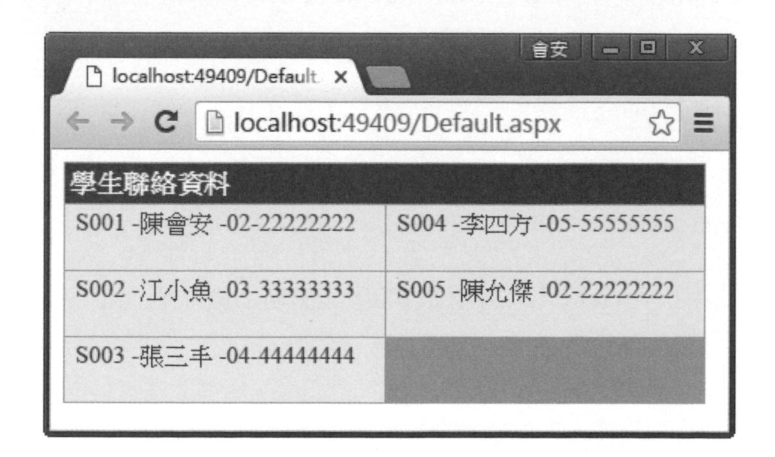

10-5-3 FormView 控制項

FormView 控制項提供 DetailsView 控制項的所有功能，不過，它是使用 Template 樣板標籤來編排欄位，我們可以自訂單筆記錄的顯示、編輯和插入記錄的表單。

FormView 控制項除了在 ItemTemplate 樣板顯示資料外，還提供編輯和插入記錄功能的相關樣板標籤，其說明如下表所示：

Template 樣板標籤	說明
EditItemTemplate	定義編輯記錄功能的控制項
InsertItemTemplate	定義新增記錄功能的控制項

在 Visual Studio Community 建立 FormView 控制項且指定資料來源後，預設在 EditItemTemplate 和 InsertItemTemplate 樣板標籤自動新增 TextBox 控制項來編輯欄位資料，如下所示：

```
<asp:TextBox ID="nameTextBox" runat="server"
             Text='<%# Bind("name") %>' />
```

上述 TextBox 控制項的 Text 屬性是使用資料繫結運算式來顯示欄位值，不過，它不是使用 Eval()方法，而是 **Bind()方法**的**雙向**資料繫結，因為我們不只顯示欄位資料，還需要更新資料。

除了編輯欄位外，Visual Studio Community 同時自動新增 LinkButton 控制項來建立更新和取消記錄編輯的功能，如下所示：

```
<asp:LinkButton ID="UpdateButton" runat="server"
  CausesValidation="True" CommandName="Update" Text="更新" />
<asp:LinkButton ID="UpdateCancelButton" runat="server"
  CausesValidation="False" CommandName="Cancel" Text="取消" />
```

上述 LinkButton 控制項是使用 CommandName 屬性值來指定 FormView 控制項執行的功能，其說明如下表所示：

屬性值	說明
Update	執行更新記錄功能，即執行 SQL 的 UPDATE 指令
Insert	執行插入記錄功能，即執行 SQL 的 INSERT 指令
Cancel	取消記錄新增或編輯
Edit	切換至編輯功能，即顯示 EditItemTemplate 樣板標籤
Delete	執行刪除記錄功能，即執行 SQL 的 DELETE 指令
New	切換至新增記錄功能，即顯示 InsertItemTemplate 樣板標籤

一般來說，我們會在 ItemTemplate 樣板標籤新增 Edit、Delete 和 New 的 LinkButton 控制項來刪除記錄和切換樣板標籤；EditItemTemplate 樣板標籤新增 Update 和 Cancel 來更新記錄；InsertItemTemplate 樣板標籤建立 Insert 和 Cancel 來插入記錄。

說明

FormView 控制項預設顯示 ItemTemplate 樣板標籤，不過，我們可以在 **DefaultMode** 屬性指定預設顯示 EditItemTemplate 或 InsertItemTemplate 樣板標籤。

ASP.NET 網站：Ch10_5_3

在 ASP.NET 網頁的 FormView 控制項建立 InsertItemTemplate 和 EditItemTemplate 樣板的新增和編輯功能，並且啟用分頁顯示，其步驟如下所示：

Step 1 請啟動 Visual Studio Community 開啟「範例網站\Ch10\Ch10_5_3」資料夾的 ASP.NET 網站，然後開啟 Default.aspx 網頁且切換至**設計**檢視。

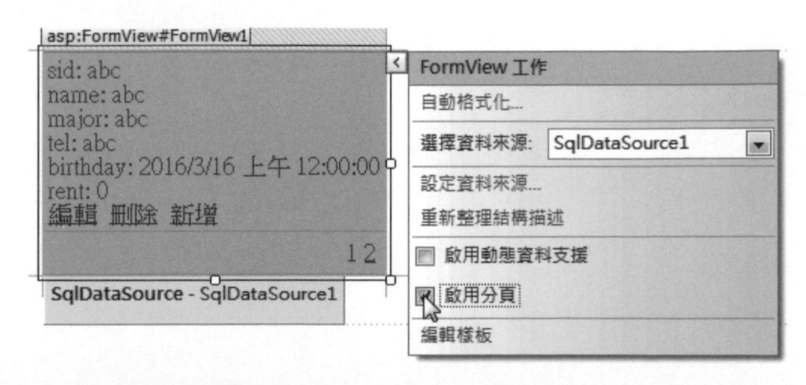

上述 Web 表單上方已經設定自動格式**石板**的 FormView 控制項，下方 SqlDataSource 控制項已經勾選**產生 INSERT、UPDATE 和 DELETE 陳述式**，並且設定資料來源，其 SQL 指令如下所示：

```
SELECT * FROM [Students]
```

Step 2 選 FormView 控制項拖拉調整控制項尺寸後，開啟「FormView 工作」功能表，勾選**啟用分頁**來啟用分頁顯示功能。

Step 3 開啟「FormView 工作」功能表選**編輯樣板**，預設進入 ItemTemplate 樣板的編輯框，如右圖所示：

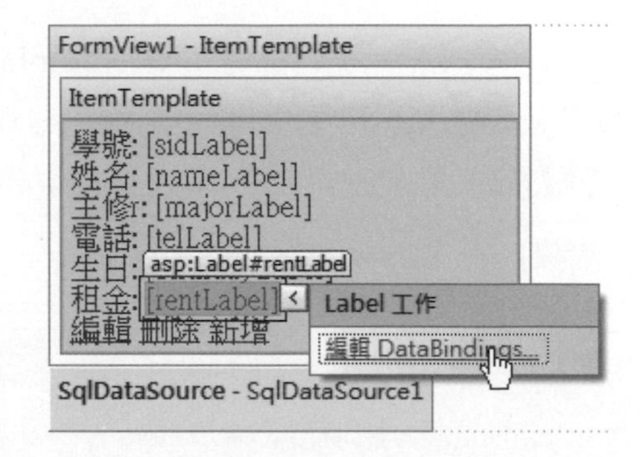

Step 4 請直接編輯內容將說明文字都改為中文後，選 **rentLabel**，開啟「Label 工作」功能表選**編輯 DataBindings** 超連結，可以看到「DataBindings」對話方塊。

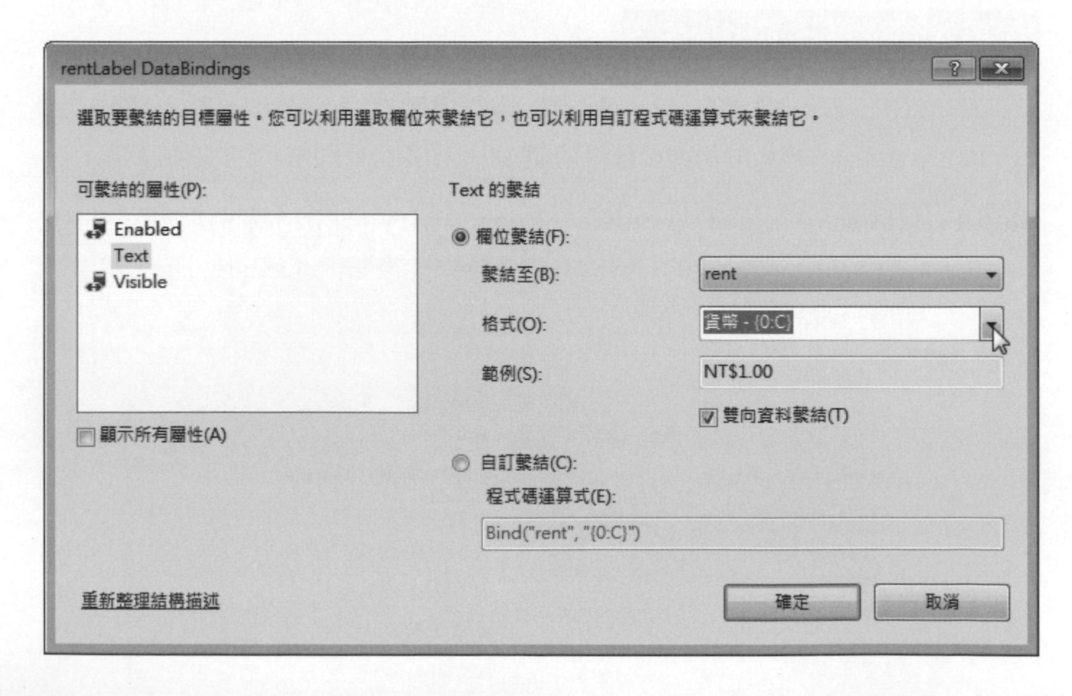

Step 5 在**格式**欄選**貨幣 - {0:C}**，按**確定**鈕完成資料繫結的格式字串編輯，接著在 **birthdayLabel** 選格式字串為**簡短日期{0:d}**。

Step 6 然後在「FormView 工作」功能表的**顯示**欄分別切換至 EditItemTemplate 和 InsertItemTemplate 樣板編輯框，將樣板編輯框的欄位說明文字也都改為中文內容。

Step 7 在完成後，請在「FormView 工作」功能表選**結束編輯樣板**超連結來結束樣板編輯。

Step 8 儲存後，在「方案總管」視窗選 Default.aspx，執行「檔案/在瀏覽器中檢視」命令預覽執行結果，可以看到 FormView 控制項，如右圖所示：

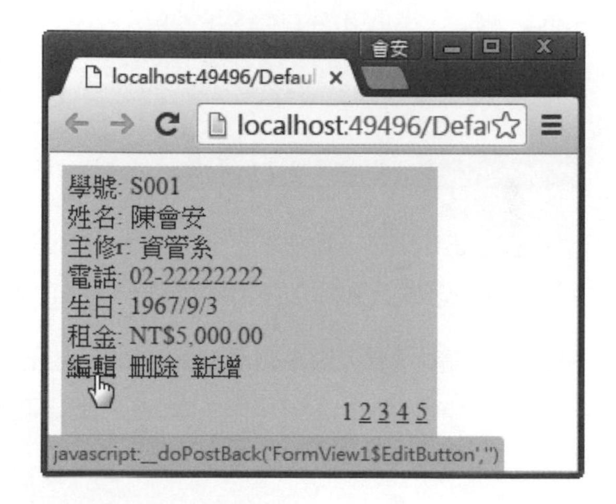

在下方按**編輯**超連結，就可以更新欄位資料，如下圖所示：

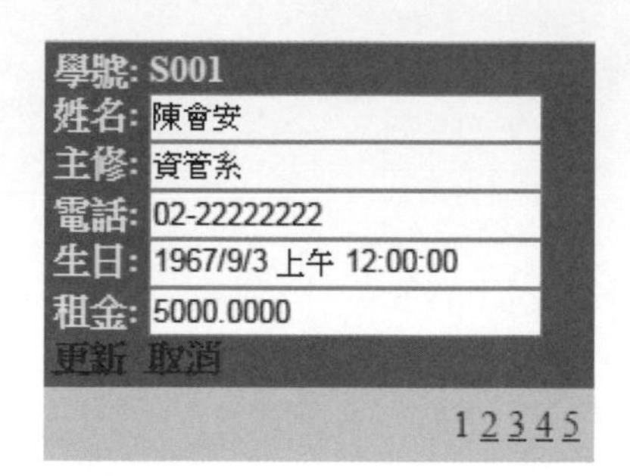

同樣技巧，在 GridView 和 DetailsView 控制項新增 TemplateField 欄位控制項後，就可以使用 Template 樣板標籤自行定義顯示欄位，或建立編輯功能的控制項。

10-6 ListView 和 DataPager 控制項

ListView 控制項擁有完整 GridView 控制項的功能，不過，它是使用 Template 樣板標籤來編排資料；DataPager 控制項則是搭配 ListView 控制項，提供**分頁切換**的功能。

ListView 控制項因為能夠指定**多種版面配置**，所以在功能上可以取代 Repeater 和 DataList 控制項，提供比 GridView 控制項更大的彈性來編排、編輯、刪除、選取和分頁資料的顯示，不只如此，ListView 控制項一樣支援插入記錄；但是 GridView 控制項並不支援。

ASP.NET 網站：Ch10_6

在 ASP.NET 網頁設定 ListView 控制項，使用類似 GridView 的格線版面配置，並且指定樣式和啟用控制項的編輯、插入、刪除和分頁功能，其步驟如下所示：

Step 1 請啟動 Visual Studio Community 開啟「範例網站\Ch10\Ch10_6」資料夾的 ASP.NET 網站，然後開啟 Default.aspx 網頁且切換至**設計**檢視。

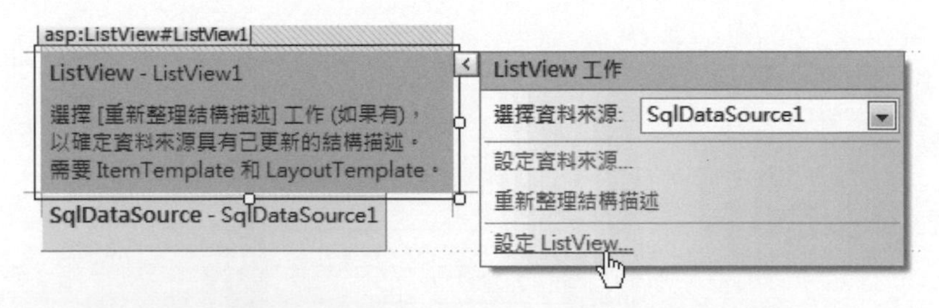

上述 Web 表單上方是 ListView 控制項，下方 SqlDataSource 控制項已經勾選**產生 INSERT、UPDATE 和 DELETE 陳述式**，並且設定資料來源，其 SQL 指令如下所示：

```
SELECT * FROM [Students]
```

Step 2 選 ListView 控制項，開啟「ListView 工作」功能表，選**設定 ListView** 超連結（如果沒有看到，請先選**重新整理結構描述**超連結），可以看到「設定 ListView」對話方塊。

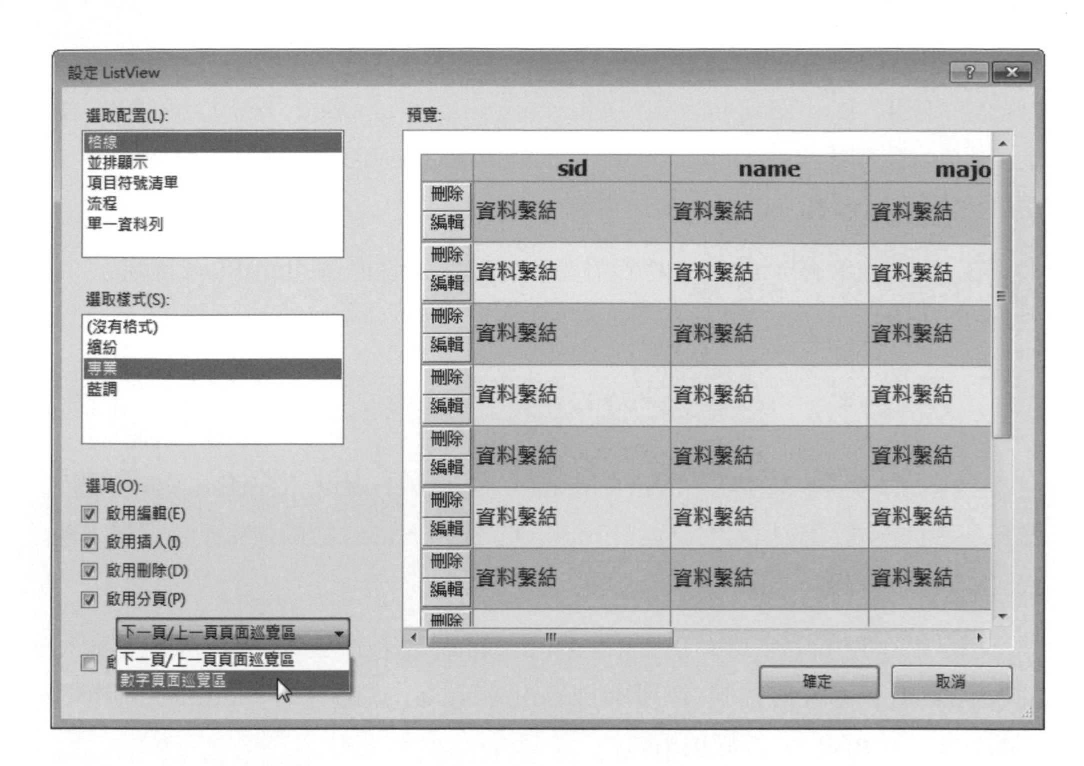

Step 3 在「選取配置」框選**格線**，「選取樣式」框選**專業**，勾選**啟用編輯**、**啟用插入**、**啟用刪除**和**啟用分頁**後，選**數字頁面巡覽區**，按**確定**鈕完成 ListView 控制項的設定。

Step 4 儲存後，在「方案總管」視窗選 Default.aspx，執行「檔案/在瀏覽器中檢視」命令預覽執行結果，可以看到 ListView 控制項，下方分頁按鈕就是 DataPager 控制項，如下圖所示：

localhost:49538/Default.aspx

	sid	name	major	tel	birthday	rent
刪除 編輯	S001	陳會安	資管系	02-22222222	1967/9/3 上午 12:00:00	5000.0000
刪除 編輯	S002	江小魚	資訊系	03-33333333	1978/2/2 上午 12:00:00	6500.0000
刪除 編輯	S003	張三丰	電子系	04-44444444	1982/3/3 上午 12:00:00	7000.0000
刪除 編輯	S004	李四方	資管系	05-55555555	1981/4/4 上午 12:00:00	6500.0000
刪除 編輯	S005	陳允傑	電子系	02-22222222	1966/9/3 上午 12:00:00	8000.0000
插入 清除						

第一頁 1 最後一頁

在 Visual Studio Community 切換至**原始檔**檢視，可以看到 ListView 控制項除了使用 ItemTemplate 和 AlternatingItemTemplate 樣板標籤來自訂顯示項目外，還使用 LayoutTemplate 樣板標籤指定控制項版面配置的容器元素，常用元素有<div>和 HTML 表格標籤。

在 LayoutTemplate 樣板標籤需要新增 ID 屬性值為 itemPlaceholder 的元素，如下所示：

```
<tr ID="itemPlaceholder" runat="server">
```

上述<tr>標籤的內容是 ItemTemplate 和 AlternatingItemTemplate 樣板標籤在版面配置預設插入的位置。EmptyDataTemplate 樣版標籤是當資料來源沒有取得資料時顯示的網頁內容。

EditItemTemplate 和 InsertItemTemplate 樣板標籤的內容分別是編輯和插入記錄的 TextBox 控制項和指定 CommandName 屬性的 Button 控制項，這部分和 FormView 控制項相同。

學習評量

選擇題

(　　) 1. 請問下列哪一種格式字串可以顯示短日期的日期資料？

A. {0:C}　　B. {0:E}
C. {0:d}　　D. {0:T}

(　　) 2. 請問下列哪一個 GridView 控制項的 Field 控制項屬性可以取消欄位的排序功能？

A. SortExpression　　B. AllowSorting
C. Mode　　D. PagerSettings

(　　) 3. 在 ASP.NET 網頁需要新增至少幾個資料來源控制項，才能建立主要與詳細表單？

A. 1　　B. 4
C. 3　　D. 2

(　　) 4. 請指出下列哪一個資料邊界控制項可以使用單筆方式來顯示記錄資料？

A. ListView　　B. DataGrid
C. GridView　　D. DetailsView

(　　) 5. 請問下列哪一種資料控制項是欄位基礎的資料控制項？

A. Repeater　　B. DataList
C. ListView　　D. GridView

簡答題

1. 資料邊界控制項主要是使用哪兩種方式來編排資料來源取得的資料？
2. 請說明 GridView 控制項使用 Field 欄位控制項的目的為何？哪一個 Field 控制項可以顯示圖片？哪一個顯示按鈕？哪一個是超連結？
3. 請簡單說明什麼是主要與詳細表單？主要表單通常是使用__________控制項；詳細表單是使用__________控制項。
4. 請問資料邊界控制項使用 Template 標籤的目的為何？什麼是資料繫結運算式？Eval()和 Bind()方法有何不同？
5. 請簡單說明 DetailsView 和 FormView 控制項的差異？FormView 控制項如何建立編輯功能？
6. 請簡單說明什麼是 ListView 和 DataPager 控制項？ListView 控制項和 GridView 控制項的主要差異為何？

實作題

1. 請建立 ASP.NET 網頁新增資料來源和 GridView 控制項後，使用<第 8 章>實作題 1 的資料庫為例，顯示 AddressBook 資料表的記錄資料，並且提供編輯、排序和分頁功能，每一頁顯示 4 筆記錄。
2. 請建立 ASP.NET 網頁使用 DetailsView 控制項顯示<第 8 章>實作題 1 資料庫的 AddressBook 資料表，並且提供分頁和資料表的編輯功能。
3. 請建立 ASP.NET 網頁與<第 8 章>實作題 1 資料庫的主要與詳細表單，主要表單顯示編號和姓名欄位；詳細表單顯示資料表的所有記錄欄位。
4. 請改寫實作題 2，使用 FormView 取代 DetailsView 控制項且擁有編輯功能。
5. 將實作題 1 改為使用 ListView 控制項，以多欄方式來顯示資料表的記錄資料。

11

網站外觀的一致化設計

本章學習目標

11-1 CSS 層級式樣式表

11-2 主版頁面

11-3 佈景與面板

11-1 CSS 層級式樣式表

「CSS」(Cascading Style Sheets)層級式樣式表是一種樣式語言，能夠重新定義 HTML 標籤或 ASP.NET 控制項的顯示效果。

在本節筆者準備說明 Visual Studio Community 支援的 CSS 功能，關於 CSS 語法的進一步說明，請參閱書附檔案「HTML 與 CSS 網頁設計範例教本」電子書的<第 12 章>。

11-1-1 在 ASP.NET 網頁套用 CSS 樣式

CSS 樣式類似 **Word 樣式庫**，可以定義 HTML 標籤或 ASP.NET 控制項的顯示效果，例如：字型、背景、色彩和框線等。在 Visual Studio Community 提供**圖形化介面**來建立 CSS 樣式，一般來說，ASP.NET 網頁有三種方式套用 CSS 樣式。

局部套用 CSS（In-Line Style Sheets）

局部套用 CSS 是定義在 HTML 標籤中，其影響範圍僅限於定義樣式的那個標籤。在 HTML 標籤是使用 style 屬性定義樣式，ASP.NET 控制項是使用樣式屬性，如下所示：

```
<asp:TextBox ID="TextBox1" runat="server"
    BackColor="#3333CC"
    BorderStyle="Solid" ForeColor="White"/>
```

上述 TextBox 控制項使用 BackColor、BorderStyle 和 ForeColor 屬性定義控制項的顯示外觀。當執行 ASP.NET 網頁後，TextBox 控制項會轉換成 HTML 標籤<input>，如下所示：

```
<input name="TextBox1" type="text" id="TextBox1"
style="color:White;background-color:#3333CC;border-style:Solid;" />
```

上述 style 屬性定義的是局部套用 CSS。局部套用 CSS 有維護上的問題，因為當 ASP.NET 網站愈來愈大時，更改樣式需要一一更改網站所有 TextBox 控制項的樣式屬性。

內建網頁 CSS（Embedded Style Sheet）

內建網頁 CSS 是在網頁<body>標籤前，使用**<style>標籤**定義 CSS 樣式，其影響範圍是目前這一頁 ASP.NET 網頁。我們可以自行定義樣式規則（Style Rules）名稱，這是使用**「.」句點開始**的名稱，如下所示：

```
<style type="text/css">
   .littlered   {color: red; font-size: 9pt}
   .littlegreen {color: green; font-size: 9pt}
</style>
```

上述<style>標籤定義 littlered 和 littlegreen 兩種樣式規則。在 HTML 標籤是使用 Class 屬性指定樣式規則；ASP.NET 控制項是使用 CssClass 屬性，如下所示：

```
<p Class="littlered">自訂樣式規則</p>
<asp:TextBox ID="TextBox1" runat="server"
      CssClass="littlegreen"/>
```

上述<p>標籤套用 littlered 樣式規則，也就是套用小一號紅色字型來顯示段落文字，TextBox 控制項套用 littlegreen 樣式規則。

外部連結 CSS（External Style Sheet）

對於整個 ASP.NET 網站，我們可以使用外部樣式表檔案，其副檔名為.css。樣式表檔案可以套用整個 ASP.NET 網站的所有網頁，輕鬆建立一致顯示風格的網站外觀。

11-1-2 在 Visual Studio Community 建立樣式規則

在 Visual Studio Community 建立新樣式預設是在<style>標籤新增 CSS 樣式，Visual Studio Community 提供圖形化介面來建立 CSS 樣式規則，並不用自行撰寫 CSS 樣式碼。

ASP.NET 網站：Ch11_1_2

在 ASP.NET 網頁新增名為 .txtStyle 和 .docStyle 的樣式規則，我們準備在下一節指定 TextBox 控制項和<div>標籤的 CSS 樣式，其步驟如下所示：

Step 1 請啟動 Visual Studio Community 開啟「範例網站\Ch11\Ch11_1_2」資料夾的 ASP.NET 網站，然後開啟 Default.aspx 網頁且切換至**設計**檢視。

Step 2 執行「格式/新增樣式」命令，可以看到「新樣式」對話方塊。

Step 3 在上方**選取器**欄輸入 **.txtStyle** 樣式規則名稱，**定義於**欄選**本頁**，下方「類別」框選**字型**類別，可以看到此類別的樣式屬性。

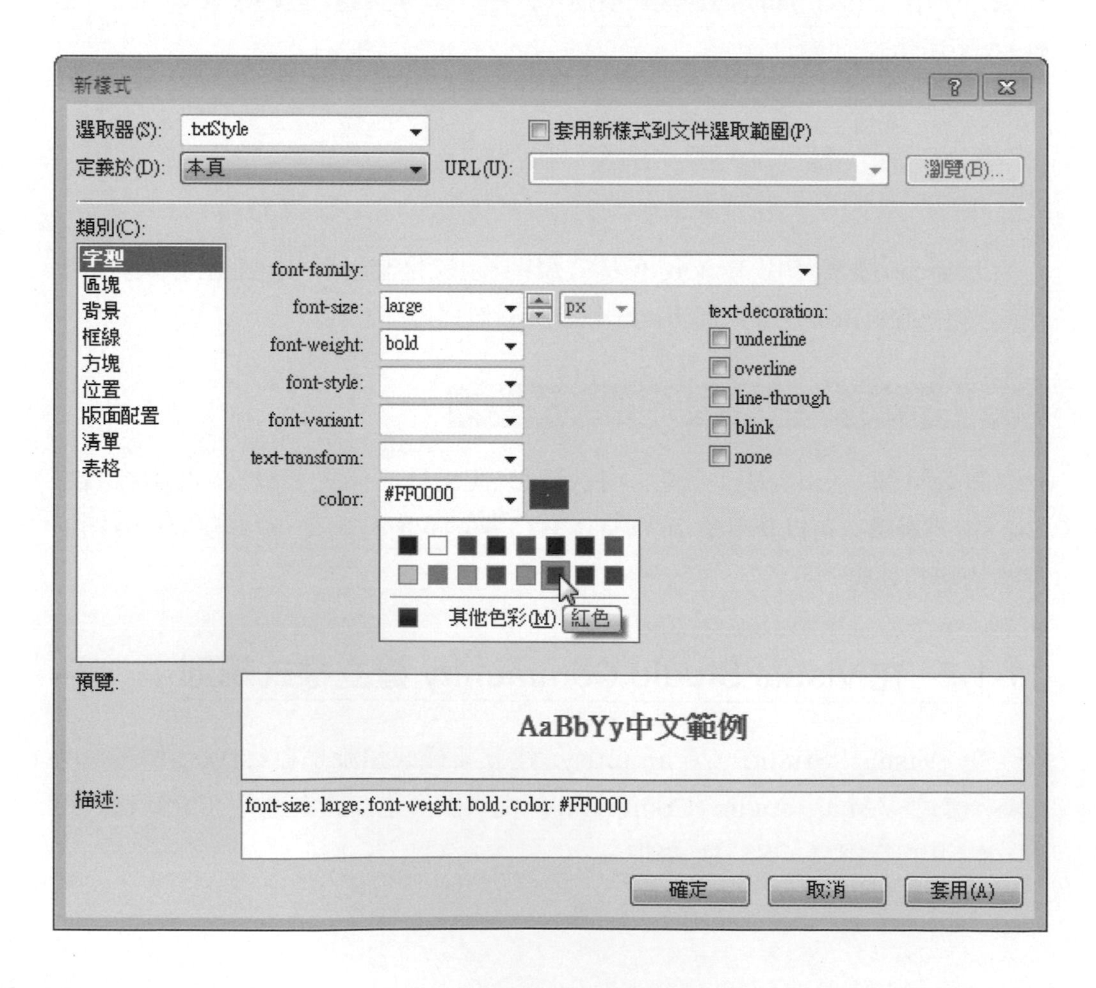

Step 4 請指定**字型**類別的相關欄位值，如下表所示：

屬性名稱	屬性值	說明
font-size	large	字型尺寸
font-weight	bold	字型樣式的粗體、斜體和底線等
color	#FF0000（紅色）	字型色彩

Step 5 在「類別」框選**框線**類別，可以指定框線樣式屬性的欄位值。

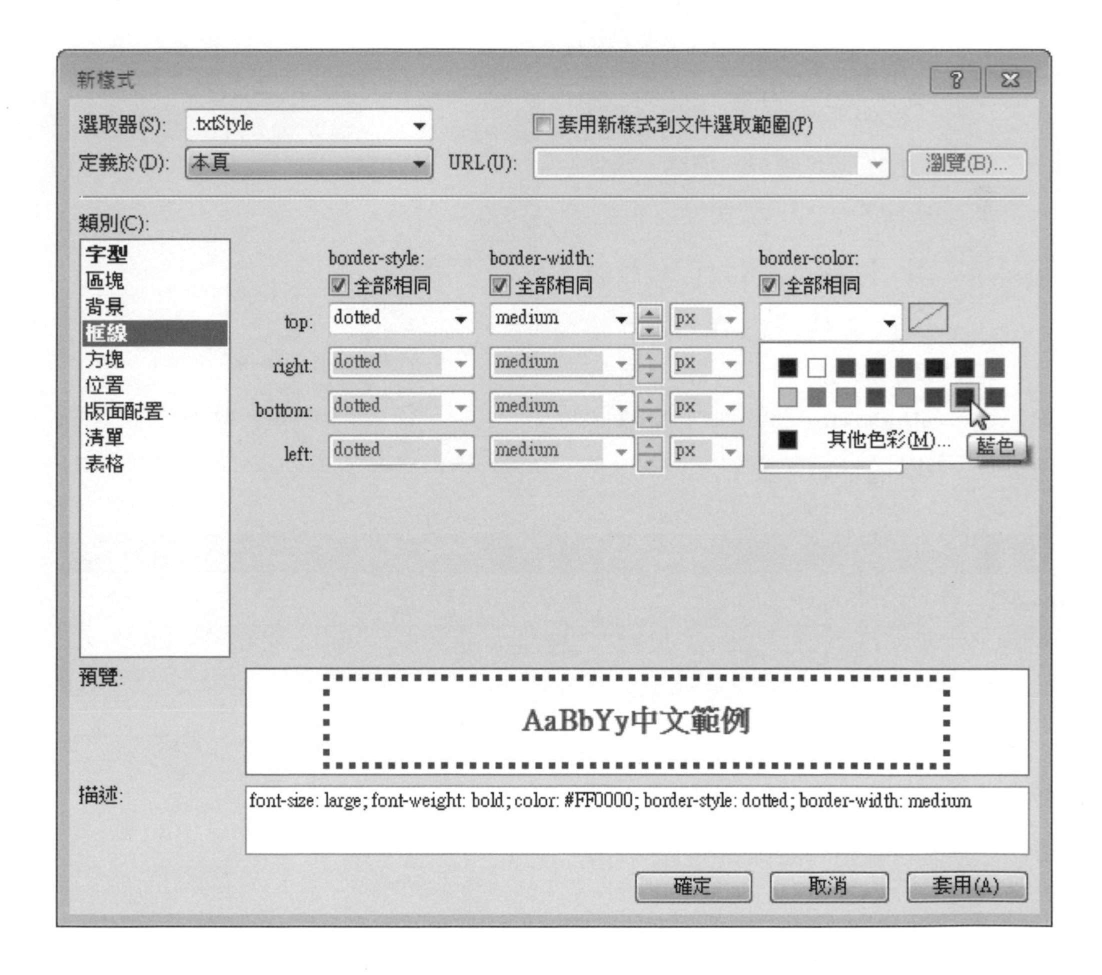

Step 6 上述框線可以指定上 top、下 bottom、左 left 和右 right 邊的框線樣式，勾選**全部相同**，表示四邊使用相同樣式，請指定相關欄位值，如下表所示：

屬性名稱	屬性值	說明
border-style	dotted	框線樣式
border-width	medium	框線寬度
border-color	#0000FF（藍色）	框線色彩

Step 7 按**確定**鈕新增樣式後，請執行「檢視/管理樣式」命令，可以開啟「管理樣式」視窗，看到新增的 CSS 樣式規則。

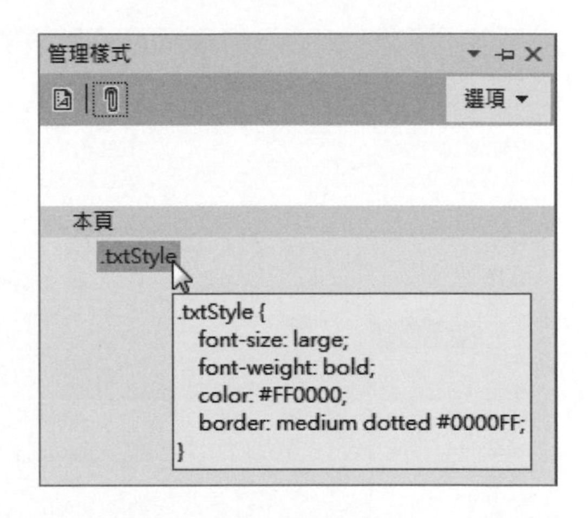

Step 8 選 **.txtStyle**，可以在浮動框預覽樣式內容。接著請重複步驟 2~7，新增名為 **.docStyle** 樣式，其相關樣式屬性值，如下表所示：

類別	屬性名稱	屬性值
字型	color	#008000（綠色）
背景	background-color	#FFFF00（黃色）

現在，在 Visual Studio Community 的「管理樣式」視窗可以看到建立的 2 個 CSS 樣式規則，如右圖所示：

選 .docStyle 樣式規則，稍等一下，可以看到浮動框顯示的樣式碼內容。

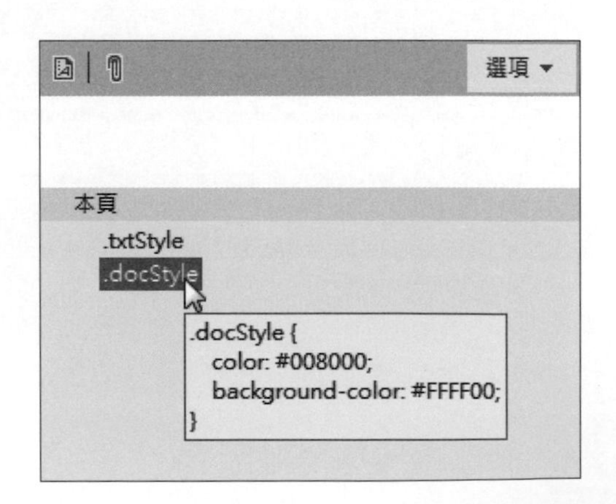

11-1-3 套用 CSS 樣式規則

在 ASP.NET 網頁新增樣式規則後，我們可以選擇在「屬性」或「管理樣式」視窗指定控制項套用 CSS 樣式規則。

ASP.NET 網站：Ch11_1_3

ASP.NET 網頁已經新增上一節名為 .txtStyle 和 .docStyle 的樣式規則，我們準備分別在 TextBox 控制項和<div>標籤套用 CSS 樣式規則，其步驟如下所示：

Step 1 請啟動 Visual Studio Community 開啟「範例網站\Ch11\Ch11_1_3」資料夾的 ASP.NET 網站，然後開啟 Default.aspx 網頁且切換至**設計**檢視。

Step 2 選<div>標籤，可以在「屬性」視窗看到選擇**<DIV>**的<div>標籤，如右圖所示：

Step 3 在 **Class** 屬性欄選 **docStyle** 樣式規則，可以看到**設計**檢視的標籤馬上套用此 CSS 樣式規則。

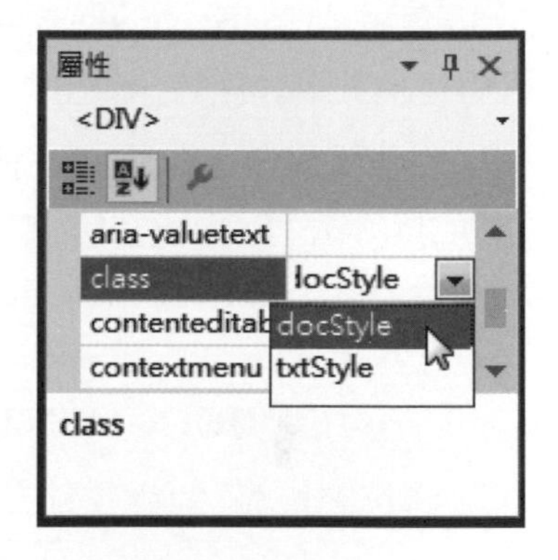

Step 4 接著套用 TextBox 控制項的樣式規則，請在**設計**檢視選取 **TextBox1** 控制項後，執行「檢視/管理樣式」命令開啟「管理樣式」視窗。

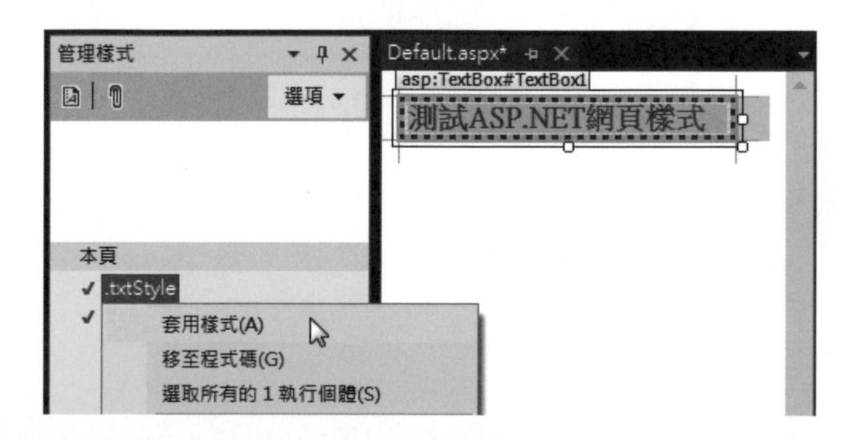

Step 5 在「本頁」區段選 **.txtStyle** 樣式規則，執行右鍵快顯功能表的**套用樣式**命令，在 TextBox 控制項套用 .txtStyle 樣式規則。

Step 6 儲存後，在「方案總管」視窗選 Default.aspx，執行「檔案/在瀏覽器中檢視」命令，可以看到執行結果的 ASP.NET 網頁。

上述網頁的 TextBox 控制項是套用 .txtStyle 樣式規則，<DIV>標籤即背後黃色部分是套用 .docStyle 樣式規則。如果希望整頁 ASP.NET 網頁都套用 .docStyle 樣式規則，請在<div>標籤外按一下，就可以在「屬性」視窗選 DOCUMENT，指定套用 CSS 樣式規則，如右圖所示：

在上方選 **DOCUMENT** 後，捲動視窗找到 **Class** 屬性欄位輸入 **docStyle**（此欄位只能輸入，並不能選擇），就可以將整個網頁背景改為黃底，如下圖所示：

說明

HTML 標籤在「屬性」視窗是指定 Class 屬性值；ASP.NET 控制項是在 CssClass 屬性欄選取套用的 CSS 樣式規則。

11-1-4 建立外部樣式表檔案

我們可以將 CSS 樣式規則儲存成外部檔案，然後設定網頁連結外部樣式表，以便讓網站所有網頁都套用外部樣式表檔案的 CSS 樣式。

ASP.NET 網站：Ch11_1_4

在 ASP.NET 網站新增檔案名稱 main.css 的外部樣式表檔案，然後將原來定義在 Default.aspx 的 .lblStyle 和 .btnStyle 樣式規則，剪下和貼上至外部樣式表檔案，最後新增名為 .gridStyle 樣式規則，其步驟如下所示：

Step 1 請啟動 Visual Studio Community 開啟「範例網站\Ch11\Ch11_1_4」資料夾的 ASP.NET 網站。

Step 2 執行「檔案/新增/檔案」命令，可以看到「加入新項目」對話方塊。

Step 3 在中間框選**樣式表**，**名稱**欄輸入 **main.css**，按**新增**鈕建立外部樣式表檔案，可以看到樣式碼編輯視窗。

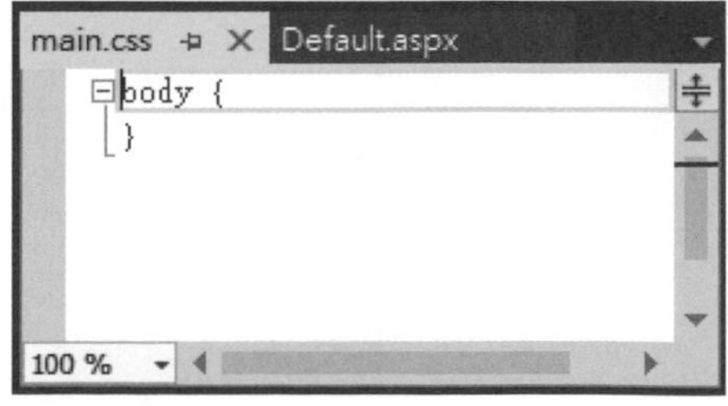

Step 4 請直接在編輯視窗輸入樣式碼，或從其他 ASP.NET 網頁複製樣式規則，請開啟 **Default.aspx** 網頁且切換至**原始檔**檢視。

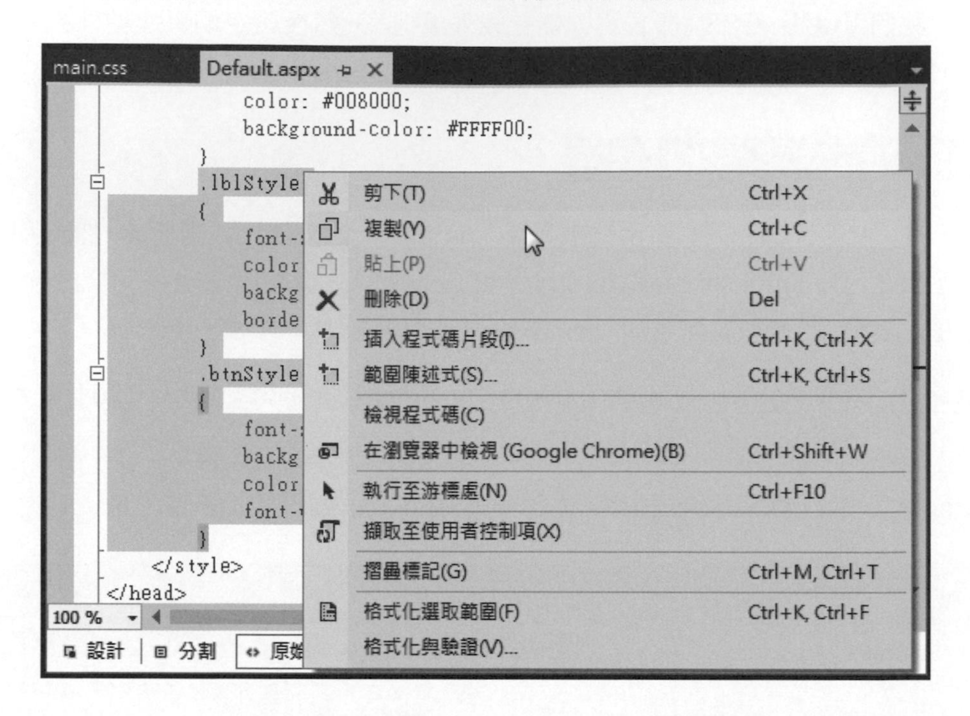

Step 5 在<style>標籤選取 .lblStyle 和 .btnStyle 樣式規則，執行右鍵快顯功能表的**剪下**命令，然後選 main.css 切換至外部樣式表檔案。

Step 6 執行「編輯/貼上」命令貼上 CSS 樣式規則至外部樣式表檔案，就可以完成 CSS 樣式的編輯，如下圖所示：

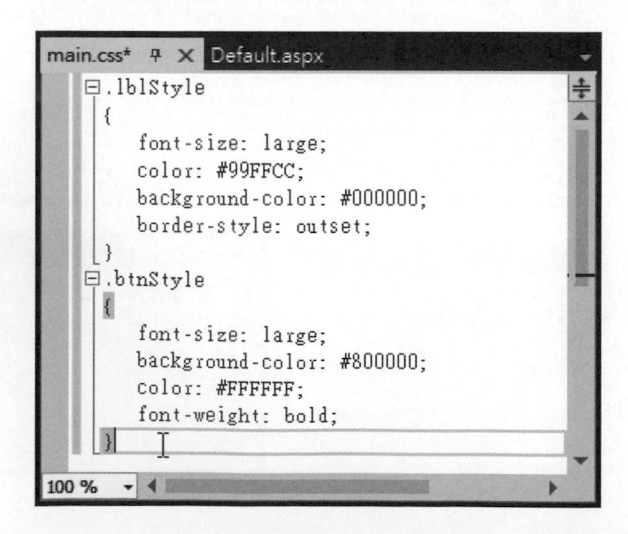

Step 7 除了使用剪貼簿建立 CSS 樣式外，我們也可以從其他 ASP.NET 網頁來建立，請切換至 Default.aspx 的**設計**檢視，執行「格式/新增樣式」命令，可以看到「新樣式」對話方塊。

Step 8 在**選取器**欄輸入 **.gridStyle**，**定義於**欄選**現有的樣式表**後，按之後**瀏覽**鈕，可以看到「選取樣式表」對話方塊。

Step 9 選 **main.css**，按**確定**鈕，將樣式規則新增至此外部樣式表檔案。

Step 10 請在「新樣式」對話方塊指定相關欄位值，如下表所示：

類別	屬性名稱	屬性值
字型	color	#000000（黑色）
字型	font-weight	bold
背景	background-color	#C0C0C0（銀色）
框線	border-style	solid
框線	border-width	選**(數值)**輸入 3（px）
框線	border-color	#FF0000（紅色）

Step 11 按**確定**鈕新增樣式規則，可以在 main.css 檔案看到新增的 CSS 樣式規則，如右圖所示：

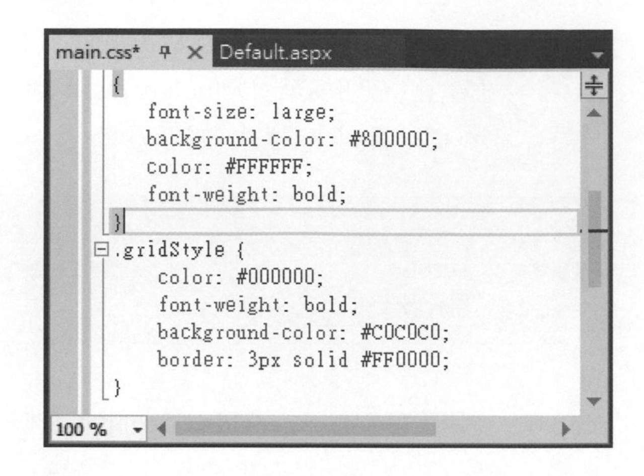

11-1-5 連結外部樣式表檔案

在建立外部樣式表檔案後，我們就可以將樣式表檔案的 CSS 套用在 ASP.NET 網站的網頁。

ASP.NET 網站：Ch11_1_5

在 ASP.NET 網站已經擁有上一節建立的 main.css 樣式表檔案，請在網站連結外部樣式表檔案後，分別在 Default.aspx 和 Default2.aspx 的 Label 和 Button 控制項套用 .lblStyle 和 .btnStyle 樣式規則，其步驟如下所示：

Step 1 請啟動 Visual Studio Community 開啟「範例網站\Ch11\Ch11_1_5」資料夾的 ASP.NET 網站，然後開啟 Default.aspx 網頁且切換至**設計**檢視。

Step 2 執行「檢視/管理樣式」命令，可以看到「管理樣式」視窗。

Step 3 在樣式清單已經擁有本頁 CSS 樣式規則，選游標所在**附加樣式表**圖示，可以看到「選取樣式表」對話方塊。

Step 4 選 **main.css**，按**確定**鈕連結外部樣式表檔案，可以看到匯入的 CSS 樣式清單。

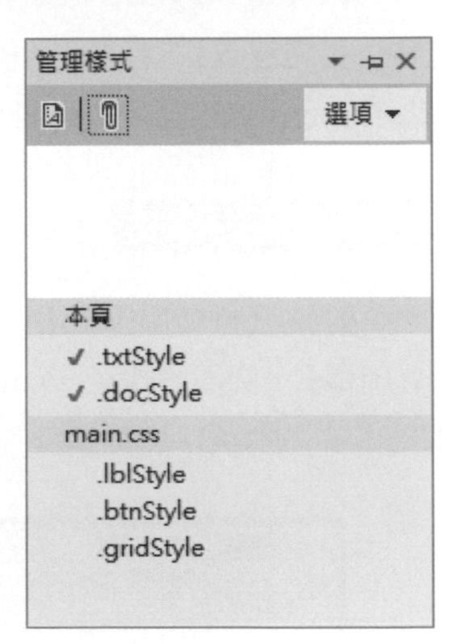

Step 5 請選 Label 控制項套用 .lblStyle 樣式規則；Button 控制項套用 .btnStyle 樣式規則。

Step 6 請開啟 **Default2.aspx** 網頁且切換至**設計檢視**，然後重複步驟 2~5，將 Label 控制項套用 .lblStyle 樣式規則；Button 控制項套用 .btnStyle 樣式規則；GridView 控制項套用 .gridStyle 樣式規則。

Step 7 儲存後，請在「方案總管」視窗選 Default2.aspx，執行「檔案/在瀏覽器中檢視」命令，可以看到執行結果的 ASP.NET 網頁。

上述網頁 GridView 控制項因為沒有資料來源，所以沒有顯示控制項。若執行 ASP.NET 網頁 Default.aspx，可以看到 Label 和 Button 控制項擁有相同的顯示外觀。

此後，我們只需更改外部樣式表檔案中的 CSS 樣式，就可以同時更改 Default.aspx 和 Default2.aspx 網頁的控制項外觀。切換至原始碼，可以看到使用<link>標籤連結外部樣式表檔案 main.css，如下所示：

```
<link href="main.css" rel="stylesheet" type="text/css" />
```

11-1-6 修改與管理 CSS 樣式

Visual Studio Community 提供「CSS 屬性」和「管理樣式」視窗來幫助我們修改和管理 ASP.NET 網頁的 CSS 樣式。請啟動 Visual Studio Community 開啟「範例網站\Ch11\Ch11_1_6」資料夾的 ASP.NET 網站。

清除套用的樣式

對於已經套用 CSS 樣式的控制項，如果不需要套用樣式，我們可以清除套用樣式。例如：開啟 Default2.aspx 的 ASP.NET 網頁，選取欲清除樣式的 Button 控制項，然後執行「檢視/CSS 屬性」命令開啟「CSS 屬性」視窗。

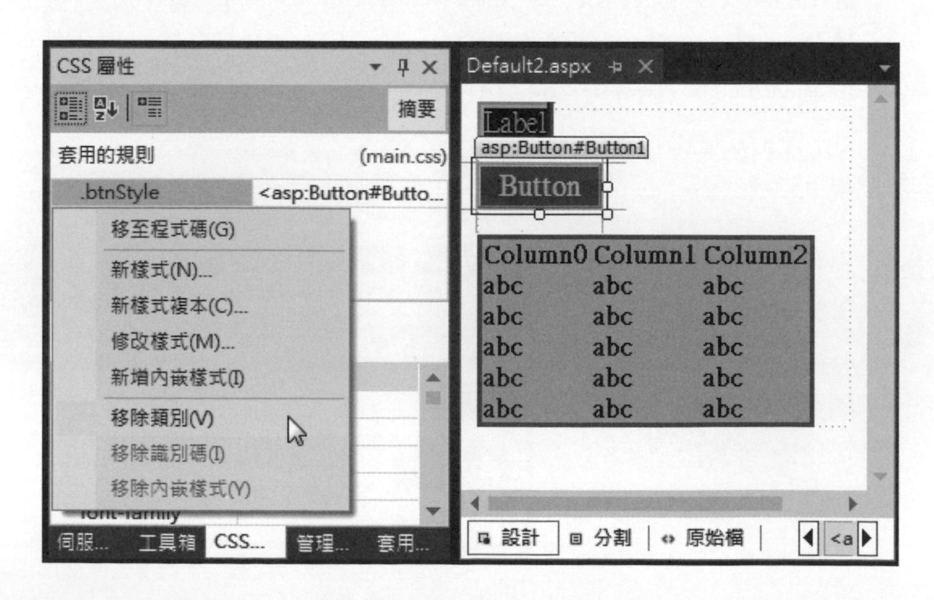

在上方「套用的規則」框選 **.btnStyle**，執行右鍵快顯功能表的**移除類別**命令，就可以清除控制項套用的 CSS 樣式。

修改 CSS 的樣式屬性

在「CSS 屬性」視窗可以更改 HTML 標籤或控制項套用的 CSS 樣式，例如：開啟 Default2.aspx 的 ASP.NET 網頁，選 Label 控制項，然後執行「檢視/CSS 屬性」命令開啟「CSS 屬性」視窗。

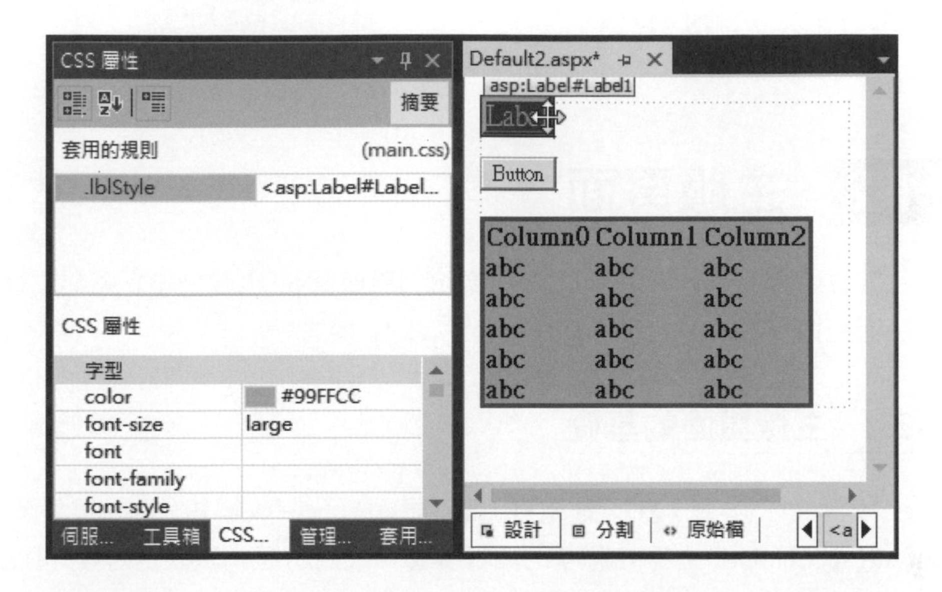

上述視窗可以看到此控制項套用 .lblStyle 樣式規則，下方是樣式屬性清單，我們可以直接更改樣式屬性值來修改 CSS 樣式。

管理樣式

在 Visual Studio Community 開啟 Default.aspx 網頁的設計檢視後，就可以在「管理樣式」視窗管理 ASP.NET 網頁的本頁和外部樣式表的所有 CSS 樣式規則，如右圖所示：

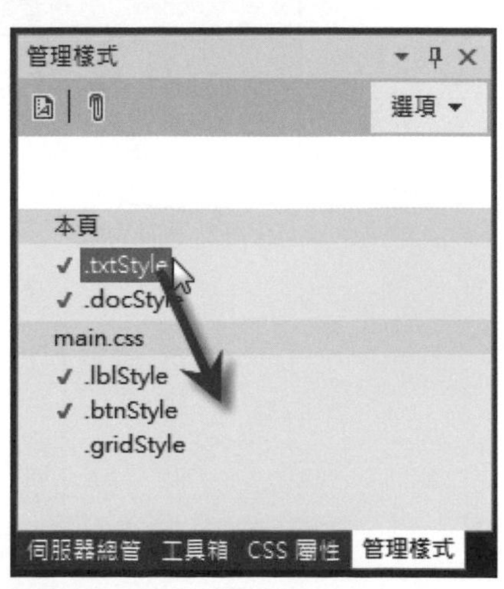

上述視窗的上方可以新增樣式規則和附加外部樣式表檔案，中間顯示本頁和樣式表的 CSS 樣式規則清單，不同區段的樣式規則可以拉來變更區段，例如：拖拉 .txtStyle 至外部樣式表檔案 main.css，如右圖所示：

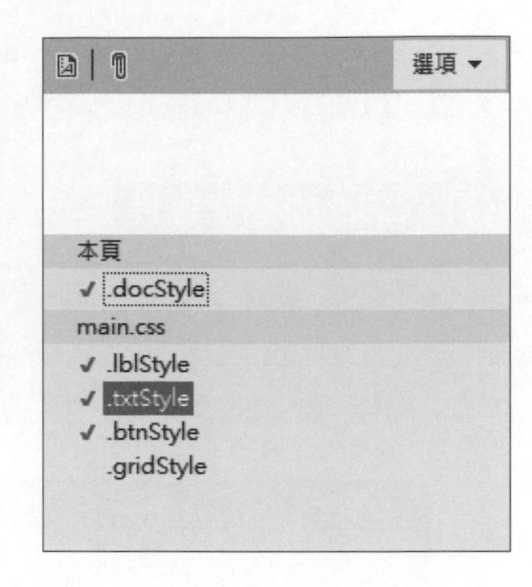

在 CSS 樣式上執行右鍵快顯功能表的**修改樣式**命令，一樣可以更改 CSS 樣式屬性；**刪除**命令刪除 CSS 樣式。

11-2 主版頁面

主版頁面（Master Page）可以替網站**套用版面範本**，也就是建立網站一致外觀的版面配置，而不用自行一一替網頁套用 CSS 樣式。

11-2-1 主版頁面的基礎

主版頁面類似 **HTML 框架頁**，可以將網頁分割成編輯區域，這是使用 ContentPlaceHolder 控制項標示的編輯區域，其他部分是網頁固定內容，可以讓網站的每一頁網頁都擁有相同的外觀配置，如下圖所示：

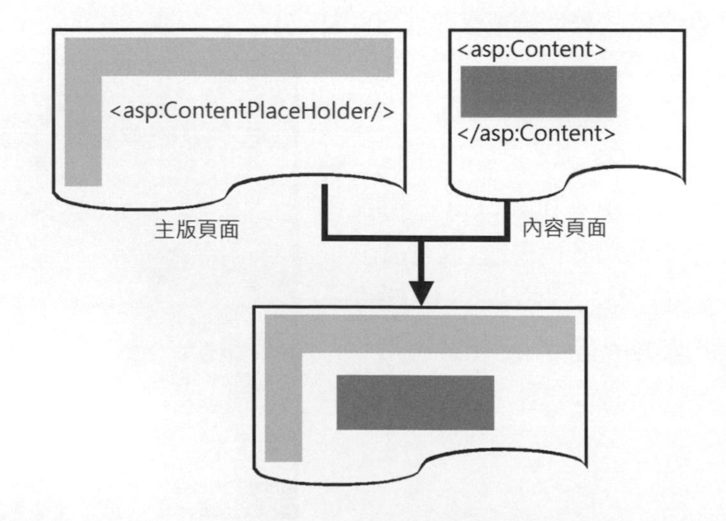

上述 ASP.NET 網頁是由主版頁面和內容頁面整合而成，在 ASP.NET 網站建立主版頁面後，就可以讓網站所有網頁都套用主版頁面，建立擁有一致外觀的內容頁面。

主版頁面

主版頁面是使用 **ContentPlaceHolder 控制項**定義可編輯區域，其他部分是網站每一頁網頁都擁有的固定部分，在固定部分可以加上巡覽架構、公司商標和版權宣告等網頁內容。

內容頁面

內容頁面是使用 **Content 控制項**建立網頁內容，屬於網頁內容會變動的部分，Content 控制項內容可以填入主版頁面對應 ContentPlaceHolder 控制項的位置，在整合後才顯示完整網頁內容。

11-2-2 建立主版頁面

ASP.NET 主版頁面可以分為兩部分：一是頁面配置，副檔名為 .master 的主版頁面，以本章為例是使用 HTML 表格建立版面配置，以便編排 ContentPlaceHolder 控制項；二為套用主版頁面的內容頁面，即 ASP.NET 網頁。

ASP.NET 網站：Ch11_2_2

在 ASP.NET 網站新增名為 MasterPage.master 的主版頁面，其步驟如下所示：

Step 1 請啟動 Visual Studio Community 開啟「範例網站\Ch11\Ch11_2_2」資料夾的 ASP.NET 網站，執行「檔案/新增/檔案」命令，可以看到「加入新項目」對話方塊。

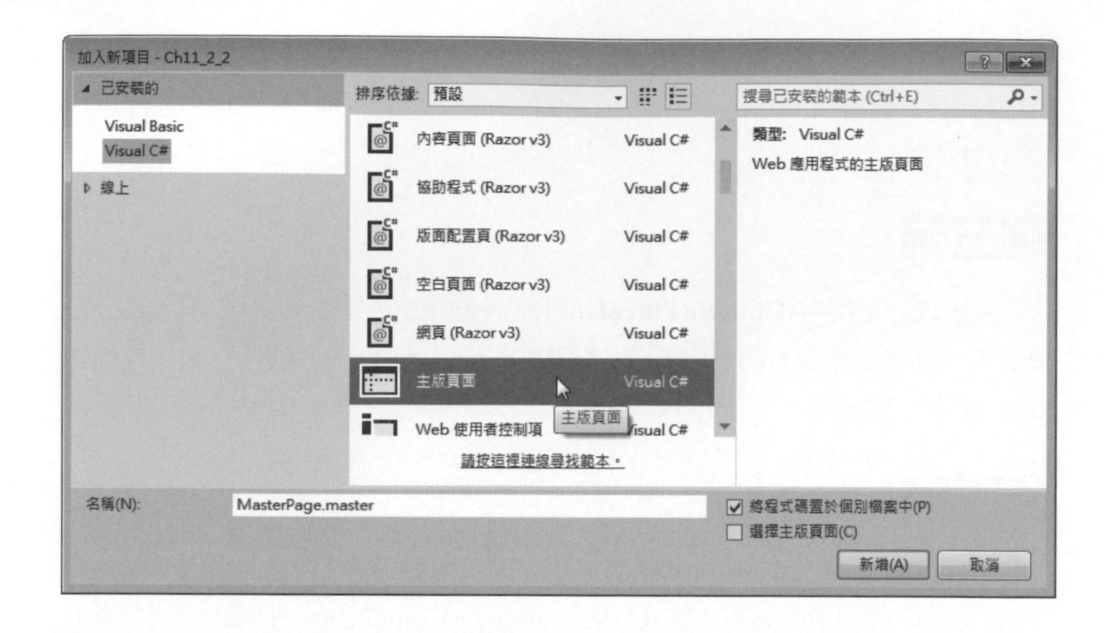

Step 2 選**主版頁面**範本，在**名稱**欄輸入主版頁面名稱，預設是 MasterPage.master，語言是 Visual C#，按**新增**鈕新增主版頁面。

Step 3 在**設計**檢視可以看到預設建立 ContentPlaceHolder 控制項的主版頁面，如下圖所示：

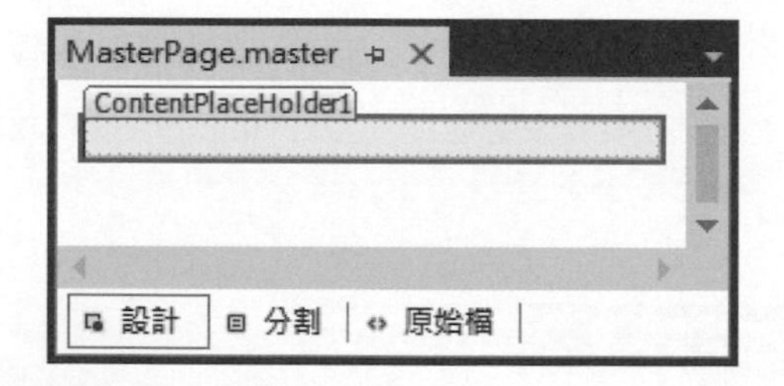

Step 4 請在<div>標籤建立 2×2 表格後，在第一列合併儲存格且新增 Label 控制項的網站標題列，如下圖所示：

Step 5 將 ContentPlaceHolder 控制項拖拉至第 2 列第 2 個儲存格，選此控制項後，在「屬性」視窗將**(ID)**屬性欄改為 **MainContent**，如右圖所示：

Step 6 在「工具箱」視窗的**標準**區段選 ContentPlaceHolder 控制項，拖拉至編輯區域表格第 2 列的第 1 個儲存格，即可新增第 2 個 ContentPlaceHolder 控制項，如下圖所示：

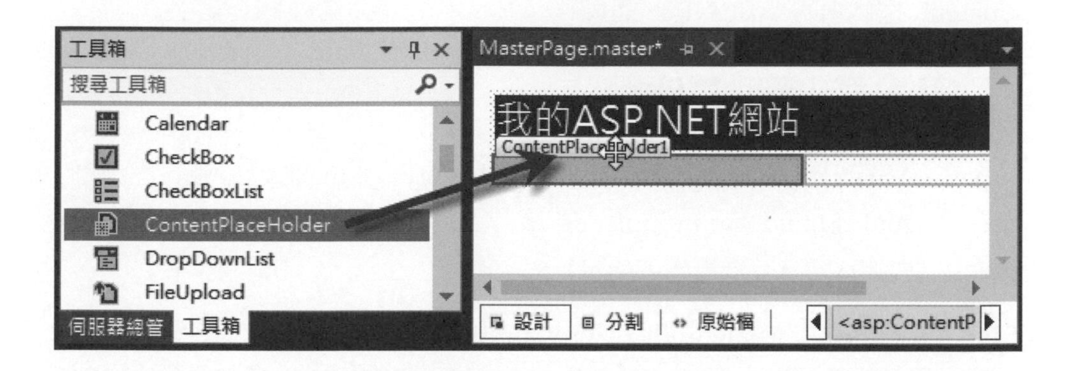

Step 7 選左邊 ContentPlaceHolder 控制項，在「屬性」視窗將**(ID)**屬性欄改為 **MenuContent**。

在儲存檔案後，就完成主版頁面 MasterPage.master 的建立。主版頁面的副檔名是 .master，基本上，它和其他 Web 表單的 ASP.NET 網頁並沒有什麼不同，一樣可以新增控制項、HTML 標籤和程式碼。其主要差別是使用 Master 指示指令取代 Page 指示指令，如下所示：

```
<%@ Master Language="C#" CodeFile="MasterPage.master.cs"
         Inherits="MasterPage" %>
```

上述 Master 指示指令和 Page 指示指令擁有相同屬性。在主版頁面可以擁有 0 至多個 ContentPlaceHolder 控制項，預設在<head>標籤建立名為 head 的 ContentPlaceHolder 控制項，目前<body>標籤擁有 2 個 ContentPlaceHolder 控制項，如下所示：

```
<asp:ContentPlaceHolder ID="MenuContent" runat="server">
</asp:ContentPlaceHolder>
......
<asp:ContentPlaceHolder id="MainContent" runat="server">
</asp:ContentPlaceHolder>
```

上述標籤分別建立名為 MenuContent 和 MainContent 的 ContentPlaceHolder 控制項，可以使用 ID 屬性對應內容頁面的 Content 控制項。

11-2-3 建立內容頁面

在 ASP.NET 使用主版頁面就是建立套用主版頁面的內容頁面，即擁有 Content 控制項的 ASP.NET 網頁。

ASP.NET 網站：Ch11_2_3

在 ASP.NET 網站已經建立上一節 MasterPage.master 主版頁面，我們可以在 Visual Studio Community 新增 ASP.NET 網頁 Default.aspx 時，選擇套用此主版頁面，其步驟如下所示：

Step 1 請啟動 Visual Studio Community 開啟「範例網站\Ch11\Ch11_2_3」資料夾的 ASP.NET 網站，執行「檔案/新增/檔案」命令，可以看到「加入新項目」對話方塊。

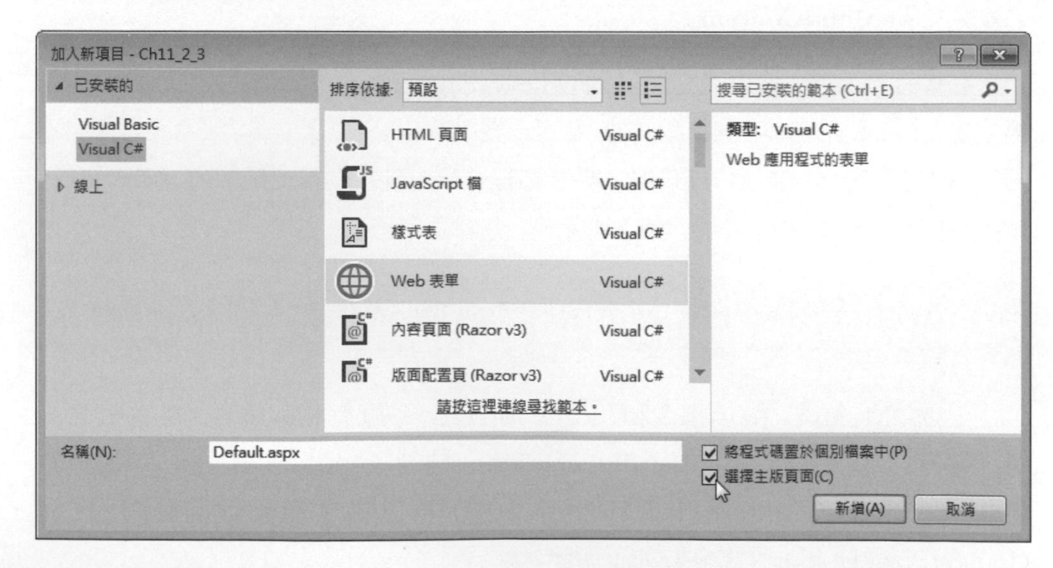

Step 2 選 **Web 表單**範本，在**名稱**欄輸入名稱，預設是 Default.aspx，語言是 Visual C#，勾選**選擇主版頁面**，按**新增**鈕，可以看到「選取主版頁面」對話方塊。

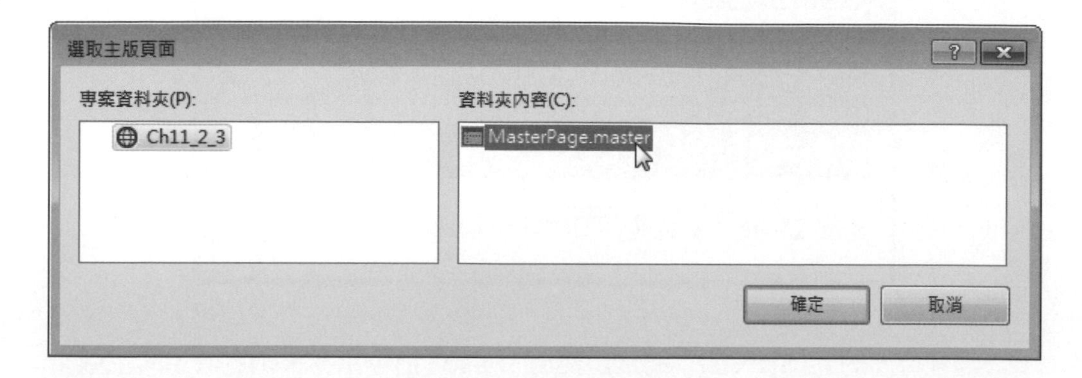

Step 3 在右邊「資料夾內容」框，選主版頁面檔案 **MasterPage.master**，按**確定**鈕建立套用主版頁面的 Default.aspx。

Step 4 在**設計**檢視的各 Content 控制項輸入網頁內容，以此例是兩段文字內容，如下圖所示：

Step 5 接著指定文件標題，請在「屬性」視窗上方選 **DOCUMENT** 後，在下方 **Title** 屬性欄輸入 **Ch11_2_3**，如右圖所示：

Step 6 儲存後，在「方案總管」視窗選 Default.aspx，執行「檔案/在瀏覽器中檢視」命令，可以看到執行結果套用主版頁面的 ASP.NET 網頁。

內容頁面的 ASP.NET 網頁是使用 Page 指示指令來指定套用的主版頁面，如下所示：

```
<%@ Page Title="Ch11_2_3" Language="C#"
      MasterPageFile="~/MasterPage.master"
      AutoEventWireup="false"
      CodeFile="Default.aspx.cs" Inherits="_Default" %>
```

上述 Page 指示指令使用 MasterPageFile 屬性指定套用的主版頁面檔案，**「~/」是網站根目錄**，Title 屬性指定網頁標題文字，也就是 Title 屬性值。

ASP.NET 網頁實際內容是位在 Content 控制項，如下所示：

```
<asp:Content ID="Content2" ContentPlaceHolderID="MenuContent"
           runat="Server">
    <p>巡覽控制項</p>
</asp:Content>
```

上述標籤使用 ContentPlaceHolderID 屬性對應 ContentPlaceHolder 控制項的 ID 屬性值，標籤內容就是網頁內容，可以是 HTML 標籤或 ASP.NET 的 HTML 或 Web 控制項。

Tip 請注意！因為在主版頁面已經有<html>、<head>、<body>和<form>標籤，所以內容頁面的 Content 控制項並不需要重複這些 HTML 標籤。

11-2-4 巢狀主版頁面

ASP.NET 網站能夠建立多個主版頁面來定義不同的版面配置。不只如此，我們還可以建立主版頁面來繼承其他主版頁面的版面配置，也就是建立巢狀主版頁面。

ASP.NET 網站：Ch11_2_4

在 ASP.NET 網站已經擁有上一節 MasterPage.master 主版頁面，我們準備新增名為 Frame.master 主版頁面來繼承 MasterPage.master 主版面頁的版面配置，然後建立 Default.aspx 選擇套用此主版頁面，其步驟如下所示：

Step 1 請啟動 Visual Studio Community 開啟「範例網站\Ch11\Ch11_2_4」資料夾的 ASP.NET 網站，執行「檔案/新增/檔案」命令，可以看到「加入新項目」對話方塊。

Step 2 選**主版頁面**範本，在**名稱**欄輸入 Frame.master，語言是 Visual C#，勾選**選擇主版頁面**，按**新增**鈕，可以看到「選取主版頁面」對話方塊。

Step 3 選 **MasterPage.master** 主版頁面檔案，按**確定**鈕建立 Frame.master。

Step 4 在**設計**檢視左邊的 Content 控制項新增 4 個超連結文字，如下圖所示：

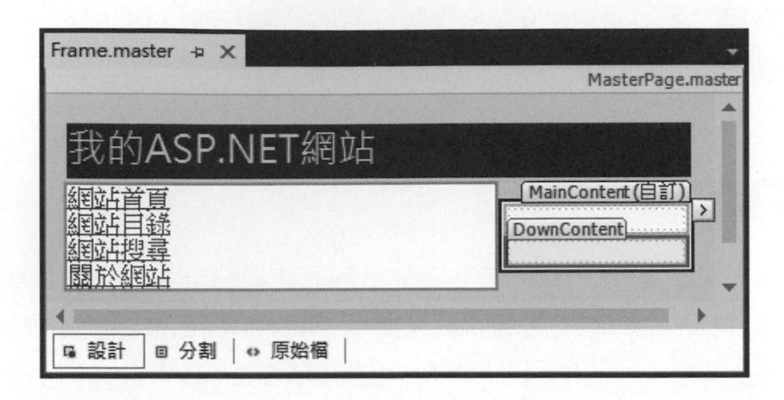

Step 5 然後在右邊 Content 控制項建立 2×1 表格後，拖拉 ContentPlaceHolder 控制項至上方儲存格且指定**(ID)**屬性值為 UpContent；下方儲存格新增名為 DownContent 的 ContentPlaceHolder 控制項，就完成巢狀主版頁面的建立。

Step 6 新增 Default.aspx 套用主版頁面，請執行「檔案/新增/檔案」命令，可以看到「加入新項目」對話方塊。

Step 7 選 **Web 表單**範本，在**名稱**欄輸入 Default.aspx 後，語言是 Visual C#，勾選**選擇主版頁面**，按**新增**鈕，可以看到「選取主版頁面」對話方塊。

Step 8 選 **Frame.master** 主版頁面檔案，按**確定**鈕建立 Default.aspx。

Step 9 在設計檢視的 Content 控制項輸入網頁內容，以此例是上和下的 2 段文字內容，如下圖所示：

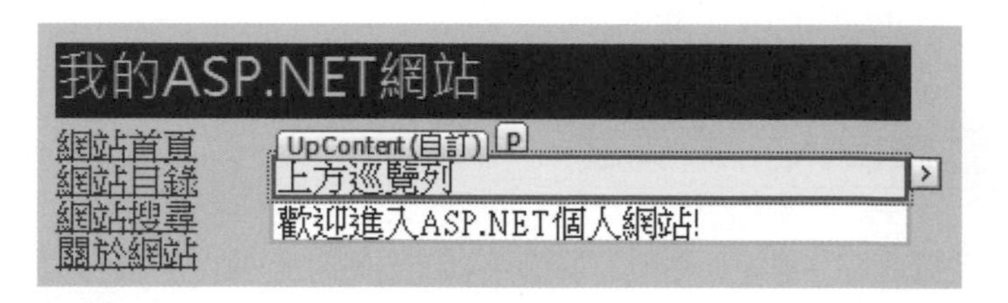

Step 10 在「屬性」視窗上方選 **DOCUMENT** 後，在下方 **Title** 屬性欄輸入 **Ch11_2_4**。

Step 11 儲存後，在「方案總管」視窗選 Default.aspx，執行「檔案/在瀏覽器中檢視」命令，可以看到執行結果套用主版頁面的 ASP.NET 網頁。

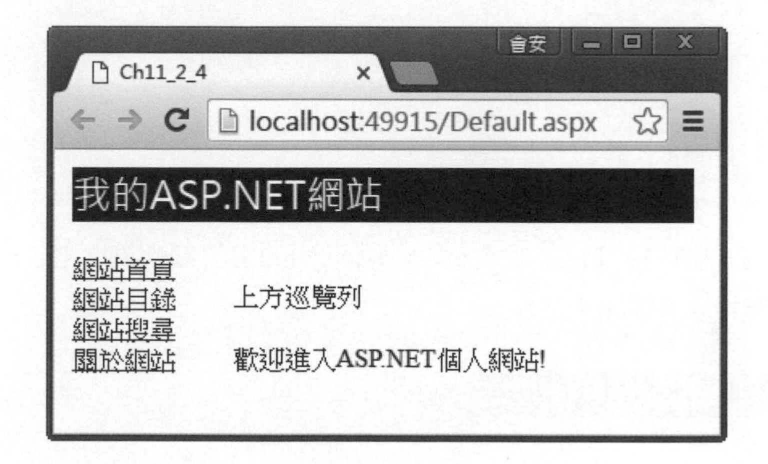

上述網頁左邊的 4 個超連結文字是填入 ContentPlaceHolder 控制項 MenuContent（父主版頁面），右邊 2 段文字分別填入 ContentPlaceHolder 控制項 UpContent 和 DownContent（子主版頁面）。

在巢狀主版頁面 Frame.master 是使用 Master 指示指令來指定上一層的父主版頁面，如下所示：

```
<%@ Master Language="C#"
     MasterPageFile="~/MasterPage.master"
     AutoEventWireup="false" CodeFile="Frame.master.cs"
     Inherits="Frame" %>
```

上述 Master 指示指令使用 MasterPageFile 屬性指定上一層主版頁面 MasterPage.master。所以，在 Frame.master 主版頁面的 Content 控制項也一樣可以新增 ContentPlaceHolder 控制項。

11-2-5 動態載入主版頁面

網站內容頁面除了使用 Page 指示指令來指定套用的主版頁面外，我們也可以使用程式碼來動態載入主版頁面，換句話說，網站可以建立多個不同色彩和配置的主版頁面後，讓 ASP.NET 網頁使用程式碼來動態決定套用哪一個主版頁面。

ASP.NET 網頁是在 Page_PreInit()事件處理程序來動態載入主版頁面，如下所示：

```
protected void Page_PreInit(object sender, EventArgs e)
{
    Page.MasterPageFile = "Frame.master";
    Page.Title = "動態載入主版頁面";
}
```

上述程式碼使用 Page 物件的 MasterPageFile 屬性指定主版頁面，Title 屬性是瀏覽程式的標題文字。

ASP.NET 網站：Ch11_2_5

此 ASP.NET 網站就是上一節的範例網站，只是刪除 Default.aspx 套用的主版頁面，我們準備建立 Page_PreInit()事件處理程序來動態載入主版頁面 Frame.master，其步驟如下所示：

Step 1 請啟動 Visual Studio Community 開啟「範例網站\Ch11\Ch11_2_5」資料夾的 ASP.NET 網站，然後開啟 Default.aspx 網頁且切換至**設計**檢視。

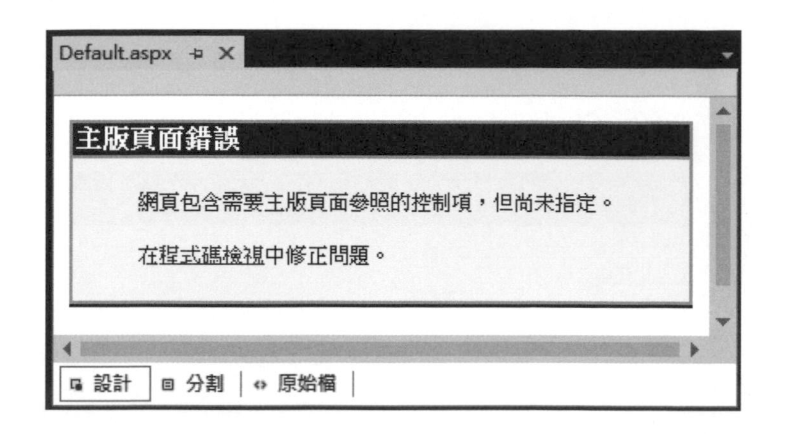

上述 ASP.NET 網頁因為沒有指定主版頁面，所以顯示主版頁面錯誤的訊息文字。

Step 2 請開啟 Default.aspx.cs 類別檔建立 Page_PreInit()事件處理程序的程式碼。

■ Page_PreInit()

```
01: protected void Page_PreInit(object sender, EventArgs e)
02: {
03:     Page.MasterPageFile = "Frame.master";
04:     Page.Title = "動態載入主版頁面";
05: }
```

■ 程式說明

- 第 1~5 列：在 Page_PreInit()事件處理程序指定 Page 物件的 MasterPageFile 和 Title 屬性，可以指定套用的主版頁面和瀏覽器的標題文字。

■ 執行結果

儲存後，在「方案總管」視窗選 Default.aspx，執行「檔案/在瀏覽器中檢視」命令，可以看到執行結果的 ASP.NET 網頁，網頁是動態套用主版頁面 Frame.master。

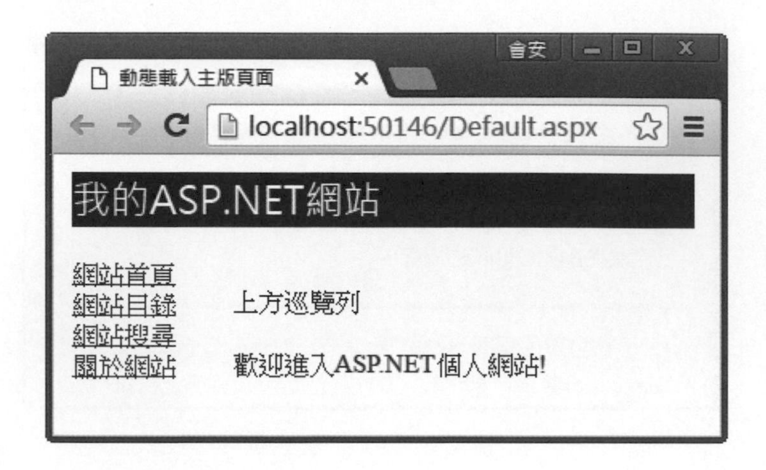

11-3 佈景與面板

佈景（Themes）與面板（Skins）可以讓我們預先定義一組控制項面板的佈景，然後在 ASP.NET 網站套用佈景來建立一致化外觀顯示。

11-3-1 佈景與面板的基礎

對於 ASP.NET 網站來說，維護網頁色彩、字型和尺寸等一致外觀的顯示效果是一件十分重要的工作。傳統網站設計者只能使用層級式樣式表 CSS（Cascading Style Sheets）來格式化網頁元素的字型、色彩或尺寸。

ASP.NET 佈景可以取代 CSS 功能，包含樣式屬性、CSS 和圖片，可以套用在伺服端控制項、Web 表單或整個 ASP.NET 網站。ASP.NET 佈景的組成元素有：**面板檔案**、**CSS 檔案**和**圖片檔案**。

佈景（Themes）

ASP.NET 佈景是一個資料夾，內含指定網站顯示效果的相關檔案，這是位在 ASP.NET 網站根目錄下，名為「App_Themes」的子目錄，稱為佈景目錄（Themes Directory）。

簡單的說，如果 ASP.NET 網站需要套用佈景，請先在 Visual Studio Community 的「方案總管」視窗的網站目錄上，執行右鍵快顯功能表的「加入/加入 ASP.NET 資料夾/佈景主題」命令建立此目錄，如右圖所示：

在此目錄下輸入子目錄名稱，例如：名為 MyTheme 的佈景，其目錄就是「\App_Themes\MyTheme」，在此目錄下的檔案是組成此佈景的 .skin 檔、CSS 檔和圖片檔案。

面板（Skins）

面板如同 CSS 樣式，它是控制項的外表，可以定義網頁元素的顯示外觀，事實上，每一個 ASP.NET 控制項都可以自行使用樣式屬性值來定義其顯示外觀。

如果需要替控制項建立多種不同外觀，我們可以使用面板來定義，這是 ASP.NET 除了 CSS 樣式外，另一種方法來定義控制項一致化的顯示效果。

ASP.NET 面板是定義在面板檔案，這是一個 ANSI 文字檔案，檔案名稱不需和佈景同名，只需副檔名為 .skin 即可，其內容是包含樣式屬性的控制項標籤，只是沒有 ID 等屬性值。

11-3-2 建立面板檔案

面板檔案的內容是包含樣式屬性的控制項標籤，只是沒有 ID 等屬性值。不過，Visual Studio Community 在面板檔案編輯沒有提供視覺化編輯功能，我們只能自行輸入標籤碼來建立檔案內容。

所以，建立面板檔案最簡單的方法是在 ASP.NET 網頁新增控制項且更改顯示外觀後，切換至**原始檔**檢視，直接複製控制項標籤至面板檔案，然後刪除非樣式屬性來建立，例如：ID 和 Text 屬性等。

Tip 請注意！在 ASP.NET 的同一個佈景資料夾可以包含多個面板檔案，例如：替每一種控制項都建立專屬面板檔案，雖然面板檔案有很多個，但是在執行 ASP.NET 網頁前，.NET Framework 會先將位在佈景目錄下，所有面板檔案合併成一個檔案後，才套用到 ASP.NET 網頁，所以面板檔案的名稱並不重要，讀者可以自行命名。

ASP.NET 網站：Ch11_3_2

在 ASP.NET 網站建立名為 MyTheme 佈景的目錄架構後，建立名為 TextBox.skin 面板檔案來格式化 TextBox 控制項；Button.skin 面板檔案格式化 Button 控制項，其步驟如下所示：

Step 1 請啟動 Visual Studio Community 開啟「範例網站\Ch11\Ch11_3_2」資料夾的 ASP.NET 網站，在 Default.aspx 網頁已經建立面板所需的控制項，請開啟「方案總管」視窗。

Step 2 在網站根目錄下，執行右鍵快顯功能表的「加入/加入 ASP.NET 資料夾/佈景主題」命令新增子目錄，然後更名為 **MyTheme** 目錄，如右圖所示：

Step 3 選取「\App_Themes\MyTheme」子目錄，執行「檔案/新增/檔案」命令，可以看到「加入新項目」對話方塊。

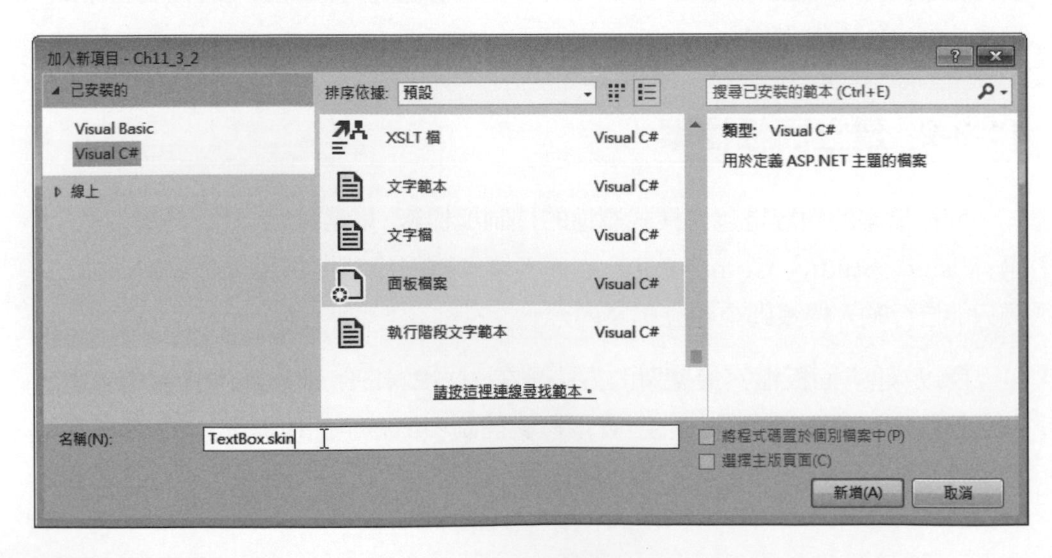

Step 4 選**面板檔案**，在**名稱**欄輸入檔案名稱 **TextBox.skin** 後，按**新增**鈕在此佈景目錄新增面板檔案。

Step 5 請開啟 Default.aspx 且切換至**原始檔**檢視，選取 TextBox 控制項標籤，即<asp:TextBox‥></asp:TextBox>之間的標籤碼，如下圖所示：

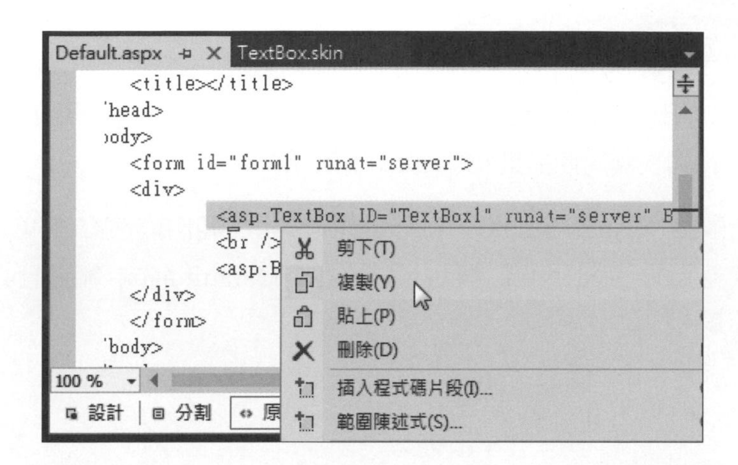

Step 6 執行右鍵快顯功能表的**複製**命令，然後貼上至 TextBox.skin 檔案，如下圖所示：

Step 7 在標籤碼刪除 ID 屬性，就完成 TextBox.skin 檔案的編輯。

Step 8 請重複步驟 3~7 新增名為 Button.skin 面板檔案，此時需要刪除 ID 和 Text 屬性，其內容如下所示：

```
<asp:Button runat="server" BackColor="Blue"
      Font-Bold="True" ForeColor="White"/>
```

11-3-3 在 ASP.NET 網頁套用佈景

當建立面板檔案後，我們可以在 ASP.NET 網頁本身的 Theme 屬性指定套用的佈景。

ASP.NET 網站：Ch11_3_3

在 ASP.NET 網站已經建立上一節 MyTheme 佈景，現在我們準備在 Default.aspx 網頁套用此佈景，其步驟如下所示：

Step 1 請啟動 Visual Studio Community 開啟「範例網站\Ch11\Ch11_3_3」資料夾的 ASP.NET 網站，然後開啟 Default.aspx 網頁且切換至**設計**檢視。

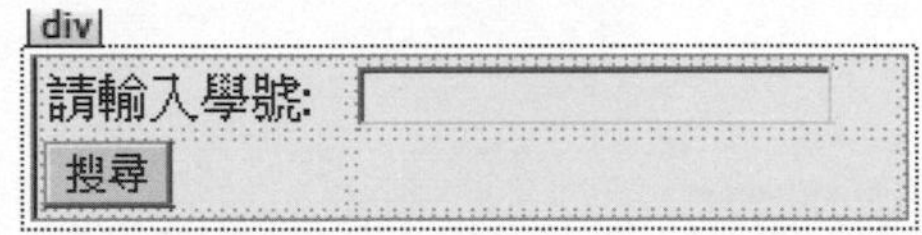

上述 Web 表單的 TextBox 和 Button 控制項並沒有指定樣式屬性。

Step 2 在「屬性」視窗上方選 **DOCUMENT**，在 **Theme** 屬性欄選 **MyTheme** 佈景，如右圖所示：

Step 3 儲存後，在「方案總管」視窗選 Default.aspx，執行「檔案/在瀏覽器中檢視」命令，可以看到執行結果的 ASP.NET 網頁。

上述網頁的 TextBox 和 Button 控制項套用佈景面板檔案定義的格式。在 ASP.NET 網頁是在 Page 指示指令的 Theme 屬性指定套用的佈景，如下所示：

```
<%@ Page Language="C#" AutoEventWireup="false"
     CodeFile="Default.aspx.cs" Inherits="_Default"
     Theme="MyTheme" %>
```

11-3-4 預設與具名面板

在面板檔案的控制項標籤中，如果沒有 SkinId 屬性是預設面板（Default Skins）；如果有指定 SkinId 屬性稱為具名面板（Named Skins），如下所示：

```
<asp:Label ForeColor="White" BackColor="Maroon"
                             Runat="server"/>
<asp:Label SkinId="RedLabel" Runat="server"
           ForeColor="White" BackColor="Red"/>
```

上述 2 個 Label 控制項的第 1 個是預設面板，第 2 個是具名面板，其說明如下所示：

- 預設面板：自動套用在所有同種類的控制項，例如：上述第 1 個面板會套用在網頁所有 Label 控制項。
- 具名面板：因為面板有指定名稱，所以面板只會套用在相同 SkinId 屬性值的控制項。

ASP.NET 網站：Ch11_3_4

ASP.NET 網站已經建立 MyTheme 佈景，內含 Label.skin 面板檔案，擁有預設面板、名為 RedLabel、BlueLabel 和 GreenLabel 的具名面板，現在我們準備在 Default.aspx 網頁套用此佈景，其步驟如下所示：

Step 1 請啟動 Visual Studio Community 開啟「範例網站\Ch11\Ch11_3_4」資料夾的 ASP.NET 網站，然後開啟 Default.aspx 網頁且切換至**設計**檢視。

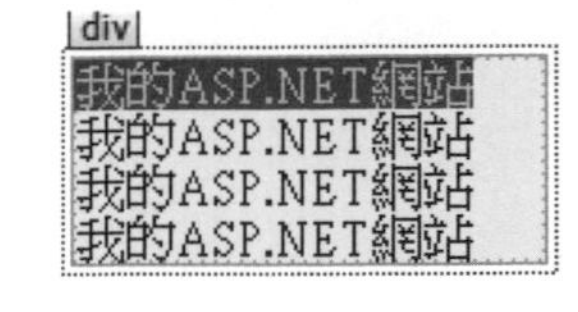

上述 Web 表單擁有 4 個 Label 控制項，只有第 1 個有指定樣式屬性。

Step 2 在「屬性」視窗上方選 **DOCUMENT**，在 **Theme** 屬性欄選 **MyTheme** 佈景。

Step 3 在**設計**檢視選 **Label2** 後，在「屬性」視窗的 **SkinID** 屬性欄，選 **BlueLabel** 具名面板，如下圖所示：

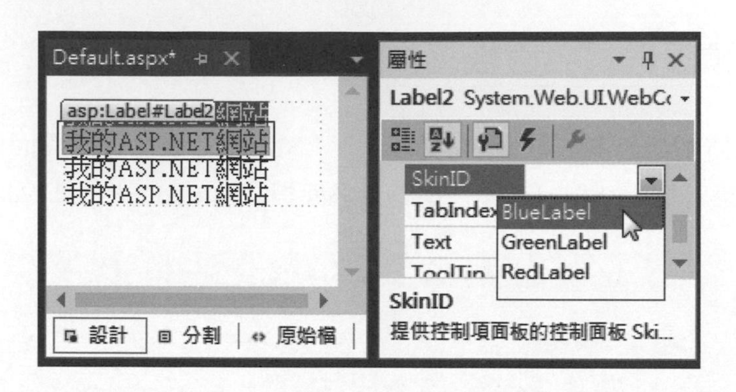

Step 4 請依序選 Label3~4 後，在「屬性」視窗的 **SkinID** 屬性欄，依序指定成 **GreenLabel** 和 **RedLabel** 具名面板。

Step 5 儲存後，在「方案總管」視窗選 Default.aspx，執行「檔案/在瀏覽器中檢視」命令，可以看到執行結果的 ASP.NET 網頁。

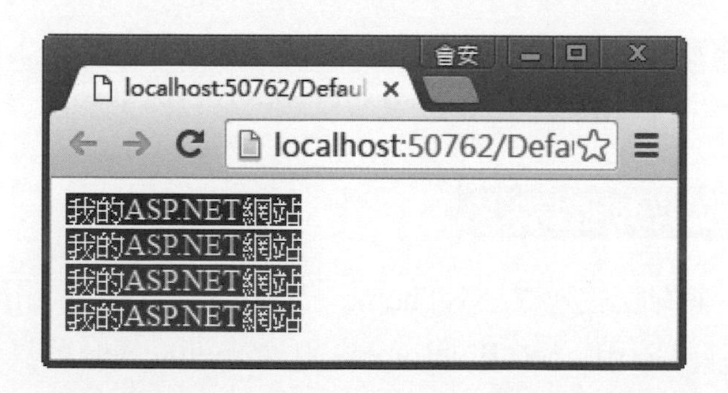

上述網頁的第 1 個 Label 控制項有指定 BackColor 和 ForeColor 樣式屬性，不過，其顯示外觀仍然是面板檔案的樣式。

11-3-5 覆寫控制項的面板

在上一節範例的 ASP.NET 網頁，雖然 Label 控制項已經指定 BackColor 和 ForeColor 樣式屬性，但是樣式內容仍然會被面板檔案的樣式取代。

如果想在 ASP.NET 網頁指定樣式屬性來覆寫面板檔案的樣式，在 ASP.NET 網頁套用佈景是使用 StyleSheetTheme 屬性。

ASP.NET 網站：Ch11_3_5

此 ASP.NET 網站和上一節相同，只是在 Default.aspx 網頁再新增一個 Label 控制項，其步驟如下所示：

Step 1 請啟動 Visual Studio Community 開啟「範例網站\Ch11\Ch11_3_5」資料夾的 ASP.NET 網站，然後開啟 Default.aspx 網頁且切換至**設計**檢視。

上述 Web 表單擁有 5 個 Label 控制項，只有第 1 個有指定樣式屬性，第 1 個和最後 1 個使用預設面板。

Step 2 在「屬性」視窗上方選 **DOCUMENT**，**Theme** 屬性欄如果有指定佈景，請刪除套用的佈景。

Step 3 改為在「屬性」視窗的 **StyleSheetTheme** 屬性欄指定套用的佈景，請選 **MyTheme** 佈景，如右圖所示：

Step 4 儲存後，在「方案總管」視窗選 Default.aspx，執行「檔案/在瀏覽器中檢視」命令，可以看到執行結果的 ASP.NET 網頁。

上述網頁的第 1 個 Label 控制項因為有指定 BackColor 和 ForeColor 樣式屬性，所以會覆蓋面板檔案中定義的樣式，顯示的是 ASP.NET 網頁中設定的樣式屬性值。

ASP.NET 網頁是在 Page 指示指令的 StyleSheetTheme 屬性指定套用的佈景，如下所示：

```
<%@ Page Language="C#" AutoEventWireup="false"
      CodeFile="Default.aspx.cs" Inherits="_Default"
      StyleSheetTheme="MyTheme" %>
```

學習評量

選擇題

(　　) 1. 請問 ASP.NET 控制項可以在下列哪一個屬性欄選取套用的 CSS 樣式？

A. Class　　B. Style
C. CssClass　　D. MyClass

(　　) 2. 請問 ASP.NET 的主版頁面是使用下列哪一個控制項來定義編輯區域？

A. PlaceHolder　　B. ContentPlaceHolder
C. Panel　　D. Content

(　　) 3. 請問 ASP.NET 網頁的內容頁面是使用下列哪一個控制項來建立網頁內容？

A. PlaceHolder　　B. ContentPlaceHolder
C. Content　　D. Panel

(　　) 4. 請問 ASP.NET 佈景的相關檔案是儲存在專案根目錄下的哪一個子目錄？

A. Themes　　B. App_Data
C. App_Code　　D. App_Themes

(　　) 5. 請問面板檔案的控制項，如果指定下列哪一個屬性就表示它是一種具名面板？

A. SkinId　　B. Id
C. Skin　　D. Runat

簡答題

1. 請問在 ASP.NET 網頁可以使用哪三種方式套用 CSS 樣式？
2. 請說明什麼是主版頁面？主版頁面檔案的副檔名為＿＿＿＿＿＿＿。
3. 主版頁面是使用＿＿＿＿＿＿＿＿＿控制項定義可編輯區域；內容頁面是使用＿＿＿＿＿＿＿控制項建立網頁內容。
4. 請舉例說明巢狀主版頁面？
5. 請簡單說明佈景和面板？建立佈景的基本步驟為何？何謂預設與具名面板？
6. 當我們在「My3CShop」資料夾的 ASP.NET 網站建立名為 My3CShop 的佈景時，請問是在＿＿＿＿＿＿＿目錄存放佈景的相關檔案。面板檔案副檔名是＿＿＿＿＿。

實作題

1. 請使用 Visual Studio Community 圖形化介面在 ASP.NET 網頁建立 CSS 樣式規則 .gridstyle，如下所示：

```
.gridstyle
{
   background-color: #cccccc; border-color: red;
   border-style: solid; border-width: 4px;
   color: blue; font-weight: bold;
}
```

2. 請建立名為 MyShopMasterPage 的主版頁面，內含 2 列 3 欄的 HTML 表格，在每一個儲存格都新增一個 ContentPlaceHolder 控制項。

3. 請建立 ASP.NET 網頁套用實作題 2 的主版頁面，然後在每一個 Content 控制項新增 Image 控制項來顯示 <第 10 章> 的圖書封面。

4. 請修改實作題 3 的 ASP.NET 網頁，改為使用程式碼來動態套用主版頁面。

5. 請在「範例網站\Ch11\Ch11_3_2」資料夾的 ASP.NET 網站新增名為 MyWebTheme 的佈景，內含 TextBox、Label、Button、GridView 和 DetailsView 控制項的面板檔案。

12

建立網站的巡覽架構

本章學習目標

12-1 網站巡覽的基礎

12-2 建立巡覽架構的網站地圖

12-3 Menu 選單控制項

12-4 TreeView 樹狀檢視控制項

12-5 SiteMapPath 網站路徑控制項

12-6 XML 文件與巡覽控制項

12-1 網站巡覽的基礎

ASP.NET 提供多種網站巡覽控制項，可以幫助我們建立整個網站的巡覽架構，讓使用者輕鬆在網站瀏覽網頁內容。

12-1-1 網站巡覽簡介

網站巡覽（Site Navigation）是在建立網站瀏覽架構和其使用介面，以便使用者能夠快速在網站中找到所需的網頁內容。常用的使用介面有**超連結**、**選單**或**樹狀結構**。

當使用者進入網站後，對於豐富的網站內容一定產生一個問題，我現在到底在哪裡？網站巡覽就是在建立網站的邏輯架構，如同一張網站地圖，可以指引使用者位在哪裡？和如何到達指定的網頁？

在建立網站巡覽的使用介面前，我們需要先定義網站的邏輯架構，通常是使用樹狀結構來定義此結構，如下圖所示：

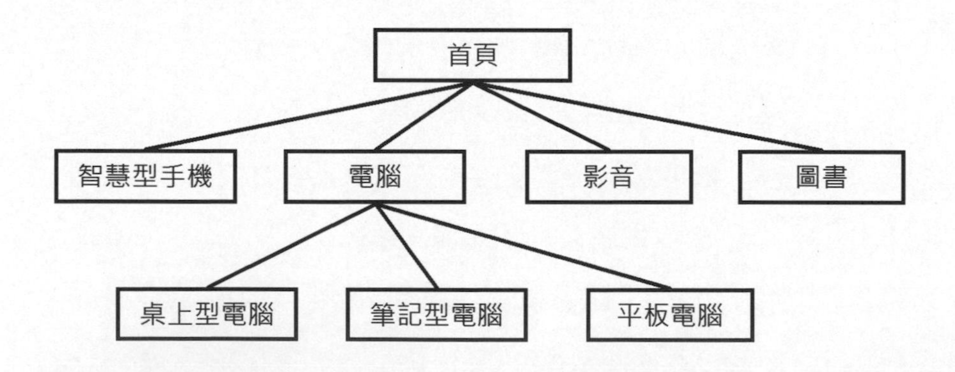

上述樹狀結構是購物網站的架構，在首頁下將商品分成：智慧型手機、電腦、影音和圖書等產品線，各產品線進一步以產品種類來區分。例如：電腦再分為桌上型、筆記型和平板電腦三種。

在建立網站巡覽架構後，我們就可以建立網站巡覽的使用介面，例如：使用選單建立連接下一層網頁的使用介面。

12-1-2 網站巡覽控制項

在 ASP.NET 網站實作網站巡覽，預設使用 Web.sitmap 檔案定義網站地圖，並且提供網站巡覽控制項 Menu、TreeView 和 SiteMapPath，可以顯示選單、樹狀檢視和網站路徑等網站巡覽的使用介面，其說明如下表所示：

巡覽控制項	說明
Menu	建立水平或垂直方向選單架構的巡覽架構，可以指定顯示幾層的靜態選單，超過的選單就是動態選單，需要點選超連結，才能顯示選單內容
TreeView	建立可展開或隱藏節點的樹狀結構巡覽架構，它是使用階層架構來顯示選項
SiteMapPath	使用類似資料夾的路徑來顯示目前網頁所在的巡覽階層，可以讓我們快速返回父階層或祖父階層的網頁

上表 Menu 和 TreeView 控制項可以使用靜態資料（Static Data）或動態資料（Dynamic Data）建立巡覽架構的選項。如果使用靜態資料，網站的巡覽架構是定義在控制項的標籤中，Visual Studio Community 提供圖形化介面來建立靜態資料的巡覽架構。

動態資料的巡覽架構是建立外部網站地圖檔，Menu 和 TreeView 控制項需要使用 SiteMapDataSource 資料來源控制項取得網站地圖檔定義的項目資料。

12-2 建立巡覽架構的網站地圖

Menu 和 TreeView 巡覽控制項如果使用動態資料來源，在新增控制項前，我們需要先建立網站地圖檔 Web.sitemap 和 SiteMapDataSource 資料來源控制項。

12-2-1 建立網站地圖檔 Web.sitemap

ASP.NET 網站地圖檔案 Web.sitemap 是使用 **XML 文件**定義網站的巡覽架構。ASP.NET 巡覽控制項可以直接存取網站地圖檔案的內容來建立網站巡覽功能。

建立網站地圖檔案

在 Visual Studio Community 提供範本建立網站地圖檔案 Web.sitemap，本節範例網站是修改至<第 11-2-3 節>的 ASP.NET 網站，其步驟如下所示：

Step 1 請啟動 Visual Studio Community 開啟「範例網站\Ch12\Ch12_2_1」資料夾的 ASP.NET 網站。執行「檔案/新增/檔案」命令，可以看到「加入新項目」對話方塊。

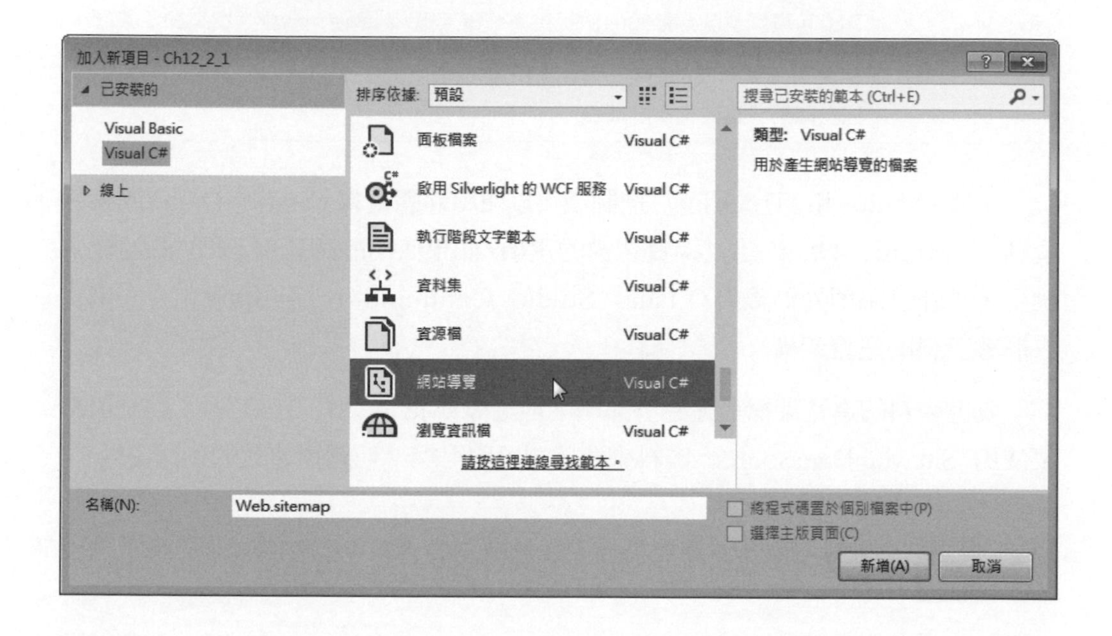

Step 2 選**網站導覽**，**名稱**欄預設檔案名稱是 Web.sitemap，按**新增**鈕新增網站地圖檔案。

Step 3 請直接在編輯視窗輸入網站地圖檔案的 XML 文件內容，如下圖所示：

Web.sitemap* Default.aspx

```
<?xml version="1.0" encoding="utf-8" ?>
<siteMap xmlns="http://schemas.microsoft.com/AspNet/SiteMap-File-1.0" >
    <siteMapNode url="~/Default.aspx" title="首頁">
        <siteMapNode url="~/Phones.aspx" title="智慧型手機">
            <siteMapNode url="~/iPhone.aspx" title="iPhone"/>
            <siteMapNode url="~/Samsung.aspx" title="Samsung"/>
            <siteMapNode url="~/HTC.aspx" title="HTC"/>
        </siteMapNode>
        <siteMapNode url="~/Computers.aspx" title="電腦">
            <siteMapNode url="~/Desktop.aspx" title="桌上型"/>
            <siteMapNode url="~/Notebook.aspx" title="筆記型"/>
            <siteMapNode url="~/Pad.aspx" title="平板電腦"/>
        </siteMapNode>
    </siteMapNode>
</siteMap>
```

100 %

網站地圖檔案的內容

ASP.NET 預設的網站地圖檔案是一份 XML 文件，它是位在網站根目錄，名為 Web.sitemap 的檔案，其內容如下所示：

```
<?xml version="1.0" encoding="utf-8" ?>
<siteMap xmlns="http://schemas.microsoft.com/AspNet/SiteMap-File-1.0" >
    <siteMapNode url="~/Default.aspx" title="首頁">
        <siteMapNode url="~/Phones.aspx" title="智慧型手機">
            <siteMapNode url="~/iPhone.aspx" title="iPhone"/>
            <siteMapNode url="~/Samsung.aspx" title="Samsung"/>
            <siteMapNode url="~/HTC.aspx" title="HTC"/>
        </siteMapNode>
        <siteMapNode url="~/Computers.aspx" title="電腦">
            <siteMapNode url="~/Desktop.aspx" title="桌上型"/>
            <siteMapNode url="~/Notebook.aspx" title="筆記型"/>
            <siteMapNode url="~/Pad.aspx" title="平板電腦"/>
        </siteMapNode>
    </siteMapNode>
</siteMap>
```

上述 XML 文件的根標籤是<siteMap>，其下是<siteMapNode>標籤建立的階層架構，以此例共有三層，第一層是首頁 Default.aspx；第二層分為智慧型手機和電腦子選單；最後一層是選項。

<siteMapNode>標籤的相關屬性說明，如下表所示：

屬性	說明
title	選單項目的名稱
url	選項連接的 URL 網址，此網址在網站地圖需要是唯一
description	選項說明文字，可有可無

12-2-2 SiteMapDataSource 資料來源控制項

SiteMapDataSource 資料來源控制項可以提供網站巡覽控制項 Menu 和 TreeView 所需的資料來源，其預設資料來源是 Web.sitemap 檔案。

在 Visual Studio 新增 SiteMapDataSource 控制項

本節範例網站就是上一節的 ASP.NET 網站，我們準備在主版頁面新增 SiteMapDataSource 控制項，其步驟如下所示：

Step 1 請啟動 Visual Studio Community 開啟「範例網站\Ch12\Ch12_2_2」資料夾的 ASP.NET 網站，然後開啟 MasterPage.master 主版頁面的**設計**檢視。

Step 2 在「工具箱」視窗展開**資料**區段，拖拉 SiteMapDataSource 資料來源控制項至左邊名為 MenuContent 的 ContentPlaceHolder 控制項，如下圖所示：

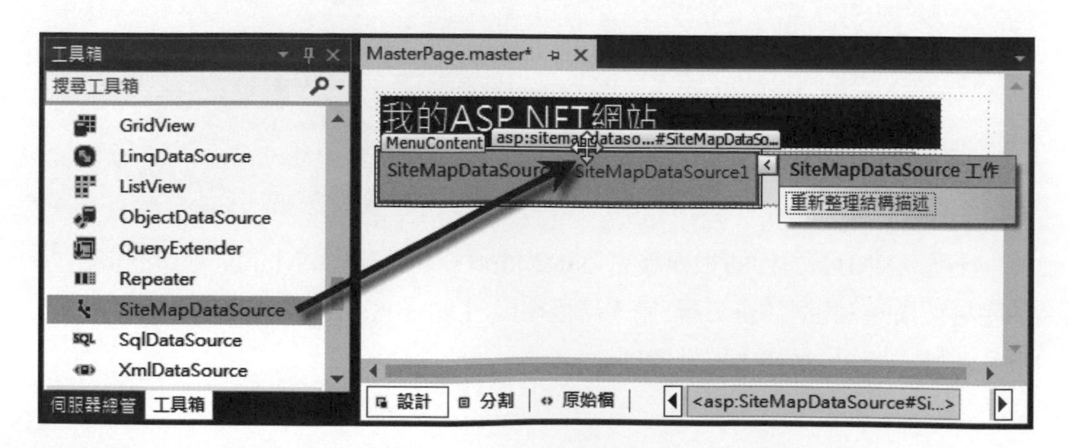

在上述主版頁面新增名為 SiteMapDataSource1 的 SiteMapDataSource 資料來源控制項，因為是新增至主版頁面，所以，所有套用主版頁面的 ASP.NET 網頁都可以使用此 SiteMapDataSource 資料來源控制項。

SiteMapDataSource 控制項標籤

SiteMapDataSource 資料來源控制項標籤，如下所示：

```
<asp:SiteMapDataSource ID="SiteMapDataSource1" runat="server" />
```

上述 SiteMapDataSource 資料來源控制項預設使用 Web.sitmap 檔案作為資料來源，其相關屬性說明如下表所示：

屬性	說明
ShowStartingNode	是否顯示開始節點，True 為顯示；False 為不顯示

關於 Menu 和 TreeView 控制項如何使用 SiteMapDataSource 資料來源控制項建立網站巡覽架構，請參閱<第 12-3-2 和第 12-4-2 節>的說明。

12-3 Menu 選單控制項

Menu 選單控制項是在 ASP.NET 網頁建立水平或垂直選單，我們可以選擇使用靜態或動態資料兩種方式來建立 Menu 控制項。

12-3-1 使用靜態資料建立 Menu 控制項

當我們使用靜態資料建立 Menu 控制項時，網站巡覽架構是定義在控制項標籤的**<Items>子標籤**，每一個項目是一個 MenuItem 控制項。

在 Visual Studio Community 可以使用「功能表項目編輯器」對話方塊建立靜態資料的巡覽架構。Menu 控制項常用屬性的說明，如下表所示：

屬性	說明
StaticDisplayLevels	顯示幾層靜態選單，超過的選單就成為動態選單，預設值是 1
Orientation	顯示靜態選單的方向是垂直 Vertical（預設）或水平 Horizontal

MenuItem 控制項常用屬性的說明，如下表所示：

屬性	說明
NavigateUrl	指定項目連接的 URL 網址
Text	指定項目名稱
ToolTip	指定項目的提示說明文字

ASP.NET 網站：Ch12_3_1

在 ASP.NET 網頁新增 Menu 控制項，選項是智慧型手機，點選可以連接指定產品的 ASP.NET 網頁，其步驟如下所示：

Step 1 請啟動 Visual Studio Community 開啟「範例網站\Ch12\Ch12_3_1」資料夾的 ASP.NET 網站，然後開啟 Default.aspx 網頁且切換至**設計**檢視。

Step 2 在「工具箱」視窗的**巡覽**區段，拖拉 Menu 控制項至編輯視窗的<div>標籤中，如下圖所示：

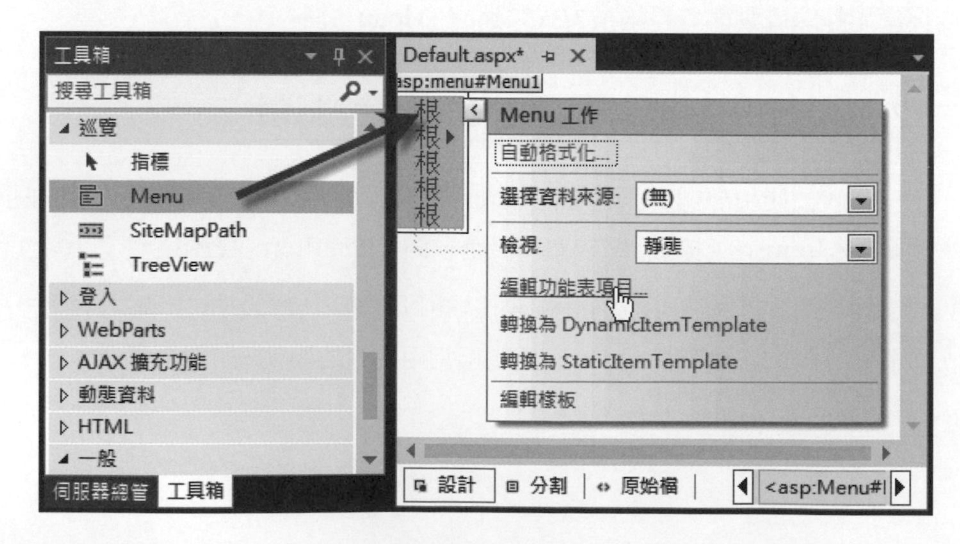

Step 3 點選右上方箭頭圖示顯示「Menu 工作」功能表，選**編輯功能表項目**超連結，可以看到「功能表項目編輯器」對話方塊。

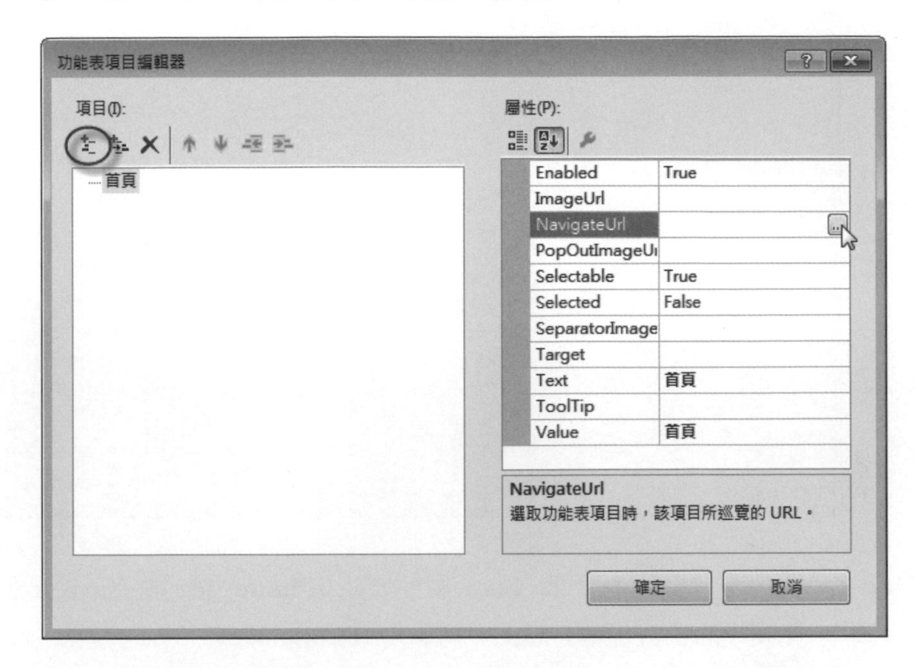

Step 4 首先加入根項目，請在左邊「項目」框，按第 1 個**加入根項目**鈕，可以在下方新增根項目，在右邊「屬性」框更改 **Text** 屬性值為**首頁**後，按 **NavigateUrl** 屬性欄後按鈕，可以看到「選取 URL」對話方塊。

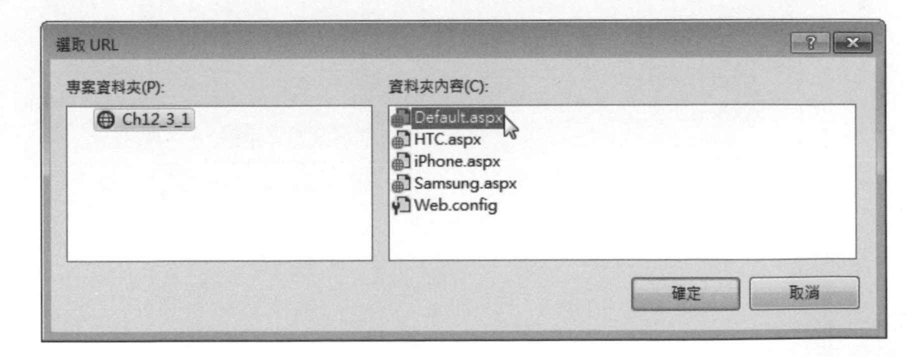

Step 5 在右邊框選 Default.aspx，按**確定**鈕完成項目新增，可以返回「功能表項目編輯器」對話方塊。

Step 6 在左邊框選**首頁**，按上方第二個**加入子項目**鈕，可以新增下一層項目，如下圖所示：

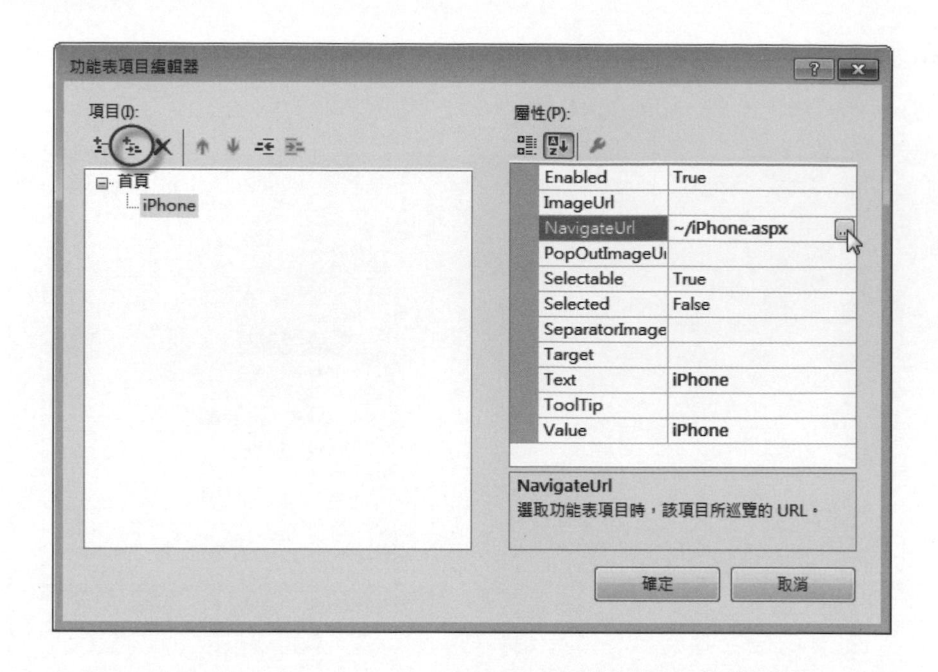

Step 7 在右邊「屬性」框更改 **Text** 屬性值為 **iPhone** 後，按 **NavigateUrl** 屬性欄後的按鈕，選取 URL 網址為 **iPhone.aspx**。

Step 8 請重複步驟 6~7 加入另二個子項目 **Samsung** 和 **HTC**，如下圖所示：

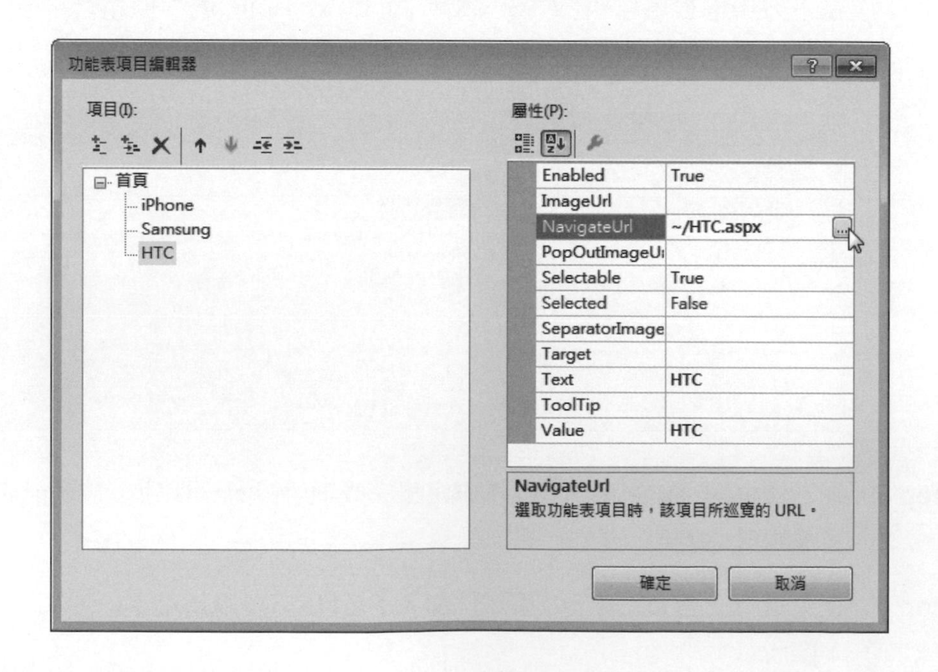

上述兩個新加入項目的屬性值，如下表所示：

Text 屬性值	NavigateUrl 屬性值
Samsung	~/Samsung.aspx
HTC	~/HTC.aspx

Step 9 按**確定**鈕完成功能表項目的新增，然後開啟「Menu 工作」功能表，選**自動格式化**超連結，可以看到「自動格式設定」對話方塊，選**繽紛**樣式，按**確定**鈕完成設定。

Step 10 儲存後，在「方案總管」視窗選 Default.aspx，執行「檔案/在瀏覽器中檢視」命令，可以看到執行結果的 ASP.NET 網頁。

按**首頁**項目，可以看到功能表選單，選 **HTC** 項目可以連接 HTC.aspx 的 ASP.NET 網頁，如右圖所示：

如果將 Menu 控制項的 **StaticDisplayLevels** 屬性從 1 改為 2，表示顯示二層靜態選單，可以看到子項目的選單也成為靜態選單，如右圖所示：

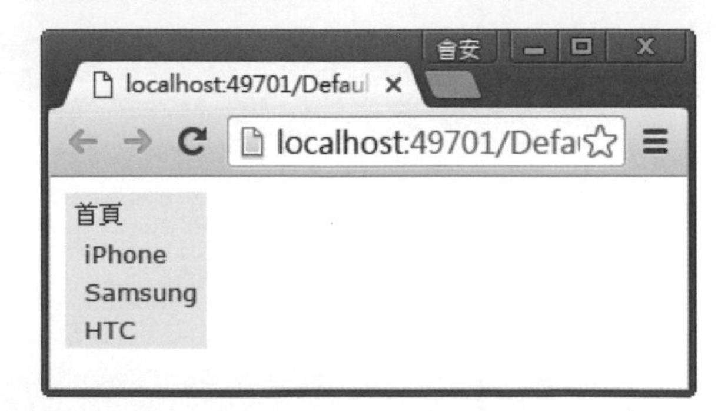

12-3-2 使用動態資料建立 Menu 控制項

動態資料建立 Menu 控制項就是從 SiteMapDataSource 資料來源控制項取得選項資料，其選項資料是定義在網站地圖檔 Web.sitemap。

ASP.NET 網站：Ch12_3_2

此 ASP.NET 網站是修改自<第 12-2-2 節>的網站，在主版頁面擁有 Menu 控制項，選單項目是定義在網站地圖檔 Web.sitemap，我們可以使用資料來源控制項取得選項資料來建立 Menu 控制項，其步驟如下所示：

Step 1 請啟動 Visual Studio Community 開啟「範例網站\Ch12\Ch12_3_2」資料夾的 ASP.NET 網站，然後開啟「方案總管」視窗。

右述 ASP.NET 網站擁有<第 12-2-1 節>建立的網站地圖檔 Web.sitemap，並且新增在網站地圖檔定義的 ASP.NET 網頁，每一頁網頁都套用 MasterPage.master 主版頁面，但是沒有建立對應 MenuContent 的 Content 控制項。

Step 2 開啟 **MasterPage.master** 主版頁面且切換至**設計**檢視，如下圖所示：

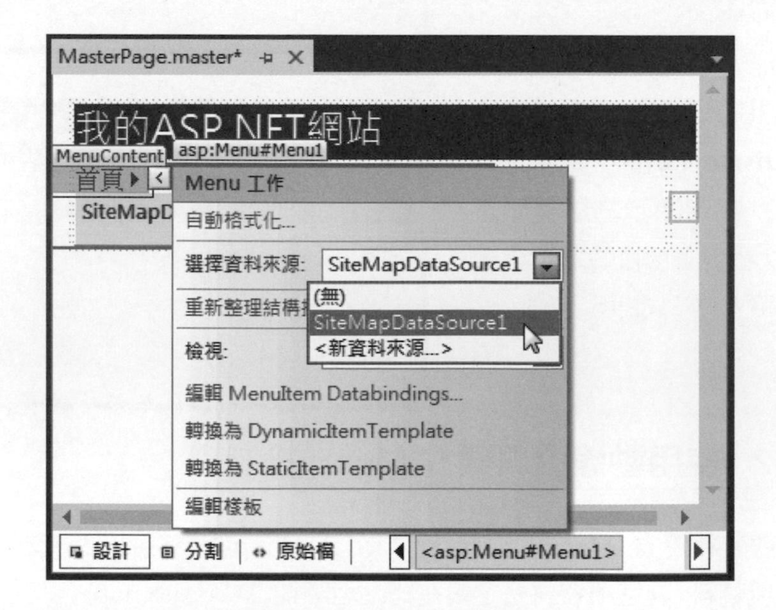

上述主版頁面的 MenuContent 已經新增 Menu 和 SiteMapDataSource 控制項。

Step 3 選 Menu 控制項開啟「Menu 工作」功能表，在**選擇資料來源**欄指定資料來源為 **SiteMapDataSource1**。

Step 4 在「Menu 工作」功能表選**自動格式化**超連結，可以看到「自動格式設定」對話方塊，選**繽紛**樣式，按**確定**鈕完成設定。

Step 5 選 Menu 控制項，在「屬性」視窗將 **Orientation** 屬性改為 **Horizontal**，表示以水平方向顯示靜態選單，如右圖所示：

Step 6 再將 **StaticDisplayLevels** 屬性改為 2 顯示二層靜態選單。

Step 7 在儲存主版頁面後，在「方案總管」視窗選 Default.aspx，執行「檔案/在瀏覽器中檢視」命令可以看到執行結果，在左邊是 Menu 控制項的選單，如右圖所示：

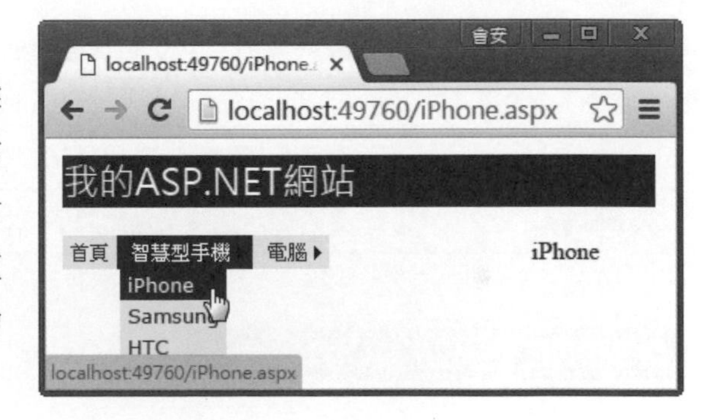

如果將 **Orientation** 屬性改為 **Vertical**，就是垂直方向顯示選單，如右圖所示：

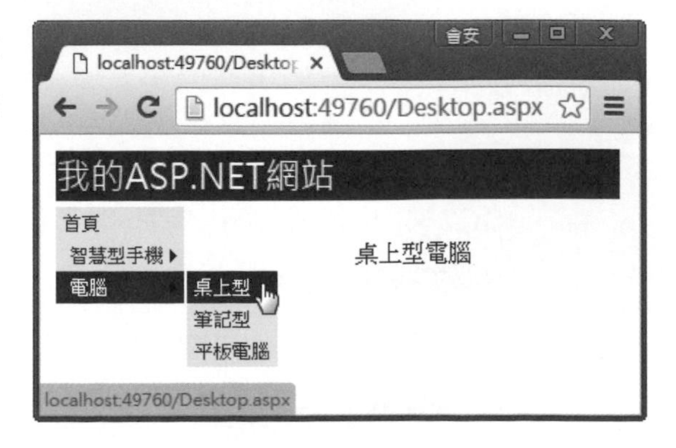

12-4 TreeView 樹狀檢視控制項

TreeView 控制項能夠建立可展開且**垂直顯示**樹狀結構的節點，每一個節點是一個選項，同樣的，我們可以使用靜態或動態資料來建立 TreeView 控制項。

12-4-1 使用靜態資料建立 TreeView 控制項

在使用靜態資料建立 TreeView 控制項時，網站巡覽架構是定義在控制項標籤中的**<Nodes>標籤**，其下的每一個項目是一個 TreeNode 控制項。

在 Visual Studio Community 可以使用「TreeView 節點編輯器」對話方塊來建立靜態資料的巡覽架構。TreeView 控制項常用屬性的說明，如下表所示：

屬性	說明
CollapseImageUrl	隱藏樹狀結構的圖片
ExpandImageUrl	展開樹狀結構的圖片
ImageSet	隱藏與展開樹狀結構使用的圖片集，常用值有 Arrows、Contacts、Events、Inbox、Faq 和 News 等
ExpandDepth	顯示幾層樹狀結構，預設值 FullyExpand 是完全展開
ShowLines	是否顯示連接父節點與子節點的連接線，True 為顯示；False 為隱藏

ASP.NET 網站：Ch12_4_1

在 ASP.NET 網頁新增 TreeView 控制項，其節點就是<第 12-2-1 節>網站地圖檔 Web.sitemap 的內容，點選可以連接指定產品的 ASP.NET 網頁，其步驟如下所示：

Step 1 請啟動 Visual Studio Community 開啟「範例網站\Ch12\Ch12_4_1」資料夾的 ASP.NET 網站，然後開啟 Default.aspx 網頁且切換至**設計**檢視。

Step 2 在「工具箱」視窗的**巡覽**區段，拖拉 TreeView 控制項至編輯視窗的<div>標籤中，如下圖所示：

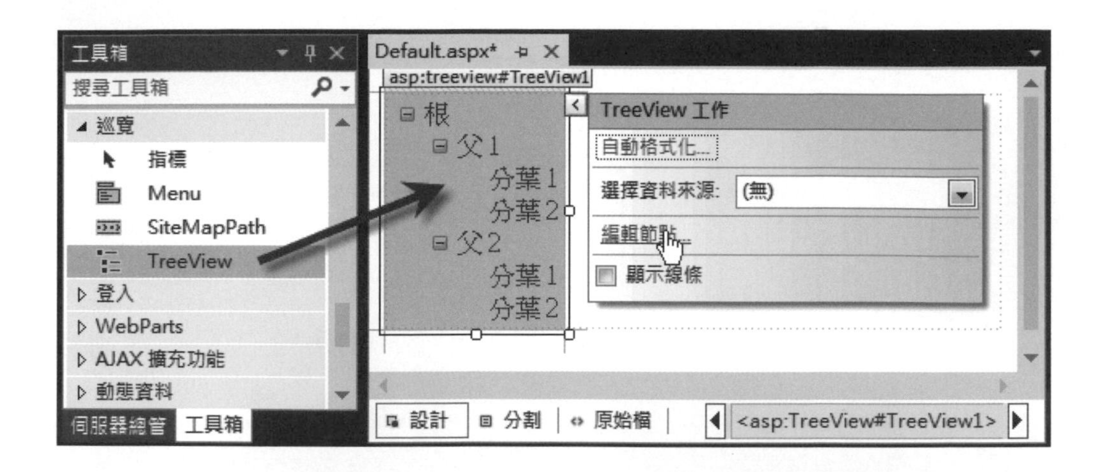

Step 3 開啟「TreeView 工作」功能表，選**編輯節點**超連結，可以看到「TreeView 節點編輯器」對話方塊。

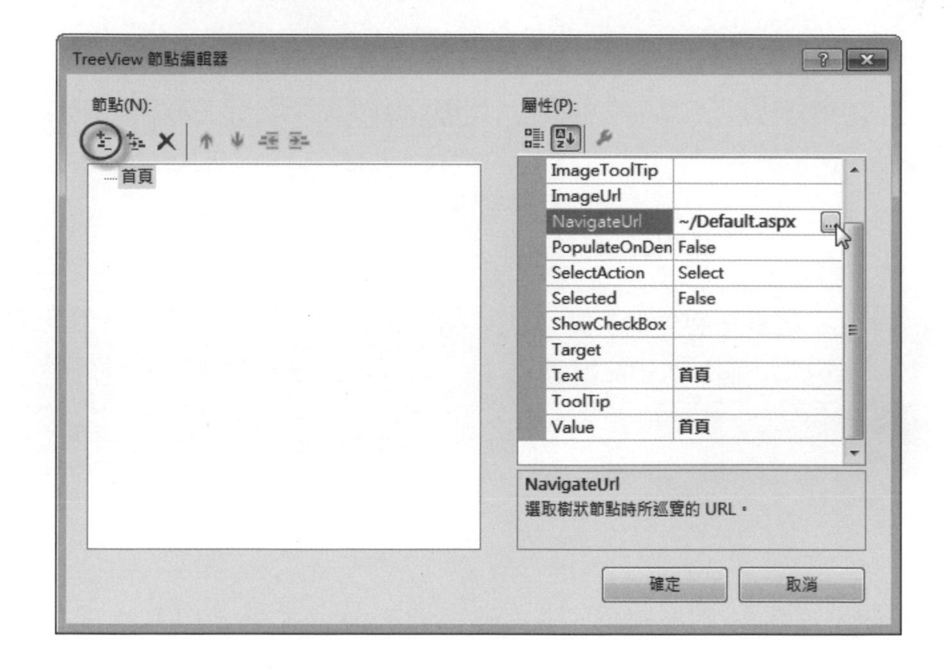

Step 4 首先加入根節點，請在左邊「節點」框，按第 1 個**加入根節點**鈕，可以在下方新增根節點，在右邊「屬性」框更改 **Text** 屬性值為**首頁**後，按 **NaviateUrl** 屬性欄後的按鈕選擇**~/Default.aspx**。

Step 5 在左邊框選**首頁**，按上方第二個**加入子節點**鈕，重複二次，新增下一層**智慧型手機**和**電腦** 2 個節點，如下圖所示：

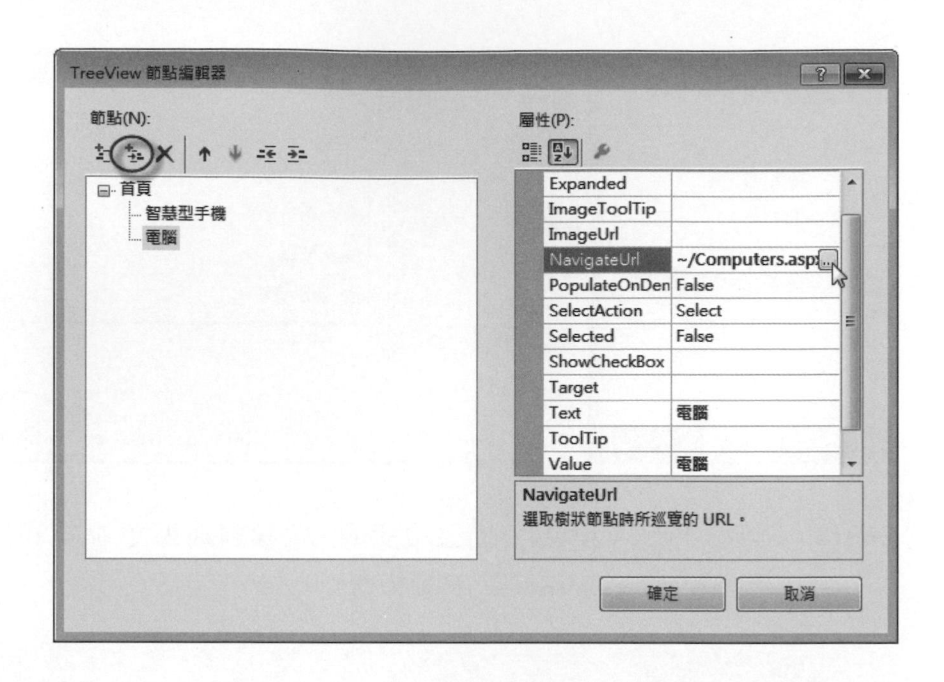

上述兩個新加入節點的屬性值，如右表所示：

Text屬性值	NavigateUrl屬性值
智慧型手機	~/Phones.aspx
電腦	~/Computers.aspx

Step 6 在左邊框選**智慧型手機**，按上方第二個**加入子節點**鈕，重複三次，新增位在下一層的 3 個節點，如右圖所示：

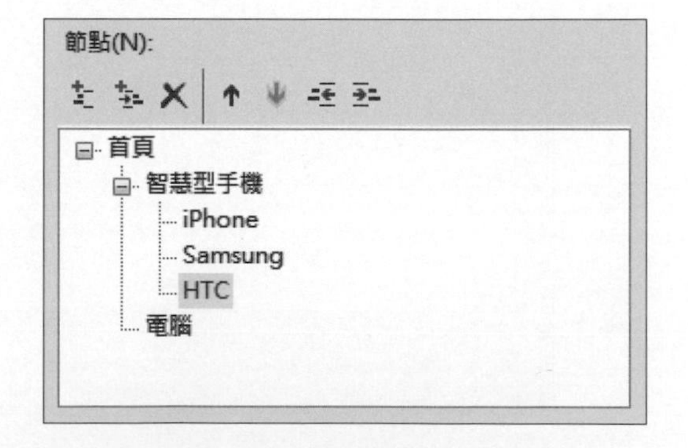

上述三個新加入節點的屬性值，如右表所示：

Text屬性值	NavigateUrl屬性值
iPhone	~/iPhone.aspx
Samsung	~/Samsung.aspx
HTC	~/HTC.aspx

Step 7 在左邊框選**電腦**，按上方第二個**加入子節點**鈕，重複三次，新增位在下一層的 3 個節點，如右圖所示：

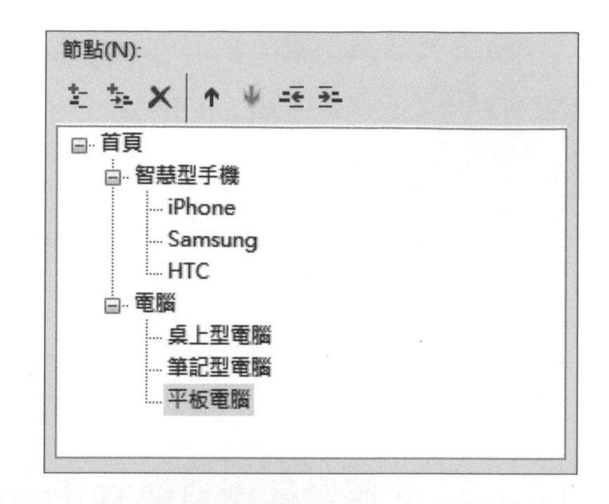

上述三個新加入節點的屬性值，如右表所示：

Text屬性值	NavigateUrl屬性值
桌上型電腦	~/Desktop.aspx
筆記型電腦	~/Notebook.aspx
平板電腦	~/Pad.aspx

Step 8 按**確定**鈕完成節點新增，然後開啟「TreeView 工作」功能表，選**自動格式化**超連結，可以看到「自動格式設定」對話方塊，選 **XP 檔案總管**樣式，按**確定**鈕完成設定。

Step 9 儲存後，在「方案總管」視窗選 Default.aspx，執行「檔案/在瀏覽器中檢視」命令，可以看到執行結果的 ASP.NET 網頁，顯示樹狀結構的 TreeView 控制項。

點選**智慧型手機**節點前的 ⊟ 號，可以摺疊此節點的下一層節點，如右圖所示：

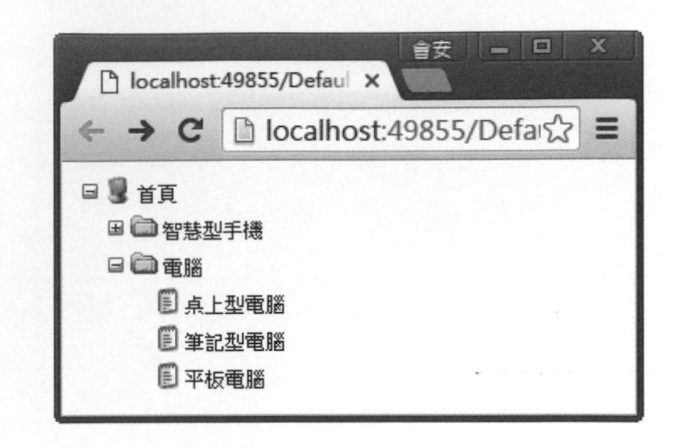

12-4-2 使用動態資料建立 TreeView 控制項

TreeView 控制項的節點資料一樣可以使用動態資料取得，也就是使用 SiteMapDataSource 控制項取得網站地圖檔定義的節點資料。

ASP.NET 網站：Ch12_4_2

此 ASP.NET 網站和 Ch12_3_2 相同，只是在主版頁面是 TreeView 控制項，其節點是定義在網站地圖檔 Web.sitemap，我們可以指定資料來源控制項來取得節點資料，其步驟如下所示：

Step 1 請啟動 Visual Studio Community 開啟「範例網站\Ch12\Ch12_4_2」資料夾的 ASP.NET 網站，然後開啟 MasterPage.master 主版頁面且切換至**設計**檢視。

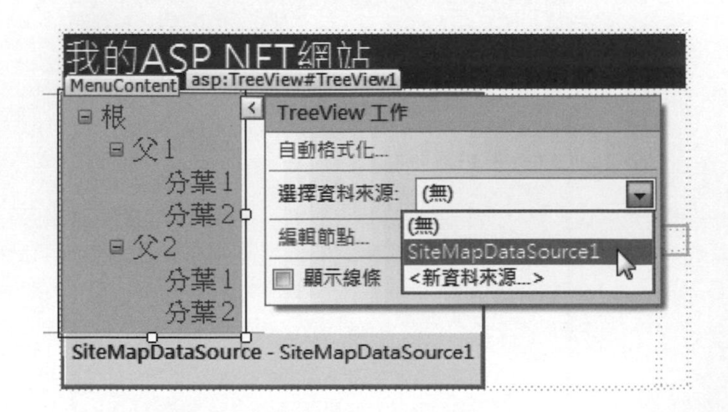

上述主版頁面的 MenuContent 控制項已經新增 TreeView 和 SiteMapDataSource 控制項。

Step 2 選 TreeView 控制項開啟「TreeView 工作」功能表，在**選擇資料來源欄**指定資料來源為 **SiteMapDataSource1**。

Step 3 然後在「TreeView 工作」功能表選**自動格式化**超連結，可以看到「自動格式設定」對話方塊，選**箭號 2** 樣式，按**確定**鈕完成設定。

Step 4 選 SiteMapDataSource1 控制項，在「屬性」視窗將 **ShowStartingNode** 屬性改為 False 不顯示第 1 個節點，如右圖所示：

Step 5 選 TreeView 控制項，在「屬性」視窗將 **ExpandDepth** 屬性改為 0，預設不展開樹狀結構的節點，如右圖所示：

Step 6 在儲存主版頁面後，在「方案總管」視窗選 Default.aspx，執行「檔案/在瀏覽器中檢視」命令可以看到執行結果，在左邊是 TreeView 控制項，如右圖所示：

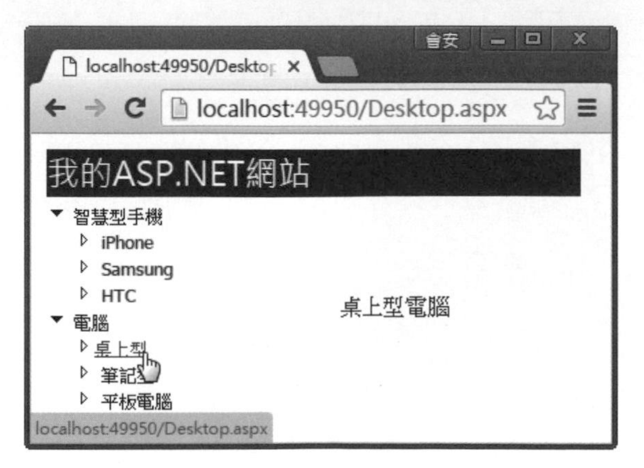

在上述網頁點選節點前的箭頭，就可以展開或隱藏下一層的節點清單。

12-5 SiteMapPath 網站路徑控制項

SiteMapPath 網站路徑控制項如同 Windows 檔案總管的檔案完整路徑，可以顯示目前執行 ASP.NET 網頁檔案所在的網站路徑，例如：「首頁：電腦：數位助理」。

12-5-1 新增 SiteMapPath 控制項

SiteMapPath 網站路徑控制項預設使用 Web.sitemap 檔案建立網站路徑，它並不需要透過 SiteMapDataSource 資料來源控制項取得資料。SiteMapPath 控制項常用屬性的說明，如下表所示：

屬性	說明
PathSeparator	路徑分隔字串
ParentLevelsDisplayed	父路徑顯示幾層的節點
RenderCurrentNodeAsLink	目前節點是否成為超連結，預設值False為不是；True為是

ASP.NET 網站：Ch12_5_1

本節範例網站是修改自上一節的網站，在主版頁面新增第 1 列表格列，然後新增一個名為 PathContent 的 ContentPlaceHolder 控制項後，建立套用此主版頁面的 ASP.NET 網頁，我們準備在 Notebook.aspx 網頁新增 SiteMapPath 控制項，其步驟如下所示：

Step 1 請啟動 Visual Studio Community 開啟「範例網站\Ch12\Ch12_5_1」資料夾的 ASP.NET 網站，然後開啟 Notebook.aspx 且切換至**設計**檢視。

Step 2 在「工具箱」視窗的**巡覽**區段，拖拉 SiteMapPath 控制項至編輯視窗 TreeView 控制項上方對應 PathContent 的 Content 控制項，就可以新增此控制項。

Step 3 開啟「SiteMapPath 工作」功能表，選**自動格式化**超連結，選**繽紛**樣式，按**確定**鈕完成設定。

Step 4 儲存後，在「方案總管」視窗選 Notebook.aspx，執行「檔案/在瀏覽器中檢視」命令可以看到執行結果，上方是新增的 SiteMapPath 控制項，如下圖所示：

上述網站路徑是 Notebook.aspx 程式檔案在 Web.sitemap 網站地圖的路徑，我們可以在每一頁 ASP.NET 網頁都加上 SiteMapPath 控制項來顯示網站路徑。

因為 Default.aspx 是首頁，在 ASP.NET 網頁加上 SiteMapPath 控制項只會顯示網站根路徑**首頁**。

12-5-2 使用樣板標籤建立網站路徑

SiteMapPath 網站路徑控制項可以使用樣板標籤來自訂網站路徑的格式（Menu 和 TreeView 控制項也支援樣板標籤），例如：改用 Button 控制項來顯示路徑節點。樣板標籤說明如下表所示：

樣板標籤	說明
RootNodeTemplate	定義根路徑節點的樣式
CurrentNodeTemplate	定義目前路徑節點的樣式
NodeTemplate	定義路徑節點的樣式
PathSeparatorTemplate	路徑分隔符號的樣式

因為使用樣板標籤建立網站路徑，我們需要自行建立轉址至其他網頁的功能。在自訂 Button 控制項可以使用資料繫結運算式來取得節點名稱和 URL 網址，如下所示：

```
<%# Eval("title") %>
<%# Eval("url") %>
```

上述程式碼可以取得網站路徑的節點名稱 title 和 URL 網址的 url，以 Button 控制項為例，就是將 Text 屬性指定成<%# Eval("title") %>來顯示節點名稱。

對於轉址部分，因為需要傳遞 URL 網址參數，所以不是使用 Click 事件；而是 Command 事件，以便使用 Button 控制項的 CommandArgument 屬性傳遞 URL 網址，即將屬性值指定成<%# Eval("url") %>。

在 Command 事件處理程序可以使用 Response.Redirect()方法來轉址至參數的 URL 網址，如下所示：

```
protected void Button1_Command(object sender,
                        CommandEventArgs e)
{
   Response.Redirect(e.CommandArgument.ToString());
}
```

上述 Response.Redirect()方法的參數是 e.CommandArgument,其值就是前述 CommandArgument 屬性指定的 URL 網址。

ASP.NET 網站:Ch12_5_2

繼續上一節網站,在 ASP.NET 網頁 Desktop.aspx 新增 SiteMapPath 控制項後,使用樣板標籤來建立自訂網站路徑,使用的是 Button 控制項,其步驟如下所示:

Step 1 請啟動 Visual Studio Community 開啟「範例網站\Ch12\Ch12_5_2」資料夾的 ASP.NET 網站,然後開啟 Desktop.aspx 且切換至**設計**檢視。

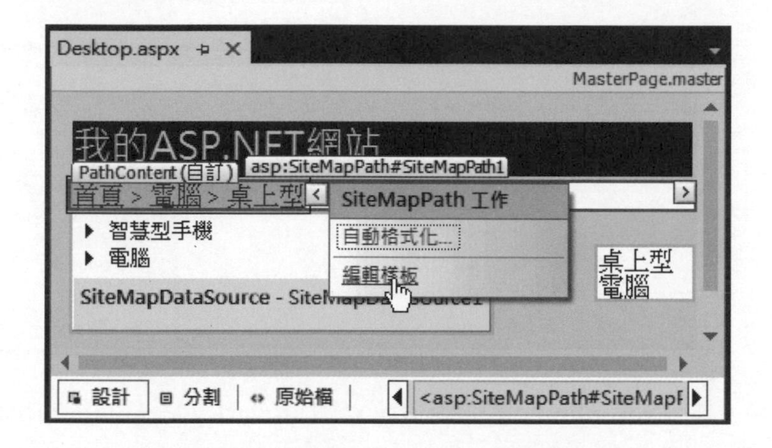

Step 2 選 **SiteMapPath** 控制項開啟「SiteMapPath 工作」功能表,選**編輯樣板**超連結,預設切換至 NodeTemplate 樣板編輯框,如下圖所示:

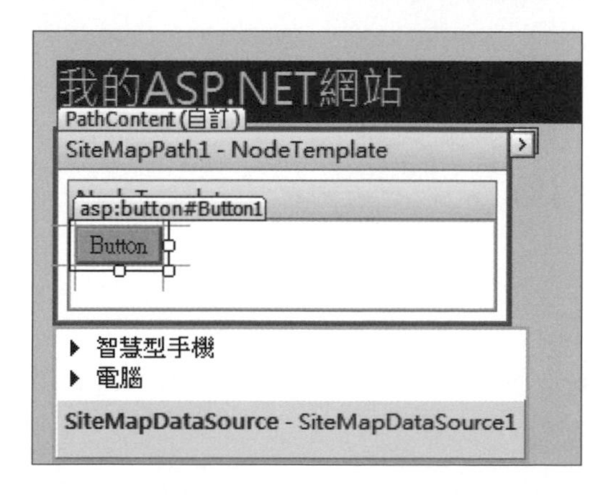

Step 3 從「工具箱」視窗拖拉新增 Button 控制項後，選 Button 控制項後，在「屬性」視窗的 **Text** 屬性欄輸入**<%# Eval("title") %>**，如右圖所示：

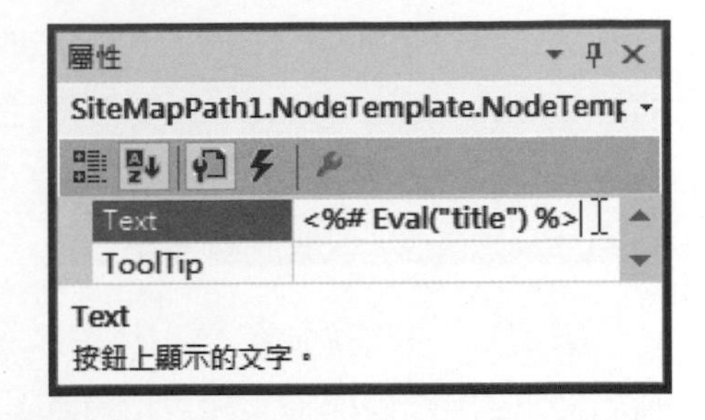

Step 4 然後在 **CommandArgument** 屬性欄輸入**<%# Eval("url") %>**，如右圖所示：

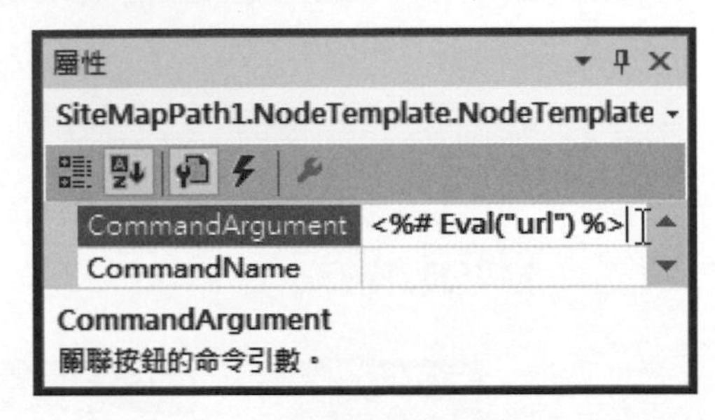

Step 5 在「屬性」視窗上方選閃電圖示切換至事件清單，然後找到 **Command** 事件欄，如右圖所示：

Step 6 按二下 **Command** 事件欄位建立 Button1_Command()事件處理程序。

■ Button1_Command()

```
01: protected void Button1_Command(object sender,
                             CommandEventArgs e)
02: {
03:     Response.Redirect(e.CommandArgument.ToString());
04: }
```

■ 程式說明

- 第 3 列：使用 Response.Redirect()方法轉址至 CommandArgument 屬性值取得的 URL 網址。

Step 7 請切換至**設計**檢視，開啟 **SiteMapPath** 控制項的「SiteMapPath 工作」功能表，在**顯示**欄選 **PathSeparatorTemplate** 樣板切換至 PathSeparatorTemplate 樣板的編輯框，如下圖所示：

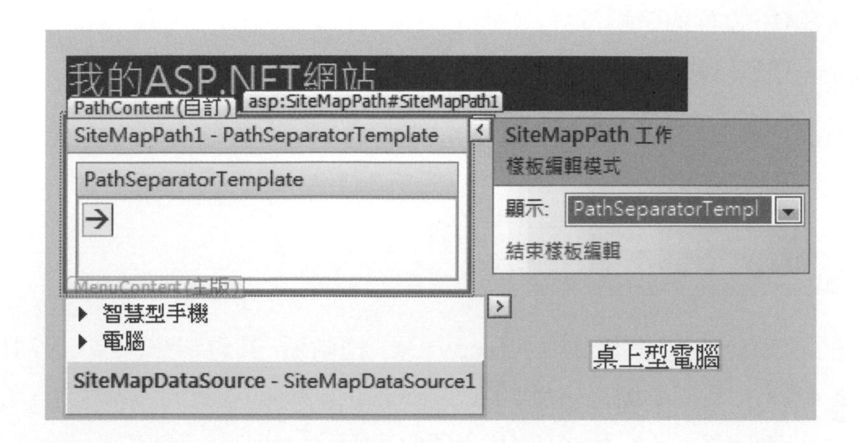

Step 8 請直接輸入網站路徑分隔字串 →。

■ 執行結果

儲存後，在「方案總管」視窗選 Desktop.aspx，執行「檔案/在瀏覽器中檢視」命令可以看到執行結果的 SiteMapPath 控制項，已經改為按鈕控制項來顯示，如下圖所示：

12-6 XML 文件與巡覽控制項

Menu 和 TreeView 巡覽控制項不只可以建立網站架構的選單，我們還可以顯示 XML 文件的節點資料，特別是 TreeView 控制項，因為 XML 文件的內容就是一種樹狀結構。

TreeView 控制項可以透過 XmlDataSource 資料來源控制項，從 XML 文件取得階層的節點資料。

ASP.NET 網站：Ch12_6

在 ASP.NET 網頁建立 TreeView 控制項，其資料來源為 XML 文件 Ch12_6.xml，我們準備直接從 TreeView 控制項建立新的資料來源，所以尚未新增 XmlDataSource 控制項，其步驟如下所示：

Step 1 請啟動 Visual Studio Community 開啟「範例網站\Ch12\Ch12_6」資料夾的 ASP.NET 網站，然後開啟 Default.aspx 網頁且切換至**設計檢視**。

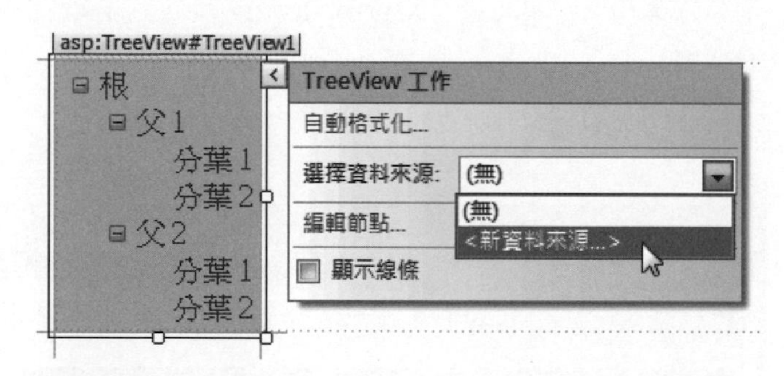

上述 Web 表單擁有 TreeView 控制項，但是尚未指定資料來源。

Step 2 點選上方箭頭圖示顯示「TreeView 工作」功能表，在**選擇資料來源**欄選**<新資料來源…>**建立新的資料來源，可以看到資料來源組態精靈。

資料來源組態精靈

選擇資料來源類型

應用程式要從何處取得資料(W)

XML 檔　網站導覽

連接至 XML 檔案。

指定資料來源的 ID(I):

XmlDataSource1

確定　取消

Step 3　選 **XML 檔**，按**確定**鈕，可以看到「設定資料來源」對話方塊。

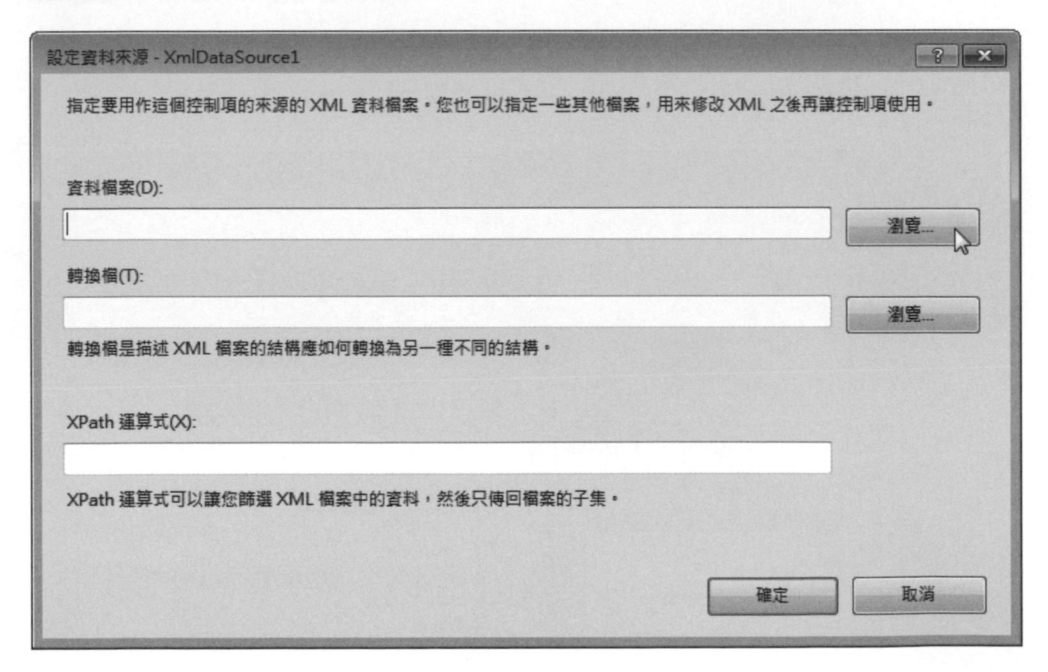

Step 4　在**資料檔案**欄位後，按**瀏覽**鈕選擇資料來源的 XML 文件，可以看到「選取 XML 檔」對話方塊。

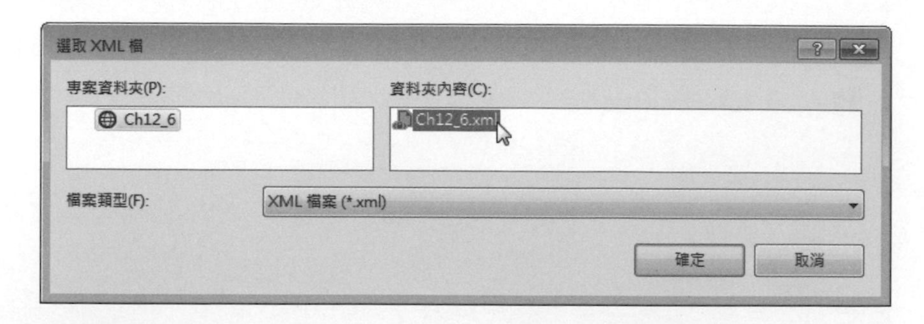

Step 5 在右邊框選 **Ch12_6.xml**，按二次**確定**鈕建立 XmlDataSource1 資料來源控制項。

Step 6 選 TreeView 控制項開啟「TreeView 工作」功能表，如右圖所示：

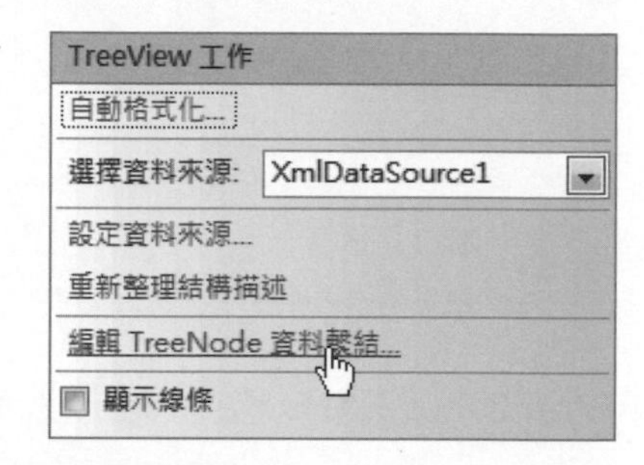

Step 7 選**編輯 TreeNode 資料繫結**超連結，編輯節點顯示的 XML 資料，可以看到「TreeView DataBindings 編輯器」對話方塊。

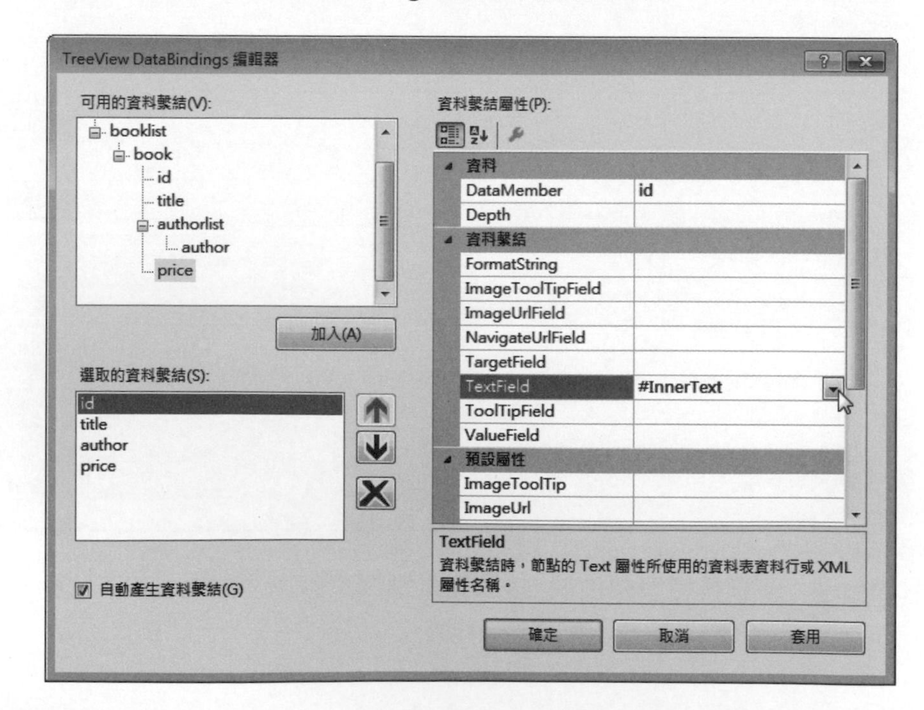

Step 8 在左上方「可用的資料繫結」框選擇 XML 元素後，按**加入**鈕，即可加入下方「選取的資料繫結」框，然後在右邊編輯相關屬性值。

Step 9 請依序加入 id、title、author 和 price，並且將 **TextField** 屬性都改為 **#InnerText** 顯示元素內容，按**確定**鈕完成資料繫結的編輯。

Step 10 儲存後，在「方案總管」視窗選 Default.aspx，執行「檔案/在瀏覽器中檢視」命令，可以看到執行結果的 ASP.NET 網頁。

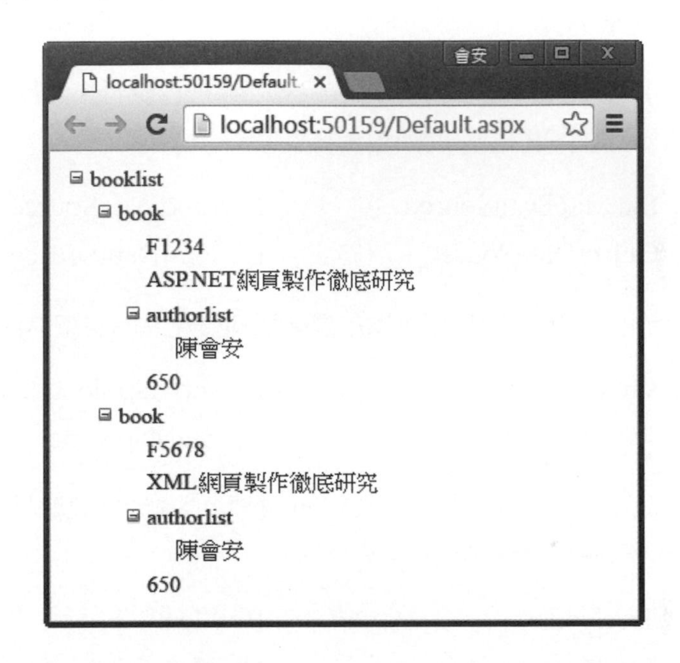

上述網頁的階層架構就是 XML 文件的節點架構，節點顯示的內容是我們編輯 TreeNode 資料繫結加入的 XML 元素。

學習評量

選擇題

(　　) 1. 請指出下列哪一個並不是 ASP.NET 網站巡覽控制項？

A. HyperLink　　B. Menu
C. TreeView　　D. SiteMapPath

(　　) 2. 請問 TreeView 控制項可以透過下列哪一種資料來源控制項，從 XML 文件取得階層的節點資料？

A. SiteMapDataSource　　B. LinqDataSource
C. ObjectDataSource　　D. XmlDataSource

(　　) 3. 請指出下列哪一個標籤可以在網站地圖檔建立階層架構的選項？

A. siteMap　　B. siteMapMenu
C. siteMapItem　　D. siteMapNode

(　　) 4. 如果使用靜態資料建立 TreeView 控制項，請問樹狀結構的每一個節點是下列哪一種控制項？

A. TreeNode　　B. MenuNode
C. TreeItem　　D. MenuItem

(　　) 5. 請問 TreeView 控制項可以使用下列哪一個屬性指定顯示幾層樹狀結構？

A. ShowLines　　B. ExpandImageUrl
C. ShowDepth　　D. ExpandDepth

簡答題

1. 請使用圖例說明網站巡覽。ASP.NET 提供哪些網站巡覽控制項？
2. 網站巡覽控制項 Menu 和 TreeView 如果使用動態資料來源，其資料來源是______________控制項，預設使用______________檔案取得所需的選項資料。
3. Menu 控制項可以使用______________屬性定義顯示幾層靜態選單，如果是 2 層，其屬性值是______________。如果將______________屬性改為 Horizontal，可以顯示水平方向的 Menu 選單。
4. 請舉例說明 SiteMapPath 網站路徑控制項的用途。
5. TreeView 控制項可以透過______________資料來源控制項，從 XML 文件取得階層的節點資料。將 TreeNodeBinding 控制項的 TextField 屬性改為______________，可以顯示 XML 元素內容。

實作題

1. 請建立網站地圖檔案 Web.sitemap，內容是本章各節的節名，連接的 URL 網址是以各節為名的 ASP.NET 網頁，例如：<第 12-1 節>就是 Ch12_1.aspx；<第 12-4-2 節>就是 Ch12_4_2.aspx 等。
2. 請建立 ASP.NET 網頁新增 Menu 控制項來顯示實作題 1 的網站地圖檔案。
3. 請建立 ASP.NET 網頁新增 TreeView 控制項來顯示實作題 1 的網站地圖檔案。
4. 請開啟實作題 1 的 ASP.NET 網頁 Ch12_4_2.aspx，新增 SiteMapPath 控制項來顯示網站路徑。
5. 請使用實作題 1 的網站地圖檔案 Web.sitemap 為例，使用樣板標籤來建立網站路徑，改用 Button 控制項顯示網站路徑。

Memo

13

會員管理與個人化程序

本章學習目標

13-1 會員管理的基礎

13-2 啟用 ASP.NET 的會員管理

13-3 登入控制項

13-4 ASP.NET 網站的個人化程序

13-1 會員管理的基礎

網站的會員管理就是網站的使用者管理，我們可以使用此機制驗證造訪網站使用者是否可以登入網站，和授予權限來存取網頁內容。

13-1-1 ASP.NET 會員管理的基礎

不論網路商店、社群網站、聊天室或拍賣網站，使用者通常都需要註冊成為會員後，才能使用網站提供的服務，這類網站在進入前都需要執行登入程序，以確認使用者是合法的網站會員。一般來說，網站使用者可以分成三大類，其說明如下所示：

- **匿名訪客**（Anonymous Visitors）：不需登入就可以進入網站的使用者，他不是會員，所以不能使用會員專屬的網站服務(即進入會員才允許進入的網頁)。
- **會員**（Members）：需要登入且經過驗證程序確認身分的使用者，他擁有權限可以使用會員的專屬服務，進入會員專屬網頁。
- **管理者**（Administrators）：網站的超級使用者，他是網站的管理者，擁有權限來新增或刪除網站會員，和授予會員的權限。

目前大部分網站的登入程序，都是在 Web 表單輸入使用者資料後，送到伺服器端進行驗證，驗證程序是檢查會員資料庫是否有此位會員，如果有，就表示是一位合法會員，才能取得授權來進入特定網頁。ASP.NET 會員管理的功能主要有兩個部分，如下所示：

- **確認使用者身分**：判斷使用者是否為會員後，才授權使用者進入網站，ASP.NET 提供表單基礎驗證來確認使用者的身分。
- **儲存會員資料**：因為會員需要確認身分才能進入網站，所以會員需要先註冊，然後將會員註冊資料儲存起來，ASP.NET 預設使用 SQL Server Express 資料庫來儲存會員資料。

13-1-2 ASP.NET 表單基礎驗證

在說明 ASP.NET 表單基礎驗證前，我們需要先了解驗證和授權的差異，如下所示：

- **驗證**（Authentication）：驗證是確認身分的程序，可以用來檢查使用者身分，通常是以使用者名稱和密碼來確認使用者的身分。
- **授權**（Authorization）：授權是當使用者身分已經驗證後，可以授予進入哪些網頁和資源的權限。

換句話說，我們「驗證」使用者可以進入網站；「授權」使用者可以進入哪些網頁。ASP.NET 提供 **Windows**、**表單基礎**和**護照**三種驗證方式。以網站來說，主要是使用**表單基礎驗證**。

ASP.NET 表單基礎驗證（Forms-based Authentication）是在 1.0/1.1 版就提供的驗證方式，它是使用 Web 表單取得使用者名稱和密碼後，以 Membership 類別方法來檢查使用者身分，確認使用者是否允許進入網站，即執行使用者登入程序。

會員資料庫可以使用 Web.config 檔案、XML 文件或資料庫，預設使用 SQL Server Express 資料庫儲存驗證所需的會員資料。

13-1-3 ASP.NET 的會員管理功能

ASP.NET 網頁可以使用登入控制項來建立相關註冊和登入表單，以 Membership API 驗證使用者或角色（Roles）來建立群組權限的會員管理，其提供的會員管理功能，如下所示：

- **登入控制項**：提供控制項建立會員管理的相關網頁，我們只需新增控制項和設定相關屬性，就可以建立會員登入和新增會員所需的 Web 表單，或使用電子郵件傳送忘記的密碼。
- **Membership API**：提供完整 API 讓我們使用程式碼來執行驗證、新增、更新和刪除使用者資料。

- **角色管理**(Role Manager):可以群組使用者成為角色(Roles),讓我們可以指定角色的存取權限,就不用一一指定個別使用者的權限,直接以**角色存取權限**來快速建立會員的權限管理。

- **ASP.NET 網站管理工具**:這是網頁介面的會員管理工具,可以啟用會員管理、新增使用者資料、指派會員所屬角色和建立資料庫來儲存會員資料。

在本章主要說明如何使用登入控制項、角色管理和 ASP.NET 網站管理工具來建立會員管理的 ASP.NET 網站,關於 Membership API 的部分請自行參閱線上說明文件或相關 ASP.NET 書籍。

13-2 啟用 ASP.NET 的會員管理

在 ASP.NET 網站新增會員專屬內容的資料夾後,就可以使用 ASP.NET 網站管理工具來啟用會員管理、建立會員資料庫、新增使用者和啟用角色。

13-2-1 建立會員專屬網頁的資料夾

對於會員管理的 ASP.NET 網站來說,我們可以指定個別 ASP.NET 網頁或整個資料夾的權限,在實作上,大都是以**資料夾**為單位來管理眾多 ASP.NET 網頁,例如:替會員專屬的 ASP.NET 網頁建立資料夾,只允許會員瀏覽的 ASP.NET 網頁就置於此資料夾之中。

在本章規劃的會員管理網站將使用者分成三大類:匿名訪客可以瀏覽網站根目錄的 ASP.NET 網頁;會員專屬網頁是位在 Member 子資料夾;管理者是位在 Admin 子資料夾。在 ASP.NET 網站建立 Member 和 Admin 子資料夾的步驟,如下所示:

Step 1 請啟動 Visual Studio Community 開啟「範例網站\Ch13\Ch13_2_1」資料夾的 ASP.NET 網站,並且開啟「方案總管」視窗。

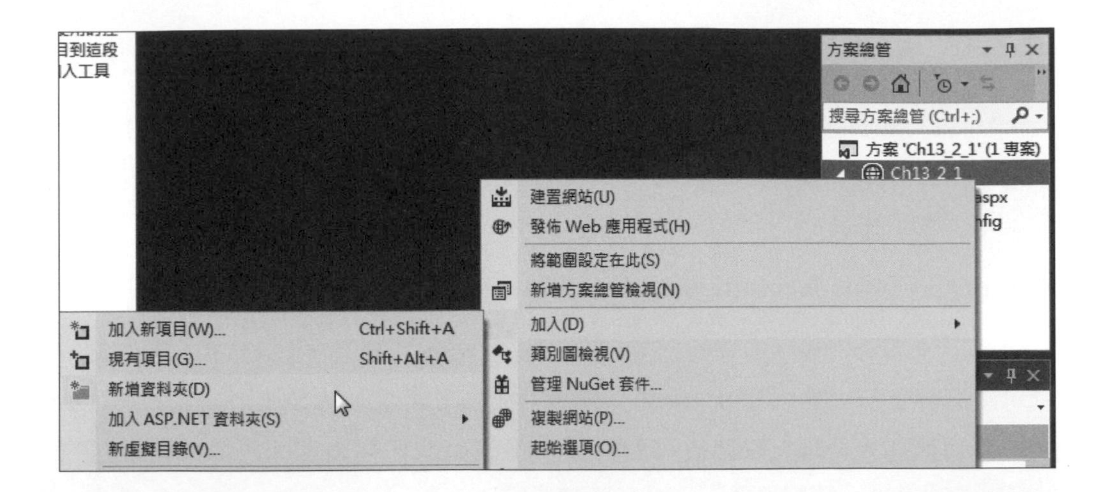

Step 2 在網站根目錄上，執行右鍵快顯功能表的「加入/新增資料夾」命令，可以看到預設建立名為 NewFolder1 的子資料夾，如右圖所示：

Step 3 請直接更名為 **Member**，然後重複步驟 2~3 新增 **Admin** 子資料夾，如右圖所示：

上述 Member 子資料夾是儲存會員專屬的 ASP.NET 網頁；Admin 是管理者的專屬網頁。

13-2-2 啟用會員管理和建立會員資料庫

Visual Studio Community 預設安裝的是 SQL Server Express LocalDB，但是，ASP.NET 會員管理需要完整 SQL Server Express 版，請讀者自行進入微軟網站下載和安裝 SQL Server 2014 Express 版，其網址如下所示：

- **https://www.microsoft.com/zh-tw/download/details.aspx?id=42299**

在上述網址下載程式檔案 SQLEXPR32_x86_CHT.exe（32 位元版）後，就可以進行安裝，請在「SQL Server 安裝中心」畫面選**新增 SQL Server 獨立安裝或將功能加入至現有安裝**後，同意授權，不需更改任何設定即可依精靈畫面的步驟來完成安裝，請記得重新啟動電腦讓設定值生效。

在安裝 SQL Server Express 版後，因為 Visual Studio Community 2013/2015 的網頁開發者伺服器已經改成 IIS Express，我們無法直接從 Visual Studio 啟動 ASP.NET 網站管理工具（舊版 2012 版可以執行「網站/ASP.NET 組態」命令來啟動），啟動 ASP.NET 網站管理工具的步驟，如下所示：

Step 1 請啟動「命令提示字元」視窗，切換至 IIS Express 安裝目錄「C:\Program Files\IIS Express」後，可以輸入下列指令啟動 IIS Express（也可以將「\Ch13」目錄下的 **StartASP.NETConfigurationTool.bat** 複製至 IIS Express 目錄，然後在此目錄執行此 BAT 檔），如下所示：

```
iisexpress.exe /path:C:\Windows\Microsoft.NET\Framework\v4.0.30319\
ASP.NETWebAdminFiles /vpath:"/ASP.NETWebAdminFiles" /port:8082 /
clr:4.0 /ntlm
```

說明

在「命令提示字元」視窗是使用MS-DOS指令，在網路上可以搜尋相關指令來切換目錄和執行批次檔。

Step 2 上述視窗不可關閉 (停止 IIS Express 請按 Q 鍵)，然後，我們可以啟動瀏覽器，輸入下列網址來進入 ASP.NET 網站管理工具(也可以直接點選範例網站目錄的 **ASP.NET Web 應用程式管理員**網際網路捷徑)，如下所示：

```
http://localhost:8082/asp.netwebadminfiles/default.aspx?applicationPhysicalPath=
D:\範例網站\Ch13\Ch13_2_2\&applicationUrl=/Ch13_2_2
```

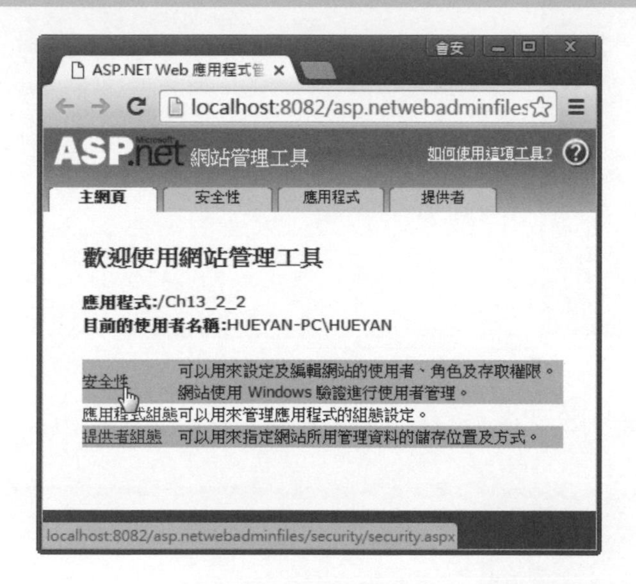

Step 3 上述 application PhysicalPath 是網站實際路徑，選**安全性**超連結或上方標籤進入安全性設定網頁。

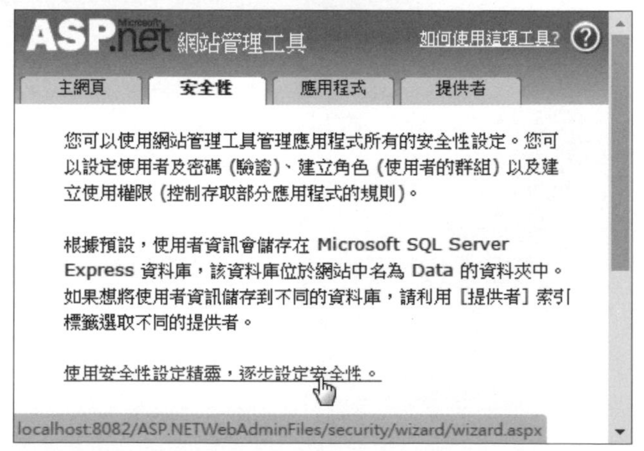

說明

如果沒有辦法順利看到上述網頁，有可能是因為 SQL Server Express 資料庫已經存在，請在「\App_Data」資料夾刪除 ASPNETDB.MDF 後，再重新啟動 ASP.NET 網站管理工具。

Step 4 選**使用安全性設定精靈，逐步設定安全性**超連結，可以啟動安全性設定精靈來幫助我們設定 ASP.NET 會員管理功能。

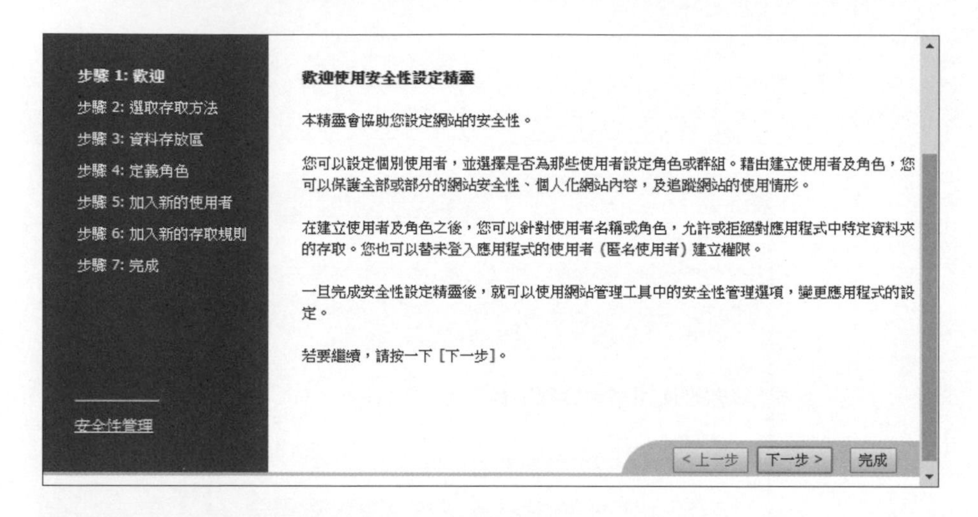

Step 5 在歡迎步驟按**下一步**鈕，可以選擇網站存取方式。

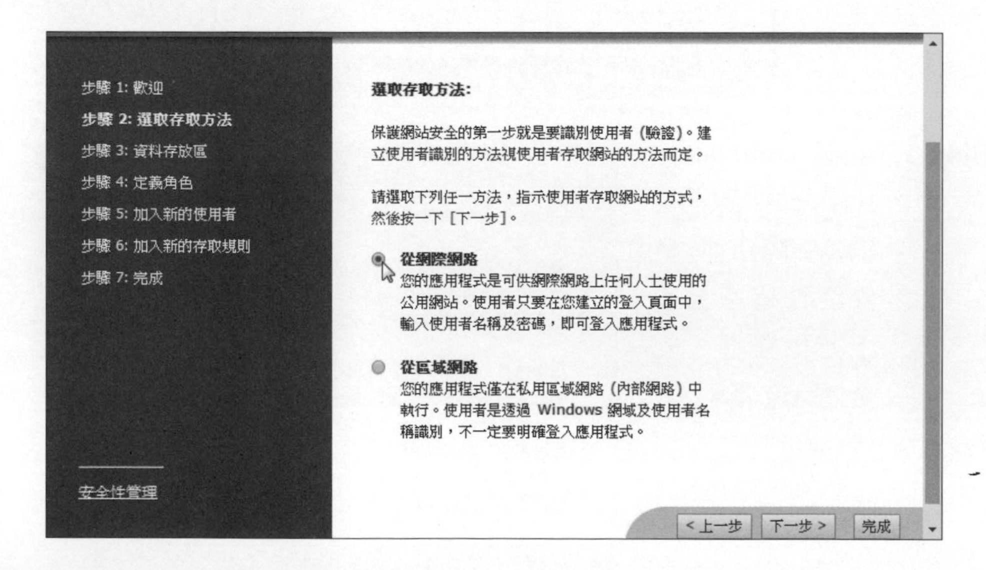

Step 6 請選**從網際網路**建立 Internet 網站，**從區域網路**建立 Intranet 公司內部網站，按**下一步**鈕選擇會員資料儲存方式的進階提供者設定。

Step 7 預設使用 SQL Server Express 資料庫儲存會員資料，因為筆者準備在之後再定義角色和新增使用者，請按**完成**鈕完成會員管理設定。

在完成啟用會員管理後就會返回 ASP.NET 網站管理工具，在下方「使用者」框可以看到網站已經啟用會員管理，目前並沒有任何使用者，如下圖所示：

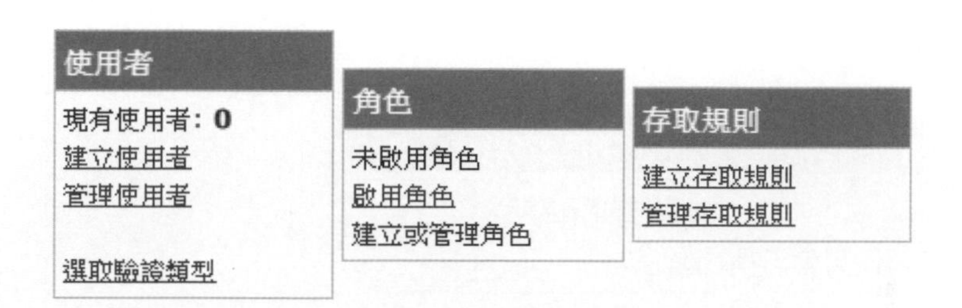

在「\App_Data」資料夾可以看到新增 SQL Server Express 資料庫 ASPNETDB.MDF。在網站根目錄開啟 Web.config 組態檔，可以看到在<authentication>標籤啟用 ASP.NET 表單基礎驗證，如下所示：

```
<system.web>
    <authentication mode="Forms" />
    ......
</system.web>
```

上述<authentication>標籤使用 mode 屬性指定驗證方式，屬性值 Forms 是表單基礎驗證。

13-2-3 新增使用者

在啟用會員管理和建立會員資料庫後，我們可以使用 ASP.NET 網站管理工具來新增使用者。在本章規劃的會員共有 joe 和 mary 二位，管理者是 tom。新增三位使用者的步驟，如下所示：

Step 1 在啟動 IIS Express 後，執行「範例網站\Ch13\Ch13_2_3」資料夾的 **ASP.NET Web 應用程式管理員**網際網路捷徑進入 ASP.NET 網站管理工具。選**安全性**標籤，可以在下方看到「使用者」框，如下圖所示：

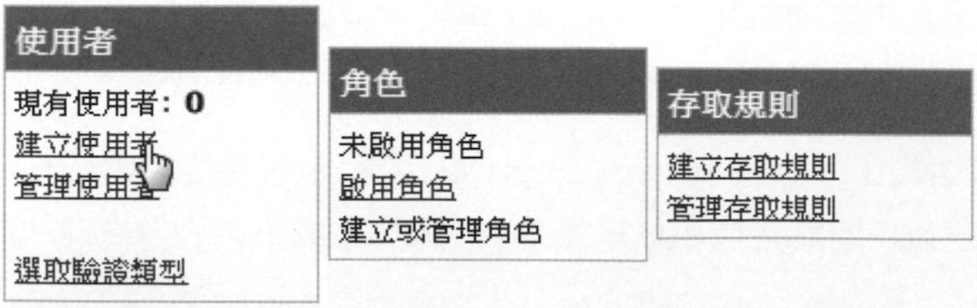

Step 2 按**建立使用者**超連結新增使用者，可以看到輸入使用者資料的 Web 表單，如下圖所示：

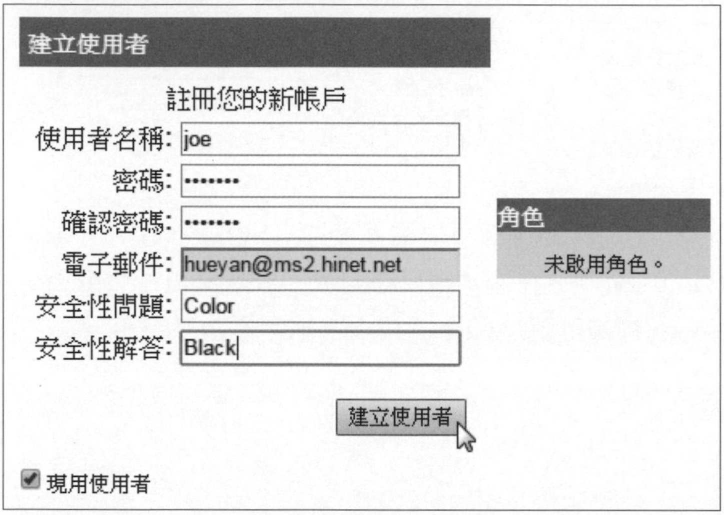

Step 3 在輸入會員 joe 的資料後，密碼長度至少 7 個字元且需要 1 個符號字元，規劃的三位使用者密碼都是**#123456**，按**建立使用者**鈕新增會員，如果沒有錯誤，可以看到成功新增會員帳戶的訊息文字，如下圖所示：

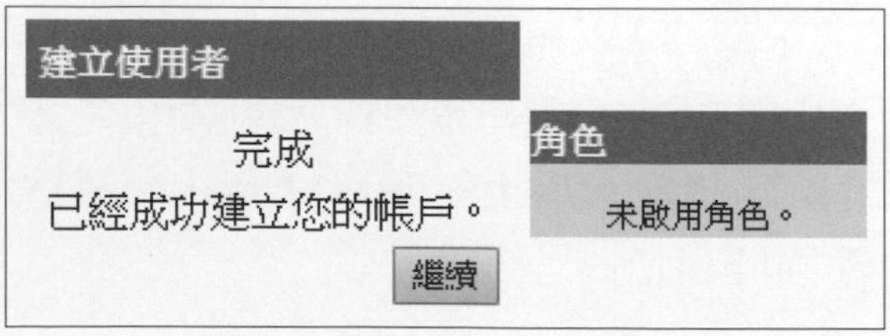

Step 4 按**繼續**鈕可以新增其他會員，請重複步驟 3~4 新增會員 tom 和 mary，其安全性問題都是 Color，tom 是 Yellow；mary 是 Red。

在完成會員新增後，請按網頁右下角**上一步**鈕回到管理畫面。在「使用者」框可以看到目前有 3 位會員，如下圖所示：

使用者
現有使用者：3
建立使用者
管理使用者
選取驗證類型

上述「使用者」框的超連結說明，如下所示：

- **建立使用者**：新增會員的使用者資料。
- **管理使用者**：管理會員資料，可以搜尋、修改和刪除使用者資料，如下圖所示：

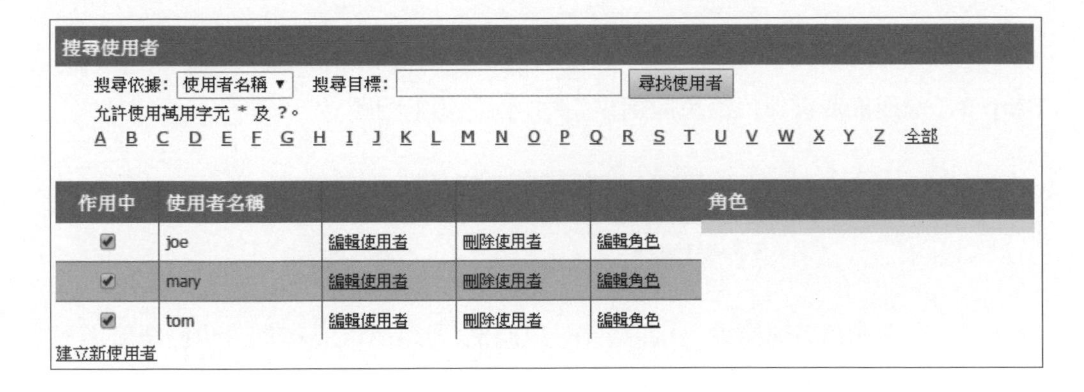

- **選取驗證類型**：選擇 ASP.NET 網站使用的驗證類型。

13-2-4 啟用與新增角色

對於擁有大量會員的 ASP.NET 網站來說，我們可以群組使用者成為角色，直接設定角色權限來快速建立會員網站所需的權限設定。現在，筆者準備在 ASP.NET 網站啟用角色管理後，新增 Admin 和 Member 二種角色，其步驟如下所示：

Step 1 在啟動 IIS Express 後，執行「範例網站\Ch13\Ch13_2_4」資料夾的 **ASP.NET Web 應用程式管理員**網際網路捷徑進入 ASP.NET 網站管理工具。選**安全性**標籤，可以在下方看到「角色」框，如下圖所示：

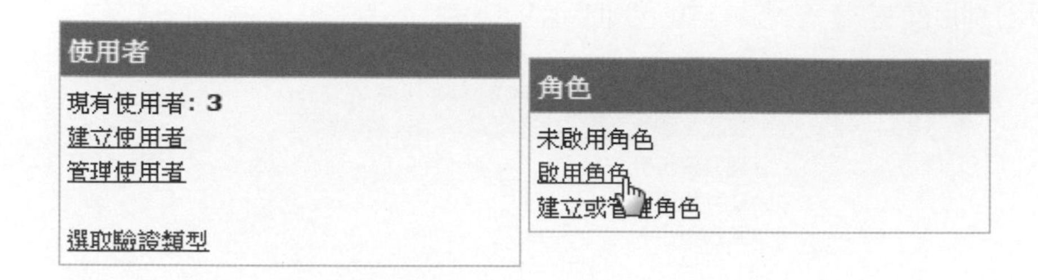

Step 2 選**啟用角色**超連結啟用角色管理，可以看到現有的角色數為 0，如下圖所示：

角色
現有角色：0
停用角色
建立或管理角色

Step 3 選**建立或管理角色**超連結來新增角色，如下圖所示：

建立新角色
新角色名稱：Admin 加入角色

Step 4 在**新角色名稱**欄輸入角色名稱，以此例是 Admin，按**加入角色**鈕新增角色，如下圖所示：

建立新角色
新角色名稱：Member 加入角色

角色名稱	加入/移除使用者	
Admin	管理	刪除

Step 5 請再輸入 Member 角色名稱，按**加入角色**鈕，可以看到目前共新增 Admin 和 Member 二種角色，如下圖所示：

角色名稱	加入/移除使用者	
Admin	管理	刪除
Member	管理	刪除

在上述網頁下方的角色清單顯示目前網站已經建立的角色，按之後**刪除**超連結可以刪除角色。ASP.NET 啟用角色就是在 Web.config 組態檔加上<roleManager>標籤，enabled 屬性 true 表示啟用角色管理，如下所示：

```
<roleManager enabled="true" />
```

13-2-5 建立角色權限的存取規則

在啟用和新增 ASP.NET 網站的角色後，我們可以新增和刪除角色權限的存取規則。

建立存取規則

ASP.NET 網站的角色權限就是在設定目錄的存取權限，例如：指定只有 Member 角色允許存取「Member」子目錄；Admin 角色允許存取「Admin」子目錄，其步驟如下所示：

Step 1 在啟動 IIS Express 後，執行「範例網站\Ch13\Ch13_2_5」資料夾的 **ASP.NET Web 應用程式管理員**網際網路捷徑進入 ASP.NET 網站管理工具。選**安全性**標籤，可以在下方看到「存取規則」框，如下圖所示：

使用者	角色	存取規則
現有使用者：**3**	現有角色：**2**	建立存取規則
建立使用者	停用角色	管理存取規則
管理使用者	建立或管理角色	
選取驗證類型		

Step 2 在「存取規則」框選**建立存取規則**超連結來建立資料夾的權限，如下圖所示：

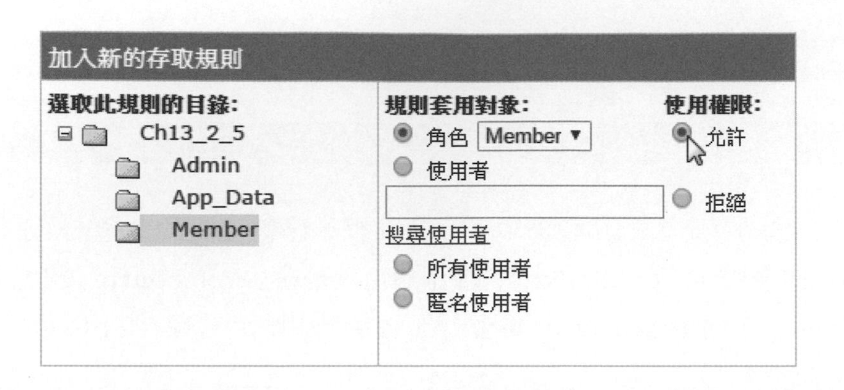

Step 3 在左邊框選 **Member** 子目錄，右邊選角色 **Member** 和權限**允許**，按右下方**確定**鈕新增存取規則。

Step 4 請重複步驟 2~3，選 **Member** 子目錄，新增**所有使用者**和**拒絕**權限的規則，如下圖所示：

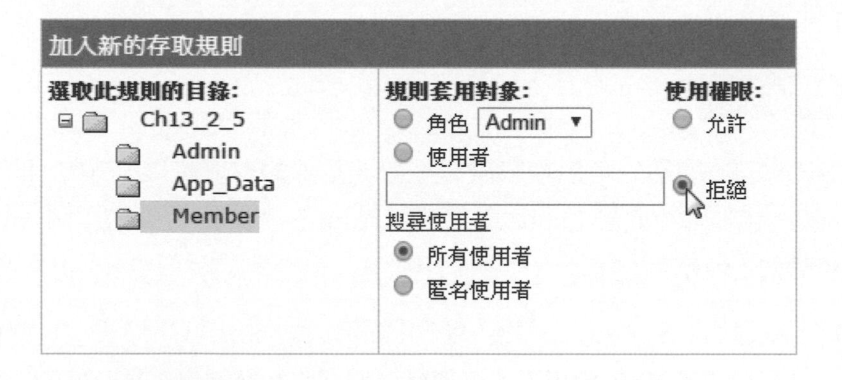

Step 5 按右下方**確定**鈕新增角色的存取規則。

Step 6 請重複步驟 2~5，選 **Admin** 目錄，新增 **Admin** 角色的使用權限是**允許**和**所有使用者**角色是**拒絕**權限的規則。

在「Member」子目錄下會新增 Web.config 組態檔，並且在<authorization>標籤新增存取規則的<allow>和<deny>標籤，如下所示：

```
<system.web>
    <authorization>
        <allow roles="Member" />
        <deny users="*" />
    </authorization>
</system.web>
```

上述<deny>和<allow>標籤的說明，如下表所示：

標籤	說明
<allow>	允許存取此資源
<deny>	不允許存取此資源

上表 2 個標籤擁有相同的屬性，其說明如下表所示：

屬性	說明
users	使用「,」逗點分隔的使用者清單，這些使用者允許或不允許存取資源，「?」問號代表匿名使用者；「*」星號代表所有使用者
roles	使用「,」逗點分隔的角色，屬於角色的使用者允許或不允許存取資源

刪除存取規則

在 ASP.NET 網站新增存取規則後，我們只需進入 ASP.NET 網站管理工具，選**安全性**標籤，在下方「存取規則」框選**管理存取規則**超連結，即可刪除指定的存取規則，如下圖所示：

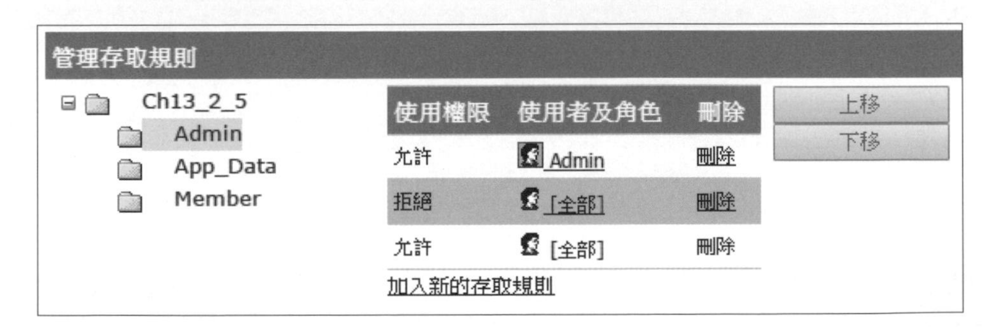

請在左邊選取資料夾，就可以在右邊顯示此資料夾建立的存取規則，選**刪除**超連接可以刪除指定的存取規則。

13-2-6 指定使用者加入的角色

在新增角色權限的存取規則後，我們可以指定使用者加入的角色，如此，這位使用者馬上就擁有此角色的權限。例如：使用者 joe 和 mary 加入 Member 角色；tom 加入 Admin 角色，其步驟如下所示：

Step 1 在啟動 IIS Express 後，執行「範例網站\Ch13\Ch13_2_6」資料夾的 **ASP.NET Web 應用程式管理員**網際網路捷徑進入 ASP.NET 網站管理工具。選**安全性**標籤，可以在下方看到「使用者」框，如右圖所示：

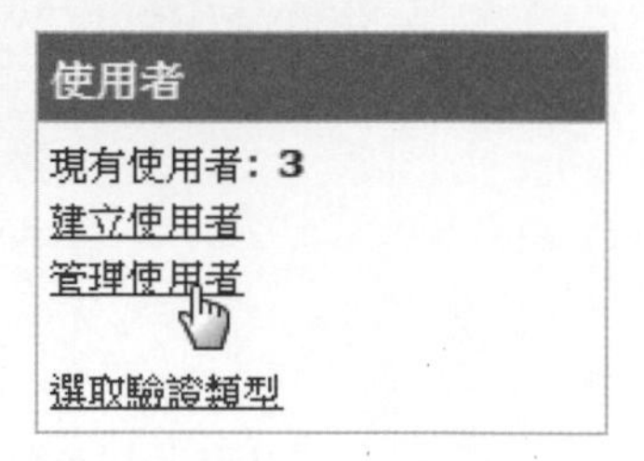

Step 2 在「使用者」框選**管理使用者**超連結，可以看到目前新增的使用者清單，如下圖所示：

作用中	使用者名稱				角色
☑	joe	編輯使用者	刪除使用者	編輯角色	
☑	mary	編輯使用者	刪除使用者	編輯角色	
☑	tom	編輯使用者	刪除使用者	編輯角色	

Step 3 在 joe 使用者的哪一列，選之後**編輯角色**超連結，可以在後面「角色」框看到指定角色的核取方塊，如下圖所示：

作用中	使用者名稱				角色
☑	joe	編輯使用者	刪除使用者	編輯角色	將 " joe " 加入至角色:
☑	mary	編輯使用者	刪除使用者	編輯角色	☐ Admin
☑	tom	編輯使用者	刪除使用者	編輯角色	☑ Member

Step 4 勾選 **Member** 指定所屬角色為 Member。然後按 **mary** 使用者的**編輯角色**超連結，勾選 **Member** 指定所屬角色為 Member，如右圖所示：

Step 5 然後按 **tom** 使用者的**編輯角色**超連結，勾選 **Admin** 指定所屬角色為 Admin，如右圖所示：

現在，我們已經完成會員管理 ASP.NET 網站的設定，接著可以使用登入控制項來建立會員管理的相關 ASP.NET 網頁。

13-3 登入控制項

ASP.NET 登入控制項可以讓我們不用撰寫任何程式碼，就輕鬆建立會員管理 ASP.NET 網站的相關會員管理網頁，例如：登入、註冊使用者和更改密碼等網頁，如右圖所示：

上述「工具箱」視窗的**登入**區段是登入控制項。在本節範例 ASP.NET 網站已經啟用<第 13-2 節>的會員管理功能，和新增會員管理的相關網頁（尚未加入登入控制項），而且，各網頁都套用 Member.master 主版頁面，擁有 Menu 控制項選單連接各會員管理網頁。

因為登入控制項和<第 6 章>驗證控制項一樣需要停用 UnobtrusiveValidationMode 模式，請在根目錄 Web.config 檔案加入標籤來停用 UnobtrusiveValidationMode 模式，如下所示：

```
<appSettings>
  <add key="ValidationSettings:UnobtrusiveValidationMode"
       value="None" />
</appSettings>
```

13-3-1 Login 控制項

Login 控制項可以建立登入網站的表單，提供使用者名稱和密碼的標準登入表單。Login 控制項常用屬性的說明，如下表所示：

屬性	說明
TitleText	標題文字
CreateUserText	新增使用者帳號的超連結文字
CreateUserUrl	指定 URL 網址來新增使用者，通常是指定擁有 CreateUserWizard 控制項的 ASP.NET 網頁
PasswordRecoveryText	處理忘記密碼的超連結文字
PasswordRecoveryUrl	指定 URL 網址處理忘記密碼，通常是指定擁有 PasswordRecovery 控制項的 ASP.NET 網頁
DestinationPageUrl	指定成功登入後連接的 URL 網址

ASP.NET 網站：Ch13_3_1

在 ASP.NET 網頁 Login.aspx 新增 Login 控制項後，更改相關屬性來建立會員登入網頁，其步驟如下所示：

Step 1 請啟動 Visual Studio Community 開啟「範例網站\Ch13\Ch13_3_1」資料夾的 ASP.NET 網站，然後開啟 Login.aspx 網頁且切換至**設計檢視**。

Step 2 開啟「工具箱」視窗展開**登入**區段，拖拉 Login 控制項至 MainContent(自訂)控制項。

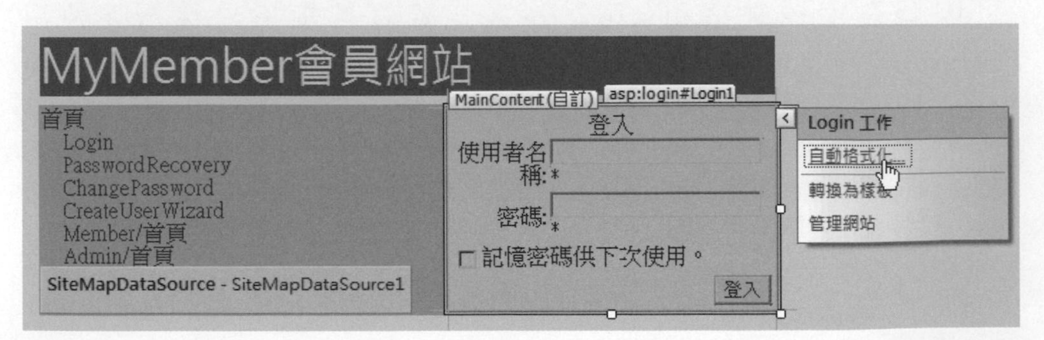

Step 3 選 **Login** 控制項顯示「Login 工作」功能表，選**自動格式化**超連結，可以看到「自動格式設定」對話方塊，選**一般樣式**，按**確定**鈕完成設定。

Step 4 選 **Login** 控制項，在「屬性」視窗更改相關屬性值，如下表所示：

屬性名稱	屬性值
TitleText	登入網站
CreateUserText	新增使用者帳號
CreateUserUrl	~/CreateUserWizard.aspx
PasswordRecoveryText	忘記密碼
PasswordRecoveryUrl	~/PasswordRecovery.aspx
DestinationPageUrl	~/Default.aspx

Step 5 儲存後，在「方案總管」視窗選 Login.aspx，執行「檔案/在瀏覽器中檢視」命令，可以看到執行結果的 ASP.NET 網頁。

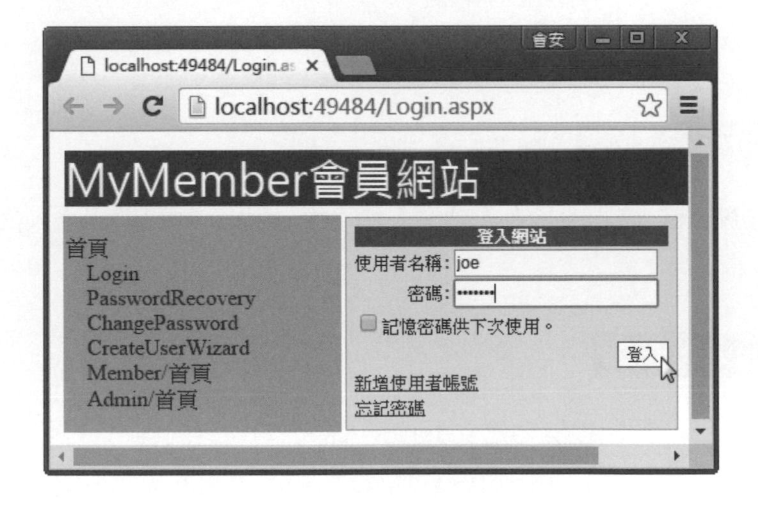

在上述欄位輸入使用者帳號和密碼，按**登入**鈕登入網站，成功登入網站就會轉址至 Default.aspx。點選下方**新增使用者帳號**超連結可以建立使用者帳號；**忘記密碼**超連結是處理使用者忘記密碼。

我們需要使用 Member 角色的成員 joe 登入，才允許點選進入 **Member/首頁**選項的 ASP.NET 網頁；以 Admin 角色的成員 tom 登入，才允許進入 **Admin/首頁**選項的 ASP.NET 網頁。

13-3-2 LoginView、LoginStatus 和 LoginName 控制項

ASP.NET 的 LoginView、LoginStatus 和 LoginName 控制項，可以幫助我們建立會員或角色專屬首頁 Default.aspx 的內容。

LoginStatus 控制項

LoginStatus 控制項可以顯示登入狀態，如為匿名使用者就顯示登入網站超連結；已經登入顯示登出網站超連結。LoginStatus 控制項常用屬性的說明，如下表所示：

屬性	說明
LoginText	登入網站超連結的標題文字
LogoutText	登出網站超連結的標題文字
LogoutAction	對於登出網站超連結，可以設定其行為是 Refresh、Redirect 或 RedirectToLoginPage
LogoutPageUrl	LogutAction 屬性是 Redirect 時，設定轉址的 URL 網址

LoginName 控制項

LoginName 控制項是在成功登入網頁後，可以在網頁顯示登入會員的使用者名稱。

LoginView 控制項

LoginView 控制項能夠建立不同登入檢視的網頁內容，它是依據使用者是登入會員、匿名使用者和不同角色，可以分別顯示不同的網頁內容。換句話說，LoginView 控制項可以用來建立網站首頁，依登入使用者的身分來顯示專屬網頁內容。

在 LoginView 控制項的每一個 RoleGroup 控制項，可以使用 Roles 屬性定義一種角色的網頁內容，在 AnonymousTemplate 樣板是建立匿名使用者看到的網頁內容；LoggedInTemplate 樣板是登入網站會員顯示的內容。

ASP.NET 網站：Ch13_3_2

在 ASP.NET 網頁 Default.aspx 新增 LoginStatus、LoginName 和 LoginView 控制項後，更改相關屬性值來建立網站首頁，能夠依據使用者是登入會員、匿名使用者和不同角色，分別顯示不同的首頁內容，其步驟如下所示：

Step 1 請啟動 Visual Studio Community 開啟「範例網站\Ch13\Ch13_3_2」資料夾的 ASP.NET 網站，然後開啟 Default.aspx 網頁且切換至**設計**檢視。

Step 2 開啟「工具箱」視窗展開**登入**區段，拖拉 LoginStatus 控制項至 MainContent(自訂)控制項，按 Enter 鍵換行後，再拖拉新增 LoginView 控制項，如右圖所示：

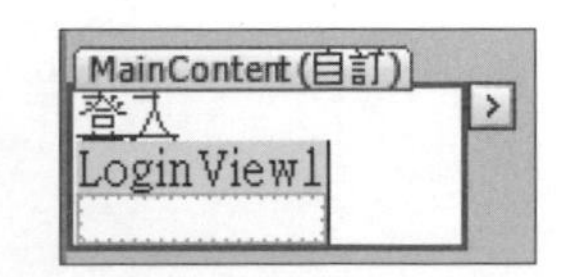

Step 3 選 **LoginView** 控制項顯示「LoginView 工作」功能表，如下圖所示：

Step 4 選**編輯 RoleGroups** 超連結，可以看到「RoleGroup 集合編輯器」對話方塊。

Step 5 按二下左下角**加入**鈕新增 2 位成員，然後在右邊 **Roles** 屬性輸入角色名稱，分別為 Admin 和 Member，按**確定**鈕新增 2 個 RoleGroup，可以讓我們定義這 2 種角色顯示的網頁內容。

Step 6 選 **LoginView** 控制項開啟「LoginView 工作」功能表，在**檢視**欄選 **AnonymousTemplate**，可以在下方編輯區域輸入匿名使用者顯示的網頁內容（建議使用**記事本**輸入內容後，再使用剪下和貼上來輸入網頁內容）。

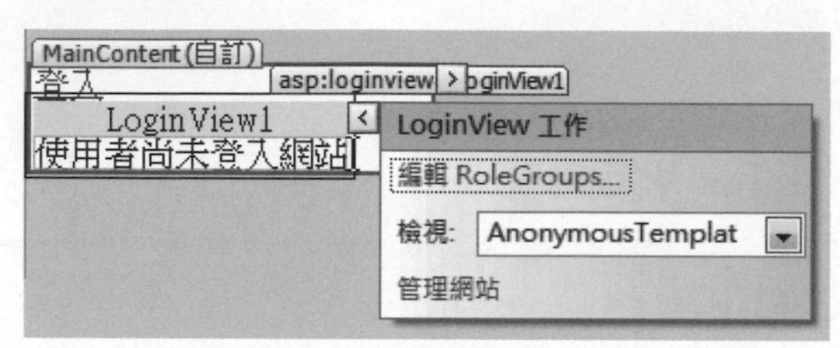

Step 7 在「LoginView 工作」功能表的**檢視**欄，選 **LoggedInTemplate**，可以輸入登入使用者顯示的網頁內容（建議使用**記事本**輸入內容後，再使用剪下和貼上來輸入網頁內容），在換行後新增 LoginName 控制項，即[使用者名稱]。

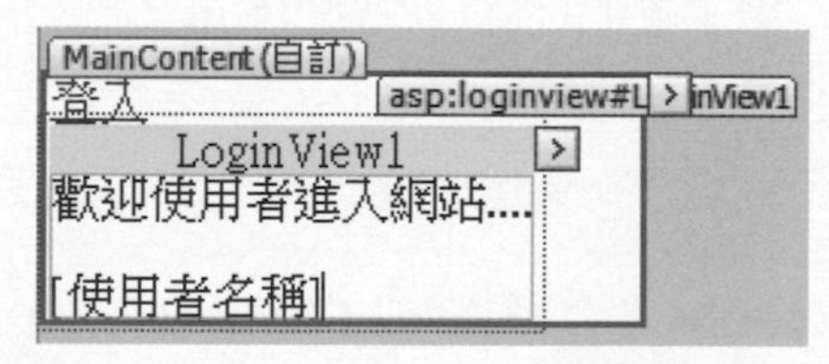

Step 8 在**檢視**欄選 **RoleGroup[0] - Admin**，然後輸入 Admin 角色顯示的網頁內容，在換行後新增 LoginName 控制項。

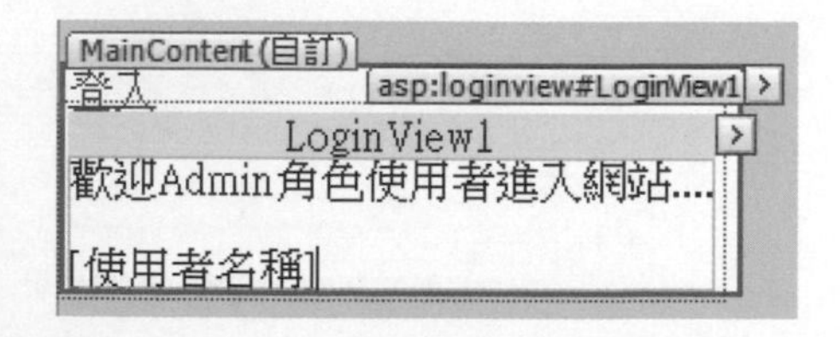

Step 9 在**檢視**欄選 **RoleGroup[1] - Member**，然後輸入 Member 角色顯示的網頁內容，在換行後新增 LoginName 控制項。

Step 10 選上方 **LoginStatus** 控制項，在「屬性」視窗更改相關屬性值，如下表所示：

屬性名稱	屬性值
LoginText	登入網站
LogoutText	登出網站
LogoutAction	Redirect
LogoutPageUrl	~/Login.aspx

Step 11 儲存後，在「方案總管」視窗選 Default.aspx，執行「檔案/在瀏覽器中檢視」命令，可以看到執行結果的 ASP.NET 網頁。

上述網頁顯示使用者尚未登入網站，如果以 tom 使用者登入網站，此時的網頁內容如下圖所示：

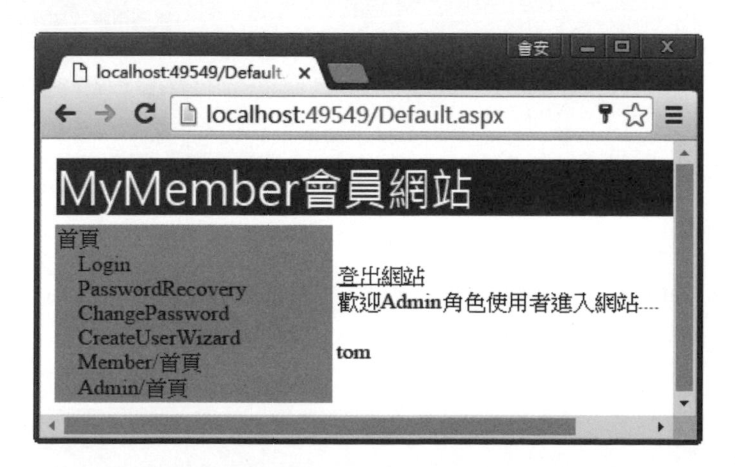

上述網頁顯示 Admin 成員的專屬訊息文字，**登出網站**超連結和使用者名稱 tom 是 LoginStatus 和 LoginName 控制項顯示的內容。

13-3-3 PasswordRecovery 控制項

PasswordRecovery 控制項可以自動連接 ASP.NET 會員管理機制，當使用者忘記密碼時，使用密碼問題和答案來重新取得新密碼。不過，系統只能授予新密碼，並不能取回使用者原來的舊密碼。

因為 PasswordRecovery 控制項是使用電子郵件寄送新密碼，所以在建立 PasswordRecovery 控制項前，我們需要設定 SMTP 伺服器。

ASP.NET 網站：Ch13_3_3

在 ASP.NET 網站設定 SMTP 伺服器的應用程式組態後，即可在 PasswordRecovery.aspx 網頁新增 PasswordRecovery 控制項，和指定自動化格式來建立網站的密碼回復網頁，其步驟如下所示：

Step 1 在啟動 IIS Express 後，執行「範例網站\Ch13\Ch13_3_3」資料夾的 **ASP.NET Web 應用程式管理員**網際網路捷徑進入 ASP.NET 網站管理工具。選**應用程式組態**標籤，如下圖所示：

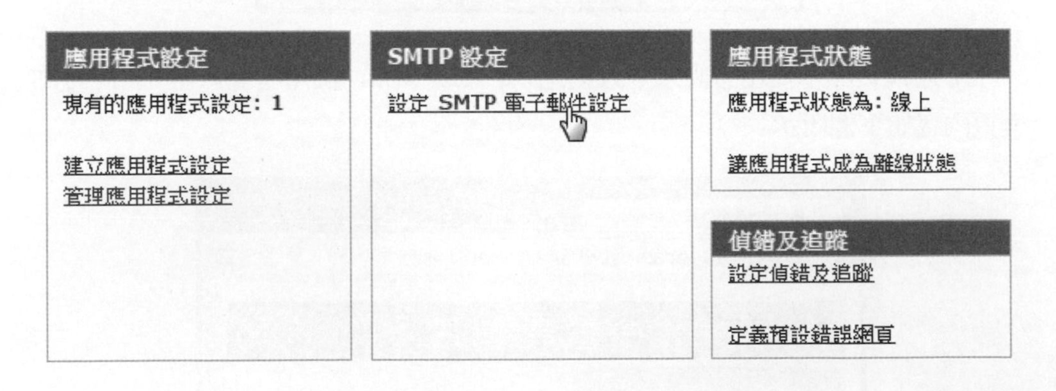

Step 2 在「SMTP 設定」框選**設定 SMTP 電子郵件設定**超連結，可以看到設定 SMTP 的 Web 表單。

Step 3 請輸入郵件伺服器資訊的名稱、來源電子郵件地址，如果需要，請輸入驗證資料後，按**儲存**鈕，再按**確定**鈕完成 SMTP 伺服器的設定。

Step 4 請啟動 Visual Studio Community 開啟「範例網站\Ch13\Ch13_3_3」資料夾的 ASP.NET 網站，開啟 PasswordRecovery.aspx 網頁且切換至**設計**檢視，然後在「工具箱」視窗展開**登入**區段，拖拉 PasswordRecovery 控制項至 MainContent(自訂)控制項。

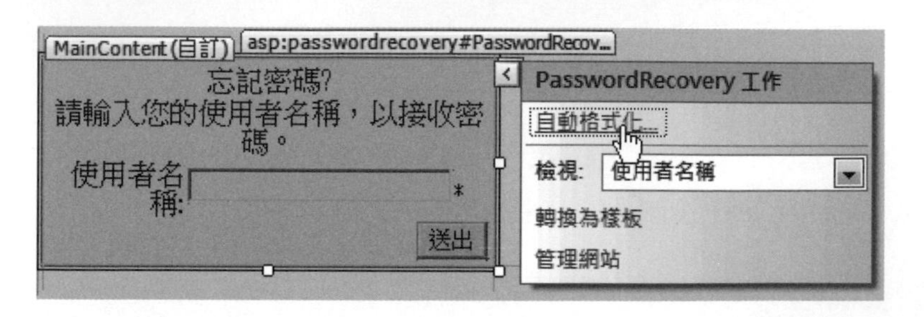

Step 5 選 **PasswordRecovery** 控制項開啟「PasswordRecovery 工作」功能表，選**自動格式化**超連結，可以看到「自動格式設定」對話方塊，選**一般**格式，按**確定**鈕完成設定。

Step 6 儲存後，在「方案總管」視窗選 PasswordRecovery.aspx，執行「檔案/在瀏覽器中檢視」命令，可以看到執行結果的 ASP.NET 網頁。

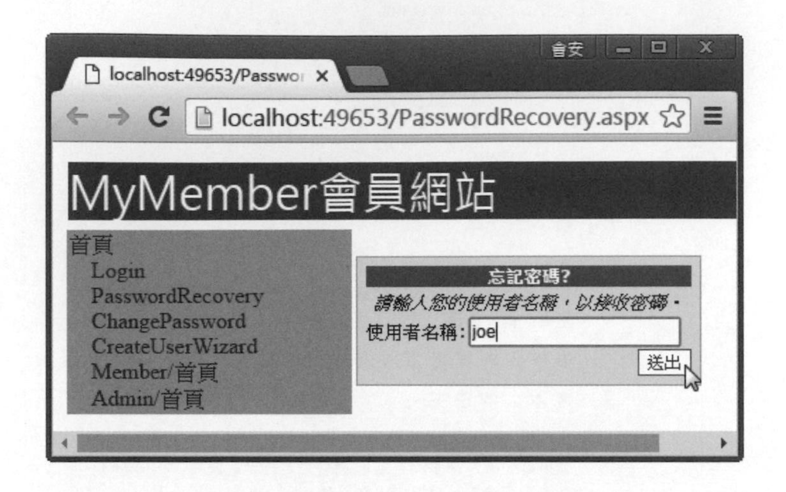

在輸入使用者名稱 joe 後，按**送出**鈕可以看到密碼問題的識別確認，如下圖所示：

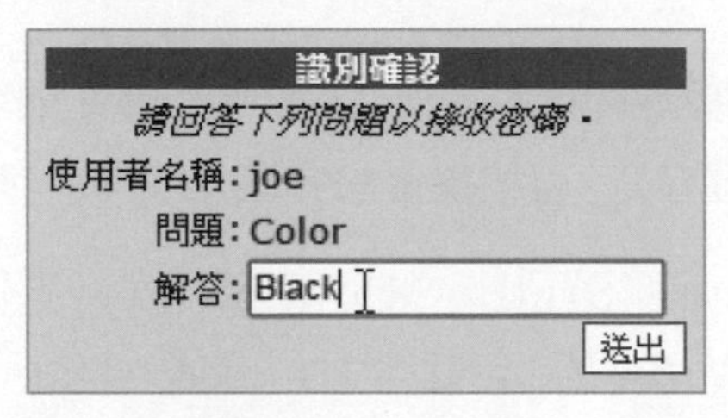

在**解答**欄輸入正確答案後，按**送出**鈕，可以看到密碼已經寄出的訊息文字。

13-3-4 CreateUserWizard 控制項

CreateUserWizard 控制項可以建立 ASP.NET 網站的新增會員網頁。CreateUserWizard 控制項的常用屬性說明，如下表所示：

屬性	說明
DisplayCancelButton	是否顯示取消鈕
CancelDestinationPageUrl	設定取消後連接的 URL 網址
ContinueDestinationPageUrl	指定成功新增會員後，連接的 URL 網址

ASP.NET 網站：Ch13_3_4

在 ASP.NET 網頁 CreateUserWizard.aspx 新增 CreateUserWizard 控制項，然後設定自動化格式和相關屬性來完成新增會員網頁的建立，其步驟如下所示：

Step 1 請啟動 Visual Studio Community 開啟「範例網站\Ch13\Ch13_3_4」資料夾的 ASP.NET 網站，然後開啟 CreateUserWizard.aspx 網頁且切換至**設計**檢視。

Step 2 開啟「工具箱」視窗展開**登入**區段，拖拉 CreateUserWizard 控制項至 MainContent(自訂)控制項。

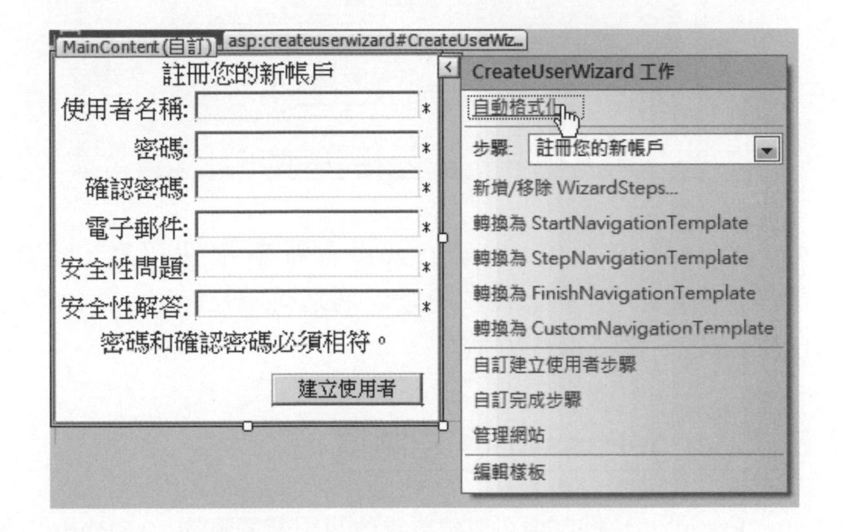

Step 3 選 **CreateUserWizard** 控制項開啟「CreateUserWizard 工作」功能表，選**自動格式化**超連結，可以看到「自動格式設定」對話方塊，選**一般**格式，按**確定**鈕完成設定。

Step 4 選 **CreateUserWizard** 控制項，然後在「屬性」視窗更改相關屬性值，如下表所示：

屬性名稱	屬性值
DisplayCancelButton	True
CancelDestinationPageUrl	~/Login.aspx
ContinueDestinationPageUrl	~/Default.aspx

Step 5 儲存後，在「方案總管」視窗選 CreateUserWizard.aspx，執行「檔案/在瀏覽器中檢視」命令，可以看到執行結果的 ASP.NET 網頁。

在輸入使用者資訊後，按**建立使用者**鈕新增使用者。因為使用者 john 並沒有指定角色，所以在成功登入網站後，Default.aspx 顯示的是 LoggedInTemplate 樣板的網頁內容。

13-3-5 ChangePassword 控制項

ChangePassword 控制項可以建立更改使用者密碼的 ASP.NET 網頁，我們可以使用 DisplayUsername 屬性設定是否顯示使用者名稱的欄位。

ASP.NET 網站：Ch13_3_5

在 ASP.NET 網頁 ChangePassword.aspx 新增 ChangePassword 控制項，然後設定自動化格式和相關屬性來建立更改使用者密碼的網頁，其步驟如下所示：

Step 1 請啟動 Visual Studio Community 開啟「範例網站\Ch13\Ch13_3_5」資料夾的 ASP.NET 網站，然後開啟 ChangePassword.aspx 網頁且切換至**設計檢視**。

Step 2 開啟「工具箱」視窗展開**登入**區段，拖拉 ChangePassword 控制項至 MainContent(自訂)控制項。

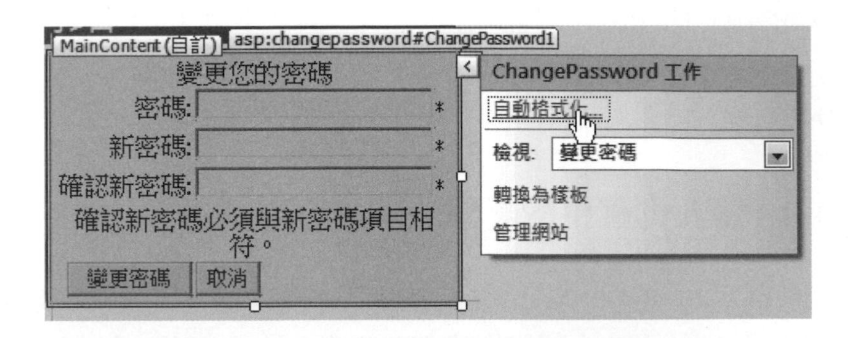

Step 3 選 **ChangePassword** 控制項開啟「ChangePassword 工作」功能表，選**自動格式化**超連結，可以看到「自動格式設定」對話方塊，選**一般**格式，按**確定**鈕完成設定。

Step 4 在「屬性」視窗找到 DisplayUserName 屬性，改為 True 來顯示使用者名稱欄位，ContinueDestinationPageUrl 屬性為~/Default.aspx。

Step 5 儲存後，在「方案總管」視窗選 ChangePassword.aspx，執行「檔案/在瀏覽器中檢視」命令，可以看到執行結果的 ASP.NET 網頁。

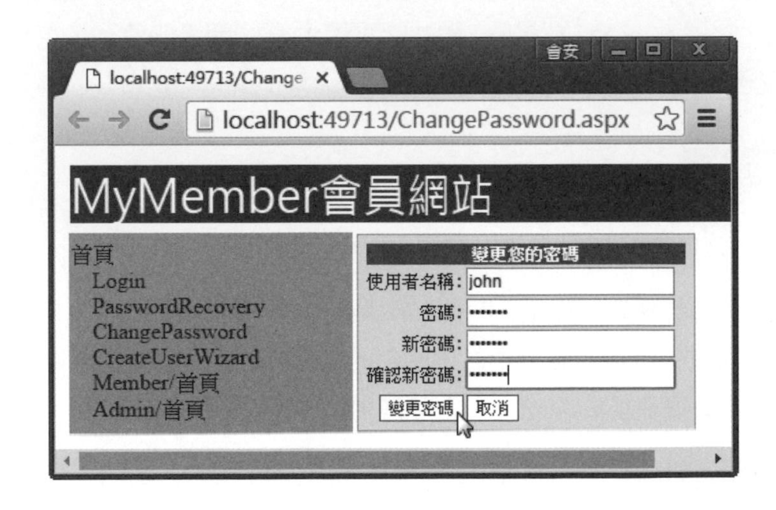

請輸入使用者名稱、舊密碼和二次新密碼**#567890**，按**變更密碼**鈕，就可以更改成新密碼。

13-4 ASP.NET 網站的個人化程序

ASP.NET 的 Profile 物件可以取代 Session 物件來追蹤使用者的狀態，它是儲存在資料庫的使用者狀態，可以儲存登入使用者的專屬資訊，幫助我們建立 ASP.NET 網站的個人化程序。

13-4-1 個人化程序的基礎

對於網站內容的龐大資訊來說，我們除了替網站資訊進行分類管理外，網站應該提供個人化功能，可以讓會員存取有興趣資訊，並且設定個人喜好的外觀來建立個人風格的資訊平台。

個人化的目的

個人化的最主要原因是基於營利考量，因為網站內容有些可能是付費內容，只允許付費會員存取，或是不同等級會員擁有不同的權限，可以檢視不同的網頁內容。

個人化的最終目的是提供個人化網路經驗，網站能夠提供使用者網路使用經驗，例如：在 Amazon 買書時，網站能夠提供喜好圖書的建議清單，這是從會員網路消費經驗中，分析出的網路經驗。

個人化功能

ASP.NET 網站如果需要提供個人化功能，其主要工作如下所示：

- **識別使用者的身分**：網站需要能夠識別出是匿名使用者或網站會員，並且提供機制可以監控會員在瀏覽網站過程中的需求，以便馬上提供回應。當然網站必須擁有會員管理功能來新增和管理使用者。
- **儲存使用者相關資訊**：網站除了儲存使用者資料外，還需要儲存網路使用經驗的喜好和記錄資料，例如：色彩、外觀、有興趣主題、瀏覽或購買商品清單等。
- **提供個人化經驗**：個人化經驗除了依照使用者身分來提供不同的存取權限外，還包含自訂畫面、追蹤使用者瀏覽經驗和消費資訊等。

在本節前已經說明身分識別和會員管理功能，ASP.NET 提供 Profile 物件來儲存使用者的相關資訊，以便提供個人化經驗。

13-4-2 定義 Profile 物件的屬性

Profile 物件的屬性是在 Web 組態檔 Web.config 定義，可以在 Web 應用程式儲存使用者的專屬資料。ASP.NET 提供相關機制，預設使用 SQL Server Express 資料庫來儲存這些資料，並且自動在跨網頁瀏覽時，讓 ASP.NET 網頁存取 Profile 物件儲存的資料。

在 web.config 組態檔定義 Profile 物件的屬性

Profile 物件屬性是在 Web.config 組態檔<system.web>標籤的<profile>子標籤來定義，它是位在<properties>子標籤，如下所示：

```
<profile enabled="true">
   <properties>
     <add name="Name" defaultValue="Mary Wang"
          type="String"/>
     <group name="Student">
        <add name="StudentId" type="Int32"/>
        <add name="Name" type="String"/>
        <add name="Grade" type="Int32"/>
     </group>
   </properties>
</profile>
```

上述<profile>標籤的 enabled 屬性為 true，表示啟用 Profile。在<properties>標籤使用<add>子標籤新增 Profile 物件的屬性，以此例是名為 Name 的屬性，其相關屬性說明，如下表所示：

屬性	說明
name	Profile 屬性的名稱
type	屬性的資料型別
defaultValue	屬性的預設值

<group>標籤類似 Key 鍵名的 Cookie，可以定義群組屬性來儲存多種資料，以此例是建立 Student 群組屬性，詳細說明請參閱<第 13-4-4 節>。

Profile 物件與 ASP.NET 會員管理

Profile 物件與 ASP.NET 會員管理擁有密切的關係，因為 Profile 物件儲存的資料，預設是針對指定會員儲存的資料，以便使用者登入網站後，系統才能依據登入會員從資料庫取出對應的 Profile 物件。

為了方便測試本節 Profile 物件的 ASP.NET 網頁，ASP.NET 網頁是位在「Member」子目錄，此目錄限制擁有 Member 角色權限的會員才能執行此目錄的 ASP.NET 網頁，例如：使用者 joe。

如果使用者尚未登入，就會自動轉址至 Login.aspx 要求先登入網站，Defalut.aspx 是預設首頁。

Profile 物件與 Session 物件的差異

在<第 7 章>的 Session 物件可以儲存使用者專屬的資訊，不過，Session 物件儲存的資料只在目前的交談期有效，當交談期結束，下一次進入 Web 應用程式時，仍然需要重新輸入這些資料，資料並不會自動保留。

Profile 物件能夠自動將使用者資料儲存在永久儲存媒體，預設是 SQL Server Express 資料庫，當下一次進入 Web 應用程式時，上一次進入建立或修改的 Profile 資料能夠自動取出，並且自動維護這些資料。

13-4-3 Profile 物件的簡單屬性

Profile 物件的簡單屬性是**指儲存單一資訊的屬性**，在 Web.config 檔案定義 Name 簡單屬性，如下所示：

```
<properties>
  <add name="Name" defaultValue="Mary Wang"
       type="String"/>
</properties>
```

上述 Name 屬性儲存使用者姓名，其資料型別是 String，預設值為 Mary Wang。在 ASP.NET 網頁可以使用程式碼來存取 Profile 物件的屬性值，如下所示：

```
lblOutput.Text = Profile.Name;
Profile.Name = txtName.Text;
```

上述程式碼分別取出和設定 Profile 物件的 Name 屬性，因為 Profile 物件屬性會持續存在，我們可以在跨網頁瀏覽時，讓 ASP.NET 網頁存取 Profile 物件儲存的資料。

ASP.NET 網站：Ch13_4_3

在 ASP.NET 網頁 Member/Default.aspx 使用 TextBox 控制項輸入使用者姓名後，指定 Profile 物件的 Name 屬性值且轉址至 Member/Default2.aspx，然後在 Member/Default2.aspx 取出和顯示 Profile 物件的屬性值，其步驟如下所示：

Step 1 請啟動 Visual Studio Community 開啟「範例網站\Ch13\Ch13_4_3」資料夾的 ASP.NET 網站，然後開啟 Member/Default.aspx 網頁且切換至**設計**檢視。

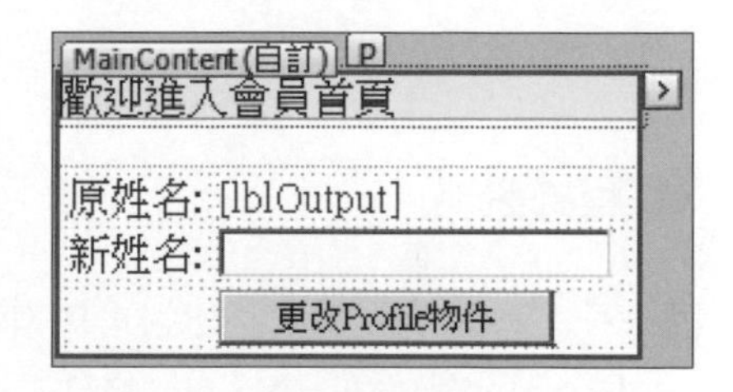

上述 Web 表單上方是 Label 控制項 lblOutput；中間是 TextBox 控制項 txtName；下方是 Button1 按鈕控制項。

Step 2 在「方案總管」視窗，按二下 **Member/Default2.aspx** 開啟網頁且切換至**設計**檢視。

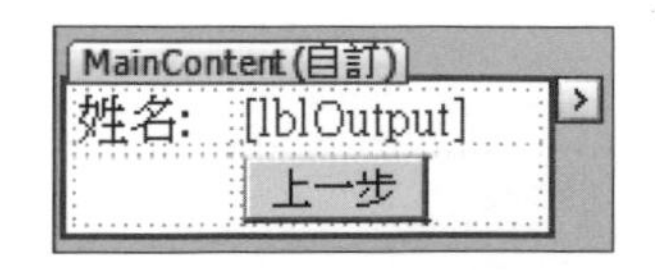

上述 Web 表單上方是 lblOutput 標籤控制項；下方是 Button1 控制項可以連接 Member/Default.aspx 網頁。

Step 3 請切換至 **Member/Default.aspx** 的設計檢視，按二下**更改 Profile 物件**鈕建立 Button1_Click()事件處理程序，和編輯 Page_Load()事件處理程序的程式碼。

■ Page_Load()和 Button1_Click()

```
01: protected void Page_Load(object sender, EventArgs e)
02: {
03:     if (!Page.IsPostBack)
04:     {
05:         lblOutput.Text = Profile.Name;
06:         txtName.Text = Profile.Name;
07:     }
08: }
09:
10: protected void Button1_Click(object sender, EventArgs e)
11: {
12:     if (txtName.Text != "")
13:     {
14:         Profile.Name = txtName.Text;
15:         Response.Redirect("Default2.aspx");
16:     }
17: }
```

■ 程式說明

- 第 1~8 列：在 Page_Load()事件處理程序設定控制項的初值，使用的是 Profile 物件的 Name 屬性。
- 第 10~17 列：在 Button1_Click()事件處理程序設定 Profile 物件的 Name 屬性值後，使用 Response.Redirect()方法轉址至 Member/Default2.aspx。

Step 4 請切換至 **Member/Default2.aspx** 的設計檢視，在編輯區域<div>標籤之外按二下，可以編輯 Page_Load()事件處理程序。

■ Page_Load()

```
01: protected void Page_Load(object sender, EventArgs e)
02: {
03:     if (!IsPostBack)
04:     {
05:         lblOutput.Text = Profile.Name;
06:     }
07: }
```

■ 程式說明

- 第 1~7 列：在 Page_Load()事件處理程序設定控制項的初值，取出的是 Profile 物件的 Name 屬性值。

■ 執行結果

在儲存後，請在「方案總管」視窗選 **Member/Default.aspx**，執行「檔案/在瀏覽器中檢視」命令，當以使用者 mary 登入後，可以看到執行結果的 ASP.NET 網頁。

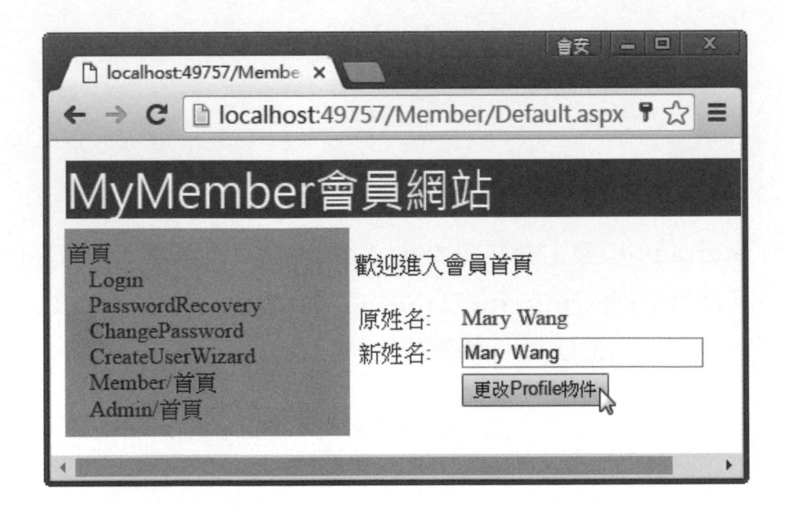

在上述網頁上方顯示取出 Profile 物件屬性的預設值，在輸入使用者姓名後，按**更改 Profile 物件**鈕，可以看到轉址到 Member/Default2.aspx 顯示取出的資料，如下圖所示：

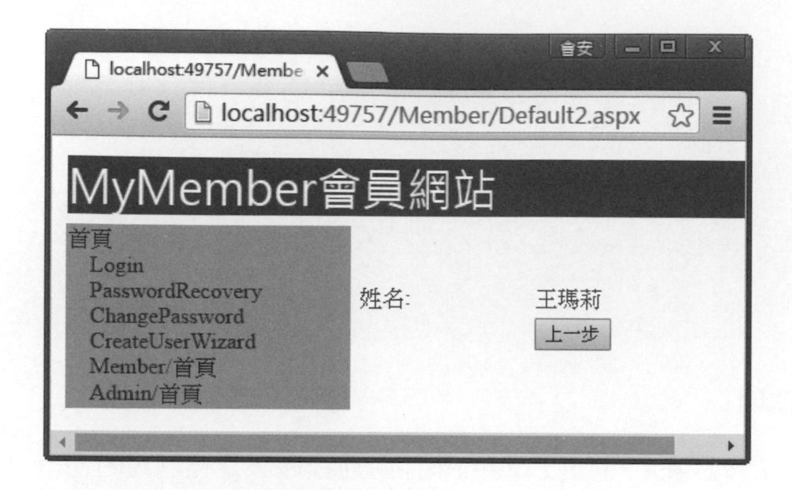

13-4-4 Profile 物件的群組屬性

Profile 物件的群組屬性儲存的是一**組資訊**，在 Web.config 檔案已經定義 Student 群組屬性來儲存學生資訊，如下所示：

```
<properties>
    <group name="Student">
       <add name="StudentId" type="Int32"/>
       <add name="Name" type="String"/>
       <add name="Grade" type="Int32"/>
    </group>
</properties>
```

上述<group>標籤定義群組屬性 Student，可以儲存學生資訊的學號、姓名和成績，其資料型別依序是 Int32、String 和 Int32。在 ASP.NET 網頁可以使用程式碼來存取 Profile 物件的屬性值，如下所示：

```
txtID.Text = Profile.Student.StudentId.ToString();
txtName.Text = Profile.Student.Name;
txtGrade.Text = Profile.Student.Grade.ToString();
```

上述程式碼取出 Profile 群組屬性 Student 的學生資訊 StudentId、Name 和 Grade。

ASP.NET 網站：Ch13_4_4

在 ASP.NET 網頁 Member/Default.aspx 輸入學生資料後，就會設定 Profile 物件群組屬性且轉址到 Member/Default2.aspx，然後在 Member/Default2.aspx 取出和顯示 Profile 物件的群組屬性值，其步驟如下所示：

Step 1 請啟動 Visual Studio Community 開啟「範例網站\Ch13\Ch13_4_4」資料夾的 ASP.NET 網站，然後開啟 Member/Default.aspx 網頁且切換至**設計**檢視。

MainContent (自訂)
歡迎進入會員首頁
學號:
姓名:
成績:
更改Profile物件

上述 Web 表單上方是 TextBox 控制項 txtID、txtName 和 txtGrade，下方是 Button1 按鈕控制項。

Step 2 在「方案總管」視窗，按二下 **Member/Default2.aspx** 開啟網頁且切換至**設計**檢視。

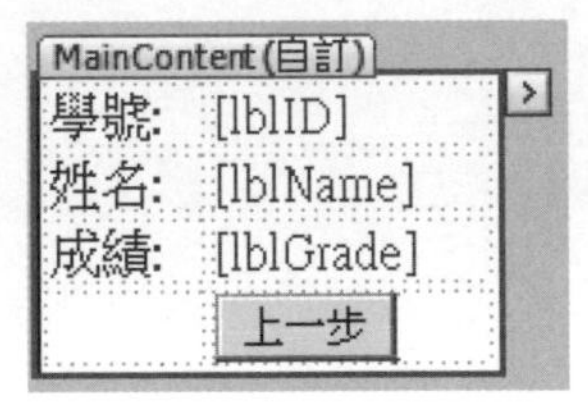

上述 Web 表單上方是 lblID、lblName 和 lblGrade 標籤控制項，下方 Button1 控制項可以連接 Member/Default.aspx 網頁。

Step 3 請切換至 **Member/Default.aspx** 的設計檢視，按二下**更改 Profile 物件**鈕建立 Button1_Click()事件處理程序，和編輯 Page_Load()事件處理程序的程式碼。

■ Page_Load()和 Button1_Click()

```
01: protected void Page_Load(object sender, EventArgs e)
02: {
03:     if (!Page.IsPostBack)
04:     {
05:         txtID.Text = Profile.Student.StudentId.ToString();
06:         txtName.Text = Profile.Student.Name;
07:         txtGrade.Text = Profile.Student.Grade.ToString();
08:     }
09: }
10:
11: protected void Button1_Click(object sender, EventArgs e)
12: {
13:     if (txtID.Text != "")
14:     {
15:         Profile.Student.StudentId =
                          Convert.ToInt32(txtID.Text);
16:     }
17:     if (txtName.Text != "")
18:     {
19:         Profile.Student.Name = txtName.Text;
20:     }
21:     if (txtGrade.Text != "")
22:     {
23:         Profile.Student.Grade =
                          Convert.ToInt32(txtGrade.Text);
24:     }
25:     Response.Redirect("Default2.aspx");
26: }
```

■ 程式說明

- 第 1~9 列：在 Page_Load()事件處理程序設定控制項的初值，使用的是 Profile 物件的群組屬性。
- 第 11~26 列：在 Button1_Click()事件處理程序設定 Profile 物件的群組屬性值，其中整數需要使用 Convert.ToInt32()方法來轉換型態，第 25 列使用 Response.Redirect()方法轉址至 Member/Default2.aspx。

Step 4 請切換至 **Member/Default2.aspx** 的設計檢視，在編輯區域<div>標籤之外按二下，可以編輯 Page_Load()事件處理程序。

■ Page_Load()

```
01: protected void Page_Load(object sender, EventArgs e)
02: {
03:     if (!Page.IsPostBack)
04:     {
05:         lblID.Text = Profile.Student.StudentId.ToString();
06:         lblName.Text = Profile.Student.Name;
07:         lblGrade.Text = Profile.Student.Grade.ToString();
08:     }
09: }
10:
11: protected void Button1_Click(object sender, EventArgs e)
12: {
13:     Response.Redirect("Default.aspx");
14: }
```

■ 程式說明

- 第 1~9 列：在 Page_Load()事件處理程序設定控制項的初值，取出的是 Profile 物件的群組屬性值，整數需要使用 ToString()方法轉換成字串型態。
- 第 11~14 列：使用 Response.Redirect()方法轉址至 Member/Default.aspx。

■ 執行結果

在儲存後，請在「方案總管」視窗選 **Member/Default.aspx**，執行「檔案/在瀏覽器中檢視」命令，當以使用者 mary 登入後，可以看到執行結果的 ASP.NET 網頁。

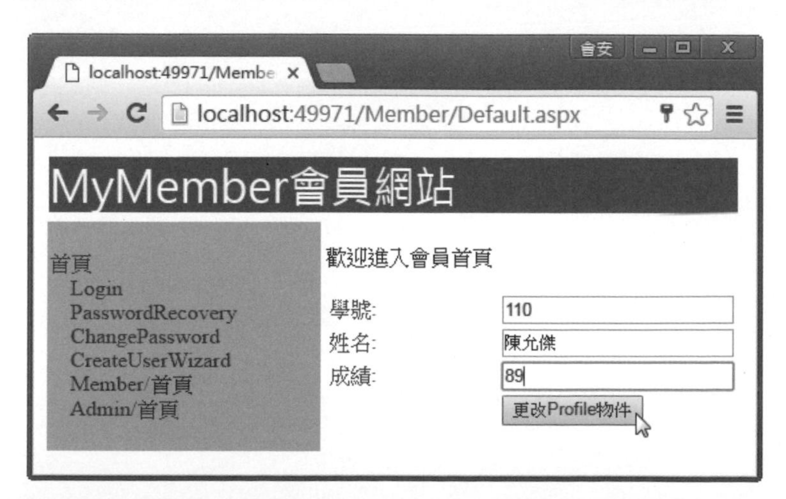

在輸入學生資料後，按**更改 Profile 物件**鈕，可以看到轉址到 Member/Default2.aspx 顯示取出的資料，如下圖所示：

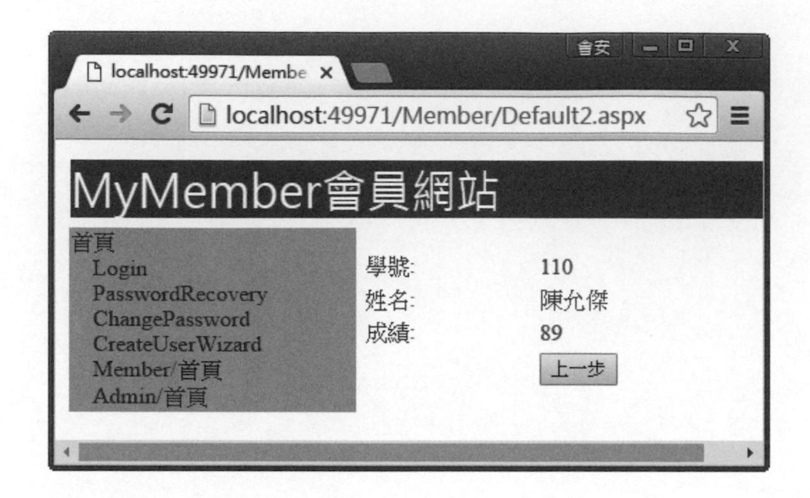

學習評量

選擇題

(　　) 1. 請問下列哪一個控制項可以建立會員登入表單？

A. LoginStatus　　B. LoginView
C. LoginName　　D. Login

(　　) 2. 如果在 ASP.NET 網站擁有 Member 和 Admin 子資料夾，請問建立 Admin 資料夾存取權限是在哪一個資料夾的 Web.config 檔指定權限？

A. 根資料夾　　B. Member
C. Admin　　D. 不會建立

(　　) 3. 請問 Profile 物件屬性是在 Web.config 組態檔的哪一個標籤來定義？

A. authentication　　B. roleManager
C. profile　　D. group

(　　) 4. 請問下列哪一個控制項可以建立會員管理網站的首頁內容，依使用者角色來顯示不同的訊息文字？

A. Login　　B. LoginView
C. LoginName　　D. LoginStatus

(　　) 5. 請問下列哪一種網站通常並不需要使用會員管理功能？

A. Web Email　　B. 網路商店
C. 拍賣網站　　D. 搜尋引擎

簡答題

1. 請簡單說明什麼是會員管理？
2. 請問什麼是驗證？何謂授權？
3. 請簡單說明 ASP.NET 表單基礎驗證？ASP.NET 會員管理提供哪些功能？
4. 請說明什麼是個人化？個人化功能有哪些？
5. 請簡單說明什麼是 Profile 物件？如何定義 Profile 物件的屬性？

實作題

1. 請建立名為 MyProject 的會員網站後，使用 Web 介面管理工具來啟用會員管理和建立所需資料庫，並且新增名為 peter、mary 和 john 共三位使用者。
2. 請在實作題 1 的網站新增 ProjectManager 和 Programmer 子資料夾，然後啟用角色管理新增 ProjectManager 和 Programmer 角色，最後指定角色擁有同名資料夾的存取權限。
3. 請使用登入控制項，在實作題 2 的網站建立會員管理的相關網頁，可以新增使用者，登入網站、更改密碼和取回忘記密碼功能。
4. 請在實作題 3 的網站定義 Profile 物件的群組屬性 Card，內含 Name、Title 和 Phone 名片資訊的姓名、職稱和電話號碼。
5. 請建立 2 個 ASP.NET 網頁，在第 1 個網頁新增 Web 表單來輸入實作題 4 的名片內容且儲存在 Profile 物件，第 2 個網頁可以顯示名片資訊。

14

伺服器檔案、電子郵件處理與 Ajax

本章學習目標

14-1 資料夾與檔案操作

.NET Framework 的檔案與資料夾處理屬於 System.IO 命名空間，在 ASP.NET 網頁只需匯入此命名空間，就可以存取檔案系統或處理文字檔案的「串流」(Streams)。

14-1-1 System.IO 命名空間的基礎

System.IO 命名空間關於檔案和資料夾處理的類別，其說明如下表所示：

類別	說明
Directory	提供類別方法取得目前工作目錄、建立、移動和顯示資料夾與子資料夾清單
DirectoryInfo	一個資料夾是一個 DirectoryInfo 物件，可以建立、移動、刪除、檢查是否存在和顯示資料夾清單
File	提供類別方法來建立、複製、刪除、移動和開啟檔案，其主要目的是為了建立 FileStream 物件
FileInfo	一個檔案是一個 FileInfo 物件，提供相關方法可以建立、複製、刪除、移動和開啟檔案建立 FileStream 物件
StreamReader	使用位元組串流讀取文字檔案
StreamWriter	使用位元組串流寫入文字檔案
FileStream	建立檔案串流，支援同步與非同步讀取與寫入，可以用來處理二進位檔案

Tip 請注意！如果寫入檔案失敗，最有可能原因是 NTFS 檔案權限不足。Windows 作業系統是在檔案的「內容」對話方塊，選安全性標籤後，新增 Users 使用者的寫入權限。

14-1-2 顯示資料夾與檔案清單

在 ASP.NET 程式碼可以使用 System.IO 命名空間的 DirectoryInfo 類別，取得指定資料夾和檔案清單。

顯示資料夾清單

DirectoryInfo 物件的 GetDirectories()方法可以取得指定資料夾的清單，如下所示：

```
DirectoryInfo dirInfo = new DirectoryInfo(path);
try {
   DirectoryInfo[] subDirs = dirInfo.GetDirectories();
   for (i = 0; i < subDirs.Length; i++) {
      lblOutput.Text += subDirs[i].Name + "<br/>";
   }
}
catch (DirectoryNotFoundException ex) {
   lblOutput.Text += ex.Message + "<br/>";
}
```

上述程式碼建立 DirectoryInfo 物件後，使用 GetDirectories()方法取得資料夾清單的 DirectoryInfo 物件陣列，然後使用 for 迴圈顯示資料夾清單，如下所示：

```
for (i = 0; i < subDirs.Length; i++) {
   lblOutput.Text += subDirs[i].Name + "<br/>";
}
```

上述程式碼的 Length 屬性是陣列尺寸，在使用陣列索引取得每一個資料夾的 DirectoryInfo 物件後，使用 Name 屬性取得資料夾名稱。

顯示檔案清單

DirectoryInfo 物件的 GetFiles()方法可以取得 FileInfo 檔案物件陣列，如下所示：

```
FileInfo[] subFiles = dirInfo.GetFiles();
```

上述程式碼取得 FileInfo 檔案物件陣列後，就可以使用 foreach 迴圈取得每一個 FileInfo 檔案物件，如下所示：

```
foreach (FileInfo subFile in subFiles) {
   lblOutput.Text += subFile.Name + "<br/>";
}
```

上述程式碼使用 FileInfo 物件的 Name 屬性來取得檔案名稱。

ASP.NET 網站：Ch14_1_2

在 ASP.NET 網頁使用 DirectoryInfo 物件方法取得伺服器「Test」目錄下的檔案和資料夾清單，其步驟如下所示：

Step 1 請啟動 Visual Studio Community 開啟「範例網站\Ch14\Ch14_1_2」資料夾的 ASP.NET 網站，然後開啟 ASP.NET 網頁 Default.aspx 且切換至**設計**檢視，可以看到名為 lblOutput 的標籤控制項。

Step 2 請在**設計**檢視編輯區域<div>標籤之外按二下編輯 Page_Load()事件處理程序，和在類別宣告外加上匯入 System.IO 命名空間的程式碼，如下所示：

```
using System.IO;
```

Step 3 然後輸入 Page_Load()事件處理程序的程式碼。

■ Page_Load()

```
01: protected void Page_Load(object sender, EventArgs e)
02: {
03:     string path = Server.MapPath("Test");
04:     int i = 0;
05:     DirectoryInfo dirInfo = new DirectoryInfo(path);
06:     try
07:     { // 取得資料夾清單
08:         DirectoryInfo[] subDirs = dirInfo.GetDirectories();
09:         for (i = 0; i < subDirs.Length; i++)
10:         {
11:             lblOutput.Text += subDirs[i].Name + "<br/>";
12:         }
13:     }
14:     catch (DirectoryNotFoundException ex)
15:     {
```

next

```
16:            lblOutput.Text += ex.Message + "<br/>";
17:        }
18:        lblOutput.Text += "<hr/>";
19:        try
20:        { // 取得檔案清單
21:            FileInfo[] subFiles = dirInfo.GetFiles();
22:            foreach (FileInfo subFile in subFiles)
23:            {
24:                lblOutput.Text += subFile.Name + "<br/>";
25:            }
26:        }
27:        catch (DirectoryNotFoundException ex)
28:        {
29:            lblOutput.Text += ex.Message + "<br/>";
30:        }
31: }
```

■ 程式說明

- 第 5 列：建立 DirectoryInfo 物件。
- 第 6~17 列：try/catch 錯誤處理顯示資料夾清單，在第 8 列取得資料夾物件陣列後，第 9~12 列使用 for 迴圈顯示清單。
- 第 19~30 列：try/catch 錯誤處埋顯示檔案清單，在第 21 列取得檔案物件陣列，第 22~25 列改為使用 foreach 迴圈顯示清單。

■ 執行結果

儲存後，在「方案總管」視窗選 Default.aspx，執行「檔案/在瀏覽器中檢視」命令，可以看到執行結果的 ASP.NET 網頁。

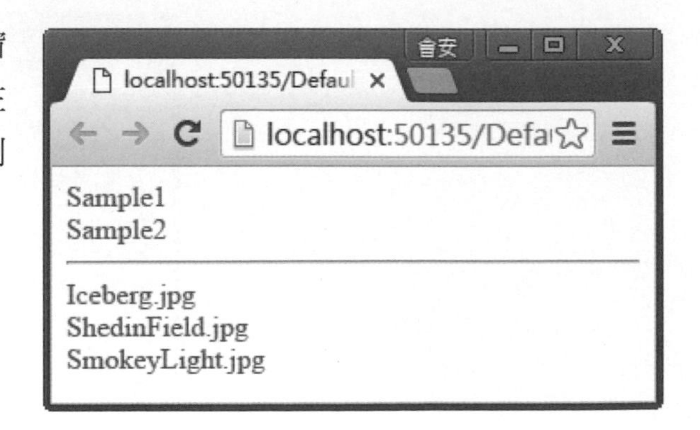

上述網頁的水平線上方是資料夾清單；下方是檔案清單。

14-1-3 顯示檔案資訊

FileInfo 類別屬性可以取得檔案資訊，首先建立 FileInfo 檔案物件 fInfo，如下所示：

```
FileInfo fInfo = new FileInfo(path);
```

上述程式碼的建構子參數是檔案實際路徑，在建立物件後，就可以使用 FileInfo 物件屬性取得檔案資訊，其說明如下表所示：

屬性	說明
Name	檔案名稱
FullName	檔案全名，包含檔案路徑
Extension	檔案副檔名
Directory	取得父資料夾的 DirectoryInfo 物件
DirectoryName	父資料夾的完整路徑
CreationTime	建立日期
LastAccessTime	存取日期
LastWriteTime	修改日期
Length	檔案大小

ASP.NET 網站 Ch14_1_3 可以顯示 Default.aspx 檔案的資訊，如右圖所示：

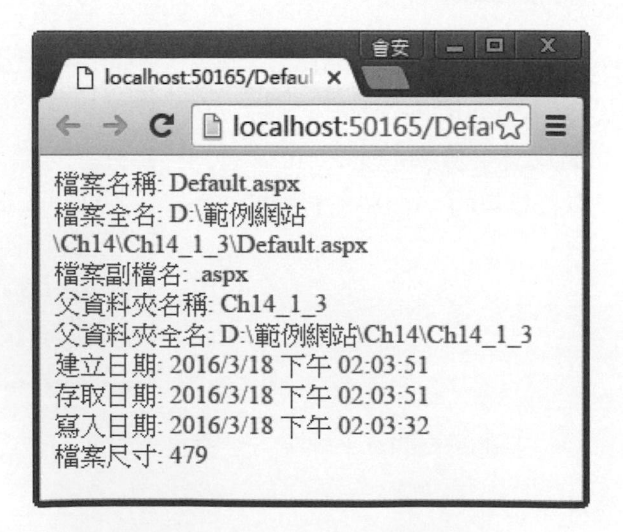

14-1-4 檔案處理

檔案處理是指刪除、複製、移動檔案和檢查檔案是否存在等操作。在 System.IO 命名空間類別的檔案操作方法是使用 FileInfo 物件，如下所示：

```
FileInfo fInfo = new FileInfo(path);
```

上述程式碼的參數 path 是檔案實際路徑，在建立 FileInfo 物件後，就可以使用相關方法執行檔案操作，其說明如下表所示：

方法	說明
CreateText()	建立文字檔案
Delete()	刪除檔案
MoveTo(string)	移動檔案至參數 string 字串的完整檔案路徑，檔案名稱可以不同
CopyTo(string, true)	複製檔案到參數 string 字串的完整檔案路徑，第 2 個參數為 true，表示覆寫存在檔案；false 為不覆寫

FileInfo 物件關於檔案處理的屬性，其說明如右表所示：

屬性	說明
Exists	檢查檔案是否存在

上表 Exists 屬性可以檢查檔案是否存在，如下所示：

```
if (fInfo.Exists) {
   .........
}
```

上述 if 條件使用 Exists 屬性檢查檔案是否存在，如果檔案存在就傳回 true；否則為 false。在 File 類別提供相關類別方法，一樣可以執行檔案刪除、移動、複製和檢查檔案是否存在等操作，如下所示：

```
File.Delete(path);
File.Move(sourPath, destPath);
File.Copy(sourPath, destPath, true);
File.Exists(path);
```

上述程式碼是 File 類別的類別方法，參數 path、sourPath 和 destPath 是實際路徑（包括檔案全名），如果擁有 2 個參數分別為來源和目的地檔案路徑，true 表示覆寫檔案。

14-2 文字檔案的讀寫

在 System.IO 命名空間的 StreamReader 和 StreamWriter 串流類別是使用「串流」（Stream）模型處理資料輸入與輸出，我們可以在 ASP.NET 網頁使用這兩個類別來讀寫文字檔案。

14-2-1 讀取與寫入文字檔案的步驟

串流（Stream）觀念最早是使用在 Unix 作業系統，串流模型如同水管中的水流，當程式開啟檔案來源的輸入串流後，ASP.NET 網頁就可以從輸入串流依序讀取資料，如下圖所示：

上述圖例的左半邊是讀取資料的輸入串流，如果程式需要輸出資料，在右半邊可以開啟目的檔案的輸出串流，將資料寫入串流。

換句話說，StreamReader 和 StreamWriter 串流類別讀寫的文字檔是一種文字資料串流，如同水流一般只能依序讀寫，並不能回頭，其讀寫步驟如下所示：

步驟一：開啟或建立文字檔案

對於不存在的文字檔案，我們可以使用 FileInfo 物件的 CreateText()方法來建立全新文字檔案，如下所示：

```
StreamWriter sw = fileInfo.CreateText();
```

上述程式碼建立 StreamWriter 文字串流寫入物件，這是新檔案。或是使用 StreamReader 或 StreamWriter 開啟存在的文字檔案，如下所示：

```
StreamReader sr = new StreamReader(path);
```

上述程式碼建立 StreamReader 文字串流讀取物件，可以讀取文字檔案的內容，path 建構子參數是文字檔案路徑。如果是寫入資料，請使用 StreamWriter 類別，如下所示：

```
StreamWriter sw = new StreamWriter(path);
```

上述程式碼建立 StreamWriter 文字串流寫入物件，可以將文字內容寫入檔案。如果是在檔案最後新增文字內容，請使用 FileInfo 類別的 AppendText()方法來開啟 StreamWrite 串流，如下所示：

```
StreamWriter sw = fileInfo.AppendText();
```

步驟二：讀寫文字檔案串流

在建立 StreamRcader 和 StreamWriter 串流物件後，就可以使用方法來執行文字檔案的讀寫。StreamWriter 類別寫入文字檔案的相關方法，其說明如下表所示：

寫入方法	說明
Write(string)	寫入一個字串
WriteLine(string)	寫入一個字串且在最後加上換行字元

StreamReader 類別讀取文字檔案內容的相關方法，其說明如下表所示：

讀取方法	說明
Read()	讀取下一個字元，或一個中文字
ReadLine()	讀取一行，但不含換行字元
ReadToEnd()	從目前位置讀取到檔尾，即讀取剩下的文字檔內容
Peek()	檢查下一個字元什麼，但是並不會讀取，值-1 表示到達檔案串流的結尾

當我們使用 ReadLine()方法讀取整個文字檔案時，需要以 do/while 迴圈配合 Peek()方法來檢查是否讀到檔尾，如下所示：

```
do {
   textLine = sr.ReadLine();
} while ( ! (sr.Peek() == -1));
```

步驟三：關閉文字檔案串流

在處理完文字檔案讀寫後，請記得將緩衝區資料寫入和關閉檔案串流，如下所示：

```
sw.Flush();
sw.Close();
```

上述 Close()方法關閉 StreamWriter 或 StreamReader 串流物件。StreamWriter 串流物件需要額外使用 Flush()方法清除緩衝區資料，也就是強迫將資料寫入檔案。

14-2-2 文字檔案的寫入

在 ASP.NET 網頁可以使用 System.IO 命名空間的 StreamWriter 串流類別來將資料寫入、覆寫或新增至文字檔案。

StreamWriter 串流物件是使用 Write()或 WriteLine()方法，將字串內容寫入文字檔案。Write()方法的參數是寫入字串，但不包含換行符號；WriteLine()方法可以寫入包含換行的字串。

寫入資料到文字檔案

如果文字檔案不存在，我們可以使用 FileInfo 物件的 CreateText()方法來建立 StreamWriter 串流物件，如下所示：

```
StreamWriter sw = fileInfo.CreateText();
sw.Write(txtInput.Text + "\r\n");
```

上述程式碼是建立全新文字檔案，因為 Write()方法並不會換行，所以在後面加上 "\r\n" 來新增換行符號。

覆寫文字檔案的資料

對於存在的文字檔案，我們可以使用 StreamWrite 串流物件開啟檔案來寫入資料，如下所示：

```
StreamWriter sw = new StreamWriter(path);
sw.WriteLine(txtInput.Text);
```

上述程式碼開啟存在的文字檔案，所以 WriteLine()方法寫入的字串會覆寫原來檔案的內容。

新增資料到文字檔案

如果我們準備將資料新增到目前存在檔案的檔尾，請使用 FileInfo 物件的 AppendText()方法來開啟文字檔案，如下所示：

```
StreamWriter sw = fileInfo.AppendText();
sw.Write(txtInput.Text + "\r\n");
```

上述程式碼使用 Write()或 WriteLine()方法寫入資料時，就是新增至檔尾。

ASP.NET 網站：Ch14_2_2

在 ASP.NET 網頁將 TextBox 控制項輸入字串寫入檔案 Output.txt 或新增到檔案最後，我們可以使用記事本開啟檔案來檢視檔案內容，其步驟如下所示：

Step 1 請啟動 Visual Studio Community 開啟「範例網站\Ch14\Ch14_2_2」資料夾的 ASP.NET 網站，然後開啟 Default.aspx 網頁且切換至**設計**檢視。

上述 Web 表單上方是名為 txtInput 的 TextBox 文字方塊控制項，中間從左至右是 Button1~3 按鈕控制項，最下方是 lblOutput 標籤控制項。

Step 2 請在**設計**檢視依序在 Button1~3 按鈕控制項各按二下，可以建立 Button1~3_Click() 事件處理程序。在類別宣告外加上匯入 System.IO 命名空間的程式碼，如下所示：

```
using System.IO;
```

Step 3 然後輸入 Button1~3_Click()事件處理程序的程式碼。

■ Button1~3_Click()

```
01: protected void Button1_Click(object sender, EventArgs e)
02: {
03:     string path = Server.MapPath("Output.txt");
04:     // 建立 FileInfo 物件
05:     FileInfo fileInfo = new FileInfo(path);
06:     // 建立新檔案
07:     StreamWriter sw = fileInfo.CreateText();
08:     sw.Write(txtInput.Text + "\r\n");  // 寫入
09:     sw.Flush();  // 將緩衝區資料寫入檔案
10:     sw.Close();  // 關閉檔案
11:     lblOutput.Text = "已經寫入：" + txtInput.Text;
12: }
13:
14: protected void Button2_Click(object sender, EventArgs e)
15: {
16:     string path = Server.MapPath("Output.txt");
17:     // 開啟檔案
18:     StreamWriter sw = new StreamWriter(path);
19:     sw.WriteLine(txtInput.Text); // 寫入
20:     sw.Flush();  // 將緩衝區資料寫入檔案
21:     sw.Close();  // 關閉檔案
22:     lblOutput.Text = "已經覆寫：" + txtInput.Text;
23: }
24:
25: protected void Button3_Click(object sender, EventArgs e)
26: {
27:     string path = Server.MapPath("Output.txt");
28:     // 建立 FileInfo 物件
```

next

```
29:      FileInfo fileInfo = new FileInfo(path);
30:      // 開啟檔案新增至最後
31:      StreamWriter sw = fileInfo.AppendText();
32:      sw.Write(txtInput.Text + "\r\n");// 寫入
33:      sw.Flush();  // 將緩衝區資料寫入檔案
34:      sw.Close();  // 關閉檔案
35:      lblOutput.Text = "已經新增：" + txtInput.Text;
36: }
```

■ 程式說明

- 第 1~36 列：3 個按鈕的 Click 事件處理程序，分別使用三種方式來新增或開啟文字檔案 Output.txt，然後使用 Write()或 WriteLine()方法來將文字字串寫入、覆寫和新增到檔尾。

■ 執行結果

儲存後，在「方案總管」視窗選 Default.aspx，執行「檔案/在瀏覽器中檢視」命令，可以看到執行結果的 ASP.NET 網頁。

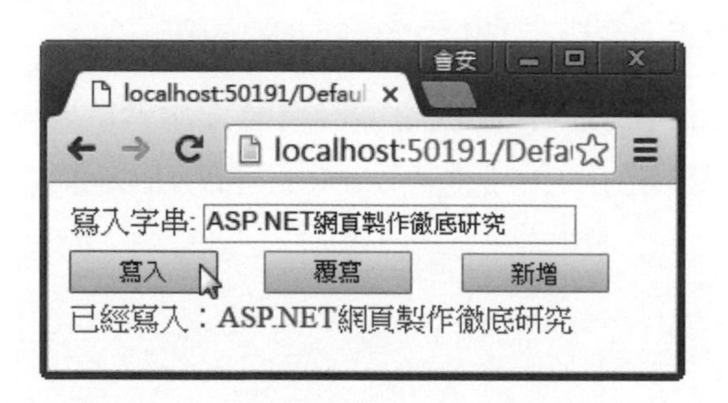

在上方輸入文字字串後，請先按**寫入**鈕建立 Output.txt 檔案且寫入一行文字，可以在下方看到成功寫入的訊息文字。按**覆寫**鈕可以開啟同一個 Output.txt 檔案來覆寫檔案內容，最後按**新增**鈕將文字字串新增至檔尾。

14-2-3 文字檔案的讀取

System.IO 命名空間的文字檔案讀取是使用 StreamReader 串流物件。在本節範例的文字檔案是上一節建立的 Output.txt 文字檔案，目前的檔案內容有 5 列文字內容。

在 ASP.NET 網頁可以使用 StreamReader 串流物件來開啟唯讀文字檔案，如下所示：

```
StreamReader sr = new StreamReader(path);
```

上述程式碼的建構子參數 path 是檔案實際路徑，開啟的是唯讀串流，內含檔案指標指向讀取位置，目前檔案指標是指向檔案開頭。

讀取檔案的下一個字元

文字檔案的讀取可以選擇一列一列讀取或一字一字讀取。首先以一字一字為單位來讀取檔案，在開啟檔案後，檔案指標是指向檔案開頭，我們可以使用 Read()方法讀取目前檔案指標位置的下一個字元，如下所示：

```
ch = sr.Read();
```

上述程式碼讀取下一個字元，即檔案內容的第一個字，傳回整數的內碼值，英文為字母內碼，中文為一個字二個位元組的中文內碼。

當再次呼叫 Read()方法時，就是從目前檔案指標位置開始，讀取下一個字元。讀取多個字元可以使用 for 迴圈配合 Read()方法來讀取，如下所示：

```
for (i = 1; i <= 12; i++) {
   ch = sr.Read();
   txtOutput.Text += (char)(ch) + " ";
}
```

上述 for 迴圈呼叫 12 次 Read()方法來讀取 12 個字元或中文字，並且使用型別轉換將內碼值轉換成字元來顯示。檔案指標移動的圖例，如下圖所示：

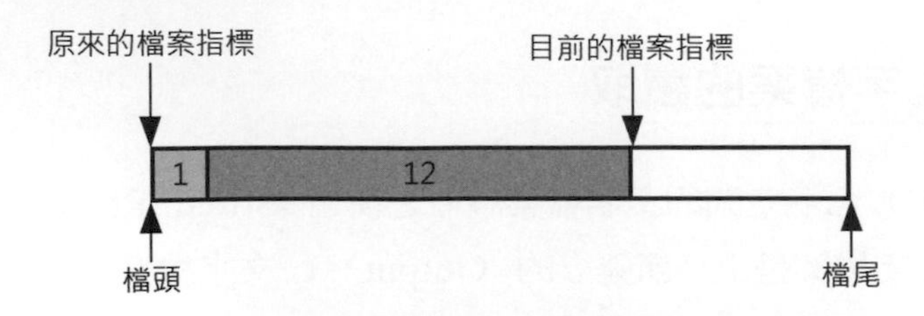

上述圖例在第 1 次呼叫 Read()方法前，檔案指標是在檔頭，呼叫後讀取 1 個字元，然後使用 for 迴圈呼叫 Read()方法讀取 12 個字元，最後檔案指標位置到達上述圖例的目前位置。

讀取文字檔的一整行

StreamReader 串流物件的 ReadLine()方法可以一行一行讀取文字檔案內容，如下所示：

```
str = sr.ReadLine();
```

上述程式碼可以讀取一整行的文字內容，檔案指標一次移動一行，如下圖所示：

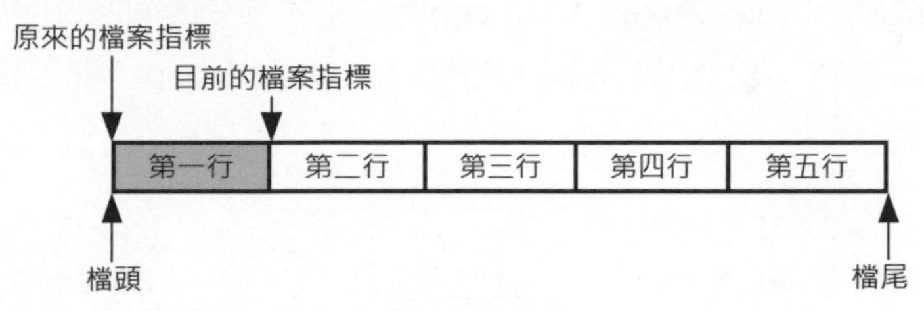

上述圖例在呼叫 ReadLine()方法前，檔案指標是在檔頭，每呼叫一次 ReadLine()方法，檔案指標位置隨著移動到下一行。

讀取整個文字檔案

StreamReader 串流物件的 ReadToEnd()方法可以讀取整個文字檔案的內容，如下所示：

```
str = sr.ReadToEnd();
```

上述程式碼能夠從目前檔案位置讀取到檔尾的全部內容。如果是剛開啟的檔案，就是讀取整個檔案的內容。

ReadToEnd()方法可以讀取整個文字檔案內容，換一個方式，我們可以使用 ReadLine()方法配合 do/while 迴圈來讀取整個文字檔案內容，如下所示：

```
do {
   textLine = sr.ReadLine();
   count += 1;
   txtOutput.Text += count + ": " + textLine + "\r\n";
} while ( ! (sr.Peek() == -1));
```

上述 do/while 迴圈可以讀取整個文字檔案內容，使用 Peek()方法檢查檔案指標是否已經讀到檔尾，傳回-1，表示檔案已經讀完。

ASP.NET 網站：Ch14_2_3

在 ASP.NET 網頁按下按鈕，可以讀取文字檔案 Output.txt 的幾個字元、幾行或整個檔案內容，讀取的內容是顯示在唯讀多行文字方塊，其步驟如下所示：

Step 1 請啟動 Visual Studio Community 開啟「範例網站\Ch14\Ch14_2_3」資料夾的 ASP.NET 網站，然後開啟 Default.aspx 網頁且切換至**設計**檢視。

在上述 Web 表單上方是 txtCount 文字方塊和 Button1 按鈕控制項，可以輸入幾個字元或幾行，下方是 txtOutput 唯讀多行文字方塊，中間從左至右是 Button2~4 按鈕控制項。

Step 2 請在**設計**檢視依序按二下 4 個 Button1~4 的按鈕控制項，就可以建立 Button1~4_Click()事件處理程序。在類別宣告外加上匯入 System.IO 命名空間的程式碼，如下所示：

```
using System.IO;
```

Step 3 然後輸入 Button1~4_Click()事件處理程序的程式碼。

■ Button1~4_Click()

```
01: protected void Button1_Click(object sender, EventArgs e)
02: {
03:     int ch, i, count;
04:     // 取得實際路徑
05:     string path = Server.MapPath("Output.txt");
06:     count = Convert.ToInt32(txtCount.Text);
07:     // 開啟文字檔案
08:     StreamReader sr = new StreamReader(path);
09:     for (i = 1; i <= count; i++)
10:     {
11:         ch = sr.Read();  // 讀取字元
12:         txtOutput.Text += (char)(ch) + " ";
13:     }
14:     txtOutput.Text += "\r\n";
15:     sr.Close(); // 關閉檔案
16: }
17:
18: protected void Button2_Click(object sender, EventArgs e)
19: {
20:     int i, count;
21:     string path, str;
22:     // 取得實際路徑
23:     path = Server.MapPath("Output.txt");
24:     count = Convert.ToInt32(txtCount.Text);
25:     // 開啟文字檔案
26:     StreamReader sr = new StreamReader(path);
27:     for (i = 1; i <= count; i++)
28:     {
29:         str = sr.ReadLine();  // 讀取一行
30:         txtOutput.Text += str + "\r\n";
31:     }
32:     sr.Close(); // 關閉檔案
33: }
34:
35: protected void Button3_Click(object sender, EventArgs e)
36: {
37:     // 取得實際路徑
38:     string path = Server.MapPath("Output.txt");
39:     // 開啟文字檔案
40:     StreamReader sr = new StreamReader(path);
41:     string str = sr.ReadToEnd();  // 讀至檔尾
42:     txtOutput.Text += str + "\r\n";
```

next

```
43:     sr.Close(); // 關閉檔案
44: }
45:
46: protected void Button4_Click(object sender, EventArgs e)
47: {
48:     int count = 0;
49:     string textLine, path;
50:     // 取得實際路徑
51:     path = Server.MapPath("Output.txt");
52:     // 開啟文字檔案
53:     StreamReader sr = new StreamReader(path);
54:     do
55:     {
56:         textLine = sr.ReadLine();
57:         count += 1;
58:         txtOutput.Text += count + ": " + textLine + "\r\n";
59:     } while (!(sr.Peek() == -1));
60:     sr.Close(); // 關閉檔案
61: }
```

■ 程式說明

- 第 1~61 列：4 個按鈕的 Click 事件處理程序，可以分別讀取幾個字元、幾行和讀取整個檔案內容，變數 count 是讀取的字元或行數，在第 54~59 列的 do/while 迴圈使用 count 變數計算讀取了幾行文字。

■ 執行結果

儲存後，在「方案總管」視窗選 Default.aspx，執行「檔案/在瀏覽器中檢視」命令，可以看到執行結果的 ASP.NET 網頁。

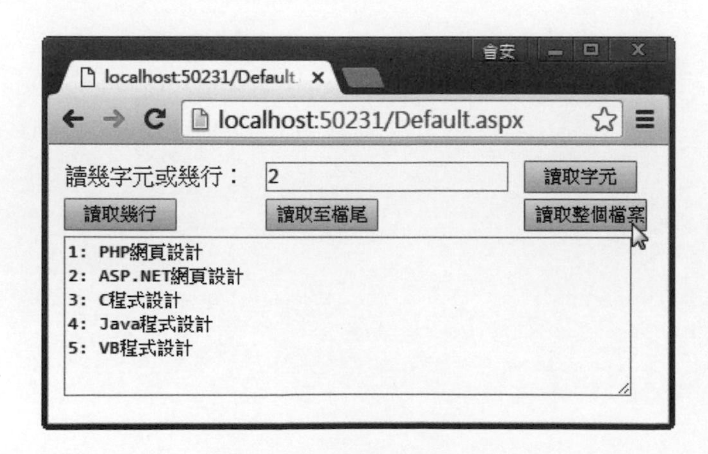

在上方輸入幾個字元或行數後，按**讀取字元**鈕，可以讀取指定個數的字元，按**讀取幾行**鈕可以讀取輸入行數的文字內容，最後兩個按鈕可以讀取整個文字檔案內容且顯示出來。

14-2-4 檔案上傳控制項

FileUpload 控制項可以選擇上傳檔案，然後使用控制項物件的 **SaveAs()方法儲存成伺服端檔案**，即執行客戶端檔案上傳。FileUpload 控制項常用屬性的說明，如下表所示：

屬性	說明
HasFile	檢查是否有選擇上傳檔案，有為 true；沒有為 false
FileName	取得上傳檔案名稱

FileUpload 控制項常用方法的說明，如下表所示：

屬性	說明
SaveAs(String)	將上傳資料寫成參數路徑字串的伺服端檔案，我們可以使用 Server.MapPath() 方法取得實際路徑

在 FileUpload 控制項選好上傳檔案後，就可以使用上表方法來上傳檔案，如下所示：

```
path += upImage.FileName;
upImage.SaveAs(Server.MapPath(path));
```

上述程式碼先使用 FileName 屬性建立伺服端檔案的相對路徑，然後使用 Server.MapPath()方法取得實際路徑後，執行 SaveAs()方法儲存成伺服端檔案。

ASP.NET 網站：Ch14_2_4

在 ASP.NET 網頁新增 FileUpload 控制項選擇上傳圖檔後，按下按鈕將它上傳至 ASP.NET 網站的「images」資料夾，其步驟如下所示：

Step 1 請啟動 Visual Studio Community 開啟「範例網站\Ch14\Ch14_2_4」資料夾的 ASP.NET 網站，然後開啟 Default.aspx 網頁且切換至**設計**檢視。

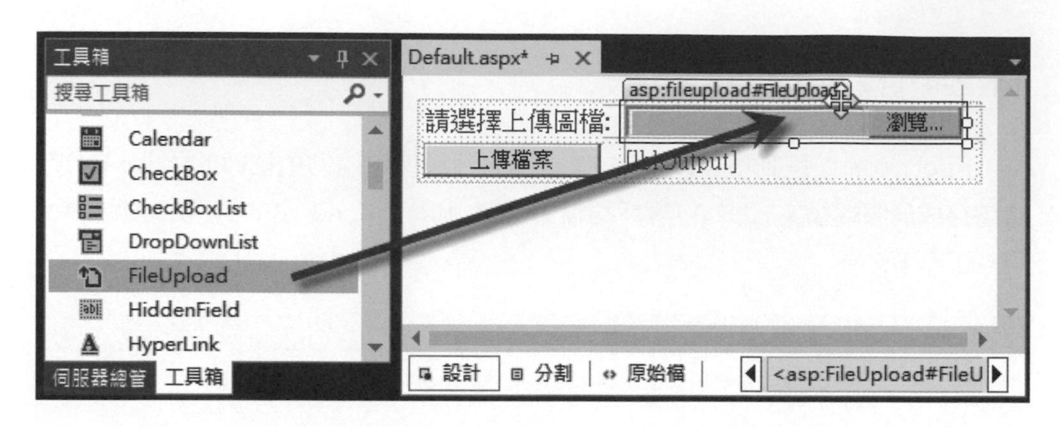

上述 Web 表單擁有 Button 按鈕控制項執行上傳圖檔，和 lblOutput 標籤控制項顯示上傳結果。

Step 2 在「工具箱」視窗展開**標準**區段，選 **FileUpload** 控制項，然後拖拉至<div>標籤中表格的第 1 列的第 2 欄即可插入 FileUpload 控制項。

Step 3 在「屬性」視窗將**(ID)**屬性命名為 **upImage**。

Step 4 按二下名為**上傳檔案**的按鈕控制項，可以建立 Button1_Click()事件處理程序。

■ Button1_Click()

```
01: protected void Button1_Click(object sender, EventArgs e)
02: {
03:     string path = "~/images/";
04:     if (upImage.HasFile)
05:     {
06:         path += upImage.FileName;
07:         upImage.SaveAs(Server.MapPath(path));
08:         lblOutput.Text = "檔案: " + upImage.FileName +
09:                          "上傳成功!";
10:     }
11: }
```

■ 程式說明

- 第 4~10 列：if 條件使用 HasFile 屬性判斷是否有上傳檔案，如果有，在第 6 列取得檔案名稱且建立路徑，第 7 列使用 SaveAs()方法儲存成伺服端的同名檔案。

■ 執行結果

儲存後，在「方案總管」視窗選 Default.aspx，執行「檔案/在瀏覽器中檢視」命令，可以看到執行結果的 ASP.NET 網頁。

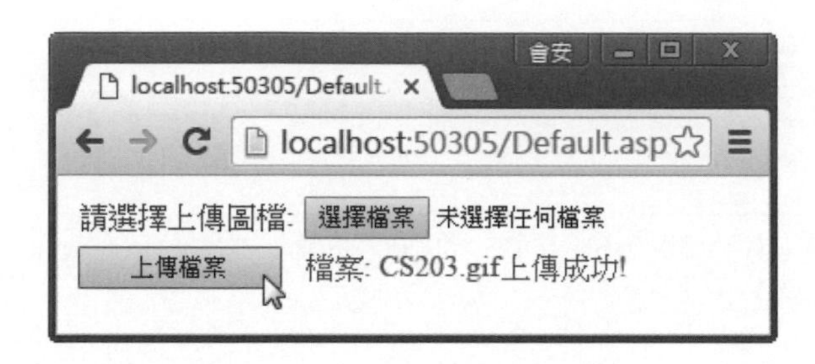

請按**選擇檔案**選擇上傳圖檔後，按**上傳檔案**鈕即可上傳檔案，在「方案總管」視窗重新整理資料夾後，可以在「images」資料夾看到上傳圖檔。

14-3 電子郵件與附檔處理

ASP.NET 網頁可以使用 System.Net.Mail 命名空間的類別來寄送電子郵件，在使用前需要匯入此命名空間，如下所示：

```
using System.Net.Mail;
```

上述程式碼匯入 System.Net.Mail 命名空間後，就可以使用 MailMessage 和 MailAddress 類別建立電子郵件後，使用 SmtpClient 類別方法寄送電子郵件。

MailMessage 類別的屬性

MailMessage 類別建立的物件是一封電子郵件內容，如下所示：

```
MailMessage myMail = new MailMessage();
```

上述程式碼建立 MailMessage 物件後，可以設定物件屬性來建立郵件內容，其說明如下表所示：

屬性	說明
From	寄件者電子郵件地址的 MailAddress 物件
To	收件者電子郵件地址的 MailAddress 物件，如果不只一個，請使用 Add()方法新增
CC	副本收件者，如果不只一個，請使用 Add()方法新增
Bcc	密件副本收件者，如果不只一個，請使用 Add()方法新增
Subject	電子郵件的主旨
Body	電子郵件的內容
IsBodyHtml	設定郵件格式是 HTML 或文字內容，true 為 HTML 格式；false 預設值是一般文字內容
Priority	電子郵件的優先等級，其值為 MailPriority.Hight（高）、MailPriority.Normal（正常）和 MailPriority.Low（低）

SmtpClient 類別的屬性和方法

在建立 MailMessage 物件後，就可以建立 SmtpClient 物件來指定 SMTP 伺服器，其相關屬性的說明，如下表所示：

屬性	說明
Host	SMTP 伺服器的網域名稱或 IP 位址
Credentials	設定驗證寄件者的認證資料

例如：使用 HiNet 的 SMTP 伺服器，如下所示：

```
SmtpClient smtpServer = new SmtpClient();
smtpServer.Host = "ms2.hinet.net";
CredentialCache myCache = new CredentialCache();
myCache.Add("ms2.hinet.net", 25, "login",
        new NetworkCredential("hueyan", "1234"));
smtpServer.Credentials = myCache;
smtpServer.Send(myMail);
```

上述程式碼建立 SmtpClient 物件後，指定 Host 屬性和 Credentials 屬性的認證資料（如果需要認證的話），NetworkCredential 物件的建構子參數是使用者名稱和密碼，最後使用 Send()方法寄出郵件，其說明如下表所示：

方法	說明
Send(MailMessage)	透過 SMTP 伺服器寄送電子郵件，參數是 MailMessage 物件

附檔郵件的處理

電子郵件如果有附檔，檔案需要先上傳到伺服器後，才能新增成為電子郵件的 Attachment 附檔物件。ASP.NET 網頁可以建立 MailMessage 物件新增上傳檔案成為附檔物件，如下所示：

```
string uploadFile = "~/temp/";
if (fupFile.HasFile) {    // 是否有上傳檔案
    uploadFile += fupFile.FileName; // 建立路徑
    uploadFile = Server.MapPath(uploadFile);
    fupFile.SaveAs(uploadFile);
```

上述 if 條件判斷是否有上傳檔案，如果有，在儲存郵件附檔後，建立附檔的 Attachment 物件，如下所示：

```
    Attachment attachedFile = new Attachment(uploadFile);
    attachedFile.Name = fupFile.FileName;
    myMail.Attachments.Add(attachedFile);
}
```

上述程式碼使用上傳檔案路徑建立 Attachment 物件，指定 Name 屬性的附檔檔案名稱，即電子郵件收到的附檔名稱，最後使用 Add()方法新增至 MailMessage 物件 Attachments 屬性的 AttachmentCollection 集合物件。

ASP.NET 網站：Ch14_3

在 ASP.NET 網頁使用 TextBox 控制項建立輸入郵件內容的表單；FileUpload 控制項選擇上傳附檔，按下按鈕，可以使用 System.Net.Mail 命名空間的類別來寄送電子郵件，其步驟如下所示：

Step 1 請啟動 Visual Studio Community 開啟「範例網站\Ch14\Ch14_3」資料夾的 ASP.NET 網站，然後開啟 Default.aspx 網頁且切換至**設計**檢視。

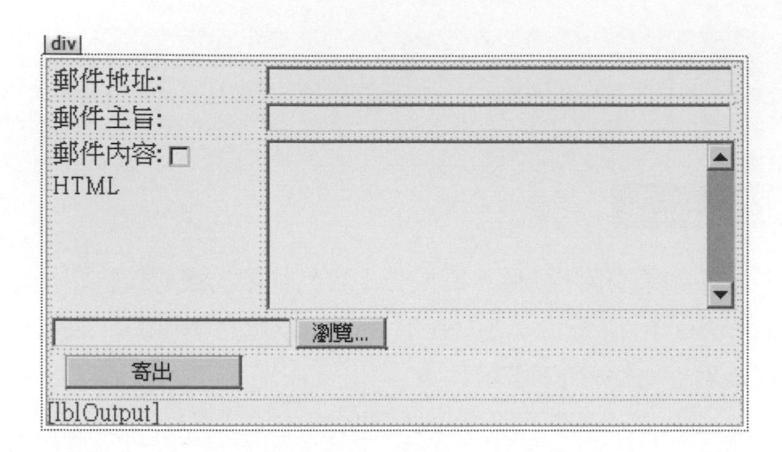

上述 Web 表單由上而下是 3 個 TextBox 控制項 txtMailTo、txtSubject 和 txtBody（chkFormat 核取方塊勾選郵件內容格式），然後是 FileUpload 控制項 fupFile 和 Button1 按鈕控制項，最下方是 lblOutput 標籤控制項。

Step 2 請在**設計**檢視按二下**寄出**鈕，可以建立 Button1_Click()事件處理程序。在類別宣告外加上匯入 System.Net.Mail 和 System.Net（認證類別所需）命名空間的程式碼，如下所示：

```
using System.Net.Mail;
using System.Net;
```

Step 3 然後輸入 Button1_Click()事件處理程序的程式碼。

■ Button1_Click()

```
01: protected void Button1_Click(object sender, EventArgs e)
02: {
03:     // 建立 MailMessage 物件
04:     MailMessage myMail = new MailMessage();
05:     // 寄件者和收件者郵件地址
06:     myMail.From = new MailAddress("hueyan@ms2.hinet.net");
07:     myMail.To.Add(new MailAddress(txtMailTo.Text));
08:     myMail.Priority = MailPriority.Normal; // 優先等級
```

next

```
09:     myMail.Subject = txtSubject.Text;        // 主旨
10:     if (chkFormat.Checked) {                 // HTML 格式
11:         myMail.IsBodyHtml = true;
12:         myMail.Body = "<p>" + txtBody.Text + "</p>";
13:     }
14:     else {                                  // 文字格式
15:         myMail.Body = txtBody.Text;         // 本文
16:     }
17:     // 處理郵件的附檔
18:     string uploadFile = "~/temp/";
19:     if (fupFile.HasFile) {    // 是否有上傳檔案
20:         uploadFile += fupFile.FileName; // 建立路徑
21:         // 取得實際的路徑
22:         uploadFile = Server.MapPath(uploadFile);
23:         fupFile.SaveAs(uploadFile);    // 儲存上傳檔案
24:         // 在電子郵件加上附檔
25:         Attachment attachedFile = new Attachment(uploadFile);
26:         attachedFile.Name = fupFile.FileName;
27:         myMail.Attachments.Add(attachedFile);  // 新增附檔
28:     }
29:     // 設定 SMTP 伺服器
30:     SmtpClient smtpServer = new SmtpClient();
31:     smtpServer.Host = "ms2.hinet.net";
32:     CredentialCache myCache = new CredentialCache();
33:     myCache.Add("ms2.hinet.net", 25, "login",
34:             new NetworkCredential("hueyan", "1234"));
35:     smtpServer.Credentials = myCache;
36:     smtpServer.Send(myMail);               // 寄出郵件
37:     lblOutput.Text = "附檔電子郵件已經寄出.....<br/>";
38: }
```

■ 程式說明

- 第 4 列：建立 MailMessage 物件。
- 第 6~16 列：指定郵件內容的相關屬性，郵件地址是使用 MailAddress 物件來建立。
- 第 19~28 列：if 條件判斷是否有上傳檔案，如果有，在第 20~22 列取得上傳檔案的實際路徑後，在第 23 列上傳檔案。
- 第 25~27 列：在使用上傳檔案建立 Attachment 物件後，呼叫 Add()方法新增電子郵件 MailMessage 物件的附檔。

● 第 30~36 列：設定 SMTP 郵件伺服器和認證資料後，在第 36 列送出郵件。

■ **執行結果**

儲存後，在「方案總管」視窗選 Default.aspx，執行「檔案/在瀏覽器中檢視」命令，可以看到執行結果的 ASP.NET 網頁。

在上述欄位輸入電子郵件地址、主旨和郵件內容後，在下方選擇郵件附檔，按**寄出**鈕寄出電子郵件，稍等一下，可以看到一個成功寄送郵件的訊息。收件者可以啟動郵件工具來檢視收到的電子郵件。

14-4 Ajax 的基礎

Ajax 是 **Asynchronous JavaScript And XML** 的縮寫，譯成中文就是**非同步 JavaScript 和 XML 技術**。Ajax 可以讓 Web 應用程式如同 Windows 應用程式一般，在瀏覽器建立快速、更佳和容易使用的操作介面。

14-4-1 Ajax 簡介

Ajax 是由 Jesse James Garrett 最早提出的名稱，事實上，Ajax 並不是全新的網頁技術，它是使用全新方法來整合現存的多種網頁技術。不過，直到 Ajax 被大量使用在 Google 網頁設計，例如：Gmail、Google Suggest 和 Google Maps 後，Ajax 技術才受到大家的重視，並且快速成為網頁設計技術上的一顆耀眼新星。

Ajax 技術基本上是使用非同步 HTTP 請求，在瀏覽器和 Web 伺服器間傳遞 XML 或 JSON 等資料，當與使用者互動後，Ajax 技術可以只更新部分網頁內容，而不用重新載入整頁網頁內容。例如：在搜尋欄位輸入搜尋關鍵字，可以顯示相關搜尋字的建議清單，因為使用 Ajax 技術，讓網頁非同步取得伺服端提供搜尋關鍵字的建議清單。

Tip 請注意！瀏覽器並沒有重新載入整個網頁，只有更新下拉式選單的清單內容。

Ajax 技術是由多種網頁技術所組成，相關技術說明如下所示：

- **HTML/XHTML 和 CSS**：在瀏覽器顯示使用者介面和呈現相關資料。
- **XML**：伺服端非同步傳遞的資料。
- **XML DOM**：當瀏覽端非同步取得 XML 資料後，可以進一步使用 JavaScript 程式碼和 XML DOM 來取出所需資訊。
- **XMLHttpRequest 物件**：JavaScript 程式碼是透過 XMLHttpRequest 物件來建立非同步的 HTTP 請求。

14-4-2 非同步 HTTP 請求

Ajax 技術的核心是**非同步 HTTP 請求**（Asynchronous HTTP Requests），此種 HTTP 請求可以不用等待伺服端回應，即可讓使用者執行其他互動操作，例如：更改購物車的購買商品數量後，不需等待重新載入整個網頁，或自行按下按鈕來更新網頁，就可以接著輸入送貨等相關資訊。

簡單的說，非同步 HTTP 請求可以讓網頁使用介面，不會因為 HTTP 請求的等待回應而中斷，因為同步 HTTP 請求需要重新載入整頁網頁內容，如果網路稍慢，可能看見空白頁和網頁逐漸載入的過程，這就是和 Windows 應用程式使用者介面之間的最大差異。

同步 HTTP 請求

傳統 HTTP 請求的過程是同步 HTTP 請求(Synchronous HTTP Requests),當使用者在瀏覽器網址欄輸入 URL 網址後,按**移至**鈕,可以將 HTTP 請求送至 Web 伺服器,在處理後,將請求結果的 HTML 網頁傳回瀏覽器來顯示,如下圖所示:

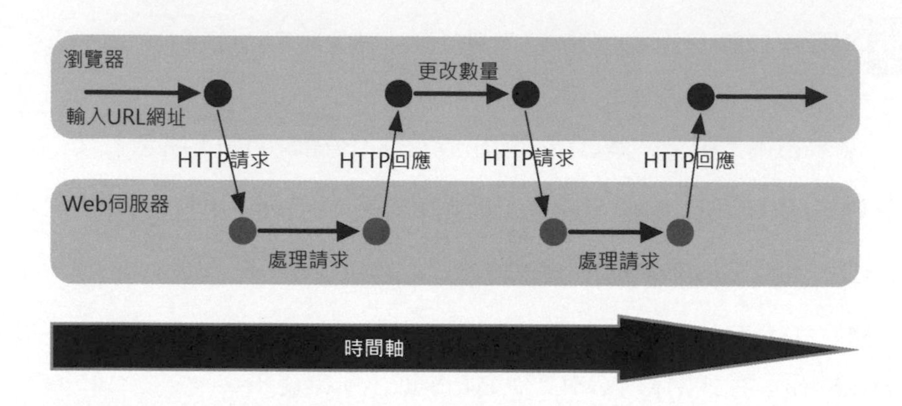

上述圖例在瀏覽器輸入網址後,將 HTTP 請求送至 Web 伺服器,在處理後,將購物車網頁傳回瀏覽器顯示,如果數量不對,在更改後,即再次送出 HTTP 請求,並且取得回應。

在同步 HTTP 請求的過程中,回應內容都是**整頁網頁**,所以在等待回應的時間中,使用者唯一能做的就是等待,需要等到回應後,使用者才能執行下一階段的互動,例如:輸入送貨資料。

換句話說,使用者在網頁輸入資料等互動操作時,是和 HTTP 請求同步的,其過程依序是輸入資料、送出 HTTP 請求、等待、取得 HTTP 回應和顯示結果,完成整個流程後,才能進行下一次互動。

非同步 HTTP 請求

Ajax 技術是使用非同步 HTTP 請求,除了第一次載入網頁外,HTTP 請求是在背景使用 **XMLHttpRequest** 物件送出 HTTP 請求,送出後,並不需要等待回應,所以不會影響到使用者在瀏覽器進行的互動,如下圖所示:

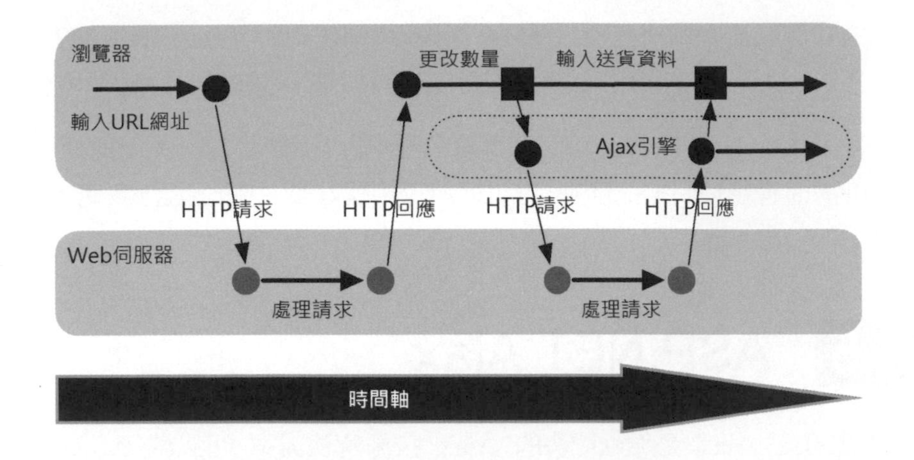

上述圖例在瀏覽器第一次輸入網址後，將 HTTP 請求送至 Web 伺服器，在處理後，將購物車網頁傳回瀏覽器顯示，如果數量不對，在更改後，就是透過 JavaScript 建立的 Ajax 引擎（Ajax Engine）送出第二次 HTTP 請求，因為是非同步，所以不用等到 HTTP 回應，使用者就可以繼續輸入送貨資料。

當送出第二次 HTTP 請求在伺服器處理完畢後，Ajax 引擎可以取得回應資料的 XML DOM，然後更新指定標籤物件的內容，即更改數量、小計和總價，所以不用重新載入整頁的網頁內容。

Ajax 的 HTTP 請求和使用者輸入資料等互動操作是非同步的，因為 HTTP 請求是在背景執行，執行後也不需等待回應，而是由 Ajax 引擎來處理請求、回應和顯示，使用者操作完全不會因為 HTTP 請求而中斷。

14-4-3 Ajax 應用程式架構

Ajax 應用程式架構主要是在**客戶端**，新增 JavaScript 撰寫的 Ajax 引擎處理 HTTP 請求，和取得伺服端回應的 XML、HTML 或 JSON 資料，如下圖所示：

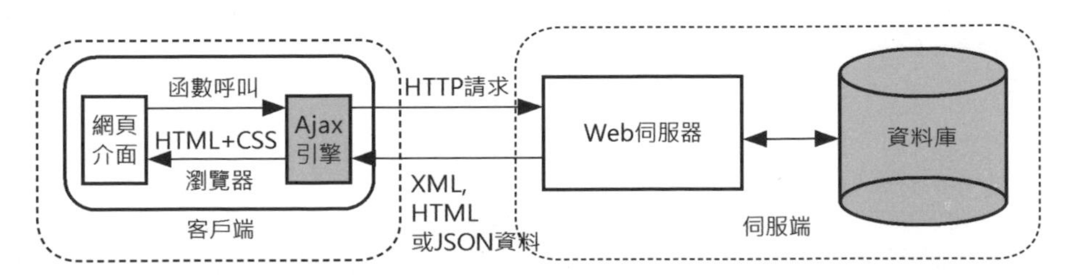

上述圖例的瀏覽器一旦顯示網頁介面後，所有使用者互動所需的 HTTP 請求都是透過 Ajax 引擎送出，並且在取得回應資料後，更新部分的網頁內容。

此時，因為 HTTP 請求都是在背景處理，所以不會影響網頁介面的顯示，使用者不再需要等待伺服端的回應，就可以進行相關互動，換句話說，我們可以大幅改進使用者操作介面。

14-5 ASP.NET Ajax

ASP.NET Ajax 是微軟開發的 Ajax 技術解決方案，可以讓 ASP.NET 的 Web 應用程式，使用 Ajax 技術來建立更快速、更佳和容易使用的 Web 使用介面。

ASP.NET Ajax 簡介

ASP.NET Ajax 是一套完整 Ajax 技術解決方案，包含**客戶端和伺服端元件**，可以讓開發者輕鬆建立 ASP.NET 版的 Ajax 應用程式。ASP.NET Ajax 主要是由三大元件組成，其說明如下所示：

- **ASP.NET Ajax 擴充功能**：這是 ASP.NET Ajax 最主要的元件，提供一組擴充控制項，能夠與 ASP.NET 技術緊密結合來建立支援 Ajax 技術的 ASP.NET 應用程式。
- **Microsoft Ajax 函數庫**：這是 Ajax 技術瀏覽端的 JavaScript 函數庫，即 <第 14-4-3 節>所謂的 Ajax 引擎，可以提供瀏覽器遠端存取 XML 資料的能力。事實上，JavaScript 函數庫就是透過 XMLHttpRequest 物件建立非同步 HTTP 請求，支援 Google Chrome、IE、Mozilla、Firefox 和 Apple Safari 等瀏覽器。
- **Microsoft Ajax Control Toolkit**：提供現成伺服端控制項，可以建立高互動性和動畫效果的 Web 應用程式。

ASP.NET Ajax 伺服端控制項

在 ASP.NET Ajax 擴充功能新增的伺服端控制項中，最常使用的控制項有四個，其說明如下所示：

- **ScriptManager**：管理瀏覽端腳本程式、部分網頁內容更新、本土化、全球化設定和使用者自訂腳本程式碼的控制項，簡單的說，其功能是控制和管理 ASP.NET 網頁的 Ajax 功能，如果需要建立 ASP.NET Ajax 的 ASP.NET 網頁，就一定需要新增此控制項。

Tip 請注意！此控制項需要在其他 ASP.NET Ajax 控制項之前。

- **UpdatePanel**：一種容器控制項，可以在網頁建立指定區域來套用 Ajax 功能，簡單的說，需要**部分更新**網頁內容的使用介面，就是置於此控制項之中。
- **UpdateProgress**：此控制項可以顯示 UpdatePanel 控制項更新部分網頁內容時的**進度狀態**。
- **Timer**：能夠指定間隔時間來自動執行表單送回功能的控制項，只需搭配 UpdatePanel 控制項，就可以**定時更新**特定部分的網頁內容，在<第 16-1-3 節>有進一步的說明。

建立 ASP.NET Ajax 應用程式的步驟

在 Visual Studio Community 開啟「工具箱」視窗，展開 **AJAX 擴充功能**區段，就可以看到上述 ASP.NET Ajax 控制項，如下圖所示：

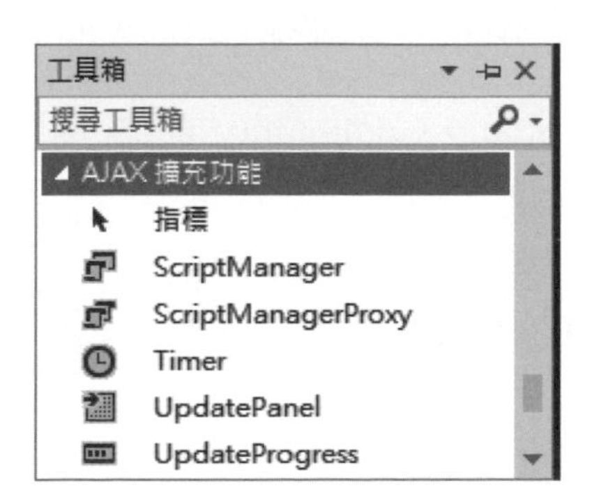

在 Visual Studio Community 建立 ASP.NET Ajax 應用程式的基本步驟，如下所示：

Step 1 在 ASP.NET 網頁新增 ScriptManager 控制項，此控制項在執行時並不會顯示，它是在幕後管理所有 Ajax 功能的執行。

Step 2 新增 UpdatePanel 控制項建立需要部分更新的編輯區域。

Step 3 將控制項拖拉至 UpdatePanel 控制項中建立網頁內容，換句話說，這些控制項就是需要部分更新的網頁內容。

14-6 建立 ASP.NET Ajax 應用程式

ASP.NET Ajax 可以幫助我們透過 ASP.NET Ajax 擴充功能的控制項來輕鬆建立 Ajax 應用程式，讓網站提供更佳的操作性、互動效果和呈現多樣化的視覺效果。

14-6-1 第一個 ASP.NET Ajax 範例網站

在本節第一個 ASP.NET Ajax 範例網站是非常簡單的範例，當使用者按下按鈕，網頁只會更新 Label 控制項的部分網頁內容來顯示日期/時間資料，而不會重新載入整頁網頁內容。

ASP.NET 網站：Ch14_6_1

在 ASP.NET 網頁新增 ScriptManager 和 UpdatePanel 控制項後，就可以加入 Label 控制項的部分網頁內容來顯示日期/時間資料，其步驟如下所示：

Step 1 請啟動 Visual Studio Community 開啟「範例網站\Ch14\Ch14_6_1」資料夾的 ASP.NET 網站，然後開啟 Default.aspx 網頁且切換至**設計檢視**，可以看到 HTML 表格。

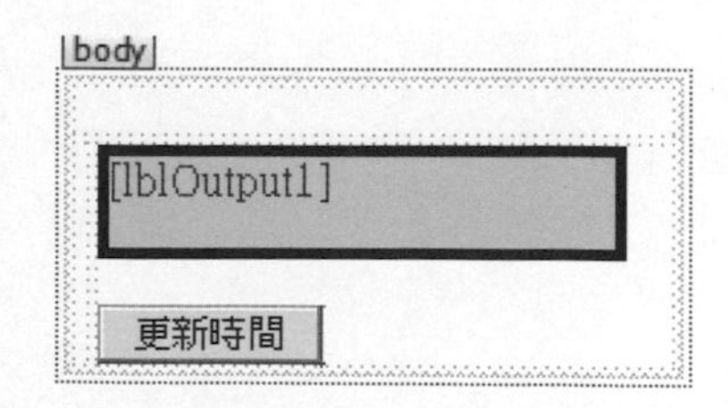

在上述 Web 表單第 2 列的第 2 個儲存格中是名為 lblOutput1 的標籤控制項，和 Button1 按鈕控制項，這是對應 Ajax 更新部分網頁內容的對照組。

Step 2 在「工具箱」視窗展開 **AJAX 擴充功能**區段，拖拉 ScriptManager 控制項至編輯區域的表格第一列，如下圖所示：

Step 3 然後拖拉 UpdatePanel 控制項至表格第 2 列的第 1 個儲存格，如下圖所示：

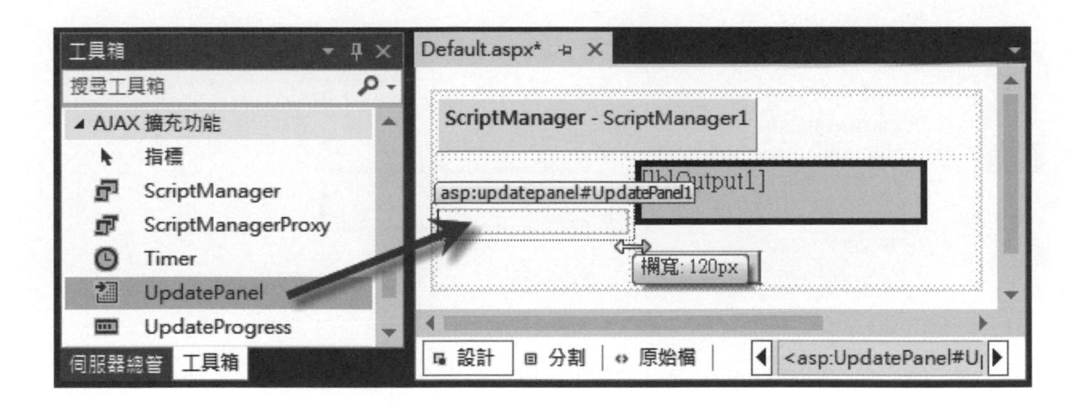

Step 4 選表格的中間框線，拖拉放大儲存格寬度至 120px。

Step 5 在「工具箱」視窗展開**標準**區段，拖拉 Label 控制項至 UpdatePanel 控制項中，如下圖所示：

Step 6 選 Label 控制項，在「屬性」視窗更改相關屬性值，如右表所示：

屬性名稱	屬性值
(ID)	lblOutput2
Text	(空字串)
ForeColor	white
BackColor	blue
BorderStyle	Solid
Hight	32px
Width	175px

Step 7 然後拖拉 Button 控制項至 UpdatePanel 控制項中 Label 控制項的下方，中間使用 Enter 鍵空一列，然後將 **Text** 屬性改為 **Ajax 更新時間**，如下圖所示：

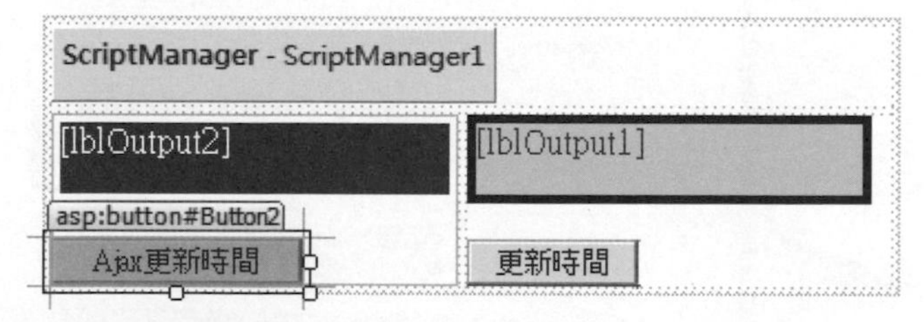

Step 8 按二下**更新時間**和 **Ajax 更新時間**鈕，可以建立 Button1~2_Click()事件處理程序。

■ Button1~2_Click()

```
01: protected void Button1_Click(object sender, EventArgs e)
02: {
03:     lblOutput1.Text = DateTime.Now.ToString();
04: }
05:
```

next

```
06: protected void Button2_Click(object sender, EventArgs e)
07: {
08:     lblOutput2.Text = DateTime.Now.ToString();
09: }
```

■ 程式說明

- 第 1~4 列：Button1_Click()事件處理程序是在第 3 列顯示日期/時間資料。
- 第 6~9 列：Button2_Click()事件處理程序是在第 8 列顯示日期/時間資料。

■ 執行結果

儲存後，在「方案總管」視窗選 Default.aspx，執行「檔案/在瀏覽器中檢視」命令，可以看到執行結果的 ASP.NET 網頁。

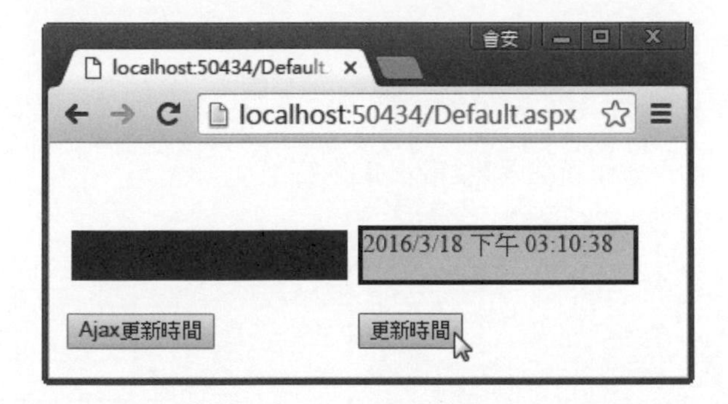

按**更新時間**鈕，可以看到整個網頁都重新載入來顯示上方 Label 控制項的日期/時間資料。

如果按 **Ajax 更新時間**鈕，就只有更新上方 Label 控制項的部分網頁內容，並不會重新載入整頁網頁，這就是 Ajax 技術的顯示效果，如下圖所示：

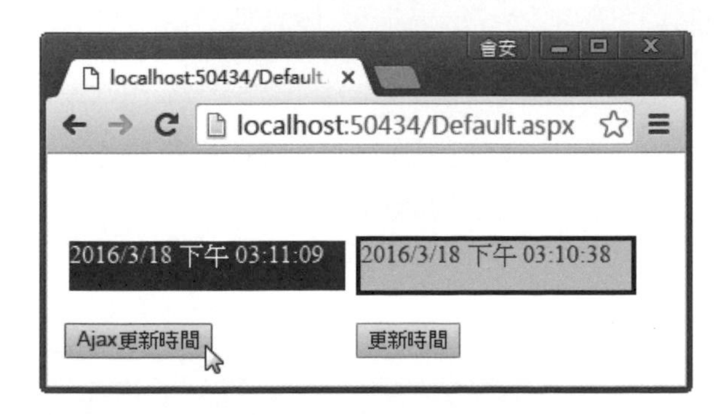

14-6-2 ASP.NET Ajax 與 GridView 控制項

同樣的，如果將 GridView 控制項置於 UpdatePanel 控制項中，當切換顯示不同分頁的記錄資料時，就只會更新 GridView 控制項的部分網頁內容，而不會更新網頁其他部分的內容。

ASP.NET 網站：Ch14_6_2

在 ASP.NET 網頁的 UpdatePanel 控制項中新增 GridView 控制項，以便在切換分頁時，只更新 GridView 控制項的部分網頁內容，其步驟如下所示：

Step 1 請啟動 Visual Studio Community 開啟「範例網站\Ch14\Ch14_6_2」資料夾的 ASP.NET 網站，然後開啟 Default.aspx 網頁且切換至**設計**檢視。

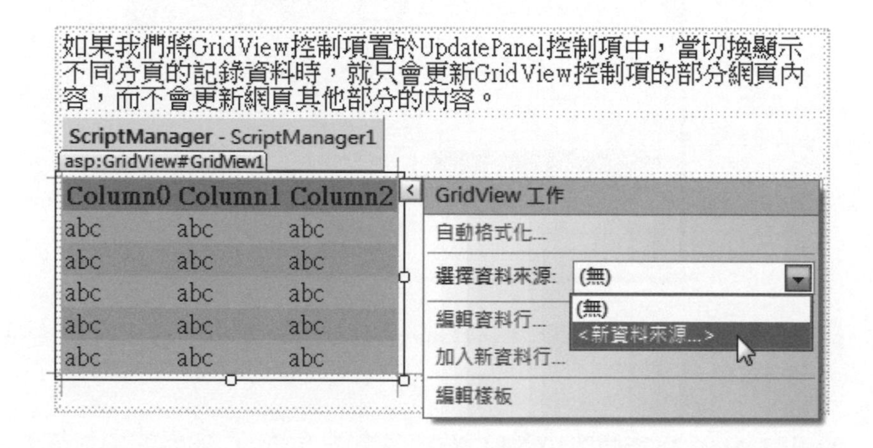

上述 Web 表單擁有 ScriptManager 和 UpdatePanel 控制項，在 UpdatePanel 控制項已經新增 GridView 控制項，和指定自動格式化**沙州藍天**，而且網站已經加入 School.mdf 資料庫。

Step 2 請開啟「GridView 工作」功能表，在**選擇資料來源**欄選**<新資料來源…>**選項，可以看到資料來源組態精靈畫面。

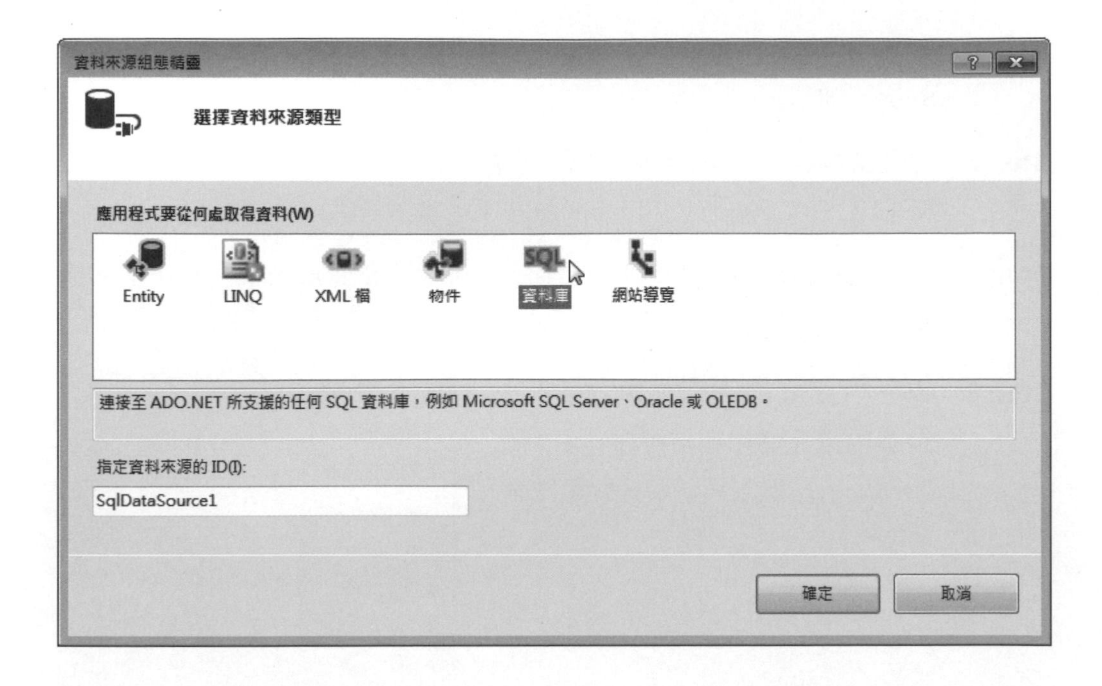

Step 3 選**資料庫**，按**確定**鈕，可以看到設定資料來源的精靈畫面。

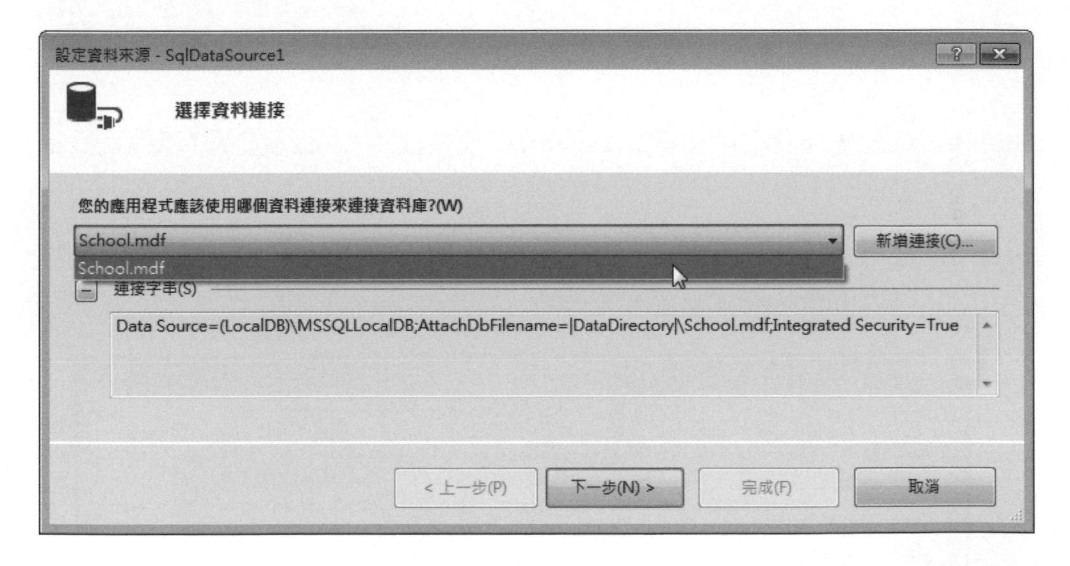

Step 4 選 **School.mdf** 資料庫（如果沒有看到，請按**新增連接**鈕，選「D:\範例網站\Ch14\Ch14_6_2\App_Data\School.mdf」資料庫，即可新增資料庫連接）後，按**下一步**鈕將連接字串存入應用程式組態檔。

Step 5 預設儲存為 ConnectionString，不用更改，按**下一步**鈕建立查詢的 Select 陳述式。

Step 6 在**名稱**欄選 **Students**，勾選*可以在下方看到建立的 SQL 指令 SELECT * FROM [Students]，按**下一步**鈕測試 SQL 查詢。

Step 7 按**測試查詢**鈕可以在中間顯示查詢結果，按**完成**鈕完成資料來源的設定。

Step 8 開啟「GridView 工作」功能表勾選**啟用分頁**和**啟用排序**，可以在 GridView 控制項新增分頁和排序功能。

Step 9 然後在「屬性」視窗設定 **PageSize** 屬性值為 2，也就是每頁顯示 2 筆記錄。

Step 10 接著開啟「工具箱」視窗，展開 **AJAX 擴充功能**區段，拖拉 UpdateProgress 控制項至表格的最後一列，如下圖所示：

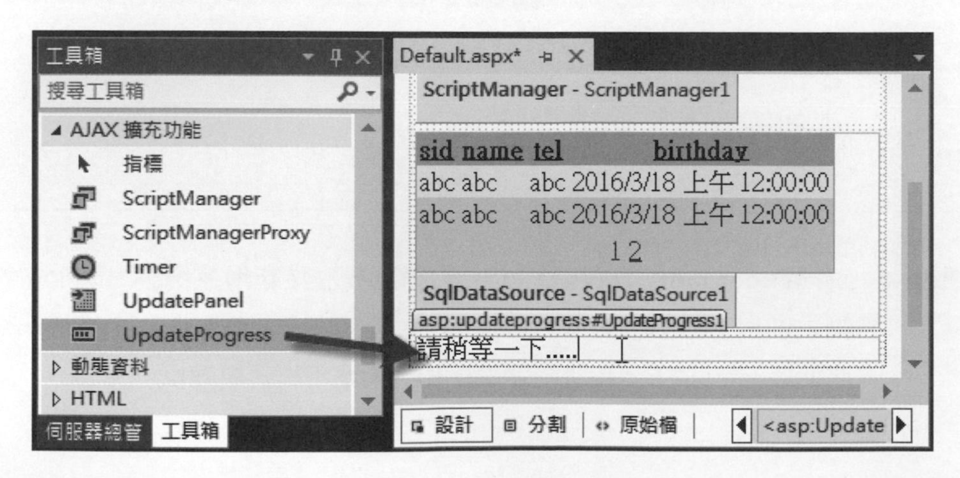

Step 11 在控制項中輸入訊息文字**請稍等一下......**後，在「屬性」視窗上方點選 UpdateProgress1，設定 **AssociatedUpdatePanelID** 屬性值為 **UpdatePanel1**，指定 UpdateProgress 控制項對應的 UpdatePanel 控制項，如下圖所示：

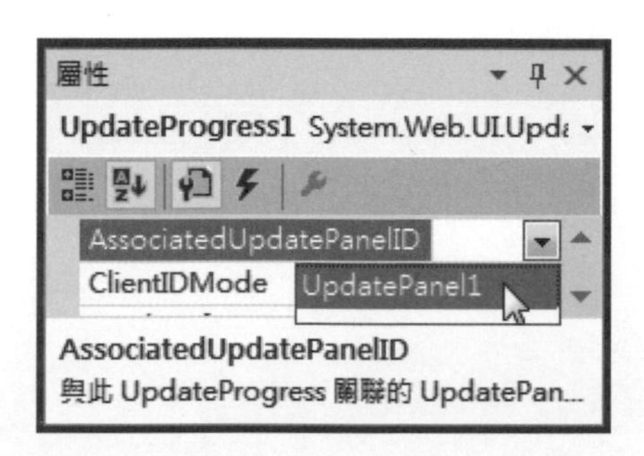

Step 12 因為資料量很少且執行速度太快，事實上，我們並無法看到 UpdateProgress 控制項的內容，所以，在「屬性」視窗新增 GridView1 控制項的 GridView1_PageIndexChanged()事件處理程序。

■ GridView1_PageIndexChanged()

```
01: protected void GridView1_PageIndexChanged(object sender,
                                            EventArgs e)
02: {
03:     System.Threading.Thread.Sleep(3000);
04: }
```

■ 程式說明

- 第 3 列：使用 System.Threading.Thread.Sleep()方法來延遲一段時間，參數的單位是毫秒，以此例是 3 秒鐘。

■ 執行結果

儲存後，在「方案總管」視窗選 Default.aspx，執行「檔案/在瀏覽器中檢視」命令，可以看到執行結果的 ASP.NET 網頁。

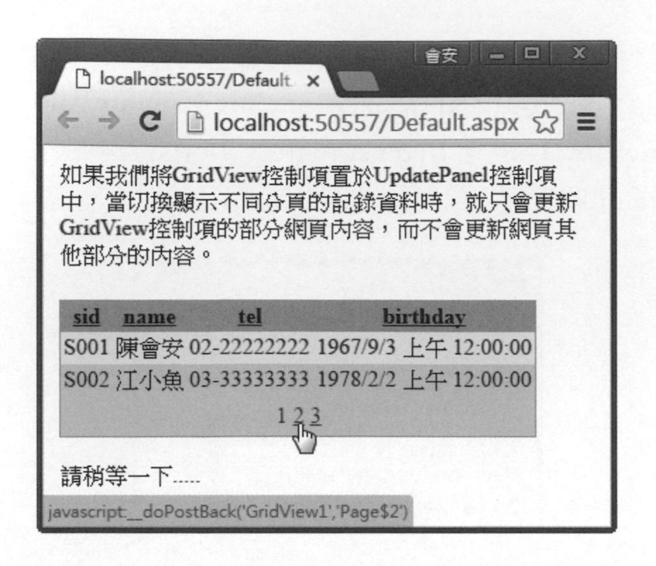

在上述網頁切換分頁時會在控制項下方顯示訊息文字，這是 UpdateProgress 控制項的內容，網頁只會更新 GridView 控制項來顯示下一分頁的記錄資料，並不會重新載入上方文字段落的網頁內容。

學習評量

選擇題

(　　) 1. 請指出 FileInfo 物件的哪一個屬性可以檢查檔案是否存在？

A. FileExist　　B. Exists

C. IsExists　　D. Extension

(　　) 2. 請問 StreamReader 物件的哪一個方法並不會真的讀取文字檔案內容？

A. ReadToEnd()　　B. ReadLine()

C. Peek()　　D. Read()

(　　) 3. 請指出下列哪一個 Ajax 控制項能夠在指定間隔時間來自動執行表單送回功能？

A. UpdateProgress　　B. Timer
C. ScriptManager　　D. UpdatePanel

(　　) 4. 請問下列哪一個控制項可以執行客戶端檔案上傳？

A. Calendar　　B. AdRotator
C. MultiView　　D. FileUpload

(　　) 5. 在 ASP.NET 網頁處理伺服器的檔案和資料夾是匯入下列哪一個命名空間？

A. System.Math　　B. System.Net.Mail
C. System.IO　　D. System.Data.SqlClient

簡答題

1. 請簡單說明 System.IO 命名空間的類別？
2. 請使用圖例說明什麼是串流模型？
3. 請寫出 StreamReader 和 StreamWriter 串流類別讀寫文字檔案的步驟？
4. 在 FileInfo 物件建立全新文字檔是使用＿＿＿＿＿方法，新增文字內容到檔尾是使用＿＿＿＿＿方法來開啟檔案。
5. 在 ASP.NET 網頁使用 SMTP 寄送電子郵件是使用＿＿＿＿＿物件的＿＿＿＿＿方法。附檔郵件就是新增＿＿＿＿＿附檔物件。
6. 請使用圖例說明什麼是同步和非同步 HTTP 請求？
7. 請使用圖例來說明 Ajax 和其應用程式架構？
8. 請說明 ASP.NET Ajax 是什麼？其組成元件有哪三種？ASP.NET Ajax 常用的控制項有哪些？

實作題

1. 請建立 ASP.NET 網頁使用 System.IO 命名空間的類別來檢查 book.txt 文字檔案是否存在，如果不存在就建立此檔案。

2. 請建立 ASP.NET 網頁在實作題 1 建立的文字檔案寫入下列 3 行文字內容，如下所示：

```
「本書是一本適合初學者學習 ASP.NET 技術的好教材。
請選購 ASP.NET 網頁製作徹底研究來學習 ASP.NET。
謝謝!選購本書來學習 ASP.NET 網頁設計。」
```

3. 請建立 ASP.NET 網頁讀取實作題 2 的文字檔案，請先讀取前 10 個字元顯示在 Label 標籤控制項後，讀取一整行的文字內容。

4. 請建立 ASP.NET 網頁使用陣列儲存電子郵件地址後，使用 System.Net.Mail 名稱空間的類別來寄送電子郵件來通知給所有客戶。

5. ASP.NET 網站 Ch14_3 的電子郵件附檔處理只能選擇一個附檔，請新增 FileUpload 控制項以便選取至多 2 個附檔。

6. 請使用<第 8 章>實作題 1 資料庫來建立通訊錄資料查詢的 ASP.NET Ajax 應用程式，只需輸入編號，就可以更新部分網頁內容來顯示指定聯絡人的詳細資料。

15

豐富控制項、LINQ 與 Entity Framework

本章學習目標

15-1 豐富控制項

ASP.NET 的「豐富控制項」(Rich Controls)之所以稱為豐富控制項,因為這種伺服端控制項**提供複雜使用者介面**,在客戶端會自動產生複雜的 HTML 標籤和相關程式碼。

所以,豐富控制項可以在網頁產生進階使用者介面,而不需撰寫任何 HTML 標籤或程式碼,例如:Calendar、AdRotator、MultiView 和 Wizard 控制項。

15-1-1 Calendar 控制項

Calendar 控制項可以在網頁顯示萬年曆,只需更改屬性值就可以指定月曆的顯示方式,或使用事件處理來執行日期等相關操作。

Calendar 控制項的常用屬性

屬性	說明
DayNameFormat	月曆上方星期標題的顯示方式,可以是 Short、Shortest、FirstLetter、FirstTwoLetters 或 Full
NextPrevFormat	上一月/下一月超連結的顯示格式,可以是 CustomText、ShortMonth 和 FullMonth
NextMonthText	指定下一月超連結顯示的文字內容
PrevMonthText	指定上一月超連結顯示的文字內容
ShowDayHeader	設定是否顯示月曆的星期標題,True 顯示;False 為不顯示
ShowGridLines	是否顯示框線,False 為不顯示;True 為顯示
ShowNextPrevMonth	是否顯示上一月/下一月超連結,True 顯示;False 為不顯示
ShowTitle	是否顯示標題列
TitleFormat	標題列格式,MonthYear 顯示年月,或 Month 只顯示月

Calendar 控制項事件處理的相關屬性

屬性	說明
SelectedDate	在月曆中選取的日期
SelectedDates	在月曆中選取整個範圍的日期
SelectionMode	選取模式是一日 (Day)、整個星期 (DayWeek) 或整個月 (DayWeekMonth)
SelectMonthText	當 SelectionMode 屬性為 DayWeekMonth 時，可以指定選取整個月超連結的文字內容
SelectWeekText	當 SelectionMode 屬性為 DayWeek 時，可以指定選取整個星期超連結的文字內容
TodaysDate	今天的日期
VisibleDate	指定萬年曆顯示的日期，此日期的月份，就是目前控制項顯示的月份

Calendar 控制項的事件

事件	說明
DayRendar	當 Calendar 控制項產生每一日的儲存格前，就會觸發此事件，我們可以使用此事件在儲存格顯示所需的內容
SelectionChanged	當使用者選取一日、整個星期或整個月時，就會觸發此事件，視 SelectionMode 屬性的選取模式而定
VisibleMonthChanged	當使用按上一月/下一月超連結時，就會觸發此事件

在 VisibleMonthChanged 事件處理程序傳入的參數是 MonthChangedEventArgs 物件。其相關屬性的說明如下表所示：

屬性	說明
NewDate	這一個月顯示的日期
PreviousDate	上一個月顯示的日期

ASP.NET 網站：Ch15_1_1

在 ASP.NET 網頁新增 Calendar 控制項且指定自動格式化後，更改屬性變更顯示外觀，並且新增 SelectionChanged 和 VisibleMonthChanged 事件處理程序，可以使用 2 個 DropDownList 控制項選取目前的月份和選取模式，其步驟如下所示：

Step 1 請啟動 Visual Studio Community 開啟「範例網站\Ch15\Ch15_1_1」資料夾的 ASP.NET 網站，然後開啟 Default.aspx 網頁且切換至**設計**檢視。

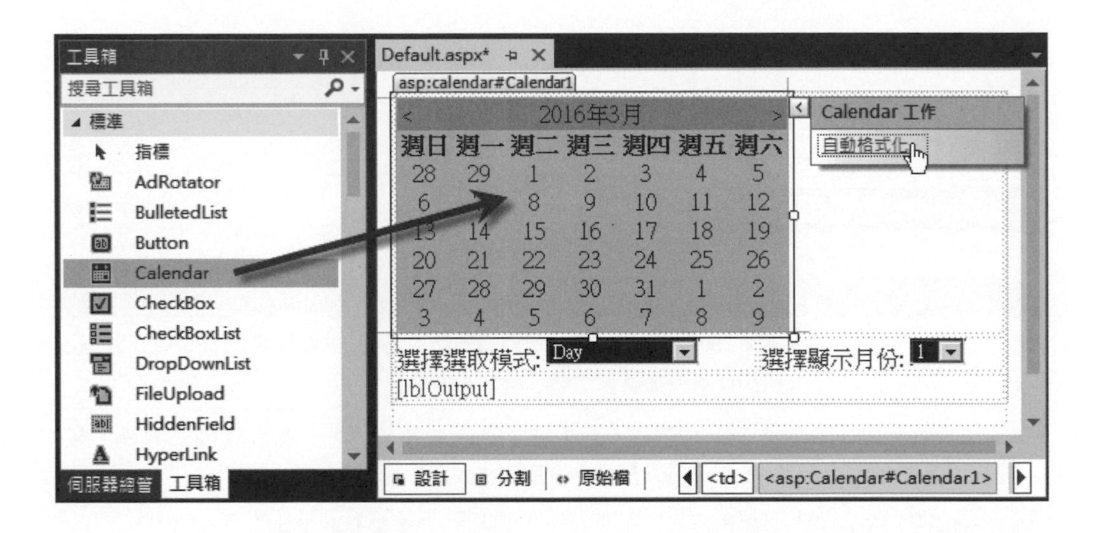

上述 Web 表單中間是名為 ddlMode 和 ddlMonth 的 DropDownList 控制項，AutoPostBack 屬性已經設為 True，最下方是 lblOutput 標籤控制項。

Step 2 在「工具箱」視窗展開**標準**區段，選 **Calendar** 控制項，然後拖拉至表格的第一列來加入 Calendar 控制項。

Step 3 請開啟「Calendar 工作」功能表，選**自動格式化**超連結，可以看到「自動格式設定」對話方塊，選**色彩 1** 樣式，按**確定**鈕完成設定。

Step 4 在拖拉增加控制項尺寸為 430×200 後，請在「屬性」視窗更改相關屬性值，如下表所示：

屬性名稱	屬性值
DayNameFormat	Short
ShowGridLines	True
NextMonthText	下個月
PrevMonthText	上個月
SelectWeekText	選星期
SelectMonthText	選月份

Step 5 按二下 Calendar 控制項建立 Calendar1_SelectionChanged()事件處理程序，然後新增 Calendar1_VisibleMonthChanged()事件處理程序，和編輯 Page_Load()事件處理程序。

■ Default.aspx.cs 的事件處理程序

```
01: protected void Page_Load(object sender, EventArgs e)
02: {
03:     // 取得選取模式
04:     Calendar1.SelectionMode =
            (CalendarSelectionMode)(ddlMode.SelectedIndex);
05:     if (Calendar1.SelectionMode ==
                        CalendarSelectionMode.None) {
06:         Calendar1.SelectedDates.Clear();  // 清除選取
07:     } // 設定目前的月份
08:     Calendar1.VisibleDate = new DateTime(
09:     Calendar1.TodaysDate.Year, ddlMonth.SelectedIndex + 1, 1);
10:     lblOutput.Text = "VisibleDate 屬性值: " +
                Calendar1.VisibleDate.ToShortDateString();
11: }
12:
13: protected void Calendar1_SelectionChanged(
                            object sender, EventArgs e)
14: {
15:     // 顯示選取日期的範圍
16:     switch (Calendar1.SelectedDates.Count)
17:     {
18:         case 0: // None
19:             lblOutput.Text = "沒有選擇日期資料.....";
20:             break;
21:         case 1: // Day
```

next

```
22:             lblOutput.Text = "選擇的日期: " +
                Calendar1.SelectedDate.ToShortDateString();
23:             break;
24:         case 7: // Week
25:             lblOutput.Text = "選擇星期的開始: " +
                Calendar1.SelectedDate.ToShortDateString();
26:             break;
27:         default: // Month
28:             lblOutput.Text = "選擇月的開始: " +
                Calendar1.SelectedDate.ToShortDateString();
29:             break;
30:     }
31: }
32:
33: protected void Calendar1_VisibleMonthChanged(
                object sender, MonthChangedEventArgs e)
34: {
35:     lblOutput.Text = "新月份: " + e.NewDate.Month.ToString() +
36:                     "<br/>原始前一月份: " +
37:                     e.PreviousDate.Month.ToString();
38: }
```

■ 程式說明

- 第 1~11 列：Page_Load()事件處理程序是在第 4 列設定 Calendar 控制項選取模式的 SelectionMode 屬性，如果為 None，在第 5~7 列的 if 條件使用 Clear()方法清除 SelectedDates 屬性選取的日期。
- 第 8~9 列：設定 VisibleDate 屬性為 DateTime 物件，建構子參數依序為年、月和日，年由 TodaysDate.Year 屬性取得，DropDownList 控制項選擇的是月份。
- 第 13~31 列：SelectionChanged 事件處理程序是在第 16~30 列的 switch 條件敘述依 SelectedDates.Count 屬性取得選取日數，如下表所示：

日數	說明
0	沒有選取，表示 SelectionMode 屬性為 None
1	只選取 1 日，表示 SelectionMode 屬性為 Day
7	選取 7 日整個星期，表示 SelectionMode 屬性為 DayWeek
其他	選取超過一星期，表示 SelectionMode 屬性為 DayWeekMonth

- 第 33~38 列：VisibleMonthChanged 事件處理程序是在第 35~37 列分別顯示新月份和原始前一月份的值。

■ 執行結果

儲存後，在「方案總管」視窗選 Default.aspx，執行「檔案/在瀏覽器中檢視」命令，可以看到執行結果的 ASP.NET 網頁。

在上述網頁選擇選取模式為：一日、一星期或一整月後，Calendar 控制項就會顯示不同的欄位。如果選取顯示月份，可以直接跳到指定月份。

按第一列的選月份、選星期和日期超連結就會觸發 SelectionChanged 事件，在下方顯示選取的日期。如果按標題列上一月/下一月超連結，可以觸發 VisibleMonthChanged 事件，在下方顯示 NewDate 和 PreviousDate 屬性值的月份。

15-1-2 AdRotator 控制項

AdRotator 控制項是廣告圖片的管理元件，控制項是使用**亂數產生權值**來隨機選擇顯示的廣告圖片，每一張圖片都是一個圖片超連結，可以連接目的地的 URL 網址。

建立 XML 文件的設定檔

AdRotator 控制項使用的廣告圖片資料是記錄在 XML 文件，內含圖片位置、轉址 URL 網址和關鍵字等資訊。例如：在 Ch15_1_2.xml 定義下一節 AdRotator 控制項使用的教課書封面廣告圖片資訊，其內容如下所示：

```
<?xml version="1.0" encoding="utf-8" ?>
<Advertisements>
    <Ad>
        <ImageUrl>images/CS101.gif</ImageUrl>
        <Width>140</Width>
        <Height>190</Height>
        <NavigateUrl>Details.aspx?No=CS101</NavigateUrl>
        <AlternateText>CS101</AlternateText>
        <Keyword>Concept</Keyword>
        <Impressions>25</Impressions>
        <Caption>計算機概論</Caption>
    </Ad>
........................
</Advertisements>
```

上述 XML 文件的根元素是<Advertisements>標籤，每一張廣告圖片是一個<Ad>子標籤，定義廣告圖片的相關子標籤，其說明如下表所示：

標籤	說明
ImageUrl	廣告圖片的 URL 網址
Width	顯示圖片寬度
Height	顯示圖片高度
NavigateUrl	點選圖片時，轉址的 URL 網址
AlternateText	若瀏覽器無法顯示圖片時，顯示的替代文字，這也是游標移到圖片上，顯示小方框 ToolTip 文字的內容
Keyword	篩選廣告圖片的關鍵字，例如：指定廣告類別為 Web 和 Programming 等
Impressions	設定廣告圖片相對其他廣告圖片的比重值，它是將所有 Impressions 標籤值加總後，計算每一張的比重，以決定亂數顯示圖片的頻率

上表<Ad>標籤只有<ImageUrl>子標籤是必須的。<ImageUrl>和<NavigateUrl>子標籤可以使用完整 URL 網址或 ASP.NET 網站的相對路徑。

在 XML 文件的<Ad>標籤除了預設標籤外，我們也可以新增自訂子標籤。例如：新增<Caption>子標籤，如下所示：

```
<Ad>
    <ImageUrl>images/CS203.gif</ImageUrl>
    <Width>140</Width>
    <Height>190</Height>
    <NavigateUrl>Details.aspx?No=CS203</NavigateUrl>
    <AlternateText>CS203</AlternateText>
    <Keyword>Programming</Keyword>
    <Impressions>50</Impressions>
    <Caption>程式語言</Caption>
</Ad>
```

使用 AdRotator 控制項

在 ASP.NET 網頁新增 AdRotator 控制項後，只需指定廣告圖片資料的 XML 文件，就可以使用亂數以權值來隨機選擇顯示的廣告圖片。

AdRotator 控制項除了使用 XML 文件外，也可以使用資料庫作為資料來源，此時需要建立資料來源控制項，資料表欄位名稱就是<Ad>標籤的子標籤名稱。AdRotator 控制項的常用屬性說明，如下表所示：

屬性	說明
AdvertisementFile	XML 設定檔的路徑
KeywordFilter	篩選條件字串，即 XML 設定檔<Keyword>標籤的值
Target	廣告圖片轉址顯示的框架名稱

AdRotator 控制項在產生廣告圖片時會產生 AdCreated 事件，我們可以建立事件處理程序來顯示額外資訊，如下所示：

```
lblOutput.Text = e.AdProperties["Caption"].ToString();
lblOutput.Text += "連結網址: " + e.NavigateUrl;
```

因為上一節<Ad>元素有新增<Caption>子標籤，可以使用 AdProperties 物件取得值，參數是自訂標籤 Caption 的名稱，然後取得 XML 標籤的屬性 NavigateUrl 的值（<Ad>子標籤內容就是屬性值）。

ASP.NET 網站：Ch15_1_2

在 ASP.NET 網頁新增 AdRotator 控制項和指定相關屬性後，建立顯示課程教課書封面的廣告圖片，篩選條件為 Concept，其步驟如下所示：

Step 1 請啟動 Visual Studio Community 開啟「範例網站\Ch15\Ch15_1_2」資料夾的 ASP.NET 網站，然後開啟 Default.aspx 網頁且切換至**設計**檢視。

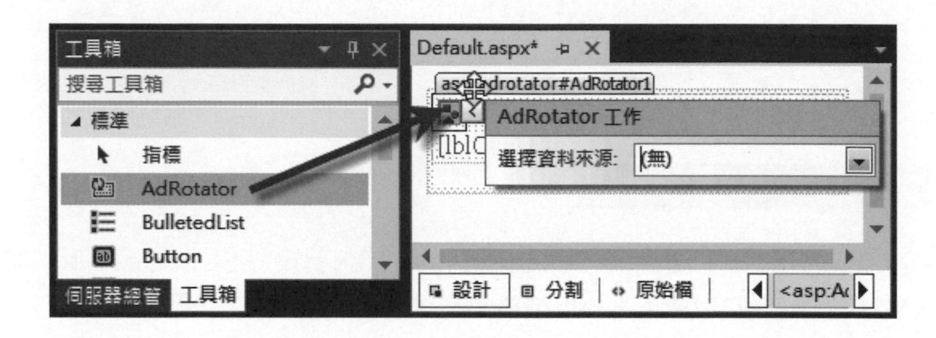

Step 2 在「工具箱」視窗展開**標準**區段，選 **AdRotator** 控制項後，拖拉至<div>標籤中表格的第 1 列來插入 AdRotator 控制項。

Step 3 選 AdRotator 控制項在「屬性」視窗找到 **AdvertisementFile** 屬性，如下圖所示：

Step 4 按 **AdvertisementFile** 屬性欄位後的按鈕，可以看到「選取 XML 檔」對話方塊。

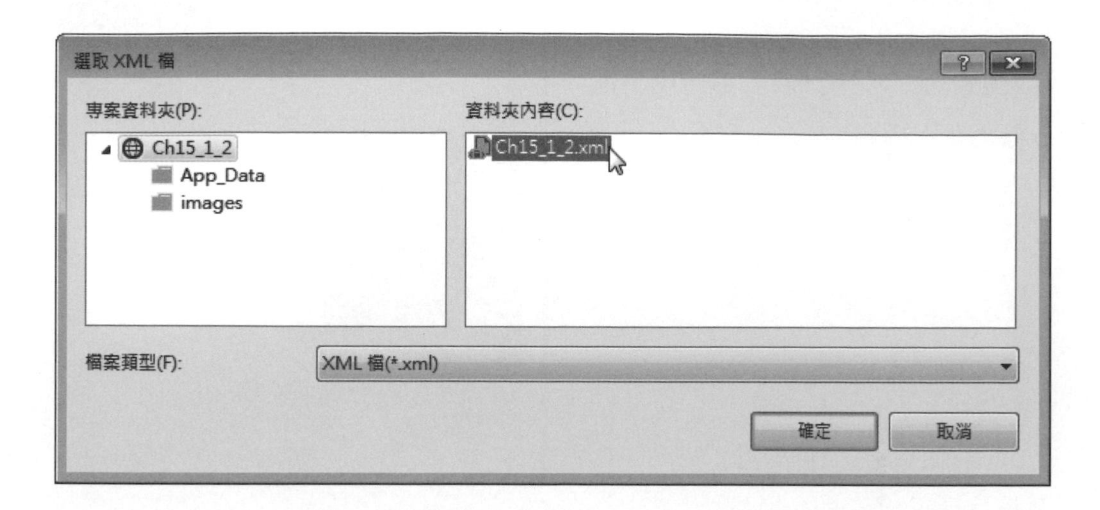

Step 5 選 **Ch15_1_2.xml** 後按**確定**鈕，然後在 **KeywordFilter** 屬性輸入篩選字串為 **Concept**。

Step 6 按二下 AdRotator 控制項建立 AdRotator1_AdCreated()事件處理程序。

■ AdRotator1_AdCreated()

```
01: protected void AdRotator1_AdCreated(object sender,
                                        AdCreatedEventArgs e)
02: {
03:     lblOutput.Text = e.AdProperties["Caption"].ToString();
04:     lblOutput.Text += "連結網址: " + e.NavigateUrl;
05: }
```

■ 程式說明

- 第 3~4 列：在顯示自訂標籤<Caption>的內容後，第 4 列取得 NavigatorURL 屬性值，即<NavigatorURL>標籤值。

■ **執行結果**

儲存後，在「方案總管」視窗選 Default.aspx，執行「檔案/在瀏覽器中檢視」命令，可以看到執行結果的 ASP.NET 網頁。

上述圖片是亂數選擇的圖片，因為有篩選條件，所以只顯示 Concept 關鍵字的圖片，當滑鼠移至圖片上方，可以看到圖片超連結，點選可以轉址到 Details.aspx 的 ASP.NET 網頁，使用 DetailsView 控制項顯示課程詳細資訊。

在瀏覽器按**重新整理**鈕，或按 F5 鍵，可以看到每次顯示不同的廣告圖片（也有可能是相同圖片），讀者可以自行測試執行結果。

15-1-3 MultiView 控制項

MultiView 控制項可以在網頁預先建立多個 View 控制項，每一個 View 控制項類似 Panel 控制項，不過，每次只顯示其中一個 View 控制項，我們可以切換顯示不同 View 控制項的網頁內容。

在 ASP.NET 網頁的 Web 表單介面如果太長時，我們可以使用 MultiView 控制項將太長表單分割成多個小表單，將小表單置於每一個 View 控制項，每次只顯示部分表單來方便資料輸入。

MultiView 控制項的常用屬性

屬性	說明
ActiveViewIndex	屬性的索引值可以決定顯示哪一個 View 控制項，值-1 是不顯示；0 是第 1 個 View 控制項；1 是第 2 個，以此類推
Visible	是否在網頁顯示 MultiView 控制項，預設值 True 是顯示；False 為不顯示

例如：在 Page_Load()事件處理程序指定顯示第 1 個 View 控制項，如下所示：

```
MultiView1.ActiveViewIndex = 0;
```

上述程式碼可以指定 MultiView 控制項顯示第 1 個 View 控制項，即索引值 0，值如為 -1 就是不顯示任何 View 控制項。

在 View 控制項新增巡覽按鈕

MultiView 控制項因為擁有多個 View 控制項，我們需要在 View 控制項新增巡覽按鈕，例如：Button、LinkButton 或 ImageButton 控制項來切換至下一個或前一個 View 控制項。

在 Button、LinkButton 或 ImageButton 控制項只需指定 CommandName 屬性值，就可以建立預設功能的按鈕控制項，其說明如下表所示：

CommandName 屬性值	說明
SwitchViewByID	切換至 CommandArgument 屬性值 ID 的 View 控制項
SwitchViewByIndex	切換至 CommandArgument 屬性值指定索引值的 View 控制項

ASP.NET 網站：Ch15_1_3

在 ASP.NET 網頁使用 MultiView 和 View 控制項建立登入表單，每一個 View 控制項只顯示部分表單內容，網頁提供巡覽按鈕來切換顯示每一個 View 控制項，其步驟如下所示：

Step 1 請啟動 Visual Studio Community 開啟「範例網站\Ch15\Ch15_1_3」資料夾的 ASP.NET 網站，然後開啟 Default.aspx 網頁且切換至**設計**檢視，可以看到一個 lblOutput 標籤控制項。

asp:multiview#MultiView1

MultiView1

[lblOutput]

Step 2 開啟「工具箱」視窗展開**標準**區段，拖拉 **MultiView** 控制項至 lblOutput 控制頁前方，插入 MultiView 控制項。

Step 3 在 MultiView 控制項中插入 3×1 表格後，在「工具箱」視窗展開**標準**區段，拖拉 **View** 控制項至 MultiView 控制項中表格的每一列來插入 3 個 View 控制項，如下圖所示：

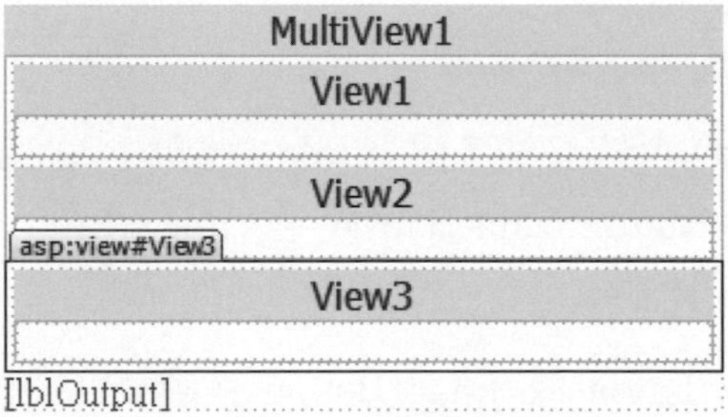

MultiView1

View1

View2

asp:view#View3

View3

[lblOutput]

Step 4 在每一個 View 控制項新增部分表單內容和巡覽按鈕 Button1~4，Button5 可以送出表單內容，如右圖所示：

asp:MultiView#MultiView1

MultiView1

View1

使用者名稱:

下一步

View2

姓名:

前一步 下一步

View3

密碼:

前一步 送出

[lblOutput]

右述 Web 表單由上而下依序是名為 txtUser、txtName 和 txtPass 的 TextBox 控制項，按鈕依序名為 Button1~5。

Step 5 請依序選取巡覽按鈕 Button1~4 後，在「屬性」視窗將 **CommandName** 屬性都改為 **SwitchViewByID**，然後指定 CommandArgument 屬性值，如下表所示：

控制項名稱	CommandArgument 屬性值
Button1	View2
Button2	View1
Button3	View3
Button4	View2

Step 6 按二下名為**送出**的按鈕控制項，可以建立 Button5_Click()事件處理程序，和編輯 Page_Load()事件處理程序。

■ Page_Load()和 Button5_Click()

```
01: protected void Page_Load(object sender, EventArgs e)
02: {
03:     if (IsPostBack)
04:     {
05:         MultiView1.ActiveViewIndex = -1;
06:     }
07:     else
08:     {
09:         MultiView1.ActiveViewIndex = 0;
10:     }
11: }
12:
13: protected void Button5_Click(object sender, EventArgs e)
14: {
15:     lblOutput.Text = "使用者名稱: " + txtUser.Text + "<br/>";
16:     lblOutput.Text += "使用者姓名: " + txtName.Text + "<br/>";
17:     lblOutput.Text += "使用者密碼: " + txtPass.Text + "<br/>";
18: }
```

■ 程式說明

- 第 1~11 列：Page_Load()事件處理程序在第 3~10 列的 if/else 條件判斷是否是表單送回，如果是，將 ActiveViewIndex 屬性指定成-1；否則指定成 0。

- 第 13~18 列：Button5_Click()事件處理程序可以在標籤控制項顯示使用者輸入的資料。

■ **執行結果**

儲存後，在「方案總管」視窗選 Default.aspx，執行「檔案/在瀏覽器中檢視」命令，可以看到執行結果的 ASP.NET 網頁。

在輸入使用者名稱後，按**下一步**鈕顯示下一個 View 控制項，輸入姓名，如果按**前一步**鈕可以顯示上一個 View 控制項，按**下一步**鈕輸入密碼後，按**送出**鈕，可以顯示使用者輸入的資料，如下圖所示：

15-1-4 Wizard 控制項

Wizard 控制項可以在網頁**建立多步驟精靈頁面**，每一個步驟是一個 WizardStep 控制項，我們可以使用 Wizard 控制項**收集使用者輸入的資料**。Wizard 控制項常用屬性的說明，如下表所示：

屬性	說明
ActiveStepIndex	目前精靈步驟的索引值，0 是第 1 個
HeaderText	控制項的標題文字
DisplaySiderBar	是否顯示左邊巡覽列來切換步驟，預設值 True 是顯示；False 為不顯示

WizardStep 控制項常用屬性的說明，如下表所示：

屬性	說明
Title	步驟的標題文字
AllowReturn	是否允許回到此步驟，預設值 True 是可以；False 是不允許
StepType	步驟種類可以是 Start、Step、Finish 和 Complete，預設值是 Auto

ASP.NET 網站：Ch15_1_4

在 ASP.NET 網頁新增和自動格式化 Wizard 控制項後，建立類似<第 15-1-3 節>共三個步驟的精靈頁面，其步驟如下所示：

Step 1 請啟動 Visual Studio Community 開啟「範例網站\Ch15\Ch15_1_4」資料夾的 ASP.NET 網站，然後開啟 Default.aspx 網頁且切換至**設計**檢視，可以看到一個 lblOutput 標籤控制項。

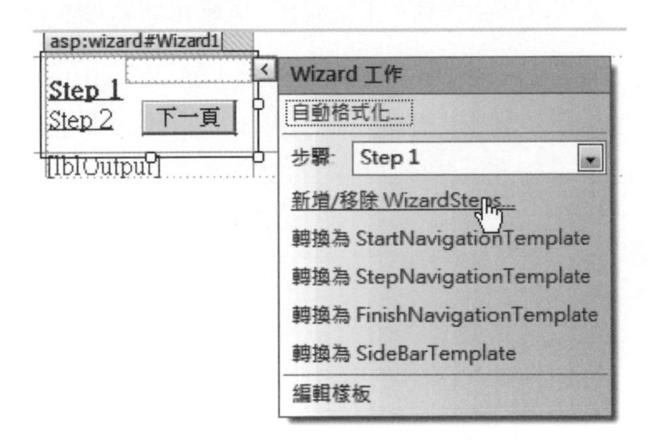

Step 2 在「工具箱」視窗展開**標準**區段，選 **Wizard** 控制項，然後拖拉至<div>標籤的 lblOutput 控制項前，可以插入 Wizard 控制項，預設有二個步驟。

Step 3 在「Wizard 工作」功能表選**新增/移除 WizardSteps** 超連結，可以看到編輯精靈步驟的「WizardStep 集合編輯器」對話方塊。

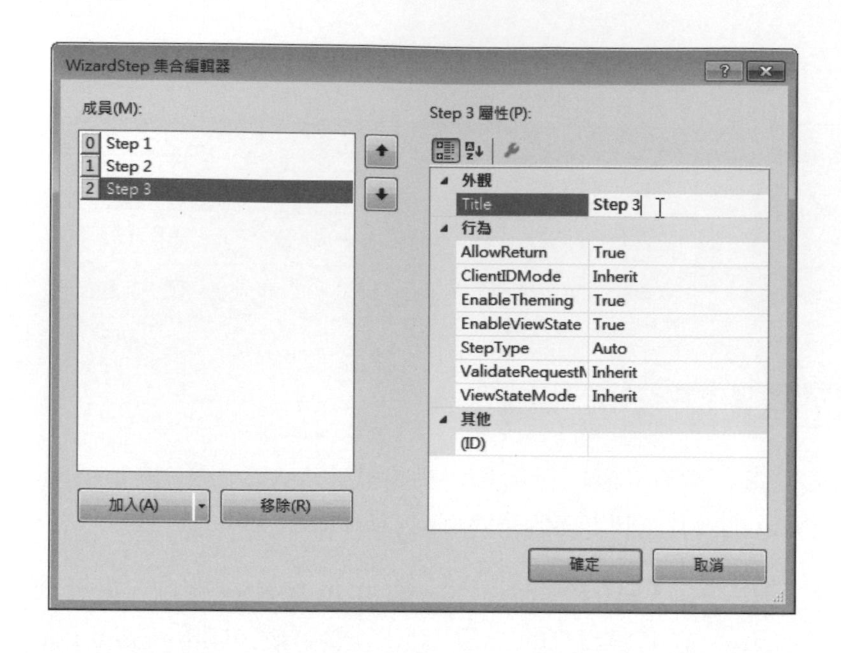

Step 4 按左下方**加入**鈕新增步驟後，在左邊 **Title** 屬性更改步驟標題為 **Step 3**，按**移除**鈕可以移除步驟，在完成後，按**確定**鈕新增步驟。

Step 5 請拖拉放大 Wizard 控制項尺寸後，在「Wizard 工作」功能表的**步驟**欄切換顯示步驟，以便在控制項編輯此步驟的內容，請新增表格編排出和<第 15-1-3 節>各步驟相同的文字和 TextBox 控制項。

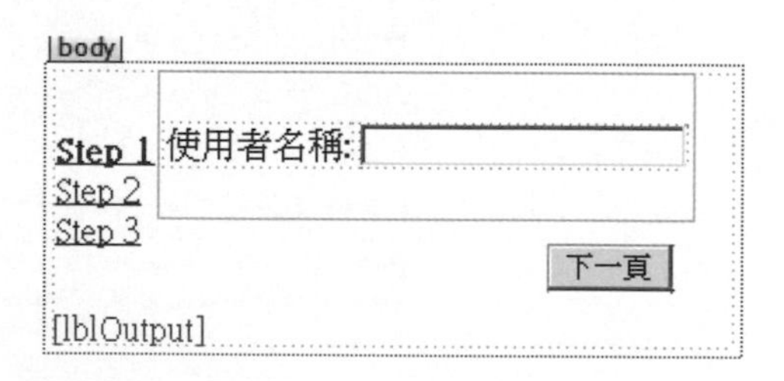

Step 6 在「Wizard 工作」功能表選**自動格式化**超連結，可以看到「自動格式設定」對話方塊，選**專業**樣式，按**確定**鈕完成格式設定。

Step 7 在「屬性」視窗找到 **HeaderText** 屬性，指定標題文字為**輸入登入資訊**。

Step 8 在「Wizard 工作」功能表的**步驟**欄選 **Step 3** 切換顯示最後一個步驟。

Step 9 在 **Step 3** 按二下名為**完成**按鈕，可以建立 Wizard1_FinishButtonClick()事件處理程序，和編輯 Page_Load()事件處理程序。

■ Page_Load()和 Wizard1_FinishButtonClick()

```
01: protected void Page_Load(object sender, EventArgs e)
02: {
03:     Wizard1.Visible = true;      // 顯示 Wixard 控制項
04: }
05:
06: protected void Wizard1_FinishButtonClick(object sender,
                                 WizardNavigationEventArgs e)
07: {
08:     lblOutput.Text = "使用者名稱: " + txtUser.Text + "<br/>";
09:     lblOutput.Text += "使用者姓名: " + txtName.Text + "<br/>";
10:     lblOutput.Text += "使用者密碼: " + txtPass.Text + "<br/>";
11:     Wizard1.Visible = false;  // 隱藏 Wixard 控制項
12: }
```

■ 程式說明

- 第 1~4 列：在 Page_Load()事件處理程序的第 3 列指定 Visible 屬性來顯示 Wizard 控制項。
- 第 6~12 列：Wizard1_FinishButtonClick()事件處理程序是在第 8~10 列顯示使用者輸入的資料，第 11 列隱藏 Wizard 控制項。

Step 10 在「Wizard 工作」功能表的**步驟**欄選 **Step 1** 切換至第一個步驟，這是控制項預設的顯示步驟，另一種方式是在「屬性」視窗找到 **ActiveStepIndex** 屬性，將它設為 **0**。

■ 執行結果

儲存後，在「方案總管」視窗選 Default.aspx，執行「檔案/在瀏覽器中檢視」命令，可以看到執行結果的 ASP.NET 網頁。

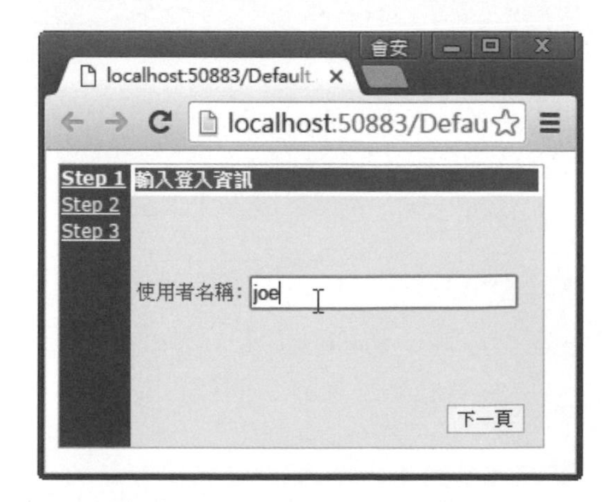

當輸入使用者名稱後，按**下一頁**鈕輸入姓名，最後輸入密碼後，按**完成**鈕，可以顯示使用者輸入的資料。

15-2 LINQ 的基礎

「LINQ」(Language Integrated Query)是微軟開發的統一資料存取技術，可以簡化和統一各種資料存取的實作，基本上，微軟 .NET 程式語言都可以使用 LINQ 技術存取物件、資料庫或 XML 資料。

15-2-1 LINQ 的結構

LINQ 結構是由**多種元件**組成，可以用來存取多種不同資料來源的資料，其基本架構如下圖所示：

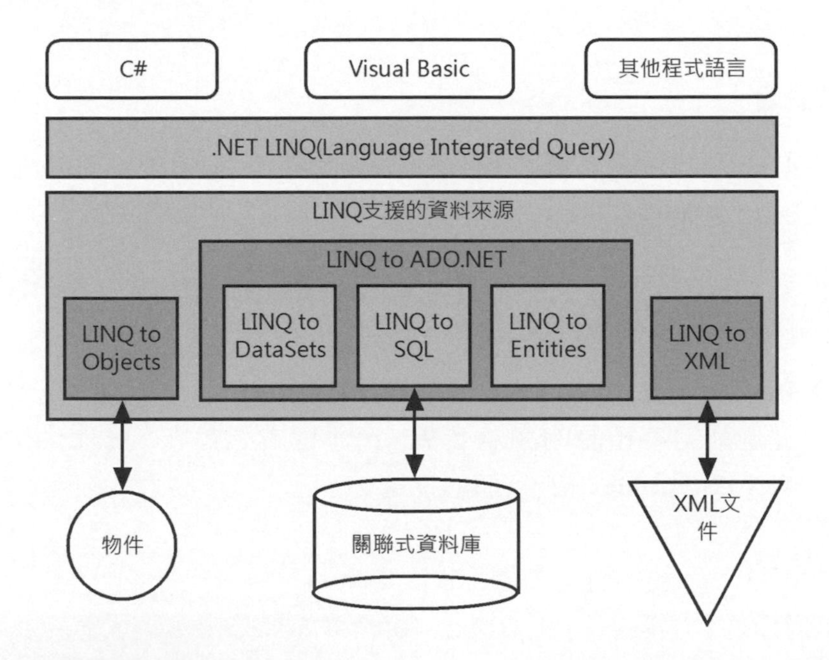

上述 .NET 語言 C# 和 Visual Basic 可以使用 .NET LINQ 查詢 LINQ 支援的資料來源。在 LINQ 支援的資料來源中，主要是由三種元件組成，其說明如下所示：

- **LINQ to Objects**：處理儲存在記憶體的集合物件查詢(例如：陣列、ArrayList、List 或 Dictionary 等)，類別只需實作 IEnumerable 介面，可以使用標準查詢運算子(Standard Query Operators，SQOs)或相關方法來執行 LINQ 查詢。

- **LINQ to ADO.NET**：也稱為 LINQ 支援的 ADO.NET，可以查詢使用 ADO.NET 取得的外部資料，依實作分為三種，其說明如下所示：
  - **LINQ to SQL**：使用 .NET 語言建立類別來直接對應實際的資料表綱要，以 C# 語言來說，就是建立 C# 類別來對應 SQL Server 資料表的欄位。
  - **LINQ to Entities**：類似 LINQ to SQL，只是從對應實際的資料表綱要，改為對應「實體資料模型」(Entity Data Model，EDM)來執行 SQL 查詢。
  - **LINQ to DataSet**：可以直接使用 LINQ 查詢 DataSet 物件。
- **LINQ to XML**：提供不同語法和運算子來查詢和處理 XML 資料，可以將 XQuery 和 XPath 整合至 .NET，提供 XML 查詢與轉換功能。

.NET 支援 LINQ to Objects、LINQ to DataSet、LINQ to Entities 和 LINQ to XML。

15-2-2 LINQ 運算式的基本語法

ASP.NET 程式碼可以使用 LINQ 標準查詢運算子和查詢子句來查詢記憶體中的物件(LINQ to Objects)，即 LINQ 運算式，事實上，我們可以使用 LINQ 運算式查詢的目標有：SQL Server 資料庫、ADO.NET 物件、陣列或實作 IEnumerable 介面的集合物件等。

在本節使用的範例網站是「範例網站\Ch15\Ch15_2_2」資料夾的 ASP.NET 網站。

認識 LINQ 運算式

LINQ 運算式(LINQ Expression)可以取代傳統 foreach 迴圈取出元素的反覆邏輯成為一個宣告運算式，它是由 from、in、where、select 和 orderby 等關鍵字建立的運算式，其結構類似 SQL 指令，只是重新安排各子句的順序。

在本節筆者準備使用 LINQ to Objects 查詢儲存在記憶體的 List 集合物件來說明 LINQ 運算式，集合物件的元素是 Student 物件，類別宣告(App_Code\Student.cs)如下所示：

```
public class Student
{
    public int StdID { get;  set; }
    public string Name { get; set; }
    public string Tel { get; set; }
    public double Grade { get; set; }
    public Student(int StdID, string Name, string Tel, double Grade)
    {
        this.StdID = StdID;
        this.Name = Name;
        this.Tel = Tel;
        this.Grade = Grade;
    }
}
```

上述類別擁有 StdID、Name、Tel 和 Grade 四個屬性，和一個建構子，然後建立強調型別的 List 物件，如下所示：

```
List<Student> Students = new List<Student>();
Students.Add(new Student(1, "陳會安", "02-22222222", 91.5));
Students.Add(new Student(2, "陳允傑", "03-33333333", 76.2));
Students.Add(new Student(3, "江小魚", "04-44444444", 57.5));
Students.Add(new Student(4, "陳允如", "05-55555555", 85.2));
```

上述程式碼建立 Student 型別的 List 物件（括號指定儲存元素的型別）後，使用 Add()方法新增 4 個元素的 Student 物件，接著在 GridView 控制項使用資料繫結來顯示學生資料，如下所示：

```
GridView1.DataSource = Students;
GridView1.DataBind();
```

上述程式碼指定 DataSource 屬性為 Students 物件（此物件在之後將改為 LINQ 運算式查詢結果的 matches 物件）後，就可以建立資料繫結（ASP.NET 網頁：Default.aspx），如下圖所示：

StdID	Name	Tel	Grade
1	陳會安	02-22222222	91.5
2	陳允傑	03-33333333	76.2
3	江小魚	04-44444444	57.5
4	陳允如	05-55555555	85.2

from 與 select 子句

所有 LINQ 運算式一定有 from 子句指出其資料來源(類似 SQL 語言的 FROM 子句),select 子句類似 SQL 語言的 SELECT 子句,可以取出資料來源的指定資料,即資料表的哪些欄位(ASP.NET 網頁:Ch15_2_2a.aspx),如下所示:

```
var matchs = from student in Students
             select student;
```

上述 from 關鍵字後是資料來源取出資料項目的別名,in 關鍵字之後是資料來源的 List 物件 Students,select 子句指明取出 student 項目,因為沒有指明,表示取出所有屬性,其執行結果和前述 GridView 控制項的顯示結果相同。

select 子句也可以一一列出選擇的屬性清單,而不是選擇所有屬性(ASP.NET 網頁:Ch15_2_2b.aspx),如下所示:

```
var matchs = from student in Students
            select new {student.Name, student.Grade};
```

上述程式碼的 select 子句使用 new 關鍵字建立匿名型別(Anonymous Types),指明只取出 student.Name 和 student.Grade 兩個屬性,select 子句取得的資料就是匿名型別的物件,如下圖所示:

Name	Grade
陳會安	91.5
陳允傑	76.2
江小魚	57.5
陳允如	85.2

不只如此,在 select 子句還可以直接使用 C# 運算子來更改選擇的資料(ASP.NET 網頁:Ch15_2_2c.aspx),如下所示:

```
var matchs = from student in Students
      select new { Item = student.Name + " - " + student.Grade };
```

上述程式碼的 select 子句使用 new 關鍵字建立匿名型別，新物件使用字串連接運算子來建立資料，如右圖所示：

Item
陳會安 - 91.5
陳允傑 - 76.2
江小魚 - 57.5
陳允如 - 85.2

如果需要，我們也可以使用 select 子句選擇的屬性來建立新物件（ASP.NET 網頁：Ch15_2_2d.aspx），如下所示：

```
var matchs = from student in Students
   select new { 姓名 = student.Name, 成績 = student.Grade };
```

上述程式碼使用 new 關鍵字建立匿名型別，新物件擁有姓名和成績 2 個屬性，如右圖所示：

姓名	成績
陳會安	91.5
陳允傑	76.2
江小魚	57.5
陳允如	85.2

where 篩選子句

where 子句類似 SQL 語言的 WHERE 子句，可以在 LINQ 查詢加上篩選條件（ASP.NET 網頁：Ch15_2_2e.aspx），如下所示：

```
var matchs = from student in Students
             where student.Name.StartsWith("陳")
             select student;
```

上述程式碼的 where 子句使用 StartsWith()方法取出姓名 Name 屬性值是 "陳" 開頭的學生資料。事實上，where 子句的條件語法就是 C# 條件運算式，還可以使用「&&」和「||」邏輯運算子來連接多個條件（ASP.NET 網頁：Ch15_2_2f.aspx），如下所示：

```
var matchs = from student in Students
             where student.Grade >= 70.0 &&
             student.Grade <= 90.0
             select student;
```

上述程式碼的 where 子句使用「&&」連接 2 個條件，可以取出成績在 70.0~90.0 之間的學生資料。

orderby 排序子句

orderby 子句類似 SQL 語言的 ORDER BY 子句，可以在 LINQ 查詢結果指定排序欄位，讓查詢結果由小至大（預設值），或由大至小（Descending）進行排序（ASP.NET 網頁：Ch15_2_2g.aspx），如下所示：

```
var matchs = from student in Students
             orderby student.Grade
             select student;
```

上述程式碼的 orderby 子句指定排序欄位是成績 student.Grade，預設是從小到大，加上 descending 關鍵字改為由大至小排序，如下所示：

```
var matchs1 = from student in Students
              orderby student.Grade descending
              select student;
```

15-3 實體資料模型（EDM）

「實體框架」（Entity Framework，簡稱 EF）可以讓我們依據資料庫的結構來自動產生處理的相關程式碼，以便隱藏背後 ADO.NET 類別來方便我們處理記錄資料，而不需自行撰寫相關 ADO.NET 程式碼。

簡單的說，EF 是一個 ORM（Object-Relational Mapping）來處理資料庫與資料模型（Model）的類別對應，第一步就是建立「ADO.NET 實體資料模型」（ADO.NET Entity Data Model，EDM）。

15-3-1 建立 ADO.NET 實體資料模型

EF 是使用 **XML** 檔案定義抽象的邏輯資料綱要，將**關聯式資料**模型對映**物件導向**資料模型，以便程式設計者能直接建立物件，和使用 EntityClient 資料提供者或 EntityDataSource 控制項來存取 ADO.NET 實體資料模型，即透過實體資料模型的對映（Mapping）來存取 SQL Server 資料庫。

ADO.NET 實體資料模型可以提供應用程式一種資料庫綱要的概念檢視，它是使用 XML 對映檔案（XML Mapping File）將實體和關聯對映到資料表，直接讓程式設計者使用物件導向方式來存取關聯式資料庫的資料。

ASP.NET 網站：Ch15_3_1

在 ASP.NET 網站建立 SQL Server Express 資料庫 **School.mdf** 的 ADO.NET 實體資料模型 Model.edmx，其步驟如下所示：

Step 1 請啟動 Visual Studio Community 開啟「範例網站\Ch15\Ch15_3_1」資料夾的 ASP.NET 網站，網站已經加入<第 8-6-3 節>的 School.mdf 資料庫。

Step 2 因為 ADO.NET 實體資料模型需要有方案檔，請執行「檔案/關閉方案」命令馬上關閉網站後，按**是**鈕再按**存檔**鈕儲存建立方案檔，即可再次開啟同一個 ASP.NET 網站。

Step 3 選 **Ch15_3_1** 專案後，執行「檔案/新增/檔案」命令，可以看到「加入新項目」對話方塊。

Step 4 在中間選 **ADO.NET 實體資料模型**，**名稱**欄 **Model.** ，不用更改，按**新增**鈕，可以看到一個警告訊息。

Step 5 訊息指出建議將 ADO.NET 實體資料模型程式碼置於「App_Code」資料夾，按**是**鈕建立此資料夾，可以啟動實體資料模型精靈。

Step 6 選**來自資料庫的 EF Designer**，按**下一步**鈕選擇資料連接。

Step 7 選 **School.mdf**，在下方是實體連接字串名稱 **SchoolEntities**，不用更改，按**下一步**鈕選擇 EF 版本。

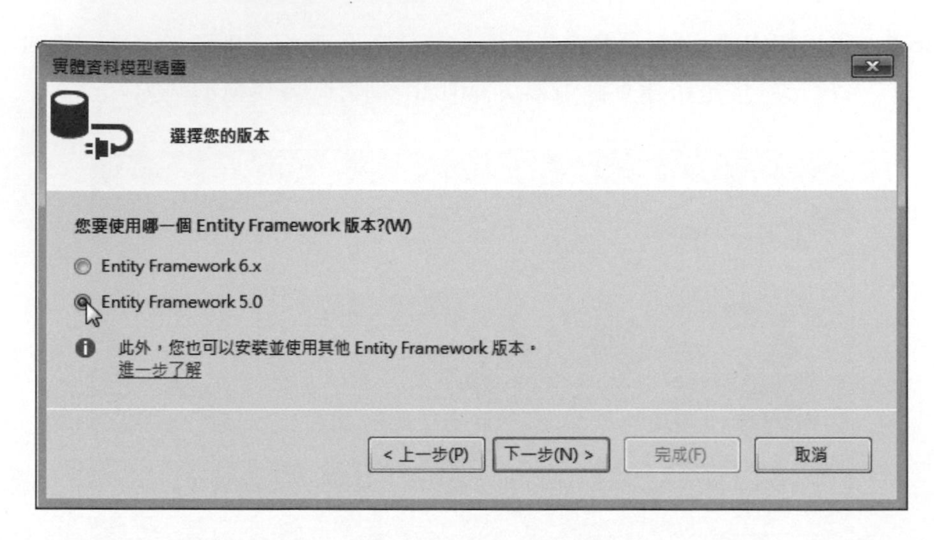

Step 8 請選 **Entity Framework 5.0** 版（因為 EntityDataSource 控制項相容此版本），按**下一步**鈕選取資料庫物件。

實體資料模型精靈

選擇您的資料庫物件和設定

您的模型中要包含哪些資料庫物件?(W)

資料表
dbo
Classes
Courses
Instructors
Students
檢視
預存程序和函式

將產生的物件名稱複數化或單數化(S)

在模型中包含外部索引鍵資料行(K)

將選取的預存程序和函數匯入實體模型(I)

模型命名空間(M):

SchoolModel

< 上一步(P) 下一步(N) > 完成(F) 取消

Step 9 請勾選 Students、Courses、Instructors 和 Classes 資料表，按**完成**鈕，可能會看到一個安全性警告的訊息視窗。

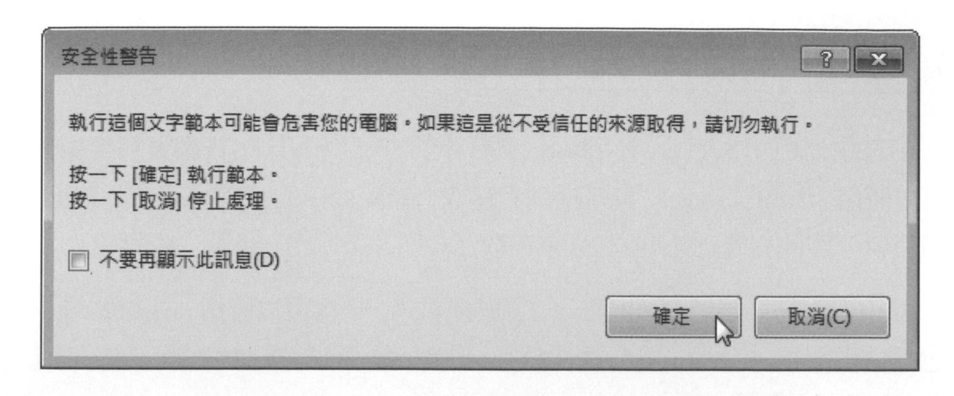

Step 10 請按二次**確定**鈕繼續處理，可以建立 ADO.NET 實體資料模型，如下圖所示：

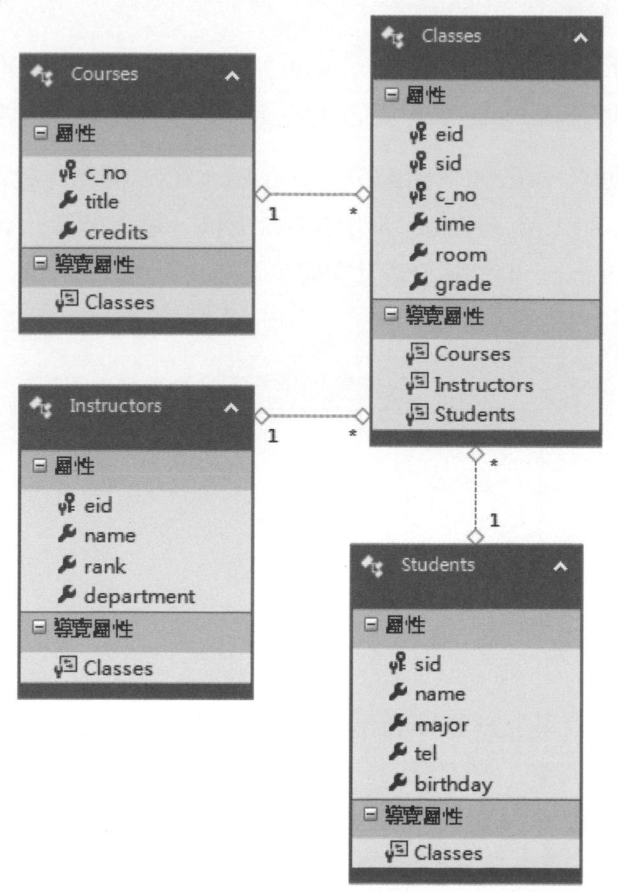

在「方案總管」視窗的「App_Code」資料夾下，可以看到新增的 **School.edmx** 檔案，這是實體資料模型的 XML 標籤檔案。

15-3-2 EntityClient 資料提供者

在建立 SQL Server Express 資料庫的 ADO.NET 實體資料模型後，我們可以使用 EntityClient 資料提供者存取 ADO.NET 實體資料模型，即透過實體資料模型的對映（Mapping）來存取 SQL Server Express 資料庫。

EntityClient 類似 SqlClient 資料提供者，一樣可以使用 Connection 物件建立實體連接，Command 物件執行 SQL 指令，然後使用 DataReader 讀取資料，或 DataAdapter 物件將資料填入 DataSet 物件。

ASP.NET 網站：Ch15_3_2

在 ASP.NET 網頁使用 EntityClient 資料提供者存取 ADO.NET 實體資料模型，可以讀取 Students 資料表的姓名資料，其步驟如下所示：

Step 1 請啟動 Visual Studio Community 開啟「範例網站\Ch15\Ch15_3_2」資料夾的 ASP.NET 網站，然後開啟 ASP.NET 網頁 Default.aspx 且切換至**設計**檢視。

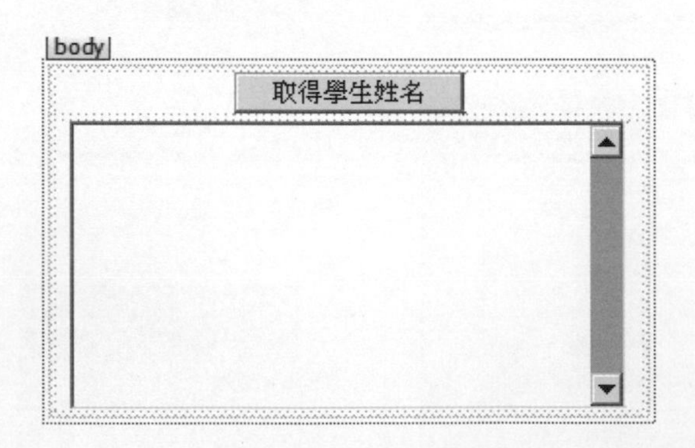

上述 Web 表單上方是 Button1 按鈕控制項；下方是唯讀多行文字方塊控制項 txtOutput。在 ASP.NET 網站需新增 ADO.NET 實體資料模型的 **Model.edmx** 檔案，因為需要方案檔，請讀者自行參閱<第 15-3-1 節>的步驟來建立。

Step 2 請按二下名為**取得學生姓名**的 Button1 按鈕控制項，可以建立 Button1_Click()事件處理程序。和在類別宣告外加上匯入 System.Data.EntityClient 命名空間的程式碼，如下所示：

```
using System.Data.EntityClient;
```

說明

如果 ADO.NET 實體資料模型是使用 EF 6.x 版，在類別宣告外需匯入 System.Data.Entity.Core.EntityClient 命名空間，如下所示：

```
using System.Data.Entity.Core.EntityClient;
```

Step 3 然後輸入 Button1_Click()事件處理程序的程式碼。

■ Button1_Click()

```
01: protected void Button1_Click(object sender, EventArgs e)
02: {
03:     EntityConnection objCon;
04:     EntityCommand objCmd;
05:     EntityDataReader objDataReader;
06:     string strSQL;
07:     // 建立 Connection 物件
08:     objCon = new EntityConnection("name=SchoolEntities");
09:     objCon.Open();  // 開啟連接
10:     strSQL = "SELECT [S].[name] FROM ";
11:     strSQL += "[SchoolEntities].[Students] As S";
12:     // 建立 Command 物件
13:     objCmd = objCon.CreateCommand();
14:     objCmd.CommandText = strSQL;   // 指定 SQL 指令
15:     // 執行 SQL 指令
16:     objDataReader = objCmd.ExecuteReader(
17:           System.Data.CommandBehavior.SequentialAccess);
18:     txtOutput.Text = "";
19:     // 讀取記錄資料
20:     while (objDataReader.Read()) {
21:         txtOutput.Text += objDataReader["name"] + "\r\n";
22:     }
```

next

```
23:     objDataReader.Close();    // 關閉 DataReader 物件
24:     objCon.Close();           // 關閉連接
25: }
```

■ 程式說明

- 第 8~14 列：在第 8 列建立實體連接的 Connection 物件，參數是實體連接名稱 SchoolEntities 後，第 9 列開啟連接，在第 10~11 列建立 SQL 指令，第 13~14 列建立 Command 物件。
- 第 16~17 列：使用 ExecuteReader()方法建立 DataReader 物件，參數是 System.Data.CommandBehavior.SequentialAccess 列舉常數，表示使用循序方式讀取資料。
- 第 20~22 列：使用 while 迴圈讀取記錄資料，然後一一新增至唯讀多行的 TextBox 控制項。
- 第 23~24 列：關閉 DataReader 物件和實體連接。

■ 執行結果

儲存後，在「方案總管」視窗選 Default.aspx，執行「檔案/在瀏覽器中檢視」命令，可以看到執行結果的 ASP.NET 網頁。

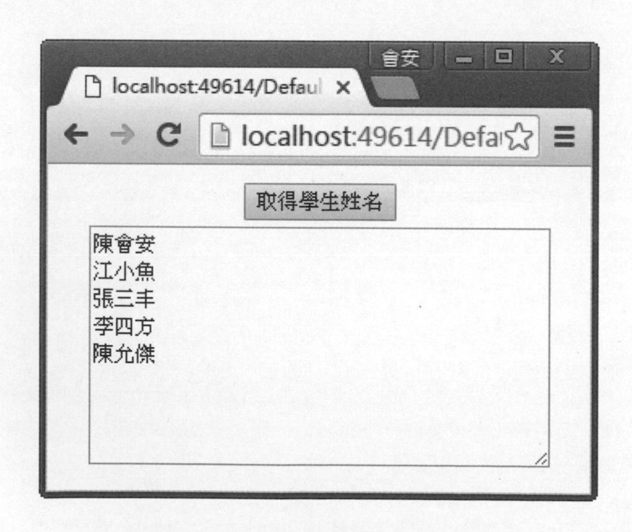

按**取得學生姓名**鈕，可以在下方顯示學生的姓名清單。

15-3-3 EntityDataSource 控制項

ASP.NET 的 EntityDataSource 控制項是使用 ADO.NET 實體資料模型作為資料來源，所以，我們可以使用 EntityDataSource 控制項存取 ADO.NET 實體資料模型。

ASP.NET 網站：Ch15_3_3

在 ASP.NET 網頁使用 EntityDataSource 控制項存取 ADO.NET 實體資料模型，然後使用資料繫結在 GridView 控制項顯示 Students 資料表的記錄資料，其步驟如下所示：

Step 1 請啟動 Visual Studio Community 開啟「範例網站\Ch15\Ch15_3_3」資料夾的 ASP.NET 網站，然後開啟 ASP.NET 網頁 Default.aspx 且切換至**設計**檢視。

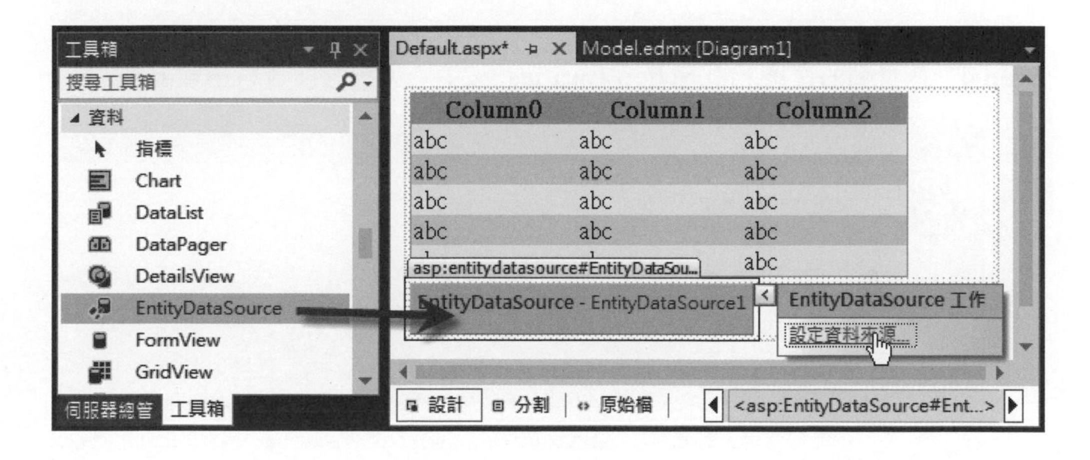

上述 Web 表單擁有 GridView 控制項。在 ASP.NET 網站需新增 ADO.NET 實體資料模型的 **Model.edmx** 檔案(使用 EF 5.0 版)，因為需要方案檔，請讀者自行參閱<第 15-3-1 節>的步驟來建立。

Step 2 請在「工具箱」視窗的**資料**區段拖拉 EntityDataSource 控制項至編輯視窗的 GridView 控制項之後，可以新增預設名稱為 EntityDataSource1 的資料來源控制項。

Step 3 開啟「EntityDataSource 工作」功能表，選**設定資料來源**超連結，可以看到設定資料來源的精靈畫面。

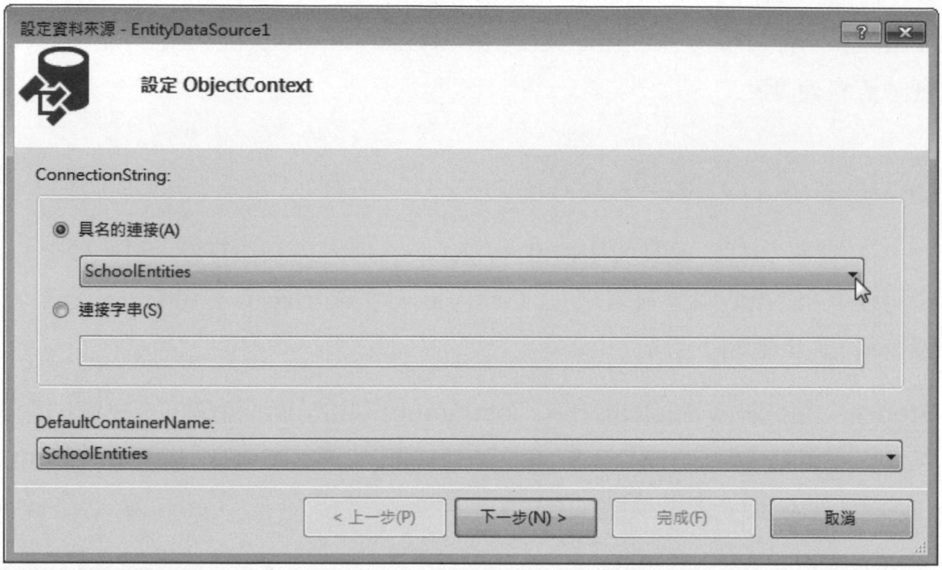

設定資料來源 - EntityDataSource1

設定 ObjectContext

ConnectionString:

具名的連接(A)

SchoolEntities

連接字串(S)

DefaultContainerName:

SchoolEntities

< 上一步(P) 下一步(N) > 完成(F) 取消

Step 4 選**具名的連接**下的 **SchoolEntities**，按**下一步**鈕選擇資料選取範圍。

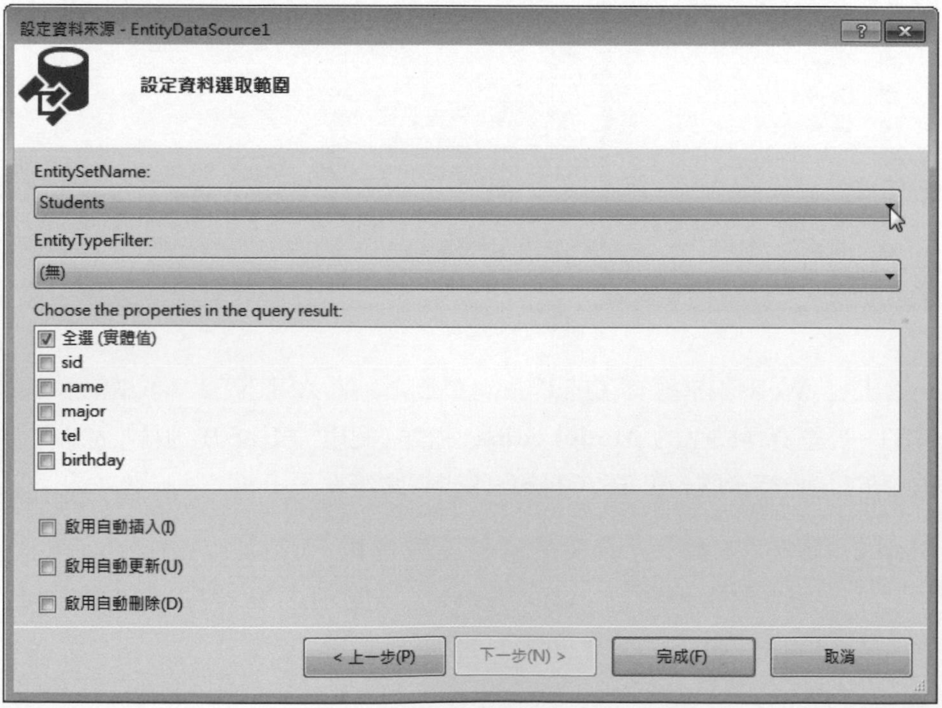

設定資料來源 - EntityDataSource1

設定資料選取範圍

EntitySetName:

Students

EntityTypeFilter:

(無)

Choose the properties in the query result:

- [x] 全選 (實體值)
- [ ] sid
- [ ] name
- [ ] major
- [ ] tel
- [ ] birthday

- [ ] 啟用自動插入(I)
- [ ] 啟用自動更新(U)
- [ ] 啟用自動刪除(D)

< 上一步(P) 下一步(N) > 完成(F) 取消

Step 5 在 **EntitySetName** 欄選 **Students**，下方框勾選**全選**欄位，如果需要資料庫操作，請勾選啟用插入、更新和編輯，按**完成**鈕完成資料來源的設定。

Step 6 選 GridView 控制項來調整增加寬度後，開啟「GridView 工作」功能表，在**選擇資料來源**欄選 **EntityDataSource1**，指定使用的資料來源。

Step 7 儲存後，在「方案總管」視窗選 Default.aspx，執行「檔案/在瀏覽器中檢視」命令，可以看到執行結果的 ASP.NET 網頁。

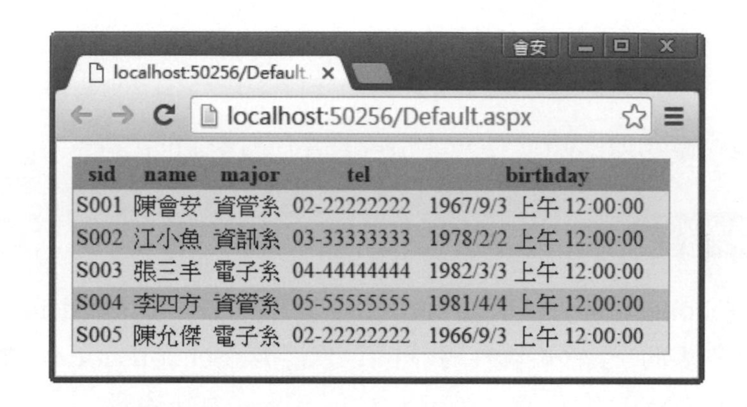

sid	name	major	tel	birthday
S001	陳會安	資管系	02-22222222	1967/9/3 上午 12:00:00
S002	江小魚	資訊系	03-33333333	1978/2/2 上午 12:00:00
S003	張三丰	電子系	04-44444444	1982/3/3 上午 12:00:00
S004	李四方	資管系	05-55555555	1981/4/4 上午 12:00:00
S005	陳允傑	電子系	02-22222222	1966/9/3 上午 12:00:00

15-4 LINQ to Entities

LINQ to Entities 可以將 LINQ 運算式轉換成執行資料庫查詢的 SQL 指令，即透過它來開啟資料庫連接，執行 SQL 指令來取回請求的資料。在本節使用的 ASP.NET 範例網站是「範例網站\Ch15\Ch15_4」資料夾的 ASP.NET 網站。

15-4-1 使用 LINQ 查詢資料模型

在 ASP.NET 程式碼可以建立資料模型的實體集合物件，然後使用 LINQ 運算式來查詢資料模型。

ToList()方法

我們只需建立<第 15-3-1 節>實體資料模型的 SchoolEntities 物件，就可以取出指定資料表的實體集合物件，然後呼叫 ToList()方法將實體集合物件轉換成儲存在記憶體的集合物件來建立資料繫結（ASP.NET 網頁：Default.aspx），如下所示：

```
SchoolEntities school = new SchoolEntities();
GridView1.DataSource = school.Students.ToList();
GridView1.DataBind();
```

上述程式碼可以在 GridView 控制項顯示所有學生的記錄。

取得關聯資料

因為 School.mdf 資料庫的一位學生可以選多門課，即 Students 資料表對 Classes 資料表的一對多關聯性，我們可以直接從 SchoolEntities 物件取出關聯的記錄資料（ASP.NET 網頁：Ch15_4_1a.aspx），如下所示：

```
SchoolEntities school = new SchoolEntities();
StringBuilder sb = new StringBuilder();
foreach (Students std in school.Students) {
    sb.Append("<b>" + std.name + "</b><br/>");
    foreach (Classes c in std.Classes) {
        sb.Append(c.c_no + "--" + c.grade + "<br/>");
    }
    sb.Append("<hr/>");
}
lblOutput.Text = sb.ToString();
```

上述兩層巢狀 foreach 迴圈的外層取出所有學生姓名，內層迴圈使用 Classes 屬性取得關聯的選課記錄和成績，程式碼是使用 StringBuilder 物件建立輸出字串在 Label 控制項顯示，如下圖所示：

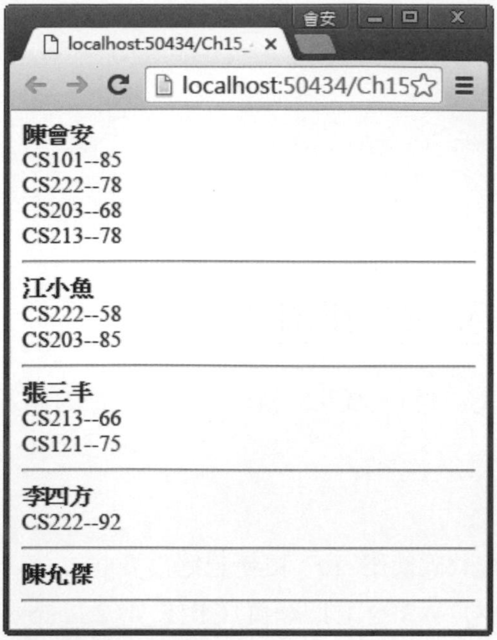
會安
localhost:50434/Ch15_
localhost:50434/Ch15
陳會安
CS101--85
CS222--78
CS203--68
CS213--78
江小魚
CS222--58
CS203--85
張三丰
CS213--66
CS121--75
李四方
CS222--92
陳允傑

使用 LINQ to Entities 執行查詢

在建立 SchoolEntities 物件後，就可以執行 LINQ 運算式來查詢和取回記錄資料，例如：查詢課程學分大於等於 4 的課程資料（ASP.NET 網頁：Ch15_4_1b.aspx），如下所示：

```
SchoolEntities school = new SchoolEntities();
var matches = from c in school.Courses
              where c.credits >= 4
              select c;
GridView1.DataSource = matches.ToList();
GridView1.DataBind();
```

上述程式碼在取出篩選記錄的 matches 集合物件後，呼叫 ToList()方法建立資料繫結的資料來源，如下圖所示：

c_no	title	credits
CS101	計算機概論	4
CS121	離散數學	4

另一個範例是取出 CS 資訊系的講師資料（ASP.NET 網頁：Ch15_4_1c.aspx），如下所示：

```
var matches = from i in school.Instructors
              where i.department == "CS"
              select i;
```

15-4-2 執行插入、更新與刪除操作

EF 不只可以查詢資料，一樣可以執行資料表記錄的插入、更新與刪除操作。

更新記錄

在 ASP.NET 程式碼使用 EF 更新記錄需要建立 SchoolEntities 物件來搜尋欲更新的記錄資料（ASP.NET 網頁：Ch15_4_2a.aspx），如下所示：

```
SchoolEntities school = new SchoolEntities();
string c_no = txtNo.Text;
var matches = from c in school.Courses
              where c.c_no == c_no
              select c;
```

上述 TextBox 控制項是課程編號，可以取出指定課程編號的實體物件，因為只有一筆，所以呼叫 Single()方法傳回單筆記錄，如下所示：

```
Courses course = matches.Single();
course.credits = Convert.ToInt32(txtCredit.Text);
school.SaveChanges();
```

上述程式碼在更新 credits 屬性值後，呼叫 SaveChanges()方法更新資料庫的記錄資料，也就是將集合物件的更新寫入資料庫。

插入記錄

在 ASP.NET 程式碼使用 EF 插入記錄，就是建立對應記錄類別的物件來新增至集合物件（ASP.NET 網頁：Ch15_4_2b.aspx），如下所示：

```
Courses course = new Courses();
course.c_no = txtNo.Text;
course.title = txtTitle.Text;
course.credits = Convert.ToInt32(txtCredit.Text);
```

上述程式碼建立 Courses 物件後，指定 c_no、title 和 credits 屬性值，然後呼叫 **Add()方法**新增至集合物件，如下所示：

```
school.Courses.Add(course);
school.SaveChanges();
```

最後呼叫 SaveChanges()方法更新資料庫的記錄資料。

刪除記錄

在 ASP.NET 程式碼使用 EF 刪除記錄的方式和更新記錄類似，一樣是呼叫 Single()方法傳回符合條件的單筆記錄後，呼叫 **Remove()方法**刪除記錄（ASP.NET 網頁：Ch15_4_2c.aspx），如下所示：

```
Courses course = matches.Single();
school.Courses.Remove(course);
school.SaveChanges();
```

上述程式碼呼叫 Remove()方法刪除傳回的 Courses 物件後，即可呼叫 SaveChanges()方法更新資料庫的記錄資料。

學習評量

選擇題

(　) 1. 請問下列哪一個控制項並不能算是一種豐富控制項？

A. Calendar　　B. AdRotator
C. MultiView　　D. FileUpload

(　) 2. 請問下列哪一種並不是 LINQ to ADO.NET 的三種實作之一？

A. LINQ to SQL　　B. LINQ to Objects
C. LINQ to DataSets　　D. LINQ to Entities

(　) 3. 請問我們可以使用下列哪一種資料提供者存取 ADO.NET 實體資料模型？

A. EDMClient　　B. SqlClient
C. LinqClient　　D. EntityClient

(　) 4. 請問下列哪一個關於 LINQ 的說明是不正確的？

A. 查詢語法並不是一種強調型別運算式
B. 提供相同語法來查詢資料來源的資料
C. 可以使用一致的模型來存取資料
D. 建立關聯式資料庫和物件導向世界之間的橋樑

(　) 5. 請問下列哪一個 LINQ 子句相當於是 SQL 指令的 WHERE 子句？

A. select　　B. join
C. orderby　　D. where

簡答題

1. 請簡單說明什麼是豐富控制項(Rich Controls)？

2. 請比較 MultiView 和 Wizard 控制項的差異？

3. 請使用圖例說明 LINQ 結構?

4. 請簡單說明 LINQ 基本語法?__________子句類似 SQL 語言的 FROM 子句,__________子句類似 SQL 語言的 SELECT 子句。

5. 請問什麼是 ADO.NET 實體資料模型(EDM)?

6. 程式設計者可以使用__________資料提供者或__________控制項存取 ADO.NET 實體資料模型,即透過實體資料模型的對映(Mapping)來存取 SQL Server 資料庫。

實作題

1. 請在 ASP.NET 網頁新增 Calendar 控制項後,使用 3 個 DropDownList 控制項來選取指定的年/月/日,以便顯示當月的萬年曆。

2. 請新增 SQL Server 資料庫 AdRotator.mdf 儲存廣告圖片資料,內含 AdList 資料表,其欄位名稱依序為:Id、ImageUrl、Width、Height、NavigateUrl 和 AlternateText、Keyword 和 Impressions,在新增 SqlDataSource 資料來源控制項後,就可以指定 AdRotator 控制項的資料來源,使用的 SQL 指令,如下所示:

```
SELECT * FROM [AdList]
```

3. 請活用 Wizard 控制項建立線上考試的 ASP.NET 網頁,其每一步驟都是使用選擇鈕來建立擁有 4 個選項的選擇題。

4. 請使用<第 8 章>實作題 1 的資料庫為例,在 ASP.NET 網站建立 AddressBook 資料表的 ADO.NET 實體資料模型。

5. 請繼續實作題 4,在新增 ASP.NET 網頁後,使用 ADO.NET 程式碼來存取 ADO.NET 實體資料模型,以 DataReader 物件讀取與顯示所有通訊錄資料,只顯示前 4 個欄位。

6. 請繼續實作題 4,在新增 ASP.NET 網頁後,使用資料來源控制項存取 ADO.NET 實體資料模型來顯示所有通訊錄資料。

Memo

16

ASP.NET 整合應用實例

本章學習目標

16-1 Ajax 聊天室

聊天室是一個即時輸入聊天訊息的談天園地，進入聊天室的使用者，可以馬上回應其他使用者的聊天訊息。在聊天室能夠進行多人同時討論，顯示的訊息是所有參與的使用者都可以看到，每一則訊息可以顯示是屬於誰的意見。

不過，Web 介面的聊天室受限於 HTTP 通訊協定的特性，並無法即時看到張貼訊息，只能在指定更新時間的周期來定時更新聊天訊息。

16-1-1 Ajax 聊天室的網站架構

Ajax 聊天室因為使用 Ajax 技術更新聊天訊息，所以只需一**頁** ASP.NET 網頁。請啟動 Visual Studio Community 開啟「範例網站\Ch16\MyChat」資料夾的 ASP.NET 網站，在「方案總管」視窗可以看到 ASP.NET 網站架構，如下圖所示：

上述網站只有一頁 Default.aspx，Ajax 聊天室是使用 Ajax 擴充功能的相關控制項來定時更新聊天訊息，聊天室訊息是使用 Application["Msg9"]~Application["Msg1"]變數儲存，所以，Ajax 聊天室只能**保留最新的 9 則**訊息。

16-1-2 Ajax 聊天室的使用

請啟動 Visual Studio Community 開啟「範例網站\Ch16\MyChat」資料夾的 ASP.NET 網站後，開啟 Default.aspx 網頁來執行 Ajax 聊天室，其執行結果如下圖所示：

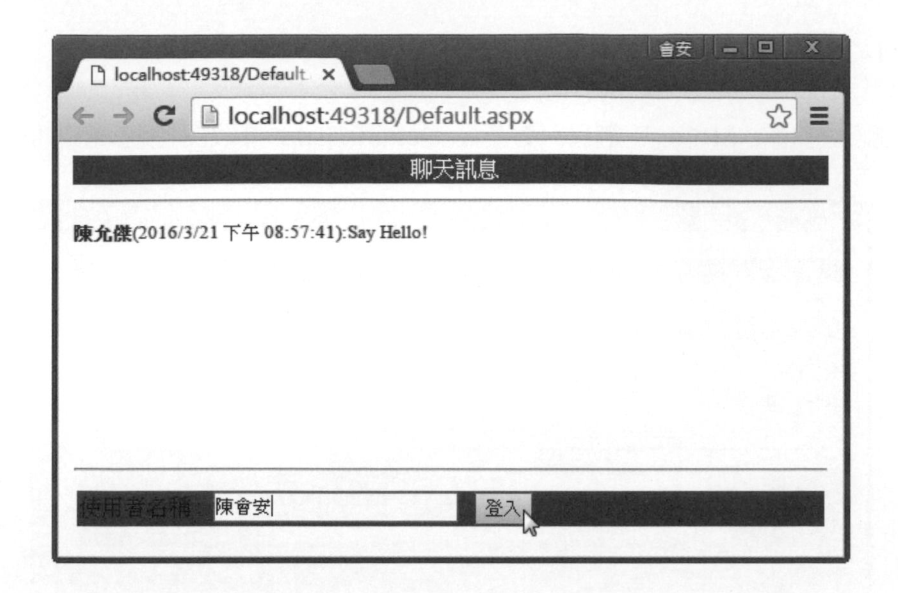

在上述**使用者名稱**欄輸入參與聊天的使用者暱稱後，按**登入**鈕，就可以馬上開始參與聊天（若使用不同瀏覽器進入首頁，就可以登入不同的使用者），如下圖所示：

當看到使用者名稱的欄位後，就可以在此欄位輸入聊天訊息後，按**送出訊息**鈕，稍等一下，等到自動定時更新網頁內容後，就可以在上方看到送出的聊天訊息。

16-1-3 Ajax 聊天室的網頁說明

聊天室的 ASP.NET 網頁只有一頁 Default.aspx，其設計檢視如下圖所示：

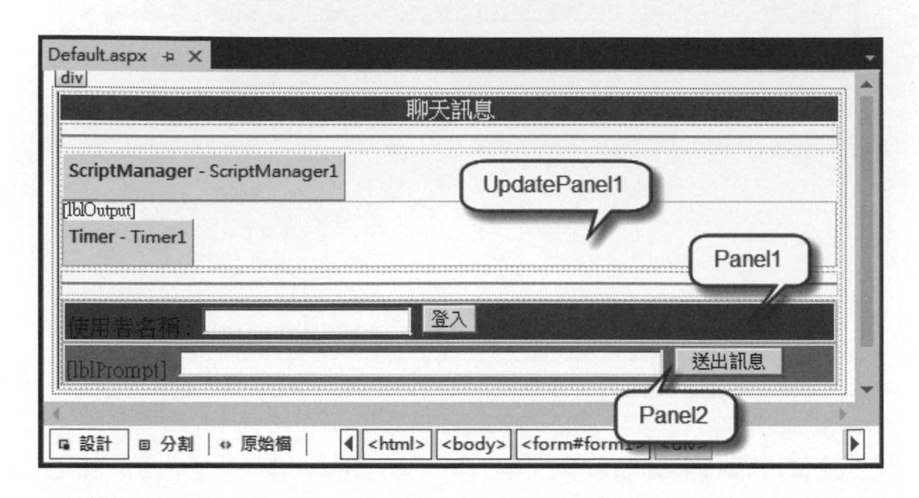

上述聊天室網頁上方是 ScriptManager 和 UpdatePanel 控制項，可以使用 ASP.NET Ajax 技術在 lblOutput 標籤控制項顯示聊天訊息的 Application 變數，訊息是**使用 Timer 控制項來定時更新**，每隔 3 秒鐘就會自動更新聊天訊息的顯示。

在下方有 2 個 Panel 控制項，可以切換**顯示登入**和**張貼訊息**的表單控制項。當使用者登入後，就使用 Session 變數儲存登入的使用者名稱，而且一旦登入後，就切換顯示輸入聊天訊息的控制項，即 Panel2。Default.aspx.cs 類別檔的相關程序和程式碼說明，如下所示：

Page_Load()事件處理程序

在 Page_Load()事件處理程序判斷是否顯示登入表單，使用 if/else 條件判斷 Session 變數 Username 是否存在，如下所示：

```
if (Session["Username"] == null)
{
    Panel1.Visible = true;
    Panel2.Visible = false;
}
```

next

```
else
{
    Panel1.Visible = false;
    Panel2.Visible = true;
}
ShowMessage();
```

上述程式碼指定 Panel 控制項的 Visible 屬性來切換顯示 Panel 控制項後，呼叫 ShowMessage()函數顯示聊天訊息。

Button1~2_Click()事件處理程序

Button2_Click()事件處理程序是處理登入，登入程序是在取得使用者名稱後，指定 Session 變數 Username 的值，如下所示：

```
if (Session["Username"] == null)
{
    Session["Username"] = username;
    lblPrompt.Text = username + ": ";
    Panel1.Visible = false;
    Panel2.Visible = true;
}
```

上述 if 條件檢查是否有指定的 Session 變數，如果沒有，就新增 Session 變數，和切換顯示輸入聊天訊息的表單，此時的提示說明文字也會改為使用者名稱，即 lblPrompt 標籤控制項的 Text 屬性值。

Button1_Click()事件處理程序是送出聊天訊息，如果使用者有輸入聊天訊息，就呼叫程序來更新和顯示聊天訊息，如下所示：

```
if (msg != "")
{
    UpdateMessage(msg);
    ShowMessage();
}
```

上述 if 條件檢查是否有輸入聊天訊息，如果有，呼叫 UpdateMessage(msg)程序更新參數的聊天訊息，然後呼叫 ShowMessage()程序顯示聊天訊息。

Timer1_Tick()事件處理程序

Timer1_Tick()是 Timer 控制項的 Tick 事件處理程序，可以在間隔時間自動呼叫此事件處理程序，間隔時間就是 Timer 控制項的 Interval 屬性值，如右圖所示：

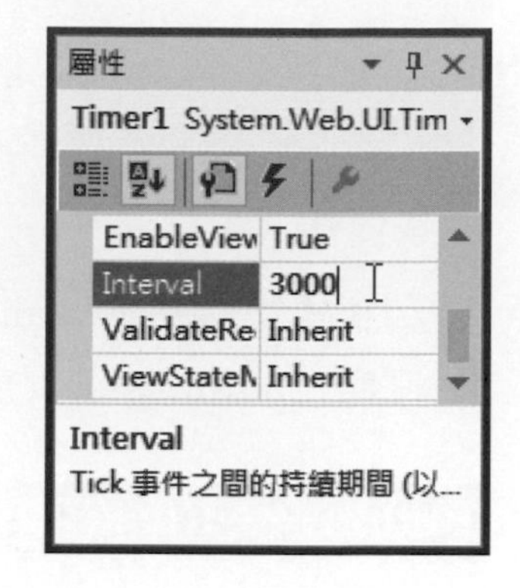

上述圖例的屬性值為 3000 毫秒，即 3 秒鐘，表示每 3 秒鐘就執行一次此程序，程式碼是呼叫 ShowMessage()程序來顯示聊天訊息，以 Ajax 技術來自動定時更新 UpdatePanel 控制項的內容。

UpdateMessage(msg)程序

在 UpdateMessage()程序可以更新 Application 變數的聊天訊息，程序的參數 msg 是輸入的訊息字串，如下所示：

```
string newMsg = "<b>" + Session["Username"] +
               "</b>(" + DateTime.Now + "):";
```

上述程式碼在建立新的聊天訊息，即加上日期/時間和使用者名稱後，就可以更新 Application 變數儲存的聊天訊息，如下所示：

```
Application.Lock();
Application["Msg1"] = Application["Msg2"];
Application["Msg2"] = Application["Msg3"];
Application["Msg3"] = Application["Msg4"];
Application["Msg4"] = Application["Msg5"];
Application["Msg5"] = Application["Msg6"];
Application["Msg6"] = Application["Msg7"];
Application["Msg7"] = Application["Msg8"];
Application["Msg8"] = Application["Msg9"];
Application["Msg9"] = newMsg + msg;
Application.UnLock();
```

上述程式碼只是位移聊天訊息的 Application 變數，位移操作是將前一個 Application["Msg1"]變數，指定成下一個 Application["Msg2"]，以此類推，即可空出最後一個 Application 變數，即 Application["Msg9"]來指定成新張貼的訊息。

ShowMessage()程序

ShowMessage()程序是在 UpdatePanel 控制項中的 lblOutput 標籤控制項顯示 Application 變數值，從新至舊依序顯示，如下所示：

```
lblOutput.Text = Application["Msg9"] + "<br/>";
lblOutput.Text += Application["Msg8"] + "<br/>";
lblOutput.Text += Application["Msg7"] + "<br/>";
lblOutput.Text += Application["Msg6"] + "<br/>";
lblOutput.Text += Application["Msg5"] + "<br/>";
lblOutput.Text += Application["Msg4"] + "<br/>";
lblOutput.Text += Application["Msg3"] + "<br/>";
lblOutput.Text += Application["Msg2"] + "<br/>";
lblOutput.Text += Application["Msg1"] + "<br/>";
```

16-2 網路相簿

網路相簿是網路上的個人展示空間，使用者可以將漂亮照片的圖檔分享給朋友或其他網友來瀏覽與檢視。

本節網路相簿並沒有提供會員管理功能，只是一個非常簡單的照片分享網頁，可以讓使用者上傳圖檔和顯示圖片目錄，點選下方超連結來顯示詳細的圖片內容。

16-2-1 網路相簿的網站架構

網路相簿是使用 FileUpload 控制項上傳圖檔、DataList 控制項顯示圖片目錄和 Image 控制項顯示圖片，其架構如下圖所示：

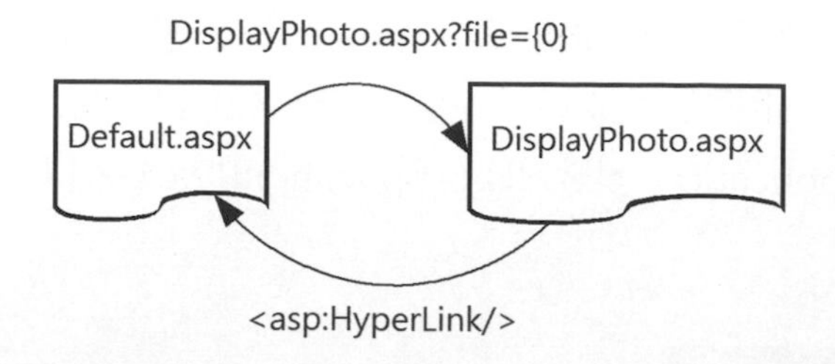

上述 Default.aspx 網頁可以上傳圖檔和顯示圖片目錄，點選超連結，可以轉址至 DisplayPhoto.aspx 顯示指定圖片的詳細內容。圖檔是使用 FileUpload 控制項上傳至「UploadImages」子資料夾。

圖片目錄的 DataList 控制項並沒有使用資料來源控制項，而是使用簡單資料繫結來顯示「UploadImages」子資料夾下的所有圖片檔案，當使用 System.IO 命名空間的物件取得目錄下的檔案清單後，在 DataList 控制項 ItemTemplate 樣板的 Image 控制項顯示縮小尺寸的圖片。

16-2-2 網路相簿的使用

請啟動 Visual Studio Community 開啟「範例網站\Ch16\MyPhoto」資料夾的 ASP.NET 網站後，網路相簿首頁的圖片目錄是 Default.aspx，其執行結果如右圖所示：

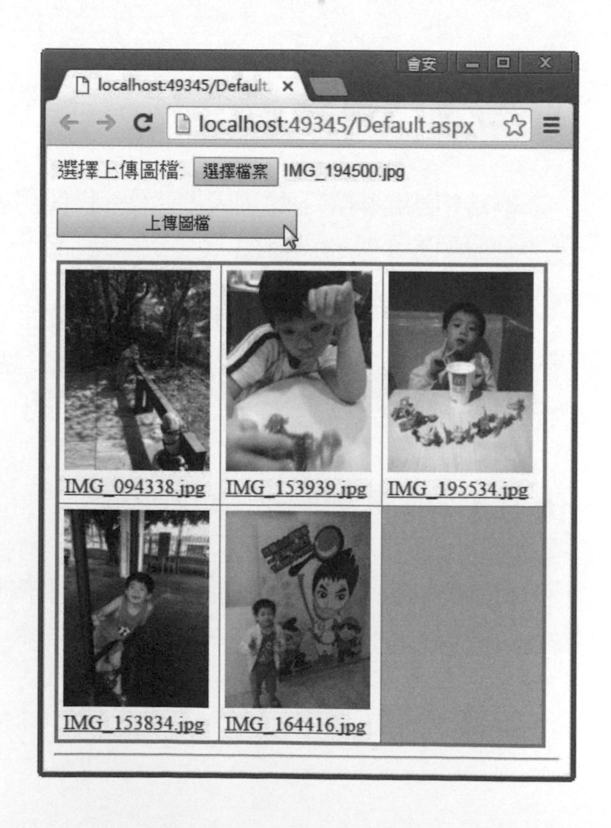

在上述網頁按**選擇上傳圖檔**欄位後方的**瀏覽**鈕，可以選擇上傳照片的圖檔，支援副檔名：JPG、GIF 和 PNG 的圖檔，在選好後，按**上傳圖檔**鈕上傳圖檔，即可加入至下方的圖片目錄。

選圖片目錄下方超連結，可以連接 DisplayPhoto.aspx 的 ASP.NET 網頁，顯示放大的照片圖檔，如右圖所示：

16-2-3 圖片目錄的網頁說明

網路相簿的圖片目錄是 ASP.NET 網頁 Default.aspx，其**設計**檢視如右圖所示：

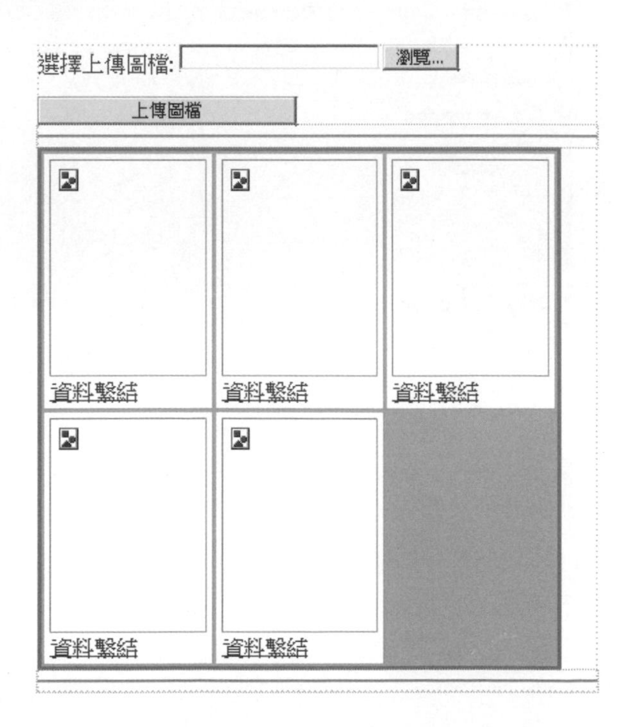

上述圖片目錄網頁的上方是 FileUpload 控制項，下方是 DataList 控制項，自動化格式為**黑與白 2**。ItemTemplate 樣板標籤的編輯視窗，如下圖所示：

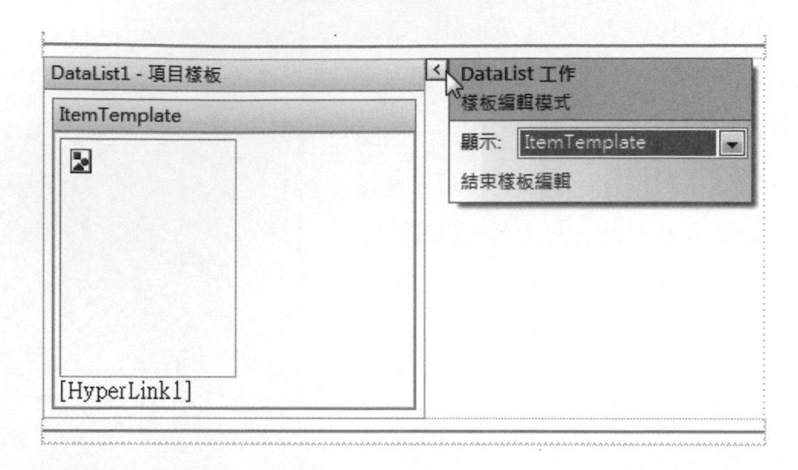

在上述 ItemTemplate 樣板標籤上方新增 Image 控制項顯示圖片；下方 HyperLink 控制項顯示超連結。Image 控制項 ImageUrl 屬性的自訂繫結運算式，如下圖所示：

因為 DataList 控制項是使用簡單繫結，所以需要自行輸入自訂繫結運算式，如下所示：

```
Eval("Name", "~/UploadImages/{0}")
```

上述 Eval()方法的第 1 個參數是圖檔名稱，第 2 個格式字串的路徑是位在「UploadImages」子目錄的圖檔。HyperLink 控制項 NavigatorUrl 屬性的自訂繫結運算式，如下所示：

```
Eval("Name", "DisplayPhoto.aspx?file={0}")
```

上述 Eval()方法可以建立 NavigatorUrl 屬性的網址是連接 DisplayPhoto.aspx 網頁，並且傳遞 URL 參數 file 的圖檔名稱。Text 屬性的自訂繫結運算式，如下所示：

```
Eval("Name")
```

上述 Eval()方法可以顯示圖檔名稱的超連結文字。

Page_PreRender()事件處理程序

在 Default.aspx.cs 類別檔匯入 System.IO 命名空間後，可以在 Page_PreRender()事件處理程序建立簡單資料繫結，如下所示：

```
string uploadPath = Server.MapPath("~/UploadImages");
DirectoryInfo dirInfo = new DirectoryInfo(uploadPath);
DataList1.DataSource = dirInfo.GetFiles();
DataList1.DataBind();
```

上述程式碼取得上傳圖檔路徑的實際路徑後，建立 DirectoryInfo 物件，然後指定 DataList 控制項 DataSource 屬性的資料來源為 GetFiles()方法取得的檔案清單，最後呼叫 DataBind()方法建立資料繫結。

Button1_Click()事件處理程序

Button1_Click()事件處理程序是執行檔案上傳，使用 FileUpload 控制項來選擇上傳圖檔，如下所示：

```
if (UploadImage.HasFile)
{
    if (IsImageFile(UploadImage.FileName))
```

next

```
        {
            path += UploadImage.FileName;
            UploadImage.SaveAs(Server.MapPath(path));
        }
    }
```

上述外層的 if 條件使用 HasFile 屬性檢查是否有選擇上傳圖檔，如果有，呼叫 IsImageFile()函數檢查副檔名是否為 GIF、JPG 或 PNG，在函數取得副檔名的程式碼，如下所示：

```
string FileExt = Path.GetExtension(fname);
```

IsImageFile()函數是使用 Path 物件的 GetExtension()方法取得副檔名，如果是圖檔，就使用 **SaveAs()方法儲存成伺服端檔案**，完成圖檔上傳。

16-2-4 詳細圖片內容的網頁說明

網路相簿的詳細圖片內容是 ASP.NET 網頁 DisplayPhoto.aspx，其設計檢視如右圖所示：

右述圖片網頁的上方是 Image 控制項；下方是 HyperLink 控制項，可以建立超連結來連接 Default.aspx。

Page_Load()事件處理程序

DisplayPhoto.aspx.cs 類別檔是在 Page_Load()事件處理程序取得 URL 參數 file 圖檔名稱後，使用屬性指定 Image 控制項顯示的圖檔名稱，如下所示：

```
string path = "~/UploadImages/";
string ImgFile = Request.QueryString["file"];
path += ImgFile;
Image1.ImageUrl = path;
```

上述程式碼使用 Request 物件取得 file 參數的檔案名稱，在建立完整圖檔路徑後，指定成 Image 控制項的 ImageUrl 屬性值。

16-3 網路商店

網路商店是銷售商品的虛擬店面，雖然和一般商店一樣都是開店作生意，但是，因為網路商店沒有實際店面，需要模擬現實生活的方式來採購商品，建立商品目錄來選購商品，並且提供購物車功能，可以隨時檢視購買的商品清單。

16-3-1 網路商店的網站架構

網路商店網站是使用 DropDownList、ListView 和 DataPager 控制項建立商品目錄網頁；DetailsView 控制項建立商品詳細資料網頁；GridView 控制項建立購物車網頁，其架構如下圖所示：

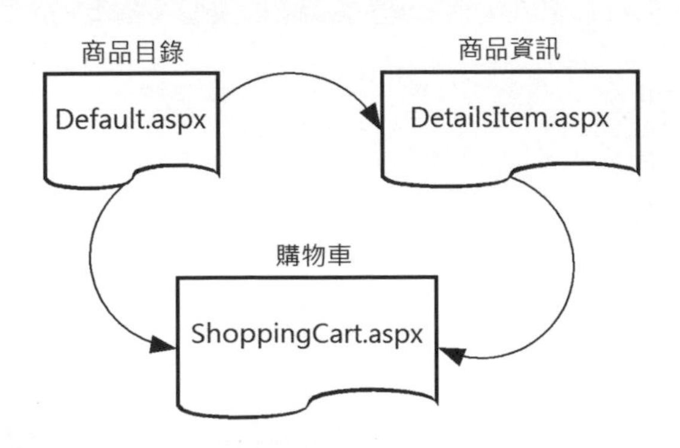

上述 Default.aspx 網頁是網路商店的商品目錄，在選取商品後，可以在 DetailsItem.aspx 網頁顯示商品詳細資料，在輸入購買數量後，就可以使用 **Cookies** 將選購商品儲存在**客戶端**電腦。

在網站主版頁面的 Menu 控制項提供選項，可以隨時檢視購物車內容，也就是執行 ShoppingCart.aspx 網頁來顯示選購的商品清單，如果不想購買某商品，可以刪除指定商品，也就是刪除 Cookie，其相關檔案的說明，如下表所示：

檔案名稱	說明
MyShop.master	網路商店的主版頁面
Default.aspx	網路商店的商品目錄，使用 DropDownList 和 ListView 控制項建立參數 SQL 查詢，在選取商品後，可以在 DetailsItem.aspx 顯示商品的詳細資料
DetailsItem.aspx	顯示商品的詳細資料，在輸入數量後，可以將選購商品存入購物車，也就是建立 Cookie
ShoppingCart.aspx	網路商店的購物車是使用 GridView 控制項顯示選購的商品清單
App_Data\Products.mdf	儲存商品資料的 SQL Server Express 資料庫
images 資料夾	商品外觀的圖片

16-3-2 網路商店的使用

請啟動 Visual Studio Community 開啟「範例網站\Ch16\MyShop」資料夾的 ASP.NET 網站，然後開啟 Default.aspx 網頁，就可以執行 ASP.NET 網頁看到商品目錄，如下圖所示：

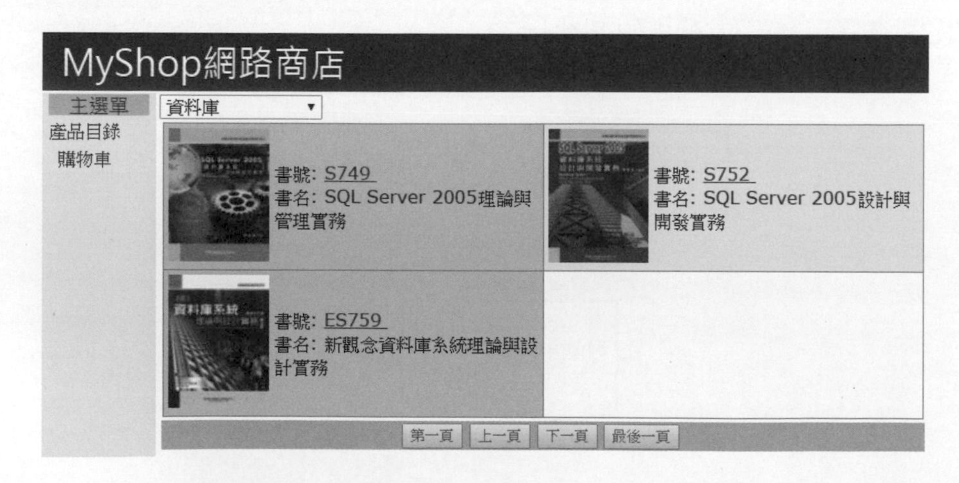

上述網頁使用兩欄方式顯示商品清單，在上方提供下拉式功能表切換商品分類，可以顯示不同分類的商品清單，這就是網路商店的商品目錄。

選購商品

在商品目錄點選指定書號的超連結，例如：F1714，就可以轉址至 DetailsItem.aspx，顯示圖書的詳細資料，如右圖所示：

MyShop網路商店
主選單
產品目錄
購物車
購買數量 2
加入購物車
書號 F1714
分類 程式設計
書名 新觀念Visual C#程式設計範例教本-第二版
作者 陳會安
書價 NT$600.00
出版日 2011/4/1
封面
新觀念
Visual C#
程式設計範例教本 第二版

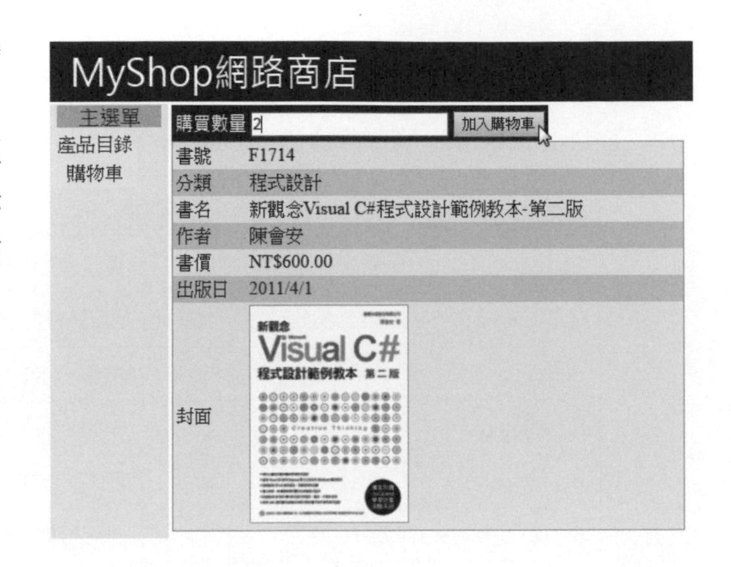

在**購買數量**欄輸入購買數量，例如：輸入 **2**，按**加入購物車**鈕，就可以將選購商品放入購物車。

檢視購物車的內容

在選購商品後，或選主選單的**購物車**選項，都可以看到目前選購的商品清單和購物總價，如下圖所示：

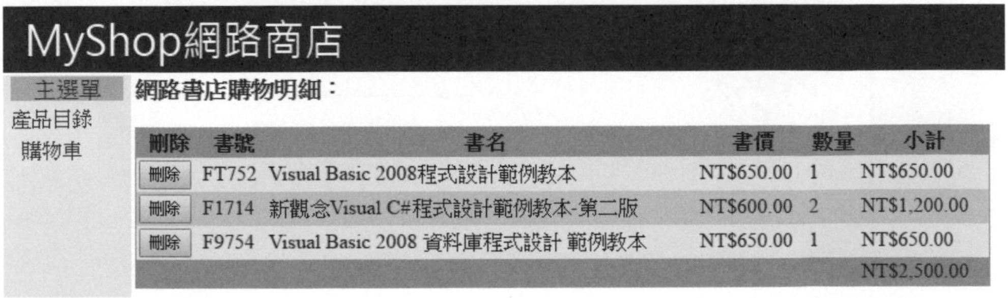

MyShop網路商店
主選單
產品目錄
購物車
網路書店購物明細：
刪除 書號 書名 書價 數量 小計
刪除 FT752 Visual Basic 2008程式設計範例教本 NT$650.00 1 NT$650.00
刪除 F1714 新觀念Visual C#程式設計範例教本-第二版 NT$600.00 2 NT$1,200.00
刪除 F9754 Visual Basic 2008 資料庫程式設計 範例教本 NT$650.00 1 NT$650.00
NT$2,500.00

按購物車表格前面的**刪除**鈕，可以刪除選購的指定商品。

16-3-3 網路商店的資料庫與主版頁面

網路商店是使用 **SQL Server Express 資料庫**儲存商品資料，擁有主版頁面來格式化網站的版面配置。

網路商店的資料庫

在 Products.mdf 資料庫擁有 Books 資料表，其欄位定義說明，如下表所示：

欄位名稱	資料型別	長度	說明
BookID	nchar	6	書號，主鍵不允許 Null
BookCatalog	nchar	10	圖書分類，允許 Null
BookTitle	nvarchar	50	書名，允許 Null
BookAuthor	nvarchar	10	作者，允許 Null
BookPrice	smallmoney	N/A	書價，允許 Null
BookPubDate	datetime	N/A	出版日期，允許 Null

網路商店的主版頁面

主版頁面 MyShop.master 擁有名為 MainContent 的 ContentPlaceHolder 控制項，在左邊是 Menu 控制項建立的主選單，其**設計**檢視如下圖所示：

16-3-4 商品目錄的網頁說明

網路商店的商品目錄是 Default.aspx 網頁，這是修改自<第 9-3 節>參數的 SQL 查詢，使用 DropDownList 控制項取得參數值，只是改用 ListView 控制項顯示多欄商品資料。ListView 控制項的設定值為：配置是**並排顯示**、樣式為**專業**和勾選**啟用分頁**。

因為 ListView 控制項預設使用三欄顯示，請更改 **GroupItemCount** 屬性值為 2，改為兩欄顯示。

> **說明**
>
> 在「ListView 工作」功能表如果不能切換至樣板檢視，請選**重新整理結構描述**超連結，在 DbType 欄選 String，值欄輸入**程式設計**，按**確定**鈕，可以看到一個訊息視窗，按**否**鈕，重新開啟「ListView 工作」功能表，就可以看到**目前檢視**欄來切換樣板編輯介面。

接著建立 ItemTemplate 和 AlternatingItemTemplate 樣板的內容，以 ItemTemplate 樣板為例，如下圖所示：

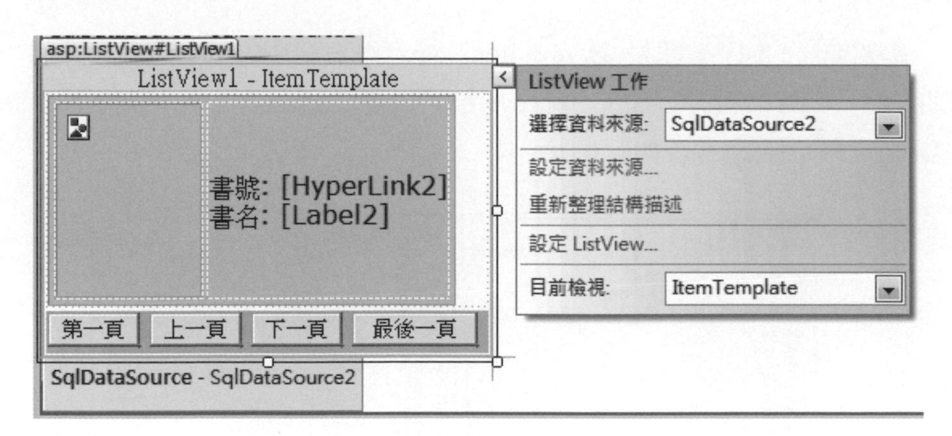

上述樣板的左邊顯示圖書封面，右邊是書號和書名，書號是 HyperLink 控制項，NavigateUrl 屬性的欄位繫結，如下圖所示：

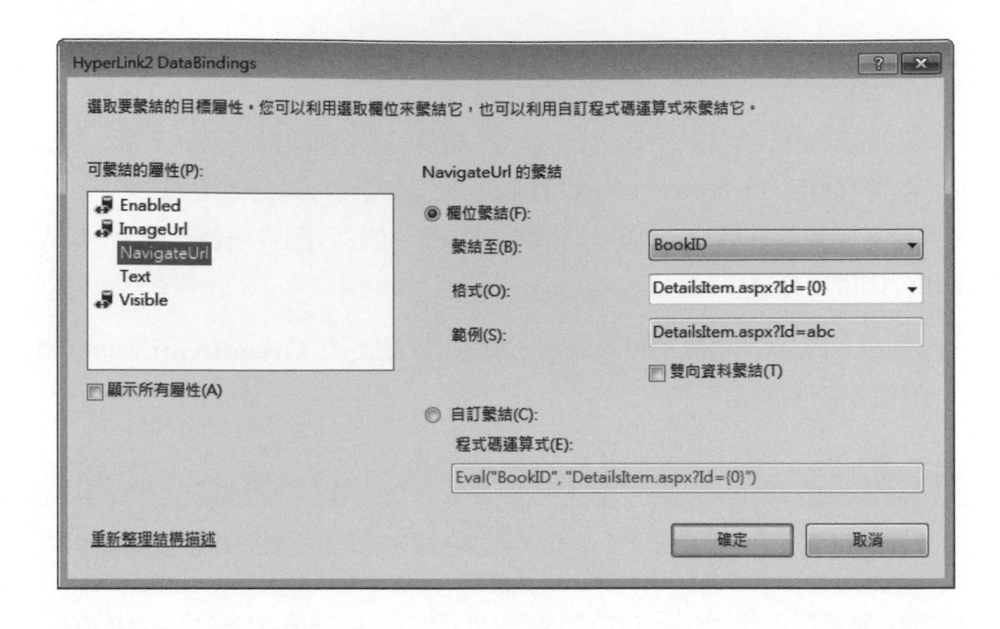

上述 NavigateUrl 屬性是連結 BookID 欄位，其格式是轉址至 DetailsItem.aspx，並且傳遞參數 Id 的書號。

16-3-5 商品資訊的網頁說明

網路商店的商品資訊是 DetailsItem.aspx 網頁，可以顯示商品的詳細資料，這是一個 URL 參數的 SQL 查詢應用，可以在 DetailsView 控制項顯示商品的詳細資料，其設計檢視如下圖所示：

購買數量	1	加入購物車
書號	資料繫結	
分類	資料繫結	
書名	資料繫結	
作者	資料繫結	
書價	資料繫結	
出版日	資料繫結	
封面	資料繫結	
SqlDataSource - SqlDataSource1		

上述 DetailsView 控制項上方是輸入數量的 TextBox 控制項，Button 按鈕控制項可以將商品加入購物車。

Button1_Click()事件處理程序

DetailsItem.aspx.cs 類別檔是在 Button1_Click()事件處理程序新增 Cookie，建立多鍵 Cookie 儲存選購商品，Cookie 名稱是 "Book" 字串開頭加上書號，鍵名 ID 是書號；Quantity 是數量，如下所示：

```
string bookID = Request.QueryString["Id"]; // 取得書號
if (Request.Cookies["Book" + bookID] != null)
{
```

上述程式碼使用 Request.QueryString 取得 URL 參數 Id 的書號後，使用 if 條件判斷 Cookie 是否存在，如果存在，就取出 Cookie 值來更新數量，如下所示

```
    int quantity = Convert.ToInt32(
        Request.Cookies["Book" + bookID]["Quantity"]);
    Response.Cookies["Book" + bookID]["ID"] = bookID;
    quantity += Convert.ToInt32(txtQuantity.Text);
    Response.Cookies["Book" + bookID]["Quantity"] =
                                   quantity.ToString();
}
else
{
    Response.Cookies["Book" + bookID]["ID"] = bookID;
    Response.Cookies["Book" + bookID]["Quantity"] =
                                   txtQuantity.Text;
}
Response.Cookies["Book" + bookID].Expires =
                        DateTime.Today.AddDays(10);
```

如果不存在，就新增 Cookie。最後使用 Response.Redirect()方法轉址至購物車的 ShoppingCart.aspx 網頁，如下所示：

```
Response.Redirect("ShoppingCart.aspx");
```

16-3-6 購物車的網頁説明

網路商店的購物車是 ShoppingCart.aspx 網頁，使用 Cookies 儲存的商品來建立 SQL 查詢指令的 WHERE 子句後，在 GridView 控制項顯示選購的商品清單，即購物車，其設計檢視如下圖所示：

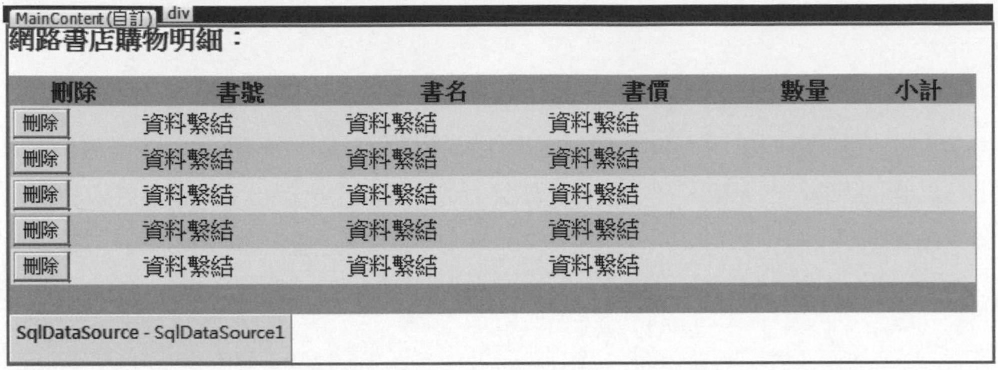

MainContent (自訂) div

網路書店購物明細：

刪除	書號	書名	書價	數量	小計
刪除	資料繫結	資料繫結	資料繫結		
刪除	資料繫結	資料繫結	資料繫結		
刪除	資料繫結	資料繫結	資料繫結		
刪除	資料繫結	資料繫結	資料繫結		
刪除	資料繫結	資料繫結	資料繫結		

SqlDataSource - SqlDataSource1

上述 GridView 控制項的第 1 欄是 ButtonField 控制項，可以刪除選購商品，最後 2 欄是 TemplateField 控制項顯示購買數量和小計，因為是在註腳列（FooterRow）顯示購物車總價，所以將 **ShowFooter** 屬性改為 True。

ShoppingCart.aspx.cs 類別檔是在 Page_Init()事件處理程序使用 IN 運算子來建立 WHERE 子句的條件，然後在 GridView1_RowDataBound()事件處理程序產生購物車的數量和小計欄位值，並且在註腳列顯示購物車總價。

Page_Init()事件處理程序

在產生購物車 GridView 控制項的欄位資料前，我們可以在 Page_Init()事件處理程序，新增 SqlDataSource 控制項 SelectCommand 屬性，即 SQL 指令的 WHERE 子句條件（預設沒有 WHERE 子句）。

在 WHERE 子句是使用 IN 運算子建立包含所有 Cookie 書號的條件，如下所示：

```
string where = "WHERE [BookID] IN (";
bool isFirst = true;
foreach (string bookItem in Request.Cookies)
{
    if (bookItem.StartsWith("Book"))
    {
        if (isFirst)
        {
            where += "'" + Request.Cookies[bookItem]["ID"] + "'";
            isFirst = false;
        }
        else
        {
            where += ", '" + Request.Cookies[bookItem]["ID"] + "'";
        }
        hasItem = true;
    }
}
where += ")";
```

上述 foreach 迴圈可以取出所有以 Book 開頭的 Cookie，即 if 條件，布林變數 isFirst 判斷是否是第 1 個 Cookie，如果是，就不用之前的「,」號，然後將書號建立成 IN 運算子的參數，如下所示：

```
WHERE [BookID] IN ("F9754", "F0752", "F2743", "F0476")
```

上述 IN 運算子的說明請參閱<第 9-2-3 節>，最後在 SelectCommand 屬性加上 WHERE 子句，表示只取出括號中書號的記錄資料，如下所示：

```
if (hasItem)
    SqlDataSource1.SelectCommand += where;
else
    SqlDataSource1.SelectCommand +=
                        "WHERE [BookID] IN ('0000')";
```

上述 if/else 條件檢查布林變數 hasItem 是否有選購商品，有，加上之前建立的 WHERE 子句；沒有，購物車是空的，WHERE 子句是不存在的書號 0000，所以不會取回任何記錄資料。

GridView1_RowCommand()事件處理程序

在 GridView 控制項的 ButtonField 控制項指定 CommandName 屬性為 DelItem，按下此按鈕可以執行 GridView1_RowCommand()事件處理程序來刪除購物車選購的商品，也就是刪除 Cookie，如下所示：

```
if (e.CommandName == "DelItem")
{
    pos = Convert.ToInt32(e.CommandArgument);
    bookID = GridView1.DataKeys[pos].Value.ToString();
    Response.Cookies[("Book" + bookID).Trim()].Expires =
                  DateTime.Today.AddDays(-365);
    Response.Redirect("ShoppingCart.aspx");
}
```

上述 if 條件判斷是否是 DelItem 命令名稱，如果是，使用 CommandArgument 屬性取出是哪一列，然後從 DataKeys 主鍵的集合物件取出該列的書號後，將 Expires 屬性設定為去年來刪除 Cookie。

GridView1_RowDataBound()事件處理程序

GridView 控制項在完成每一列的資料繫結後，都會產生 RowDataBound 事件，我們可以在此事件建立每一列的數量和小計欄位的內容，如下所示：

```
int quantity;
double subtotal, price;
if (e.Row.RowType == DataControlRowType.DataRow)
{
    e.Row.Cells[4].Text = Request.Cookies[("Book" +
               e.Row.Cells[1].Text).Trim()]["Quantity"];
    price = Convert.ToDouble(e.Row.Cells[3].Text.Substring(3));
    quantity = Convert.ToInt32(e.Row.Cells[4].Text);
    subtotal = price * quantity;
    total += subtotal;
    e.Row.Cells[5].Text = subtotal.ToString("c");
}
```

上述 if 條件使用 RowType 屬性檢查目前列是哪一種類型，DataControlRowType.DataRow 是資料列，然後使用 e.Row.Cells[4].Text 指定第 5 欄的儲存格內容為 Cookie 數量鍵名的值，即數量欄。

說明

因為 GridView 控制項顯示的是二維表格，e.Row 可以取得目前的哪一列，Cells 集合物件可以取得指定欄的儲存格，索引值是從 0 開始。

小計欄是 e.Row.Cells[5]，即第 6 欄儲存格，在轉換型別取得數量（第 4 欄）和書價（第 3 欄），即可計算**數量*書價**來指定小計欄儲存格的值，ToString() 方法的參數是格式字串。變數 total 是用來計算購物車的總價，即將每一列的小計都加總。

對於註腳列的購物車總價，使用 if 條件判斷是否是註腳列，如下所示：

```
if (e.Row.RowType == DataControlRowType.Footer)
{
    e.Row.Cells[5].Text = total.ToString("c");
}
```

上述 if 條件判斷是否是註腳列，如果是，在第 3 欄顯示"訂單總金額:"，第 6 欄的儲存格顯示 total 變數的值，即購物車總價（除以 2 是因為每一列會觸發 2 次 RowDataBound 事件）。

16-4 診所預約系統

診所預約系統是針對小型牙科診建立的病人預約看診系統，在選擇姓名、日期與時間後，就可以新增預約看診記錄，系統還提供病人資料管理和查詢功能，可以查詢病人的預約記錄。

16-4-1 診所預約系統的網站架構

診所預約系統整合 ADO.NET 程式碼和 Web 控制項，使用 DropDownList、GridView 和 Calendar 控制項建立預約處理網頁；DetailsView 控制項建立病人資料編輯網頁；DropDownList 和 GridView 控制項建立病人預約查詢網頁，其架構如下圖所示：

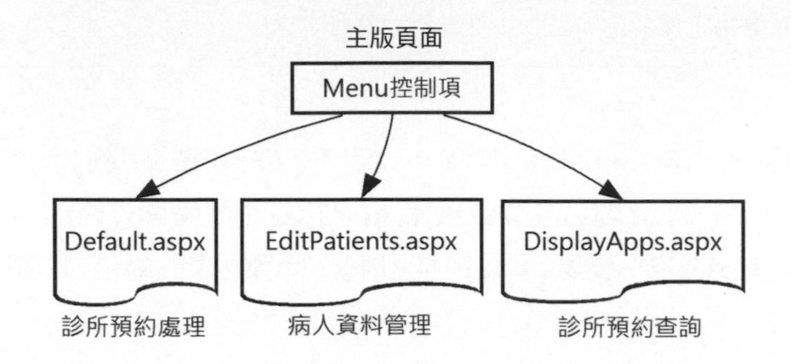

上述 Default.aspx 網頁是診所預約系統的預約處理功能；EditPatients.aspx 網頁編輯病人資料；DisplayApps.aspx 網頁查詢指定病人的預約記錄。

在網站主版頁面的 Menu 控制項提供選項，可以切換系統各項功能，其相關檔案的說明，如下表所示：

檔案名稱	說明
MyAppointment.master	診所預約系統的主版頁面
Default.aspx	診所預約系統的預約處理，使用 Calendar 控制項選擇日期，DropDownList 控制項選擇姓名與時間，GridView 控制項顯示預約記錄
EditPatients.aspx	使用 DetailsView 控制項建立插入、更新和刪除記錄的病人資料編輯功能
DisplayApps.aspx	使用 DropDownList 和 GridView 控制項建立參數查詢，可以查詢指定病人的預約記錄
App_Data\Appointment.mdf	儲存診所預約與病人資料的 SQL Server Express 資料庫

16-4-2 診所預約系統的使用

請啟動 Visual Studio Community 開啟「範例網站\Ch16\MyAppointment」資料夾的 ASP.NET 網站，然後開啟 Default.aspx 網頁，就可以執行 ASP.NET 網頁看到預約處理網頁。

預約處理

在預約處理網頁的左邊可以選擇預約的病人姓名，右邊萬年曆選擇預約日，下方顯示目前診所所有的預約記錄，如下圖所示：

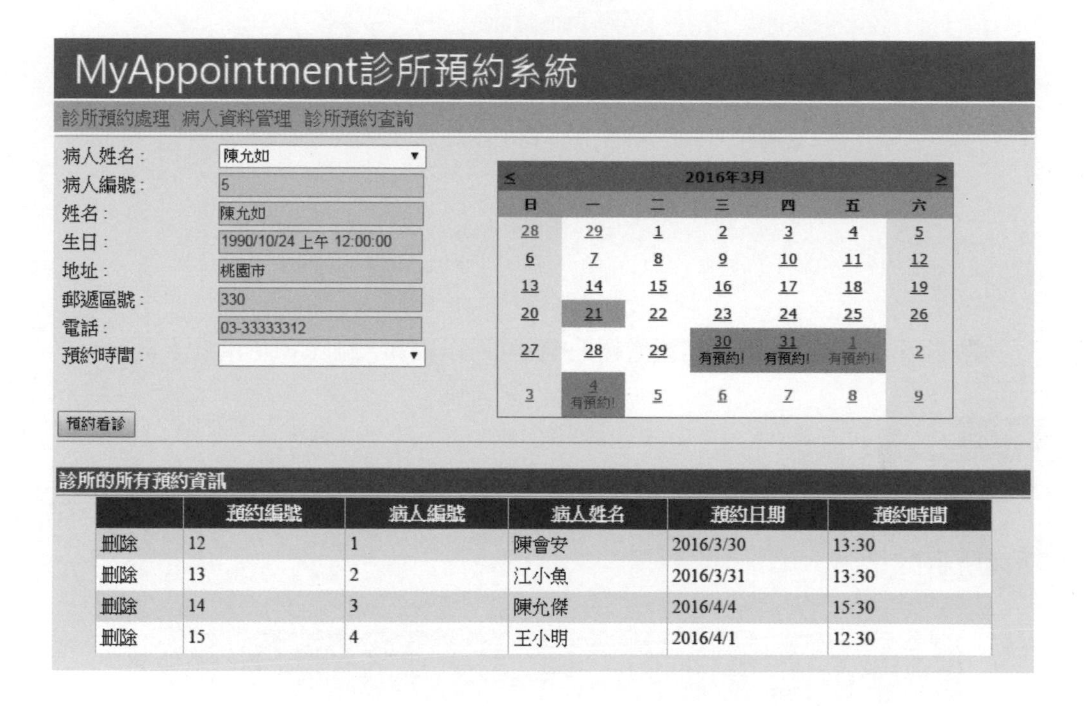

在**病人姓名**欄選擇姓名，可以在下方顯示病人詳細資料，然後請在萬年曆選擇預約日，就可以在**預約時間**欄選擇預約時段，按**預約看診**鈕新增預約記錄。請注意！目前系統只允許一天一位病人預約，雖然一天有很多個時段，但是仍然只允許一筆預約記錄。

病人資料編輯

在網頁上方功能表選**病人資料管理**選項，可以看到病人資料編輯的使用介面，如下圖所示：

MyAppointment診所預約系統

診所預約處理 病人資料管理 診所預約查詢

病人資料管理	
病人編號	3
姓名	陳允傑
生日	2006/12/25
地址	台北縣
郵遞區號	248
電話	02-12345678

編輯 刪除 新增

1 2 3 4 5

點選下方的**編輯**、**刪除**和**新增**超連結，就可以更新、刪除和新增病人資料。

預約查詢

在網頁上方功能表選**診所預約查詢**選項，可以查詢指定病人的預約資料，如下圖所示：

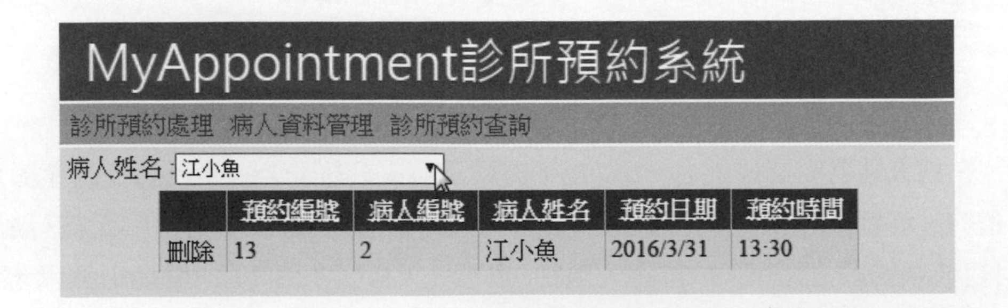

在上方選擇病人姓名後，可以在下方顯示此位病人的預約資料，以此例是**江小魚**，按前方**刪除**超連結，可以刪除此筆預約記錄。

16-4-3 診所預約系統的資料庫與主版頁面

診所預約系統是使用 SQL Server Express 資料庫儲存預約與病人資料，擁有主版頁面來格式化網站的版面配置。

診所預約系統的資料庫

在 Appointment.mdf 資料庫擁有 2 個資料表，Patient 資料表儲存病人資料；Aptment 資料表儲存預約資料，使用 PatientID 欄位建立一對多關聯性，其欄位定義說明如下表所示：

■ Patient 資料表

欄位名稱	資料型別	長度	說明
PatientID	int	IDENTITY	病人編號的自動編號欄位，主鍵不允許 Null
Name	nvarchar	50	病人姓名，不允許 Null
DateOfBirthday	smalldatetime	N/A	病人生日，不允許 Null
Address	nvarchar	50	病人地址，不允許 Null
PostCode	char	10	病人郵遞區號，不允許 Null
Phone	char	12	病人電話，不允許 Null

■ Aptment 資料表

欄位名稱	資料型別	長度	說明
AptmentID	int	IDENTITY	預約編號的自動編號欄位，主鍵不允許 Null
PatientID	int	N/A	病人編號，外來鍵不允許 Null
DateOfAptment	datetime	N/A	預約日期，不允許 Null
Time	nchar	10	預約時間，不允許 Null

診所預約系統的主版頁面

主版頁面 MyAppointment.master 擁有名為 MainContent 的 ContentPlaceHolder 控制項，在上方是 Menu 控制項建立的主選單，如下圖所示：

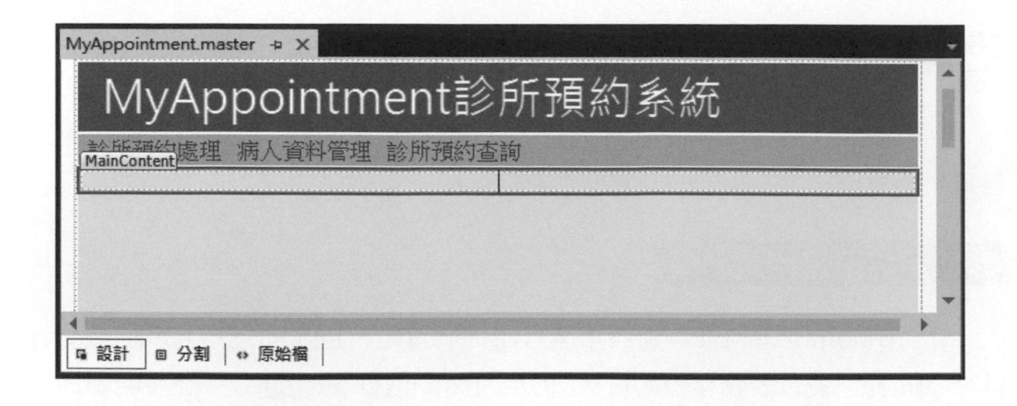

16-4-4 預約處理的網頁說明

預約處理網頁是網站首頁 Default.aspx，可以進行診所預約處理，其**設計**檢視如下圖所示：

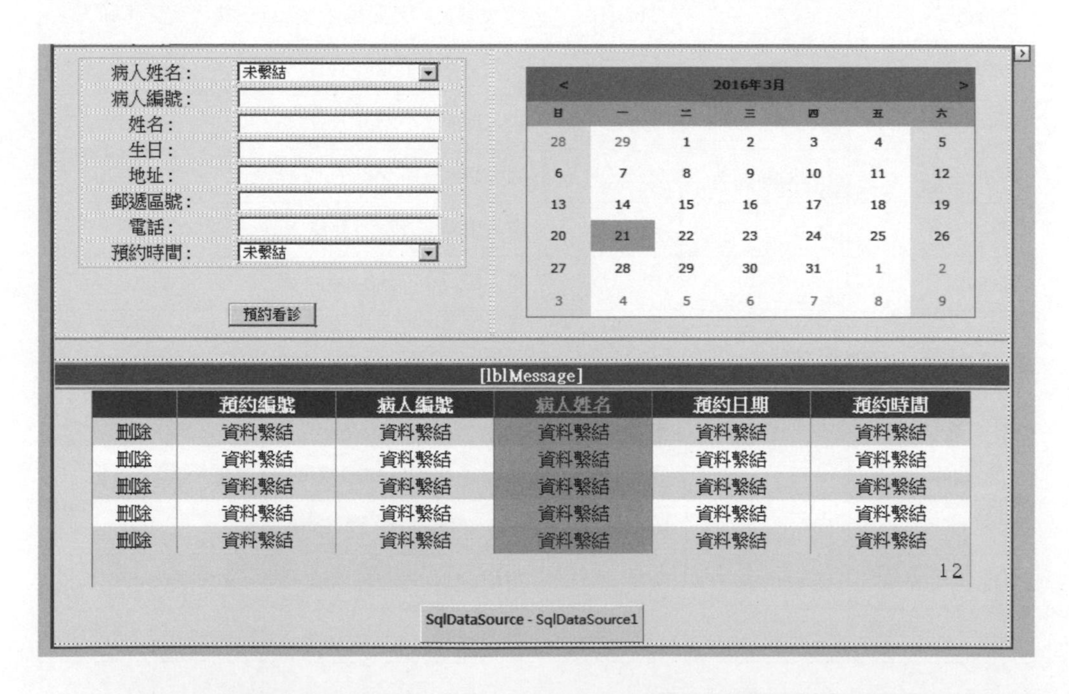

上述網頁左邊的病人資料是多個 TextBox 和 DropDownList 控制項 ddlPatient 和 ddlAppointment，Button 按鈕控制項可以預約看診，右邊是名為 calDentist 的 Calendar 控制項。

在下方是 GridView 控制項，其資料來源為 SqlDataSource1，其 SQL 指令是一個合併查詢，如下所示：

```
SELECT Aptment.AptmentID, Aptment.PatientID,
       Aptment.DateOfAptment, Aptment.Time,
       Patient.Name, Patient.DateOfBirth
FROM Aptment INNER JOIN Patient
ON Aptment.PatientID = Patient.PatientID
```

Page_Load()事件處理程序

Default.aspx.cs 類別檔的 Page_Load()事件處理程序在指定 TextBox 控制項的初始狀態後，使用 ADO.NET 程式碼建立 Connection、Command 和 DataAdpater 物件來新增 DataSet 物件，以便建立 DataTable 物件 appTable，其內容是 Aptment 資料表的所有預約記錄，如下所示：

```
SqlConnection objCon = new SqlConnection(strDbCon);
objCon.Open();
objDS = new DataSet();
strSQL = "SELECT * FROM Aptment";
objAdapter = new SqlDataAdapter(strSQL, objCon);
objAdapter.Fill(objDS, "Aptment");
appTable = objDS.Tables["Aptment"];
```

上述程式碼取得診所的所有預約記錄，如果是第一次載入網頁，呼叫 FillPatientInfo()程序建立 DropDownList 控制項的病人姓名項目，和 getFreeDate()函數檢查今天是否可預約，不行，就是下一天。

FillPatientInfo()程序

FillPatientInfo()程序使用 ADO.NET 的 DataReader 物件讀取記錄資料，以便建立病人姓名項目，如下所示：

```
objDR = objCmd.ExecuteReader();
while (objDR.Read())
{
   ListItem newItem = new ListItem();
```

next

```
        newItem.Text = objDR["Name"].ToString();
        newItem.Value = objDR["PatientID"].ToString();
        ddlPatient.Items.Add(newItem);
}
```

上述 while 迴圈可以讀取 Patient 資料表的所有病人姓名，在建立 ListItem 物件後，指定選項的名稱和值，最後呼叫 Add()方法新增成為 DropDownList 控制項的項目。

getFreeDate()函數

在 getFreeDate()函數是使用迴圈檢查 DataTable 物件 appTable，以便判斷參數日期是否已經有病人預約，如下所示：

```
foreach (DataRow tRow in appTable.Rows)
{
    tDate = Convert.ToDateTime(tRow["DateOfAptment"]);
    if (tDate.Date == selectedDate.Date)
    {
        isOKDate = false;
        selectedDate = selectedDate.AddDays(1);
    }
}
```

上述 foreach 迴圈取得 DataTable 物件的每一個 DataRow 物件後，使用 if 條件判決預約資料的日期是否和參數日期相同，如果相同，表示已經有人預約，使用 AddDays()方法將日期加一天至明天。

calDentist_DayRender()事件處理程序

Calendar 控制項的 DayRender()事件處理程序可以在儲存格顯示已預約的內容，如下所示：

```
foreach (DataRow tRow in appTable.Rows)
{
    tDate = Convert.ToDateTime(tRow["DateOfAptment"]);
    if (tDate.Date == e.Day.Date)
    {
        e.Cell.BackColor = System.Drawing.Color.Cyan;
```

next

```
            Label lbl = new Label();
            lbl.Text = "<br/>有預約!";
            if (e.Cell.Controls.Count <= 1)
                e.Cell.Controls.Add(lbl);
        }
    }
```

上述 foreach 迴圈取得 DataTable 物件的每一個 DataRow 物件後，使用 if 條件判斷是否是已預約日期，如果是，建立 Label 控制項物件，在指定 Text 屬性值後，if 條件判斷是否已經新增，如果沒有，呼叫 e.Cell.Controls.Add()方法新增至儲存格，。

calDentist_SelectionChanged()事件處理程序

在 Calendar 控制項選擇預約日期，就會呼叫此事件處理程序，程序呼叫 getFreeDate()函數判斷選擇日期是否可預約，如果可以，就建立可用預約時段 ddlAppointment 控制項的下拉式清單項目。

ddlPatient_SelectedIndexChanged()事件處理程序

當使用者在下拉式清單方塊 ddlPatient 選擇病人姓名，就呼叫此程序來顯示病人資料，這是使用 DataReader 物件取得指定病人的詳細資料，然後將它填入 TextBox 控制項，如下所示：

```
objDR = objCmd.ExecuteReader();
objDR.Read();
txtID.Text = objDR["PatientID"].ToString();
txtName.Text = objDR["Name"].ToString();
txtDOB.Text = objDR["DateOfBirth"].ToString();
txtAddress.Text = objDR["Address"].ToString();
txtPostCode.Text = objDR["PostCode"].ToString();
txtPhone.Text = objDR["Phone"].ToString();
```

上述程式碼執行 SQL 指令讀取指定病人的記錄後，指定 TextBox 控制項的 Text 屬性值。建立 SQL 指令的程式碼，如下所示：

```
strSQL = "SELECT * FROM Patient WHERE PatientID ='" +
        ddlPatient.SelectedItem.Value + "'";
```

Button1_Click()事件處理程序

在 Default.aspx 網頁選擇姓名、預約日和預約時段後，按**預約看診**鈕就是呼叫此事件處理程序，使用 Command 物件的 ExecuteNonQuery()方法新增記錄，建立 SQL 指令的程式碼，如下所示：

```
strSQL = "INSERT INTO Aptment (";
strSQL += "PatientID, DateOfAptment, Time) ";
strSQL += "VALUES (" + txtID.Text + ", ";
strSQL += "'" + calDentist.SelectedDate.ToShortDateString();
strSQL += "', '" + ddlApointment.SelectedItem.Value + "')";
```

viewAp_RowDeleted()事件處理程序

當使用者在 GridView 控制項刪除預約記錄後，就是在此事件處理程序呼叫 Response.Redirect()方法轉址給自己，其主要目的是在 Page_Load()事件處理程序重新建立 DataTable 物件。

16-4-5 病人資料編輯的網頁說明

病人資料編輯是 EditPatients.aspx 網頁，使用 DetailsView 控制項編輯病人資料，其**設計**檢視如右圖所示：

病人資料管理	
病人編號	資料繫結
姓名	資料繫結
生日	資料繫結
地址	資料繫結
郵遞區號	資料繫結
電話	資料繫結
編輯 刪除 新增	
12	

SqlDataSource - SqlDataSource1

上述 DetailsView 控制項指定的資料來源為 SqlDataSource1，並且讓控制項自動產生 INSERT、UPDATE 和 DELETE 指令，其 SQL 指令如下所示：

```
SELECT * FROM [Patient]
```

DetailsView1_DataBound()事件處理程序

DetailsView1_DataBound()事件處理程序是當 Patient 資料表沒有記錄時，切換至插入記錄介面，如下所示：

```
if (DetailsView1.Rows.Count == 0)
{
    DetailsView1.ChangeMode(DetailsViewMode.Insert);
}
```

上述 if 條件使用 Count 屬性判斷是否有記錄，如果沒有，就使用 ChangeMode()方法切換成插入模式。

16-4-6 預約查詢的網頁說明

預約查詢網頁是 DisplayApps.aspx 網頁，可以查詢指定病人的預約資料，這是<第 9-3 節>參數 SQL 查詢的應用，只需在下拉式清單方塊選擇姓名，就可以在下方 GridView 控制項顯示病人的預約資料，其設計檢視如下圖所示：

病人姓名：資料繫結

SqlDataSource - SqlDataSource2

	預約編號	病人編號	病人姓名	預約日期	預約時間
刪除	資料繫結	資料繫結	資料繫結	資料繫結	資料繫結
刪除	資料繫結	資料繫結	資料繫結	資料繫結	資料繫結
刪除	資料繫結	資料繫結	資料繫結	資料繫結	資料繫結
刪除	資料繫結	資料繫結	資料繫結	資料繫結	資料繫結
刪除	資料繫結	資料繫結	資料繫結	資料繫結	資料繫結
					1 2

SqlDataSource - SqlDataSource1

16-5 部落格

部落格網站是一個功能簡單的部落格 Web 應用程式，可以讓註冊會員新增部落格和張貼文章，非註冊使用者瀏覽各部落格發表的文章，和回應內容。

16-5-1 部落格的網站架構

部落格網站是啟用 ASP.NET 會員管理功能的表單基礎驗證，使用資料來源和資料邊界控制項建立 6 頁 ASP.NET 網頁，並且搭配 ADO.NET 物件程式碼執行 SQL 聚合查詢，其架構如下圖所示：

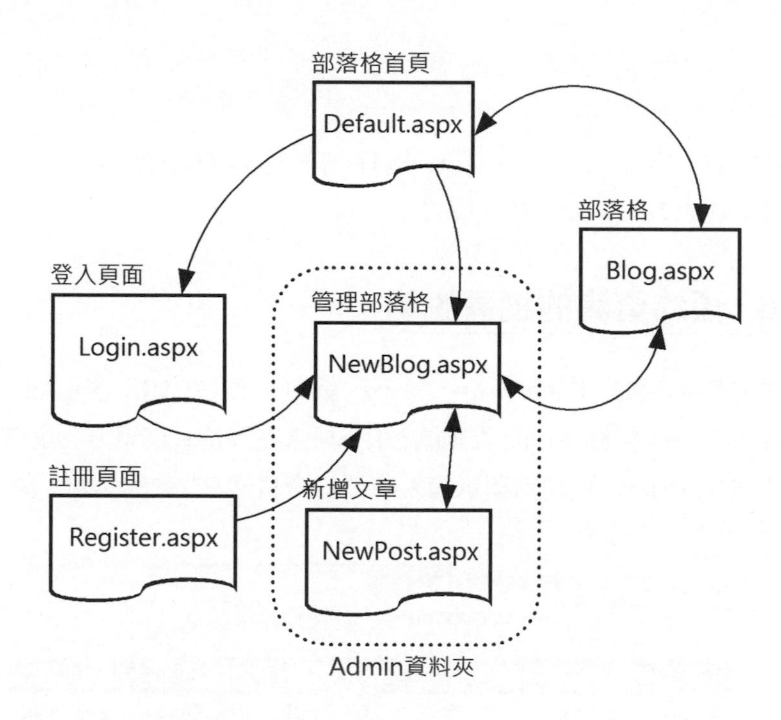

上述 Default.aspx 網頁是部落格網站的首頁，可以顯示目前所有會員建立的部落格清單，對於非註冊使用者，只需選擇部落格名稱，即可進入 Blog.aspx 閱讀文章或回應內容，也可以切換至部落格的其他文章。使用者可以使用 Register.aspx 註冊成為會員，部落格會員擁有權限執行位在「Admin」資料夾的 ASP.NET 網頁。

Login.aspx 網頁是登入網頁，在成功登入後，就進入 NewBlog.aspx 顯示登入使用者建立的部落格清單，會員可以在此網頁建立新部落格，或針對指定部落格，進入 NewPost.aspx 來發表新文章，其相關檔案的說明，如下表所示：

檔案名稱	說明
MyBlog.master	部落格網站的主版頁面
Default.aspx	部落格網站的首頁，使用 GridView 控制項顯示所有會員建立的部落格清單
Blog.aspx	使用 FormView 控制項顯示指定部落格的文章內容，DataList 控制項顯示回應內容，和 GridView 控制項顯示文章清單，在最後提供控制項來張貼回應內容
Login.aspx	使用 Login 控制項建立的登入網頁
Register.aspx	使用 CreateUserWizard 控制項建立的會員註冊網頁
Admin\NewBlog.aspx	使用 GridView 控制項顯示登入會員的部落格清單，並且提供控制項來建立新部落格
Admin\NewPost.aspx	張貼新文章的表單，網頁是使用 SqlDataSource 控制項來新增文章記錄
App_Data\Blog.mdf	儲存部落格、文章與回應資料的 SQL Server Express 資料庫

部落格網站已經啟用**表單基礎驗證**，在「Admin」資料夾建立的存取規則，如下圖所示：

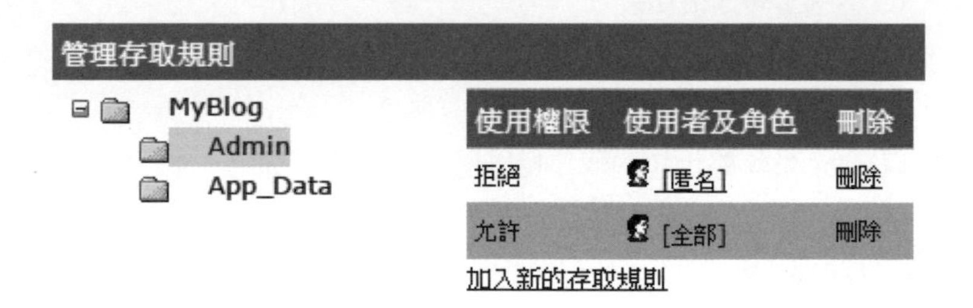

上述存取規則允許全部使用者存取，但拒絕匿名使用者存取，所以，只有登入會員才能執行此目錄下的 ASP.NET 網頁。

16-5-2 部落格的使用

請啟動 Visual Studio Community 開啟「範例網站\Ch16\MyBlog」資料夾的 ASP.NET 網站，然後開啟 Default.aspx 網頁，就可以執行 ASP.NET 網頁看到部落格網站的首頁。

部落格網站的首頁

在部落格網站首頁顯示所有會員的部落格清單，和每一個部落格的文章數，如下圖所示：

MyBlog個人部落格

登入

首頁 註冊 新增部落格或文章

線上的個人部落格

個人部落格	擁有者	文章數
ASP.NET ASP.NET技術探討	hueyan	2
ASP.NET MVC 關於ASP.NET MVC開發	hueyan	1
伺服端網頁技術 一些伺服端網頁技術說明	hueyan	1
客戶端網頁技術 一些客戶端網頁技術	Jane	3

上述網頁顯示部落格清單，第二欄是擁有者名稱，最後一欄顯示文章數。

閱讀部落格的文章

在部落格網站首頁點選部落格名稱，可以進入部落格網頁閱讀最新發表的文章，例如：伺服端網頁技術部落格，如下圖所示：

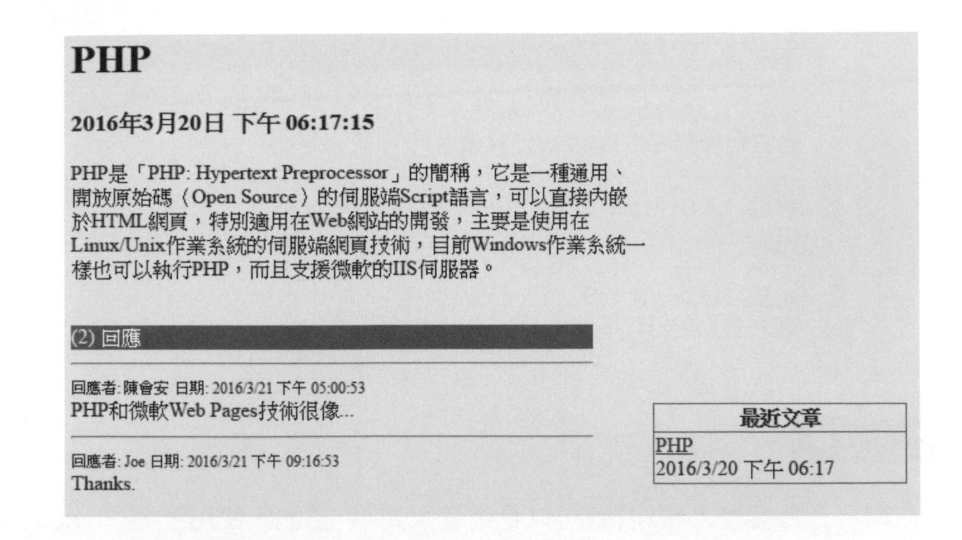

上述網頁顯示的是文章內容，下方是使用者回應內容的清單，在右下方顯示此部落格發表的文章清單，點選可以閱讀其他文章。

張貼回應文章

在部落格網頁顯示的文章內容最下方，可以看到張貼回應的表單，如下圖所示：

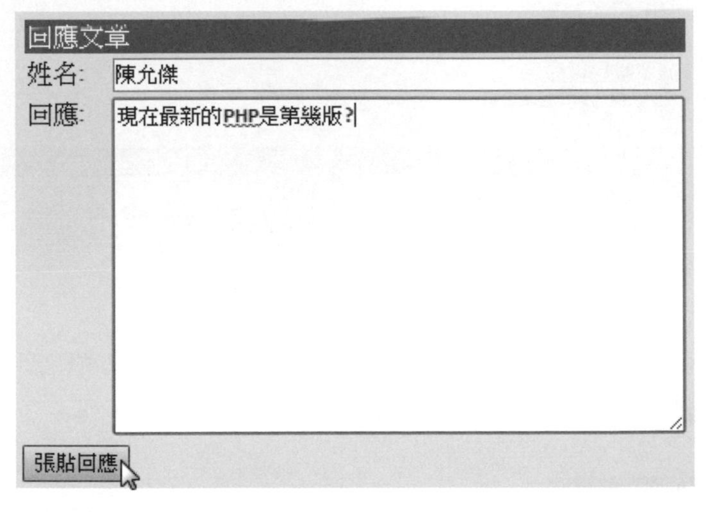

在輸入回應者姓名和內容後，按**張貼回應**鈕，可以在上方看到回應內容，在括號中的數字是回應數，如下圖所示：

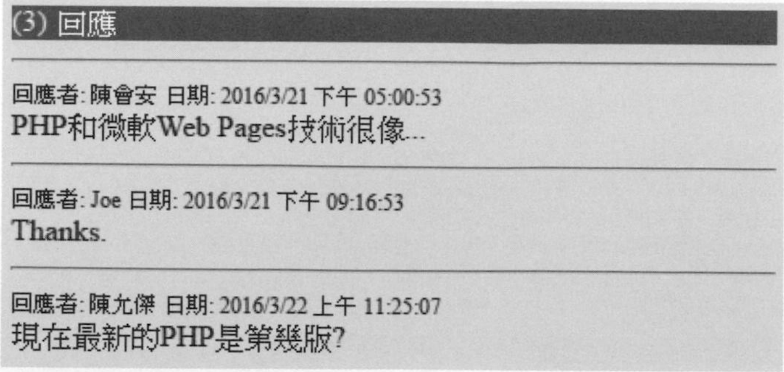

(3) 回應

回應者: 陳會安 日期: 2016/3/21 下午 05:00:53
PHP和微軟Web Pages技術很像...

回應者: Joe 日期: 2016/3/21 下午 09:16:53
Thanks.

回應者: 陳允傑 日期: 2016/3/22 上午 11:25:07
現在最新的PHP是第幾版?

建立部落格

在網頁上方選登入超連結，可以看到登入表單，請輸入使用者名稱 hueyan 和密碼@123456，在成功登入後，選右上方**新增部落格或文章**選項，可以看到管理個人部落格網頁，如下圖所示：

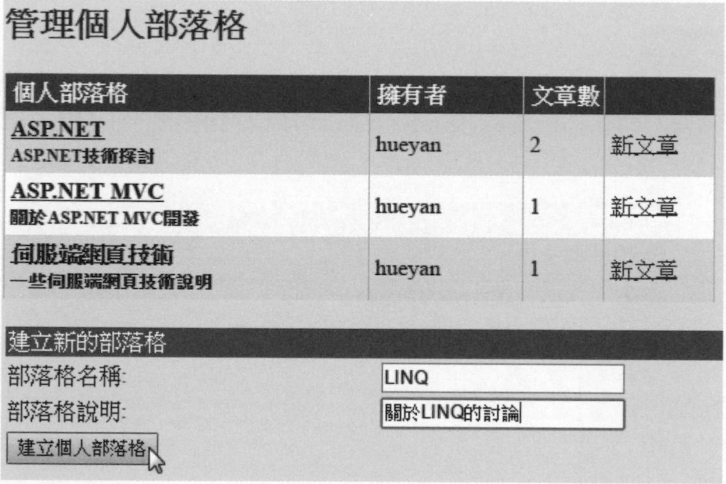

管理個人部落格

個人部落格	擁有者	文章數	
ASP.NET ASP.NET技術探討	hueyan	2	新文章
ASP.NET MVC 關於ASP.NET MVC開發	hueyan	1	新文章
伺服端網頁技術 一些伺服端網頁技術說明	hueyan	1	新文章

建立新的部落格

部落格名稱: LINQ

部落格說明: 關於LINQ的討論

建立個人部落格

上述網頁顯示的是登入會員建立的部落格清單，在下方輸入部落格名稱和說明描述，按**建立個人部落格**鈕建立新的部落格。

在部落格發表文章

在成功登入且進入管理個人部落格網頁後，可以看到會員建立的部落格清單，如下圖所示：

個人部落格	擁有者	文章數	
ASP.NET ASP.NET技術探討	hueyan	2	新文章
ASP.NET MVC 關於ASP.NET MVC開發	hueyan	1	新文章
LINQ 關於LINQ的討論	hueyan	0	新文章
伺服端網頁技術 一些伺服端網頁技術說明	hueyan	1	新文章

我們準備在剛剛建立的部落格新增文章，請點選**新文章**，就可以發表新文章，如下圖所示：

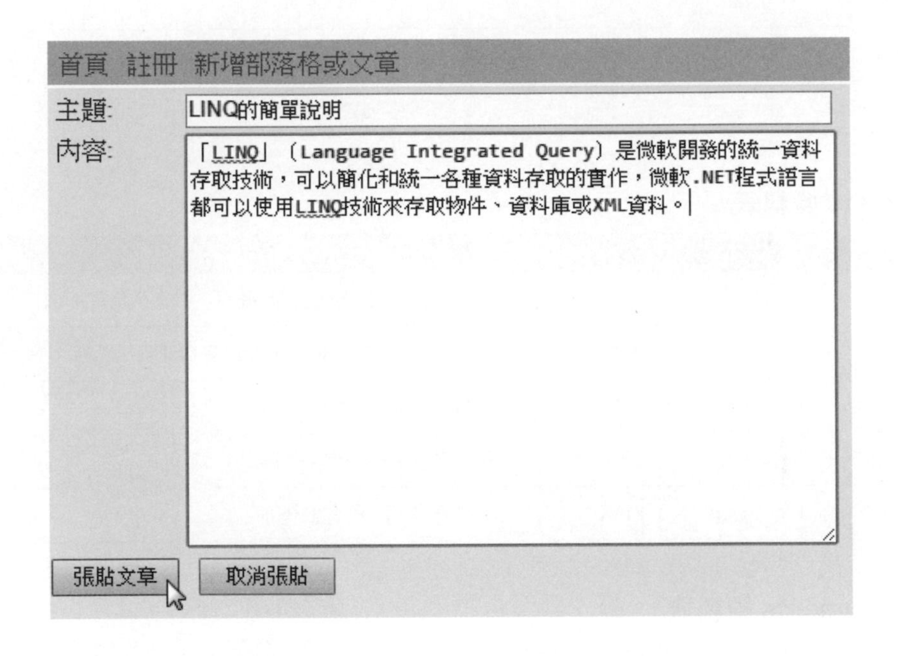

在輸入主題和內容後，按**張貼文章**鈕，可以在部落格發表新文章。

16-5-3 部落格的資料庫與主版頁面

部落格是使用 SQL Server Express 資料庫儲存部落格、文章與回應資料，擁有主版頁面來格式化網站的版面配置。

部落格的資料庫

在 Blog.mdf 資料庫擁有 3 個資料表，Blogs 資料表儲存部落格資料；Posts 資料表儲存文章資料；Comments 資料表儲存回應資料，Blogs 與 Posts 資料表是一對多關聯性，Posts 與 Comments 資料表也是一對多關聯性，其欄位定義說明，如下表所示：

■ Blogs 資料表

欄位名稱	資料型別	長度	說明
blogid	int	IDENTITY	部落格編號的自動編號欄位，主鍵不允許 Null
username	nvarchar	100	使用者名稱，不允許 Null
name	nvarchar	255	部落格名稱，不允許 Null
description	nvarchar	255	部落格描述，不允許 Null

■ Posts 資料表

欄位名稱	資料型別	長度	說明
postid	int	IDENTITY	文章編號的自動編號欄位，主鍵不允許 Null
blogid	int	N/A	部落格編號，外來鍵不允許 Null
postdate	datetime	N/A	發表日期，不允許 Null
subject	nvarchar	255	文章主題，不允許 Null
post	nvarchar	MAX	文章內容，不允許 Null

■ Comments 資料表

欄位名稱	資料型別	長度	說明
commentid	int	IDENTITY	回應編號的自動編號欄位，主鍵不允許 Null
postid	int	N/A	文章編號，外來鍵不允許 Null
commentdate	datetime	N/A	發表日期，不允許 Null
username	nvarchar	100	回應者，不允許 Null
comment	nvarchar	MAX	回應內容，不允許 Null

部落格的主版頁面

主版頁面 MyBlog.master 擁有名為 MainContent 的 ContentPlaceHolder 控制項，在上方是 Menu 控制項建立的主選單、使用 LoginName 和 LoginStatus 控制項顯示使用者名稱和登入超連結，如下圖所示：

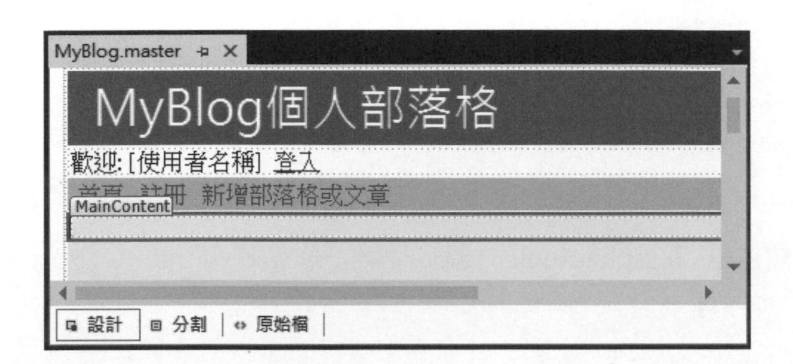

16-5-4 部落格首頁的網頁說明

部落格首頁 Default.aspx 顯示目前線上的部落格清單和每一個部落格的文章數，其**設計**檢視如下圖所示：

線上的個人部落格

個人部落格	擁有者	文章數
資料繫結 資料繫結	資料繫結	資料繫結
資料繫結 資料繫結	資料繫結	資料繫結
資料繫結 資料繫結	資料繫結	資料繫結
資料繫結 資料繫結	資料繫結	資料繫結
資料繫結 資料繫結	資料繫結	資料繫結
		12

SqlDataSource - SqlDataSource1

上述圖例上方是 GridView 控制項，其資料來源為 SqlDataSource1，SQL 指令如下所示：

```
SELECT [blogid], [name],
   [description], [username]
FROM [Blogs] ORDER BY [name]
```

在 GridView 控制項的第一欄是 TemplateField 控制項欄位，使用 LinkButton 控制項建立連接 Blog.aspx 的超連結按鈕，如下所示：

```
<asp:LinkButton ID="LinkButton1" runat="server"
  Text='<% #Bind("name") %>'
  PostBackUrl='<% #Bind("blogid", "Blog.aspx?blog={0}") %>'
  ForeColor="#003300" />
```

第三欄也是 TemplateField 控制項欄位，它是呼叫 numOfPosts()函數來取得文章數，如下所示：

```
<%# numOfPosts(Convert.ToString(Eval("blogid")))%>
```

numOfPosts()函數

Default.aspx.cs 類別檔的 numOfPosts()函數是使用聚合函數 Count()取得文章數，這是使用 ADO.NET 程式碼建立 Connection 和 Command 物件來執行 SQL 指令，如下所示：

```
strSQL = "SELECT Count(*) FROM Posts " +
          "WHERE blogid=" + blogid;
objCon = new SqlConnection(strDbCon);
objCon.Open();
objCmd = new SqlCommand(strSQL, objCon);
result = Convert.ToInt32(objCmd.ExecuteScalar());
```

上述程式碼在建立 SQL 指令後，呼叫 ExecuteScalar()方法取得單一值的文章數。

16-5-5 閱讀文章和張貼回應的網頁說明

部落格網頁 Blog.aspx 顯示部落格發表的文章內容、文章回應清單和張貼回應的表單，其**設計**檢視如下圖所示：

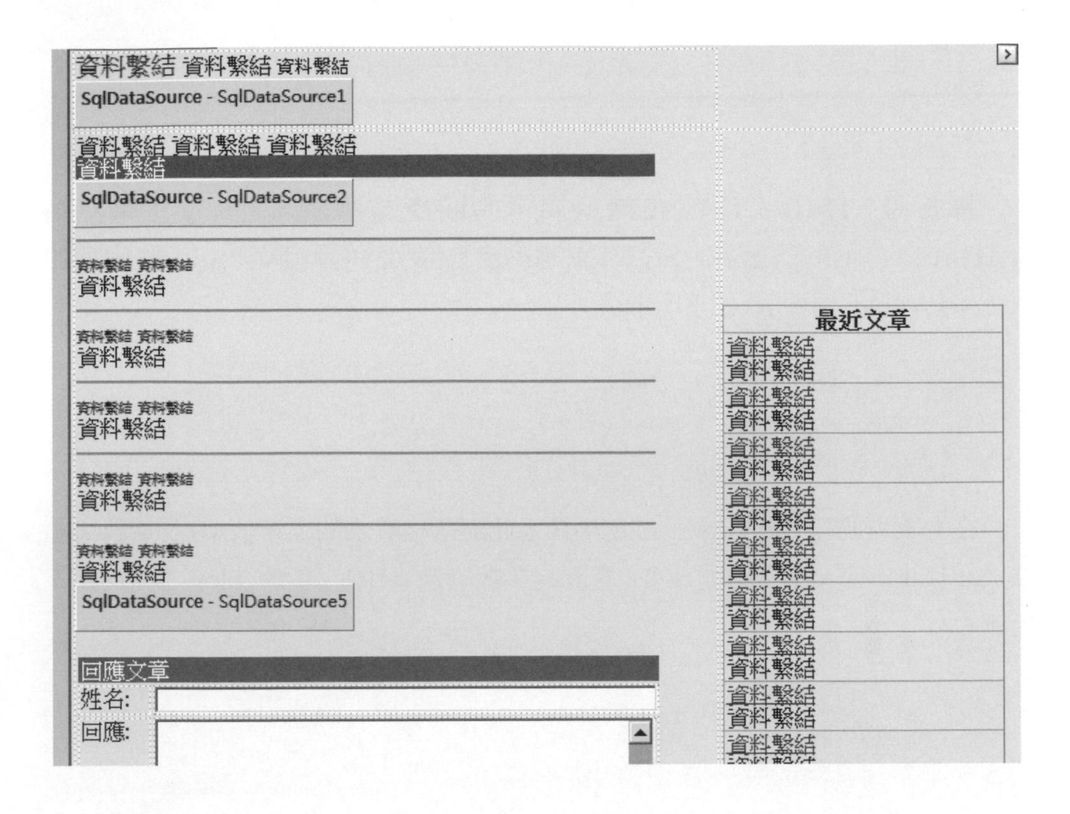

上述圖例上方是 2 個 FormView 控制項，第 1 個 FormView 控制項的資料來源為 SqlDataSource1，可以取得指定部落格編號的部落格資訊，參數 SQL 查詢的參數值是 URL 參數 blog 的值，如下所示：

```
SELECT [name], [description], [username]
FROM [Blogs] WHERE ([blogid] = @blogid)
```

第 2 個 FormView 控制項顯示文章內容，其資料來源是 SqlDataSource2，這也是參數 SQL 查詢，其參數值是 GridView1 控制項的 SelectedValue 屬性值，如下所示：

```
SELECT [postid], [blogid], [postdate], [subject], [post]
FROM [Posts] WHERE ([postid] = @postid)
```

在 FormView 最後使用 Label 控制項顯示回應數，這是呼叫 numOfComments()函數取得的回應數，如下所示：

```
<asp:Label ID="lblComments" runat="server" Text=
'<%# "("+numOfComments(Convert.ToString(Eval("postid")))+") 回應" %>'
… />
```

接著是 DataList 控制項顯示的回應文章清單，其資料來源為 SqlDataSource5，參數 SQL 查詢的參數值是 GridView1 控制項的 SelectedValue 屬性值，如下所示：

```
SELECT [commentdate], [username], [comment]
FROM [Comments] WHERE ([postid] = @postid)
ORDER BY [commentdate]
```

在右下方的 GridView1 控制項顯示此部落格發表的文章清單，其資料來源為 SqlDataSource3，參數 SQL 查詢的參數值是 URL 參數 blog 的值，如下所示：

```
SELECT [postid], [blogid], [postdate], [subject]
FROM [Posts] WHERE ([blogid] = @blogid)
ORDER BY [postdate] DESC
```

在最下方是 TextBox 控制項 txtName 和 txtComment 建立輸入回應內容的表單，使用 SqlDataSource4 插入回應記錄，其 SQL 指令如下所示：

```
INSERT INTO [Comments] ([postid], [username], [comment])
VALUES (@postid, @username, @comment)
```

上述參數 postid 的參數值為 GridView1 控制項的 SelectedValue 屬性值；username 是 txtName 控制項的 Text 屬性值；comment 是 txtComment 控制項的 Text 屬性值。

Page_Load()事件處理程序

在 Page_Load()事件處理程序檢查 IsPostBack 屬性來判斷是否是表單送回，如下所示：

```
if (!IsPostBack)
{
    GridView1.SelectedIndex = 0;
    if (Request.QueryString["index"] != null)
        GridView1.SelectedIndex =
        Convert.ToInt32(Request.QueryString["index"]);
        GridView1.DataBind();
}
```

上述 if 條件判斷是否是表單送回，如果不是，表示是第一次進入網頁，所以將 GridView1.SelectedIndexs 屬性指定為 0，以便顯示 GridView 控制項第一列的最新文章內容。

當按下按鈕新增回應後，事件處理程序是使用 Response.Redirect()方法轉址至自己，因為不是表單送回，為了正確顯示張貼回應的哪一篇文章，所以傳遞 URL 參數 index，這是 GridView1.SelectedIndex 屬性值。

Button1_Click()事件處理程序

Button1_Click()事件處理程序可以在 Comments 資料表新增一筆回應記錄，如下所示：

```
SqlDataSource4.Insert();
Response.Redirect("Blog.aspx?blog=" +
        Request.QueryString["blog"] +
        "&index=" + GridView1.SelectedIndex.ToString());
```

上述程式碼呼叫 Insert()方法新增記錄，然後轉址給自己，URL 參數 blog 是目前的部落格編號，index 是目前文章在 GridView1 控制項的索引值。

numOfComments()函數

Blog.aspx 網頁的 numOfComments()函數是使用聚合函數 Count()取得回應數，這是使用 ADO.NET 程式碼建立 Connection 和 Command 物件來執行 SQL 指令，如下所示：

```
strSQL = "SELECT Count(*) FROM Comments " +
         "WHERE postid=" + postid;
```

16-5-6 新增部落格的網頁說明

在「Admin」資料夾的 NewBlog.aspx 網頁可以顯示登入會員的部落格清單和文章數，其設計檢視如下圖所示：

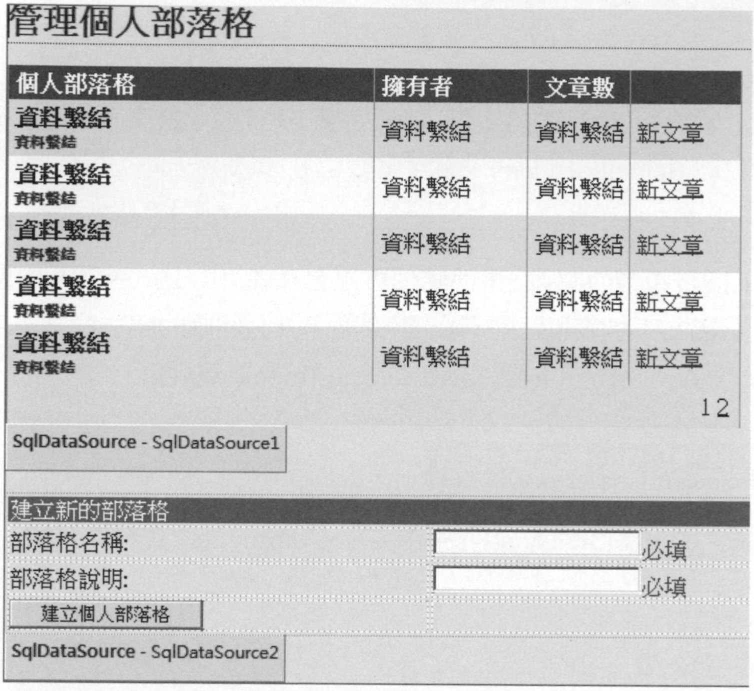

管理個人部落格

個人部落格	擁有者	文章數	
資料繫結 資料繫結	資料繫結	資料繫結	新文章
資料繫結 資料繫結	資料繫結	資料繫結	新文章
資料繫結 資料繫結	資料繫結	資料繫結	新文章
資料繫結 資料繫結	資料繫結	資料繫結	新文章
資料繫結 資料繫結	資料繫結	資料繫結	新文章
			12

SqlDataSource - SqlDataSource1

建立新的部落格

部落格名稱: 必填

部落格說明: 必填

建立個人部落格

SqlDataSource - SqlDataSource2

上述圖例上方是 GridView 控制項，和 Default.aspx 相同，只是 SqlDataSource1 是參數 SQL 指令，如下所示：

```
SELECT [blogid], [name], [description], [username]
FROM [Blogs] WHERE [username]=@username
ORDER BY [name]
```

上述 username 參數值是在 Page_Load()事件處理程序指定成 User.Identity.Name，即登入的使用者名稱。同樣的，GridView 控制項的第一欄和第三欄是 TemplateField 控制項欄位，分別使用 LinkButton 控制項建立連接 Blog.aspx 的超連結按鈕，和呼叫 numOfPosts()函數取得文章數。

在下方是 TextBox 控制項 txtBlogName 和 txtDescription 建立輸入新部落格的表單，使用 SqlDataSource2 插入部落格記錄，其 SQL 指令如下所示：

```
INSERT INTO [Blogs] ([username], [name], [description])
VALUES (@username, @name, @description)
```

上述參數 username、name 和 description 的值是在 Button1_Click()事件處理程序來指定。

Page_Load()事件處理程序

在 Page_Load()事件處理程序指定 SqlDataSource1 控制項參數 username 的值，如下所示：

```
SqlDataSource1.SelectParameters["username"].DefaultValue =
                    User.Identity.Name;
```

Button1_Click()事件處理程序

Button1_Click()事件處理程序可以在 Blogs 資料表新增一筆部落格記錄，如下所示：

```
SqlDataSource2.InsertParameters["username"].DefaultValue =
                User.Identity.Name;
SqlDataSource2.InsertParameters["name"].DefaultValue =
                txtBlogName.Text;
SqlDataSource2.InsertParameters["description"].DefaultValue =
                txtDescription.Text;
SqlDataSource2.Insert();
GridView1.DataBind();
```

上述程式碼在指定參數 username、name 和 description 的值後，呼叫 Insert()方法來新增記錄。

numOfPosts()函數

此函數和 Default.aspx.cs 類別檔的 numOfPosts()函數相同，只有資料庫連接字串中的資料庫路徑不同。

16-5-7 發佈文章的網頁說明

在「Admin」資料夾的 NewPost.aspx 網頁是新增文章的 Web 表單，其設計檢視如下圖所示：

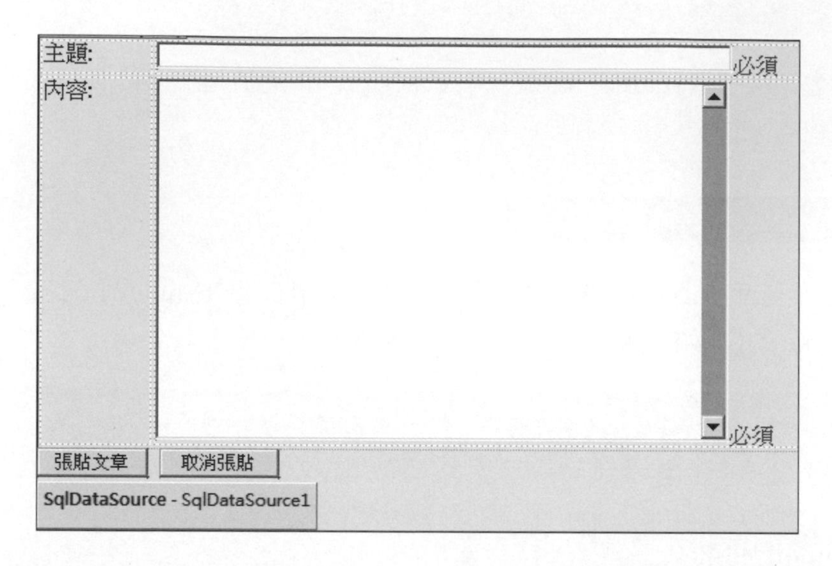

上述圖例是 TextBox 控制項 txtSubject 和 txtPostText 建立輸入新文章的表單，使用 SqlDataSource2 插入文章記錄，其 SQL 指令如下所示：

```
INSERT INTO [Posts] ([blogid], [subject], [post])
VALUES (@blogid, @subject, @post)
```

上述參數 blogid 的參數值為 URL 參數 blog 的屬性值；subject 是 txtSubject 控制項的 Text 屬性值；post 是 txtPostText 控制項的 Text 屬性值。

Button1_Click()事件處理程序

Button1_Click()事件處理程序可以在 Posts 資料表新增一筆文章記錄，如下所示：

```
SqlDataSource1.Insert();
Response.Redirect("NewBlog.aspx");
```

上述程式碼呼叫 Insert()方法新增記錄後，轉址至 NewBlog.aspx。